Der

HARVARD UNIVERSITY

in Würdigung ihrer großzügigen Förderung

der Wissenschaften dankbarst gewidmet.

Theoretische Bodenmechanik

Von

Dr.-Ing. Karl Terzaghi

o. Professor an der Harvard University
Cambridge, Mass., USA

Übersetzt und bearbeitet nach
der fünften amerikanischen Auflage
von

Dr.-Ing. Richard Jelinek

Technische Hochschule, München

Mit 153 Abbildungen

Springer-Verlag
Berlin / Göttingen / Heidelberg
1954

Titel der Originalausgabe:

Theoretical Soil Mechanics

Autorisierte Übersetzung der englischen Ausgabe.
US-Copyright und Verlag: John Wiley & Sons, New York.

ISBN 978-3-642-53245-0   ISBN 978-3-642-53244-3 (eBook)
DOI 10.1007/978-3-642-53244-3

Vorwort der amerikanischen Ausgabe.

In den fünfzehn Jahren, seit der Verfasser sein erstes Buch über Bodenmechanik veröffentlichte, hat sich das Interesse für diesen Gegenstand über die ganze Welt ausgebreitet und es haben sowohl unsere theoretischen wie praktischen Erkenntnisse auf diesem Gebiet bedeutend zugenommen. Die *Proceedings of the First International Conference on Soil Mechanics* (Cambridge, Mass. USA 1936) enthielten allein eine größere Anzahl quantitativer Angaben über Böden und Gründungen als die gesamte bautechnische Literatur vor 1910. Wie auf jedem anderen Gebiet des Bauwesens folgte der ersten Zusammenstellung der theoretischen Grundlagen eine Übergangsperiode, die durch die Tendenz einer wahllosen Anwendung der Theorie und unberechtigter Verallgemeinerungen gekennzeichnet war. Als der Verfasser die Bearbeitung eines neuen Lehrbuches über Bodenmechanik begann, hielt er es daher für zweckmäßig, die Theorie vollständig von der praktischen Anwendung zu trennen. Dieses Buch behandelt ausschließlich die theoretischen Grundlagen.

Die theoretische Bodenmechanik ist eine der zahlreichen Unterabteilungen der angewandten Mechanik. In jedem Gebiet der angewandten Mechanik wird nur mit idealisierten Stoffen gerechnet. Die Theorien des Stahlbetons z. B. befassen sich nicht mit dem wirklichen Stahlbeton. Sie arbeiten mit einem idealen Stoff, dessen angenommene Eigenschaften von denen des wirklichen Stahlbetons durch weitgehende Vereinfachungen abgeleitet wurden. Dieser Grundsatz wird auch bei jeder Theorie über das Verhalten des Bodens beibehalten. Die Größe des Unterschiedes zwischen dem Verhalten des natürlichen Bodens im Feld und dem vorausgesagten Verhalten nach der Theorie, kann nur durch die Erfahrung in der Natur ermittelt werden. Der Inhalt dieses Buches wurde auf die Theorien beschränkt, die der Überprüfung durch die Erfahrung standgehalten haben und die unter gewissen Bedingungen und Einschränkungen zu einer Näherungslösung praktischer Aufgaben verwendbar sind.

Außer den Leser mit den Arbeitsweisen der gebräuchlichsten Berechnungsverfahren vertraut zu machen, dient die theoretische Bodenmechanik auch einem bedeutenden erzieherischen Zweck. Die vollständige Trennung von Theorie und Anwendung erleichtert dem Leser, sich die Bedingungen für die Gültigkeit der verschiedenen, als Theorien bekannten, gedanklichen Vorgänge einzuprägen. Wenn der Leser auf Grund der Untersuchungsergebnisse die vielfältigen Faktoren, die das Verhalten eines einfachen, idealisierten Stoffes unter dem

Einfluß von inneren und äußeren Kräften bestimmen, begriffen hat, wird er weniger leicht der allgegenwärtigen Gefahr einer unberechtigten, auf unzureichenden Zahlenangaben beruhenden Verallgemeinerung, unterliegen.

Für die praktische Anwendung muß die Theorie mit einer gründlichen Kenntnis der physikalischen Eigenschaften der natürlichen Böden und des Unterschiedes zwischen dem Verhalten der Böden im Laboratorium und im Feld verbunden werden. Andernfalls ist der Ingenieur nicht in der Lage, die Größenordnung der den Zahlenergebnissen anhaftenden Fehler zu beurteilen. Die Eigenschaften der natürlichen Böden und das Verhalten der Böden im Feld werden in einem anderen Buch behandelt werden.

Für den Verfasser war die theoretische Bodenmechanik niemals Selbstzweck. Viele seiner Bemühungen haben der Verarbeitung von Felderfahrungen gedient und der Entwicklung der Anwendungstechnik unserer Erkenntnisse über die physikalischen Eigenschaften der Böden auf praktische Aufgaben. Selbst seine theoretischen Untersuchungen wurden ausschließlich zwecks Klärung einiger praktischer Belange durchgeführt. Es fällt deshalb auf, daß diesem Buch die Eigenschaften fehlen, die der Verfasser in den Arbeiten namhafter Experten auf dem allgemeinen Gebiet der angewandten Mechanik so bewundert. Nichtsdestoweniger konnte er sich nicht der Aufgabe entziehen, das Buch selbst zu schreiben, weil es seine persönliche praktische Erfahrung erforderte, um jede Theorie auf dem ihr eigenen Platz im ganzen System einzuordnen.

Die Quellen, aus denen der hier behandelte Stoff zusammengestellt wurde, sind im Literaturverzeichnis aufgezählt. Die Näherungsverfahren zur Berechnung der Tragfähigkeit von Gründungskörpern in den Abs. 46 bis 49, der von Sand auf Schachtwandungen ausgeübte Erddruck in Abs. 74, die kritische Druckhöhe in den Abs. 94 bis 96, der Gasdruck in Blasen und Poren in Abs. 112 und die Näherungslösungen von Strömungsaufgaben in den Abs. 118, 119 und 122 sind hier erstmalig veröffentlicht.

Der erste Entwurf des Manuskriptes wurde von E. C. Cummings und Dr. R. B. Peck vollständig durchgearbeitet und kommentiert. Ihre fördernden und konstruktiven Kommentare führten zu einer völligen Überarbeitung einzelner und zu einer Teilüberarbeitung einiger anderer Kapitel. Der Verfasser ist ebenfalls seiner Frau, Dr. Ruth D. Terzaghi, für die sorgfältige Durchsicht des Manuskriptes in den verschiedenen Entwicklungsstadien und Dr. phil. D. Ferguson für wertvolle Anregungen zu Dank verpflichtet.

Cambridge, Mass., Dezember 1942.					**Karl Terzaghi.**

Vorwort zur deutschen Ausgabe.

Die im Jahre 1943 in den USA erschienene 1. Auflage des Buches „Theoretical Soil Mechanics" von Prof. Dr. Ing. K. v. TERZAGHI wurde dem deutschen Leser infolge der durch den zweiten Weltkrieg bedingten Umstände erst 1948 zugänglich. In dieser Zeitspanne erreichte das Buch bereits die 5. Auflage, woraus wohl am besten das große Bedürfnis der Praxis nach einem die bodenmechanischen Fragen im Tiefbau klärenden Werk einerseits, wie die klare und kraftvolle Ausdrucksweise des Buches selbst zu erkennen ist.

Von dem ersten zusammenfassenden Buch desselben Verfassers, der 1925 bei F. Deuticke in Wien erschienenen „Erdbaumechanik auf bodenphysikalischer Grundlage", das ebenso rasch, wie es den ersten Platz in der Baugrundliteratur eingenommen hat, auch vergriffen war, unterscheidet sich die „Theoretische Bodenmechanik" grundsätzlich. Wie jedes Erstlingswerk, das ohne jeden Vorläufer erscheint, enthielt die „Erdbaumechanik" noch manche unausgegorene Ansichten, die dem Praktiker keine befriedigende Antwort auf seine Fragen gaben und eher eine Scheu vor dem Gegenstand einflößten. Aber gerade dies gab einen ungeheuren Anstoß, wie er kaum in den bautechnischen Disziplinen eine Parallele findet, zu intensiver Forschungsarbeit und zur Schaffung von Hochschulinstituten, die sich auch mit praktischen Bodenuntersuchungen befaßten. Die Veröffentlichungen des im Jahre 1936 in Cambridge, USA, stattgefundenen 1., des nach zwölfjähriger Pause 1948 in Rotterdam abgehaltenen 2. und letzten Endes des 1953 in Zürich veranstalteten 3. Internationalen Kongresses für Bodenmechanik und Grundbau zeugen am besten für das geweckte Interesse, die Vielzahl der in der Praxis auftauchenden einschlägigen Fragen und besonders für die rege Forschungstätigkeit.

Der Buchtitel „Theoretische Bodenmechanik" führt den deutschen Leser vielleicht auf den Gedanken, ähnlich wie in der „Theoretischen Physik" eine rein abstrakte Behandlung des Stoffes zu finden, die stillschweigend völlige Beherrschung der höheren Mathematik voraussetzt. Der Verfasser beabsichtigte aber mit der gewählten Bezeichnung darauf hinzuweisen, daß grundsätzlich nur idealisierte Bodenarten, deren Eigenschaften durch einfache Gesetze ausgedrückt werden können, auf ihr Verhalten bei äußeren Einflüssen untersucht werden und dadurch die Übersicht über den Einfluß der einzelnen Faktoren wesentlich erhöht wird. Aus denselben Gründen sind z. B. bei allen elastizitätstheoretischen Betrachtungen nur die Ergebnisse angeführt und die rein formellen

Zwischenrechnungen weggelassen und manche strengen, aber numerisch nicht auswertbare Lösungen durch Näherungen ersetzt.

Der Abschnitt XI über verankerte Spundwände wurde nach den Vorschlägen von Prof. TERZAGHI abgeändert und in der verbesserten Form den neueren Erkenntnissen angepaßt. In der Konsolidierungstheorie, Abschnitt XIII, habe ich Änderungen vorgenommen, die ich aus Gründen der Anschaulichkeit für zweckmäßig gehalten habe. Als veränderliche Größe wurde statt des Porenanteils die Schichteinheit eingeführt, wodurch unmittelbar die bezogenen Setzungen erhalten werden.

An dieser Stelle darf ich Herrn Prof. Dr. Ing. K. v. TERZAGHI für seine wertvollen Ratschläge bei der Übersetzung, meiner Frau ILSE JELINEK für die Hilfe beim Lesen der Korrekturen und besonders dem Verlag für die bewiesene Geduld und das Entgegenkommen bei der Gestaltung der Abbildungen meinen besonderen Dank aussprechen.

München, im Juni 1954.

Richard Jelinek.

Inhaltsverzeichnis.

D. Elastizitätsaufgaben der Bodenmechanik.

Formelzeichen.

Die „American Society of Civil Engineering" brachte 1941 ein Handbuch heraus, das eine Zusammenstellung der in der Bodenmechanik zu verwendenden Bezeichnungen enthielt (*Soil Mechanics Nomenclatur* Manual of Engineering Practice Nr. 22). In der Originalarbeit verwendete der Verfasser mit einigen Ausnahmen bei Lasten, Widerstandskräften und Längen, nur diese Bezeichnungen. Im „Manual" wurde bewußt eine scharfe Grenze zwischen Last und Widerstand gezogen. Da diese beiden Größen aber gleich groß und entgegengesetzt gerichtet sind, ist diese Unterscheidung weder notwendig noch zweckmäßig.

In der Übersetzung wurden die im deutschen Sprachgebiet üblichen Formelzeichen und Bezeichnungen gewählt, die in einem Arbeitsausschuß der Gruppe Bauwesen des Deutschen Normenausschusses (Untergruppe Baugrund) gegenwärtig einer Vereinheitlichung unterzogen werden. (DIN 4015. Erd- und Grundbau. Fachausdrücke und Formelzeichen).

Bei der Auswahl der Bezeichnungen für die durch die Formelzeichen ausgedrückten Werte wendete der Verfasser den Ausdruck *Beiwert* auf jene Größen an, die für jeden Punkt in einem gegebenen Raum, wie der Durchlässigkeitsbeiwert, oder auf einer Ebene, wie der Erddruckbeiwert, gleichbleiben. Für Werte, die sich auf Mittelbildungen beziehen oder eine Größe definieren, wurde der Ausdruck *Faktor* gewählt.

In der folgenden Zusammenstellung sind die Dimensionen der durch die Formelzeichen ausgedrückten Größen im cm-g-sec-System gegeben. Wenn bei einem Formelzeichen keine Dimension angeführt ist, stellt es eine Zahl dar.

a (cm) $\quad= $ Amplitude (einer Schwingung), Länge

a_v (cm²/kg) $\quad=$ Verdichtungsbeiwert (a_{vc}) oder Schwellbeiwert (a_{vs}) (der zweite Index wird meist nicht geschrieben)

b (cm) $\quad=$ Breite

c (kg/cm²) $\quad=$ Kohäsion in der COULOMBschen Gleichung

c_a (kg/cm²) $\quad=$ Adhäsion (zwischen Stützwand und Hinterfüllung)

c_{krit} (kg/cm²) $\quad=$ kritische Kohäsion (Standsicherheit der Böschungen)

c_v (cm²/sek) $\quad=$ Verfestigungsbeiwert (c_{vc} bei Zusammendrückung, c_{vs} bei Schwellung)

c_{erf} (kg/cm²) $\quad=$ erforderliche Kohäsion (Standsicherheit von Böschungen)

C (kg/cm oder kg) $=$ resultierende Kohäsion

C	$=$	Integrationskonstante
C_b (kg/cm³)	$=$	Bettungsziffer
C_{bh} (kg/cm)	$=$	waagrechte Bettungsziffer
C_d (kg/cm³)	$=$	dynamische Bettungsziffer
C_f (kg/cm)	$=$	Federkonstante
C_{fd} (kg/sec/cm)	$=$	Dämpfungsbeiwert (einer Schwingung)
C_p (kg/cm)	$=$	Pfahlwiderstandsziffer
d (cm)	$=$	Durchmesser, Dicke
e	$=$	Basis des natürlichen Logarithmus
e_a (kg/cm²)	$=$	Erddruckspannung
e_p (kg/cm²)	$=$	Erdwiderstandsspannung
E (kg/cm²)	$=$	Elastizitätsmodul
E_a (kg/m)	$=$	Erddruck bei fehlender Gewölbewirkung (Stützwände)
E_p (kg/m)	$=$	Erdwiderstand ohne Adhäsionskomponente
E_{an} (kg/m)	$=$	Normalkomponente von E_a
E_{at} (kg/m)	$=$	Tangentialkomponente von E_a
E_{pc} (kg/m)	$=$	Resultierende aus E_p und der zwischen Wand und Boden wirkenden Adhäsion.
E_{ag} (kg/m)	$=$	Erddruck unter Berücksichtigung der Gewölbewirkung (Baugrubenaussteifung)
E_0 (kg/m)	$=$	Ruhedruck
E_v (kg/m)	$=$	Energieverlust (Pfahlrammung)
f (sec⁻¹)	$=$	Frequenz (Schwingung)
f_0 (sec⁻¹)	$=$	Eigenfrequenz (Schwingung)
f_s	$=$	Sicherheitsfaktor
F (cm²)	$=$	Fläche
g (cm/sec²)	$=$	Fallbeschleunigung
G (kg/cm²)	$=$	Schubmodul
G_l	$=$	Luftanteil
G (kg oder kg/cm)	$=$	Gewicht, Gewicht pro Längeneinheit
G_a (kg oder kg/cm)	$=$	unter Auftrieb stehendes Gewicht
G_r (kg)	$=$	Rammbärgewicht
G_p (kg)	$=$	Pfahlgewicht
h (cm)	$=$	Höhe
h_{krit} (cm)	$=$	kritische Böschungshöhe
h_w	$=$	hydraulische Druckhöhe
h_k (cm)	$=$	kapillare Steighöhe
i	$=$	hydraulisches Gefälle
I (cm⁴)	$=$	Trägheitsmoment eines Balkens
J_σ	$=$	Einflußwert der Druckspannung
J_s	$=$	Einflußwert der Setzung
k (cm/sec)	$=$	Durchlässigkeitsbeiwert (DARCYsches Gesetz)
k_1 und k_2 (cm/sec)	$=$	Durchlässigkeitsbeiwerte parallel und senkrecht zu den Schichtebenen
l (cm)	$=$	Länge
L (kg m/sec)	$=$	Leistung
m (kg/sec/cm)	$=$	Masse $=$ Gewicht/Fallbeschleunigung
m_{vc} (cm²/kg)	$=$	Verdichtungsziffer
m_{vs} (cm²/kg)	$=$	Schwellziffer
M (kg cm oder kg cm/cm)	$=$	Gesamtmoment oder Moment pro Längeneinheit
n	$=$	Porenanteil, Verhältnis des Porenraumes zum Gesamtvolumen

n_a = Verhältnis zwischen der Höhe des Erddruckangriffspunktes und der Wandhöhe

n_g = Quotient aus der durch ein Erdbeben verursachten Beschleunigung und der Fallbeschleunigung

n_s = Stoßziffer (Pfahlrammung)

N = Verstärkungsfaktor in der Theorie der erzwungenen Schwingungen

p (kg/cm²) = Flächenlast, Druckspannung

p_w (kg/cm²) = hydrostatischer Druck

p_u (kg/cm²) = hydrostatischer Überdruck

p_a (kg/cm²) = Luftdruck (atmosphärischer Druck)

P (kg oder kg/cm) = Einzel- oder Linienlast

P_g (kg/cm) = Grenztragfähigkeit eines Streifenfundamentes mit der Gründungstiefe t, pro Längeneinheit. Besteht aus drei Teilen, einem von der Kohäsion (P_c), einem der Auflast neben der Gründungssohle (P_p) und einem vom Raumgewicht abhängigen Teil (P_γ).

S (kg oder kg/cm) = Scherkraft

S_r = Sättigungsgrad

S_{ve} (kg/cm²) = Steifeziffer

T (°Celsius) = Temperatur

t (cm) = Tiefe

t (sec) = Zeit

v (cm/sec) = Filtergeschwindigkeit

v_s (cm/sec) = Sickergeschwindigkeit

V (cm³) = Volumen

x, y, z (cm) = Längen in den Koordinatenrichtungen

α, β (°) = Winkel

α_a = Erddruckfaktor

α_t = Tiefenfaktor

α_s = Stabilitätsfaktor

γ (kg/cm³) = Raumgewicht

γ_s (kg/cm³) = spezifisches Gewicht der Festmasse

γ_w (kg/cm³) = spez. Gewicht des Wassers = 1 g/cm³

γ_a (kg/cm³) = unter Auftrieb stehendes Raumgewicht

Δ = Zuwachs, Änderung

δ (°) = Wandreibungswinkel

ε = Porenziffer = Porenvolumen pro Volumeneinheit der Festmasse

η (g sec/cm²) = Zähigkeit

ϑ (°) = Zentriwinkel

$\varkappa_c$ = Tragfähigkeitsbeiwert infolge Kohäsion

$\varkappa_p$ = Tragfähigkeitsbeiwert infolge seitlicher Auflast p

$\varkappa_\gamma$ = Tragfähigkeitsbeiwert infolge Eigengewicht

λ (sec⁻¹) = Dämpfungsfaktor

λ_0 = Ruhedruckbeiwert (Quotient aus den Normalspannungen in einer lotrechten und einer waagrechten Ebene durch einen gegebenen Punkt einer Bodenmasse im elastischen Zustand.

λ_a = Erddruckbeiwert (Quotient aus der Normalkomponente des Erddruckes einer kohäsionslosen Masse auf eine ebene Fläche und dem entsprechenden Flüssigkeitsdruck bei hydrostatischer Druckverteilung).

λ_p	$=$ Erdwiderstandsbeiwert eines kohäsionslosen Bodens
λ_ϱ	$=$ tg^2 $(45° + \varrho/2)$ $=$ Kritisches Hauptspannungsverhältnis
μ	$=$ POISSONziffer
ν	$=$ Konzentrationsfaktor (Druckausbreitung)
ϱ (°)	$=$ Winkel der inneren Reibung oder der Scherfestigkeit
σ (kg/cm^2)	$=$ totale Normalspannung
$\bar{\sigma}$ (kg/cm^2)	$=$ wirksame Normalspannung
σ_I, σ_{II} und σ_{III} (kg/cm^2)	$=$ größte, mittlere und kleinste Hauptspannung
τ (sec)	$=$ Schwingungsdauer (Schwingungen)
τ (kg/cm^2)	$=$ Scherspannung
τ_v (τ_0)	$=$ Zeitfaktor (Porenwasserströmung)
τ_s (kg/cm^2)	$=$ Scherfestigkeit
φ, ψ (°)	$=$ Winkel
ω (sec^{-1})	$=$ Winkelgeschwindigkeit
ζ und ξ (cm)	$=$ Verschiebungskomponenten in zwei verschiedenen Richtungen
ln a	$=$ natürlicher Logarithmus von a
log a	$=$ BRIGGscher Logarithmus von a
$\overline{ab}$	$=$ Strecke ab
$\overset{\frown}{ab}$	$=$ Bogenlänge ab

(15.3) bedeutet Gleichung 3 in Abs. 15. Die Nr. des Abs. ist auf jeder Seite angegeben.

Namen mit Datum, z. B. (DARCY 1858), beziehen sich auf das alphabetisch geordnete Literaturverzeichnis.

A. Allgemeine Grundlagen der theoretischen Bodenmechanik.

I. Einleitung.

1. Zweck und Ziel des Gegenstandes.

Unter Bodenmechanik wird die Anwendung der mechanischen und hydraulischen Gesetze auf jene technischen Aufgaben verstanden, die sich mit Sedimenten und anderen nicht verfestigten Anhäufungen fester Teilchen befassen. Die Teilchen sind durch mechanische und chemische Verwitterung von Gesteinen entstanden und können auch Beimengungen organischer Bestandteile enthalten. In der Geologie werden solche Ablagerungen *Verwitterungsdecke* genannt. Die Bezeichnung *Boden* ist für die oberen, landwirtschaftlich bearbeiteten und Pflanzenwuchs tragenden Schichten vorbehalten. Andererseits wird im Bauwesen das Material, das der Geologe als Verwitterungsdecke bezeichnet, meist als Boden oder Erde bezeichnet. Der Boden des Geologen und des Landwirtes wird in diesem Buche nicht behandelt, weil er weder als Baugrund noch als Baustoff verwendet werden kann. Da sich dieses Buch mit einem Teilgebiet des Bauingenieurwesens befaßt, müssen die Bezeichnungen Boden und Erde nebeneinander beibehalten werden, wenn auch der Ausdruck Verwitterungsdecke zweckmäßiger wäre.

Die Bodenmechanik umfaßt 1. das theoretische Verhalten der Böden unter Spannungen bei weitgehend vereinfachten Annahmen, 2. Untersuchungen über die physikalischen Eigenschaften der natürlichen Böden und 3. die Anwendung unserer theoretischen und empirischen Erkenntnisse auf praktische Bauaufgaben.

Die Entwicklung einer Reihe von Theorien über das Verhalten der Böden war praktisch vor einem halben Jahrhundert abgeschlossen, aber unser Wissen über die physikalischen Eigenschaften der natürlichen Böden hat sich ausschließlich erst während der letzten 25 Jahre erweitert. Vor diesem Zeitpunkt hat die mangelhafte Kenntnis der natürlichen Bodeneigenschaften häufig zu einer Fehlanwendung der theoretischen Ergebnisse auf praktische Bauaufgaben geführt. Die natürliche Folge davon war ein geringes Vertrauen gegenüber den Theorien.

Mit wachsender Einsicht in die physikalischen Eigenschaften und den strukturellen Aufbau der natürlichen Böden haben wir erkennen müssen, daß die Aussichten auf eine zufriedenstellende Vorausberech-

nung der durch Änderungen in der Belastung und in den Entwässerungsbedingungen verursachten Wirkungen meist nur sehr gering
sind. Diese Feststellung gilt im besonderen Maße für alle jene Aufgaben, die sich mit der Wirkung des strömenden Wasser befassen,
weil hier untergeordnete Abweichungen in der Schichtung, die durch
Probebohrungen nicht aufgeschlossen werden, von großem Einfluß
sein können. Aus diesem Grunde unterscheidet sich die Anwendung
der theoretischen Bodenmechanik auf den Erd- und Grundbau ganz
wesentlich von der Anwendung der technischen Mechanik auf den
Stahl-, Holz- und Massivbau. Die elastischen Größen der Baustoffe
Stahl oder Stahlbeton sind nur wenig veränderlich, und die Gesetze
der angewandten Mechanik können für die praktische Anwendung
ohne Einschränkung übertragen werden. Demgegenüber stellen die
theoretischen Untersuchungen in der Bodenmechanik nur Arbeitshypothesen dar, weil unsere Kenntnisse über die mittleren physikalischen
Eigenschaften des Untergrundes und über den Verlauf der einzelnen
Schichtgrenzen stets unvollkommen und sogar oft äußerst unzulänglich sind. Vom praktischen Standpunkt aus gesehen, sind die in der
Bodenmechanik entwickelten Arbeitshypothesen jedoch ebenso anwendbar wie die theoretische Festigkeitslehre auf andere Zweige des
Bauingenieurwesens. Wenn der Ingenieur sich der in den grundlegenden Annahmen enthaltenen Unsicherheiten bewußt ist, dann ist er
auch imstande, die Art und die Bedeutung der Unterschiede zu erkennen, die zwischen der Wirklichkeit und seiner Vorstellung über die
Bodenverhältnisse bestehen. Durch die Einsicht in die möglichen Abweichungen kann er im voraus die während des Baues notwendigen
Beobachtungen planen, um noch, bevor es zu spät ist, den Bauent-
wurf den tatsächlichen Verhältnissen anpassen zu können. Er schließt
während des Baufortschrittes so die Lücken in seinem Wissen und wird
keine Überraschungen erleben.

Auf Grund dieses „fortschreitenden Erkennens" sind wir oft in
der Lage, Erd- und Grundbaukörper ohne Gefahr mit einem ge-
ringeren Sicherheitsfaktor auszuführen als gewöhnlich in anderen
Teilgebieten des Bauwesens, wie z. B. im Stahlbetonbau, üblich ist.
Darum kann der praktische Wert einer gediegenen Ausbildung in der
theoretischen Bodenmechanik nicht genug hervorgehoben werden.
Obwohl diese Theorien nur ideelle Materialien mit idealisierter geo-
logischer Beschaffenheit behandeln, sind sie doch der Schlüssel für
eine brauchbare Lösung der in der Natur auftretenden verwickelten
Aufgaben.

Jede auf Erfahrungen aufgebaute empirische Regel besitzt nur im
Rahmen einer statistischen Betrachtung Gültigkeit. Oder mit anderen
Worten ausgedrückt, sie liefert nur ein wahrscheinliches, aber kein

sicheres Ergebnis. Eine solche empirische Regel kann andererseits durch eine mathematische Gleichung ausgedrückt werden und unterscheidet sich in dieser Hinsicht nicht von den in der Bodenmechanik aufgestellten Arbeitshypothesen. Wenn wir jedoch unsere Untersuchungen mit einer solchen Hypothese beginnen, so sind wir uns der in ihr enthaltenen Unsicherheiten voll bewußt. Folglich ist jedes Überraschungsmoment ausgeschaltet. Wenn wir uns aber im gegenteiligen Fall auf empirische Regeln verlassen, wie es früher oft geschehen ist, dann sind wir den statistischen Gesetzen unterworfen. Diesen Gesetzen entspricht aber auch die Tatsache, daß noch kein Jahr vergangen ist, in dem nicht zahlreiche schwere Schäden an Erd- und Grundbauwerken eingetreten sind: Es ist kein Zufall, daß die Mehrzahl dieser Bauunfälle ihre Ursache in unvorhergesehenen Strömungserscheinungen gehabt haben. Die Wirkung des strömenden Wassers hängt viel mehr von untergeordneten geologischen Einzelheiten ab als das Verhalten des Bodens. Infolgedessen ist die Abweichung vom Normalfall, der durch die empirischen Regeln ausgedrückt wird, z. B. jene, die für die Bemessung von Dämmen auf durchlässigen Schichten benützt werden, außerordentlich wichtig. Aus demselben Grunde sollten die Ergebnisse der theoretischen Untersuchungen über die Wirkung des strömenden Wassers auf Baukörper nur als Grundlage für die Planung der Meßpunkteausteilung benützt werden. Die Messungen zeigen uns den tatsächlichen Strömungsvorgang während des Baufortschrittes an. Wenn jedoch die Festwerte nach dem Gefühl angenommen werden, sind die Ergebnisse einer rechnerischen Untersuchung nicht besser und manchmal sogar schlechter als empirische Regeln. Nach diesen Gesichtspunkten sollte die Bodenmechanik studiert und praktisch angewandt werden.

2. Theorie und Wirklichkeit.

Mit Ausnahme des Stahles bei Beanspruchung innerhalb seines elastischen Bereiches gibt es keinen Baustoff, dessen mechanische Eigenschaften einfach genug sind, um als Grundlage für theoretische Untersuchungen benützt zu werden. Deshalb ist auch jede Theorie der angewandten Mechanik praktisch auf einer Reihe von Annahmen aufgebaut, die die mechanischen Eigenschaften des zugrunde liegenden Baustoffes vereinfachen. Diese Annahmen sind stets in einem gewissen Maß mit der Natur im Widerspruch. Trotzdem sind strenge mathematische Lösungen für eine allgemeine Anwendung zur Bemessung von Bauwerken gewöhnlich zu kompliziert. In solchen Fällen sind wir gezwungen, weitere vereinfachende Annahmen zu treffen, um die reine Rechenarbeit zu verkürzen und zu vereinfachen.

Die Art und die Folgerungen der vorhin erwähnten Näherungen werden z. B. durch das übliche Verfahren zur Berechnung der Randspannungen in einem bewehrten Betonbalken, der frei gelagert und durch ein Lastsystem beansprucht wird, erläutert. Zuerst werden die maximalen Biegemomente mittels eines rechnerischen oder zeichnerischen Verfahrens bestimmt. Das Ergebnis dieser Vorarbeit ist absolut verläßlich, da die Rechnung ausschließlich nach den Gesetzen der Mathematik und theoretischen Mechanik erfolgt. Der nächste Schritt besteht in der Berechnung der Spannungen im Querschnitt mittels einer bekannten Formel. Dieser zweite Vorgang enthält nicht weniger als vier ergänzende Vereinfachungen. Diese Vereinfachungen sind. a) daß jeder ebene Schnitt senkrecht zur Nullinie des Balkens während der Durchbiegung eben bleibt, b) daß die Zugfestigkeit des Betons gleich Null ist, c) daß der Beton im Druckbereich dem Hoockschen Gesetz gehorcht und d) daß der Quotient aus dem Elastizitätsmodul des Stahles und des Betons eine konstante Größe, etwa 15, ist. Die erste dieser Annahmen steht nur in geringem Widerspruch mit der Elastizitätstheorie; die Größe des Fehlers hängt vom Verhältnis der Balkenhöhe zur Stützweite ab. Die drei anderen sind von den Eigenschaften des Betons abhängig. Aus diesem Grund ist die Bezeichnung „Theorie des Stahlbetons" für das Berechnungsverfahren nicht genau. Sie ist keine Theorie des Stahlbetons, sondern eine Theorie eines idealen Ersatzstoffes an Stelle des Stahlbetons, und die mechanischen Eigenschaften dieses Ersatzstoffes stellen eine weitgehende Vereinfachung der Eigenschaften des wirklichen Baustoffes dar. Im allgemeinen ist jedoch dieses Verfahren durchaus gerechtfertigt, da bei der Anwendung auf die Bemessung normaler Stahlbetonbauten der auftretende Fehler innerhalb des durch den Sicherheitsfaktor gegebenen Spielraumes liegt. Im Beton- und Stahlbetonbau ist der übliche Sicherheitsfaktor 3,5 bis 4,0.

Da die Annahmen über die mechanischen Eigenschaften der zu untersuchenden Materialien den Gültigkeitsbereich der Anwendung bestimmen, sollte keine Theorie angegeben werden, ohne eine vollständige und kurze Darstellung der der Theorie zugrunde liegenden Annahmen zu bringen. Im gegenteiligen Fall werden die Ergebnisse leicht auf Fälle, die weit außerhalb der Gültigkeitsgrenze liegen, angewendet.

Die angeblichen Widersprüche zwischen den Ergebnissen der Coulombschen Erddrucktheorie und den praktischen Erfahrungen sind ein bezeichnendes Beispiel dafür, wie leicht aus ungenügender Kenntnis der Gültigkeitsgrenzen einer Theorie ein falscher Schluß gezogen werden kann. In einem der folgenden Abschnitte wird gezeigt werden, daß die Theorie von Coulomb nur unter der Voraussetzung gültig ist, daß die Krone der Stützwand bis auf eine gewisse Entfernung von der ursprünglichen Lage ausweichen kann. Bis vor wenigen Jahren war diese einschränkende Bedingung unbekannt. Es war deshalb allgemein üblich, die Theorie auch auf die Ermittlung des Erddruckes auf Baugrubenaussteifungen bei sandigen Böden anzuwenden. Infolge der Steifigkeit der oberen Sprießen der Aussteifung kann der oberste Rand der Baugrubenabstützung nicht in der vorher beschriebenen Art ausweichen, und die Coulombsche Theorie ist deshalb in diesem speziellen Fall ungültig. Die wenigen Ingenieure, die aus der Erfahrung gelernt haben, daß die berechnete Druckverteilung hinter Baugrubenaussteifungen von der beobachteten Druckverteilung vollkommen verschieden ist, kamen zu der falschen Schlußfolgerung, daß die Theorie als solche wertlos ist und aufgegeben werden sollte. Andere Ingenieure benützten auf Kosten der Wirtschaftlichkeit und Sicherheit die COULOMBsche Theorie für die Bemessung der Baugrubenaussteifungen weiter, und solange nicht die wirklichen Ursachen des scheinbaren Widerspruches allgemein bekannt sind, kann auch keine vernünftige Kompromißlösung gefunden werden.

Auf ähnliche Art und Weise kann fast jeder der angeblichen Widersprüche zwischen Theorie und Praxis auf eine falsche Auslegung der Gültigkeitsgrenzen der Theorie zurückgeführt werden. Diesen grundlegenden und wesentlichen Voraussetzungen muß deshalb ganz besondere Aufmerksamkeit gewidmet werden.

3. Kohäsionslose und bindige Böden.

Die mechanischen Eigenschaften der natürlichen Böden liegen innerhalb der Grenzen, die durch plastischen Ton und durch reinen und vollkommen trockenen bzw. überfluteten Sand gegeben sind. Wenn wir in einer trockenen oder vollkommen überfluteten Sandschicht einen Aushub vornehmen, so rutscht das Material von den Seiten des Aushubs gegen die Sohle. Dieses Verhalten des Materiales läßt das völlige Fehlen einer Bindung zwischen den einzelnen Sandkörnern erkennen. Das abrutschende Material kommt erst zur Ruhe, bis der Neigungswinkel der Böschung gleich einem bestimmten Winkel ist, der als *Ruhewinkel* oder *natürlicher Böschungswinkel* bezeichnet wird. Der Ruhewinkel von trockenem wie auch von vollkommen überflutetem Sand ist von der Höhe der Böschung unabhängig. Andererseits kann in einem steif-plastischen Ton ein Einschnitt von 6 bis 9 m Tiefe ohne jede Abstützung lotrecht ausgehoben werden. Diese Tatsache weist auf das Vorhandensein einer festen Bindung zwischen den Tonteilchen hin. Sobald jedoch die Einschnittstiefe einen gewissen kritischen Wert erreicht, der von der Größe der zwischen den Tonteilchen vorhandenen Bindung abhängig ist, stürzen die Seitenwände des Einschnittes ein, und die Neigung der die Baugrubensohle bedeckenden eingestürzten Massen ist von der Lotrechten weit entfernt. Die Bindung zwischen den Bodenteilchen wird *Kohäsion* genannt. Für einen Boden mit Kohäsion kann kein bestimmter Ruhewinkel angegeben werden, weil die steilste Neigung, unter der ein derartiger Boden stehen kann, mit zunehmender Höhe der Böschung abnimmt. Selbst Sand hat im feuchten Zustand eine geringe Kohäsion. Folglich nimmt auch seine steilste Böschungsneigung, unter der er stehen kann, mit der Böschungshöhe ab.

Trotz der scheinbaren Einfachheit ihrer allgemeinen Merkmale sind die mechanischen Eigenschaften natürlicher Sande und Tone so verwickelt, daß eine strenge mathematische Formulierung ihres Verhaltens unmöglich ist. Deshalb befaßt sich die theoretische Bodenmechanik ausschließlich mit imaginären Materialien, d. h. mit *idealen Sanden* und mit *idealen Tonen*, deren mechanische Eigenschaften eine Vereinfachung jener der natürlichen Sande und Tone darstellen. Das folgende Beispiel soll den Unterschied zwischen den natürlichen und den idealen Böden vergegenwärtigen. Die meisten natürlichen Böden können beträchtliche Verformungen erleiden, ohne eine nennenswerte Verminderung der Scherfestigkeit aufzuweisen. Um unsere Theorien zu vereinfachen, nehmen wir an, daß die Scherfestigkeit der natürlichen Böden von der Größe der Verformung vollkommen unabhängig ist. Infolge dieser Annahme sind alle Theorien, in denen die Scherfestigkeit der Böden enthalten ist, mit der Wirklichkeit mehr oder weniger im Widerspruch. Eine strenge mathematische Behandlung der Aufgaben schließt natürlich den Fehler, der durch diese grundlegende Annahme bedingt ist, nicht aus. In manchen Fällen ist dieser Fehler von größerer Bedeutung als jener Fehler, der durch eine weitgehende Vereinfachung der mathematischen Behandlung der Aufgabe entsteht. Der Unterschied zwischen den angenommenen und den tatsächlichen mechanischen Eigenschaften ist jedoch für verschiedenartige Böden sehr verschieden. Die Feststellungen über diesen Unterschied und seinen Einfluß auf den Grad der Zuverlässigkeit der theoretischen Ergebnisse gehören in den Bereich der Bodenphysik und der angewandten Bodenmechanik, die außerhalb des hier betrachteten Rahmens liegen.

In der angewandten Mechanik werden jene Stoffe, deren Scherfestigkeit von der Größe der Verformung unabhängig ist, *plastische Stoffe* genannt. Entsprechend unserer Annahme ist ein idealer Sand ein plastischer Stoff ohne Kohäsion. Plastische Stoffe gehen durch Scherbeanspruchung mit nachfolgendem plastischem Fließen zu Bruch. Der Ausdruck *plastisches Fließen* bezeichnet fortschreitende Verformung bei konstantem Spannungszustand.

4. Stabilitäts- und Elastizitätsaufgaben.

Die Aufgaben der Bodenmechanik können in zwei Hauptgruppen, in Stabilitätsaufgaben und in elastische Aufgaben, unterteilt werden. Die Stabilitätsaufgaben behandeln die Gleichgewichtsbedingungen idealer Böden, die dem Bruchzustand beim plastischen Fließen unmittelbar vorausgehen. Zu den wichtigsten Aufgaben dieser Gruppe gehören die Berechnung des kleinsten Seitendruckes, den eine Bodenmasse auf eine Stützkonstruktion ausübt (Erddruckaufgaben), die Berechnung des Bruchwiderstandes des Bodens gegenüber äußeren Kräften, wie z. B. gegenüber den lotrechten, durch einen belasteten Gründungskörper auf den Boden ausgeübten Druck (Tragfähigkeitsaufgaben) und die Stabilitätsuntersuchungen von Böschungen. Um diese Aufgaben zu lösen, braucht nur der Spannungszustand für den Bruchzustand des Bodens bekannt zu sein. Der zugehörige Verformungszustand bleibt unberücksichtigt, solange nicht der Verformung des Bodens gewisse Grenzen gesetzt sind, wie z. B. in jenem Fall, wo ein Teil der seitlichen Stützenkonstruktion keine Lageveränderung zuläßt. Selbst wenn solche Begrenzungen bestehen, genügt es, sie in allgemeiner Art zu betrachten, ohne die Wirkungen der entsprechenden Verschiebungen größenordnungsmäßig zu untersuchen.

Die Elastizitätsaufgaben befassen sich mit der Verformung des Bodens infolge seines Eigengewichtes oder infolge äußerer Kräfte, wie z. B. durch die Last eines Gebäudes. Alle Setzungsaufgaben gehören zu dieser Gruppe. Um diese Aufgaben zu lösen, müssen wir die Beziehungen zwischen Spannungen und Verformungen für Böden kennen, ohne daß die Bruchspannungszustände in die Untersuchungen einbezogen werden.

Innerhalb dieser beiden Gruppen ist die Aufgabe einzureihen, die sich mit der Bestimmung der Belastungs- und Abstützungsart befaßt, die in einem Punkt einer Bodenmasse einen plastischen Fließzustand einleitet. Bei Aufgaben dieser Art sind sowohl die elastischen Eigenschaften als die Bruchzustände in Betracht zu ziehen. Der Übergang vom Anfangszustand des beginnenden Fließens bis zum endgültigen Bruch des Bodens infolge plastischen Fließens wird als *progressiver Bruch* bezeichnet.

Die Poren der natürlichen Böden sind entweder teilweise oder vollständig mit Wasser erfüllt. Das Wasser kann sich im Ruhezustand oder in einer strömenden Bewegung befinden. Wenn es im Ruhezustand ist, sind die Verfahren zur Lösung von Stabilitäts- und Verformungsaufgaben im wesentlichen dieselben wie jene für die Lösung ähnlicher Aufgaben in der allgemeinen Festigkeitslehre. Wenn jedoch das Wasser in den Poren des Bodens strömt, können die Aufgaben nur gelöst werden, wenn der Spannungszustand des in den Poren des Bodens befindlichen Wassers vorher bestimmt wird. In diesem Fall müssen wir die Festigkeitslehre mit der angewandten Hydraulik (Kap. XII bis XV) verbinden.

II. Die Bruchbedingungen der Böden.

5. Beziehung zwischen Normalspannung und Scherfestigkeit.

In diesem Buch wird der Begriff *Spannung* ausschließlich für die auf die Flächeneinheit bezogene Kraft gebraucht, die auf einer durch einen Körper gelegten Schnittfläche wirkt. Gewöhnlich wird angenommen, daß die Beziehung zwischen der Normalspannung in irgendeiner Schnittfläche durch einen aus bindigem Boden bestehenden Körper und der zugehörigen Scherfestigkeit τ_s pro Flächeneinheit, durch die empirische Gleichung

$$\tau_s = c + \sigma \, \mathrm{tg}\,\varrho \qquad\qquad (1)$$

ausgedrückt werden kann, worin σ als eine Druckspannung vorausgesetzt wird. Die Größe c stellt die Kohäsion dar, die für $\sigma = 0$ gleich der Scherfestigkeit pro Flächeneinheit ist. Diese Gleichung wird als CoULOMBsche *Gleichung* bezeichnet. Für kohäsionslose Böden ($c = 0$) lautet die Gleichung sinngemäß

$$\tau_s = \sigma \, \mathrm{tg}\,\varrho \,. \qquad\qquad (2)$$

Die in den Gl. (1) und (2) enthaltenen Größen c und ϱ können im Versuchsweg im Laboratorium bestimmt werden, wenn die Scherfestigkeit des Bodens in ebenen Schnittflächen für verschiedene Normalspannungen σ gemessen wird. In der Praxis interessiert hauptsächlich die Scherfestigkeit gesättigter oder nahezu gesättigter Böden. Jede Spannungsänderung in einem wassergesättigten Boden ist stets mit einer Veränderung seines Wassergehaltes verbunden. Wie der Wassergehalt infolge einer gegebenen Änderung des Spannungszustandes verändert wird, hängt von einer Anzahl von Faktoren, insbesondere von der Durchlässigkeit des Bodens, ab. Wird die Spannung, die schließlich zum Bruch des Probekörpers führt, rascher aufgebracht, als die Anpassung des Wassergehaltes im Probekörper erfolgen kann, dann wird ein Teil der aufgebrachten Normalspannung σ im Augenblick des Bruches vom hydrostatischen Überdruck getragen, der nötig ist, um ein Abströmen des überschüssigen Porenwassers aus dem Boden zu ermöglichen. Für irgendeinen bestimmten Wert von σ hängt der vom Porenwasser übernommene hydrostatische Überdruck von den jeweiligen Versuchsbedingungen ab. Im vorliegenden Fall ist deshalb weder c noch ϱ allein von der Bodenart und ihrem Anfangszustand abhängig, sondern ebenso von der Geschwindigkeit der Lastaufbringung, von der Durchlässigkeit des Bodens und von den Abmessungen des Probekörpers. Der aus solchen Versuchen erhaltene Wert ϱ wird *Winkel der Scherfestigkeit* genannt. Bei Tonen kann dieser Winkel jeden Wert bis etwa 20° aufweisen (in Ausnahmefällen auch mehr) und bei lockeren gesättigten Sanden jeden Wert bis etwa 35°. Damit wird mit anderen Worten ausgedrückt, daß es nicht möglich ist, für eine Bodenart einen bestimmten Winkel angeben zu können, weil dieser Winkel auch von anderen Bedingungen als von der Art und dem Anfangszustand des Bodens abhängig ist.

Werden die Spannungen auf den Probekörper andererseits langsam genug aufgebracht, dann wird die Normalspannung σ, die in der Gleitfläche im Augenblick des Bruches wirkt, nur von Bodenkorn zu Bodenkorn übertragen. Versuche solcher Art werden als *Dauerscherversuche* bezeichnet. Die Geschwindigkeit, mit welcher solche Versuche durchgeführt werden müssen, hängt von der Durchlässigkeit des Bodens ab. Werden mit einem Sand, bei einer bestimmten Lagerungsdichte zu Versuchsbeginn, Scherversuche durchgeführt und dabei die Spannungen ausschließlich von Bodenkorn zu Bodenkorn übertragen, dann stellen wir fest, daß die Scherfestigkeit $\tau_s = \sigma\,\mathrm{tg}\,\varrho$ von der Art des Spannungswechsels, der dem Bruch vorangeht, nahezu unabhängig ist. Es ist z. B. praktisch gleichgültig, ob wir die Druckspannung im Probekörper stetig von 0 auf 1 kg/cm² steigern oder zuerst die Spannung von 0 auf 5 kg/cm² ansteigen lassen und sie dann auf 1 kg/cm² vermindern. Beträgt die Druckspannung im Probekörper im Augenblick des Bruches gleich 1 kg/cm², dann ist in beiden Fällen die Scherfestigkeit τ_s dieselbe. Mit anderen Worten, die Scherfestigkeit τ_s hängt allein von der Normalspannung in der rechnungsmäßigen Gleitfläche ab. Eine Scherfestigkeit dieser Art wird als *Reibungsfestigkeit* bezeichnet, und der dazugehörige Winkel ϱ stellt den *Winkel der inneren Reibung* dar. Treten bei den zu behandelnden Bauaufgaben nur Druckspannungen auf, dann kann der Winkel der inneren Reibung von Sand in der Regel als praktisch konstant angesehen werden. Er liegt zwischen den Grenzwerten 30° und 50°. Der Unterschied zwischen den Winkeln der inneren Reibung eines Sandes mit dichtester und mit lockerster Lagerung beträgt höchstens 15°.

In älteren Arbeiten über die Eigenschaften und das Verhalten der Böden wurde für Sand der Winkel der inneren Reibung gleich dem in Abs. 3 besprochenen natürlichen Böschungswinkel oder Ruhewinkel gleichgesetzt. Wie vorhin ausgeführt, wurde im Versuchsweg bewiesen, daß der Winkel der inneren Reibung von Sand sehr stark von der anfänglichen Lagerungsdichte abhängig ist. Im Gegensatz zum Winkel der inneren Reibung ist der natürliche Böschungswinkel (Ruhewinkel) von trockenem Sand nahezu konstant. In der Regel ist er angenähert gleich dem Winkel der inneren Reibung des Sandes bei lockerster Lagerung. In manchen Lehrbüchern sind sogar Tabellen mit Angaben über den natürlichen Böschungswinkel bindiger Böden enthalten, obwohl der natürliche Böschungswinkel (Ruhewinkel), wie in Abs. 4 hervorgehoben wurde, von der Böschungshöhe abhängig ist.

Wenn Gl. (2) für Standsicherheitsuntersuchungen herangezogen wird, dann stellt der Winkel ϱ stets den Winkel der inneren Reibung des Sandes dar. Von dieser Regel wird in diesem Buch keine Ausnahme gemacht.

Die Ergebnisse von Dauerscherversuchen mit bindigen Böden können mit genügender Genauigkeit durch Gl. (1)

$$\tau_s = c + \sigma\,\mathrm{tg}\,\varrho$$

ausgedrückt werden.

Um festzustellen, ob der Wert $\sigma\,\mathrm{tg}\,\varrho$ den Anforderungen eines Reibungswiderstandes genügt, d. h. ob der Widerstand $\sigma\,\mathrm{tg}\,\varrho$ allein von der Normalspannung σ abhängt, machen wir mit dem Boden bei gegebenem Anfangswassergehalt zwei verschiedenartige Versuche. Bei einem Versuch lassen wir σ von Null auf σ_1 ansteigen und ermitteln die zugehörige Scherfestigkeit τ_{s_1}. Beim zweiten Versuch verdichten wir den Boden zuerst unter einer Normalspannung σ_2, die wesentlich größer als σ_1 ist; dann vermindern wir die Spannung auf σ_1 und bestimmen endlich durch einen Dauerscherversuch die dazugehörige Scherfestigkeit τ'_{s_1}. Wenn eine Probe vorübergehend unter einer höheren Druckspannung als am Versuchsende steht, wird der Verdichtungszustand als *Vorverdichtung* bezeichnet. Durch Versuche wurde festgestellt, daß die Scherfestigkeit τ'_{s_1} von vorverdichteten Böden gleich oder größer sein kann als τ_{s_1}. Sind beide Werte gleich, dann stellt $\sigma\, \mathrm{tg}\,\varrho$ in Gl. (1) eine Reibungsfestigkeit dar, und wir sind berechtigt, ϱ als den Winkel der inneren Reibung zu bezeichnen. Wenn andererseits τ'_{s_1} größer als τ_{s_1} ist, dann wissen wir, daß die Größe $\sigma\, \mathrm{tg}\,\varrho$ die Summe der Reibungsfestigkeit und irgendeines anderen von σ_1 unabhängigen Widerstandes ist. Die auffallendste und gleichbleibende, durch die Vorverdichtung bedingte Veränderung besteht in einer Zunahme der Lagerungsdichte und entsprechend in einer Abnahme des Wassergehaltes. Wenn τ'_{s_1} wesentlich größer als τ_{s_1} ist, so finden wir stets, daß der zu τ'_{s_1} gehörige Wassergehalt kleiner als der zu τ_{s_1} zugehörige Wassergehalt ist. Erfahrungsgemäß wissen wir, daß der Wert c in Gl. (1) für einen bestimmten Ton mit abnehmendem Anfangswassergehalt zunimmt. Wir sind daher in den meisten Fällen berechtigt, den nachfolgenden Schluß daraus zu ziehen: Wenn τ'_{s_1} größer als τ_{s_1} ist, besteht die Größe $\sigma\, \mathrm{tg}\,\varrho$ der Gl. (1) aus zwei Teilen mit unterschiedlichen physikalischen Ursachen. Der erste Teil ist die durch die Normalspannung σ verursachte Reibung, und der zweite Anteil stellt die Zunahme der Kohäsion infolge der Verminderung des Wassergehaltes bei der Erhöhung der Spannung in der Probe von Null auf σ dar.

Diese Unterteilung kann durch folgende Gleichung ausgedrückt werden:

$$\tau_s = c + \sigma\,\mathrm{tg}\,\varrho = c + \frac{\sigma_{\mathrm{I}} + \sigma_{\mathrm{III}}}{2}\,\varkappa + \sigma\,\mathrm{tg}\,\varrho_r. \qquad (3)$$

Darin bedeutet σ_{I} und σ_{III} die größte und kleinste Hauptspannung im Bruchzustand bei einem Dauerversuch und $\varkappa$ einen empirischen Faktor. Der Anteil $\sigma\,\mathrm{tg}\,\varrho_r$ des Scherwiderstandes verändert sich mit der Schnittrichtung durch einen gegebenen Punkt, während der Anteil c und $\dfrac{\sigma_{\mathrm{I}} + \sigma_{\mathrm{III}}}{2}\,\varkappa$ von der Richtung unabhängig sind. Die gebräuchlichsten Verfahren zur experimentellen Ermittlung der Scherfestigkeit bindiger Böden liefern nur die Werte c und ϱ auf der linken Seite der Gleichung. Die Ermittlung von ϱ_r und $\varkappa$ erfordert weitgehende, ergänzende, in den Bereich der Bodenphysik gehörende Untersuchungen.

Bei verkittetem Sand liegt der Wert τ'_{s_1} gewöhnlich sehr nahe an τ_{s_1}. Für solche Böden stellt der Wert $\sigma\,\mathrm{tg}\,\varrho$ in Gl. (1) nur die Reibungsfestigkeit dar. Bei Scherversuchen mit Ton finden wir andererseits, daß die Scherfestigkeit τ'_{s_1} der vorverdichteten Probe stets größer als τ_{s_1} bei derselben Auflast ist. Daher stellt der Winkel ϱ in Gl. (1) bei Tonböden, selbst wenn dieser Winkel mittels eines Dauerscherversuches bestimmt wurde, weder einen Winkel der inneren Reibung noch irgendeine Materialkonstante des Tones dar. Wenn man mit einem Ton bei gegebenem Anfangswassergehalt nach Ansteigen der Druckspannung in der Probe von Null auf verschiedene Werte σ_1, σ_2 usw. eine Reihe von Dauerscherversuchen durchführt, so erhält man eine Gleichung

$$\tau_s = c + \sigma\,\mathrm{tg}\,\varrho.$$

Wenn man eine andere Versuchsreihe mit Probekörper desselben Materials nach vorhergehender Verdichtung der Proben unter einem höheren Druck als die Versuchsdruckspannung durchführt, erhält man eine andere Gleichung

$$\tau_s = c' + \sigma\,\mathrm{tg}\,\varrho',$$

worin c' größer als c und ϱ' kleiner als ϱ ist. Wenn wir nun die COULOMBsche Gl. (1) auf Tone anwenden wollen, dann muß immer beachtet werden, daß die Werte c und ϱ dieser Gleichung bloß zwei empirische Koeffizienten in der Gleichung einer geraden Linie darstellen. Die Bezeichnung Kohäsion wird nur aus Gründen der Überlieferung beibehalten und wird als Abkürzung für die richtigere Bezeichnung *scheinbare Kohäsion* verwendet. Gegenüber der scheinbaren Kohäsion stellt die *wahre Kohäsion* jenen Anteil der Scherfestigkeit eines Bodens dar, der nur eine Funktion des Wassergehaltes ist. Sie umfaßt nicht nur c der COULOMBschen Gleichung, sondern auch einen beträchtlichen Teil von $\sigma\,\mathrm{tg}\,\varrho$. Zwischen der scheinbaren und wahren Kohäsion besteht außer der Gleichheit in der Bezeichnung keinerlei Beziehung.

Um den Unterschied zwischen der scheinbaren und wahren Kohäsion zu veranschaulichen, betrachten wir nochmals einen Boden, dessen Kohäsion mit zunehmender Verdichtung ebenfalls anwächst. Führen wir mit diesem Boden eine Reihe von Scherversuchen durch, dann erhalten wir

$$\tau_s = c + \sigma\,\mathrm{tg}\,\varrho.$$

Wenn wir jedoch feststellen wollen, welcher Anteil der Scherfestigkeit des betrachteten Bodens auf die Kohäsion zurückzuführen ist, so erhalten wir Gl. (3),

$$\tau_s = c + \frac{\sigma_I + \sigma_{III}}{2}\,\varkappa + \sigma\,\mathrm{tg}\,\varrho_r.$$

Vergleichen wir die beiden vorhergehenden Gleichungen, so finden wir, daß die wahre Kohäsion des Bodens nicht c ist, sondern

$$c_0 = c + \frac{\sigma_I + \sigma_{III}}{2}\,\varkappa.$$

Wenn in einem Ton die gesamte Druckspannung von Bodenkorn zu Bodenkorn übertragen wird, ist die wahre Kohäsion stets größer als die scheinbare. Wird in Gl. (1) $\sigma\,\mathrm{tg}\,\varrho$ gleich Null, dann erhalten wir

$$\tau_s = c. \tag{4}$$

Bei idealen Flüssigkeiten sind die Werte c und ϱ gleich Null, was gleichbedeutend ist mit

$$\tau_s = 0. \tag{5}$$

6. Wirksame und neutrale Spannungen.

Die Poren eines natürlichen, feinkörnigen Bodens sind entweder teilweise oder vollständig mit Wasser erfüllt. Denken wir uns einen Schnitt durch einen wassergesättigten Boden, dann geht ein Teil der Schnittfläche durch die festen Bodenteilchen und ein anderer Teil durch das Porenwasser. Die in Abb. 1 skizzierte Versuchsanordnung erleichtert uns die mechanischen Folgerungen zu erkennen. Diese Abbildung zeigt einen Schnitt durch eine dünne Schicht eines kohäsionslosen Bodens, der die Grundfläche eines zylindrischen Gefäßes vollständig bedeckt. Zu Versuchsbeginn soll der freie Wasserspiegel in der Höhe der Oberfläche der Bodenschicht sein, und die Schichtdicke wird so klein vorausgesetzt, daß wir die Spannungen infolge des Bodeneigengewichtes und des oberhalb der waagrechten Schnittebene ab befindlichen Wassers vernachlässigen können. Lassen wir den freien Wasserspiegel um die Höhe h_w über seine Ausgangslage ansteigen, so nimmt die Normalspannung in der Schnittfläche ab von nahezu Null auf

$$\sigma = h_w\,\gamma_w$$

zu, wenn γ_w das spezifische Gewicht des Wassers bedeutet.

Diese Zunahme der Druckspannung von praktisch Null auf σ in jeder waagrechten Schnittfläche durch den Boden erzeugt jedoch keine meßbare Zusammendrückung der Bodenschicht. Lassen wir aber andererseits die Druckspannung auf die Schicht durch Belastung mit Bleischrot um denselben Betrag $h_w\,\gamma_w$ anwachsen,

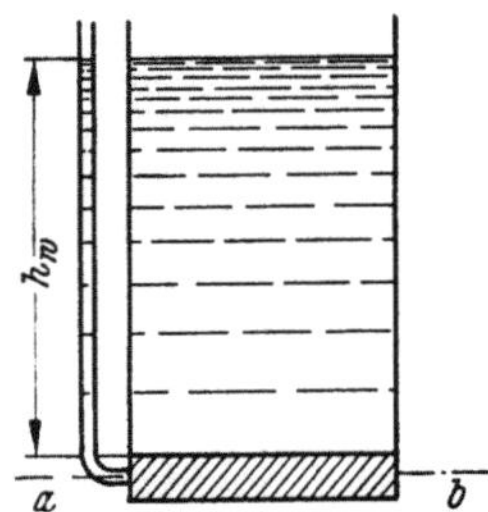

Abb. 1. Gerät zur Erklärung des Unterschiedes von wirksamer und neutraler Spannung.

dann tritt eine deutliche Zusammendrückung der Schicht ein. Durch eine geeignete Abänderung der Versuchseinrichtung kann ebenso gezeigt werden, daß die Höhe des Wasserspiegels im zylindrischen Gefäß keinen Einfluß auf die Scherfestigkeit τ_s des Bodens hat, hingegen eine gleichwertige feste Auflast, die die Scherfestigkeit beträchtlich erhöht. Diese und ähnliche Versuche führen zur Schlußfolgerung, daß die Druckspannungen in einem wassergesättigten Boden aus zwei Teilspannungen mit sehr unterschiedlichen mechanischen Wirkungen bestehen. Die eine Teilspannung, die gleich dem hydrostatischen Druck im Porenwasser ist, ruft weder eine nachweisbare Zusammendrückung noch ein meßbares Anwachsen der Scherfestigkeit hervor. Diese Teilspannung wird die *neutrale Spannung* p_w[1] genannt. Sie ist gleich dem Produkt aus der Höhe h_w bis zu der das Wasser in einem Standrohr im betrachteten Punkt ansteigt, und dem spezifischen Gewicht γ_w des Wassers. Durch eine Gleichung ausgedrückt:

$$p_w = h_w \gamma_w. \tag{1}$$

Die Höhe h_w stellt die *Standrohrspiegelhöhe* im Beobachtungspunkt dar. Sie kann positiv oder negativ sein, daher kann auch p_w positiv oder negativ sein. Wenn p_w positiv ist, dann wird die neutrale Spannung in der Regel als *Porenwasserdruck* bezeichnet.

Der zweite Anteil σ_0 der totalen Spannung σ ist gleich der Differenz aus der totalen Spannung und neutralen Spannung p_w. Dieser zweite Anteil

$$\sigma_0 = \sigma - p_w \tag{2}$$

wird die *wirksame Spannung* genannt, weil sie den Teil der Gesamtspannung darstellt, der meßbare Veränderungen hervorruft, wie Zusammendrückung oder Erhöhung der Scherfestigkeit. Die totale Normalspannung beträgt

$$\sigma = \sigma_0 + p_w. \tag{3}$$

Der Einfluß des Porenwasserdruckes auf die Beziehung zwischen Spannung, Verformung und Scherfestigkeit bindiger Böden kann mittels *dreiaxialer Kompressionsversuche*, kurz Triaxialversuche genannt, an zylindrischen Bodenproben sehr genau untersucht werden, weil die Versuchsanordnung die gleichzeitige Messung der totalen und der neutralen Spannung erlaubt.

Das Prinzip des Triaxialversuches ist in Abb. 2 dargestellt. Die Skizze stellt einen Schnitt durch einen lotrecht angeordneten zylindrischen Probekörper aus wassergesättigtem Ton dar. Die zylindrische Probe ruht auf einer Filtersteinplatte, deren Poren mit einem verschließbaren Rohr V in Verbindung stehen, und ist oben durch eine Metallscheibe abgedeckt. Die Außenseite der Probe und des Filtersteines ist durch eine undurchlässige Membran, in der Regel eine Gummihaut,

---

[1] Aus dieser Definition geht hervor, daß die neutrale Spannung nicht die tatsächliche Druckspannung im Wasser darstellt, weil der äußere Luftdruck nicht berücksichtigt ist. Haben wir mit der tatsächlichen Druckspannung im Wasser zu rechnen, wie z. B. in der Kapillartheorie in Kap. XIV, dann muß der äußere Luftdruck zur neutralen Spannung hinzugezählt werden.

wie in Abb. 2 gezeigt, abgeschlossen. Die Probe ist von Öl, Wasser oder Glyzerin umgeben, welches mittels einer Pumpe oder durch Preßluft unter Druck gesetzt werden kann. Der äußeren hydrostatischen Druckspannung σ, die mittels der Flüssigkeit durch die wasserdichte Haut auf die Probe ausgeübt wird, kann eine auf die Probenoberfläche wirkende zusätzliche axiale Druckspannung $\Delta\sigma$ überlagert

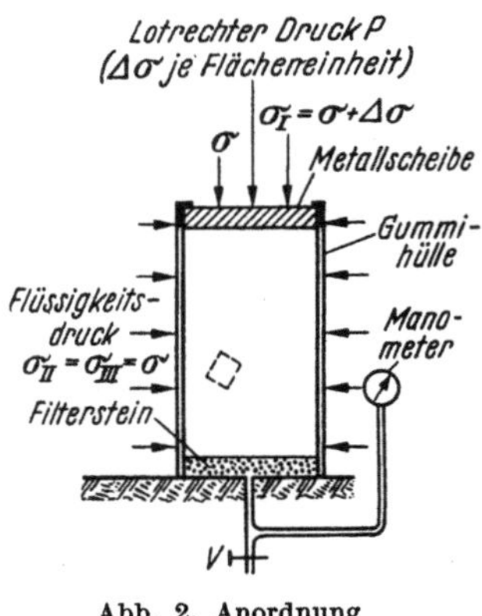

Abb. 2. Anordnung des Triaxialversuches.

werden. Die äußere hydrostatische Druckspannung erzeugt in Verbindung mit der zusätzlichen axialen Druckspannung einen axialsymmetrischen Spannungszustand im Probekörper. Folglich wird während des Versuches jeder durch die Probe gelegte waagrechte Schnitt durch die lotrechte Spannung $\sigma_I = \sigma + \Delta\sigma$ beansprucht und jede lotrechte Schnittfläche durch die waagrechte Spannung $\sigma_I = \sigma_{III} = \sigma$, die gleich ist der äußeren hydrostatischen Druckspannung.

Die Versuche können auf zwei Arten, entweder mit geschlossener Rohrleitung V (Abb. 2) oder offener, durchgeführt werden. In einer ersten Versuchsreihe halten wir die Entwässerungsleitung geschlossen, um während des ganzen Versuches den Wassergehalt des Tones konstant zu halten. Durch Verbindung der oberhalb des Abschlußhahnes gelegenen Wassersäule mit einem empfindlichen Manometer können wir im Versuch nachweisen, daß jeder Wechsel des totalen Spannungszustandes im Probekörper mit einem Wechsel im Porenwasserdruck verbunden ist.

Wir können den Porenwasserdruck unmittelbar vor dem Bruch der Probe, der durch Abscheren eintritt, messen. Auf diese Weise bekommen wir eine Reihe von Zahlenwerten, die uns über die Beziehung zwischen Spannung, Verformung, Scherfestigkeit und Porenwasserdruck Aufschluß geben.

In einer zweiten Versuchsreihe halten wir den Hahn der Rohrleitung offen und lesen die Größe der Verformung erst dann ab, bis der Wassergehalt der Probe konstant und der Porenwasserdruck angenähert gleich Null ist. Die auf diese Weise erhaltenen Versuchsergebnisse geben uns Aufschluß über die Beziehung zwischen Spannung, Verformung und Scherfestigkeit bei einem Porenwasserdruck Null.

Beide Versuchsreihen, d. h. jene mit geschlossener und jene mit offener Porenwasserableitung werden einige Male durchgeführt. Durch Verbindung der Ergebnisse von je zwei solchen Versuchsreihen, die mit einem Schluffton angesetzt wurden, kam RENDULIC (1937) zu fol-

gender Schlußfolgerung: Die Bruchspannungsbedingungen wie auch
die Volumenminderung hängen ausschließlich von der Größe der wirksamen Spannung ab; d. h. die mechanische Wirkung eines gegebenen
totalen Spannungszustandes hängt nur von der Differenz aus der
totalen Spannung und dem Porenwasserdruck ab. Werden ähnliche
Versuche mit Sand oder einem anderen Boden im wassergesättigten
Zustand durchgeführt, kommt man so zu den gleichen Ergebnissen. Die
Anwesenheit von Gaseinschlüssen in den Poren des Bodens beeinflußt
nur die Verformungsgeschwindigkeit, aber nicht die endgültigen Versuchsergebnisse. Wir sind deshalb zur Annahme gezwungen, daß
sowohl die Verformung wie die Bruchspannungszustände der Böden
ausschließlich von den wirksamen Spannungen abhängen.

$$\sigma_{0\mathrm{I}} = \sigma_{\mathrm{I}} - p_w,$$
$$\sigma_{0\mathrm{II}} = \sigma_{\mathrm{II}} - p_w, \qquad (4)$$
$$\sigma_{0\mathrm{III}} = \sigma_{\mathrm{III}} - p_w.$$

Wegen des entscheidenden Einflusses des Porenwasserdruckes p_w
auf den Bruchspannungszustand muß der Porenwasserdruck auch in
den durch die Gl. (5.1) und (5.2) ausgedrückten Bruchbedingungen
einbezogen werden.

Die Scherfestigkeit eines kohäsionslosen Stoffes, z. B. von Sand,
ist durch Gl. (5.2) ausgedrückt. Bei der Diskussion dieser Gleichung
in Abs. 5 wurde betont, daß die Normalspannung σ in dieser Gleichung
eine von Korn zu Korn übertragene Spannung darstellt, die der wirksamen Normalspannung gleichbedeutend ist. Wir können deshalb für
diese Gleichung auch schreiben

$$\tau_s = \sigma_0 \operatorname{tg} \varrho,$$

worin ϱ den Winkel der inneren Reibung bedeutet. Die Größe $\sigma_0 \operatorname{tg} \varrho$
ist eine reine Reibungsfestigkeit. Die Reibungsfestigkeit hängt nur
von der wirksamen Normalspannung in der Gleitfläche ab. Wenn die
totale Normalspannung mit σ und der Porenwasserdruck mit p_w bezeichnet wird, ist die Scherfestigkeit des Sandes durch die Gleichung
ausgedrückt:

$$\tau_s = (\sigma - p_w) \operatorname{tg} \varrho. \qquad (5)$$

Für bindige Böden erhalten wir aus Dauerscherversuchen die Cou-
LOMBsche Gleichung

$$\tau_s = c + \sigma_0 \operatorname{tg} \varrho. \qquad (6)$$

Bei verkitteten Sanden und ähnlichen Böden stellt $\sigma_0 \operatorname{tg} \varrho$ die Reibungsfestigkeit dar, die die Substitution

$$\sigma_0 = \sigma - p_w$$

rechtfertigt, und wir erhalten damit

$$\tau_s = c + (\sigma - p_w)\, \mathrm{tg}\,\varrho. \tag{7}$$

Andererseits enthält bei einem Ton der Ausdruck $\sigma_0\,\mathrm{tg}\,\varrho$ sowohl die Reibungsfestigkeit wie auch eine andere Größe, die vom Wassergehalt abhängig ist (siehe Abs. 5). Da aber dieser zweite Festigkeitsanteil keine einfache Funktion der in der Gleitfläche wirkenden Normalspannung darstellt, ist die Substitution, die zu Gl. (7) führt, nur unter den sehr einschränkenden Bedingungen gerechtfertigt, die für Ton beim Triaxialversuch bestehen. Wenn wir den Versuch mit Ton durchführen, sind wir außerdem nur selten in der Lage, die Druckspannung, die im Porenwasser beim Erreichen des Bruchzustandes eintritt, zu berechnen. Aus diesen Gründen können wir bis jetzt die für Stabilitätsuntersuchungen erforderlichen Bodenkennziffern bei Tonen nur durch folgende, rein empirische Verfahren erhalten: Wir untersuchen im Laboratorium den Ton unter ähnlichen Spannungs- und Entwässerungsbedingungen, wie sie beim Abscheren in der Natur wahrscheinlich eintreten, und führen die so erhaltenen Werte c und ϱ in unsere Gleichung ein. Wir sehen daraus unmittelbar, daß der Erfolg dieses Vorgehens hauptsächlich davon abhängig ist, inwieweit es dem Versuchsdurchführenden gelingt, die Bedingungen der Natur nachzuahmen. Der Einfluß der Versuchsbedingungen auf die Werte c und ϱ in Gl. (5.1) wird in einer Arbeit über angewandte Bodenmechanik erörtert werden.

In den folgenden Artikeln wird der Ausdruck σ_0 nur dann für die wirksame Normalspannung verwendet, wenn es, um Mißverständnisse auszuschalten, unbedingt nötig ist. In den anderen Fällen wird die wirksame Normalspannung mit dem Symbol σ bezeichnet, mit welchem hier die beiden zusammengesetzten Normalspannungen bezeichnet wurden.

7. Der Mohrsche Spannungskreis und die Bedingungen für den plastischen Grenzzustand des Gleichgewichtes in idealen Böden.

Der in Abb. 2 dargestellte Triaxialversuch gibt uns Aufschluß über die Größe der lotrechten Spannung σ_I, die erforderlich ist, um den Bruch der Probe bei einer gegebenen waagrechten Spannung $\sigma_{II} = \sigma_{III}$ herbeizuführen. Da der Bruch längs einer geneigten Gleitfläche erfolgt, wollen wir den Spannungszustand in geneigten Schnittflächen durch die Probe kennenlernen. Abb. 3a stellt den Probekörper dar. Jeder waagrechte Schnitt $I{-}I$ durch den Probekörper wird durch eine Normalspannung σ_I beansprucht, wobei die Scherspannung in dieser Schnittfläche gleich Null ist. Entsprechend der in der angewandten Mechanik üblichen Bezeichnungsweise wird die Normalspannung in schubspannungsfreien Schnittflächen als *Hauptspannung* bezeichnet. Die Schnittfläche selbst stellt eine *Hauptspannungsebene* dar. Die Normalspannung in jeder lotrechten Schnittfläche durch unseren Probekörper ist $\sigma_{II} = \sigma_{III}$. Die Scherspannungen in diesen Flächen sind ebenfalls Null. Der Probekörper wäre sonst nicht im Gleichgewicht. Daher ist die Spannung $\sigma_{II} = \sigma_{III}$ ebenfalls eine Hauptspannung.

Wenn σ_{II} und σ_{III} verschieden sind, dann erfordert die Gleichgewichtsbedingung, daß die Richtungen von σ_I, σ_{II} und σ_{III} zueinander senkrecht stehen. Für jeden Spannungszustand ist es möglich, durch irgendeinen Punkt des Körpers drei Hauptspannungsebenen zu legen, die nur durch Hauptspannungen beansprucht sind. Wenn es nötig erscheint, zwischen Hauptspannungen und gewöhnlichen Normalspannungen zu unterscheiden, so werden erstere mit σ und einem römischen Index bezeichnet. σ_I ist die größte Hauptspannung, und mit σ_{II} wird die Hauptspannung zwischen σ_I und σ_{III} bezeichnet.

In der Bodenmechanik haben wir es hauptsächlich mit Erdkörpern zu tun, die innerhalb größerer Ausdehnung einen konstanten Querschnitt aufweisen und deren äußere Grenzen senkrecht zu einer einzigen lotrechten Ebene sind. Jede parallel zu dieser Ebene begrenzte Scheibe des Bodens ist von denselben äußeren und inneren Kräften beansprucht. Die Dicke der Scheibe wird durch einen Wechsel im Spannungszustand der Scheibe nicht verändert.

In der angewandten Mechanik wird diese Art von Verformung *ebener Verformungszustand* genannt. Bei der Behandlung von Aufgaben des ebenen Verformungszustandes genügt es, die Spannungen, die parallel zu den Seiten einer Scheibe wirken, zu untersuchen.

Um die Spannungen in einem willkürlich geneigten Schnitt $a\,a$ der in Abb. 3a dargestellten Probe zu bestimmen, untersuchen wir die Gleichgewichtsbedingungen eines kleinen Prismas (schraffiert gezeichnet), dessen eine Seite in der geneigten Schnittfläche liegt. Die beiden anderen Seiten sind parallel zur Richtung der Hauptspannungen σ_I und σ_{III}.

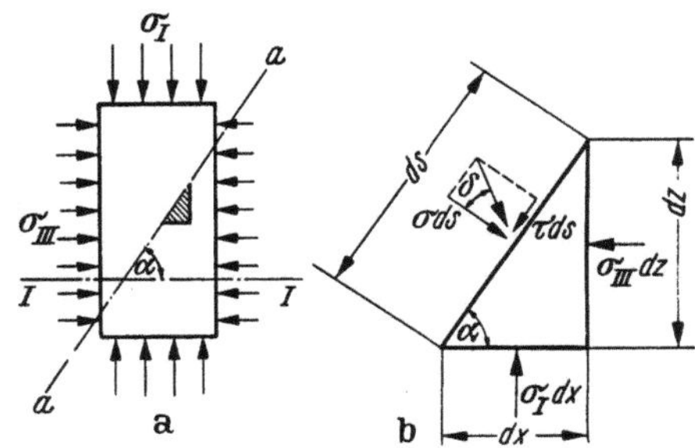

Abb. 3a u. b. Der Spannungszustand im Boden beim Triaxialversuch.

Die Neigung der Schnittfläche ist durch den Winkel α gegeben. Der Winkel α wird entgegengesetzt dem Uhrzeigersinn vom Hauptschnitt I—I aus gemessen, in dem die größere Hauptspannung σ_I wirkt. Druckspannungen wollen wir stets als positiv bezeichnen. In Abb. 3b ist das Prisma größer herausgezeichnet. Das Gleichgewicht des Prismas erfordert, daß

$$\sum \text{waagrechte Kräfte} = \sigma_{III} \sin\alpha\, ds - \sigma \sin\alpha\, ds + \tau \cos\alpha\, ds = 0,$$

und

$$\sum \text{lotrechte Kräfte} = \sigma_{I} \cos\alpha\, ds - \sigma \cos a\, ds - \tau \sin\alpha\, ds = 0.$$

Lösen wir diese Gleichungen nach σ und τ auf, so erhalten wir

$$\sigma = \frac{1}{2}\left(\sigma_{I} + \sigma_{III}\right) + \frac{1}{2}\left(\sigma_{I} - \sigma_{III}\right)\cos 2\alpha \tag{1}$$

und

$$\tau = \frac{1}{2}\left(\sigma_{I} - \sigma_{III}\right)\sin 2\alpha. \tag{2}$$

In der Abb. 3 ist der Winkel α kleiner als $90°$. Für solche Werte erhalten wir aus Gl. (2a) eine positive Schubspannung τ. Die zugehörige resultierende Spannung weicht von der Richtung der Normalspannung σ im Uhrzeigersinn ab. Da die Schubspannung τ positiv ist, bezeichnen wir auch den zugehörigen Winkel δ zwischen Normalspannung und resultierender Spannung als positiv.

Die Größe der Spannungen σ und τ kann durch Einsetzen der numerischen Werte für σ_{I}, σ_{III} und α in den Gl. (1) und (2) berechnet werden. Wir können diese Werte jedoch auch durch das in Abb. 4 gezeigte graphische Verfahren bestimmen. In diesem Diagramm sind die (positiven) Druckspannungen auf der waagrechten Achse vom Ursprung 0 aus nach rechts und die positiven Schubspannungen auf der lotrechten Achse vom Punkt 0 nach aufwärts aufgetragen. Demnach erscheinen die positiven Winkel δ oberhalb der waagrechten Achse. Auf der waagrechten Achse selbst erscheinen nur Hauptspannungen, weil in der Hauptspannungsebene die Schubspannungen Null sind. Um die Spannungen σ [Gl. (1)] und τ [Gl. (2)] für irgendeine unter dem Winkel α zur Hauptspannungsebene I—I der Abb. 3a gelegenen Ebene zu be-

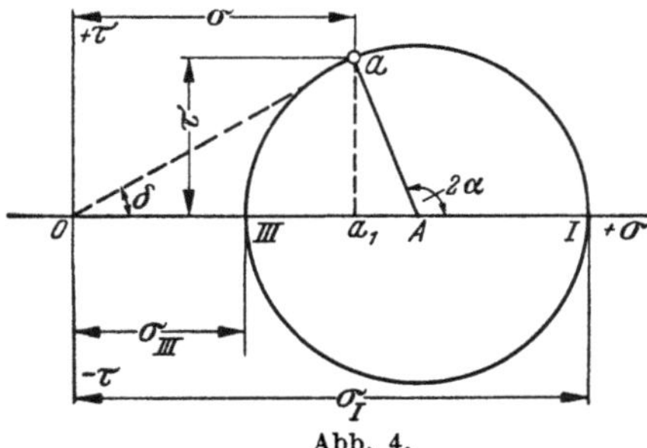
Abb. 4.
Graphische Ermittlung der Spannungen mit Hilfe des Spannungskreises.

stimmen, tragen wir die Spannungen $\sigma_{III} = 0\,III$ und $\sigma_{I} = 0\,I$ (Abb. 4) auf, zeichnen über III—I einen Kreis mit dem Durchmesser $\sigma_{I} - \sigma_{III}$, dessen Mittelpunkt A in der Mitte von I und III liegt, und ziehen durch A die Gerade $A\,a$, die mit der Richtung $A\,I$ den Winkel 2α bildet. Aus geometrischen Gründen ist die Abszisse des so erhaltenen Punktes a gleich der Normalspannung σ [Gl. (1)] und seine

Ordinate gleich der Schubspannung τ [Gl. (2)]. Der Abstand Oa ergibt die resultierende Spannung auf der geneigten Schnittfläche der in Abb. 3 dargestellten Probe.

In Abb. 4 stellen die Koordinaten eines Punktes am Umfang des oberen Halbkreises die beiden Spannungskomponenten für eine bestimmte Schnittebene dar, die mit der Hauptspannungsrichtung I—I (Abb. 3a) einen willkürlichen Winkel $\alpha < 90°$ einschließt. Genau so ergeben die Koordinaten eines Punktes am Umfang des unteren Halbkreises die beiden Spannungskomponenten einer Schnittebene, die mit dieser Richtung einen Winkel $\alpha > 90°$ einschließt. Der Kreis mit dem Halbmesser I—III (Abb. 4) stellt daher den geometrischen Ort aller Punkte dar, die durch die Gl. (1) und (2) gegeben sind. Dieser Kreis wird deshalb *Spannungskreis* genannt.

Mittels der in Abb. 4 dargestellten Konstruktion kann auch der Spannungszustand in einer durch einen Punkt B (Abb. 5a) eines Erdkörpers gelegten willkürlichen Schnittrichtung aa ermittelt werden, wenn die Größe und Richtung der Hauptspannungen σ_I und σ_{III} bekannt sind. Wenn die Schnittrichtung aa zur Hauptspannungsrichtung I—I (Abb. 5a) unter dem Winkel α geneigt ist, ist der Spannungszustand in der Schnittfläche durch die Koordinaten des Punktes a des in Abb. 5b dargestellten Spannungskreises gegeben. Der Punkt a wird erhalten, wenn von der Richtung A—I entgegen dem Uhrzeigersinn der Winkel 2α aufgetragen und der Radiusvektor mit dem Spannungskreis zum Schnitt gebracht wird. Der Punkt a kann aber auch, ohne α oder 2α übertragen zu müssen, durch folgende Konstruktion bestimmt werden: Wir ziehen durch I (Abb. 5b) eine Parallele zur Hauptspannungsrichtung I—I der Abb. 5a. Diese Gerade schneidet den Kreis

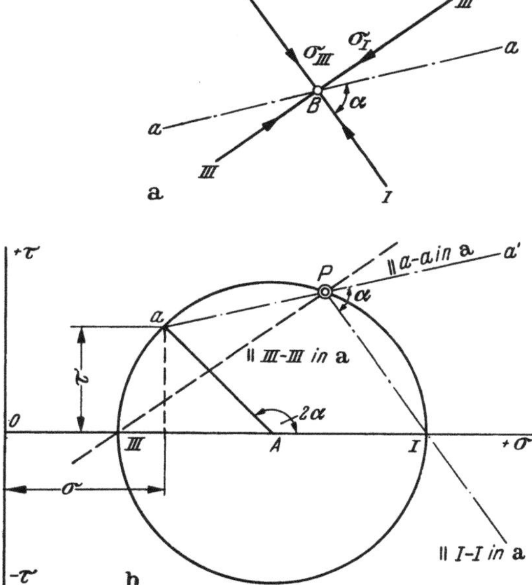

Abb. 5a u. b. Zeichnerisches Verfahren zur Ermittlung der Spannungen aus dem Pol des Spannungskreises.

im Punkt P. Dann ziehen wir durch den Punkt P eine Parallele zu aa der Abb. 5a. Diese ist zur Geraden PI unter dem Winkel α geneigt. Aus geometrischen Gründen ist dieser Winkel gleich dem halben Zentralwinkel aAI. Daher schneidet diese Parallele zu aa den Spannungskreis im Punkt a, dessen Koordinaten den Spannungszustand in der geneigten Schnittfläche aa der Abb. 5a darstellen. Diese einfache Beziehung ermöglicht es, im Diagramm (Abb. 5b) die Lage des Punktes, dessen Koordinaten die Spannungen in einer willkürlichen Schnittfläche darstellen, zu ermitteln, wenn durch den Punkt P eine Parallele zur betrachteten Schnittrichtung gezogen wird. Der Punkt P wird der *Pol* des Spannungskreises genannt und ist hier durch einen Doppelring bezeichnet.

Das prinzipielle Vorgehen soll nochmals zusammengefaßt werden: Jeder Punkt a des Spannungskreises der Abb. 5b stellt den Spannungszustand in einem Schnitt durch den Punkt B der Abb. 5a dar. Der Punkt a stellt z. B. hier den Spannungszustand im Schnitt aa dar. Wenn wir eine Reihe solcher Punkte auf dem Spannungskreis herausgreifen und durch jeden dieser Punkte eine Parallele zur zugehörigen Schnittrichtung der Abb. 5a ziehen, so schneiden alle so erhaltenen Geraden den Spannungskreis im gleichen Punkt, und zwar im Pol P. Wenn wir daher die zu einem einzigen Punkt des Spannungskreises zugehörige Schnittrichtung kennen, erhalten wir den Pol, wenn wir durch diesen Punkt die Parallele zur Schnittrichtung ziehen.

Das durch die Abb. 4 und 5 dargestellte zeichnerische Verfahren ist für jedes Material anwendbar, gleichgültig, ob die Spannungen σ_I und σ_{III} einen Porenwasserdruck p_w enthalten oder nicht, weil wir keine Annahmen bezüglich der physikalischen Eigenschaften des betrachteten Materials getroffen haben.

In der Bodenmechanik ist das Hauptanwendungsgebiet des durch die Abb. 4 und 5 dargestellten Spannungskreisverfahrens in der Lösung der folgenden Aufgabe gelegen: Wir kennen die Richtung der beiden extremen Hauptspannungen sowie die Größe der einen. Wir wissen weiter, z. B. aus den Ergebnissen von Scherversuchen, daß im Boden Abscheren eintritt, wenn die Scherspannungen in irgendeinem Schnitt die COULOMBsche Gleichung erfüllen:

$$\tau_s = c + \sigma \operatorname{tg}\varrho. \tag{5.1}$$

Die Größe der zweiten Hauptspannung soll bestimmt werden.

Mit Gl. (5.1) führen wir gleich zu Beginn unserer Untersuchung empirische Größen ein, und wir müssen die Annahmen, die mit der Gleichung verknüpft sind, sehr sorgfältig überprüfen. Zu allererst nehmen wir an, und zwar in guter Übereinstimmung mit der Erfahrung, daß die Gleichung für jede normal zur Zeichenebene wirkende mittlere

Hauptspannung σ_{II} (Abb. 6a) gültig ist. Daraus ergibt sich für die folgende Untersuchung die Annahme, daß die Werte c und ϱ in Gl. (5.1) für jede Schnittrichtung durch den Punkt B dieselben sind. Beachten wir diese wichtige Annahme, so haben wir noch zwischen kohäsionslosen Materialien, wie etwa Sand und bindigen Stoffen, wie etwa Ton, zu unterscheiden. Die Scherfestigkeit von Sand wird durch die Gleichung ausgedrückt:

$$\tau_s = \sigma \, \mathrm{tg}\,\varrho, \tag{5.2}$$

worin σ eine wirksame Normalspannung und ϱ den Winkel der inneren Reibung darstellt. Wir wissen aus Erfahrung, daß die Gültigkeit dieser Gleichung die zuerst erwähnte Annahme ohne Abänderung rechtfertigt. Deshalb sind die Ergebnisse der theoretischen, auf Gl. (5.2) beruhenden Untersuchungen für praktische Belange genau genug.

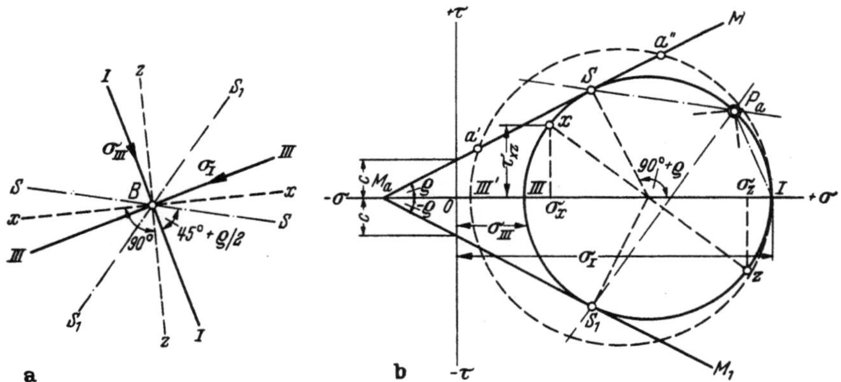

Abb. 6a u. b.
Graphische Darstellung der MOHRschen Bruchbedingung für ideal plastische Stoffe.

Die Scherfestigkeit von Ton ist durch die Gleichung

$$\tau_s = c + \sigma \, \mathrm{tg}\,\varrho \tag{5.1}$$

gegeben, worin σ entweder die wirksame oder die totale Normalspannung und ϱ den Winel der Scherfestigkeit darstellt. Im Abs. 5 wurde gezeigt, daß der Wert $\sigma \, \mathrm{tg}\,\varrho$ aus zwei Teilen besteht. Ein Teil ist die Reibungsfestigkeit, deren Größe nur von der Normalspannung σ abhängt. Dieser Teilwert ist für verschiedene durch einen gegebenen Punkt gelegte Schnittrichtungen verschieden. Der zweite Teilwert von $\sigma \, \mathrm{tg}\,\varrho$ hängt vom Wassergehalt ab, der jedoch für jede Schnittrichtung durch den betrachteten Punkt derselbe ist. Deshalb ist bei Tonen die Annahme, daß der Wert $\mathrm{tg}\,\varrho$ in der Gl. (5.1) unabhängig von der Schnittrichtung durch einen gegebenen Punkt ist, nicht einmal angenähert gerechtfertigt. Der Einfachheit wegen können wir diese

Annahme jedoch nicht umgehen. Die Art und die Größe der Fehler infolge dieser Annahme werden am Schluß dieses Artikels kurz besprochen werden. Zu Beginn vorliegender Untersuchung wurde angenommen, daß die Richtungen der extremen Hauptspannungen σ_I und σ_{III} sowie die Größe einer von beiden bekannt sind. Unsere Aufgabe besteht in der Ermittlung der Größe der zweiten Hauptspannung unter der Voraussetzung, daß im betrachteten Punkt (B in der Abb. 6a) die Bruchbedingung für Abscheren erfüllt ist, sowie in der Ermittlung der zugehörigen Gleitflächenrichtung durch diesen Punkt B. In der Abb. 6a sind die Hauptspannungsebenen, die stets rechtwinklig zueinander stehen, durch die Geraden $I\text{—}I$ und $III\text{—}III$ dargestellt. Im Spannungsdiagramm (Abb. 6b) ist Gl. (5.1) durch die Geraden $M_0 M$ und $M_0 M_1$ abgebildet. Diese beiden Geraden werden gewöhnlich *Bruchlinien* genannt. Sie sind zur waagrechten Achse unter ϱ geneigt und schneiden die lotrechte Achse im Abstand c vom Ursprung 0.

Um unsere Aufgabe zu lösen, erinnern wir uns, daß für einen gegebenen Wert von σ_I die Spannungen in irgendeinem Schnitt durch den Punkt B der Abb. 6a durch die Koordinaten des zugehörigen Punktes auf einem Spannungskreis dargestellt sind, der durch den Punkt I im Spannungsdiagramm (Abb. 6b) hindurchgeht, und daß die Strecke $0I = \sigma_I$ ist. Da die unbekannte Spannung σ_{III} als die kleinere Hauptspannung vorausgesetzt war, muß der zugehörige Spannungskreis auf der linken Seite des Punktes I liegen. Wenn der Spannungskreis, der den Spannungszustand im Punkt B darstellt, die Bruchlinien $M_0 M$ und $M_0 M_1$ (Abb. 6b) nicht schneidet, gibt es durch den Punkt B der Abb. 6a keine Schnittrichtung, in der die Bruchspannungsbedingungen, die durch die Bruchlinien gegeben sind, erfüllt werden. Wenn andererseits der Spannungskreis, wie z. B. der in Abb. 6b über $I\text{—}III'$ gezeichnete, die Bruchlinien schneidet, besteht in keiner der zu den zwischen den Punkten $a'a''$ gelegenen Kreisbogen zugehörigen Schnittrichtungen Gleichgewicht. Der einzige Spannungskreis, der die Bedingung erfüllt, daß er den vorhandenen Spannungszustand im Punkt B im Augenblick des Abscherens darstellt, ist der die Bruchlinie berührende Kreis. Er schneidet die waagrechte Achse im Punkt III im Abstand σ_{III} vom Ursprung und wird *Bruchkreis* genannt. Diese graphische Darstellung ist als Mohr*scher Spannungskreis* (Mohr 1871) bekannt. Um die Richtung der Bruchflächen in bezug auf die Hauptspannungsebenen der Abb. 6a zu bestimmen, ziehen wir $I P_a$ (Abb. 6b) $\parallel I\text{—}I$ (Abb. 6a) und erhalten den Pol P_a des Diagramms. Der Bruch tritt gleichzeitig längs zwei Ebenen ein, SS (Abb. 6a) $\parallel P_a S$ (Abb. 6b) und $S_1 S_1$ Abb. 6a) $\parallel P_a S_1$ (Abb. 6b). Diese Ebenen schneiden die Hauptspannungsebene $I\text{—}I$ der Abb. 6a unter dem Winkel $45° + \frac{\varrho}{2}$. Die Richtung der Gleitflächen ist daher vom Wert c [Gl. (5.1)] unabhängig. Die Scherspannung in den Gleitflächen ist gleich der Ordinate des Punktes S (oder S_1) der Abb. 6b.

Wenn wir mittels des Diagramms (Abb. 6b) die Richtung der resultierenden Spannung auf jede dieser Gleitflächen bestimmen, so stellen wir fest, daß die Richtung der resultierenden Spannung auf jede dieser Ebenen parallel zur anderen Ebene ist, so lange, wie vorausgesetzt $c = 0$ (kohäsionsloses Material). Wenn z. B. $c = 0$ ist, wirkt die resultierende Spannung in SS der Abb. 6a parallel zu $S_1 S_1$ und jene in $S_1 S_1$ parallel zu SS. In der angewandten Mechanik werden zwei Schnittrichtungen, welche diese Bedingungen erfüllen, *konjugierte Richtungen* genannt. Die Gleitflächen in kohäsionslosen Stoffen stellen daher konjugierte Richtungen dar.

Die aus der MOHRschen Darstellung ersichtlichen geometrischen Beziehungen zeigen, daß dann Abscheren eintritt, wenn die Hauptspannungen die Gleichung erfüllen:

$$\sigma_{\text{I}} = 2c\,\text{tg}\left(45° + \frac{\varrho}{2}\right) + \sigma_{\text{III}}\,\text{tg}^2\left(45° + \frac{\varrho}{2}\right) = 2c\,\sqrt{\lambda_\varrho} + \sigma_{\text{III}}\,\lambda_\varrho. \quad (3)$$

Die Abkürzung

$$\lambda_\varrho = \text{tg}^2\left(45° + \frac{\varrho}{2}\right) \quad (4)$$

tritt in einer Anzahl von Gleichungen über die plastischen Grenzzustände der Böden auf und wird *kritisches Hauptspannungsverhältnis* genannt.

Haben wir es mit Sand ($c = 0$) zu tun, so rechnen wir nur mit wirksamen Normalspannungen. Wird in Gl. (3) für $c = 0$ gesetzt, so erhalten wir

$$\sigma_{\text{I}} = \sigma_{\text{III}}\,\text{tg}^2\left(45° + \frac{\varrho}{2}\right) = \lambda_\varrho\,\sigma_{\text{III}}, \quad (5)$$

worin ϱ den Winkel der inneren Reibung bedeutet. Wenn ein kohäsionsloser Erdkörper sich im Grenzzustand des plastischen Gleichgewichtes befindet, ist das Verhältnis zwischen der größeren und kleineren Hauptspannung in jedem Punkt des Erdkörpers gleich dem kritischen Hauptspannungsverhältnis λ_ϱ. Diese Größe hängt nur vom Winkel der inneren Reibung des Bodens ab.

Die Gl. (3) kann auch in anderer Form geschrieben werden:

$$\frac{\sigma_{\text{I}} + \sigma_{\text{III}}}{2}\sin\varrho = \frac{\sigma_{\text{I}} - \sigma_{\text{III}}}{2} - c\cos\varrho. \quad (6)$$

Für die Normalspannungen σ_x und σ_z auf einem willkürlichen, sich unter $90°$ schneidenden Flächenpaar, wie z. B. jenem, das in der Abb. 6a durch die Geraden xx und zz dargestellt ist, sowie durch die Punkte x und z in Abb. 6 b, erhalten wir aus dem MOHRschen Spannungskreis für den Zustand des beginnenden Bruches

$$\sqrt{\left(\frac{\sigma_z - \sigma_x}{2}\right)^2 + \tau_{zx}^2} - \frac{\sigma_z + \sigma_x}{2}\sin\varrho = c\cos\varrho. \tag{7}$$

Für ideale Sande ist die Kohäsion c gleich Null. In jeder auf ideale Sande bezogenen Gleichung ist der Winkel ϱ gleich dem Winkel der inneren Reibung, und die Normalspannungen sind stets wirksame Spannungen. Setzen wir in den vorhergehenden Gleichungen $c = 0$, so erhalten wir

$$\frac{\sigma_I - \sigma_{III}}{\sigma_I + \sigma_{III}} = \sin\varrho \tag{8}$$

und

$$\frac{(\sigma_z - \sigma_x)^2 + 4\tau_{zx}^2}{\sigma_z + \sigma_x} = \sin\varrho. \tag{9}$$

Wenn in jedem Punkt eines Erdkörpers die Spannungen die Gl. (3), (6) oder (7) erfüllen, dann befindet sich dieser Erdkörper im Grenzzustand des *plastischen Gleichgewichtes*. Diesem Zustand kann entweder ein Zustand *plastischen Fließens* oder ein *elastischer Gleichgewichtszustand*, bei dem die Spannungen überall unter dem Bruchzustand liegen, vorausgegangen sein. Die Berechnung der Spannungen im Grenzzustand des plastischen Gleichgewichts erfolgt mit Hilfe der *Plastizitätstheorie*. Es gibt eine Reihe von Plastizitätstheorien, die auf verschiedenen Annahmen über die Bedingung des plastischen Fließens beruhen (NÁDAI 1931). Diese Annahmen wurden durch Vereinfachung der tatsächlichen Spannungsbedingungen für das plastische Fließen der untersuchten Stoffe erhalten. Die auf Böden angewandte Plastizitätstheorie beruht auf der MOHRschen Bruchbedingung, da wir bis heute noch keine bessere Beschreibung der plastischen Eigenschaften der Böden besitzen. Auf Grund der MOHRschen Annahme haben wir die Gl. (3), (6) und (7) erhalten, welche drei verschiedene Formen der Grundgleichungen der Theorie des plastischen Gleichgewichtes idealer Böden darstellen. Mit dieser Theorie befassen sich die folgenden Abschnitte. Die Gleichungen wurden unter der anfangs dargelegten Annahme abgeleitet, daß Gl. (5.1) nicht nur für die Gleitebene, sondern auch für jede andere Schnittebene durch einen gegebenen Punkt eines im Grenzzustand des plastischen Gleichgewichtes befindlichen Körpers gültig ist.

Die MOHRsche Darstellung ist nur ein Hilfsmittel zur graphischen Lösung einer Reihe von Plastizitätsaufgaben unter der Annahme, daß die MOHRsche Bruchbedingung zu Recht besteht. Diese Annahme setzt auch voraus, daß die Kohäsion c des untersuchten Stoffes eine Materialkonstante darstellt.

Wenn in Gl. (5.1) die Kohäsion c Null ist (kohäsionslose Stoffe) und außerdem σ eine wirksame Normalspannung darstellt, so ist die Annahme von MOHR ziemlich genau erfüllt. Die zwischen Annahme und den mechanischen Eigenschaften natürlicher Tone bestehenden Abweichungen werden in einer Veröffentlichung über angewandte Bodenmechanik besprochen werden. Eine Analysierung ihrer Einflüsse auf die Gültigkeit der MOHRschen Theorie und den zugehörigen Spannungsgleichungen für Tone führte zu folgender Schlußfolgerung: Die Gl. (3) bis (7) sind mit gewissen Einschränkungen, trotz der vorhandenen Abweichungen, praktisch verwertbar. Der Unterschied zwischen der tatsächlichen und der berechneten Gleitflächenrichtung, bezogen auf die Hauptspannungsebenen, ist andererseits ziemlich bedeutend. Im allgemeinen ist der Fehler, wenn die Spannungen in den Gleichungen oder in der graphischen Darstellung wirksame Spannungen darstellen, von geringerer Bedeutung, als der bei ähnlichen Berechnungen mit zusammengesetzten Spannungen auftretende Fehler.

Die vorhergehenden Untersuchungen beruhen auch auf der stillschweigenden Voraussetzung, daß das plastische Fließen, einschließlich einer fortschreitenden Verformung bei konstanter Spannung, keinen Einfluß auf die Werte c und ϱ der Gl. (5.1) hat. Sowohl für idealen Sand wie auch für idealen Ton wird angenommen, daß diese Böden bei unveränderlichen Werten c und ϱ imstande sind, unbegrenzt zu fließen. Wir sind deshalb berechtigt, sie als plastische Stoffe zu bezeichnen. Es gibt jedoch keine natürlichen Böden, deren physikalische Eigenschaften eine solche Annahme rechtfertigen. Das Abweichen des Verhaltens natürlicher Böden vom ideal-plastischen Verhalten wird nicht nur von der Art der Bodenteilchen, sondern auch von der Porosität stark beeinflußt. Diese Abweichungen und ihre Bedeutung auf die in den theoretischen Untersuchungen enthaltenen Fehler werden ebenfalls in einer Veröffentlichung über angewandte Bodenmechanik besprochen werden.

8. Hydrostatischer Auftrieb.

In der Natur haben wir es meist mit Böden zu tun, deren Poren mit Wasser gefüllt sind. Um die wirksamen Spannungen in solchen Böden zu bestimmen, müssen die neutralen Spannungen bekannt sein. Die Verfahren zur Berechnung des hydrostatischen Druckes im Porenwasser werden in Kap. XII erörtert. Befindet sich das Wasser in einem statischen Gleichgewichtszustand, dann wird die Berechnung so einfach, daß Spannungsaufgaben, ohne in die Hydraulik der Böden einzugehen, gelöst werden können. Als Beispiel untersuchen wir den

Spannungszustand in einer vollkommen überfluteten Ablagerung. Die Abb. 7 stellt einen lotrechten Schnitt durch die Ablagerung dar. Die totale Spannung in einer waagrechten Schnittebene durch den Boden in einer Tiefe z unter dem Wasserspiegel ist gleich der Summe aus dem Gewicht der festen Bodenteilchen und dem über dieser Ebene befindlichen Wassergewicht. Bezeichnen wir mit

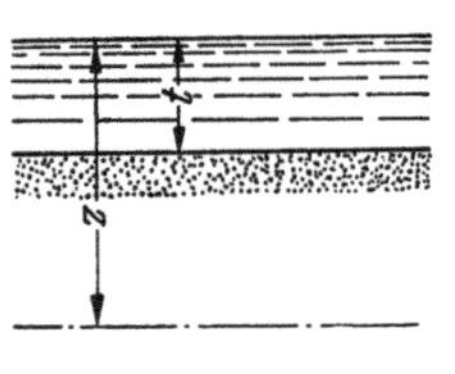

Abb. 7. Querschnitt durch eine überflutete Sandschicht.

n = den Porenanteil der Ablagerung (Verhältnis zwischen dem Porenvolumen und dem Gesamtvolumen des Bodens),

γ_s = das spezifische Gewicht der Bodenteilchen,

γ_w = das spezifische Gewicht des Wassers, und mit

zt_0 = die Höhe des Wasserspiegels über der Oberfläche der Ablagerung.

Das auf die Flächeneinheit des waagrechten Schnittes bezogene Gewicht der festen Bodenteilchen beträgt $\gamma_s(1 - n)$ $(z - zt_0)$ und das dazugehörige Gewicht des Wassers $n\,\gamma_w(z - zt_0) + \gamma_w\,zt_0$. Die im waagrechten Schnitt wirkende totale Normalspannung beträgt daher

$$\sigma = \gamma_s(1 - n)(z - zt_0) + n\,\gamma_w(z - zt_0) + \gamma_w\,zt_0.$$

Die neutrale Spannung in der Tiefe $h_w = z$ unter dem freien Wasserspiegel ist nach Gl. (6.1) gleich $p_w = \gamma_w z$, und demgemäß beträgt die wirksame Spannung

$$\sigma_0 = \sigma - \gamma_w z = (\gamma_s - \gamma_w)(1 - n)(z - zt_0). \qquad (1)$$

In dieser Gleichung stellt das Produkt $(\gamma_s - \gamma_w)(1 - n)$ das Gewicht der festen Teilchen, vermindert um das Gewicht des durch die festen Teilchen verdrängten Wassers pro Raumeinheit dar. Dieses Gewicht wird *Raumgewicht unter Auftrieb* genannt und mit dem Symbol γ_a bezeichnet. Aus der vorhergehenden Gleichung erhalten wir dann

$$\gamma_a = (\gamma_s - \gamma_w)(1 - n). \qquad (2)$$

Die wirksame Normalspannung ist dann in einem waagrechten Schnitt in der Tiefe z gleich

$$\sigma_0 = \gamma_a(z - zt_0). \qquad (3)$$

Es soll nochmals betont werden, daß die bisher angegebenen Gleichungen nur dann gültig sind, wenn das in den Poren des Bodens enthaltene Wasser im hydrostatischen Gleichgewichtszustand ist.

Bei waagrechter Bodenoberfläche sind die Scherspannungen in allen waagrechten Schnitten gleich Null, und die Normalspannung σ_0 [Gl. (3)] stellt entweder die größte oder die kleinste Hauptspannung dar. Wenn sich die Ablagerung im Grenzzustand plastischen Gleichgewichtes befindet, dann kann die andere extreme Hauptspannung mit Hilfe der Gl. (7.5) berechnet werden.

III. Plastische Grenzzustände in einer den Halbraum erfüllenden Masse.

9. Definition.

Wenn eine homogene Masse durch eine waagrechte Ebene nach oben begrenzt und nach abwärts wie nach allen waagrechten Richtungen unbegrenzt ist, dann bezeichnen wir den von der Masse erfüllten Bereich als *Halbraum*. Das Raumgewicht des Materials ist γ. In jedem Punkt der Ablagerung kann der Spannungszustand, wie in der Abb. 6b gezeigt ist, durch einen MOHRschen Spannungskreis dargestellt werden. Wenn von allen Spannungskreisen kein einziger die Bruchlinien M_0M und M_0M_1 berührt, ist die Ablagerung im elastischen Zustand, d. h. im Zustand der Ruhe. Die Bezeichnung „Elastischer Zustand" setzt keine bestimmte Beziehung zwischen Spannung und Verformung voraus. Sie enthält nur die Forderung, daß eine unendlich kleine Spannungszunahme nicht mehr als eine ebenfalls unendlich kleine Zunahme der Verformung zur Folge hat. Wenn die MOHRschen Spannungskreise die Bruchlinien jedoch berühren, verursacht eine unendlich kleine Zunahme der Hauptspannungsdifferenz bereits ein stetiges Zunehmen der entsprechenden Verformung. Diese Erscheinung nennen wir plastisches Fließen. Dem Fließzustand geht also stets ein Grenzzustand, d. h. ein Gleichgewichtszustand an der Grenze von elastischem und plastischem Verhalten, voraus (siehe Abs. 7).

Alle Spannungskreise, die die MOHRschen Bruchlinien weder berühren noch schneiden, stellen Spannungszustände im elastischen Bereich dar. Durch jeden Punkt der Abszissenachse im MOHRschen Diagramm, z. B. durch den Punkt Z der Abb. 8b, können beliebig viele verschieden große Kreise gezeichnet werden, die Spannungszustände im elastischen Bereich darstellen, wenn die eine Hauptspannung gleich der Abszisse OZ des Punktes Z ist. In der Abb. 8b ist C einer von diesen Kreisen. Es gibt aber nur zwei Kreise, die durch den Punkt Z gehen und einen Grenzspannungszustand im plastischen Bereich darstellen, d. h. die Bruchlinien berühren. Der eine Kreis liegt auf der rechten, der andere auf der linken Seite von Punkt Z. Im Gegensatz zu diesen beiden plastischen Grenzzuständen, welche durch die beiden berührenden Kreise dargestellt werden, ist der Spannungszustand im elastischen Bereich oder im Ruhezustand statisch unbestimmt. Der maßgebende Verhältniswert $\sigma_{h_0}/\sigma_{v_0}$ zwischen waagrechter und lotrechter Hauptspannung eines im Ruhezustand befindlichen Erdkörpers hängt von der Bodenart, vom geologischen Ursprung des Bodens und der zeitweiligen Belastung, welche die Bodenoberfläche beansprucht hat, ab. Dieser Wert kann von der Tiefe unabhängig oder mit der Tiefe veränderlich sein. Wenn ein Boden infolge seiner geologischen Entstehung und Entwicklung die Annahme rechtfertigt, daß für jeden Punkt innerhalb des Bodens der Verhältniswert $\sigma_{h_0}/\sigma_{v_0}$ angenähert derselbe ist, so nennen wir diesen Wert *Ruhedruckbeiwert* und bezeichnen ihn mit λ_0.

Zur Definition des Gegenstandes der nun folgenden Untersuchungen nehmen wir eine homogene Masse mit waagrechter Oberfläche an. Das Raumgewicht der Masse ist γ. In jedem Punkt dieser Masse

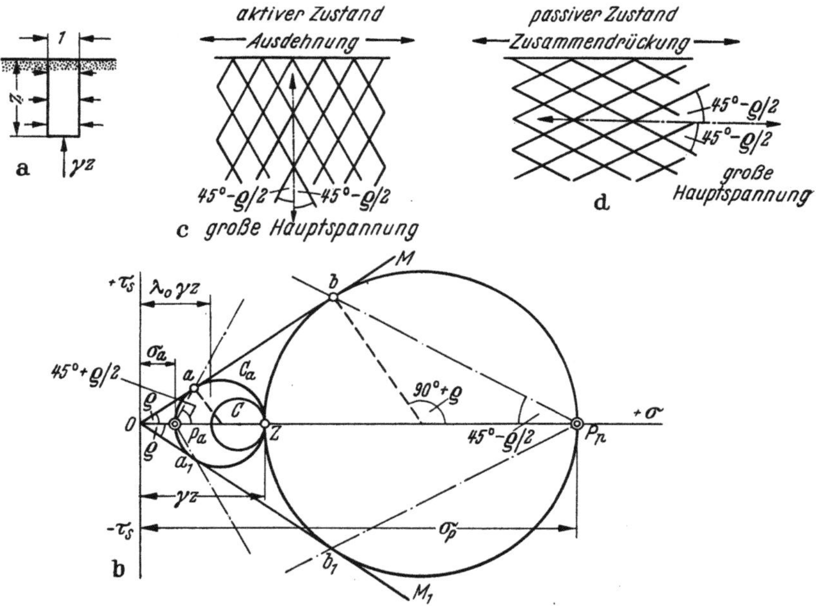

Abb. 8a—d. Der mit einer kohäsionslosen Masse erfüllte Halbraum.
a Spannungen in den Begrenzungen des prismatischen Elementes; — b Graphische Darstellung des Bruchspannungszustandes; — c Gleitlinienfeld im aktiven Zustand; — d Gleitlinienfeld im passiven Zustand.

soll ein Zustand beginnenden plastischen Fließens herrschen, indem wir diese Masse parallel zu einer senkrecht zur Halbraumoberfläche stehenden Ebene verformt denken. Eine solche Verformung wird *ebene Verformung* genannt. Jede durch die Masse gelegte lotrechte Ebene stellt für die gesamte Masse eine Symmetrieebene dar. Daher sind die Scherspannungen auf lotrechten und waagrechten Schnittebenen gleich Null. Abb. 8a stellt ein aus der Masse herausgeschnittenes Prisma von der Breite Eins dar. Die Verformung der Masse erfolgt parallel zur Zeichenebene. Da die Scherspannungen in den lotrechten Seiten des Prismas gleich Null sind, ist die Normalspannung σ_v in der Grundfläche des Prismas eine Hauptspannung. Sie ist gleich dem Gewicht des Prismas

$$\sigma_v = \gamma\, z.$$

Der elastische Anfangsspannungszustand, der in der Masse, in der wir das prismatische Element betrachten, herrscht, kann in den plastischen Grenzspannungszustand auf zwei verschiedene Arten übergeleitet werden. Entweder strecken wir die gesamte Masse gleichförmig in waagrechter Richtung oder wir verdichten sie gleichförmig in derselben Richtung. Wenn wir sie strecken, nehmen die Spannungen in den lotrechten Seiten des Prismas so lange ab, bis das kritische Hauptspannungsverhältnis erreicht ist, während die Spannung in der Grundfläche unverändert bleibt. Ein weiteres Strecken verursacht nur ein plastisches Fließen ohne eine Veränderung des Spannungszustandes. Der Übergang vom plastischen Grenzzustand zu jenem des plastischen Fließens stellt den *Bruch* der Masse dar. Auf Grund der physikalischen Eigenschaften, die wir den idealen Böden zugeschrieben haben, ist es gleichgültig, ob der plastische Grenzzustand gleichzeitig in allen Punkten des Bodens erreicht wird oder nicht. Da das Gewicht des Bodens beim waagrechten Nachgeben fördernd mitwirkt, wird der dabei auftretende Bruchzustand *aktiver Bruch* genannt.

Wenn wir den Boden jedoch in waagrechter Richtung zusammendrücken, nehmen die Spannungen in den lotrechten Seiten des Prismas zu, während die Spannung in seiner Grundfläche unverändert bleibt. Da das Eigengewicht des Bodens einer seitlichen Zusammendrückung des Bodens entgegenwirkt, wird der sich durch plastisches Fließen einstellende Bruch *passiver Bruch* genannt. Die den Beginn des plastischen Fließens verursachenden Spannungen sollen mit jenen identisch sein, die zur Erhaltung des Fließzustandes notwendig sind, so daß eine weitere Zusammendrückung des Bodens keinen Einfluß auf den Spannungszustand hat.

Der Übergang eines Bodens vom elastischen in den plastischen Zustand kann daher durch zwei verschiedene Vorgänge, seitliches Nachgeben oder seitliches Zusammendrücken, erzeugt werden. In jedem Fall hat dieser Übergang den Beginn des Abscherens längs zweier Scharen von Gleitflächen zur Folge (siehe Abb. 8c und 8d). Der Schnitt einer Gleitfläche mit der Zeichenebene wird *Gleitlinie* oder, wenn er gekrümmt ist, *Gleitkurve* genannt. Die Gleitlinien oder die Gleitkurven, die zwei Gleitlinienscharen bilden, ergeben das *Gleitlinienfeld*.

Unsere Aufgabe besteht in der Bestimmung der Spannungen, die in der den Halbraum erfüllenden Masse im plastischen Grenzzustand auftreten, und in der Ermittlung der Gleitflächenrichtung. Diese Aufgabe wurde erstmals von RANKINE (1857) gelöst. Deshalb wird der durch waagerechtes Nachgeben oder Zusammendrücken einer den Halbraum erfüllenden Masse erreichte plastische Grenzzustand der *aktive* bzw. der *passive Rankinesche Zustand* genannt. Im folgenden Abschnitt wird gezeigt werden, daß das Gleitlinienfeld einer den Halbraum mit waagrechter Oberfläche erfüllenden Masse aus zwei Scharen von parallelen Linien besteht, die bezüglich der Lotrechten symmetrisch angeordnet sind. Im aktiven Rankineschen Zustand sind die Gleitflächen zur waagrechten Oberfläche unter einem Winkel $45° + \frac{\varrho}{2}$ geneigt (siehe Abb. 8 c). Im passiven Rankineschen Zustand sind die Gleitlinien unter dem Winkel $45° - \frac{\varrho}{2}$ zur Waagrechten geneigt (siehe Abb. 8 d).

Wenn der aktive oder der passive Rankinesche Zustand nur in einem Teil der den Halbraum erfüllenden Masse besteht, wird dieser Teil als *Rankinesche Zone* bezeichnet. Innerhalb einer Rankineschen Zone ist das Gleitlinienfeld mit einem der beiden in den Abb. 8 c oder 8 d dargestellten Feldern identisch. Die Abb. 15 a zeigt z. B. auf der rechten Seite des Punktes *a* eine aktive Rankinesche Zone und auf der linken Seite eine passive Zone.

Es ist selbstverständlich, daß das seitliche Ausweichen jedes Teiles der den Halbraum erfüllenden Masse bis zum Erreichen des Bruchzustandes nur in unserer Vorstellung stattfinden kann. In der Baupraxis gibt es keinen Fall, bei dem ähnliche Verhältnisse auftreten. Trotzdem ist es möglich, mittels einer Reihe rein gedanklicher Vorgänge, die in Kap. IV besprochen werden, die Ergebnisse der folgenden Untersuchungen auf die praktische Lösung von einigen wichtigen Bauaufgaben anzuwenden, z. B. zur Berechnung des Erddruckes auf Stützwände oder der maximalen Tragfähigkeit von Streifenfundamenten.

10. Aktiver und passiver Rankinescher Zustand in einer den Halbraum erfüllenden kohäsionslosen Masse.

Die Abb. 8 zeigt ein prismatisches Element aus einer den Halbraum mit waagrechter Oberfläche erfüllenden kohäsionslosen Masse. Das Raumgewicht des Materials ist γ und die Bruchspannungsbedingungen sind durch die Bruchlinie OM in der Abb. 8 b bestimmt, die durch die Gleichung

$$\tau_s = \sigma \, \mathrm{tg} \, \varrho \tag{5.2}$$

gegeben ist. Die Normalspannung in der Grundfläche des Elementes ist gleich dem Gewicht γz des Elementes. Da die Scherspannungen in waagrechten Schnittflächen gleich Null sind, ist die Normalspannung γz in der Grundfläche des Elementes eine Hauptspannung. In der Mohrschen Darstellung (Abb. 8 d) ist diese Hauptspannung durch die Strecke OZ gegeben.

Während die Masse in ihrem ursprünglichen Spannungszustand elastisches Verhalten zeigt und sich zwischen dem aktiven und dem passiven Rankineschen Zustand befindet, ist der Verhältniswert zwischen der waagrechten und der lotrechten Hauptspannung gleich dem Ruhedruckbeiwert λ_0 (s. Abs. 9) und die waagerechte Hauptspannung ist

$$\sigma_{h0} = \lambda_0 \gamma z. \tag{1}$$

Um den aktiven Rankineschen Zustand im Boden zu erzeugen, müssen wir den Boden in waagrechter Richtung so lange ausweichen lassen, bis die Grenzspannungsbedingung für plastisches Fließen erfüllt ist. Da der Übergang in den aktiven Rankineschen Zustand eine Abnahme der waagrechten Hauptspannung bis zu einem bestimmten Teilbetrag der lotrechten zur Folge hat, ist der Bruchkreis, der den aktiven Rankineschen Zustand in der Tiefe z darstellt, auf der linken Seite des Punktes Z gelegen. Er berührt die Bruchlinie OM im Punkt a. Der zugehörige Pol wird der *aktive Pol P_a* genannt. Gemäß Abs. 7 und Abb. 5 liegt der Pol im Schnitt des Spannungskreises mit einer Parallelen zu der Ebene, in der die Spannung γz wirkt, durch den Punkt Z. Da diese Ebene waagrecht und der Punkt Z außerdem in der waagrechten Achse liegt, ist der aktive Pol P_a durch den Schnittpunkt des Spannungskreises mit der Abszisse des Mohrschen Diagrammes gegeben. Die Gleitebenen in der Abb. 8c sind parallel zu den Geraden $P_a a$ und $P_a a_1$ der Abb. 8b. Beide Scharen von Ebenen schneiden die Waagrechte unter einem Winkel $45° + \dfrac{\varrho}{2}$. Aus den Winkel- und Längenverhältnissen der Abb. 8b erhalten wir für die Normalspannung σ_a (aktive Druckspannung) in einer lotrechten Schnittebene in der Tiefe z unter der Oberfläche den Wert

$$\sigma_a = \gamma\, z\, \mathrm{tg}^2 \left(45° - \frac{\varrho}{2}\right) = \gamma\, z\, \frac{1}{\lambda_\varrho}, \tag{2}$$

worin λ_ϱ das kritische Hauptspannungsverhältnis [Gl. (7.4)] bezeichnet. Die Druckspannung in einem waagrechten Schnitt in derselben Tiefe ist γz. Der Quotient

$$\frac{\sigma_a}{\gamma\, z} = \mathrm{tg}^2 \left(45° - \frac{\varrho}{2}\right) = \frac{1}{\lambda_\varrho} \tag{3}$$

ist von der Tiefe unabhängig. Die Normalspannung in einer lotrechten Schnittebene nimmt daher wie der hydrostatische Druck geradlinig mit der Tiefe zu. Für geneigte Schnittflächen kann die Spannung σ_a aus dem Mohrschen Diagramm leicht ermittelt werden. In Abs. 7 wurde dieser Vorgang erklärt. Sie nimmt ebenfalls wie der hydrostatische Druck geradlinig mit der Tiefe zu.

Wenn dem Bruchzustand des Bodens eine seitliche Zusammendrükkung vorausgeht, die eine Zunahme der waagrechten Hauptspannung zur Folge hat, wird der Bruchspannungszustand in der Abb. 8b durch jenen Kreis dargestellt. der durch den Punkt Z geht und die Bruchlinie OM im Punkt b berührt. Die zugehörigen Gleitebenen (Abb. 8d) sind parallel zu $P_p b$ und $P_p b_1$ (Abb. 8d). Sie schließen mit der Lotrechten einen Winkel von $45° + \frac{\varrho}{2}$ ein. Aus den in der Abb. 8b dargestellten Spannungen und Winkeln finden wir

$$\sigma_p = \gamma z \operatorname{tg}^2\left(45° + \frac{\varrho}{2}\right) = \gamma z \lambda_\varrho, \tag{4}$$

und der Quotient aus der waagrechten und lotrechten Spannung beträgt

$$\frac{\sigma_p}{\gamma z} = \operatorname{tg}^2\left(45° + \frac{\varrho}{2}\right) = \lambda_\varrho. \tag{5}$$

Die Spannungen in geneigten Schnittflächen können mit Hilfe des MOHRschen Diagramms bestimmt werden. Da der Quotient $\dfrac{\sigma_p}{\gamma z}$ von der Tiefe unabhängig ist, nimmt der Erdwiderstand in ebenen Schnittflächen genau so wie der Erddruck geradlinig mit der Tiefe zu. Aus den Gl. (3) und (5) erhalten wir

$$\sqrt{\sigma_a \sigma_p} = \gamma z. \tag{6}$$

Um den RANKINEschen Zustand in einer den Halbraum erfüllenden Masse zu untersuchen, deren Oberfläche eben, jedoch unter einem Winkel $\beta < \varrho$ zur Waagrechten geneigt ist, untersuchen wir die Gleichgewichtsbedingungen des in der Abb. 9a gezeichneten prismatischen Elementes, dessen Seiten lotrecht und dessen Grundfläche parallel zur Oberfläche der Masse verläuft. Da der Spannungszustand längs einer lotrechten Schnittebene unabhängig von der Lage der Schnittebene ist, müssen die Spannungen in den beiden lotrechten Seiten des Elementes entgegengesetzt und gleich groß sein. Daher muß die Kraft, die in der Grundfläche des Elementes wirkt, gleich und entgegengesetzt dem Gewicht γz des Elementes sein. Wenn wir diese Kraft in eine normale und eine tangentiale Komponente zerlegen und beachten, daß die Breite der Grundfläche des Elementes gleich $\dfrac{1}{\cos\beta}$ ist, so erhalten wir für die Normalspannung in der Grundfläche die Größe

$$\sigma = \gamma z \cos^2\beta \tag{7}$$

und für die Scherspannung den Wert

$$\tau = \gamma z \sin\beta \cos\beta. \tag{8}$$

In der Mohrschen Darstellung (Abb. 9b) sind die Bruchspannungsbedingungen durch die Bruchlinien OM und OM_1 gegeben. Der Spannungszustand in der Grundfläche des Elementes in einer Tiefe z unter
der Oberfläche ist durch den Punkt Z mit der Abszisse σ [Gl. (7)]
und der Ordinate τ [Gl. (8)] dargestellt. Da die resultierende Spannung in
der Grundfläche des Prismas unter einem Winkel β zur Flächennormalen

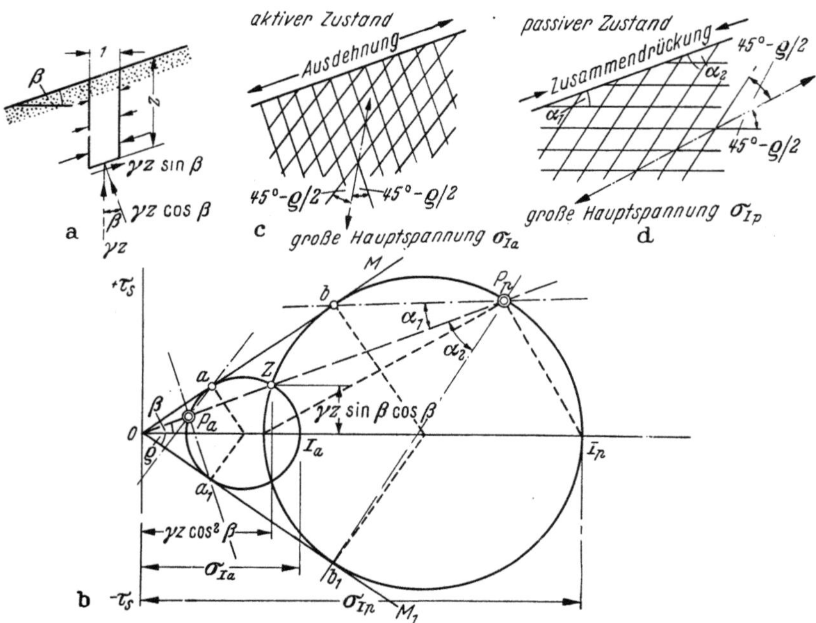

Abb. 9a—d. Der Halbraum mit geneigter Oberfläche, erfüllt mit einer kohäsionslosen Masse.
a Spannungen an den Grenzflächen des prismatischen Elementes; — b Graphische Darstellung des Bruchspannungszustandes; — c Gleitlinienfeld für den aktiven Zustand; — d Gleitlinienfeld für den passiven Zustand.

wirkt, muß der Punkt Z in der Abb. 9b auf einer Geraden durch O
gelegen sein, die zur Waagrechten unter dem Winkel β geneigt ist.
Der Spannungskreis, der den Spannungszustand im Augenblick des
aktiven Bruches darstellt, geht durch Z und berührt die Bruchlinie OM
im Punkt a.

Zur Ermittlung des Poles P_a ziehen wir durch Z eine Parallele zu
der Ebene, in welcher die durch Z dargestellte Spannung wirkt, d. h.
parallel zur Grundfläche des Elementes (siehe Abs. 7 und Abb. 5).
Diese Ebene ist zur Waagrechten unter dem Winkel β geneigt, und die
Gerade OZ schneidet die Waagrechte ebenfalls unter dem Winkel β.
Der Pol P_a ist daher durch den Schnittpunkt des Spannungskreises
mit der Geraden OZ gegeben. Die eine Schar der in Abb. 9c dargestell-

ten Gleitflächen ist parallel zu $P_a a$, und die andere Schar ist parallel zu $P_a a_1$ (Abb. 9 b). Die Gleitflächenscharen sind zur Richtung der größeren Hauptspannung unter dem Winkel $45° - \frac{\varrho}{2}$ geneigt. Die größere Hauptspannung ist durch die Länge der Strecke OI_a (Abb. 9b) gegeben. Auf ähnliche Weise finden wir, daß der Spannungskreis im passiven Bruchzustand durch den Punkt Z geht und die Bruchlinie OM im Punkt b berührt. Die eine der beiden Gleitflächenscharen der Abb. 9b ist parallel zu $P_p b$, und die andere Schar ist parallel zu $P_p b_1$ (Abb. 9b). Die Länge der Strecke OI_p (Abb. 9b) ergibt die größere Hauptspannung, deren Richtung senkrecht zu $P_p I_p$ verläuft.

Die in den Abb. 8 und 9 dargestellte Aufgabe wurde von RANKINE analytisch gelöst. Nach dem vorhin beschriebenen graphischen Verfahren können dieselben Ergebnisse in einem Bruchteil des für die analytische Lösung nötigen Zeitaufwandes erhalten werden.

11. Plastische Grenzzustände in einer unter Auflast stehenden, geschichteten oder teilweise überfluteten kohäsionslosen Masse mit waagrechter Oberfläche.

Wenn die Oberfläche der in Abb. 8 dargestellten Masse eine gleichförmig verteilte Auflast p pro Flächeneinheit trägt, wird die Spannung in der Grundfläche des in Abb. 8a gezeichneten Prismas gleich

$$\sigma_v = p + \gamma z = \gamma \left(\frac{p}{\gamma} + z \right), \tag{1}$$

wobei σ_v eine Hauptspannung ist. Für die zugehörige waagrechte Normalspannung in einer lotrechten Schnittebene erhalten wir mit Hilfe der Gl. (7.5) im aktiven Zustand

$$\sigma_a = \gamma \left(\frac{p}{\gamma} + z \right) \frac{1}{\lambda_\varrho} \tag{2}$$

und im passiven Zustand

$$\sigma_p = \gamma \left(\frac{p}{\gamma} + z \right) \lambda_\varrho, \tag{3}$$

darin stellt $\lambda_\varrho = \mathrm{tg}^2 \left(45° + \frac{\varrho}{2} \right)$ wieder das kritische Hauptspannungsverhältnis dar.

Die Werte von σ_a und σ_p der Erddruckspannung in geneigten Schnittflächen können leicht aus dem MOHRschen Diagramm (Abb. 9b) ermittelt werden.

Die Abb. 10a stellt einen Schnitt durch eine kohäsionslose Ablagerung mit waagrechter Oberfläche dar, die aus mehreren waagrechten Schichten mit den Dicken d_1, d_2 usw., den Raumgewichten γ_1, γ_2 usw. und den Winkeln der inneren Reibung ϱ_1, ϱ_2 usw. besteht. Da die Scherspannungen in allen waagrechten Schnitten gleich Null sind, sind die Normalspannungen in waagrechten und lotrechten Schnittflächen Hauptspannungen, und ihre Größen können mittels der Gl. (7.5) berechnet werden. Wenn die Masse sich im aktiven Zustand befindet, entspricht die Normalspannung σ_v in waagrechten Schnittflächen der größeren Hauptspannung σ_I der Gl. (7.5). In jeder Tiefe $z < d_1$ ist die lotrechte Hauptspannung σ_{v_1} gleich $\gamma_1 z$ und die zugehörige waagrechte Hauptspannung

$$\sigma_{a_1} = \gamma_1 z \frac{1}{\lambda_{\varrho_1}}, \tag{4}$$

worin $\lambda_{\varrho_1} = \mathrm{tg}^2\left(45° + \frac{\varrho_1}{2}\right)$ ist.

In der Abb. 10a ist diese Gleichung durch die Gerade ab_1 gegeben. In einer Tiefe $z > d_1$ ist die lotrechte Hauptspannung gleich

$$\sigma_{v_2} = \gamma_1 d_1 + \gamma_2 (z - d_1)$$

und die waagrechte Hauptspannung in derselben Tiefe

$$\sigma_{a_2} = [\gamma_1 d_1 + \gamma_2 (z - d_1)]\frac{1}{\lambda_{\varrho_2}} = \frac{\gamma_2}{\lambda_{\varrho_2}}\left[z + d_1\left(\frac{\gamma_1}{\gamma_2} - 1\right)\right], \tag{5}$$

worin $\lambda_{\varrho_2} = \mathrm{tg}^2\left(45° + \frac{\varrho_2}{2}\right)$ ist.

Die entsprechende Spannungsverteilung ist in der Abb. 10a durch die Gerade $b_2 c_2$ dargestellt, welche die Bezugslinie ca im Punkt a_1 schneidet, der über der Oberfläche in der Höhe $d_1\left(\frac{\gamma_1}{\gamma_2} - 1\right)$ liegt. Der Wert $d_1\left(\frac{\gamma_1}{\gamma_2}\right)$ stellt die Dicke einer Schicht mit dem Raumgewicht γ_2 dar, die auf die Oberfläche der zweiten Schicht die gleiche Druckspannung ausübt als die tatsächlich vorhandene Schicht.

In der Abb. 8c schneiden die Gleitflächen die Waagrechte unter einem Winkel $45° + \frac{\varrho}{2}$. Jede von den in Abb. 10a dargestellten Schichten ist von den anderen vollkommen unabhängig. Die Richtung der Gleitflächen und ihr Verlauf ist in Abb. 10b gezeichnet. Die Abb. 10c stellt einen Schnitt durch eine kohäsionslose Ablagerung dar, deren waagrechte Oberfläche im Abstand $d t_0$ über dem Wasserspiegel liegt. Handelt es sich um kohäsionsloses Material, z. B. Sand, dann haben wir es stets mit wirksamen Spannungen zu tun. Dies bedeutet, daß die Scherfestigkeit des Materials durch die Gleichung

$$\tau_s = \sigma \, \mathrm{tg}\varrho$$

ausgedrückt werden kann, worin σ die wirksame Normalspannung und ϱ den Winkel der inneren Reibung bedeutet. In guter Übereinstimmung mit der Erfahrung können wir annehmen, daß das in den Poren des Sandes enthaltene Wasser keinen Einfluß auf den Winkel der inneren Reibung ϱ hat. Oberhalb des Grundwasserspiegels ist das Raumgewicht des Sandes gleich γ und die neutrale Spannung Null. Das Raumgewicht des unter Auftrieb stehenden Sandes ist γ_a und durch

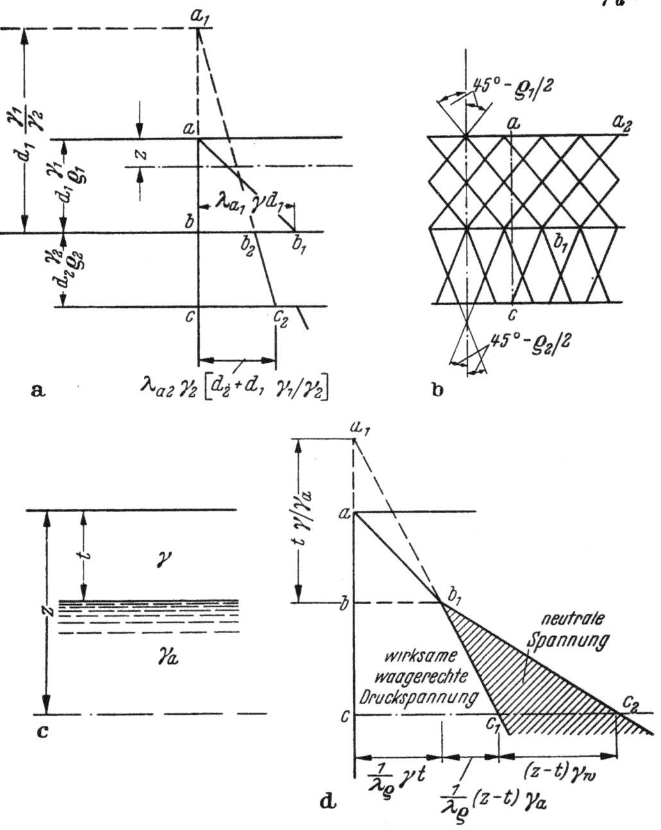

Abb. 10 a—d. a In einer lotrechten Schnittfläche wirkende waagerechte Spannungen in kohäsionslosen, geschichteten, den Halbraum erfüllenden Massen, im aktiven RANKINEschen Zustand; — b Zugehöriges Gleitlinienfeld; — c Querschnitt durch eine kohäsionslose, teilweise überflutete und den Halbraum erfüllende Masse im aktiven RANKINEschen Zustand; — d Waagerechte Spannung in einer lotrechten Schnittfläche durch diese Masse.

Gl. (8.2) ausgedrückt. Die unter Berücksichtigung des durch den Auftrieb verminderten Raumgewichtes γ_a berechneten Spannungen stellen wirksame Spannungen dar. Da in waagrechten Schnitten keine Scherspannungen wirken, sind sowohl waagrechte wie lotrechte Schnittflächen durch Hauptspannungen beansprucht. Diese beiden Hauptspannungen stehen untereinander durch die Gl. (7.5) in Beziehung

$$\sigma_{III} = \sigma_I \frac{1}{\lambda_\varrho},$$

worin σ_I die größere und σ_{III} die kleinere Hauptspannung und wie bisher $\lambda_\varrho = \mathrm{tg}^2\left(45° + \dfrac{\varrho}{2}\right)$ ist. Befindet sich die Ablagerung im aktiven Zustand, dann entspricht die lotrechte Hauptspannung der größeren Hauptspannung.

Im Bereich zwischen Oberfläche und Grundwasserspiegel ist die neutrale Spannung Null, die lotrechte Hauptspannung gleich γz und die waagrechte Hauptspannung

$$\sigma_a = \gamma\, z\, \frac{1}{\lambda_\varrho}\,. \tag{6}$$

Unterhalb des Grundwasserspiegels ist die neutrale Spannung

$$p_w = (z - d\,t_0)\,\gamma_w, \tag{7}$$

wenn γ_w das spezifische Gewicht des Wassers bedeutet. Die wirksame lotrechte Hauptspannung ist dann

$$\gamma\,d\,t_0 + \gamma_a(z - d\,t_0),$$

und die wirksame waagrechte Hauptspannung ist

$$\sigma_a = [\gamma\,d\,t_0 + \gamma_a\,(z - d\,t_0)]\,\frac{1}{\lambda_\varrho} = \frac{\gamma_a}{\lambda_\varrho}\left[z + \left(\frac{\gamma}{\gamma_a} - 1\right)d\,t_0\right]. \tag{8}$$

In Abb. 10d ist der Verlauf der wirksamen waagrechten Druckspannung σ_a durch die gebrochene Linie $a\,b_1\,c_1$ dargestellt. In einer Tiefe z ist die neutrale Spannung p_w [Gl. (7)] gleich dem waagrechten Abstand zwischen den Geraden b_1c_1 und b_1c_2 in dieser Tiefe. Die Gesamtgröße des waagrechten Druckes und die Verteilung längs der Lotrechten $a\,c$ ist durch die Spannungsfläche $a\,c\,c_2\,b_1$ gegeben.

12. Aktiver und passiver Rankinescher Zustand in einer den Halbraum erfüllenden bindigen Masse.

Abb. 11a zeigt einen Schnitt durch ein prismatisches Element, das aus einem bindigen Boden, der den Halbraum mit waagrechter Oberfläche erfüllt, herausgeschnitten ist. Das Raumgewicht des Bodens ist γ, und die Bruchspannungsbedingungen sind durch die Bruchlinie M_0M (Abb. 11b) definiert. Die Gleichung der Bruchlinie lautet

$$\tau_s = c + \sigma\,\mathrm{tg}\,\varrho\,. \tag{5.1}$$

Da jede lotrechte Schnittebene durch eine homogene, den Halbraum mit waagrechter Oberfläche erfüllende Masse eine Symmetrieebene darstellt, sind die Scherspannungen in diesen Schnittebenen gleich Null, und die Normalspannungen in den beiden lotrechten Seitenflächen und in der Grundfläche des Elementes sind Hauptspannungen.

Die Normalspannung σ_v in der Grundfläche des Elementes ist gleich dem Gewicht des Prismas

$$\sigma_v = \gamma z.$$

Im Mohrschen Diagramm (Abb. 11 b) ist die Spannung σ_v durch den Abstand OZ dargestellt. Die Bruchlinien $M_0 M$ und $M_0 M_1$ schneiden die lotrechte Achse des Diagramms im Abstand c vom Ursprung O. Der entsprechende aktive Rankinesche Zustand ist durch einen

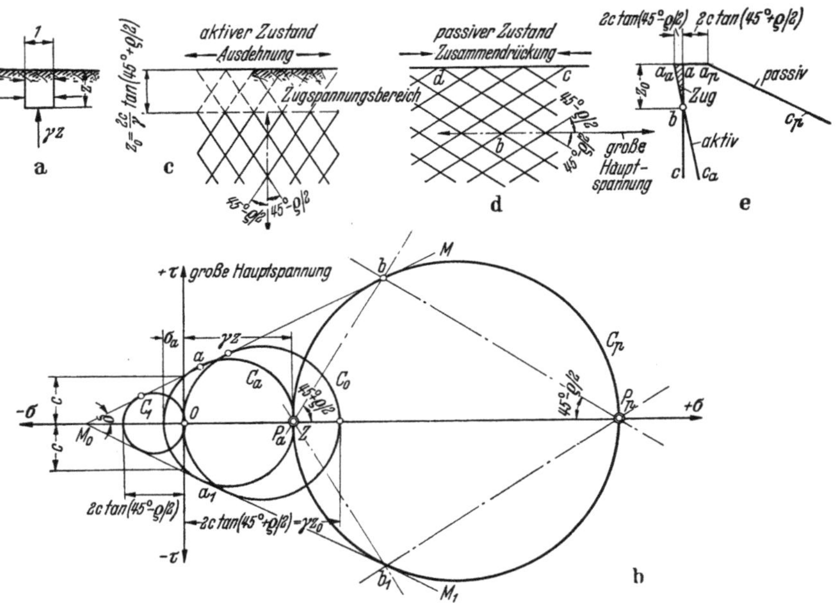

Abb. 11a—e. Der mit bindigem Boden erfüllte und waagerecht begrenzte Halbraum. a Spannungen am prismatischen Element; — b Graphische Darstellung des Bruchspannungszustandes; — c Gleitlinienfeld im aktiven Zustand; — d Gleitlinienfeld im passiven Zustand; — e Verlauf der waagrechten Spannungen längs der Lotrechten.

Kreis C_a dargestellt, der auf der linken Seite des Punktes Z liegt und die Bruchlinien berührt. Wenn dieser Kreis die Abszisse auf der linken Seite des Ursprungs O schneidet, wie in der Abb. 11 b gezeigt, dann ist die waagrechte Hauptspannung in der Tiefe z eine Zugspannung. Für $z = 0$ erhalten wir den Kreis C_1, dessen Durchmesser die Zugfestigkeit des Bodens darstellt. Mit zunehmendem z nimmt die zugehörige Zugspannung ab, und in einer bestimmten Tiefe z_0 wird die Zugspannung gleich Null. Der Spannungszustand, der zu einem beginnenden Fließen in der Tiefe z_0 führt, ist durch den Kreis C_0 dargestellt, der durch den Ursprung geht und die Bruchlinie berührt.

Aus den in der Abb. 11b dargestellten geometrischen Beziehungen finden wir

$$z_0 = \frac{2c}{\gamma}\,\mathrm{tg}\left(45^\circ + \frac{\varrho}{2}\right) = \frac{2c}{\gamma}\,\sqrt{\lambda_\varrho}.\tag{1}$$

Zwischen der Oberfläche und der Tiefe z_0 führt der aktive RANKINEsche Zustand auf einen waagrecht gerichteten Zugspannungszustand. Für das hier untersuchte ideal-plastische Material nehmen wir an, daß ein Zugspannungszustand dauernd bestehen und im Zugbereich plastisches Fließen stattfinden kann, ohne eine Abnahme der Zugfestigkeit des Bodens zu verursachen. In einem natürlichen Boden führen Zugspannungen jedoch früher oder später stets zur Bildung offener Zugrisse. Die Untersuchung des Einflusses solcher Risse auf den Spannungszustand der Ablagerung liegt außerhalb dem Bereich der hier zu behandelnden Theorie. Die praktischen Folgerungen bei Rißbildungen werden in Abs. 57 und 62 besprochen.

Wenn z größer als z_0 ist, liegt der gesamte entsprechende Bruchkreis auf der rechten Seite des Ursprungs O. Für jede Tiefe z fällt der Pol P_a mit dem linken Schnittpunkt des Spannungskreises mit der Abszisse zusammen. Abb. 11c zeigt die beiden Gleitlinienscharen für $z > z_0$. Sie sind parallel zu den Geraden $P_a b$ und $P_a b_1$ der Abb. 11b, die den Pol mit den Berührungspunkten zwischen Spannungskreis und Bruchlinien verbinden. Sie bilden mit der Lotrechten einen Winkel $45^\circ - \dfrac{\varrho}{2}$.

Im passiven RANKINEschen Zustand, der durch eine seitliche Zusammendrückung des Bodens hervorgerufen wird, liegen alle Spannungskreise, welche den beginnenden Bruchzustand darstellen, auf der rechten Seite des Punktes O, weil in diesem Zustand die Eigengewichtsspannung γz die kleinere Hauptspannung ist. Folglich tritt der Bruchzustand im Boden in jeder Tiefe durch Abscheren ein. Der Kreis C_p stellt den Bruchspannungszustand für die willkürliche Tiefe z dar. Die Bruchlinien berühren ihn in b und b_1, und die beiden Scharen der Gleitflächen (Abb. 11d) sind parallel zu den Geraden $P_p b$ und $P_p b_1$ (Abb. 11b). Sie schneiden die Waagrechte unter einem Winkel $45^\circ - \dfrac{\varrho}{2}$.

Die Erddruckspannung auf geneigte Schnittflächen kann mit Hilfe des MOHRschen Diagrammes ermittelt werden. Die Normalspannungen in lotrechten Schnittflächen sind Hauptspannungen. Sie können daher mittels Gl. (7.3) berechnet werden. Setzen wir für die kleinere Hauptspannung σ_{III} in Gl. (7.3) σ_a und γz für σ_{I}, so erhalten wir für die aktive Erddruckspannung in einer lotrechten Schnittfläche in der Tiefe z unter der Oberfläche

$$\sigma_a = -2c\,\frac{1}{\sqrt{\lambda_\varrho}} + \gamma\,z\,\frac{1}{\lambda_\varrho},\tag{2}$$

worin $\lambda_\varrho = \mathrm{tg}^2\left(45° - \dfrac{\varrho}{2}\right)$ das kritische Hauptspannungsverhältnis dar-stellt. Die passive Erddruckspannung σ_p erhalten wir, wenn wir für die größere Hauptspannung σ_{I} in Gl. (7.3) σ_p und für die kleinere Haupt-spannung $\sigma_{\mathrm{III}} = \gamma z$ setzen. Wir erhalten dann

$$\sigma_p = 2c\,\sqrt{\lambda_\varrho} + \gamma\,z\,\lambda_\varrho . \tag{3}$$

Nach diesen Gleichungen kann sowohl die aktive wie auch die passive Erddruckspannung in einen von der Tiefe unabhängigen Teil und einen zweiten, geradlinig mit der Tiefe zunehmenden Anteil zer-legt werden. Der zweite Teil von σ_a [Gl. (2)], $\gamma z/\lambda_\varrho$, ist mit der aktiven Erddruckspannung in einer lotrechten Schnittebene einer kohäsions-losen Masse identisch, deren Raumgewicht γ und deren Winkel der Scherfestigkeit gleich ϱ ist. Der zweite Teil $\gamma z \lambda_\varrho$ der passiven Erd-druckspannung σ_p [Gl. (3)] ist mit der passiven Erddruckspannung der vorhin beschriebenen kohäsionslosen Masse identisch. In der Abb. 11e ist die waagrechte Druckspannung σ_a des aktiven Zustandes durch die Abszissen der Geraden $a_a\,c_a$ und die waagrechte Druckspan-nung im passiven Zustand durch die Abszissen der Geraden $a_p\,c_p$ dar-gestellt.

Wenn die Oberfläche der Ablagerung eine gleichförmig verteilte Auflast p pro Flächeneinheit trägt, erhalten wir aus Gl. (7.3) für eine lotrechte Schnittebene durch die Ablagerung

$$\sigma_a = -2c\,\frac{1}{\sqrt{\lambda_\varrho}} + \gamma\left(z + \frac{p}{\gamma}\right)\frac{1}{\lambda_\varrho} \tag{4}$$

und

$$\sigma_p = 2c\,\sqrt{\lambda_\varrho} + \gamma\left(z + \frac{p}{\gamma}\right)\lambda_\varrho . \tag{5}$$

In Abb. 12 ist das zeichnerische Verfahren zur Bestimmung des Spannungs-zustandes in einer Ablagerung eines bindigen Bodens an der Grenze des passiven Bruchzustandes dargestellt, wenn die ebene Oberfläche dieser Ablagerung unter einem Winkel $\beta < \varrho$ zur Waagrechten geneigt ist. Im MOHRschen Diagramm Abb. 12b sind alle Punkte, welche die Spannung in parallel zur Oberfläche liegenden Ebenen darstellen, in einer Geraden durch O gelegen, die zur waag-rechten Achse unter einem Winkel β geneigt ist. Der Grund dafür wurde im Text zur Abb. 9b erklärt (s. Abs. 10). Der Kreis C_0, der sowohl die lotrechte Achse wie die Bruchlinien berührt, stellt den Spannungszustand in einer Tiefe z unter der Oberfläche dar. Der aktive Pol $P_a(z = z_0)$ fällt mit dem Ursprung O zusammen. In der Tiefe z_0 ist die größere Hauptspannung deshalb lotrecht und die kleinere Hauptspannung gleich Null. Aus den in Abb. 12b dargestellten geo-metrischen Beziehungen erhalten wir

$$z_0 = \frac{2c}{\gamma}\,\mathrm{tg}\left(45° + \frac{\varrho}{2}\right) = \frac{2c}{\gamma}\,\sqrt{\lambda_\varrho} .$$

Diese Beziehung ist mit Gl. (1) identisch. Im Bereich zwischen Oberfläche und der Tiefe z_0 führt der aktive RANKINEsche Zustand auf einen Zugspannungs-stand. Unterhalb der Tiefe z_0 sind beide Hauptspannungen Druckspannungen.

Mit zunehmenden Werten von z bewegt sich der aktive Pol P_a längs der Geraden durch O, die zur Waagrechten unter dem Winkel β geneigt ist. Daher ist die Richtung der Gleitfläche, in bezug auf die Lotrechte, mit zunehmender Tiefe veränderlich.

Für $z = \infty$ wird sie identisch mit der Richtung der Gleitflächen in einer kohäsionslosen Masse mit einem Winkel der inneren Reibung ϱ, deren Oberfläche zur Waagrechten unter dem Winkel β geneigt ist, weil in unendlich großer Tiefe im Vergleich zur Scherfestigkeit infolge innerer Reibung die Kohäsion vernach-

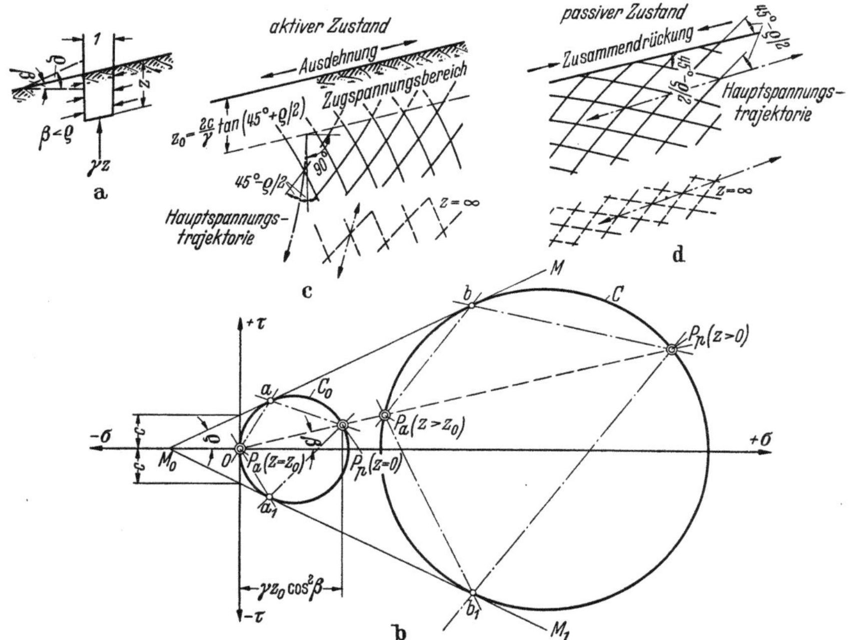

Abb. 12 a—d. Der mit einer bindigen Masse erfüllte Halbraum mit einer unter dem Winkel $\beta > \varrho$ geneigten Oberfläche.

a Spannungen an der Begrenzung eines prismatischen Elementes; — b Graphische Darstellung des Bruchspannungszustandes; — c Gleitlinienfeld für den aktiven Zustand; — d Gleitlinienfeld für den passiven Zustand.

lässigt werden kann. Die Gleitflächen sind daher schwach gekrümmt, wie in Abb. 12c gezeigt ist. Die gestrichelten Linien im unteren Teil der Abbildung stellen die Gleitflächenrichtung in unendlich großer Tiefe dar. Im passiven RANKINEschen Zustand sind die Gleitflächen ebenfalls gekrümmt, sie schneiden jedoch die Oberfläche der Ablagerung unter einem Winkel $45° - \dfrac{\varrho}{2}$. Mit zunehmender Tiefe nähern sich die Gleitflächen jener Lage, die sie in einer gleichwertigen, kohäsionslosen Ablagerung einnehmen.

Wenn die Oberfläche des bindigen Bodens unter einem Winkel $\beta > \varrho$ geneigt ist, führt die Untersuchung zu dem in der Abb. 13 gezeigten Diagramm. Alle Punkte, welche den Spannungszustand in parallel zur Bodenoberfläche liegenden Schnittebenen darstellen, liegen auf einer Geraden ON durch den

Ursprung O, die zur Waagrechten unter dem Winkel β geneigt ist. Diese Gerade schneidet die Bruchlinie $M_0 M$ in einem Punkt b. Auf Grund der in Abb. 13b dargestellten geometrischen Beziehungen ist zu ersehen, daß die durch die Abszisse des Punktes b gegebene Normalspannung durch die Gleichung

$$\sigma = \frac{1}{\operatorname{tg}\beta - \operatorname{tg}\varrho} \qquad (6)$$

ausgedrückt werden kann; die entsprechende Tiefe z_1 ist damit

$$z_1 = \frac{c}{\gamma} \frac{1}{(\operatorname{tg}\beta - \operatorname{tg}\varrho)\cos^2\beta} \cdot \qquad (7)$$

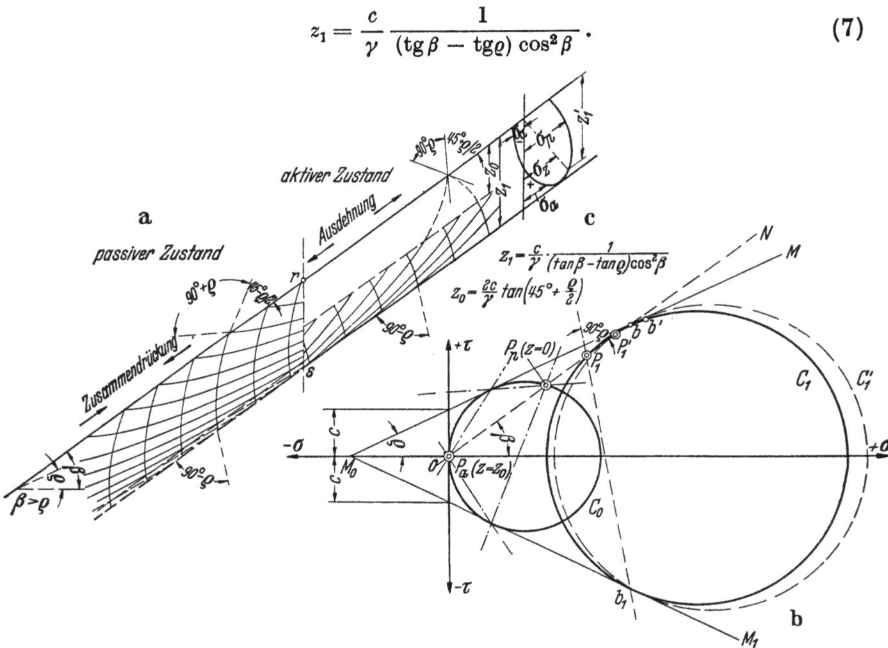

Abb. 13 a—c. Der mit einer bindigen Masse erfüllte Halbraum mit einer unter dem Winkel $\beta > \varrho$ geneigten Oberfläche.
a Der rechte Teil zeigt das Gleitlinienfeld für den aktiven und der linke Teil für den passiven Bruchzustand; — b Graphische Darstellung des Bruchspannungszustandes; — c Verlauf der zur Oberfläche parallelen Spannungen längs der Lotrechten.

Der durch den Punkt b gehende Bruchkreis C_1 schneidet die Gerade ON im Punkt P_1. Nach der in Abb. 5 dargestellten Theorie ist dieser Punkt der Pol des Spannungskreises C_1. Wenn wir diesen Pol mit den Berührungspunkten b und b_1 verbinden, erhalten wir die Richtungen der zugehörigen Gleitflächen. Die eine dieser Flächen ist sehr steil, und die andere liegt parallel zur Bodenoberfläche. Auf der rechten Seite des Punktes b liegt die Gerade ON oberhalb der Bruchlinien $M_0 M$. Daher muß der Boden unterhalb der Tiefe z_1 in einem Zustand plastischen Fließens sein, weil auf der rechten Seite von b der durch die Gerade ON dargestellte Spannungszustand mit den Gleichgewichtsbedingungen im Widerspruch steht.

Im aktiven RANKINEschen Zustand tritt im Bereich zwischen der Oberfläche und der Tiefe z_0 der Bruch des Bodens durch Zug ein. Aus den in der Abb. 13b dargestellten geometrischen Beziehungen erhalten wir

$$z_0 = \frac{2c}{\gamma}\, \mathrm{tg}\left(45° + \frac{\varrho}{2}\right) = \frac{2c}{\gamma}\, \sqrt{\lambda_\varrho}\,.$$

Diese Beziehung ist mit der Gl. (1) identisch. Unterhalb der Tiefe z_0 tritt keine Zugspannung auf, und der Bruch des Bodens erfolgt durch Abscheren. Der Spannungszustand in der Tiefe z_0 ist durch den Kreis C_J dargestellt. Die zugehörigen Gleitflächen sind im rechten Abschnitt der Abb. 13a gezeichnet. Im passiven RANKINEschen Zustand ist die ganze Masse unter Druckspannung. Die zugehörigen Gleitflächen sind im linken Abschnitt der Abb. 13a eingezeichnet. In der Tiefe z_1 sind die Gleitflächen für den aktiven und passiven Bruchzustand identisch. Dies geht daraus hervor, daß es nur einen Bruchkreis gibt, der die Bruchlinie im Punkt b berührt (Abb. 13b). Aus dieser Abbildung ist auch zu ersehen, daß in der Tiefe z_1 die zu diesen beiden Bruchzuständen gehörigen Spannungszustände identisch sind. Werden die in lotrechten Flächen parallel zur Oberfläche des mit einer bindigen Masse erfüllten Halbraumes in den beiden Grenzzuständen auftretenden Spannungen in Abhängigkeit der Tiefe z aufgetragen, dann ergibt sich eine Kurve 2. Ordnung. Die Verteilung der oberflächenparallelen Spannungen erfolgt daher nach einer Kegelschnittslinie und zwar für den durch Abb. 12 dargestellten Fall $\beta < \varrho$ nach einer Hyperbel und für den in der Abb. 13 gezeichneten Fall $\beta < \varrho$ nach einer Ellipse (Abb. 13c).

Die analytische Behandlung der in den Abb. 11 bis 13 dargestellten Aufgaben wurde durch J. RÉSAL (1910) begonnen. FRONTARD hat durch Integration der von RÉSAL aufgestellten Gleichungen die in den Abb. 12c, 12d und 13a dargestellten Gleitflächen gefunden. Er versuchte die in der Abb. 13a gezeichneten Gleitlinienscharen zur Ermittlung der kritischen Höhe von Böschungen aus bindigem Boden heranzuziehen. Die Ergebnisse seiner analytischen Untersuchungen enthalten jedoch Widersprüche (TERZAGHI 1936a). Die Untersuchungen über den Spannungsverlauf wurden von JELINEK (1943 und 1947) durchgeführt.

IV. Anwendung der theoretischen Grundlagen auf praktische Aufgaben.

13. Spannungs- und Verformungsbedingungen.

Erfüllt die Lösung einer Aufgabe die Grundgleichungen einer allgemeinen Theorie, wie z. B. der Elastizitäts- oder der Plastizitätstheorie, dann erfüllt sie auch die Bedingung, daß der berechnete Spannungs- und Verformungszustand im Innern des untersuchten Mediums mit den Annahmen über die mechanischen Eigenschaften des Materials, auf das sich die Theorie bezieht, verträglich ist. Bei einer speziellen Aufgabe muß der berechnete Spannungs- und Verformungszustand jedoch auch mit den Bedingungen, die für die Berandung des untersuchten Mediums im voraus bekannt sind, verträglich sein. Diese Randbedingungen können in zwei Gruppen unterteilt werden, die *Spannungsrandbedingungen* und die *Verformungsrandbedingungen.* Sie werden kurz die *Spannungsbedingungen* und *Verformungsbedingun gen* genannt.

Bei der Behandlung von Elastizitätsaufgaben herrscht kaum ein Zweifel über die Art der Spannungsbedingungen, und auch die Verformungsbedingungen sind meist genau bekannt. Als Beispiel betrachten wir die Aufgabe der Ermittlung des Spannungszustandes in einer elastischen, auf einer starren Unterlage aufruhenden Schicht, die auf einer kleinen begrenzten Fläche der Oberfläche die Auflast p pro Flächeneinheit trägt. Die Lösung muß hier ohne Zweifel die Bedingung erfüllen, daß die lotrechten Verschiebungen in der Grundfläche der elastischen Schicht überall gleich Null sein müssen.

Demgegenüber wurde bei der Behandlung von Plastizitätsaufgaben in der Bodenmechanik den Verformungsbedingungen nur selten die nötige Aufmerksamkeit gezeigt. Als Beispiel für den Einfluß der Verformungsbedingungen auf den Spannungszustand in einem Bodenkörper bei beginnendem Gleiten wollen wir die praktische Anwendung der Theorie des plastischen Grenzzustandes einer kohäsionslosen Masse betrachten, die in Abs. 10 beschrieben wurde. Dort ist darauf hingewiesen worden, daß in einer den Halbraum erfüllenden Masse der Übergang aus dem elastischen Zustand in den plastischen Grenzzustand nur durch eine gedachte Bewegung hervorgerufen werden kann, die in einem seitlichen Nachgeben oder Zusammendrücken des Bodens besteht, das in der Physik sonst keine Parallele findet. Der plastische Grenzzustand, der in einem Boden durch technische Eingriffe verursacht wird, beschränkt sich stets auf sehr kleine Bereiche. Um die Theorie der plastischen Grenzzustände in einer den Halbraum erfüllenden Masse auf praktische Bauaufgaben anzuwenden, betrachten wir die Gleichgewichtsbedingungen eines keilförmigen Elementes abc (Abb. 14a), das sich im aktiven RANKINEschen Zustand befindet. Dieser keilförmige Teil soll von der Gleitlinie bc und der Lotrechten ab begrenzt sein. Während des Überganges vom ursprünglich elastischen Zustand in den aktiven RANKINEschen Zustand erleidet der Boden innerhalb des keilförmigen Elementes eine Ausdehnung in waagrechter Richtung. Der Umfang dieser Ausdehnung ist durch die Breite der schraffierten Fläche aa_1b (Abb. 14a) dargestellt. In irgendeiner Tiefe z unter der Oberfläche ist die Breite Δx der schraffierten Fläche gleich der Breite x des Keiles in dieser Tiefe, multipliziert mit der waagrechten Dehnung ε pro Längeneinheit, die nötig ist, damit der Boden in der Tiefe z aus seinem ursprünglich elastischem Zustand in den plastischen Grenzzustand übergeht. Die Breite der schraffierten Fläche ist deshalb in der Tiefe z gleich εx. Der Wert ε hängt nicht nur von der Bodenart, von seiner Dichte und von der Tiefe z allein ab, sondern auch vom Anfangsspannungszustand. Daher ist die einzige allgemeine Feststellung bezüglich der schraffierten Fläche nur, daß ihre Breite von O im Punkt b auf einen Maximalwert im Punkt a zunehmen muß. Für einen Sand mit gleichförmiger Dichte kann man mit grober Näherung annehmen, daß ε von der Tiefe z unabhängig ist. Wie aus der Abbildung zu sehen ist, wird mit dieser Annahme die schraffierte Fläche ein Dreieck. Für einen gegebenen Anfangsspannungszustand nimmt der Wert ε im Sand mit zunehmender Dichte ab. Sobald der aktive Zustand erreicht ist, wirkt die resultierende Q der Spannungen in der Fläche bc unter dem Winkel ϱ zur Normalen auf bc (Abb. 14a). Die Spannung in ab ist waagrecht gerichtet und nimmt im geraden Verhältnis mit der Tiefe zu; die Resultierende E_a wirkt im unteren Drittel der Strecke ab. Bezeichnen wir das Gewicht des mit Boden erfüllten Keiles mit G, dann bilden die drei Kräfte Q, G, E_a ein im Gleichgewicht befindliches, geschlossenes Krafteck.

Ersetzen wir den im Grenzspannungszustand befindlichen Boden unterhalb und rechts von bc durch einen Boden im elastischen Zustand, ohne den Spannungs- und Verformungszustand innerhalb des Gebietes abc zu verändern, so behält die Kraft Q sowohl ihre Richtung wie ihre Größe bei. Das Gewichte G des mit Boden erfüllten Dreiecks abc bleibt unverändert. Wenn wir daher den Boden auf der linken Seite von ab durch eine künstliche Abstützung ersetzen, ohne dabei den Spannungs- und Verformungszustand innerhalb des Abschnitts abc zu verändern, so erfordert das Gleichgewicht des Systems, daß die Abstützung die vorhin beschriebene waagrechte Reaktion E_a ausübt. Mit anderen Worten, wenn die vorgenommenen Substitutionen den Spannungs- und Verformungszustand innerhalb der Zone abc nicht verändern, sind die Kräfte Q, G und E_a mit den vorhin beschriebenen identisch.

Wurde der Boden hinter einer künstlichen Stützwand ab abgelagert, dann behalten die früher gezogenen Schlüsse ihre Gültigkeit, wenn die folgenden Bedingungen erfüllt sind. *Erstens*: Die Anwesenheit der künstlichen Abstützung darf keine Schubspannungen längs ab verursachen. Dies ist die Randspannungsbedingung. *Zweitens*: Die Stütze muß während oder nach dem Hinterfüllungsvorgang von ihrer ursprünglichen Lage ab in die Lage a_1b der Abb. 14a oder darüber hinaus ausweichen können. Diese Folgerung gründet sich auf der Beobachtung, daß der seitliche Erddruck auf die Rückseite einer vollkommen starren, unbeweglichen Wand wesentlich größer als der Druck im aktiven Zustand ist. Damit der die Wand beanspruchende Boden in den aktiven RANKINEschen Zustand übergeht, muß er eine seitliche Ausdehnung erfahren, die so groß sein muß, daß derselbe Wechsel im Spannungszustand eintreten kann wie im dreieckförmigen Element *abc*, der in Abb. 14a gezeigten, den Halbraum erfüllenden Masse. Diese Ausdehnung erfordert das seitliche Ausweichen der vorhin erwähnten Wand. Damit ist die Verformungsrandbedingung gegeben. Wenn eine von diesen beiden Bedingungen nicht erfüllt ist, so ist eine Gleichsetzung der Stützwandhinterfüllung mit dem Ab-

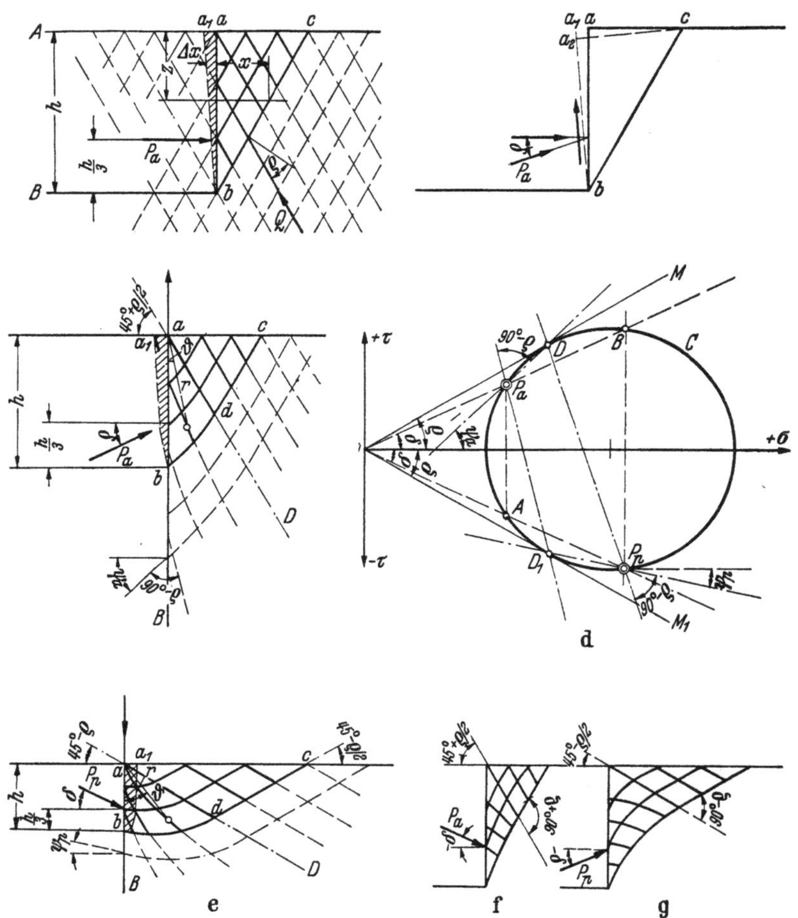

Abb. 14a—g. Örtliches Auftreten plastischer Bereiche in idealem Sand. Die schraffierten Flächen in (a), (c) und (e) stellen die kleinste Verschiebung oder Verformung einer ursprünglich lotrechten Ebene dar, welche zur Herstellung eines solchen Zustandes nötig ist. Die Art der plastischen Bereiche ist durch die zugehörigen Gleitlinienfelder gekennzeichnet.

a Dem aktiven Zustand entsprechendes Gleitlinienfeld längs einer reibungslosen lotrechten Ebene; — b Ausweichen einer rauhen Wand durch Kippen, wodurch eine positive Wandreibung geweckt wird; — c Dem aktiven Zustand entsprechendes Gleitlinienfeld bei rauher Fläche und positiver Wandreibung; — d Graphische Ermittlung der Gleitflächenneigung in Schnittpunkten der rauhen Fläche; — e Dem passiven Zustand entsprechendes Gleitlinienfeld längs einer rauhen Fläche bei positiver Wandreibung; — f Gleitlinienfeld für den aktiven und — g für den passiven Zustand längs einer rauhen Fläche, wenn die Wandreibung negativ ist.

schnitt abc der Abb. 14a nicht gerechtfertigt. Es ist z. B. vorstellbar, daß eine Stützwand im Punkt a der Abb. 14a gehalten wird, während das untere Ende weit über den Punkt b nachgeben kann. In diesem Falle kann der obere Teil der Geländestufe in waagrechter Richtung nicht ausweichen, wodurch dieser Abschnitt der Stufe am Übergang in den RANKINEschen Zustand behindert ist. Wenn der untere Teil der Stufe weit genug nachgibt, wird sich jedoch ein anders gearteter plastischer Bereich ausbilden. In Kap. V wird gezeigt werden, daß die begrenzte Ausweichmöglichkeit im oberen Teil des abgestützten Bodens Verspannungserscheinungen verursacht, welche die Erddruckspannungen auf den oberen Teil der Stützwand vergrößern und im unteren Abschnitt vermindern. Die durch den Fuß der Stützwand verlaufende Gleitfläche ist stark gekrümmt und schneidet die Bodenoberfläche unter einem nahezu rechten Winkel. Wenn der obere Rand der Stützwand nicht in die Lage a_1, wie in Abb. 14a gezeichnet, vorrücken kann, weicht sowohl die Form des Gleitkeiles wie die Richtung der Kräfte, die auf diesen Keil wirken, von der Darstellung Abb. 14a ab, und zwar auch dann, wenn die übrigen Bedingungen für die Gültigkeit der früheren Überlegungen, einschließlich der Abwesenheit von Scherspannungen in ab (Abb. 14a), erfüllt sind.

Kann die Wand schließlich nur so weit ausweichen, daß die Verschiebung zwischen ab und a_1b (Abb. 14a) zu liegen kommt, dann werden die Bruchbedingungen des Bodens an keiner Stelle erreicht, und die Erddruckspannung in ab wird irgendeinen Wert annehmen, der zwischen der durch die Gleichung

$$\sigma_{h0} = \lambda_0 \gamma z \tag{10.1}$$

ausgedrückten Ruhedruckspannung und der aktiven Erddruckspannung

$$\sigma_a = \gamma z \, \mathrm{tg}^2 \left(45° - \frac{\varrho}{2} \right) = \gamma z \frac{1}{\lambda_\varrho} \tag{10.2}$$

liegt. Es tritt daher auch an keiner Stelle ein plastischer Zustand ein.

Die vorhergehenden Untersuchungen zeigen die große praktische Bedeutung der Verformungsbedingungen. Wären die praktischen Folgerungen aus diesen Bedingungen bereits früher erkannt worden, dann wäre die RANKINEsche oder die COULOMBsche Erddrucktheorie kaum für die Berechnung von Stützwänden, Baugrubenaussteifungen oder Tunnelröhren herangezogen worden. Weder die Bedingungen, welche die Verteilung des Erddruckes über eine Baugrubenaussteifung bestimmen, noch jene, welche die Größe und Verteilung des Erddruckes auf Tunnelröhren angeben, haben mit den grundlegenden Voraussetzungen für die Gültigkeit der RANKINEschen Theorie und ihrer Verallgemeinerung irgend etwas gemein. Um Fehlanwendungen von Theorien dieser oder ähnlicher Art zu vermeiden, wird jeder der nachfolgenden theoretischen Untersuchungen eine vollständige Aufstellung über die Bedingungen und getroffenen Annahmen vorausgehen. Die in den folgenden Kapiteln behandelten theoretischen Untersuchungen können auf praktische Fälle mit ausreichender Genauigkeit übertragen werden, wenn die Bedingungen in der Natur zumindest angenähert mit den den Theorien zugrunde gelegten Bedingungen und Annahmen übereinstimmen. Werden diese Voraussetzungen nicht erfüllt, dann sind die Theorien nicht anwendbar, gleichgültig, wie zuverlässig sie innerhalb ihres Gültigkeitsbereiches sind.

14. Die RANKINEsche Theorie des Erddruckes auf Stützwände.

Die bekanntest Anwendung der im vorhergehenden Artikel angeführten Grundsätze betrifft die RANKINsche Theorie über den Erddruck auf Stützwände. Wenn eine Stützwand etwas ausweicht, gibt die Hinterfüllung in waagrechter Richtung nach, worauf der vom Boden auf die Wandrückseite ausgeübte Seitendruck allmählich abnimmt und einen unteren Grenzwert erreicht, der kurz *Erddruck* genannt wird. Wenn wir andererseits die Stützwand in waagrechter Richtung gegen die Hinterfüllung drücken und auf diese Weise den Boden in waagrechter Richtung verdichten, nimmt der Widerstand des Bodens zu, bis er einen oberen Grenzwert erreicht, der *Erdwiderstand* genannt wird. Wenn die Wandbewegung einen von den beiden Grenzwerten erzeugt, dann tritt im Boden plastisches Fließen ein. Um die wesentlichen Kennzeichen und Mängel der RANKINEschen Theorie vor Augen zu führen, berechnen wir den Erddruck infolge einer kohäsionslosen waagrecht begrenzten Hinterfüllung auf die lotrechte Rückseite einer Stützwand von der Höhe h. Die Scherfestigkeit des Bodens ist durch die Gleichung ausgedrückt:

$$\tau_s = \sigma \operatorname{tg} \varrho, \tag{5.2}$$

und das Raumgewicht des Bodens beträgt γ. Entsprechend der RANKINEschen Theorie sind die seitlichen Druckspannungen auf ab (Abb. 14a) identisch mit den Spannungen in einem lotrechten Schnitt durch die waagrecht begrenzte Halbraummasse im aktiven RANKINEschen Grenzzustand. Die Scherspannungen in einer solchen Schnittfläche sind stets Null. Der lotrechte Schnitt ist nur durch Normalspannungen beansprucht.

Im Falle eines aktiven Bruchzustandes ist die Normalspannung in einem lotrechten Schnitt gleich

$$\sigma_a = \gamma\, z\, \operatorname{tg}^2\left(45^\circ - \frac{\varrho}{2}\right) = \gamma\, z\, \frac{1}{\lambda_\varrho}, \tag{10.2}$$

worin $\lambda_\varrho = \mathrm{tg}^2\left(45° + \dfrac{\varrho}{2}\right)$ das kritische Hauptspannungsverhältnis darstellt. Der Gesamtdruck über dem Abschnitt mit der Höhe h ist pro Längeneinheit der Stützwand

$$E_a = \int_0^h \sigma_a\, dz = \frac{1}{2}\,\gamma\,h^2\,\frac{1}{\lambda_\varrho}\,. \tag{1}$$

Wenn der Bruch durch seitlichen Druck erfolgt (passiver Bruch), erhalten wir

$$\sigma_p = \gamma z \lambda_\varrho \tag{10.4}$$

und

$$E_p = \int_0^h \sigma_p\, dz = \frac{1}{2}\,\gamma\,h^2\,\lambda_\varrho\,. \tag{2}$$

In beiden Fällen ist die Verteilung der waagrechten Druckspannungen längs der Fläche ab hydrostatisch, und der Angriffspunkt des resultierenden Druckes liegt in der Höhe $\dfrac{h}{3}$ über der Grundfläche des Abschnitts.

Bei bindigem Hinterfüllungsmaterial ist die Scherfestigkeit des Materials durch die Gleichung ausgedrückt:

$$\tau_s = c + \sigma\,\mathrm{tg}\varrho\,.$$

Im Augenblick des aktiven Bruches beträgt die Normalspannung in einer lotrechten Schnittfläche

$$\sigma_a = -2\,c\,\frac{1}{\sqrt{\lambda_\varrho}} + \lambda\,z\,\frac{1}{\lambda_\varrho} \tag{12.2}$$

und die Druckresultierende

$$E_a = \int_0^h \sigma_a\, dz = -2\,c\,h\,\frac{1}{\sqrt{\lambda_\varrho}} + \frac{1}{2}\,\lambda\,h^2\,\frac{1}{\lambda_\varrho}\,. \tag{3}$$

Die Verteilung der Erddruckspannungen längs der lotrechten Fläche ab ist durch die Drucklinie $a_a c_a$ in Abb. 11 e dargestellt. Der Angriffspunkt der Druckresultierenden ist weniger als $\dfrac{h}{3}$ vom Fußpunkt entfernt. Für

$$h = h_c = \frac{4\,c}{\gamma}\,\sqrt{\lambda_\varrho}$$

wird die Summe der seitlichen Druckspannungen über der Fläche ab gleich Null. Gemäß Abs. 12 ist der Boden in einem Zugspannungszustand bis auf eine Tiefe

$$z_0 = \frac{2\,c}{\gamma}\,\sqrt{\lambda_\varrho}\,. \tag{12.1}$$

Verbinden wir diese Gleichung mit der vorhergehenden, dann erhalten wir

$$h_c = \frac{4c}{\gamma} \sqrt{\lambda_\varrho} = 2 z_0. \tag{4}$$

Tritt der Bruchzustand im Boden durch seitliches Zusammendrükken ein (passiver Bruch), so ist die Spannung in einem lotrechten Schnitt in der Tiefe z

$$\sigma_p = 2 c \sqrt{\lambda_\varrho} + \gamma z \lambda_\varrho, \tag{12.3}$$

und die Druckresultierende beträgt

$$E_p = \int_0^h \sigma_p \, dz = 2 c h \sqrt{\gamma_\varrho} + \frac{1}{2} \gamma h^2 \lambda_\varrho.$$

Die Verteilung des Erdwiderstandes über die lotrechte Fläche ab ist durch die Drucklinie $a_p c_p$ in der Abb. 11e dargestellt. Der Angriffspunkt des resultierenden Druckes liegt innerhalb des mittleren Drittels der Höhe h, weil die Druckfläche $a a_p c_p c$, wie Abb. 11e zeigt, trapezförmig ist.

Wenn der Boden eine gleichförmig verteilte Auflast p pro Flächeneinheit trägt, ist die waagrechte Druckspannung in der Tiefe z

$$\sigma_p = 2 c \sqrt{\lambda_\varrho} + \left(z + \frac{p}{\gamma}\right) \lambda_\varrho, \tag{12.5}$$

und der gesamte Erdwiderstand ergibt sich mit

$$E_p = 2 c h \sqrt{\gamma_\varrho} + \frac{1}{2} \gamma h^2 \left(\frac{2p}{\gamma h} + 1\right) \lambda_\varrho. \tag{6}$$

RANKINE hat auch den allgemeinen Fall untersucht und Gleichungen für die Berechnung des Erddruckes angegeben, wenn die Oberfläche der Hinterfüllung und die Rückseite der Wand geneigt ist. Da diese Gleichungen aber ziemlich umständlich auszuwerten sind, ist es einfacher, nur die entsprechenden RANKINEschen Druckspannungen zu bestimmen und die Richtung der Druckresultierenden mit Hilfe des MOHRschen Diagrammes, wie in Kap. III erläutert wurde, zu konstruieren.

15. Einfluß der Wandreibung auf die Form der Gleitfläche.

Da es keine Stützwände mit vollkommen glatter Rückseite gibt, ist bei Stützwänden eine der Randbedingungen, welche die Gültigkeit der Gl. (14.1) und (14.2) voraussetzt, nicht erfüllt. Der Einfluß der Wandrauhigkeit auf den Erddruck ist in der Abb. 14b dargestellt. Diese Abbildung zeigt einen Schnitt durch eine lotrechte Stützfläche ab, welche mit einem kohäsionslosen Material hinterfüllt ist. Das seitliche Ausweichen der Wand verursacht ein Absinken der Oberfläche des Keiles abc, was durch die Neigung der Strecke ca_2 (Abb. 14b) dargestellt ist. Die Abwärtsbewegung des Bodens längs der rauhen Fläche ab verändert die Richtung des Erddruckes längs ab von seiner ursprünglich waagrechten Lage in eine unter dem Winkel δ zur Normalen auf ab geneigte Richtung. Der Winkel δ wird *Wandreibungswinkel* genannt. Im aktiven Zustand wird δ als positiv angenommen, wenn die Abweichung von der Normalen, wie in der Abbildung gezeigt, nach unten erfolgt.

Diese Festsetzung steht in keiner Beziehung zur üblichen Annahme über das Vorzeichen der Scherspannungen in der MOHRschen Darstellung. Im MOHRschen Diagramm ist eine Scherspannung positiv, wenn die zugehörige resultierende Spannung von ihrer Normalkomponente im Sinne des Uhrzeigers abweicht. Beim Erddruck auf Stützmauern ist die Wandreibung dann positiv, wenn sie nach oben wirkt. Wie in der Abb. 14b gezeigt ist, entspricht der positiven Wandreibung im MOHRschen Diagramm eine negative Scherspannung. Wenn wir andererseits annehmen, daß der Boden auf der linken Seite der Wand liegt, würde sie im MOHRschen Diagramm als positive Scherspannung auftreten. Der Wandreibungswinkel kann auch negativ sein. Negative Wandreibung tritt dann auf, wenn die Wand infolge einer schweren Auflast auf ihrer Krone oder durch andere Ursachen sich mehr setzt als die Hinterfüllung. In jedem Fall macht das Vorhandensein von Wandreibung die RANKINEsche Gl. (14.1) ungültig, weil diese Gleichung auf der Annahme $\delta = 0$ beruht.

Wenn δ nicht Null ist, ist die Ermittlung der wirklichen Gleitflächenform äußerst schwierig. Die Aufgabe wurde streng nur unter der Annahme gelöst, daß die Kohäsion des Bodens gleich Null ist. Nichtsdestoweniger sind die Gleichungen für die praktische Anwendung viel zu kompliziert. Die folgenden Abschnitte enthalten eine Zusammenstellung der Ergebnisse aus den Untersuchungen von REISSNER und von anderen auf diesem Gebiet tätigen Forschern. Wegen der hier vorgesehenen elementaren Behandlung des Gegenstandes müssen einige Feststellungen ohne strenge Überprüfung des Beweises als gültig angesehen werden.

Die Abb. 14c stellt einen lotrechten Schnitt durch einen mit idealem Sand erfüllten Halbraum dar. Wenn diese Masse durch gleichartiges Nachgeben in waagrechter Richtung verformt wird, geht das Material in den aktiven RANKINEschen Zustand über, wobei sich zwei Scharen ebener Gleitflächen, wie auf der rechten Seite von aD gezeichnet ist, ausbilden. Wenn wir in diese Masse eine Membrane aB mit rauher Oberfläche einlegen und diese Membrane nach oben ziehen, verändert sich der Spannungszustand im Sand nur im keilförmigen Abschnitt DaB zwischen der Membrane und der RANKINEschen Gleitfläche aD durch den oberen Rand a der Membrane.

4*

Um die mechanischen Ursachen dieser wesentlichen Eigenart des plastischen Zustandes zu veranschaulichen, nehmen wir an, daß wir den Wandreibungswinkel allmählich von Null bis zu seinem Größtwert δ vergrößern, während die Sandmasse im plastischen Grenzzustand verbleibt. Während dieses Vorganges werden die Scherspannungen in jedem ebenen Schnitt durch a innerhalb der Membrane und der Richtung aD zunehmen. In der Gleitfläche aD werden die Scherspannungen jedoch unverändert bleiben, weil die oberhalb aD gelegene Sandmasse von Anfang an die Neigung hatte, längs aD nach abwärts zu gleiten.

Die Resultierende E_a der seitlichen Druckspannungen ist in jedem Teil der Membrane, wie in der Abbildung dargestellt, zur Waagrechten unter dem Winkel δ geneigt.

Der Winkel zwischen Gleitflächen und Membrane kann mit Hilfe des Mohrschen Diagrammes rasch bestimmt werden (Abb. 14d). In diesem Diagramm stellt der Kreis C den Spannungszustand einiger rechts neben der Membrane liegender Punkte dar. Da die resultierende Spannung in der Fläche ab der Abb. 14c von der Flächennormalen auf ab entgegengesetzt dem Uhrzeigersinn abweicht, muß die zugehörige Scherspannung in das Mohrsche Diagramm (Abb. 14d) mit negativem Vorzeichen eingetragen werden (s. Abs. 7). Der Punkt A stellt den Spannungszustand auf dieser Seite der Membrane dar und liegt auf einer Geraden durch den Punkt O, die nach rechts unter einem Winkel δ zur Waagrechten abfällt. Diese Gerade schneidet den Kreis in zwei Punkten. Punkt A ist der linke Schnittpunkt, weil die Membrane durch den Erddruck beansprucht wird. Der Pol P_a des Erddruckes liegt auf der Geraden $A P_a$ (Abb. 14d) parallel zu aB (Abb. 14c). Wenn wir den Pol P_a mit den Berührungspunkten D und D_1 zwischen dem Kreis C und den Bruchlinien OM und OM_1 verbinden, erhalten wir die Geraden P_aD und P_aD_1. Diese beiden Geraden ergeben die Gleitflächenrichtung im unmittelbaren Anschluß an die rechte Seite der Membrane.

Wie Reissner (1924) nachgewiesen hat, müssen beide Gleitflächenscharen innerhalb des keilförmigen Bereiches abD gekrümmt sein. Mit der Ermittlung des vom Sand auf die rauhe Membrane ausgeübten Druckes haben sich von Kármán (1926), Jáky (1938) und Ohde (1938) befaßt. Die abgeleiteten Gleichungen zur Berechnung des Erddruckes sind für den praktischen Gebrauch zu kompliziert, jedoch· sind die folgenden allgemeinen Feststellungen von praktischem Interesse. Wenn in jedem Punkt einer den Halbraum erfüllenden Sandmasse ein plastischer Zustand herrscht und diese Masse durch eine rauhe Membrane beansprucht wird, dann kann die Form jeder dieser beiden, innerhalb dieses Bereiches BaD gelegenen Gleitflächenscharen durch eine Gleichung $r = r_0 f(\vartheta)$ dargestellt werden. Darin ist r der Abstand eines Punktes der Gleitfläche von a (Abb. 14c) und ϑ der zugehörige Zentriwinkel; r_0 stellt die Größe von r für $\vartheta = 0$ dar. Diese charakteristische Eigenschaft der Gleitflächen hat eine mit der Tiefe geradlinige Zunahme der Erddruckspannungen zur Folge. Die Normalkomponente e_{an} des Erddruckes pro Flächeneinheit der Membrane kann deshalb durch die Gleichung ausgedrückt werden:

$$e_{an} = \gamma\, z\, \lambda_a\,, \tag{1}$$

worin γ das Raumgewicht des Bodens, z die Tiefe unterhalb der Oberfläche und λ_a einen dimensionslosen Beiwert, der Erddruckbeiwert genannt und nur von den Winkeln ϱ und δ abhängt, bedeutet. Wenn der Wandreibungswinkel δ gleich Null ist, wird der Erddruck identisch mit der aktiven RANKINEschen Druckspannung σ_a [Gl. (10.2)] und

$$\lambda_a = \frac{1}{\lambda_\varrho} = \operatorname{tg}^2\left(45° - \frac{\varrho}{2}\right), \tag{2}$$

worin λ_ϱ das kritische Hauptspannungsverhältnis gleich $\operatorname{tg}^2\left(45° + \frac{\varrho}{2}\right)$ bedeutet.

Die ungefähre Form der Gleitflächen ist in Abb. 14c gezeichnet. Mit abnehmenden Werten von δ wird der gekrümmte Teil der Gleitflächen flacher, und für $\delta = 0$ sind die Gleitflächen, wie in der Abb. 14a gezeigt ist, vollkommen eben.

Wenn wir die Überlegungen, die zur RANKINEschen Erddrucktheorie geführt haben (s. Abs. 13), nochmals zusammenfassen, dann können wir aus der Abb. 14c die nachfolgenden Schlüsse ziehen. Kann eine Wand mit rauher Rückseite derart ausweichen, daß die Verformung der keilförmigen Sandmasse hinter der Wand identisch ist mit jener innerhalb des Gebietes abc in der Abb. 14c, dann tritt der Bruch im Sand ungefähr längs der Gleitfläche bc (Abb. 14a) ein, und die Erddruckspannungen sind längs der Wandrückseite hydrostatisch verteilt. Beim Übergang der den Halbraum erfüllenden Masse vom Anfangszustand in den aktiven plastischen Grenzzustand muß das waagrechte Ausweichen der Masse in jedem Punkt einen gewissen unteren Grenzwert pro Längeneinheit überschreiten, der von den elastischen Eigenschaften des Sandes und vom Anfangsspannungszustand abhängig ist. Die zugehörige waagrechte Verformung des innerhalb des Gebietes abc (Abb. 14c) gelegenen Sandes ist durch die schraffierte Fläche gekennzeichnet. Jede Verformung, die über die durch die schraffierte Fläche dargestellte Begrenzung hinausgeht, hat keinen Einfluß auf den Spannungszustand im Sand. Wenn die Wand daher in irgendeine Lage über $a_1 b$ hinaus ausweicht, tritt im Sand Gleiten längs der Fläche bc (Abb. 14c) ein, und die Verteilung der Erddruckspannungen auf ab ist hydrostatisch. Gibt die Wand jedoch anders nach, z. B. durch Kippen um den oberen Rand a, so weicht die Form der Gleitfläche von bc erheblich ab, und die Verteilung der Erddruckspannungen hängt von der Art des Ausweichens ab.

Die vorhergehenden Überlegungen können ohne Änderung beim Auftreten von negativer Wandreibung auf die Hinterfüllung im Fall des Erdwiderstandes angewendet werden. Die Abb. 14f zeigt das Gleitlinienfeld im aktiven plastischen Grenzzustand bei negativer Wandreibung.

Wenn eine den Halbraum erfüllende Sandmasse, die zu beiden Seiten einer rauhen unverrückbaren Membrane liegt, durch waagrechte Zusammendrückung in einen passiven plastischen Grenzzustand übergeht, bildet sich das in Abb. 14e dargestellte Gleitlinienfeld aus. Da die seitliche Zusammendrückung eine Bewegung des Sandes in senkrechter Richtung verursacht, während die Membrane unverändert bleibt, weicht die Resultierende aus den Erdwiderstandsspannungen von der Flächennormalen nach oben ab. Der zugehörige Wandreibungswinkel δ wird positiv bezeichnet. Der Einfluß der Wandreibung auf den Spannungszustand im Sand wirkt sich über die RANKINEsche Gleitfläche aD durch den oberen Rand der Membrane nicht aus, weil für jeden Wert δ der über aD gelegene Sand bei Beginn an der Gleitbewegung längs aD sich in Richtung nach oben bewegt. Innerhalb des keilförmigen Bereiches aBD sind beide Gleitflächen gekrümmt. Ihre Form wurde durch JÁKY (1938) und OHDE (1938) ermittelt. Für jede Schar kann ihre Gleichung in der Form $r = r_0 f(\vartheta)$ angeschrieben werden, worin r den Abstand eines Punktes der Gleitfläche von a und ϑ den zugehörigen Zentriwinkel bedeutet. In irgendeiner Tiefe z unter der Oberfläche ist die Normalkomponente e_{pn} der Erdwiderstandsspannung auf die Membrane gleich

$$e_{pn} = \gamma z \lambda_p, \tag{3}$$

worin λ_p der Erdwiderstandsbeiwert nur von ϱ und δ abhängt. Wenn die Membrane aus dem Sand herausgezogen wird, ist die Wandreibung negativ, und wir erhalten das in Abb. 14g dargestellte Gleitlinienfeld. Mit Hilfe des MOHRschen Diagrammes (Abb. 14d) kann der Winkel zwischen Gleitflächen und Membrane bestimmt werden. Für $\delta = 0$ erhalten wir

$$\lambda_p = \mathrm{tg}^2 \left(45^\circ + \frac{\varrho}{2} \right). \tag{4}$$

Der Punkt B (Abb. 14d), dessen Ordinate die Scherspannung in ab darstellt (Abb. 14e), liegt auf der unter dem Winkel δ geneigten Geraden OB. Der zugehörige Pol P_p liegt auf der Geraden BP_p, die parallel zu aB der Abb. 14e liegt. Längs der rechten Seite der Membrane ist die Tangente an eine Gleitflächenschar parallel zu P_pD der Abb. 14d, und die Tangente an die andere Schar ist parallel zu P_pD_1.

In der Abb. 14e ist die kleinste seitliche Verschiebung von ab, die zur Herstellung des plastischen Zustandes nötig ist, für das in der Abbildung gezeigte Gleitlinienfeld, durch die schraffierte Fläche aa_1b,

dargestellt. Wenn die Fläche ab gegen den Boden gerichtet in irgendeine Lage hinter $a_1 b$ gerückt wird, stellt die Kurve bc die Basis der
Gleitfläche dar, und die Erdwiderstandsspannungen über ab sind
hydrostatisch verteilt, wie in Gl. (3) angegeben. Wird die Fläche ab
jedoch z. B. durch Kippen um a in eine Lage verschoben, welche $a_1 b$
schneidet, dann ist die Form der Gleitfläche von bc verschieden, und
die Verteilung der Erdwiderstandsspannungen über ab hängt von der
Art des Ausweichens ab.

Die vorhergehenden Darlegungen gelten nur für kohäsionslose
Massen. Die strenge Theorie des plastischen Grenzzustandes der
bindigen, den Halbraum erfüllenden schweren Masse, ist über einen
Anfangszustand noch nicht hinausgekommen. Vom praktischen Standpunkt aus gesehen sind wir hauptsächlich daran interessiert, Angaben
über die Größe des Erdwiderstandes solcher Massen zu bekommen.
In diesem Zusammenhang soll daran erinnert werden, daß das Gleitlinienfeld im passiven RANKINEschen Zustand einer den waagrecht begrenzten Halbraum erfüllenden Masse von der Kohäsion abhängig
ist (s. Abs. 12 und Abb. 11 d). Wenn die Bodenoberfläche eine gleichförmig verteilte Auflast p pro Flächeneinheit trägt, ist die passive
RANKINEsche Spannung auf einer lotrechten Schnittfläche in der
Tiefe z unterhalb der Oberfläche gleich

$$\sigma_p = 2c\,\sqrt{\lambda_\varrho} + p\,\lambda_\varrho + \gamma\,z\,\lambda_\varrho, \tag{12.5}$$

worin $\lambda_\varrho = \mathrm{tg}^2\left(45° + \dfrac{\varrho}{2}\right)$ das kritische Hauptspannungsverhältnis bedeutet. Die beiden ersten Ausdrücke auf der rechten Seite dieser
Gleichung, $2c\sqrt{\lambda_\varrho}$ und $p\,\lambda_\varrho$, sind von der Tiefe und dem Raumgewicht
des Bodens unabhängig. Der dritte Ausdruck, $\gamma z\lambda_\varrho$, enthält das Raumgewicht γ als Faktor und nimmt wie der hydrostatische Druck mit
der Tiefe geradlinig zu.

Wenn ein den Halbraum erfüllender bindiger Boden im passiven plastischen Grenzzustand längs den rauhen Seiten einer ebenen Membrane
durch Adhäsion und Reibung beansprucht wird, reicht der Einfluß der
Scherspannungen längs den Oberflächen der Membrane auf den
Spannungszustand im Boden nicht über die RANKINEsche Gleitfläche
aD (Abb. 14e) durch die obere Kante der Membrane hinaus. Über
diesen Gleiflächen ist das Gleitflächennetz identisch mit dem in der
Abb. 14e für ein kohäsionsloses Material dargestelltem Netz. Der
innerhalb des keilförmigen Bereiches aBD vorhandene Spannungszustand wurde bisher noch nicht streng untersucht. Analog der durch
G. (12.5) ausgedrückten Beziehung scheint jedoch die folgende Annahme berechtigt zu sein. Wenn in jedem Punkt eines den Halbraum
erfüllenden bindigen Bodens, der durch Reibung und Adhäsion längs

einer rauhen, ebenen Berührungsfläche beansprucht ist, ein plastischer Grenzzustand herrscht, dann kann die Normalkomponente der Erdwiderstandsspannung auf diese Fläche näherungsweise durch eine lineare Gleichung dargestellt werden:

$$e_{pn} = c\,\lambda_{pc} + p\,\lambda_{pp} + \gamma\,z\,\lambda_{p\gamma}, \tag{5}$$

worin λ_{pc}, λ_{pp} und $\lambda_{p\gamma}$ dimensionslose und von z unabhängige Größen sind. Die Form der Gleitflächen für positive und negative Werte des Wandreibungswinkels δ ist ganz ähnlich der Form bei kohäsionslosen Massen, die in Abb. 14e bzw. 14g gezeigt ist.

Die Verformungsbedingungen für die Gültigkeit der Gl. (5) sind dieselben wie für die Gültigkeit der Gl. (3). Sind diese Bedingungen nicht erfüllt, dann weicht die Form der Gleitfläche von der von bc ab, und die Verteilung der Erdwiderstandsspannungen über der Berührungsfläche ab hängt von der Art der Bewegung dieser Fläche ab.

16. Plastische Grenzzustände infolge Teilbelastung der Halbraumoberfläche.

In den Abb. 14c und 14e war der Übergang vom elastischen in den plastischen Zustand der Masse durch einen gedachten Verformungsvorgang hervorgerufen, der in einem Ausweichen oder in einem Zusammendrücken der Masse in waagrechter Richtung bestand. Der Übergang kann jedoch auch durch eine zusammenhängende Auflast, welche die Oberfläche der Masse halbseitig mit geradliniger Begrenzung bedeckt, hervorgerufen werden. Die mathematische Behandlung der plastischen Grenzzustände innerhalb von den Halbraum erfüllenden Massen infolge örtlicher Auflasten ist sehr schwierig. Eine vollständige Lösung wurde nur unter der Annahme eines gewichtslosen Bodens angegeben (PRANDTL 1920). Die Untersuchungen über den Einfluß des Eigengewichtes der Masse auf die Form der Gleitflächen im plastischen Grenzzustand bei örtlichen Auflasten, sind kaum über die Aufstellung der Differentialgleichungen hinaus gediehen (REISSNER 1924). Die Ergebnisse dieser Entwicklungsarbeiten erlauben trotzdem schon einen allgemeinen Einblick. In den folgenden Abschnitten sind die Erkenntnisse, soweit sie von unmittelbarem praktischem Interesse sind, ohne strenge Überprüfung der Angaben zusammengestellt.

Um in jedem Punkt einer gewichtslosen, bindigen Masse, die den Halbraum erfüllt und einen Winkel der inneren Reibung ϱ besitzt, einen plastischen Grenzzustand herzustellen, muß auf der einen Seite der senkrecht zur Zeichenebene durch den Punkt a gehenden Geraden eine gleichförmig verteilte Auflast von der Größe p_c' pro Flächeneinheit der Halbraumoberfläche wirken. Die Masse kann durch zwei Ebenen durch a in drei Abschnitte mit verschiedenen Gleitlinienfeldern unterteilt werden. Die auf der linken Seite von a gelegene Ebene aD_p ist zur Waagrechten unter einem Winkel von $45° - \dfrac{\varrho}{2}$ geneigt, und die andere, rechts vom Punkt a gelegene Ebene aD_a

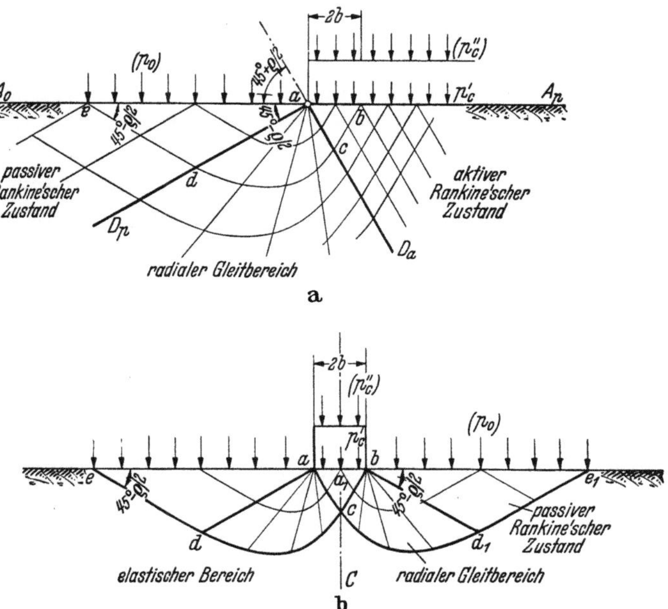

Abb. 15a u. b. Plastischer Grenzzustand im Halbraum bei gewichtslosem, bindigem Boden' infolge einer gleichförmig verteilten Auflast, die — a eine Hälfte der Halbraumoberfläche und — b einen unendlich langen Streifen bedeckt (PRANDTL 1920).

unter einem Winkel $45° + \dfrac{\varrho}{2}$. Links oberhalb der Ebene aD_p entspricht das Gleitlinienfeld dem passiven RANKINEschen Zustand (Abb. 11d) und rechts oberhalb der Ebene aD_a dem aktiven. RANKINEschen Zustand (Abb. 11c). Oberhalb aD_p ist deshalb die größere Hauptspannung stets waagrecht und oberhalb aD_a überall lotrecht. Diese beiden RANKINEschen Zonen sind voneinander durch ein *radiales Gleitlinienfeld*, $D_a a D_p$, getrennt. Innerhalb dieser Zone erscheint die eine Gleitflächenschar in der Abb. 15a als ein durch den Punkt a gehendes Geradenbündel und die andere als eine Schar logarithmischer Spiralen, welche die Geraden unter dem Winkel von $90° - \varrho$ schneiden (PRANDTL 1920). Wenn die auf der linken Seite von a gelegene Halbraumoberfläche mit p_0 belastet ist, steigt die für das Eintreten eines plastischen Zustandes erforderliche Last von p_c' auf $p_c' + p_c''$

pro Flächeneinheit an, und p_c'' ist eine Funktion von ϱ und p_0 allein. Das Gleitlinienfeld bleibt unverändert. Für $c = 0$ und $p_0 = 0$ kann die gewichtslose Masse keine einseitige Auflast tragen, gleichgültig, wie groß der Winkel der inneren Reibung ϱ ist, weil gegen seitliches Ausweichen der belasteten Masse auf der linken Seite der belasteten Fläche kein Widerstand vorhanden ist. In diesem Fall ist die kritische Last p_c' gleich Null. Diese Schlußfolgerung ist auch für die unmittelbare Nachbarschaft an den Grenzen einer belasteten Fläche auf der waagrechten Oberfläche einer schweren kohäsionslosen Masse gültig, wie aus einer Gleichgewichtsbetrachtung der Auflast leicht erkannt werden kann. Die Gleitflächen verlaufen etwa wie in Abb. 15a gezeichnet, wenn auch diese Abbildung auf bindige Böden bezogen ist. Damit eine Auflast von der Breite $2b$ in den Boden versinken kann, muß sie den oberhalb der Gleitfläche $bcde$ gelegenen Boden verdrängen. Wenn der Boden keine Kohäsion hat, wird das Ausweichen nur durch den Reibungswiderstand infolge des Gewichtes des Bodenabschnittes $bcde$ verhindert. Da das Gewicht dieses Abschnittes mit dem Quadrat von $2b$ wächst, ist die größte Auflast P, welche von dem Streifen pro Längeneinheit getragen werden kann, durch die Gleichung gegeben:

$$P = \varkappa b^2,$$

worin $\varkappa$ einen von b unabhängigen Faktor bezeichnet. Die maximale Auflast, welche der Streifen, pro Flächeneinheit tragen kann, ist

$$p = \frac{dP}{db} = 2\varkappa b.$$

Diese Auflast nimmt geradlinig mit dem Abstand vom Rand a der belasteten Fläche zu. Am Rand ist sie gleich Null.

Die Bedingungen für den plastischen Zustand von den Halbraum erfüllenden Massen, wie in der Abb. 15a gezeigt, sind auch für irgendeinen begrenzten Bereich dieser Masse gültig, wenn die Voraussetzung erfüllt ist, daß die Spannungszustände an den Berandungen dieses Abschnittes erhalten bleiben. Wenn wir z. B. die Auflast auf der rechten Seite vom Punkt b (Abb. 15a) entfernen, geht das Material unterhalb der Gleitfläche $bcde$ aus dem plastischen Zustand in den elastischen Zustand über. Das über dieser Fläche liegende Material verbleibt jedoch im plastischen Zustand. Überlegungen ähnlicher Art haben zur RANKINEschen Erddrucktheorie geführt. Sie ergeben die Bedingungen für den plastischen Grenzzustand unterhalb belasteter Streifen endlicher Breite, wie z. B. für den in Abb. 15b gezeichneten Streifen. In dieser Abbildung entspricht der Linienzug $bcde$ dem Linienzug $bcde$ der Abb. 15a. Ein geringes Anwachsen der Auflast über den Wert $p_c' + p_c''$ hinaus verursacht das Fließen des über der Gleitlinie $bcde$

gelegenen Materiales. Es ist festzustellen, daß das System der inneren und äußeren Kräfte im belasteten Material zu der lotrechten Ebene $a_1 C$ symmetrisch ist. Deshalb muß der plastische Bereich ebenfalls zu dieser Ebene symmetrisch sein. Die untere Grenze des plastischen Bereiches ist entsprechend der Abbildung durch den Linienzug $edcd_1e_1$ gegeben.

Die vorhergehende Untersuchung beruhte auf der Annahme, daß das Raumgewicht des belasteten Materials gleich Null war. In der Natur gibt es kein gewichtsloses Material. Die Einbeziehung des Eigengewichtes des Materials erschwert die Untersuchung beträchtlich. Bei gegebenen Werten von c und ϱ erhöht das Raumgewicht die kritische Auflast und verändert die Form der Gleitflächen innerhalb der aktiven RANKINEschen Zone und im Bereich der radialen Gleitflächen. Die radialen Gleitflächen sind z. B. nicht mehr gerade wie in der Abb. 15a, sondern gekrümmt (REISSNER 1924).

Die Ermittlung der kritischen Auflast unter der Annahme $\gamma > 0$ ist bis jetzt nur durch Näherungsverfahren möglich. Für praktische Untersuchungen sind diese Verfahren jedoch genau genug. Sie werden in Kap. VIII besprochen werden.

17. Lösung praktischer Aufgaben durch strenge und Näherungsverfahren.

Die Lösung einer Aufgabe ist streng, wenn die berechneten Spannungen mit den Gleichgewichtsbedingungen, mit den Randbedingungen und mit den angenommenen mechanischen Eigenschaften des zu untersuchenden Materials verträglich sind.

Der im Innern eines Körpers herrschende Spannungszustand ist in der Abb. 16a dargestellt. Die Abbildung zeigt ein prismatisches Element, welches nur durch sein Eigengewicht $\gamma\,dx\,dz$ beansprucht ist. Ein Seitenpaar ist parallel zur Richtung der Schwerkraft. Die Seiten sind durch die in der Abbildung eingeschriebenen Spannungen beansprucht. Die Gleichgewichtsbedingungen im Element können durch die Gleichungen ausgedrückt werden:

$$\frac{\partial \sigma_x}{\partial z} + \frac{\partial \tau_{zx}}{\partial x} = \gamma \tag{1}$$

und

$$\frac{\partial \sigma_z}{\partial x} + \frac{\partial \tau_{xz}}{\partial z} = 0. \tag{2}$$

Diese Gleichungen sind erfüllt, wenn

$$\sigma_x = \frac{\partial^2 F}{\partial z^2}, \tag{3a}$$

$$\sigma_z = \frac{\partial^2 F}{\partial x^2} \tag{3b}$$

und

$$\tau_{xz} = -\frac{\partial^2 F}{\partial x\,\partial z} + \gamma\,x + C, \qquad (3\,\mathrm{c})$$

worin F eine willkürliche Funktion von x und z bedeutet und C die Integrationskonstante darstellt. Die Gl. (3) zeigen, daß es unendlich viele Spannungszustände gibt, die die Gl. (1) und (2) befriedigen. Doch nur einer von ihnen entspricht der gestellten Aufgabe. Um unsere Aufgabe zu lösen, müssen daher die Gl. (1) und (2) durch weitere ergänzt werden. Eine Reihe von ergänzenden Gleichungen kann durch

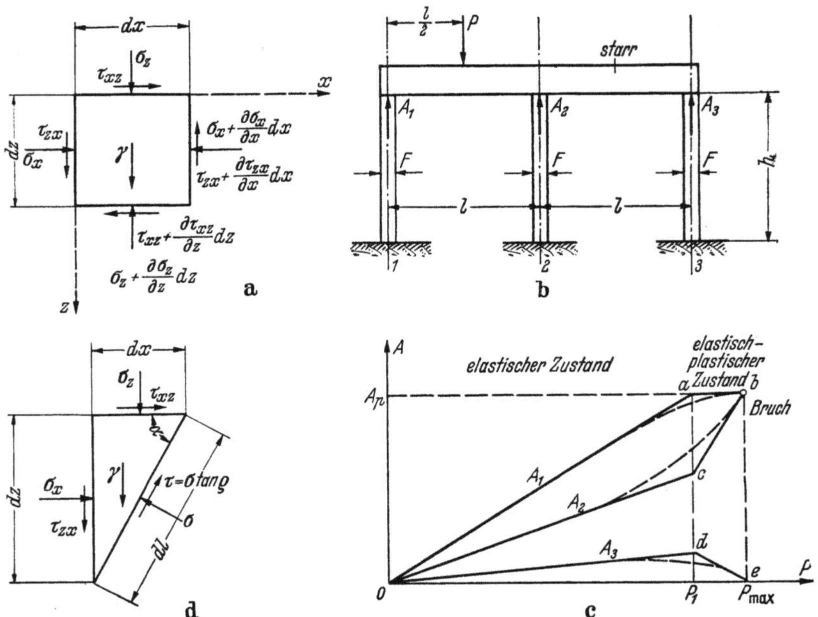

Abb. 16. Darstellung der Gleichgewichts- und Verträglichkeitsbedingungen.

Festlegung der Randbedingungen erhalten werden. So ist z. B. bei einem Versuchskörper mit freier Oberfläche, welche durch äußere Kräfte nicht beansprucht wird, sowohl die Normalspannung wie die Scherspannung in dieser Oberfläche gleich Null.

Eine zweite Reihe von Gleichungen wird aus der Bedingung erhalten, daß der Spannungszustand mit den mechanischen Eigenschaften des Materiales verträglich sein soll. Ist das Material vollkommen elastisch, dann ist die Beziehung zwischen Spannung und Verformung durch das HOOKEsche Gesetz gegeben. Wenn das HOOKEsche Gesetz gültig ist, müssen die Spannungen nicht nur die Gl. (1)

und (2), sondern auch die Gleichung

$$\left(\frac{\partial^2}{\partial x^2} + \frac{\partial^2}{\partial z^2}\right)(\sigma_x + \sigma_z) = 0 \tag{4}$$

erfüllen, wenn außer dem Eigengewicht keine andere Kraft den Körper beansprucht (siehe z. B. TIMOSHENKO 1934). Es ist zu beachten, daß diese Gleichung keine der Elastizitätskonstanten des Materials enthält. Durch Verbindung dieser Gleichung mit Gl. (3) erhalten wir die maßgebende Differentialgleichung für zweidimensionale Spannungszustände in elastischen Körpern, wenn als einzige Massenkraft das Eigengewicht wirkt. Diese Gleichung lautet:

$$\frac{\partial^4 F}{\partial x^4} + 2\frac{\partial^4 F}{\partial x^2 \partial z^2} + \frac{\partial^4 F}{\partial z^4} = 0. \tag{5}$$

Die Funktion F wird als AIRY*sche Spannungsfunktion* bezeichnet (AIRY 1862). Der mathematische Teil der Aufgabe besteht im Auffinden einer Funktion F, die sowohl die Gl. (5) wie die Randbedingungen der Aufgabe erfüllt. In manchen Lehrbüchern ist die Gl. (5) in der Form

$$\nabla^4 F = \nabla^2 \nabla^2 F = 0$$

geschrieben. Das Symbol ∇^2 stellt den LAPLACEschen Operator dar:

$$\nabla^2 = \left(\frac{\partial^2}{\partial x^2} + \frac{\partial^2}{\partial z^2}\right).$$

Jede mit Hilfe der Gl. (5) erhaltene Lösung ist nur dann gültig, wenn die Verformung des Körpers rein elastisch ist. Wenn jedoch die Spannungen in einem Teil des Körpers über die Elastizitätsgrenze hinausgehen, dann ist die Gl. (5) in diesem Teil ungültig, und es sind drei verschiedene Zonen zu unterscheiden. In einer Zone erfüllen die Spannungen die Gl. (5), die nur für vollkommen elastische Materialien gültig sind. In einer zweiten Zone erfüllt der Spannungszustand die Bedingungen für plastisches Fließen, und eine dritte Zone stellt den Übergang vom elastischen in den plastischen Zustand dar. Das Vorhandensein dieser Übergangszone macht die Aufgabe der Spannungsermittlung außerordentlich verwickelt. Um die Untersuchungen zu vereinfachen, wird das Vorhandensein einer Übergangszone stets vernachlässigt. In der elastischen Zone werden die Spannungen mittels Gl. (5) berechnet, und in der plastischen Zone sind sie derart zu berechnen, daß die Spannungsbedingungen für den plastischen Grenzzustand in jedem Punkt der plastischen Zone erfüllt sind. Diese Bedingung ist für Böden genügend genau durch die Gl. (7.7) gegeben, welche die MOHRsche Bruchbedingung ausdrückt:

$$\sqrt{\left(\frac{\sigma_x - \sigma_z}{2}\right)^2 + \tau_{xz}^2} - \frac{\sigma_x - \sigma_z}{2}\sin\varrho = c\cos\varrho. \tag{7.7}$$

Infolge der vereinfachenden Annahmen für die rechnerischen Untersuchungen ist die Grenze zwischen den beiden Zonen eine Unstetigkeitsfläche bezüglich der Spannungsänderung für alle Richtungen, mit Ausnahme der Tangente an der Grenzfläche.

Behandelt die Aufgabe schließlich einen Körper, der vollständig im plastischen Zustand ist, muß die Lösung nur die allgemeine Gleichgewichtsbedingung, Gl. (1) und (2), erfüllen sowie die durch Gl. (7.7) ausgedrückte Bruchbedingung. Auf diese Art kann der RANKINEsche Spannungszustand in einem den Halbraum erfüllenden Boden berechnet werden.

Um die physikalische Bedeutung der angeführten Grundgleichungen zu veranschaulichen, können wir sie mit den Gleichungen zur Ermittlung des Auflagerdruckes eines vollkommen starren, durchlaufenden Balkens auf elastischen Stützen vergleichen. Die Abb. 16 b zeigt einen solchen Balken. Er ruht auf drei Stielen, *1* bis *3*, von gleicher Höhe h. Die Querschnitte der Stiele sind gleich groß, und alle Stiele haben dieselben elastischen Eigenschaften. Der Balken wird im Abstand $\frac{1}{2}l$ von der Stütze *1* durch eine Last P beansprucht und erzeugt die Auflagerdrücke A_1, A_2 und A_3 in den Stielen *1, 2* und *3*. Die Stiele *1* bis *3* können daher durch gleich groß und entgegengesetzt diesen Drücken wirkende Reaktionskräfte ersetzt werden. Das Gleichgewicht des Systems erfordert, daß die Summe der den Balken beanspruchenden Kräfte und Momente gleich Null sein muß. Die Momente können auf irgendeinen Punkt bezogen werden, z. B. auf das obere Ende des Stieles *1*. Diese beiden Bedingungen sind durch die folgenden Gleichungen ausgedrückt:

$$-P + A_1 + A_2 + A_3 = 0 \qquad (6\,\mathrm{a})$$

und

$$\tfrac{1}{2}Pl - A_2 l - 2A_3 l = 0. \qquad (6\,\mathrm{b})$$

Diese beiden Gleichungen enthalten drei unbekannte Größen, A_1 bis A_3. Die Gleichgewichtsbedingunegn sind daher auch erfüllt, wenn wir für eine dieser Größen, z. B. für A_1, einen willkürlichen Wert annehmen. Diese Größe wird die statisch unbestimmte Reaktion genannt. Ganz ähnlich gibt es eine unendliche Anzahl von verschiedenen Funktionen, welche die Grundgleichungen (3) erfüllen und zeigen, daß die Aufgabe unbestimmt ist. Doch kann es nur einen Wert von A_1 oder eine Funktion F geben, welche die strenge Lösung der Aufgabe darstellt. Diese Lösung hängt von den mechanischen Eigenschaften der Stiele ab. Um diesen einen Wert oder diese eine Funktion zu berechnen, müssen wir eine zusätzliche Gleichung einführen, welche diese Eigenschaften ausdrückt.

In Übereinstimmung mit den üblichen Annahmen über die mechanischen Eigenschaften der Baustoffe, welche plastisch fließen können, führen wir die zusätzliche Gleichung auf Grund der folgenden Annahme ein. Für jeden Wert A, der kleiner als der kritische Wert A_p ist, gehorcht der Stiel streng dem HOOKEschen Gesetz. Wird der Auflagerdruck auf einen Stiel gleich A_p, dann erzeugt ein weiteres Anwachsen der äußeren Last P im Stiel einen Zustand plastischen Fließens bei konstantem Auflagerdruck. Wenn durch diesen Fließzustand der Auflagerdruck auf den Stiel nicht vermindert wird, versagt das System. Bei Zunahme der auf den Balken wirkenden Last P, durchläuft das System hintereinander drei Zustände. Im ersten Zustand ist der Auflagerdruck auf jeden der drei Stiele kleiner als A_p. In diesem Zustand erzeugt ein Anwachsen der Last nur eine elastische Verkürzung der Stiele, und das System ist im elastischen Zustand. Das zweite Stadium beginnt, sobald der Auflagerdruck in einem der Stiele gleich A_p wird. Jedes weitere Anwachsen der Last P muß von den beiden anderen sich noch elastisch verhaltenden Stielen getragen werden, während der Auflagerdruck auf dem dritten Stiel gleich A_p bleibt. Dies ist der plastisch-elastische Zustand. Er bleibt so lange bestehen, bis der Auflagerdruck auf einem zweiten Stiel ebenfalls gleich A_p wird. Ein weiteres Anwachsen der Last P verursacht eine fortschreitende, plastische Verkürzung der beiden Stiele unter konstantem Auflagerdruck. Dieser Bedingung entspricht der Bruchzustand. Die Lase $P_{\max}$, welche zum Erreichen von A_p in zwei Stielen erforderlich ist, ist daher die größte Last, die das System tragen kann. Für $P = P_{\max}$ ist das System im plastischen Grenzzustand.

Im elastischen Zustand wird der Quotient $\dfrac{p}{\varepsilon}$ YOUNGscher *Modul E* genannt, worin $p = \dfrac{A}{F}$ die Spannung im Stiel und ε die bezogene Zusammendrückung bedeutet. In diesem Zustand beträgt die Verkürzung der einzelnen Stiele infolge der gegebenen Last P gleich

$$\zeta_1 = \frac{A_1 h}{F E}, \quad \zeta_2 = \frac{A_2 h}{F E} \quad \text{und} \quad \zeta_3 = \frac{A_3 h}{F E}.$$

Da der Balken vollkommen starr ist, müssen die oberen Endpunkte der Stiele auf einer Geraden liegen, woraus sich die Bedingung ergibt:

$$\zeta_3 = \zeta_1 - 2(\zeta_1 - \zeta_2) = 2\zeta_2 - \zeta_1$$

oder

$$A_3 = 2A_2 - A_1.$$

Durch Verbindung dieser Gleichung mit Gl. (6) erhalten wir die Lösung unserer Aufgabe:

$$A_1 = \frac{7}{12} P, \quad A_2 = \frac{4}{12} P \quad \text{und} \quad A_3 = \frac{1}{12} P. \tag{7}$$

Diese Lösung erfüllt die Gleichgewichtsbedingungen des Systems, die Randbedingungen und das HOOKESche Gesetz. Sie stellt daher eine Analogie zu einer Lösung der Gl. (5) dar.

Die Beziehung zwischen P und den Reaktionskräften A_1, A_2 und A_3, welche durch die Gl. (7) ausgedrückt wird, ist im Diagramm (Abb. 16c) durch drei durch den Ursprung O gehende Gerade dargestellt. Die für das Anwachsen der Reaktionskraft A_1 und A_p erforderliche Last P_1 legt den Beginn des plastisch-elastischen Zustandes fest. Für diesen Zustand lautet die zur Lösung unserer Aufgabe erforderliche ergänzende Gleichung

$$A_1 = A_p. \tag{8}$$

Durch Verbindung dieser Gleichung mit Gl. (6) erhalten wir

$$A_2 = \tfrac{3}{2}P - 2A_p \quad \text{und} \quad A_3 = A_p - \tfrac{1}{2}P. \tag{9}$$

Diese Gleichungen sind für jede Last P gültig, die größer als P_1 und kleiner als $P_{\max}$ ist. In der Abb. 16c ist diese Beziehung durch drei Gerade ab, cb und de, dargestellt, von denen keine durch den Ursprung des Systems geht.

Die Bedingung für den plastischen Grenzzustand des in Abb. 16b dargestellten Systems lautet

$$A_1 = A_2 = A_p \quad \text{und} \quad P = P_{\max},$$

und mit der ersten Gl. (9) ergibt sich die Lösung:

$$P_{\max} = 2A_p \quad \text{und} \quad A_3 = 0.$$

Die Berechnung von $P_{\max}$ in dieser Aufgabe entspricht der Berechnung der Kraft, der Last oder des Kräftesystems, welches für das Erreichen eines Bruchzustandes in einem Boden durch Bildung von Gleitflächen erforderlich ist. Unmittelbar bevor die Gleitbewegung eintritt, kann der Boden oberhalb der Gleitfläche in einem plastisch-elastischen oder in einem vollkommen plastischen Zustand sich befinden. Längs der Gleitfläche muß in jedem Punkt ein Spannungszustand herrschen, der die COULOMBsche Gleichung

$$\tau_s = c + \sigma \operatorname{tg}\varrho$$

erfüllt; darin ist σ die Normalspannung in der Gleitfläche und τ_s die Scherfestigkeit pro Flächeneinheit. Der Spannungszustand muß auch die durch die Gl. (1) und (2) ausgedrückten Gleichgewichtsbedingungen erfüllen. Die Abb. 16d stellt ein prismatisches Bodenelement von dreieckförmiger Grundfläche dar, dessen eine Fläche ein Gleitflächenelement dl bildet. Durch Verbindung der COULOMBschen Gleichung für kohäsionslosen Sand,

$$\tau_s = \sigma \operatorname{tg}\varrho$$

mit den Gl. (1) und (2) erhielt KÖTTER (1888) die Gleichung

$$\frac{d\sigma}{dl} - 2\sigma \, \mathrm{tg}\varrho \, \frac{d\alpha}{dl} = \gamma \sin(\alpha - \varrho) \cos\varrho, \tag{10}$$

worin α nach Abb. 16d den Winkel zwischen dem Gleitflächenelement dl und der Waagrechten bedeutet. Gl. (10) wird als KÖTTERsche *Gleichung* bezeichnet. Wenn in einem Sand die Form der Gleitfläche und der Winkel der inneren Reibung des Sandes bekannt ist, kann mit Hilfe dieser Gleichung die Verteilung der Normalspannungen in dieser Fläche und die Richtung des resultierenden Druckes unter der Voraussetzung bestimmt werden, daß die neutralen Spannungen Null sind. JÁKY (1936) wies nach, daß Gl. (10) auch für bindige Böden gültig ist. Wenn die Spannungen in einem Sand aus wirksamen und neutralen Spannungen bestehen, muß die KÖTTERsche Gleichung durch eine Gleichung ersetzt werden, welche die Wirkung der neutralen Spannungen auf die Bruchspannungsbedingungen in Betracht zieht (CARRILLO 1942a).

Die KÖTTERsche Gleichung wurde von OHDE (1938) zur Ermittlung der Verteilung der waagrechten Druckspannungen in der lotrechten Rückseite einer Stützwand, die mit Sand hinterfüllt ist und durch Kippen um den oberen Wandpunkt ausweicht, benützt (s. Abs. 20). Der den Ergebnissen solcher Untersuchungen anhaftende Fehler hängt davon ab, wieweit die angenommene Gleitfläche von der natürlichen Form abweicht. Eine Zusammenfassung des KÖTTERschen wichtigen Beitrages zur Erddrucktheorie wurde von REISSNER (1909) veröffentlicht.

Die in den vorhergehenden Artikeln gebrachten Gleichungen stellen die Grundgleichungen für die strenge Lösung zweidimensionaler Spannungsprobleme in rechtwinkeligen Koordinaten dar. Unter gewissen Bedingungen ist es zweckmäßiger mit Polar- oder Bipolarkoordinaten zu arbeiten, in welche die Grundgleichungen entsprechend umgeformt werden müssen.

In jedem Fall kann eine strenge, auf den vorher erwähnten Grundgleichungen beruhende Lösung nur so weit der Wirklichkeit entsprechen, als die Annahmen, auf welchen diese Gleichungen beruhen. Mit Ausnahme von Stahl gibt es keinen Baustoff und keine Böden, deren mechanische Eigenschaften durch Annahmen ersetzt sind, die mehr als eine grobe Näherung ausdrücken.

Um die praktischen Folgen der Unterschiedlichkeit zwischen den Annahmen und der Wirklichkeit zu veranschaulichen, gehen wir auf unser in der Abb. 16b gezeigtes Beispiel zurück. Nach den Grundgleichungen der Elastizitäts- und Plastizitätstheorie haben wir angenommen, daß vom elastischen zum plastischen Zustand der Stiele ein scharfer Übergang auftritt. Als Folge davon zeigen die Linienzüge, welche die Beziehung zwischen der Last P und den Auflagerdrücken in den Stielen darstellen, einen scharfen Knick bei der Abszisse $P = P_1$. In Wirklichkeit ist der Übergang vom elastischen zum plastischen Zustand allmählich und ergibt eine Abnahme des Druck-Zusammendrückungs-Quotienten A/ζ, sobald der Grenzpunkt erreicht ist. Daher ist das tatsächliche Verhältnis zwischen P und den Reaktionskräften A_1 bis A_3 etwa so, wie durch die strichlierten Linien (Abb. 16c) angedeutet. Trotzdem wird die durch die vollen Linien dargestellte Beziehung gewöhnlich als strenge Lösung der Aufgabe angesehen. Der Unterschied zwischen den Ordinaten der vollen und der entsprechenden strichlierten Linie stellt den Fehler dar, den die strenge Lösung der Aufgabe, welche durch die volle Linie dargestellt ist, aufweist.

Infolge der weitgehenden, vereinfachenden Annahmen, auf welchen die strengen Lösungen beruhen, sind die Aussichten für eine strenge Lösung mancher außerordentlich wichtiger, praktischer Aufgaben noch sehr gering. Die bei der strengen Lösung mancher Aufgaben erhaltenen Schlußgleichungen sind so verwickelt, daß sie für den praktischen Gebrauch ungeeignet sind. In der Praxis sind wir deshalb weitgehend auf vereinfachte Lösungen angewiesen.

Bei der Behandlung von Elastizitätsaufgaben haben die Bemühungen um Auffindung vereinfachter Lösungen zur Bettungsziffertheorie (Kap. XVI) geführt. Nach der Bettungszifferannahme verhält sich der Boden wie eine Sprungfedermatratze aus lauter gleich langen und gleichen steifen Federn. Der sich aus einer solchen Annahme ergebende Fehler kann ziemlich bedeutend sein. Genauer sind die vereinfachten Theorien, welche die Gleichgewichtsbedingungen einer über einer angenommenen Gleitfläche liegenden Bodenmasse behandeln. Sie werden in der Regel gemeinsam mit den Erddrucktheorien und den Stabilitätsuntersuchungen von Böschungen behandelt.

Die strenge Lösung der meisten in diese Gruppe fallenden Aufgaben ist sehr kompliziert. Es ist daher dringend notwendig, vereinfachte Verfahren zu entwickeln. Diese Verfahren bestehen darin, daß die natürliche Gleitfläche durch eine einfach darstellbare ersetzt wird. Die Lage der Gleitfläche muß innerhalb des Bodens so sein, daß die zur Verhütung einer Gleitbewegung längs dieser Fläche erforderliche Kraft ein Maximum wird. Ein Vergleich der so erhaltenen Ergebnisse mit strengen Lösungen hat gezeigt, daß der durch Vereinfachung der Gleitflächenform entstehende Fehler meist unbedeutend ist. Das bekannteste Verfahren dieser Art ist die COULOMBsche Erddrucktheorie zur Ermittlung des auf Stützwände ausgeübten Erddruckes, die die gekrümmte, in Abb. 14c gezeigte Gleitfläche durch eine Ebene ersetzt. Der infolge dieser Annahme entstehende theoretische Fehler ist nicht größer als 5% (s. Abs. 23). Der Unterschied von einigen Prozent zwischen den Ergebnissen einer strengen und einer einfachen Berechnung ist im Vergleich mit dem Unterschied zwischen den beiden Annahmen und der Wirklichkeit meist sehr klein. Verglichen mit dem Vorteil einfacherer Gleichungen erscheint dieser Unterschied unbedeutend.

Die meisten älteren Näherungstheorien zeigen den offensichtlichen Mangel, daß die Größe und der Einfluß des theoretischen Fehlers so lange unbekannt bleibt, bis eine strenge Lösung gefunden wird. Die COULOMBsche Theorie ist ein Beispiel dafür. Diese Theorie wurde mehr als ein Jahrhundert lang benützt, ohne zu erkennen, daß der nach ihr berechnete Erdwiderstand um mehr als 30% größer als der tatsächliche sein kann. Auf anderen Gebieten der angewandten Mechanik sind solche Gefahren durch neuere Verfahren ausgeschaltet worden, die unter dem Namen *Relaxationsmethoden* bekannt sind. Diese Verfahren werden auch als schrittweise Annäherung bezeichnet (SOUTHWELL 1940). Eine der bekanntesten Anwendungen dieses Verfahrens auf statische Aufgaben ist das CROSSsche Momentenausgleichsverfahren für die Berechnung durchlaufender Rahmen (CROSS 1932). Die Methodik beruht auf dem Prinzip, daß jeder Gleichgewichtszustand eines gegebenen Systems mit dem Zustand, in welchem die potentielle Energie des Systems ein Minimum wird, identisch ist.

Da die Relaxationsmethoden uns relativ einfache Lösungen mit bekannter Fehlergröße in die Hand geben, scheinen sie für Aufgaben der Bodenmechanik sehr geeignet zu sein, besonders, wo deren Naturverbundenheit sowohl die Möglichkeit wie die Notwendigkeit genauer Lösungen ausschließen. Die Methode hat den weiteren Vorteil, daß der Untersuchende durch das Verfahren gezwungen ist, sich in jedem Stadium seiner Berechnungen eine klare Vorstellung von dem, was er unternimmt, zu machen. Da die meisten Fehlanwendungen bodenmechanischer Theorien auf falschen Annahmen über die physikalische Bedeutung der mathematischen Operationen beruhen, fällt dieser Vorteil sehr ins Gewicht.

Bisher wurden noch keine unmittelbaren Anwendungen der Relaxationsmethode auf Aufgaben der Bodenmechanik vorgenommen. Die Aussichten sind jedoch ermutigend.

Bei der praktischen Anwendung der Bodenmechanik kann die Bedeutung der Einfachheit nicht genug betont werden, unter der Voraussetzung, daß die Vereinfachung nicht auf Kosten einer Vernachlässigung der wichtigsten Faktoren erzielt wird. Die Notwendigkeit für Vereinfachung liegt in der Natur des Bodens. Da es keinen vollkommen homogenen Boden gibt und die mechanischen Eigenschaften der natürlichen Böden sehr kompliziert sind, stellen alle bodenmechanischen Theorien insgesamt nicht mehr als einen kleinen Schritt vorwärts dar, um das gesamte zur Untersuchung stehende Gebiet zu erfassen. Auf jedem Gebiet der angewandten Bodenmechanik besteht der wichtigste Schritt folglich darin, nicht eine strenge Lösung zu erhalten, sondern in der Bestimmung des Einflusses verschiedener möglicher Abweichungen der natürlichen Bedingungen von den angenommenen. Dies kann nur auf Grund einfacher Gleichungen durchgeführt werden, die uns über das relative Gewicht der verschiedenen in die Aufgabe eingehenden Faktoren mit einem Blick orientieren. Strengere Lösungen sind viel zu kompliziert, um dieser wichtigen Aufgabe zu dienen. Der prinzipielle Wert dieser Lösungen ist ihre Fähigkeit, die Bedeutung der in den Ergebnissen der vereinfachten Untersuchungen enthaltenen theoretischen Fehler zu zeigen. In dieser Hinsicht sind die strengen Lösungen von unschätzbarem Wert. Wenn jedoch eine strenge und komplizierte Lösung diesen Zweck erfüllt hat, ist sie von keinem weiteren Nutzen, außer wenn ihre Ergebnisse in Tabellen oder graphischen Darstellungen ausgewertet werden. Die Möglichkeit, eine strenge Lösung zu finden, ist kein Erfordernis für erfolgreiche Arbeit auf dem Gebiet der Bodenmechanik. Sowohl für den Forscher wie für den praktisch tätigen Ingenieur genügt die Kenntnis des allgemeinen Vorgehens, mit dessen Hilfe strenge Lösungen erhalten werden können. Die strenge Lösung der Aufgaben sollte den Mathematikern überlassen werden. Aus diesem Grund werden auch nur die vereinfachten Verfahren in diesem Buch besprochen. Wo es immer notwendig erscheint oder zum Verständnis beiträgt auf die strengen Lösungen hinzuweisen, werden nur die Ergebnisse wiedergegeben.

In manchen neueren Veröffentlichungen über Bodenmechanik steht die mathematische Verfeinerung in keinem gesunden Verhältnis zum Ausmaß des Fehlers infolge der vereinfachten Annahmen. Wenn diese Annahmen klar und vollständig dargestellt sind, kommt diesen Veröffentlichungen letzten Endes das Verdienst einer ausgezeichneten Gedankenarbeit zu, und der Leser ist in der Lage, selbst zu beurteilen, in welchem Maß diese Arbeit als verdienstvoll betrachtet werden kann. Eine alle grundlegenden Voraussetzungen umfassende Darstellung ist jedoch sehr selten. Da nur wenige Leser den Gegenstand genau genug kennen, um eine Lücke in der Reihe der Annahmen zu erkennen, kann eine theoretische Arbeit mit einer unvollständigen Aufzählung der Annahmen mehr Schaden als Nutzen bringen.

Manche Forscher treffen Annahmen von schwerwiegender Bedeutung, ohne diesen Annahmen die nötige Beachtung zu schenken. Bei eingehender Prüfung ihrer Arbeiten kann man sogar feststellen, daß ihr Versuch, alte Probleme durch scheinbar strengere Methoden zu lösen, den Fehler nur noch größer gemacht hat, weil eine Reihe von wohl unsicheren, aber zulässigen Annahmen durch weniger fragliche, jedoch weit ungünstigere Annahmen ersetzt wurden. Das lehrreichste Beispiel solcher fehlgeleiteten Bemühungen kann im Bereich der neueren, die Stabilität von Böschungen und die Tragfähigkeit von Pfählen und Pfahlgruppen behandelnden Theorien gefunden werden.

Das Vorhandensein zahlreicher mit einem oder mehreren der vorerwähnten Mängel behafteten Arbeiten macht es dem Anfänger schwer, sich auf dem Gebiet der Bodenmechanik zurechtzufinden. Wenn eine Arbeit dieser Art in den folgenden Kapiteln überhaupt erwähnt wird, werden ihre Mängel aufgezählt werden.

B. Die Bettherscheinungen in idealen Böden.

V. Gewölbewirkung in idealen Böden.

18. Definition.

Wenn die Abstützung einer Bodenmasse in einem begrenzten Teilgebiet nachgibt, während der übrige Teil der Abstützung in Ruhe verbleibt, so muß sich der an dem ausweichenden Teil angrenzende Boden aus seiner ursprünglichen Lage zwischen den benachbarten, in Ruhe verbleibenden Bodenmassen in Richtung der nachgebenden Abstützung bewegen. Der Relativbewegung des nachgebenden Bodens wirkt die Scherfestigkeit im Grenzbereich zwischen der ausweichenden und der in Ruhe verbleibenden Masse entgegen. Da die Scherfestigkeit des Bodens das Bestreben hat, die nachgebende Masse in ihrer ursprünglichen Lage zu halten, vermindert sie die Druckspannung auf den nachgebenden Teil der Abstützung und erhöht den Druck auf die angrenzenden und in Ruhe verbleibenden Teile. Die Ursache für diese Verlagerung des Druckes von der nachgebenden Bodenmasse auf die angrenzenden und in Ruhe verbleibenden Teile wird als *Gewölbewirkung* bezeichnet, und der Boden über dem ausweichenden Teil der Abstützung bildet einen Tragkörper. Gewölbewirkung tritt also dann ein, wenn der nachgebende Teil der Abstützung sich genügend weit nach außen bewegt.

Die Gewölbewirkung gehört zu den häufigsten Erscheinungen, die wir im Boden, sowohl in der Natur als auch im Laboratorium, antreffen können. Da die Gewölbewirkung allein durch die Scherfestigkeit des Bodens verursacht wird, ist sie ebenso ein Dauerzustand wie jeder andere Spannungszustand im Boden, der an das Auftreten von Scherspannungen gebunden ist, wie z. B. der Spannungszustand unterhalb eines Fundamentkörpers. Wenn nämlich in einem Sand keine gleichbleibenden Scherspannungen möglich wären, dann würde sich jede Gründung auf diesem Sand unbegrenzt setzen. Andererseits vermindert jeder äußere Einfluß, der eine zusätzliche Fundamentsetzung oder eine zusätzliche Auswärtsbewegung einer Stützwand unter unveränderten ruhenden Lasten verursacht, den Umfang bestehender Gewölbewirkungen. Erschütterungen sind die bedeutendsten Einflüsse dieser Art.

Im folgenden Artikel werden zwei typische Fälle untersucht, nämlich die Gewölbewirkung in einem idealen Sand bei örtlichem Ausweichen einer waagrechten Unterlage und die Gewölbewirkung, die im Sand hinter dem unteren Teil einer lotrechten Abstützung auftritt, wenn dieser Teil nach auswärts ausweichen kann.

19. Der Spannungszustand im Bereich der Gewölbewirkung.

Das örtliche Ausweichen der waagrechten Unterlage, der in der
Abb. 17a dargestellten Sandschicht, kann durch allmähliches Ab-
senken eines streifenförmigen Abschnittes ab der Unterlage hervor-
gerufen werden. Bevor der Streifen nachgibt, sind die lotrechten
Druckspannungen in der waagrechten Unterlage überall gleich der
Schichtdicke des Sandes mal seinem Raumgewicht. Das Absenken des

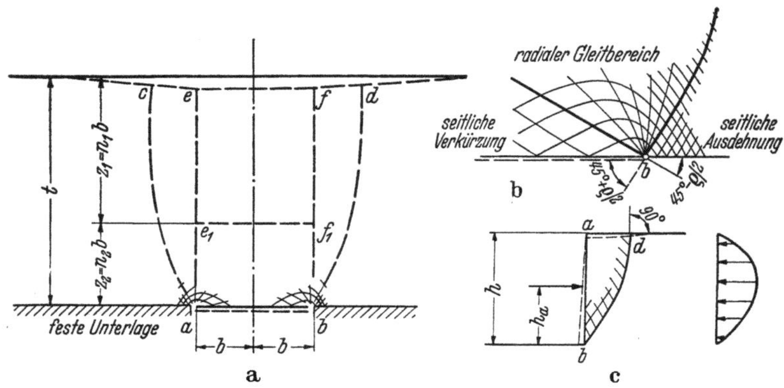

Abb. 17a—c. Brucherscheinungen in einem kohäsionslosen Sand
mit vorausgehender Gewölbewirkung.

a Durch Abwärtsbewegung eines langen, schmalen Abschnittes der Unterlage einer Sandschicht verursachte Brucherscheinungen; — b Detail zu Abb. a; — c Bruchvorgang im Sand
beim Ausweichen der seitlichen Abstützung durch Kippen um den oberen Rand.

Streifens verursacht ein Nachfolgen des oberhalb des Streifens gelegenen Sandes. Dieser Bewegung wirkt der Reibungswiderstand
zwischen den bewegten und den in Ruhe verbleibenden Sandmassen
entgegen. Dies verursacht eine Abnahme des Gesamtdruckes auf dem
ausweichenden Streifen um einen Betrag gleich der lotrechten Komponente des im Grenzbereich wirkenden Scherwiderstandes, wobei
der Gesamtdruck auf die anschließenden, in Ruhe verbleibenden Abschnitte der Unterlage um denselben Betrag zunimmt. In jedem
Punkt unmittelbar oberhalb dem nachgebenden Streifen vermindert
sich die lotrechte Hauptspannung auf einen kleinen Teilbetrag des vor
dem Nachgeben vorhandenen Wertes. Der lotrechte Gesamtdruck
auf die Unterlage der Sandschicht bleibt unverändert, weil er gleich
dem Gewicht des Sandes sein muß. Die Abnahme des lotrechten
Druckes im nachgebenden Streifen muß deshalb mit einem Anwachsen
des lotrechten Druckes in den anschließenden Teilen der starren
Unterlage verbunden sein, wobei die lotrechten Druckspannungen
längs der Ränder des Streifens sprungweise ansteigen. Diese Unstetig-
keit führt zu einem Bereich radialer Gleitfäden, wie solche in der Abb. 15a

gezeigt wurden. Der radiale Fließbereich führt zu einem seitlichen Ausweichen des Sandes innerhalb der unter höherer Druckspannung stehenden Zone zu beiden Seiten des ausweichenden Streifens gegen die Zone geringerer Druckspannungen, die oberhalb dem Streifen liegt. Bei vollkommen glatter Grundfläche der Sandschicht würde das Gleitlinienfeld nach Abb. 17a bzw. nach der im größeren Maßstab gezeichneten Abb. 17b verlaufen.

Sobald der Streifen genügend weit nach unten ausgewichen ist, tritt längs zwei Gleitflächen, die von den Rändern des Streifens bis zur Oberfläche des Sandes führen, Abscheren ein. In der Nähe der Oberfläche bewegen sich alle Sandkörner lotrecht nach abwärts. Diese Bewegung ist wiederholt im Lichtbild festgestellt worden. Sie ist nur denkbar, wenn die Gleitflächen die waagrechte Sandoberfläche unter einem rechten Winekl schneiden. Bei beginnendem Bruch erscheint in der Sandoberfläche eine muldenförmige Einsenkung, wie in Abb. 17a dargestellt. Die Oberflächenneigung der Senkungsmulde ist dort am größten, wo sie die Gleitflächen schneidet. Der Abstand zwischen diesen steilsten Abschnitten der Mulde kann gemessen werden, und dabei wurde festgestellt, daß er stets größer als die Breite des ausweichenden Streifens ist. Die Gleitfläche muß daher gekrümmt, etwa so, wie in Abb. 17a durch die Linie ac bzw. bd dargestellt ist, verlaufen. Die Ableitung der Gleichungen für die Gleitflächen ac und bd ist bisher noch nicht gelungen. Bei Versuchen (VÖLLMY 1937) ist bisher festgestellt worden, daß der mittlere Neigungswinkel dieser Gleitflächen von nahezu $90°$ für kleine Werte des Quotienten $d/2b$ auf Werte nahe an $45° + \dfrac{\varrho}{2}$ für sehr große Werte von $d/2b$ abnimmt.

Der lotrechte Druck auf den unteren Teil der zwischen den beiden Gleitflächen ac und bd der Abb. 17a gelegenen Sandmasse ist gleich dem Gewicht des oberen Teiles, vermindert um die lotrechte Komponente der in den Gleitflächen wirkenden Scherfestigkeit. Diese Übertragung des Gewichtsanteiles des über dem ausweichenden Streifen gelegenen Sandes auf die angrenzenden Sandmassen ergibt die Gewölbewirkung.

Die vorhergehende Überlegung kann auch auf die Untersuchung der Gewölbewirkung in einer Sandmasse bei seitlichem Ausweichen des unteren Teiles einer lotrechten Abstützung angewendet werden. In Abb. 17c ist die seitliche Abstützung durch die Strecke ab dargestellt. Die Oberfläche des Sandes ist waagrecht, und die Abstützung weicht durch Drehung um ihren oberen Rand aus. Wenn die Stütze genügend weit ausgewichen ist, tritt im Sand längs der vom Fuß b der Stütze bis zur Sandoberfläche reichenden Gleitfläche bd Abscheren ein. Die unverschiebliche Lage des oberen Randes a der seitlichen Abstützung verhindert eine seitliche Auflockerung des oberen Abschnittes des Gleitkeiles. Die im oberen Teil des Keiles gelegenen Sandkörner können sich daher nur nach abwärts bewegen. Die Gleitfläche schneidet deshalb die waagrechte Sandoberfläche in d unter einem rechten Winkel. Die abgesunkene Oberfläche des Gleitkeiles ist in der Abbildung durch eine strichlierte Linie eingezeichnet.

Die seitliche Auflockerung im unteren Abschnitt des Gleitkeiles ist mit einer lotrechten Verkürzung verbunden. Der Absenkung des oberen Teiles des Gleitkeiles wirkt die Scherfestigkeit längs des angrenzenden steilen Teiles der Gleitfläche entgegen. Folglich ist der lotrechte Druck im unteren Teil des Keiles kleiner als das Gewicht des darüber gelegenen Sandes. Diese Erscheinung kennzeichnet die Gewölbewirkung im Sand hinter nachgebenden seitlichen Abstützungen, deren oberer Teil festgehalten ist.

20. Theorien der Gewölbewirkung.

Die meisten der vorhandenen Theorien über Gewölbewirkung behandeln den Druck einer trockenen Sandschüttung auf ausweichende waagrechte Streifen. Sie können in drei Gruppen unterteilt werden. Die Verfasser der Theorien der ersten Gruppe betrachteten mehr die Gleichgewichtsbedingungen des unmittelbar über dem belasteten Streifen gelegenen Sandes, ohne dabei zu untersuchen, ob die Ergebnisse der Berechnungen mit den Gleichgewichtsbedingungen des Sandes in größerer Entfernung vom Streifen verträglich sind. Die Theorien der zweiten Gruppe beruhen auf der unberechtigten Annahme, daß die gesamte, oberhalb dem ausweichenden Streifen gelegene Sandmasse sich in einem plastischen Grenzzustand befindet.

In den Theorien der dritten Gruppe wurde angenommen, daß die lotrechten Ebenen ae und bf (Abb. 17a) durch die Ränder des ausweichenden Streifens Gleitflächen darstellen und daß der Druck auf den ausweichenden Streifen gleich der Differenz aus dem oberhalb des Streifens gelegenen Sandgewicht und dem vollen Reibungswiderstand längs der lotrechten Flächen ist (Cain 1916 und andere). Die tatsächlichen Gleitflächen ac und bd (Abb. 17a) sind jedoch gekrümmt, und in der Oberfläche des Sandes ist ihr gegenseitiger Abstand beträchtlich größer als die Breite des ausweichenden Streifens. Die Reibung längs der lotrechten Flächen ae und bf kann deshalb nicht voll wirksam sein. Der durch das Übergehen dieser Tatsache entstehende Fehler liegt auf der unsicheren Seite.

Die folgenden Erläuterungen sollen dazu dienen, den Leser über die grundlegenden Annahmen der Theorien der ersten beiden Gruppen kurz zu unterrichten. Engesser (1882) ersetzte den unmittelbar über dem ausweichenden Streifen liegenden Sand durch einen gedachten Zweigelenkbogen und berechnete den Druck auf den Streifen auf Grund der Gleichgewichtsbedingungen des

Bogens. BIERBAUMER (1913) verglich den unmittelbar über dem Streifen gelegenen Sand mit dem Schlußstein in einem Gewölbe. Er nahm an, daß die Grundfläche des Schlußsteines mit der Oberfläche des Streifens zusammenfällt und daß die Seiten des Schlußsteines eben sind und von den Rändern des Streifens gegen die Mitte schräg verlaufen. Der Druck auf den Streifen ist damit gleich und entgegengesetzt gerichtet der zur Festhaltung des Schlußsteines erforderlichen Kraft. CAQUOT (1934) ersetzte die gesamte Sandmasse oberhalb des ausweichenden Streifens durch ein System von Zweigelenkbogen. Er nahm an, daß die waagrechte Normalspannung im Bogen oberhalb der Streifenachse gleich der zugehörigen lotrechten Normalspannung mal dem kritischen Hauptspannungsverhältnis λ_ϱ [Gl. (7.4)] ist. Er berechnete den Druck auf den Streifen mit Hilfe der Gleichgewichtsbedingung des Zweigelenkbogens. VÖLLMY (1932) ersetzte die gekrümmten Gleitflächen ac und bd (Abb. 17a) durch geneigte ebene Gleitflächen und nahm an, daß die Normalspannungen in diesen Gleitflächen identisch mit den Normalspannungen in ähnlich gerichteten Schnittflächen durch einen mit Sand erfüllten Halbraum sind, der sich im aktiven RANKINEschen Zustand befindet. Die Neigung der Gleiflächen wird so gewählt, daß der zugehörige Druck auf den nachgebenden Streifen ein Maximum ist. Nach den Ergebnissen seiner Untersuchungen sollte eine Zunahme des Winkels der inneren Reibung des Sandes eine Zunahme des Druckes auf den nachgebenden Streifen verursachen. Nach allen anderen Theorien und den vorliegenden Versuchsergebnissen hat eine Zunahme des Winkels der inneren Reibung die gegenteilige Wirkung. VÖLLMY (1937) untersuchte auch den Druck des Bodens auf starre und auf elastische Rohre und verglich die Ergebnisse seiner Untersuchungen mit jenen früherer Arbeiten. In der Natur hängt jedoch der Druck auf nachgebende waagrechte Stützkörper, wie z. B. die Kalotte von Rohrleitungen oder Stollen, von vielen anderen Bedingungen ab, die in den theoretischen Untersuchungen nicht beachtet werden.

Alle vorhin angeführten Theorien stehen mit der Erfahrung im Einklang, daß der Druck auf einen ausweichenden waagrechten Streifen mit gegebener Breite langsamer ansteigt als das Gewicht der oberhalb dem Streifen gelegenen Sandmasse und sich asymptotisch einem endlichen Wert nähert. Die nach verschiedenen Theorien errechneten Werte für den Druck auf den Streifen sind jedoch ziemlich unterschiedlich. Zur Feststellung, welche der Theorien den Vorzug verdient, müßte der Spannungszustand oberhalb dem ausweichenden Streifen experimentell untersucht und die Ergebnisse mit den grundlegenden Annahmen der Theorien verglichen werden. Bisher wurde noch keine vollständige Untersuchung dieser Art vorgenommen, und die relative Brauchbarkeit der einzelnen Theorien ist noch unbekannt. Die einfachsten Theorien sind jene aus der dritten Gruppe; sie beruhen auf der Annahme lotrechter Gleitflächen. Glücklicherweise sind die durch diese Annahme bedingten Fehler leicht zu erkennen. Trotz der Fehler sind die Ergebnisse rechnerischer Untersuchungen mit den vorhandenen experimentellen Zahlenangaben in guter Übereinstimmung. Die folgenden Untersuchungen werden deshalb ausschließlich auf den grundlegenden Annahmen der Theorien dieser dritten Gruppe aufgebaut. Für ein tieferes Eindringen in diesen Gegenstand ist das Studium der VÖLLMYschen Arbeit zu empfehlen (VÖLLMY 1937).

Wenn wir die Gleitflächen lotrecht annehmen, wie in der Abb. 17a durch die Geraden ae und bf dargestellt, dann ist die Berechnung des lotrechten Druckes auf einen ausweichenden Streifen identisch mit der Berechnung des lotrechten Druckes auf den nachgebenden Boden eines prismatischen Silos.

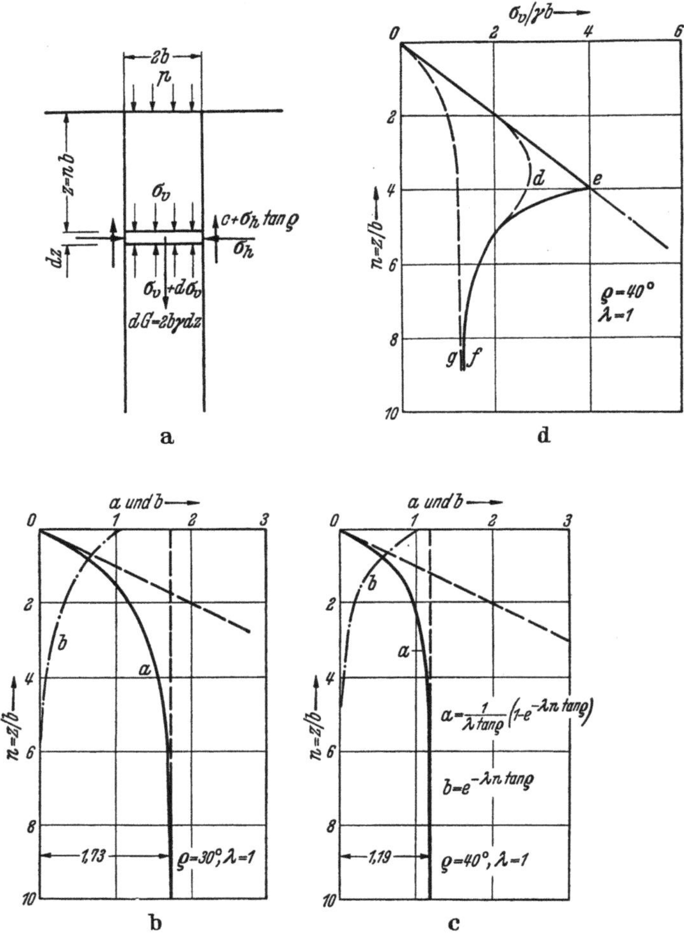

Abb. 18a—d. a Darstellung der Annahmen, auf welchen die Berechnung des Druckes im Sand zwischen zwei lotrechten Gleitflächen beruht; c u. d Darstellung der Rechenergebnisse.

Für kohäsionslose Materialien wurde diese Aufgabe von KÖTTER (1899) streng gelöst. Sie wurde auch von anderen Forschern mit unterschiedlichen Genauigkeitsgraden gelöst. Die einfachste Lösung beruht auf der Annahme, daß der lotrechte Druck in jedem waagrechten Schnitt durch die Füllung gleichförmig verteilt ist (JANSSEN 1895, KOENEN 1896). Diese Annahme ist mit dem Spannungszustand in lotrechten Schnittflächen durch den Boden nicht verträglich, aber der Fehler infolge dieser Annahme ist nicht so bedeutend, daß die Annahme nicht für grobe Schätzungen benützt werden kann.

Die Abb. 18a stellt einen Schnitt durch die Füllung des durch zwei lotrechte Gleitflächen gebildeten Zwischenraumes dar. Die Scherfestigkeit des Bodens ist durch die Gleichung ausgedrückt:

$$\tau_s = c + \sigma \, \mathrm{tg}\varrho.$$

Das Raumgewicht des Bodens ist γ, und die Oberfläche des Bodens trägt eine gleichförmige Auflast p pro Flächeneinheit. Der Quotient aus der waagrechten und lotrechten Druckspannung wird für jeden Punkt der Füllung gleich einer empirischen Konstanten λ angenommmen. Die lotrechte Spannung in einem waagrechten Schnitt in irgendeiner Tiefe z unterhalb der Oberfläche ist σ_v, und die zugehörige Normalspannung σ_h in der lotrechten Gleitfläche in der Tiefe z ist

$$\sigma_h = \lambda \, \sigma_v. \tag{1}$$

Das Gewicht der Scheibe mit der Dicke dz in der Tiefe z unterhalb der Oberfläche ist $2b\gamma\,dz$ pro Längeneinheit normal zur Zeichenebene. Die Scheibe wird von den in der Abbildung eingezeichneten Kräften beansprucht. Die Bedingung, daß die Summe der lotrechten Komponenten der auf die Scheibe wirkenden Kräfte gleich Null sein muß, ergibt die Gleichung

$$2b\gamma\,dz = 2b(\sigma_v + d\sigma_v) - 2b\sigma_v + 2c\,dz + 2\lambda\,\sigma_v\,dz\,\mathrm{tg}\varrho$$

oder

$$\frac{d\sigma_v}{dz} = \gamma - \frac{c}{b} - \lambda\sigma_v\frac{\mathrm{tg}\varrho}{b}$$

und für $z = 0$

$$\sigma_v = p.$$

Durch Integration dieser Gleichung erhalten wir

$$\sigma_v = \frac{b(\gamma - c/b)}{\lambda\,\mathrm{tg}\varrho}\left(1 - e^{-\lambda\,\mathrm{tg}\varrho\,z/b}\right) + p\,e^{-\lambda\,\mathrm{tg}\varrho\,z/b}. \tag{2}$$

Setzen wir in dieser Gleichung wahlweise $c = 0$ und $p = 0$, so erhalten wir

$$c > 0, \quad p = 0, \quad \sigma_v = \frac{b(\gamma - c/b)}{\lambda\,\mathrm{tg}\varrho}\left(1 - e^{-\lambda\,\mathrm{tg}\varrho\,z/b}\right), \tag{3}$$

$$c = 0, \quad p > 0, \quad \sigma_v = \frac{b\gamma}{\lambda\,\mathrm{tg}\varrho}\left(1 - e^{-\lambda\,\mathrm{tg}\varrho\,z/b}\right) + p\,e^{-\lambda\,\mathrm{tg}\varrho\,z/b}, \tag{4}$$

$$c = 0, \quad p = 0, \quad \sigma_v = \frac{b\gamma}{\lambda\,\mathrm{tg}\varrho}\left(1 - e^{-\lambda\,\mathrm{tg}\varrho\,z/b}\right). \tag{5}$$

Wenn die Scherfestigkeit einer Sandschüttung auf den lotrechten Flächen ae und bf (Abb. 17a) voll wirksam ist, wird die lotrechte Druckspannung σ_v auf den ausweichenden Streifen ab durch Gl. (5) ausgedrückt. Setzen wir in dieser Gleichung

$$z = nb,$$

so erhalten wir

$$\sigma_v = A \gamma b, \tag{6a}$$

worin

$$A = \frac{1}{\lambda \operatorname{tg} \varrho} \left(1 - e^{-\lambda \operatorname{tg} \varrho \, z/b}\right) = \frac{1}{\lambda \operatorname{tg} \varrho} \left(1 - e^{-\lambda n \operatorname{tg} \varrho}\right) \tag{6b}$$

zur Abkürzung geschrieben ist. Für $z = \infty$ erhalten wir $A = 1/\lambda \operatorname{tg} \varrho$ und

$$\sigma_v = \sigma_{v \infty} = \frac{\gamma b}{\lambda \operatorname{tg} \varrho} \,. \tag{7}$$

In der Abb. 18b ist durch die mit a bezeichnete Kurve der Verlauf der Hilfsgröße A für $\varrho = 30°$ und $\lambda = 1$ in Abhängigkeit von $n = z/b$ dargestellt (d. h. für $\lambda \operatorname{tg} \varrho = 0,58$). Die Abb. 18c zeigt dieselbe Abhängigkeit für $\varrho = 40°$ und $\lambda = 1$ oder für $\lambda \operatorname{tg} \varrho = 0,84$.

Versuche mit Sand über den Spannungszustand im Bereich oberhalb eines nach unten ausweichenden Streifens (TERZAGHI 1936 c) zeigten, daß der Wert λ im Gebiet unmittelbar über der Achse des ausweichenden Streifens etwa gleich der Einheit ist und auf ein Maximum von ungefähr 1,5 in einer mittleren Höhe von $2b$ anwächst. In der Höhe von mehr als etwa $5b$ über der Achse scheint die Absenkung des Streifens keinen Einfluß mehr auf den Spannungszustand im Sand zu haben. Wir können daher annehmen, daß die Scherfestigkeit des Sandes nur im unteren Teil der lotrechten Grenzflächen ae und bf des über dem ausweichenden Streifen ab gelegenen Sandprismas der Abb. 17a wirksam ist. Auf Grund dieser Annahme wirkt der obere Teil des Prismas wie eine Auflast p auf den unteren Teil, und der Druck auf den nachgebenden Streifen ist durch die Gl. (4) gegeben. Wenn mit $z_1 = n_1 b$ die Tiefe bezeichnet wird, bis zu der keine Scherspannungen in den lotrechten Grenzflächen des Prismas $abfe$ der Abb. 17a auftreten, ist die lotrechte Druckspannung in einem waagrechten Schnitt $e_1 f_1$ durch das Prisma in der Tiefe z_1 unterhalb der Oberfläche gleich $p = \gamma z_1 = \gamma n_1 b$. Setzen wir diesen Wert und den Wert $z = z_2 = n_2 b$ in Gl. (4) ein, so erhalten wir

$$\sigma_v = \gamma b A_2 + \gamma b n_1 B_2 = \gamma b \left(A_2 + n_1 B_2\right), \tag{8a}$$

worin

$$A_2 = \frac{1}{\lambda \operatorname{tg} \varrho} \left(1 - e^{-\lambda n_2 \operatorname{tg} \varrho}\right) \quad \text{und} \quad B_2 = e^{-\lambda n_2 \operatorname{tg} \varrho} \tag{8b}$$

bedeutet. Für $n_2 = \infty$ wird A_2 gleich

$$A_\infty = \frac{1}{\lambda \operatorname{tg} \varrho}$$

und der Wert B_2 gleich Null. Die zugehörige lotrechte Spannung σ_v ist

$$\sigma_{v\infty} = b\,B_\infty = \frac{b}{\lambda\,\mathrm{tg}\varrho}\,,$$

also identisch mit dem durch Gl. (7) gegebenen Wert. Damit wird zum Ausdruck gebracht, daß die Spannung $\sigma_{v\infty}$ von der Tiefe z_1 der Abb. 17a unabhängig ist.

Zwischen n_2 und A_2 besteht dieselbe Beziehung wie zwischen n und A, welche durch Gl. (6b) und die voll gezeichneten Kurven der Abb. 18b und 18c dargestellt ist. Die Beziehung zwischen n und der Abkürzung

$$B = e^{-\lambda n\,\mathrm{tg}\varrho}$$

ist in den Abb. 18b und 18c durch die strichpunktierten Kurven b dargestellt.

Durch ein Zahlenbeispiel soll der Einfluß der fehlenden Scherspannungen auf den oberen Teil der lotrechten Flächen ae und bf in Abb. 17a gezeigt werden. Wir nehmen $\varrho = 40°$, $\lambda = 1$ und $n_1 = 4$ an. Zwischen der Oberfläche und der Tiefe $z_1 = n_1 b = 4b$ nehmen die lotrechten Druckspannungen in waagrechten Schnitten wie der hydrostatische Druck geradlinig mit der Tiefe zu, wie es in Abb. 18b durch die Gerade oe dargestellt ist. Unterhalb der Tiefe z_1 ist die lotrechte Druckspannung durch die Gl. (8) ausgedrückt. Wie die Kurve ef zeigt, nimmt sie mit zunehmender Tiefe ab und nähert sich asymptotisch dem Wert $\sigma_{v\infty}$ [Gl. (7)].

Die strichlierte Kurve og der Abb. 18d wurde mit der Annahme $n_1 = 0$ gefunden. Die Abszissen dieser Kurve sind durch die Gl. (6) ausgedrückt. Mit zunehmender Tiefe nähert sie sich ebenfalls dem Wert $\sigma_{v\infty}$ [Gl. (7)]. Die Abbildungen zeigen, daß der Einfluß der fehlenden Gewölbewirkung in den oberen Schichten der Sandmasse auf die Druckspannung σ_v auf einen ausweichenden Streifen praktisch bis zu einer Tiefe von etwa $8b$ reicht. Ähnliche Untersuchungen mit anderen Werten von ϱ und n_1 führen zur Schlußfolgerung, daß der Druck auf einen nach unten nachgebenden Streifen vom Spannungszustand des Sandes in der Höhe über $4b$ bis $6b$ über dem Streifen unabhängig ist (d. h. die zwei- bis dreifache Streifenbreite).

Wenn der Bereich der voll wirksamen Scherfestigkeit des Sandes im unteren Abschnitt der lotrechten Flächen ae und bf der Abb. 17a zum scherspannungsfreien Zustand im oberen Abschnitt allmählich übergeht, erfolgt der Verlauf der lotrechten Normalspannung in Abhängigkeit der Tiefe nach der Kurve odf der Abb. 18d. Ähnlich dieser Kurve wurde durch Spannungsmessungen im Sand oberhalb der Achse eines nach unten ausweichenden Streifens der Verlauf der Druckverteilung festgestellt (TERZAGHI 1936e).

Schwieriger ist die Untersuchung über den Einfluß der Gewölbewirkung auf den vom Sand auf eine lotrechte Stützwand ausgeübten seitlichen Druck. Dieser Fall ist in der Abb. 17c gezeigt. Dem ersten Ansatz, die dabei auftretende Gewölbewirkung zu untersuchen, wurde die vereinfachende Annahme einer ebenen Gleitfläche zugrunde gelegt (TERZAGHI 1936c). Nach den Ergebnissen der Untersuchung führt die Gewölbewirkung im Sand hinter einer seitlichen Abstützung mit einer Höhe h auf eine von der hydrostatischen Druckverteilung abweichende Form und vergrößert den lotrechten Abstand h_a zwischen dem Angriffspunkt der seitlichen Druckresultierenden und dem Stützwandfuß. Die Größe der Gewölbewirkung und ihr Einfluß auf den Quotienten h_a/h hängt von der Art des Ausweichens der Stützwand ab. Wenn die Stützwand durch Kippen um ihren Fuß ausweichen kann, tritt keine Gewölbewirkung ein. Die Verteilung des Erddruckes erfolgt dann hydrostatisch, und der Quotient h_a/h beträgt ein Drittel. Ein Ausweichen der Wand durch Drehung um die Krone führt auf eine angenähert parabolische Druckverteilung, und der Angriffspunkt des Seitendruckes liegt in der Nähe der halben Höhe. Wenn die Stützwand endlich parallel zu ihrer ursprünglichen Lage ausweicht, dann sinkt der Angriffspunkt des Seitendruckes allmählich von einer Anfangslage in der Nähe der halben Höhe auf eine Endlage im unteren Drittel ab. Die Untersuchung ergab eine befriedigende allgemeine Vorstellung vom Einfluß der verschiedenen Faktoren, aber in bezug auf die Annahme einer ebenen Gleitfläche ergab sie keinerlei Einblick über den Einfluß der Gewölbewirkung auf die Größe des Seitendruckes.

Um die Zusammenhänge zu klären, muß die tatsächliche Form der Gleitfläche in die Betrachtungen eingeführt werden. Da die Krone der Stützwand nicht ausweicht, muß die Gleitfläche die Hinterfüllungsoberfläche unter einem rechten Winkel schneiden (siehe Abs. 19).

OHDE untersuchte den Einfluß dieser Bedingung auf die Größe des Erddruckes unter der Annahme, daß die Erzeugende der Gleitfläche ein Kreisbogen ist, der die Oberfläche der Hinterfüllung rechtwinkelig schneidet (OHDE 1938). Der Verlauf der seitlichen Druckspannung und die Lage des Angriffspunktes des resultierenden Seitendruckes wurde für einen idealen Sand mit einem Winkel der inneren Reibung $\varrho = 31°$ nach drei verschiedenen Verfahren berechnet.

In einem davon wurde die Lage des Druckmittelpunktes auf die Weise ermittelt, daß die Spannungen längs der Gleitfläche die KÖTTERsche Gl. (17.10) erfüllen müssen. In einem zweiten Verfahren wurden die Normalspannungen sowohl auf die Wand wie auch auf die Gleitfläche als Funktionen zweiten Grades des Abstandes zwischen Hinterfüllungsoberfläche und Gleitfläche angenommen, wobei dieser Abstand längs der Wandrückseite gemessen wird. Die in den Funktionen enthaltenen Konstanten wurden aus den Gleichgewichtsbedingungen am Gleitkeil ermittelt. In einer dritten Untersuchung wurde eine andere Funktion für die angenäherte Verteilung der Normalspannungen längs den Rändern des Gleitkeiles gewählt. Trotz der Unterschiede in den grundlegenden Annahmen, bewegten sich die nach diesen Verfahren erhaltenen Werte für den Quotienten aus der Höhe des Druckmittelpunktes und der Höhe der Wand in den engen Grenzen von 0,48 bis 0,56. Sie entsprechen einem Wandreibungswinkel $\delta = 0$. Es wurde jedoch festgestellt, daß die Wandreibung nur einen geringen Einfluß auf die Lage des Druckmittelpunktes besitzt. Daher können wir den Druckmittelpunkt ungefähr in der halben Höhe der Stützwand und die entsprechende Druckverteilung angenähert parabolisch annehmen, wie auf der rechten Seite der Abb. 17c eingezeichnet ist. Die Untersuchung zeigte ferner, daß jede Zunahme des Quotienten h_a/h infolge der Gewölbewirkung mit einer Zunahme der waagrechten Druckspannungen auf die Stützwand verbunden ist. In Abs. 67 ist ein einfaches Berechnungsverfahren für die Ermittlung des Seitendruckes beschrieben. Es beruht auf der Annahme, daß die Gleitkurve nach einer logarithmischen Spirale verläuft, welche die Oberfläche unter einem rechten Winkel schneidet.

Eine allgemeine rechnerische Untersuchung über den Einfluß der Wandbewegung auf den Erddruck wurde von JÁKY veröffentlicht (JÁKY 1938).

VI. Stützwandaufgaben.

21. Definition.

Stützwände dienen zur seitlichen Abstützung von Bodenmassen. Das abgestützte Material wird die *Hinterfüllung* genannt. Die Abb. 19 und 27 stellen Schnitte durch zwei Grundformen von Stützwänden dar. Die in der Abb. 19 dargestellte Wand wird *Gewichtsstützwand* genannt, weil die Standsicherheit der Wand bei Belastung durch den seitlichen Erddruck nur durch das Eigengewicht gewährleistet ist. Die in der Abb. 27 dargestellte *Winkelstützwand* benützt andererseits für ihre Standsicherheit das Gewicht des über der Grundplatte hinter der Wand befindlichen Bodens. Jene Seite der Stützwand, die an die Hinterfüllung anschließt, wird die

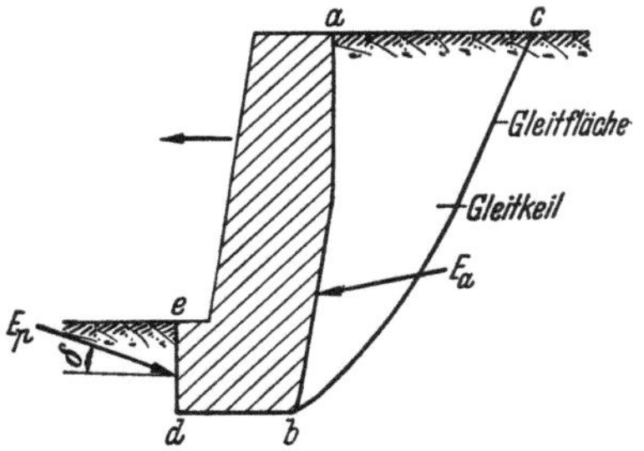

Abb. 19. Der auf eine Stützwand im Augenblick des Bruches wirkende Erddruck und Erdwiderstand.

Wandrückseite genannt. Die Rückseite kann eben oder gebrochen und eine ebene Rückseite kann wieder lotrecht oder geneigt (abgetreppt) sein. Die Zerstörung einer Stützwand kann durch Kippen (*Kippbruch*) oder durch Gleiten auf der Grundfläche, parallel zur ursprünglichen Lage (*Gleitbruch*), erfolgen. Beide Arten des Versagens einer Stützwand haben das Absinken eines keilförmigen, unmittelbar hinter der Wand gelegenen Bodenkörpers zur Folge (*abc* in der Abb. 19). Dieser Körper wird *Gleitkeil* genannt.

22. Annahmen und Voraussetzungen.

Die meisten Erddrucktheorien beruhen auf folgenden Annahmen: Die Hinterfüllung der Wand ist isotrop und homogen; die Verformung der Hinterfüllung erfolgt ausschließlich parallel zu einer lotrechten Ebene, die rechtwinklig zur Wandrückseite steht, und die neutralen Spannungen im Hinterfüllungsmaterial können vernachlässigt werden. Jede Abweichung von diesen grundlegenden Annahmen wird besonders erwähnt werden. In diesem Kapitel wird weiter angenommen, daß sich die Wand bis in eine Lage bewegt, die vollständig hinter der Grenze $a_1 b$ der schraffierten Fläche der Abb. 14c gelegen ist. Dies ist die Verformungsbedingung.

Die Breite der schraffierten Fläche $a a_1 b$ der Abb. 14c stellt jenen Betrag dar, um welchen die waagrechten Abmessungen des Sandkörpers abc zunehmen, während der Sand aus seinem Anfangsspannungszustand in den plastischen Zustand übergeht. Wenn eine seitliche Abstützung durch Kippen um ihren unteren Rand ausweicht, dann geht jeder Teil der Wandrückseite gleichzeitig durch die Grenze $a_1 b$ der schraffierten Fläche, während der Sand in jedem Punkt des Gleitkeiles zu gleiten beginnt. Die vorhin angegebene Verformungsbedingung ist deshalb, so bald als der Sand zu gleiten beginnt, erfüllt.

Weicht dagegen eine Stützwand durch Drehung um ihre Krone a aus, dann verbleibt der obere Teil der Wandrückseite innerhalb der schraffierten Fläche. Diese Art des Ausweichens ist mit den vorhin beschriebenen Verformungsbedingungen unverträglich, gleichgültig, wie weit der Stützwandfuß ausweichen kann. Die Folgen dieser Art des Nachgebens werden in Abs. 67 besprochen werden.

Wenn eine seitliche Abstützung schließlich parallel zu ihrer ursprünglichen Lage ausweicht, dann erfährt der Sand innerhalb des Gleitkeiles hintereinander zwei Zustandsformen. Während des ersten Zustandes verbleibt der obere Teil der Stützwandrückseite innerhalb der schraffierten Fläche $a a_1 b$ der Abb. 14c, während der untere Teil bereits weiter ausgewichen ist. In diesem Zustand tritt Gleiten ein, obwohl der nahe am oberen Rand der seitlichen Abstützung liegende Teil des Gleitkeiles noch in einem elastischen Zustand verbleibt (erstes Stadium). Mit fortschreitender Ausweichbewegung der Stützwand breitet sich der plastische Zustand innerhalb des ganzen Gleitkeiles aus. Sobald die Krone der Stützwand die schraffierte Fläche verläßt, ist der gesamte Keil in einem plastischen Zustand, weil dann die Verformungsbedingungen überall erfüllt sind (zweites Stadium). Beide Zustandsformen wurden experimentell untersucht (Terzaghi 1934). Die Ergebnisse zeigten sehr deutlich die beiden hintereinanderfolgenden Stadien. Während des ersten Stadiums, als das Abgleiten der Hinterfüllung eintrat, lag der Angriffspunkt des Erddruckes stets in der halben Höhe der Wand. Nach den hier folgenden Untersuchungen sollte er im unteren Drittel der Wandhöhle liegen. Bei fortschreitender Wandbewegung senkte sich der Angriffspunkt nach abwärts und blieb schließlich auf der gleichbleibenden Höhe im unteren Drittel der Wand (zweites Stadium). Das für den Eintritt des zweiten Stadiums erforderliche Ausweichen ist sehr gering. Bei der Untersuchung von Stützwänden kann daher das erste Stadium vernachlässigt werden (Terzaghi 1936b).

23. Die Coulombsche Erddrucktheorie für idealen Sand.

Das Raumgewicht des Sandes ist γ, und die Scherfestigkeit wird durch die Gleichung

$$\tau_s = \sigma \operatorname{tg} \varrho \tag{5.2}$$

ausgedrückt. Darin ist σ die wirksame Normalspannung in der Gleitfläche und ϱ der Winkel der inneren Reibung des Sandes. Die Resultierende der in der Rückseite der Wand wirkenden Scherspannungen ist

$$E_{at} = E_{an} \operatorname{tg} \delta$$

wenn mit E_{an} die Normalkomponente des auf die Rückseite der Wand wirkenden Erddruckes und mit δ der Wandreibungswinkel bezeichnet wird. Der Winkel δ kann sowohl positiv wie negativ sein (siehe Abs. 15). In der Abb. 20 und den folgenden Abbildungen ist δ positiv eingezeich-

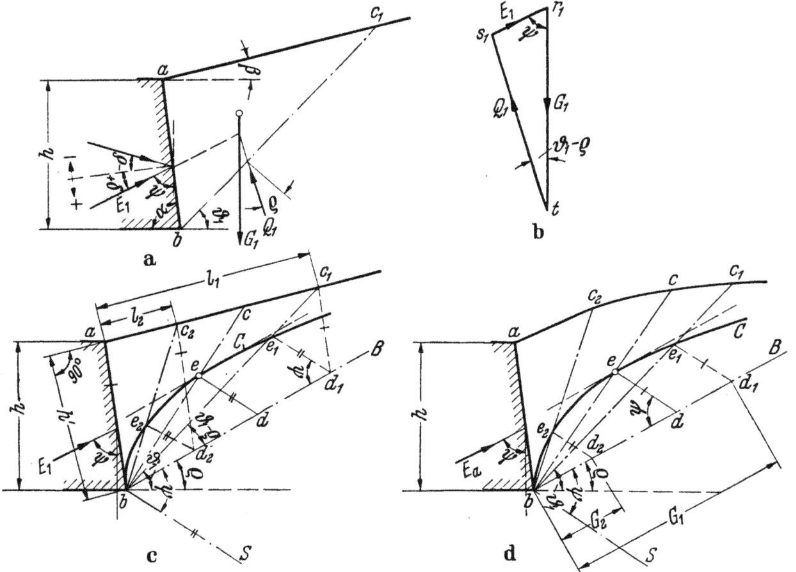

Abb. 20a—d. a u. b Darstellung der Annahmen der Coulombschen Erddrucktheorie; — c u. d Ermittlung des Erddruckes mit der Culmannschen E-Linie.

net, weil die Voraussetzungen für negative Wandreibung in der Praxis
selten erfüllt sind. Die Ergebnisse der folgenden Untersuchungen sind
jedoch für negative und positive Werte von δ gültig. Der Wandreibungswinkel δ kann höchstens gleich dem Winkel der inneren Reibung ϱ sein.

Wenn die im vorigen Artikel näher erklärte Verformungsbedingung
erfüllt ist und sowohl die Rückseite der Wand wie die Oberfläche
der Hinterfüllung eben sind, ist der obere Teil der geneigten Gleifläche
eben und der untere Teil schwach gekrümmt, wie in der Abb. 14c
für einen positiven und in der Abb. 14f für einen negativen Wandreibungswinkel δ dargestellt ist. Der Erddruck E_a kann streng nach
einem der Verfahren ermittelt werden, die von KÁRMÁN (1926), JÁKY
(1938) und OHDE (1938) entwickelt wurden.

Für praktische Zwecke ist jedoch die Auswertung der Formeln
zu umständlich. Für den praktischen Gebrauch genügen die Ergebnisse einer Näherungsrechnung, in welcher die gekrümmten Gleitflächen durch eine ebene Begrenzung des Gleitkeiles ersetzt werden. Diese
Annahme wurde erstmalig von COULOMB (1776) in die Erddrucktheorie
eingeführt. Die auf dieser Annahme, die in Abb. 20a dargestellt ist,
beruhende Theorie wird deshalb die COULOMBsche *Erddrucktheorie* genannt. In der Abb. 20a stellt bc_1 eine willkürliche Ebene durch den
Fußpunkt der Wandrückseite dar. Der keilförmige Teil der Hinterfüllung abc_1, dessen Gewicht G_1 beträgt, wird von folgenden Kräften
beansprucht: Längs der Fläche bc_1 wirkt die Reaktionskraft Q_1 unter
dem Winkel ϱ zur Flächennormalen und längs der Wandrückseite die
Reaktionskraft E_1 unter dem Winkel δ zur Flächennormalen. In der
Abb. 20 und den folgenden Gleichungen ist mit

$\alpha\ \ =$ der Neigungswinkel der Wandrückseite,
$\beta\ \ =$ der Neigungswinkel der Hinterfüllung,
$\vartheta_1 =$ der Neigungswinkel der eben angenommenen Gleitfläche bc_1 des Gleit
$\qquad$ keiles abc_1 und
$\varrho\ \ =$ der Winkel der inneren Reibung nach Gl. (5.2) bezeichnet.

Wenn der Gleitkeil im Gleichgewichtszustand ist, muß das in
Abb. 20b dargestellte Kräftedreieck geschlossen sein. Die Größe der
Reaktionskraft E_1 hängt vom Neigungswinkel ϑ_1 der Fläche bc_1 ab.
Für $\vartheta_1 = 180° - \alpha_1$ ist E_1 gleich Null. Mit abnehmendem Neigungswinkel ϑ_1 nimmt E_1 zu und erreicht einen Maximalwert. Dann nimmt
E_1 wieder ab und wird für $\vartheta_1 = \varrho$ wieder Null. Die Stützwand muß
schwer genug sein, um den größten seitlichen Druck $E_{\max} = E_a =$ Erddruck aufzunehmen. Die Aufgabe besteht also im Aufsuchen von E,
und diese Aufgabe wurde von COULOMB analytisch gelöst. Er erhielt
für den Erddruck

$$E_a = \frac{1}{2}\,\gamma\,h^2\,\frac{\lambda_a}{\sin\alpha\cos\delta}\,, \qquad\qquad (1\,\mathrm{a})$$

worin

$$\lambda_a = \frac{\sin^2(\alpha + \varrho)\cos\delta}{\sin\alpha\,\sin(\alpha - \delta)\left[1 + \sqrt{\dfrac{\sin(\varrho + \delta)\sin(\varrho - \beta)}{\sin(\alpha - \delta)\sin(\alpha + \beta)}}\,\right]^2}\,. \tag{1 b}$$

Die Normalkomponente E_{an} des auf die Wandrückseite wirkenden Erddruckes beträgt

$$E_{an} = E_a\cos\delta = \frac{1}{2}\gamma\,h^2\,\frac{\lambda_a}{\sin\alpha}\,. \tag{2}$$

Der Beiwert λ_a hängt lediglich von den Größen der Winkel ϱ, δ, α und β ab. Für $\alpha = 90°$, $\beta = 0$ und $\varrho = \delta = 30°$ ist der Unterschied zwischen dem genauen Wert des Erddruckes mit den Gleitflächen der Abb. 14c und dem Coulombschen Wert kleiner als 5%. Für praktische Aufgaben ist dieser Fehler unbedeutend. Mit abnehmendem Wandreibungswinkel δ nimmt dieser Fehler ebenfalls ab, und für $\delta = 0$ wird der Coulombsche Erddruck gleich dem Rankineschen Wert.

$$E_a = \frac{1}{2}\gamma\,h^2\,\mathrm{tg}^2\left(45° - \frac{\varrho}{2}\right) = \frac{1}{2}\gamma\,h^2\,\frac{1}{\lambda_\varrho}\,. \tag{14.1}$$

Trotz der Einfachheit des in der Abb. 20a dargestellten Falles erfordert die Auswertung der Gl. (1) doch einen erheblichen Zeitaufwand. Wenn die Rückseite der Wand oder die Oberfläche der Hinterfüllung aus mehreren eben begrenzten Abschnitten besteht, ist der für eine rein rechnerische Lösung erforderliche Zeitaufwand nicht mehr vertretbar. Es ist deshalb viel zweckmäßiger, die Aufgabe mit Hilfe eines zeichnerischen Verfahrens, von denen einige bereits im vergangenen Jahrhundert entwickelt wurden (Poncelet 1840, Rebhann 1871, Culmann 1866, Engesser 1880), zu lösen. Obwohl die Ponceletsche Konstruktion bekannter als die übrigen ist, sind doch die Verfahren von Culmann und Engesser für praktische Anwendungen vorzuziehen, weil sie übersichtlicher sind und keinerlei spezielle Kenntnisse erfordern.

24. Die Culmannsche E-Linie.

In Abb. 20c stellt die Gerade ab wieder einen Schnitt durch die Rückseite der Wand dar. Wir nehmen versuchsweise eine willkürliche Gleitfläche bc_1 an. Dann zeichnen wir die *Böschungslinie* bB unter der Neigung ϱ (Winkel der inneren Reibung) zur Waagrechten und die sogenannte Stellungslinie bS unter dem Winkel ψ (Winkel zwischen Erddruck E_1 und der Lotrechten) gegen die Böschungslinie bB. Ferner ziehen wir die Parallelen $c_1d_1//ab$ und $d_1e_1//bS$. Wir erhalten so ein Dreieck bd_1e_1 (Abb. 20c). Da die Winkel dieses Dreiecks bei b und d_1 gleich den Winkeln bei t und r_1 im Kräftedreieck sind (Abb. 20b), ist das Dreieck bd_1e_1 der Abb. 20c ähnlich dem in Abb. 20b gezeichneten Kräftedreieck. Das Gewicht des Gleitkeiles abc in Abb. 20 c ist

$$G_l = \tfrac{1}{2}\gamma\, h'\, l_1,$$

und aus der Ähnlichkeit der beiden Dreiecke können wir die Gleichung

$$E_1 = G_1\,\frac{\overline{e_1 d_1}}{\overline{b\,d_1}} = \frac{1}{2}\gamma\, h'\, l_1\,\frac{\overline{e_1 d_1}}{\overline{b\,d_1}} \tag{1}$$

aufstellen. Genauso können wir die Größe der Kräfte E_2, E_3 usw. ermitteln, die zur Herstellung des Gleichgewichtes für andere willkürlich gewählte Gleitflächen bc_2, bc_3 usw. nötig sind. Da $c_1 d_1 // c_2 d_2$ usw., ist das Verhältnis zwischen den Längen $l_1 = ac_1$, $l_2 = ac_2$ usw. und den zugehörigen Abständen bd_1, bd_2 usw. für jede Gleitfläche dasselbe, d. h.

$$n = \frac{l_1}{\overline{b\,d_1}} = \frac{l_2}{\overline{b\,d_2}} = \cdots \tag{2}$$

Führen wir diesen Wert n in Gl. (1) ein, so erhalten wir

$$E_1 = \tfrac{1}{2}\gamma\, n\, h'\,\overline{e_1 d_1} = C_n\,\overline{e_1 d_1}, \tag{3}$$

worin $C_n = \gamma\, n\,\dfrac{h'}{2}$ von der Neigung der angenommenen Gleitfläche unabhängig ist. Dieselbe Rechnung für die Gleitfläche bc_2 liefert

$$E_2 = C_n\,\overline{e_2 d_2}$$

und analoge Werte für jede weitere willkürliche Gleitfläche. In der Abb. 20 c sind die Kräfte E_1, E_2 usw. durch die Strecken $e_1 d_1$, $e_2 d_2$ usw. dargestellt. Wir erhalten in Abb. 20 c eine Reihe von Punkten e_1, e_2 usw., deren Verbindung die Kurve C ergibt, die als CULMANNsche E-$Linie$ bezeichnet wird. Zur Ermittlung des Größtwertes E_a des Erddruckes zeichnen wir parallel zur Böschungslinie bB eine Tangente an die Kurve C. Der Berührungspunkt dieser Tangente ist e. Ziehen wir die Parallele ed zur Stellungslinie, dann stellt die Strecke ed im Maßstab der Zeichnung den Erddruck E_a auf die Rückseite der Stützwand dar. Die zugehörige Gleitfläche be geht durch den Berührungspunkt e. Ersetzen wir in Gl. (3) die Strecke $e_1 d_1$ durch ed, so erhalten wir für den Erddruck den Wert

$$E_a = \tfrac{1}{2}\gamma\, n\, h'\,\overline{ed}. \tag{4}$$

Wie die Abb. 20 d zeigt, ist dieses Verfahren auch für gekrümmte oder gebrochene Hinterfüllungsoberflächen anwendbar. Allerdings muß in diesem Fall das Gewicht der Gleitkeile G_1, G_2 usw. für die verschiedenen Gleitflächen bc_1, bc_2 usw. jeweils erst ermittelt werden. Die so erhaltenen Gewichte sind in einem geeigneten Maßstab auf der Böschungslinie von b in Richtung B aufzutragen.

25. Das Engesser-Verfahren.

In der Abb. 21a ist derselbe Schnitt durch die Hinterfüllung einer Stützwand wie in Abb. 20a dargestellt. Um die Größe des Erddruckes nach dem Engesser-Verfahren zu bestimmen, zeichnen wir die Stellungslinie SS_1 durch den Fußpunkt b unter dem Winkel ψ (Winkel zwischen der Richtung des Erddruckes E_1 und der Lotrechten) gegen die Böschungslinie bB. Dann tragen wir die Gewichte der Keile abc_1, abc_2 usw. vom Punkt b auf der Geraden bB_1 nach links, Abb. 21a,

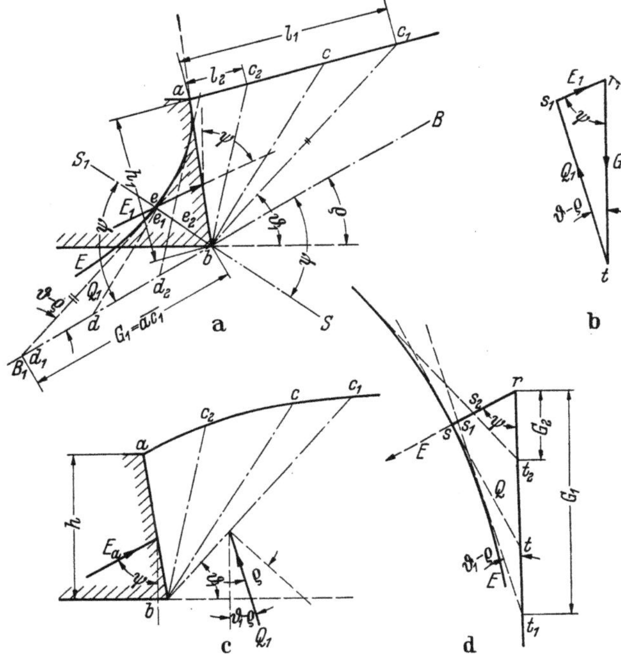

Abb. 21a—d. Zeichnerisches Verfahren nach Engesser
zur Ermittlung des Erddruckes einer Sandhinterfüllung.

im Maßstab $G_1 = ac_1$, $G_2 = ac_2$ usw. auf. Wir erhalten so die Punkte d_1, d_2 usw. Dann ziehen wir durch jeden dieser Punkte eine Parallele zur zugehörigen Gleitlinie bc_1, bc_2 usw. Diese Geraden schneiden die Stellungslinie SS_1 in den Punkten e_1, e_2 usw. Die Abb. 21b zeigt das Kräftedreieck für den Gleitkeil abc_1. Wir sehen unmittelbar, daß dieses Kräftedreieck dem Dreieck bd_1e_1 der Abb. 21a ähnlich ist. Genauso sind die Dreiecke bd_2e_2 usw. ähnlich den Kräftedreiecken, die sich aus den Gleichgewichtsbedingungen für die Keile abc_2 ergeben. Die Dreiecksseiten d_1e_1, d_2e_2 usw. der Abb. 21a sind Tangenten einer Hüllkurve E. Wenn wir drei oder vier dieser Dreieckseiten gezeichnet haben, können wir die Hüllkurve mit genügender Genauigkeit mühelos zeichnen. Sie schneidet die Stellungslinie SS_1 im Punkte e. Da die Strecken bc_1, bc_2 usw. die Seitendrücke E_1, E_2 usw. darstellen, die das Abgleiten längs der Gleitflächen bc_1, bc_2 usw. verhüten, stellt die Strecke bc den Größtwert des seitlichen Druckes dar, der ein Abgleiten längs irgendeiner durch b gehenden Gleitfläche verhindert. Die Strecke bc ergibt daher im Maßstab der Zeichnung die Größe des Erddruckes E_a. Die Gleitfläche bc ist parallel der Tangente ed an die Kurve E im Punkt e. Aus den geometrischen Beziehungen, die aus Abb. 21a und 21b zu entnehmen sind, erhalten wir für die Größe des Erddruckes die Gleichung

$$E_a = \tfrac{1}{2}\gamma h' \overline{be},\tag{1}$$

worin $\overline{be}$ die tatsächliche Länge der Strecke be bedeutet. Die Kurve E wird Engessersche *Hüllkurve* genannt.

Wenn die Oberfläche der Hinterfüllung wie in Abb. 21c gekrümmt ist, muß das Gewicht der Gleitkeile G_1, G_2 usw. jeweils berechnet werden. In diesem Fall ist es zweckmäßiger, die Gewichte im Kräftedreieck (Abb. 21d) vom Punkt r aus in der Lotrechten aufzutragen und die Engessersche Hüllkurve in der Nebenzeichnung zu konstruieren. Der weitere Vorgang ist mit dem oben beschriebenen identisch.

26. Lage des Erddruck-Angriffspunktes.

In Abb. 22a ist ein Schnitt durch den an eine rauhe Stützwand mit lotrechter Rückseite angrenzenden Gleitkeil dargestellt. Die Oberfläche der Hinterfüllung ist waagrecht. Wenn die Stützwand so weit ausweicht, daß in jedem Punkt des Gleitkeiles ein plastischer Zustand herrscht, dann stellt Abb. 22a etwa das Gleitflächennetz dar. Jeder Punkt b_1 in einer willkürlichen Tiefe z unter dem Punkt a gibt den Fußpunkt einer Gleitfläche b_1c_1, die zur Gleitfläche bc ähnlich ist. Folglich ist der seitliche Druck auf den Abschnitt ab_1 der Wand gleich dem Seitendruck auf die Rückseite einer Stützwand von der Höhe z. Setzen wir in Gl. (23.2) für $\alpha = 90°$ und ersetzen h durch z, dann erhalten wir für die Normalkomponente des Erddruckes auf ab_1 den Wert

$$E'_{an} = \tfrac{1}{2}\gamma z^2 \lambda_a$$

und für die Normalspannung auf die Wand in der Tiefe z

$$e_{an} = \frac{dE'_{an}}{dz} = \gamma z \lambda_a.\tag{1}$$

Diese Gleichung ist mit Gl. (15.1) identisch. Sie zeigt, daß die Verteilung des Erddruckes auf die Rückseite der Wand hydrostatisch, d. h. linear mit der Tiefe, erfolgt, wie in Abb. 22a rechts dargestellt ist. Der Angriffspunkt des Erddruckes liegt in der Höhe $h/3$ über dem

Fußpunkt der Wand, und die schraffierte Fläche *def* stellt die Normalkomponente des Erddruckes auf ab_1 dar.

Ist die Hinterfüllungsoberfläche oder die Rückseite der Wand
nicht eben, dann erfolgt die Verteilung des Erddruckes auf die Rückseite der Wand nicht mehr hydrostatisch. Wenn die Wand durch
Kippen um ihren Fußpunkt ausweicht oder sich genügend weit parallel

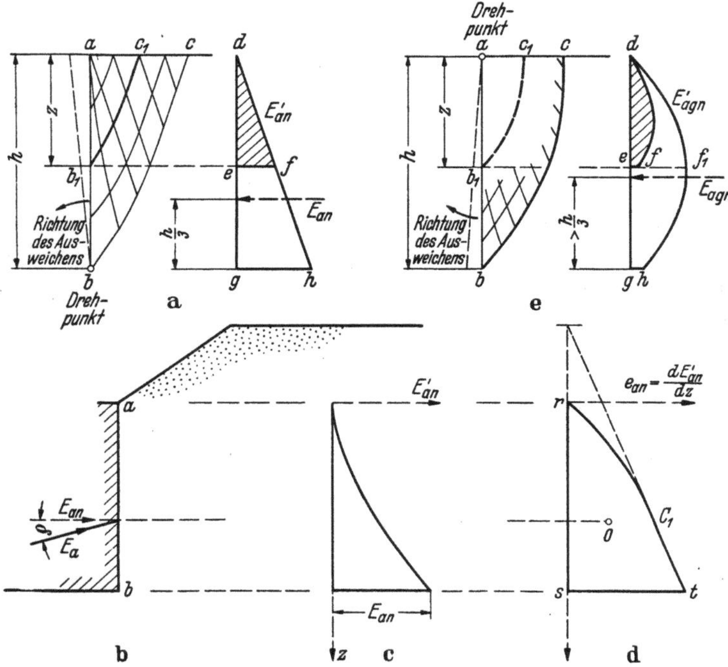

Abb. 22 a—e. Lage des Erddruckangriffspunktes bei Sandhinterfüllung
und verschiedenartiger Abstützung.

zu ihrer ursprünglichen Lage verschiebt, geht die gesamte Sandmasse
innerhalb des Gleitkeiles in einen plastischen Zustand über. In diesem
Zustand stellt jede waagrechte Linie der Wandrückseite die Basis
einer möglichen Gleitfläche dar, womit die Gültigkeit der Gleichung

$$e_{an} = \frac{d\,E'_{an}}{dz}\sin\alpha \qquad (2)$$

bewiesen ist. Darin ist α der Neigungswinkel der Rückseite der Stützwand in der Tiefe z. Auf Grund dieser Gleichung ist es möglich, die
Lage des Erddruckangriffspunktes nach der in Abb. 22 b bis d dargestellten Art zeichnerisch zu bestimmen. Abb. 22 b zeigt den Schnitt
durch eine lotrechte Wandrückseite, die durch eine Hinterfüllung
mit gebrochener Oberfläche beansprucht ist. Infolge der gebrochenen

Oberfläche erfolgt die Erddruckverteilung längs der Wandrückfläche nicht mehr hydrostatisch. Wir bestimmen nach einem der in den folgenden Abschnitten beschriebenen Verfahren den Erddruck, der auf die Rückseite der Wand zwischen ihrer Krone und verschiedenen Tiefen z_1, z_2 usw. wirkt. Tragen wir die so erhaltenen Werte E'_{an} in der zugehörigen Tiefe auf, so erhalten wir die in Abb. 22c gezeichnete Kurve. Diese Kurve stellt die Beziehung zwischen E'_{an} und der Tiefe z dar. Aus dieser Kurve können wir die Werte e_{an}, Gl. (2), durch eine einfache Konstruktion erhalten. Wenn wir dann die Werte e_{an} in der zugehörigen Tiefe auftragen, können wir die in Abb. 22d dargestellte Kurve C_1 zeichnen. Die Fläche rst zwischen der Kurve C_1 und der lotrechten Achse stellt die Normalkomponente des Seitendruckes dar. Der Angriffspunkt des Seitendruckes liegt in der Höhe des Schwerpunktes O der Druckfläche rst. Ähnliche Verfahren, die auf Gl. (2) beruhen, wurden zur Ermittlung des Erddruckangriffspunktes für Stützwände mit gebrochener Rückfläche ausgearbeitet (siehe z. B. Krey 1936). Da alle diese Verfahren auf der vereinfachenden Annahme ebener Gleitflächen beruhen, sind sie nur als Näherung anzusehen. Sie sind aber trotzdem sehr umständlich. Es wurden deshalb für den praktischen Gebrauch einfachere Verfahren entwickelt, die angenähert dieselben Ergebnisse liefern. Wenn man die grundlegenden Annahmen betrachtet, so erscheint es sehr zweifelhaft, ob die genaueren Verfahren verläßlichere Ergebnisse liefern als die einfacheren.

Die Gültigkeit der Gl. (2) ist durch die Bedingung eingeschränkt, daß in jedem Punkt innerhalb des Gleitkeiles der Boden im plastischen Zustand sein muß. Sind die Verformungsbedingungen derart, daß Gleiten bereits eintritt, wenn noch Abschnitte des Gleitkeiles im elastischen Zustand sind, dann verliert Gl. (2) ihre Gültigkeit, und das vorhin beschriebene Verfahren kann zur Ermittlung des Erddruckangriffspunktes nicht verwendet werden. Dieser Fall ist in Abb. 22e dargestellt, wo eine lotrechte Geländestufe durch eine Wand abgestützt ist, die durch Drehung um ihre Krone a ausweicht. Die unverschiebliche Lage des Punktes a verhindert im oberen Abschnitt des Gleitkeiles den Übergang in den plastischen Zustand. Nach Abs. 20 tritt in diesem Fall der Bruch längs einer gekrümmten Gleitfläche bc ein, die die Hinterfüllungsoberfläche unter einem rechten Winkel schneidet. Der im Fall der Abb. 22e wirkende Erddruck ist von dem auf die Rückseite der Stützwand nach Abb. 22a wirkenden Erddruck völlig verschieden. Dieser Druck soll deshalb mit einem anderen Symbol E_{agn} statt E_{an} bezeichnet werden. In Abs. 67 wird später gezeigt, daß der Erddruck E_{agn} durch die Gleichung

$$E_{agn} = \tfrac{1}{2}\,\gamma h^2\,\alpha_a$$

ausgedrückt werden kann, worin α_a ein von h unabhängiger Beiwert ist. Damit kann der Erddruck auf eine Stützwand, die nach der Art der Abb. 22e ausweicht und die Höhe z besitzt, ausgedrückt werden:

$$E'_{agn} = \tfrac{1}{2}\gamma z^2 \alpha_a.$$

Wäre E'_{agn} identisch mit dem Erddruck E''_{agn} im oberen Abschnitt der in der Abb. 22e gezeigten Stützwand, so könnten wir schreiben

$$E''_{agn} = E'_{agn} = \frac{z^2}{h^2}\, E_{agn}, \tag{3}$$

und die Erddruckverteilung wäre streng hydrostatisch. Die Erfahrung zeigt aber, daß der Wert E'_{agn} stets viel größer als der durch diese Gleichung ermittelte Wert ist. Dies beruht auf folgenden Ursachen: Würde in der Abb. 22e der Fuß der Stützwand in b_1 liegen, dann würde die Gleitbewegung längs der Fläche $b_1 c_1$, die ähnlich der Fläche be ist, eintreten, und der Erddruck über ab_1 wäre gleich E'_{agn}. Die Scherspannungen längs $b_1 c_1$ wären gleich der Scherfestigkeit des Sandes. Der Fußpunkt der Stützwand liegt aber in b und nicht in b_1, und die Kurve $b_1 c_1$ ist keine Gleitfläche, da sie in einem Bereich liegt, der noch im elastischen Zustand ist. Die Scherspannungen längs jeder Fläche innerhalb dieses Bereiches, z. B. längs $b_1 c_1$ sind kleiner als die Scherfestigkeit des Sandes. Daher muß der Erddruck auf ab_1 größer als E'_{agn} sein, und die Gl. (3) ist ungültig. Die Erddruckverteilung erfolgt nicht hydrostatisch, sondern angenähert parabolisch, wie sie etwa in der Abb. 22b rechts dargestellt ist. Die Lage des Erddruckangriffspunktes hängt von der Art der Ausweichbewegung der Stützwand ab, die dem Gleitvorgang im Sand vorausgeht. Ohne Berücksichtigung der Ausweichmöglichkeit kann diese Höhe nicht bestimmt werden. Die schraffierte Fläche $def = E'_{agn}$ stellt den Erddruck auf eine Stützwand von der Höhe z dar. Dieser Druck ist wesentlich kleiner als der Druck $aef_1 = E''_{agn}$ auf den Abschnitt ab_1 der Stützwand von der Höhe h.

Wegen des maßgeblichen Einflusses der Verformungsbedingungen auf die Erddruckverteilung soll selbst bei den einfachsten Erddruckberechnungen eine sorgfältige Prüfung der Ausweichmöglichkeiten vorausgehen.

Dieser Abschnitt behandelt nur Stützwände, und diese weichen stets so aus, daß der gesamte Boden innerhalb des Gleitkeiles in den plastischen Zustand übergeht. Folglich kann Gl. (2) als Grundlage für die Ermittlung des Erddruckangriffspunktes benützt werden.

27. Hinterfüllung mit gebrochener Oberfläche.

Abb. 23a stellt einen Schnitt durch die Hinterfüllung mit gebrochener Oberfläche dar. Die Größe des Seitendruckes E_a und die zugehörige Gleitfläche bc kann durch irgendein vorhin beschriebenes zeichnerisches Verfahren ermittelt werden, da diese allgemeinen Verfahren unabhängig von der Form der Hinterfüllungsoberfläche sind. Der Erddruckangriffspunkt liegt näherungsweise im Schnittpunkt der Wandrückseite mit der Geraden ob_1, die durch den Schwerpunkt O des Gleitkeiles parallel zur Gleitfläche bc verläuft. Diese Konstruktion beruht nur auf der Erfahrung, daß die mit ihr erhaltenen Ergebnisse angenähert dieselben sind, wie bei dem relativ strengen, in Abb. 22 b bis d gezeigten Lösungsverfahren.

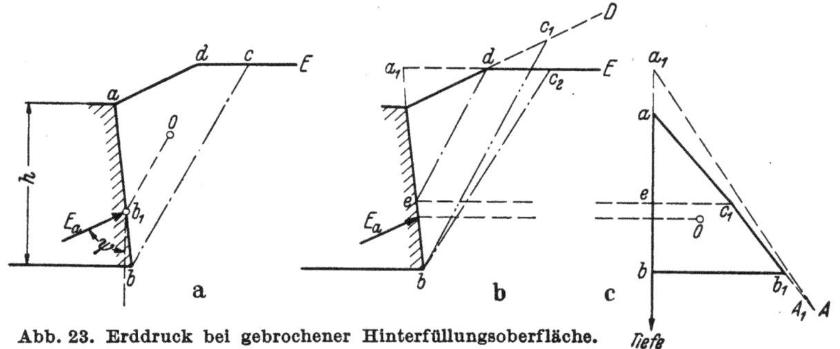

Abb. 23. Erddruck bei gebrochener Hinterfüllungsoberfläche.

Ein drittes Verfahren ist in Abb. 23 b dargestellt. Wir nehmen zuerst an, daß der geneigte Abschnitt ad der Hinterfüllungsoberfläche unbegrenzt ist, wie es die Gerade aD andeutet. Die Lage der zugehörigen Gleitfläche bc_1 kann durch eines der gezeigten Verfahren ermittelt werden. Die Gerade $ed//bc_1$ stellt die durch den Punkt d gehende Gleitfläche dar, weil in einer Hinterfüllung mit ebener Oberfläche ad und bei einer Stützwand mit ebener Rückseite ab alle Gleitflächen zueinander parallel sind. Über den Abschnitt ae der Wandrückseite erfolgt die Verteilung des Erddruckes hydrostatisch, wie die Gerade ae_1 in der Abb. 23 c zeigt, weil die Oberfläche des Gleitkeiles ad (Abb. 23 b) eben ist. Unter der Annahme, daß der Abschnitt dE der Hinterfüllungsoberfläche bis zum Punkt a_1 in der oberen geradlinigen Verlängerung der Wandrückseite ab liegt, wird ebenfalls der Erddruck ermittelt. Die Verteilung des Erddruckes infolge einer Hinterfüllung mit der ebenen Oberfläche a_1E auf eine Wand mit der ebenen Rückseite a_1b ist ebenfalls hydrostatisch, wie in der Abb. 23 c durch die Gerade a_1A dargestellt ist. Der durch die Annahme, daß das Gewicht des Gleitkeiles um das Gewicht des Zusatzkeiles aa_1d vermehrt wird, bedingte Fehler nimmt mit zunehmender Tiefe rasch ab. Aus diesem Grund stellt die Gerade a_1A (Abb. 23 c) die Asymptote des wahren Druckverlaufes c_1A_1 dar. Im Punkte c_1 ist die wahre Druckverteilungskurve stets Tangente an ac_1, und mit zunehmender Tiefe nähert sie sich asymptotisch an a_1A. Der Druckverlauf kann daher mit genügender Genauigkeit gefühlsmäßig eingezeichnet werden. Der Druckangriffspunkt liegt in der Höhe des Schwerpunktes O der Druckfläche abb_1c_1 (Abb. 23 c).

28. Stützwand mit gebrochener Rückseite.

Abb. 24 a zeigt einen Schnitt durch eine Stützwand mit gebrochener Rückseite, die von einer Hinterfüllung mit ebener Oberfläche beansprucht wird. Vorerst ermitteln wir den Erddruck E_{a1} auf den oberen

Wandabschnitt ad. Die zugehörige Druckverteilung erfolgt hydrostatisch, und die Druckresultierende liegt in Höhe des unteren Drittels dieses Abschnittes. Vom Erddruck E_{a2}, der auf den unteren Abschnitt bd ausgeübt wird, kennen wir nur die Richtung. Seine Größe und die Lage des Angriffspunktes muß erst bestimmt werden.

Um diese Aufgabe mittels eines der bekannten Erddruckberechnungsverfahren lösen zu können, nehmen wir eine willkürliche Gleitfläche bc_1 an und zeichnen das zugehörige Kräftedreieck rus_1t_1 gemäß Abb. 24b auf. In diesem Dreieck zerlegen wir die bekannte Kraft E_{a1}

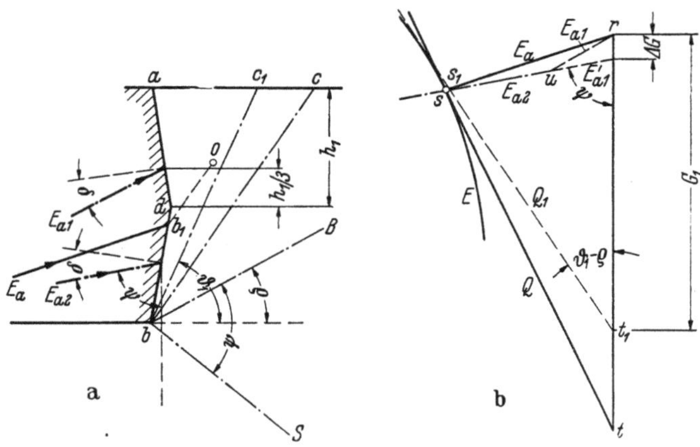

Abb. 24a u. b. Erddruck infolge Sandhinterfüllung
auf eine Stützwand mit gebrochener Rückseite.

in die beiden Komponenten ΔG und E'_{a1}. Auf diese Weise reduzieren wir die Aufgabe auf die Ermittlung des Erddruckgrößtwertes in der Richtung E_{a2}. In der Abb. 24b wurde die Lösung nach dem ENGESSERschen Verfahren gefunden. Die Gewichte der verschiedenen Gleitkeile G_1, G_2 usw. (siehe Abs. 25) wurden vom Punkte r nach unten aufgetragen. Die Gleitbewegung tritt längs der Fläche bc in Abb. 24a auf.

Die Größe und die Richtung des Erddruckes E_a auf die gebrochene Wandrückseite ist durch die Strecke rs der Abb. 24b bestimmt.

Diese Strecke ist die geometrische Summe aus den beiden Erddruckkomponenten $E_{a1} = ru$ und $E_{a2} = us$. Der Angriffspunkt von E_a liegt näherungsweise im Schnittpunkt b_1 (Abb. 24a) zwischen der Wandrückseite und der Geraden Ob_1, die durch den Schwerpunkt O des Gleitkeiles $abcd$ parallel zur Gleitfläche bc verläuft. Eine bessere Annäherung kann durch das in Abs. 26 beschriebene Verfahren erreicht werden.

29. Seitendruck infolge gleichförmiger Auflast.

Abb. 25a stellt einen Schnitt durch eine Hinterfüllung dar, deren geneigte Oberfläche eine gleichförmig verteilte Auflast p pro Flächeneinheit trägt. Die Gerade $d_1 c_2$ bezeichnet eine willkürliche Schnitt-fläche durch den Punkt d_1 der Wandrückseite in der Tiefe z unter der Krone. Das Gewicht des Keiles $a d_1 c_2$ beträgt ohne Auflast

$$G_1 = \frac{1}{2} \gamma z l_z \frac{\sin(\alpha + \beta)}{\sin \alpha}.$$

Die Auflast erhöht dieses Gewicht um $p l_z$. Das Gewicht des Keiles einschließlich der Auflast G_1' ist dasselbe wie das Gewicht eines Keiles vom selben Querschnitt $a c_2 d_1$ und einem Raumgewicht $\gamma_p > \gamma$. Aus der Gleichung

$$G_1' = \frac{1}{2} \gamma z l_z \frac{\sin(\alpha + \beta)}{\sin \alpha} + p l_z = \frac{1}{2} \gamma_p z l_z \frac{\sin(\alpha + \beta)}{\sin \alpha}$$

erhalten wir für das Raumgewicht γ_p den Wert

$$\gamma_p = \gamma + \frac{2p}{z} \frac{\sin \alpha}{\sin(\alpha + \beta)} = \gamma + N \frac{2p}{z} \qquad (1\,\text{a})$$

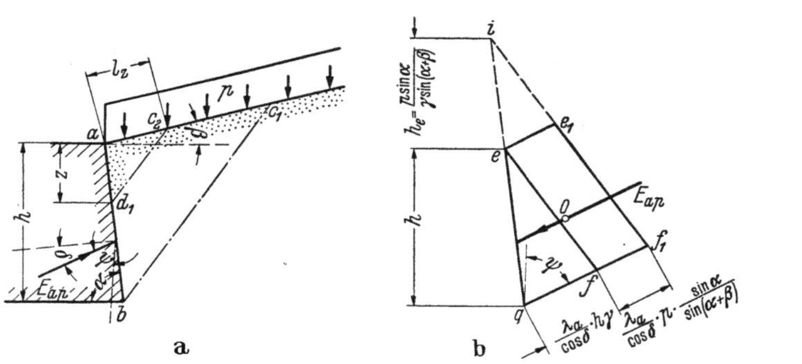

Abb. 25a u. b. Einfluß einer gleichförmig verteilten Auflast
auf den Erddruck einer Sandhinterfüllung.

mit der Abkürzung

$$N = \frac{\sin \alpha}{\sin(\alpha + \beta)} \qquad (1\,\text{b})$$

Setzen wir in der Gl. (23.1a) für $h = z$, $\gamma = \gamma_p$ und $E_a = E_a'$ ein, so erhalten wir für den Erddruck auf den Abschnitt $a d_1$ der in Abb. 25 dargestellten Wand den Wert

$$E_a' = \frac{1}{2} \gamma_p z^2 \frac{\lambda_a}{\sin \alpha \cos \delta} = \frac{1}{2} \left(\gamma + N \frac{2p}{z}\right) z^2 \frac{\lambda_a}{\sin \alpha \cos \delta}, \qquad (2)$$

worin der Faktor $\lambda_a / \sin \alpha \cos \delta$ eine Konstante für gegebene Werte von ϱ, α, δ und β darstellt. In der Tiefe z ist die entsprechende seit-liche Druckspannung e_a gleich

$$e_a = \frac{d E_a'}{d z} \sin \alpha = \frac{\lambda_a}{\cos \delta} \gamma z + \frac{\lambda_a}{\cos \delta} N p. \qquad (3)$$

Auf der rechten Seite dieser Gleichung stellt der erste Ausdruck die Erddruckspannung in der Tiefe z infolge des Bodeneigengewichtes dar. Diese Spannung zeigt hydrostatische Verteilung, wie in der Abb. 25 b durch das Dreieck efg dargestellt ist. Der zweite Ausdruck stellt die Erddruckspannung infolge des Auflastgewichtes dar. Er ist von der Tiefe unabhängig. Daher erscheint dieser Teil des Erddruckes in der Abb. 25 b als ein Parallelogramm ee_1f_1f. Die Verlängerung der Seite e_1f_1 dieses Parallelogrammes schneidet die Bezugslinie eg im Punkt i in einer Höhe

$$h_e = N \frac{p}{\gamma} = \frac{p}{\gamma} \frac{\sin\alpha}{\sin(\alpha + \beta)} \tag{4}$$

oberhalb der Krone der Wandrückseite. Nach der Abb. 25 b ist der Erddruck auf die Wandrückseite identisch mit dem Erddruck auf den Abschnitt ab einer gedachten Wand von der Höhe $h + h_e$, deren Hinterfüllung keine Auflast trägt. Die Höhe h_e [Gl. (4)] wird *gleichwertige Auflasthöhe* genannt. Aus der Abb. 25 b erhalten wir die einfache geometrische Beziehung

$$E_{ap} = E_a \left(\frac{h_e + h}{h}\right)^2 - E_a \left(\frac{h_e}{h}\right)^2 = E_a \left(1 + 2\frac{h_e}{h}\right), \tag{5}$$

worin E_a den von der Hinterfüllung ohne Auflast ausgeübten Erddruck darstellt, der durch das Dreieck efg gegeben ist. Um unsere Aufgabe zu lösen, genügt es daher, den Erddruck E_a von der Hinterfüllung ohne Auflast zu bestimmen, die gleichwertige Höhe h_e mittels Gl. (4) zu berechnen und in Gl. (5) den Wert von h_e einzuführen. Die Wirkungslinie des Erddruckes E_{ap} geht durch den Schwerpunkt O des Druckspannungstrapezes gf_1e_1e der Abb. 25 b.

30. Parallel zur Mauerkrone angreifende Linienlast.

Wenn nach Abb. 26 a eine Linienlast von der Größe p' pro Längeneinheit in einer Parallelen zur Mauerkrone auf die Oberfläche der Hinterfüllung wirkt, nimmt der von der Hinterfüllung ausgeübte Erddruck um $\varDelta E_a$ zu. Die Größe von $\varDelta E_a$ hängt nicht nur von der Größe der Last, sondern auch vom Abstand zwischen der Last und der Krone a der Stützwand ab. Um den Einfluß des Abstandes auf den zusätzlichen Erddruck $\varDelta E_a$ zu untersuchen, nehmen wir die Last in einem willkürlichen Abstand ac' von der Krone entfernt an und ermitteln, wie in der Abbildung gezeigt ist, den zugehörigen Wert von $\varDelta E_a$. Dies kann z. B. mit einer geringfügigen Abänderung mit Hilfe des CULMANN-schen-Verfahrens (s. Abs. 24) durchgeführt werden. Wenn die Oberfläche der Hinterfüllung keine Auflast trägt, erhalten wir die CULMANN-Linie C, und der Bruch in der Hinterfüllung tritt längs der Gleitfläche bc ein. Der zur Verhütung eines Abgleitens entlang der willkürlich herausgegriffenen Fläche bc' erforderliche seitliche Widerstand ist durch den Abstand $d'e'$ gegeben, und der Abstand bd' stellt das Gewicht des Keiles abc' im Maßstab des Diagramms dar. Lassen wir in c' eine Linienlast p' pro Längeneinheit wirken, so vermehren wir das Gewicht jedes Keiles, dessen rechtsseitige Begrenzung rechts von c' liegt, um den Betrag $p' = d'd_1'$. Daher zeigt die CULMANN-Linie im Schnitt mit der Geraden bc' einen scharfen Knick. Dieser Knick ist durch den geradlinigen Abschnitt $e'e_1'$ gegeben. Auf der rechten Seite vom Punkt e_1' ist die Fortsetzung der CULMANN-Linie durch die Kurve C' dargestellt. Die zur Verhütung des Abrutschens längs der Fläche bc' erforderliche seitliche Kraft ist durch den Abstand $d_1'e_1'$ dargestellt. Wenn dieser Abstand kleiner als $\overline{de}$, d. h. dem von der Hinterfüllung ohne Auflast ausgeübten Erddruck E_a ist, hat die Auflast keinen Einfluß auf den seitlichen Erddruck, und der Bruch tritt längs bc ein. Ist dagegen $\overline{d_1'e_1'}$ größer als $\overline{ed}$, dann tritt Gleiten längs der Schnittfläche bc' ein, weil für jede zu beiden Seiten von bc' gelegene Schnittrichtung der zur Verhütung einer Gleitbewegung erforderliche seitliche Widerstand kleiner als $d_1'e_1'$ ist. Der durch die Linienlast p' erzeugte Seitendruck $\varDelta E_a$ ist durch die Differenz $\overline{d_1'e_1'} - \overline{de}$ gegeben.

Die in Abb. 26a dargestellte zeichnerische Ermittlung von $\varDelta E_a$ kann für Linienlasten, die in verschiedenen Abständen von der Mauerkrone a wirken, wiederholt werden. Tragen wir die Werte von $\varDelta E_a$ als Ordinaten oberhalb der Angriffspunkte der Linienlasten auf, so erhalten wir die Einflußlinie $\varDelta E_a$ der Abb. 26b. Die zugehörige CULMANN-Linie ist mit C' bezeichnet. Eine parallel zur Böschungslinie bB gezogene Tangente berührt die Kurve C' im Punkt e_1', und der Abstand $d_1'e_1'$ stellt den Größtwert dar, den der Seitendruck aus Hinterfüllung und der aus dieser wirkenden Linienlast p' annehmen kann. Liegt die Linienlast zwischen den Punkten a und c_1', dann bildet sich die Gleitfläche längs bc_1' aus, und die Lage der Linienlast ist ohne Einfluß auf den Seitendruck. Bewegt sich die Linienlast vom Punkt c_1' nach rechts, nimmt der Einfluß der Linienlast auf den Seitendruck ab, und das Abgleiten tritt längs einer Fläche auf, die durch b und den Lastangriffspunkt geht. Um die Lage des Punktes zu bestimmen, in welchem der Einfluß der Linienlast auf den Seitendruck verschwindet, ziehen wir an der CULMANN-Kurve C (Hinterfüllung ohne Linienlast) eine Tangente parallel zur Böschungslinie bB. Diese Tangente schneidet die Kurve C' im Punkt e_2'. Die Gerade $b\,e_2'$ schneidet die Hinterfüllungsoberfläche im Punkt c_2'. Wenn die Last im Punkt c_2' wirkt, dann wird der zur Vermeidung des Abgleitens längs der Fläche bc_2' erforderliche seitliche Druck bei der Hinterfüllung mit einer Linienlast gleich dem zur Erhaltung des Gleichgewichtes erforderlichen seitlichen Druck einer Hinterfüllung ohne Linienlast. Dieser Druck ist durch die Strecke ed dargestellt. Wenn die Linienlast auf der rechten Seite des Punktes c_2' liegt, hat sie daher keinen Einfluß auf den Erddruck, und das Abgleiten tritt längs bc ein.

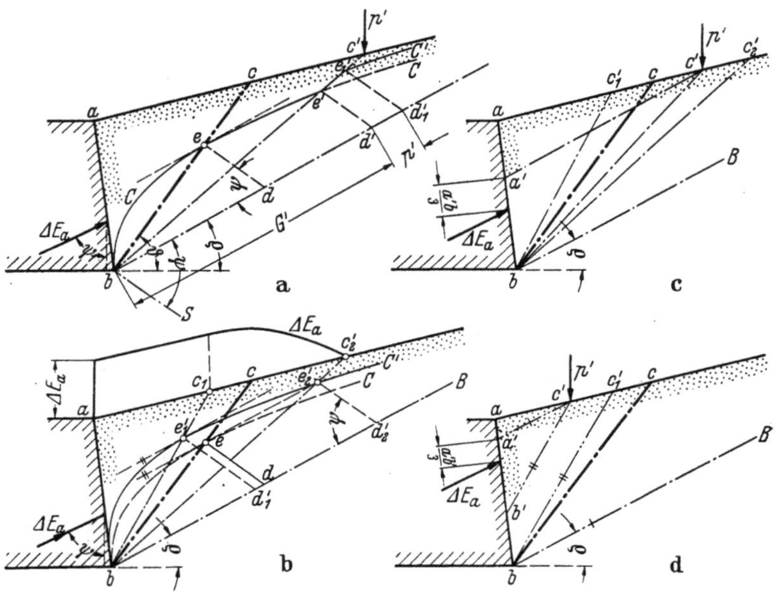

Abb. 26a—d. Erddruck infolge einer auf der Hinterfüllung wirkenden Linienlast.

Nach der Meinung mancher Praktiker hat eine Linienlast auf den Erddruck keinen Einfluß, wenn sie nicht innerhalb der Strecke ac (Abb. 26b) angreift, wenn bc die Gleitfläche in der Hinterfüllung ohne Linienlast darstellt. Die vorhergehende Untersuchung zeigt, wie unberechtigt diese Ansicht ist.

Die Abb. 26c und 26d zeigen ein einfaches Verfahren zur Bestimmung des Angriffspunktes des zusätzlichen Druckes ΔE_a infolge einer parallel zur Mauerkrone wirkenden Linienlast. In beiden Abbildungen sind die Punkte c_1', c und c_2' identisch mit den gleich bezeichneten Punkten der Abb. 26b. Wenn die Linienlast in c' zwischen c_1' und c_2' (Abb. 26c) wirkt, ziehen wir $a'c'$ parallel bB. Der Angriffspunkt des Zusatzdruckes infolge der Linienlast liegt innerhalb $a'b$ in einem Abstand von angenähert $a'b/3$ von a'. Wenn die Linienlast in c' zwischen a und c_1', wie in der Abb. 26d dargestellt ist, wirkt, ziehen wir $a'c'$ parallel bB und $b'c'$ parallel bc_1'. Der Angriffspunkt des Zusatzdruckes liegt auf $a'b'$ in einem Abstand von angenähert $a'b'/3$ von a'. In beiden Fällen liegt der Fehler auf der sicheren Seite.

Ein genaueres Ergebnis kann auf die Weise erhalten werden, daß für verschiedene Tiefen unterhalb der Mauerkrone auf jedem Wandabschnitt der Gesamtdruck ermittelt wird. Diese Untersuchung liefert für jeden Punkt die Summenkurve, und die Druckverteilung längs der Wandrückseite ergibt sich durch graphische Differentiation. In der Natur führt jedoch die Anwesenheit einer Linienlast stets zu einer verstärkten Krümmung der Gleitfläche, die wieder den durch die Annahme einer ebenen Gleitfläche bedingten Fehler vergrößert. Daher ist das hier gezeigte Verfahren zur Ermittlung des Angriffspunktes des Zusatzdruckes infolge der Linienlast, wegen des geringen Genauigkeisgrades der Berechnungsmethode mit ebenen Gleitflächen, nicht gerechtfertigt.

31. Erddruck auf aufgelöste Stahlbetonstützwände.

Stahlbetonwände sind nach Abb. 27a mit einer schweren, unter die Hinterfüllung reichenden Grundplatte ausgebildet. Wenn eine solche Wand durch Kippen oder Gleiten ausweicht, bis die Hinterfüllung nachzurutschen beginnt, so bleibt ein Teil der an die Wand angrenzenden Hinterfüllung, der durch das Dreieck bb_1d dargestellt ist, praktisch ungestört und wirkt so, als ob er ein Teil der Wand wäre. Bei unzureichender Standsicherheit der Wand würde die Hinterfüllung längs einer Gleitfläche b_2c abscheren. Nach unseren Annahmen weicht die Wand so weit aus, daß jeder Abschnitt des Gleitkeiles in einen plastischen Zustand übergeht. Daher stellt jeder Punkt der linksseitigen Begrenzung $abdb_2$ des Gleitkeiles den unteren Rand einer möglichen Gleitfläche dar. Die Gerade bc_1 kennzeichnet die Gleitfläche durch b.

Wenn die Fläche bd bis zur Höhe der Mauerkrone zum Punkt a_1 verlängert wird, werden sowohl die Randspannungsbedingungen wie die Verformungsbedingungen für den Keil bc_1a_1 identisch mit jenen für einen keilförmigen Ausschnitt zwischen zwei sich schneidenden Gleitflächen der in Abb. 8c dargestellten Halbraummasse. Als erste

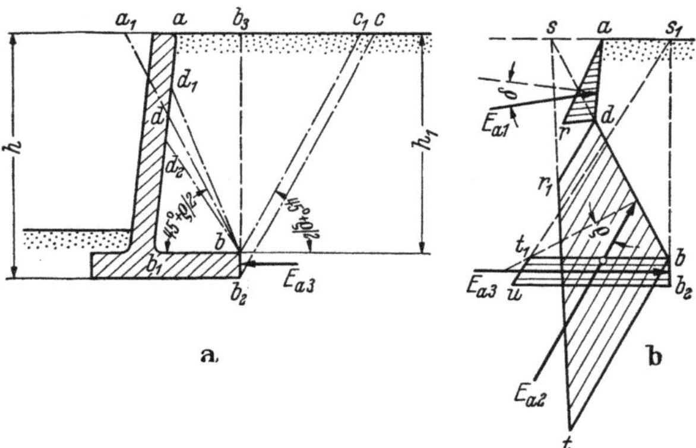

Abb. 27a u. b. Erddruck auf eine Stahlbeton-Winkelstützwand bei Sandhinterfüllung.

Näherung können daher die in Abs. 10 erhaltenen analytischen Ergebnisse auf die zur Lösung stehende Aufgabe angewandt werden. Entsprechend diesen Ergebnissen verläuft die Gleitfläche bc_1 und bd der Abb. 27 a jeweils unter einem Winkel von $45° + \varrho/2$ zur Waagrechten. Der Erddruck E_{a2} auf die Fläche bd wirkt unter dem Winkel ϱ zur Flächennormalen, und seine Größe kann leicht aus dem MOHRschen Diagramm bestimmt werden (Abb. 8 b). Der Erddruck E_{a1} auf den Abschnitt ad der Wand kann mittels der COULOMBschen Gl. (23.1) oder durch ein zeichnerisches Verfahren ermittelt werden. Der Druck E_{a3} auf die lotrechte Fläche bb_2 kann mit hinreichender Genauigkeit unter der Annahme berechnet werden, daß er waagrecht wirkt. Die Erddrücke sind in der Abb. 27 b eingezeichnet. Auf Grund dieser Annahme erhalten wir mit Gl. (15.1) und (15.2) für E_{a3}

$$E_{a3} = \frac{1}{2}\,\gamma\,(h^2 - h_1^2)\,\mathrm{tg}^2\left(45° - \frac{\varrho}{2}\right).$$

Die Verteilung des Erddruckes über dem Abschnitt ad der Wandrückseite erfolgt hydrostatisch, wie durch die Gerade ar der Abb. 27 b dargestellt ist. Der Angriffspunkt des Druckes liegt im Abstand $\overline{ad}/3$ von d entfernt. Die Verteilung des Erddruckes über der Ebene a_1b im Halbraum mit waagrechter Oberfläche ca_1 (Abb. 27 a) erfolgt ebenfalls hydrostatisch. In der Abb. 27 b ist diese Druckverteilung durch die Gerade st dargestellt. Wir können deshalb mit hinreichender Genauigkeit annehmen, daß der Druck auf die Gleitfläche bd der Abb. 27 a durch das Trapez btr_1d der Abb. 27 b bestimmt ist. Der Erddruck E_{a3} ist durch die Fläche b_2ut_1b dargestellt.

Eine genauere Lösung der Aufgabe kann durch die Ermittlung des Erddruckes auf die verschiedenen gebrochenen Flächen ad_1b, ad_2b usw. (Abb. 27 a) erhalten werden, wobei jeweils nach dem in Abs. 28 beschriebenen Verfahren vorzugehen ist. Das Abgleiten der Hinterfüllung tritt längs der Schnittfläche ein, die dem Größtwert des Seitendruckes entspricht. Die Verteilung des Erddruckes über der Gleitfläche, die vom Punkt b gegen die Wandrückseite verläuft, kann punktweise mittels der am Schluß des Abs. 27 erklärten Methode bestimmt werden.

32. Erddruck bei geschichteter Hinterfüllung.

Die Abb. 28a stellt einen Schnitt durch eine aus zwei Schichten mit verschiedenen Raumgewichten γ_1 und γ_2, aber mit dem gleichen Winkel der inneren Reibung ϱ und dem gleichen Wandreibungswinkel δ bestehenden Hinterfüllung dar. Der durch dieses System ausgeübte Erddruck kann mittels des CULMANNschen Verfahrens (Abs. 24) unmittelbar bestimmt werden, weil dieses Verfahren keine Annahmen über die Verteilung des Gewichtes innerhalb des Gleitkeiles trifft. Um den Angriffspunkt des Erddruckes zu finden, bestimmen wir

den Schwerpunkt O des Gleitkeiles abc und der Auflast, die auf der
Oberfläche des Keiles ruht. Der Angriffspunkt liegt angenähert im
Schnittpunkt zwischen Wandrückseite und einer durch O zu bc ge-
legten Parallelen.

Ist jedoch der Winkel der inneren Reibung und der Wandreibungswinkel für die beiden in der Abb. 28 b gezeigten Schichten verschieden,
so müssen wir unsere Aufgabe in zwei Schritten lösen. Der erste Schritt
besteht in der Ermittlung des Erddruckes E_{a1} auf den oberen Abschnitt ae der Wand. Dies kann mit Hilfe der in den Abs. 27 und 29
beschriebenen Verfahren geschehen. Um den Seitendruck E_{a2} auf
den unteren Abschnitt eb der Wand zu bestimmen, vernachlässigen

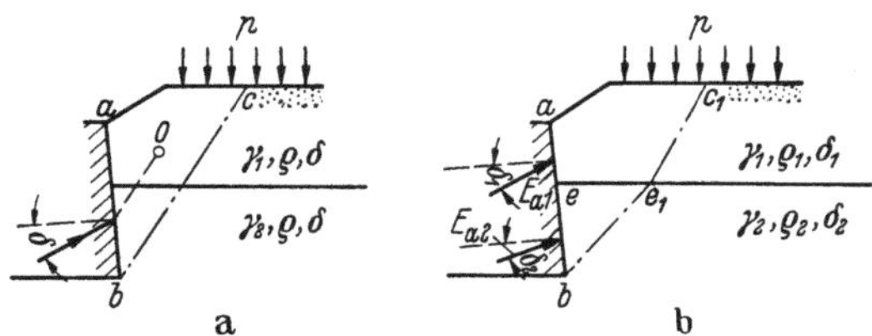

Abb. 28 a und b. Erddruck bei geschichteter und kohäsionsloser
Hinterfüllung.

wir sowohl die Scherspannungen, die in der Grenzfläche zwischen
den beiden Schichten wirken, wie die Scherspannungen entlang jedes
lotrechten Schnittes oberhalb dieser Grenzfläche. Nach dieser Annahme kann die gesamte obere Schicht als einfache Auflast betrachtet
werden, und der lotrechte Druck auf irgendeinen Abschnitt der unteren
Schichtoberfläche ist gleich dem Gewicht des Bodens und der Auflast p, die auf der oberen Schicht angreift. Mittels dieser Vereinfachung unserer Aufgabe kann der Erddruck E_{a2} auf den Abschnitt be
der Wand mit dem CULMANNschen Verfahren bestimmt werden.
Die zugehörige Gleitfläche ist durch die Gerade be_1 dargestellt. Der
in diesem Rechenverfahren enthaltene Fehler liegt auf der unsicheren
Seite, weil der Einfluß der hier vernachlässigten Scherspannungen zu
einer Vergrößerung des Seitendruckes auf den Wandabschnitt de
führt.

33. Erddruck bindiger Hinterfüllungen.

Die Abb. 29 a stellt einen Schnitt durch eine bindige Hinterfüllung
dar, die von einer Stützwand mit rauher, lotrechter Rückseite gehalten
wird. Die Scherfestigkeit der Hinterfüllung ist durch die Gleichung
gegeben:

$$\tau_s = c + \sigma \, \mathrm{tg}\,\varrho. \tag{5.1}$$

Die Scherspannungen längs der Berührungsfläche zwischen Boden und Wandrückseite werden angenommen mit

$$e_{at} = c_a + e_{an} \operatorname{tg} \delta,$$

worin c_a die Adhäsion zwischen Boden und der Wand, e_{an} die Normalspannung in der Wandrückseite und $\operatorname{tg} \delta$ den Wandreibungsbeiwert bezeichnet. Es wird angenommen, daß die Wand so weit ausweicht, um den ganzen Gleitkeil in einen plastischen Zustand zu bringen. Wenn die Hinterfüllung aus Ton besteht, kann das zur Erfüllung dieser Bedingung notwendige Ausweichen mehr als 5% der Wandhöhe betragen.

Das folgende Verfahren zur Ermittlung des Erddruckes ist dem für die Berechnung des aktiven Rankineschen Druckes in kohäsionslosen Massen verwendeten analog. Nach Abs. 12 befindet sich die oberste Schicht einer bindigen Masse bis zu einer Tiefe

$$z_0 = \frac{2c}{\gamma} \operatorname{tg}\left(45° + \frac{\varrho}{2}\right) \tag{12.1}$$

unter Zugspannungen, wenn die Masse im aktiven Rankineschen Zustand ist. Unterhalb der Tiefe z_0 nimmt die waagrechte Druckspannung in einem lotrechten Schnitt vom Wert Null in der Tiefe z_0 geradlinig mit der Tiefe zu, wie es die Druckfläche $b c c_a$ in Abb. 11 e zeigt. Wenn man den Boden oberhalb eines waagrechten Schnittes in irgendeiner Tiefe z unterhalb der Oberfläche durch eine Auflast γz pro Flächeneinheit ersetzt, so bleibt die Größe und die Verteilung der Spannungen unterhalb dieses Schnittes unverändert. Die waagrechte Druckresultierende in einem lotrechten Schnitt zwischen der Oberfläche und der Tiefe $2z_0$ ist gleich Null. Theoretisch kann daher eine lotrechte Geländestufe bis zu einer Höhe $h_c = 2z_0$ ohne seitlicher Abstützung frei stehen (siehe Abs. 57). In der Natur verursacht jedoch der Zugspannungszustand in der obersten Schicht früher oder später Zugrisse, die die Höhe h_c auf einen kleineren Wert h_c' abmindern. Dieser Wert bestimmt die Tiefe, bis zu der sich der Boden von der Wandrückseite ablöst und die in der Abb. 29a eingezeichnet ist. Um die folgenden Berechnungen zu vereinfachen, nehmen wir an, daß die Zugrisse im Boden alle bis zur gleichen Tiefe reichen. Diese Annahme bleibt auf der sicheren Seite.

Die für die Höhe h_c' maßgebenden Faktoren werden in Abs. 57 besprochen werden. In den folgenden Untersuchungen wird h_c' als bekannt vorausgesetzt. Weiter wird angenommen, daß der zwischen Oberfläche und der Tiefe h_c' gelegene Boden wie eine Auflast vom Betrag $\gamma h_c'$ pro Flächeneinheit wirkt. Diese Bedingung ist erfüllt, wenn die Gleitfläche be (Abb. 29a) im Fußpunkt e eines Zugrisses von der Tiefe h_c' beginnt. Schließlich wird noch als erste Näherung und in Analogie zum vorher besprochenen aktiven RANKINEschen Zustand angenommen, daß die auf die Wand wirkende Druckspannung vom Punkt a_1 an (Abb. 29a) mit der Tiefe linear zunimmt, wie in der Abb. 29b durch die Strecke $s\,u$ angegeben ist. Nach dieser Annahme kann der auf die Wandrückseite wirkende Druck E_a durch eine trapezförmige Druckfläche $rsut$ in der Abb. 29b dargestellt werden. In Wirklichkeit wird die Druckverteilung wahrscheinlich mehr der durch die Fläche rs_1ut dargestellten Form entsprechen, deren Schwerpunkt etwas unter dem Schwerpunkt von $rstu$ liegt.

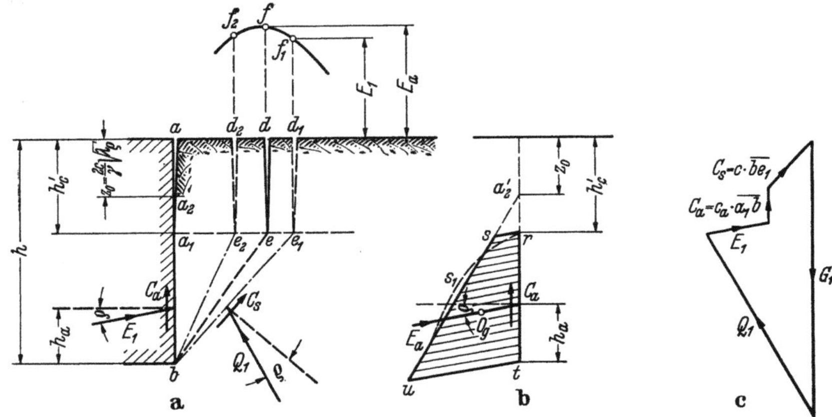

Abb. 29a—c. Erddruck auf eine mit bindigem Boden hinterfüllte Stützwand.

Um den Druck E_a zu bestimmen (Resultierende aus der Normalkomponente E_{an} und der Reibungskomponente $E_{an}\operatorname{tg}\delta$ des Erddruckes E_{ac}) nehmen wir eine willkürliche ebene Gleitfläche be_1 durch den Fußpunkt der Wand b an. Die zur Verhinderung des Abrutschens längs dieser angenommenen Fläche erforderliche Kraft E_1 kann aus dem in Abb. 29c dargestellten Kräftepolygon herausgegriffen werden. In diesem Kräftepolygon stellt das Gewicht G_1 das Gewicht des Bodenkörpers abe_1d_1 dar. Die Kräfte $C_a = c_a\overline{a_1b}$ und $C_s = c\overline{be_1}$ stellen die Kohäsionskräfte dar, die längs der Berührungsfläche a_1b zwischen Wand und Boden, beziehungsweise längs der Fläche be_1 wirken.

Um die Größe der Kraft E_a zu finden, wiederholen wir die Konstruktion für verschiedene Schnittflächen, die unter verschiedenen Neigungen durch den Punkt b bis auf die Höhe des Punktes e_1 verlaufen. Die entsprechenden Werte E_1, E_2 usw. sind als Ordinaten oberhalb der Hinterfüllungsoberfläche, wie in Abb. 29a gezeigt, aufgetragen. Die Kraft E_a entspricht der größten Ordinate der so erhaltenen Kurve. Die Verteilung des Druckes E_a über der Wandrückseite ist durch die Druckfläche $rstu$ der Abb. 29b gegeben. Der Erddruck E_{ac} ist gleich der Resultierenden aus E_a und der Adhäsionskomponente $C_a = c_a \overline{a_1 b}$ des Erddruckes. Der Angriffspunkt des Erddruckes E_{ac} ist mit jenem von E_a identisch, der wieder durch die Lage des Schwerpunktes O_g der Druckfläche $rsut$, wie in der Abbildung dargestellt, gegeben ist.

Bei Regen wird der leere Zwischenraum aa_1 (Abb. 29a) zwischen der Wand und dem oberen Teil der Hinterfüllung mit dem Niederschlagswasser erfüllt. In diesem Fall ist der auf die Wandrückseite ausgeübte Seitendruck gleich der Summe aus dem Erddruck und dem von einer Wassersäule mit der Höhe h_c' ausgeübten Druck, wenn dieser Zwischenraum nicht ausreichend entwässert ist.

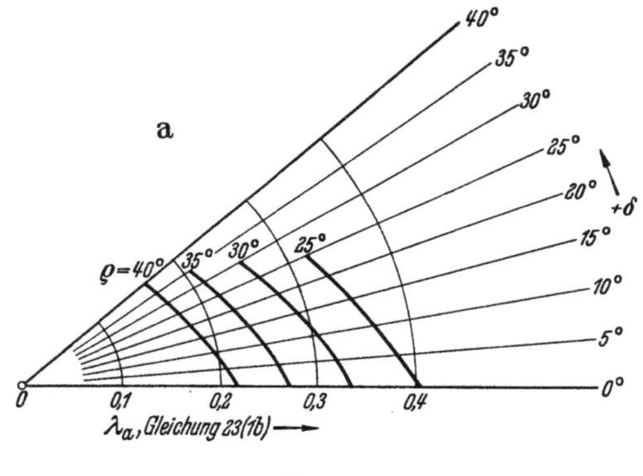

34. Erddrucktabellen und Tafeln.

Im praktischen Ingenieurbau sind die Rückseiten der meisten Stützwände und die Oberflächen der meisten angetroffenen Hinterfüllungen zumindest angenähert eben, und mit Rücksicht auf die Unsicherheit in der Ermittlung der Werte ϱ und δ erfüllt auch eine angenäherte Bestimmung des Erddruckes ihren Zweck.

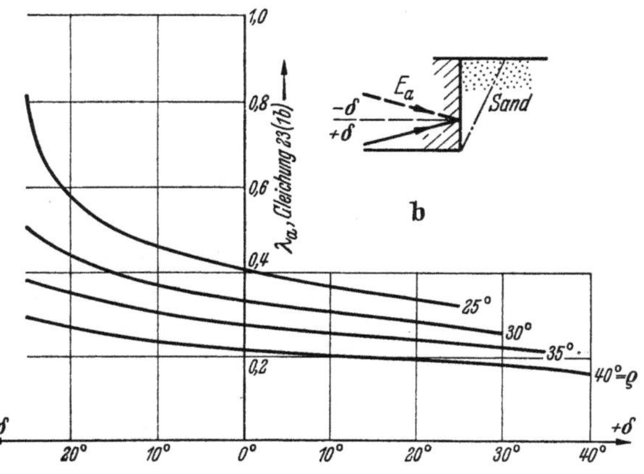

Abb. 30a u. b. Erddrucktafeln, aus denen der Erddruckbeiwert λ_a für verschiedene Werte von ϱ und δ entnommen werden kann. (Tafeln nach SEYFFERT 1929.)

Um den zur Lösung solcher Aufgaben erforderlichen Zeitaufwand zu vermindern, können Erddrucktabellen oder Tafeln verwendet werden, die für verschiedene Werte von ϱ und δ für verschiedene Böschungsneigungen β die Werte des hydrostatischen Druckverhältnisses λ_a [Gl. (23.1b)] enthalten. Sorgfältig ausgearbeitete Erddrucktabellen wurden von KREY (1936) veröffentlicht. Die Abb. 30 zeigt übliche Verfahren für die graphische Darstellung des hydrostatischen Druckverhältnisses λ_a als Funktion von ϱ und δ. In Abb. 30a sind die Werte von λ_a auf den vom Nullpunkt ausgehenden Radiusvektoren aufgetragen. Die zwischen den Radiusvektoren und der waagrechten Achse eingeschlossenen Winkel sind gleich den Wandreibungswinkeln δ, und die Werte von ϱ sind als Parameter an die Kurven geschrieben, welche die Beziehung zwischen λ_a und δ darstellen (SYFFERT 1929). In Abb. 30b wurde das hydrostatische Druckverhältnis λ_a als Funktion des Wandreibungswinkels δ aufgetragen. Beide Diagramme zeigen eindrucksvoll den bedeutenden Einfluß des Wandreibungswinkels auf die Größe des Erddruckes.

VII. Der Erdwiderstand.

35. Der Erdwiderstand im praktischen Ingenieurbau.

Die Bezeichnung Erdwiderstand bedeutet im weitesten Sinne des Wortes den Widerstand des Bodens gegen Kräfte, die ihn zu verschieben trachten. Im Ingenieurbau wird der Erdwiderstand häufig zur Abstützung von Baukörpern, wie Stützwände oder Spundwände, die durch waagrechte oder geneigte Kräfte beansprucht werden, herangezogen. Die Standsicherheit der in der Abb. 19 gezeigten Stützwand hängt teilweise vom Erdwiderstand des auf der linken Seite der Fläche *de* gelegenen Bodens ab, der einem Versagen der Konstruktion infolge Abgleiten längs der Grundfläche *bd* entgegenwirkt. Das Gleichgewicht der in Abb. 63 dargestellten Spundwand wird ausschließlich durch den seitlichen Widerstand des auf der linken Seite der Fläche *bd* gelegenen Bodens gewährleistet. Der zu einer Verschiebung des Bodens führende Baukörper wird als der *Sitz des Druckes* bezeichnet, und die Berührungsfläche zwischen diesem Teil und dem Boden stellt die *Übertragungsfläche* dar.

Der Erdwiderstand des Bodens wird auch durch die Fundamente eines Bauwerkes geweckt. Wenn die auf einem Fundamentkörper wirkende Last die Grenztragfähigkeit des Bodens überschreitet, bewegt sich ein keilförmiger Bodenkörper, so wie der in Abb. 15b eingezeichnete Körper *abc*, mit dem Fundament zusammen nach abwärts. Er kann im plastischen oder im elastischen Zustand sein. In beiden Zuständen ist der Körper *abc* verformt, ohne eine Verschiebung erlitten zu haben. Demgegenüber wird der an die unteren Begrenzungen dieses Bodenkörpers *ac* und *bc* in Abb. 15b angrenzende Boden aus dem Untergrund herausgeschoben. Dieser Vorgang kann nur stattfinden, wenn der im Boden längs der Flächen *ac* und *bc* wirkende Druck größer als der Erdwiderstand ist. In diesem Fall ist der Sitz des Druckes durch den keilförmigen Bodenkörper abc dargestellt, und die Übertragungsflächen sind durch die beiden Gleiflächen, die vollkommen innerhalb des Bodens verlaufen, gegeben.

36. Annahmen und Voraussetzungen.

Die folgenden Berechnungen beruhen auf der Annahme, daß der Boden homogen und isotrop ist und daß die Verformung des Bodens nur parallel zu einer lotrechten, zur Übertragungsfläche unter einem rechten Winkel stehenden Schnittfläche erfolgt. Weiter wird angenommen, daß die Übertragungsfläche unter dem Einfluß des Druckes in eine Lage rückt, die vollkommen außerhalb der Grenze $a_1 b$ der schraffierten Fläche in der Abb. 14e liegt. Diese Fläche stellt die geringste seitliche Zusammenrückung dar, die zur Überleitung des an der Übertragungsfläche angrenzenden Bodens von seinem ursprünglich elastischen in den plastischen Zustand erforderlich ist, wobei das in der Abb. 14e dargestellte Gleitlinienfeld auftritt.

Das Raumgewicht des Bodens ist γ, und seine Scherfestigkeit ist durch die Gleichung gegeben:

$$\tau_s = c + \sigma \operatorname{tg} \varrho, \tag{5.1}$$

worin c die Kohäsion, σ die totale Normalspannung in der Gleitfläche und ϱ den Winkel der inneren Reibung bedeuten. In der Wandrückseite ist die Scherfestigkeit

$$e_{pt} = c_a + e_{pn} \operatorname{tg} \delta, \tag{1}$$

worin c_a die Adhäsion zwischen dem Boden und der Wand, e_{pn} die Normalkomponente der Erdwiderstandsspannung und δ den Wandreibungswinkel darstellen, dessen Wert von der Beschaffenheit der Druckübertragungsfläche abhängt. Wenn die Übertragungsfläche die Berührungsfläche zwischen Mauerwerk und Boden darstellt, können die Werte von c_a und δ gleich oder kleiner als die Werte c und ϱ sein. Wenn aber die Druckübertragungsfläche den Boden schneidet, ist c_a gleich c und δ gleich ϱ. In beiden Fällen kann der Winkel δ sowohl positiv als auch negativ sein (siehe Abs. 15). In allen Abbildungen dieses Kapitels ist δ positiv dargestellt, weil in der Praxis die für das Auftreten des Erdwiderstandes mit negativer Wandreibung erforderlichen Bedingungen nur selten erfüllt sind. Die Adhäsion c_a wirkt in der Richtung der Wandreibung. Wenn daher δ negativ ist, ist auch $c_ä$ negativ.

Für kohäsionslose Stoffe sind die Werte c und c_a gleich Null. Die Scherfestigkeit ist dann

$$\tau_s = \sigma \operatorname{tg} \varrho,$$

worin σ die wirksame Normalspannung in der Gleitfläche und ϱ den Winkel der inneren Reibung darstellen. Die Scherspannung in der Druckübertragungsfläche beträgt

$$e_{pt} = e_{pn} \operatorname{tg} \delta.$$

In den folgenden Untersuchungen wird die Bodenoberfläche waagrecht und der Wandreibungswinkel δ positiv angenommen. Die in den folgenden Artikeln beschriebenen Verfahren können aber auch ohne wesentliche Abweichungen auf Fälle angewendet werden, wo δ negativ oder die Bodenoberfläche geneigt ist.

Wenn die zu Beginn dieses Artikels aufgezählten Bedingungen erfüllt sind, dann erfolgt der Bruch im Boden nach den durch Abb. 14e für positive Werte von δ und nach Abb. 14g für negative Werte gezeichneten Gleitflächen. In beiden Fällen umfaßt das plastische Gebiet eine passive RANKINEsche Zone, deren geneigte Begrenzungen mit der Waagrechten einen Winkel von $45° - \dfrac{\varrho}{2}$ einschließen. Die untere Begrenzung des zwischen der RANKINEschen Zone und der Übertragungsfläche gelegenen keilförmigen Bereiches ist gekrümmt. Deshalb besteht die untere Begrenzung des Gleitkeiles, z. B. der Keil $abde$ in der Abb. 31a aus einem gekrümmten unteren Teil bd und einem geraden oberen Abschnitt de, der mit der Waagrechten einen Winkel von $45° - \dfrac{\varrho}{2}$ einschließt. Der Übergangspunkt d von dem einen zum anderen Abschnitt liegt auf der Geraden aD, die vom oberen Rand a der Übertragungsfläche unter dem Winkel $45° - \dfrac{\varrho}{2}$ zur Waagrechten abfällt. Die Feststellung gilt sowohl für bindige als auch für kohäsionslose Materialien. Die Form des gekrümmten Abschnittes der Gleitfläche kann mit hinreichender Genauigkeit als logarithmische Spirale oder als Kreisbogen angenommen werden. Für kohäsionslose Stoffe kann man, unter der Voraussetzung eines kleinen Wandreibungswinkels δ (siehe Abs. 38), ohne einen größeren Fehler zu begehen, sogar annehmen, daß die gesamte untere Berandung des Gleitkeiles eben ist.

37. Angriffspunkt des Erdwiderstandes.

Ist die zu Beginn des vorhergehenden Artikels angeführte Verformungsbedingung erfüllt, dann kann die Normalkomponente e_{pn} der Erdwiderstandsspannung in einer ebenen Übertragungsfläche (ab in Abb. 31a) in der Tiefe z unterhalb a angenähert durch die lineare Gleichung ausgedrückt werden:

$$e_{pn} = c\,\lambda_{pc} + p\,\lambda_{pp} + \gamma z\,\lambda_{p\gamma}, \tag{15.5}$$

darin bedeuten p die Auflast pro Flächeneinheit und λ_{pc}, λ_{pp} und $\lambda_{p\gamma}$, sind dimensionslose Faktoren, deren Werte von z und γ unabhängig sind. Die Druckspannung e_{pn} kann in zwei Teile zerlegt werden. Der eine Teil

$$e'_{pn} = c\,\lambda_{pc} + p\,\lambda_{pp}$$

ist von z unabhängig. Der entsprechende Teil der Normalkomponente E_{pn} des Erdwiderstandes beträgt:

$$E'_{pn} = \frac{1}{\sin\alpha} \int_0^h e'_{pn}\, dz = \frac{h}{\sin\alpha}\,(c\,\lambda_{pc} + p\,\lambda_{pp}). \tag{1}$$

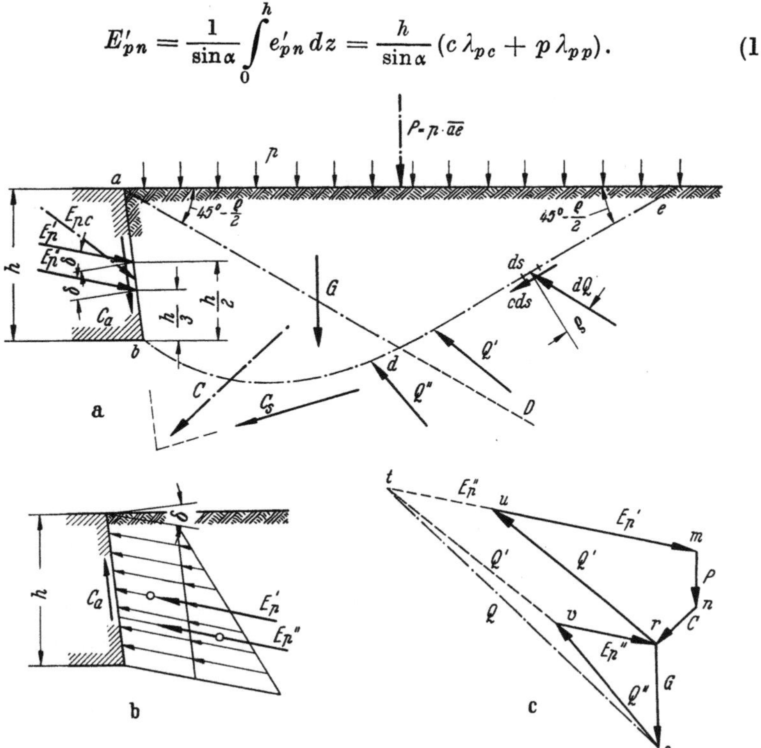

Abb. 31a—c. Angenäherte Ermittlung des Angriffspunktes des Erdwiderstandes bindiger Böden.

Da diese Druckspannung gleichförmig verteilt ist, liegt ihr Angriffspunkt in der Mitte der Übertragungsfläche. Der Druck E'_{pn} verursacht einen Reibungswiderstand $E'_{pn}\,\mathrm{tg}\,\delta$ in der Übertragungsfläche. Aus der Zusammensetzung von E'_{pn} mit der Reibungskomponente $E'_{pn}\,\mathrm{tg}\,\delta$ erhalten wir eine Kraft E'_p, die unter dem Winkel δ zur Flächennormalen der Übertragungsfläche ab wirkt.

Der zweite Teilwert der Druckspannung e_{pn}

$$e''_{pn} = \gamma z \lambda_{p\gamma}$$

nimmt geradlinig wie der hydrostatische Druck mit der Tiefe zu. Der Angriffspunkt des resultierenden Druckes

$$E_{pn}'' = \frac{1}{\sin\alpha}\int\limits_0^h e_{pn}''\,dz = \frac{1}{2}\,\gamma\,h^2\,\frac{\lambda_{p\gamma}}{\sin\alpha} \tag{2}$$

ist deshalb in der Höhe $h/3$ oberhalb dem Fußpunkt der Übertragungsfläche gelegen. Aus der Zusammensetzung von E_{pn}'' mit dem Reibungswiderstand $E_{pn}''\,\mathrm{tg}\,\delta$ infolge dieser Kraft erhalten wir die Kraft E_p'', die unter dem Winkel δ zur Flächennormalen der Übertragungsfläche ab wirkt.

Der gesamte Erdwiderstand E_{pc} ist gleich der Resultierenden aus den Kräften E_p', E_p'' und der Adhäsionskraft

$$c_a = \frac{h}{\sin\alpha}\,c_a. \tag{3}$$

Wir können daher den gesamten Erdwiderstand in drei Komponenten mit bekannten Richtungen und bezüglich der Übertragungsfläche bekannter Lage zerlegen. Diese Komponenten sind E_p', E_p'' und C_a. Ihre Verteilung über der Übertragungsfläche ist in der Abb. 31 a dargestellt. Für einen kohäsionslosen Boden ohne Auflast sind E_p' und C_a gleich Null, und E_p'' ist mit dem Erdwiderstand E_p identisch.

Die Größe der Kräfte E_p' und C_a der Abb. 31 b nimmt geradlinig mit der Höhe h der Übertragungsfläche zu, und E_p'' wächst mit dem Quadrat von h. Der Boden schert längs einer durch den unteren Rand der Übertragungsfläche verlaufenden Gleitfläche ab. Da E_p' [Gl. (1)] das Raumgewicht γ des Bodens nicht enthält, stellt diese Kraft jenen Teil des gesamten Erdwiderstandes dar, der zur Überwindung der Kohäsion und des Reibungswiderstandes infolge des Auflastgewichtes erforderlich ist. Wenn das Raumgewicht des Bodens auf Null zurückgeht, reduziert sich die zur Auslösung eines Gleitvorganges in einer gegebenen Gleitfläche erforderliche Kraft E_p auf E_p'. Wenn wir andererseits das Raumgewicht γ beibehalten, während wir die Kohäsion und die Auflast ausschalten, vermindern wir diese Kraft von E_p auf E_p''.

Die Normalkomponente des gesamten Erdwiderstandes beträgt

$$E_{pn} = E_{pn}' + E_{pn}'' = \frac{h}{\sin\alpha}\,(c\,\lambda_{pc} + p\,\lambda_{pp}) + \frac{1}{2}\,\gamma\,h^2\,\frac{\lambda_{p\gamma}}{\sin\alpha}. \tag{4}$$

In Abb. 31 a stellt die Linie bde die Gleitfläche dar. Die Oberfläche ae des Gleitkeiles wird durch die gleichförmig verteilte Auflast $P = \overline{ae}\,p$ belastet. Um den gesamten Erdwiderstand E_{pc} in seine Komponenten E_p', E_p'' und C_a zu zerlegen, untersuchen wir die Gleichgewichtsbedingungen für den Keil $abde$. Dieser Keil mit dem Gewicht G wird von folgenden Kräften beansprucht: Der Auflast P, der Resultierenden C aus der Kohäsion C_s längs bde und der Adhäsionskraft C_a, der Resultierenden Q aus den einzelnen Reaktionskräften dQ in jedem Punkt der Gleitfläche bde, die entsprechend der Abbildung unter dem Winkel ϱ zur Flächennormalen wirken, und den Kräften E_p' und E_p'', die unter dem Winkel δ zur Normalen der Übertragungsfläche wirken. Das aus diesen Kräften gebildete Kräftepolygon (Abb. 31 c) muß aus Gleichgewichtsgründen geschlossen sein. Von den im Polygon aufscheinenden Kräften wachsen die Kräfte P und C direkt mit der Höhe h der Übertragungsfläche und die Kraft G nimmt mit dem Quadrat der Höhe zu. Die Summe der Kräfte $E_p' + E_p''$ ist durch die Strecke mt dargestellt. Der eine Teil E_p' ist mit den Kräften P und C der Höhe h direkt proportional. Der zweite Teil E_p'' ist dem Gewicht G proportional. Um den ersten Teil zu bestimmen, konstruieren wir das Kräftepolygon auf Grund der Annahme, daß das Raumgewicht γ des Bodens gleich Null ist, was soviel wie $G = 0$ bedeutet. Die Richtung der zugehörigen Reaktionskraft Q' ist durch die Bedingung gegeben, daß die Einzelreaktionen dQ in jedem Punkt unter dem Winkel ϱ zur Normalen der Gleitfläche wirken. Ziehen wir durch r eine Parallele zur Richtung von Q', so erhalten wir das Kräftepolygon $mnru$. Der Abstand mu ist gleich der Kraft E_p' und der Angriffspunkt dieser Kraft liegt im Mittelpunkt der Übertragungsfläche ab. Die Kraft E_p'' wird durch die Strecke ut dargestellt. Um diese Kraft unabhängig zu ermitteln, können wir ein zweites Krafteck auf Grund der Annahme konstruieren, daß c, c_a und p gleich Null sind. Die Richtung der entsprechenden Reaktionskraft Q'' ist durch die gleiche Bedingung wie bei Q' gegeben. Ziehen wir sv parallel zu dieser Richtung und rv parallel zu mt, so erhalten wir das Dreieck rsv. Die Kraft E_p'' ist gleich dem Abstand rv, der wieder, wie aus der Abbildung zu ersehen ist, gleich der Strecke ut ist. Die geometrische Summe der beiden Kräfte Q' und Q'' ist gleich der Gesamtreaktion Q.

Die vorhergehende Untersuchung führt zu folgender Schlußfolgerung: Wenn entweder c oder p größer als Null ist, kann der Erdwiderstand durch zwei nacheinanderfolgende Operationen ermittelt werden. Die erste beruht auf der Annahme, daß das Raumgewicht γ des Bodens gleich Null ist. Daraus erhalten wir die Komponente E_p' des Erdwiderstandes. Der Angriffspunkt dieser Komponente ist der Mittelpunkt der Übertragungsfläche. Die zweite Operation beruht auf der Annahme, daß c, c_a und p gleich Null sind, und der Angriffspunkt der so erhaltenen Komponente E_p'' liegt in der Höhe $h/3$ über dem unteren Rand der Übertragungsfläche.

Eine genauere Bestimmung der Lage des Angriffspunktes des Erdwiderstandes kann auf Grund der Gl. (26.2) gefunden werden, weil diese Gleichung sowohl für den Erddruck wie für den Erdwiderstand, unabhängig von der Kohäsion, gültig ist, wenn die Verformungsbedingungen den Übergang des gesamten Gleitkeiles in einen plastischen Zustand erlauben. Der durch das in Abb. 31 dargestellte Näherungsverfahren erhaltene Fehler ist jedoch nicht so groß, daß er den für eine genauere Lösung nötigen Arbeitsaufwand rechtfertigen würde.

Die folgenden Abs. 38 bis 40 behandeln den Erdwiderstand von idealen kohäsionslosen Stoffen ohne Auflast. Sie sollen den Leser mit dem Berechnungsverfahren vertraut machen. Der allgemeine Fall des Erdwiderstandes eines bindigen Bodens mit Auflast wird in Abs. 41 erörtert.

38. Die Coulombsche Theorie des Erdwiderstandes bei idealem Sand.

Die Abb. 32a stellt einen lotrechten Schnitt durch eine ebene Fläche ab dar, die eine Sandmasse mit ebener Oberfläche berührt. Wenn die in Abs. 36 angegebenen Bedingungen erfüllt sind, ist die Normalkomponente der Erdwiderstandsspannung in ab in einer Tiefe z unterhalb dem Punkt a durch die Gleichung gegeben:

$$e_{pn} = \gamma z \lambda_p, \qquad (15.3)$$

worin λ_p den Erdwiderstandsbeiwert bedeutet. Da der Erdwiderstand zur Flächennormalen der Übertragungsfläche unter einem Winkel δ wirkt, erhalten wir aus Gl. (15.3) folgenden Ausdruck für den gesamten Erdwiderstand E_p:

$$E_p = \frac{E_{pn}}{\cos \delta} = \frac{1}{\cos \delta} \int_0^h \frac{e_{pn}}{\sin \alpha}\, dz = \frac{1}{2} \gamma h^2 \frac{\lambda_p}{\sin \alpha \cos \delta}. \qquad (1)$$

Coulomb (1776) berechnete den Erdwiderstand von idealem Sand unter der vereinfachenden Annahme, daß die gesamte Gleitfläche eine Ebene durch den unteren Rand b der Übertragungsfläche der Abb. 32a bildet. Die Gerade bc_1 stellte einen willkürlichen ebenen Schnitt durch diesen unteren Rand dar. Der Keil abc_1 vom Gewicht G_1 wird von der Reaktionskraft Q_1, die unter dem Winkel ϱ zur Normalen auf der Fläche bc_1 wirkt, und durch die seitliche Kraft E_1, die unter dem Winkel δ zur Normalen auf der Übertragungsfläche ab wirkt, beansprucht. Das entsprechende Krafteck, das in Abb. 32 dargestellt ist, muß geschlossen sein. Diese Bedingungen bestimmen die Größe der Kraft E_1. Das Abrutschen tritt in der Gleitfläche ac (in der Abbildung nicht gezeichnet) ein, für die die seitliche Kraft E_1 ein Minimum E_p wird. Coulomb ermittelte die Größe von E_p nach einem analytischen Verfahren. Ersetzt man in Gl. (1) E_p durch die Coulombsche Gleichung für den Erdwiderstand und löst nach dem Erdwiderstandsbeiwert λ_p

auf, so erhält man

$$\lambda_p = \frac{\sin^2(\alpha - \varrho)\,\cos\delta}{\sin\alpha\,\sin(\alpha+\delta)\left[1 - \sqrt{\dfrac{\sin(\varrho+\delta)\,\sin(\varrho+\beta)}{\sin(\alpha+\delta)\,\sin(\alpha+\beta)}}\,\right]^2} \, . \tag{2}$$

Diese Gleichung ist sowohl für positive wie auch für negative Werte von β und δ gültig.

In Abb. 32c stellen die Ordinaten den Wandreibungswinkel und die Abszissen die Werte von λ_p für den Erdwiderstand einer Sandmasse mit waagrechter Oberfläche dar, auf die ein Baukörper mit lot-

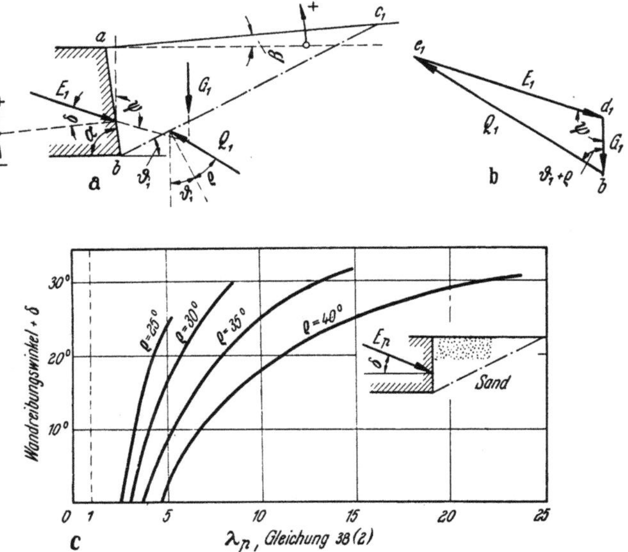

Abb. 32a—c. a und b grundlegende Annahme der Coulombschen Erdwiderstandstheorie. c Beziehung zwischen ϱ, δ und dem Coulombschen Erdwiderstandsbeiwert λ_p.

rechter Übertragungsfläche drückt. Die Kurven zeigen den Verlauf von λ_p bei Veränderung von $+\delta$ für verschiedene Werte von ϱ. Sie veranschaulichen, daß für einen gegebenen Wert von ϱ der Koeffizient λ_p mit zunehmenden Werten von δ sehr rasch zunimmt.

Wenn das graphische Verfahren von Culmann (Abs. 24) und von Engesser (Ab. 25) auf die Bestimmung des Erdwiderstandes eines kohäsionslosen Sandes angewendet wird, dann ist die Böschungslinie bB (Abb. 20c, 20d und 21a) unter dem Winkel ϱ von der Waagrechten nach abwärts fallend und nicht ansteigend zu zeichnen. Die übrige Konstruktion verbleibt unverändert. Der Beweis für die Gültigkeit dieses Vorgehens kann aus rein geometrischen Betrachtungen erbracht werden.

Für die Werte $\varrho = \delta = 30°$, $\beta = 0$ (waagrechte Hinterfüllung) und $\alpha = 90°$ (lotrechte Wand) wurde festgestellt, daß die mittels der genauen Theorie (Abs. 15 und Abb. 14e) ermittelten Erdwiderstandswerte mehr als 30% kleiner sind als die entsprechenden COULOMBschen Werte, die mittels Gl. (2) berechnet wurden. Dieser Fehler liegt

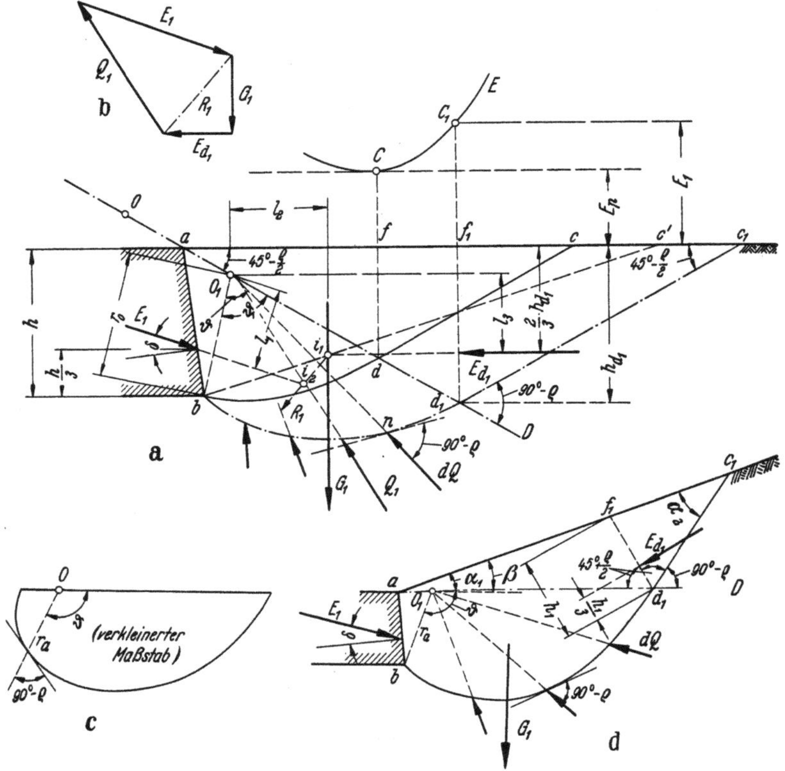

Abb. 33 a—d. Verfahren zur Bestimmung des Erdwiderstandes von Sand mittels logarithmischer Spirale.

auf der unsicheren Seite und ist selbst für Schätzungen zu groß. Mit ·abnehmenden Werten von δ sinkt jedoch der Fehler sehr rasch, und für $\delta = 0$ wird der COULOMBsche Wert identisch mit dem genauen Wert

$$E_p = \frac{1}{2}\gamma\,h^2\,\lambda_\varrho = \frac{1}{2}\gamma\,h^2\,\mathrm{tg}^2\left(45° + \frac{\varrho}{2}\right). \tag{14.2}$$

Der für große δ-Werte dem COULOMBschen Verfahren anhaftende bedeutende Fehler liegt in der Tatsache begründet, daß die Fläche längs der Gleitbewegung eintritt, wie z. B. die Fläche bc in derAbb. 14a nicht einmal angenähert eben ist. Mit abnehmenden δ-Werten (Abb. 14e) nimmt jedoch die Krümmung von bc rasch ab, und für $\delta = 0$ ist die Gleitfläche bc vollkommen eben. Wenn δ kleiner als $\varrho/3$ ist, wird der Unterschied zwischen der tatsächlichen Gleitfläche und der COULOMB-schen Gleitebene sehr klein, und wir können den entsprechenden Erdwiderstand mittels der COULOMBschen Gleichung berechnen. Ist dagegen δ größer als $\varrho/3$, dann sind wir gezwungen, den Erdwiderstand von idealem Sand nach einem der einfachen Verfahren zu bestimmen, welche die Krümmung der Gleitfläche berücksichtigt. Zu diesem Verfahren gehört die Verwendung einer logarithmischen Spirale (OHDE 1938) und das Reibungskreisverfahren (KREY 1936). Jedes dieser Verfahren kann auch auf bindige Böden angewendet werden.

39. Verfahren mit logarithmischer Spirale als Gleitfläche.

Die Abb. 33a stellt einen Schnitt durch die ebene Übertragungsfläche ab eines Mauerblockes dar, der gegen eine kohäsionslose Bodenmasse mit waagrechter Oberfläche gepreßt wird. Nach Abs. 36 besteht die Gleitfläche bc aus einem gekrümmten Abschnitt bd und einem ebenen Abschnitt dc, der unter einem Winkel $45° - \dfrac{\varrho}{2}$ zur Waagrechten geneigt ist. Der Punkt d liegt in einer Geraden aD, die unter einem Winkel $45° - \dfrac{\varrho}{2}$ von der Waagrechten abfällt. Da die Lage von d vorerst noch nicht bekannt ist, nehmen wir versuchsweise eine Gleitfläche an, die durch den willkürlich gewählten Punkt d_1 auf der Geraden aD verläuft. Innerhalb der durch das Dreieck ad_1c_1 dargestellten Bodenmasse ist der Spannungszustand derselbe wie in einer den Halbraum erfüllenden Ablagerung im passiven RANKINEschen Zustand. Dieser Spannungszustand wurde bereits beschrieben (siehe Abs. 10). Die Scherspannungen längs lotrechten Schnittebenen sind gleich Null. Deshalb ist der Erdwiderstand E_{d1} in der lotrechten Schnittfläche $d_1 f_1$ waagrecht gerichtet. Er wirkt in einer Tiefe $2h_{d1}/3$ und beträgt

$$E_{d1} = \frac{1}{2}\,\gamma\,h_{d1}^2\,\mathrm{tg}^2\left(45° + \frac{\varrho}{2}\right) = \frac{1}{2}\,\gamma\,h_{d1}^2\,\lambda_\varrho. \tag{1}$$

Wir nehmen an, daß der gekrümmte Teil bd_1 des durch die Gleitfläche geführten Schnittes (Abb. 33a) durch eine logarithmische Spirale mit der Gleichung

$$r = r_a e^{\vartheta\,\mathrm{tg}\,\varrho}, \tag{2}$$

deren Ursprung O_1 auf der Geraden ad_1 liegt, dargestellt werden kann. In dieser Gleichung ist r die Länge eines Radiusvektors $O_1 n$, der mit dem Radiusvektor $O_1 b$ einen Winkel ϑ (im Bogenmaß gemessen) bildet, und $r_u = O_1 b$ ist dann die Länge des Radiusvektors für $\vartheta = O$. Jeder durch den Ursprung O_1 der logarithmischen Spirale mit Gl. (2) geführte Radiusvektor schneidet, wie in Abb. 33a gezeigt, die entsprechende Tangente an die Spirale unter dem Winkel $90° - \varrho$. Da der Ursprung O_1 der Spirale auf der Geraden aD liegt, geht die durch Gl. (2) dargestellte Spirale ohne Knickpunkt in den geradlinigen Abschnitt $d_1 c_1$ über. Ferner wirkt in jedem Punkt n des gekrümmten Teiles der Gleitfläche die Reaktionskraft dQ unter dem Winkel ϱ zur Flächennormalen oder unter einem Winkel $90° - \varrho$ zur Tangente an die Spirale. Diese Richtung ist identisch mit der Richtung des Radiusvektors $O_1 n$. Daher geht die Resultierende Q_1 der Reaktionskräfte längs dem gekrümmten Abschnitt $b d_1$ ebenfalls durch den Ursprung O_1.

Da die Oberfläche der Hinterfüllung keine Auflast trägt und die Kohäsion mit Null angenommen wurde, liegt der Angriffspunkt des Erdwiderstandes auf der Fläche ab in einer Höhe $h/3$ oberhalb b (siehe Abs. 37).

Der Teil $abd_1 f_1$ des Bodens besitzt das Gewicht G_1 und ist von der waagrechten Kraft E_{d1}, von der durch den Mauerkörper ausgeübten Kraft E_1 und durch die durch den Ursprung O_1 der Spirale gehenden Reaktionskraft Q_1 beansprucht. Das Gleichgewicht des Systems erfordert, daß das von den Kräften gebildete Moment um den Ursprung O_1 der Spirale Null sein muß.

Diese Momente sind

$$E_1 l_1 = \text{das Moment von } E_1 \text{ um } O_1$$

und

$$M_1, M_2, \ldots, M_n = \text{die Momente aller übrigen Kräfte um } O_1.$$

Da Q_1 durch O_1 geht, wird

$$E_1 l_1 + \sum_1^n M_n = E_1 l_1 + G_1 l_2 + E_{d1} l_3 = 0,$$

und wir erhalten daraus:

$$E_1 = -\frac{1}{l_1} \sum_1^n M_n = -\frac{1}{l_1} (G_1 l_2 + E_{d1} l_3). \tag{3}$$

Die Aufgabe kann auch mittels des in Abb. 33b dargestellten Kräftepolygons graphisch gelöst werden. Um die Richtung der im Polygon enthaltenen Reaktionskraft Q_1 zu bestimmen, setzen wir das Gewicht G_1 und die Kraft E_{d1} der Abb. 33b in eine resultierende Kraft R_1 zusammen. In der Abb. 33a muß diese Resultierende durch den Schnittpunkt i_1 von E_{d1} und Q_1 gehen. Sie schneidet die Kraft E_1 in einem Punkt i_2. Das Gleichgewicht erfordert, daß die Kraft Q_1 durch denselben Punkt geht. Wie bereits früher betont, muß sie auch durch den Ursprung O_1 der Spirale gehen. Wir kennen daher die Richtung von Q_1 und können das Kräftepolygon schließen, wie es in der Abb. 33b durch die Parallelen E_1 und Q_1 zu den gleich bezeichneten Richtungen in der Abb. 33a geschehen ist. Wir erhalten so die Größe der Kraft E_1, die zur Erzeugung einer Gleitbewegung längs der Fläche $b d_1 c_1$ erforderlich ist.

Der nächste Schritt besteht in einer Wiederholung dieses Verfahrens für andere Spiralen durch b, die die Ebene aD in verschiedenen Punkten d_2, d_3 usw. schneiden. Die dabei erhaltenen Werte E_1, E_2, E_3 usw. sind als Ordinaten $f_1 C_1$ usw. über den Punkten f_1 usw. aufgetragen. Wir erhalten so die in Abb. 33a dargestellte Kurve E. Das Abgleiten tritt längs der zum Kleinstwert von E_p gehörigen Gleitfläche ein. **Im Diagramm (Abb. 33a) ist der Kleinstwert von E_p durch die Strecke fC dargestellt. Der Schnittpunkt d zwischen der Gleitfläche und der Geraden aD liegt lotrecht unter dem Punkte f.** Der ebene Teil der Gleitfläche ist zur waagrechten Bodenoberfläche

unter dem Winkel $45° - \dfrac{\varrho}{2}$ geneigt.

Der bei diesem Untersuchungsverfahren mögliche Fehler beträgt höchstens 3% und kann vernachlässigt werden. Die strichlierte Gerade bc' stellt die nach der Coulombschen Theorie bestimmte Gleitfläche dar. Die Basis $\overline{ac'}$ des Coulombschen Keiles abc' ist etwas größer als die Strecke $\overline{ac}$.

Um solche Aufgaben ohne großen Zeitaufwand zu lösen, zeichnen wir eine logarithmische Spirale, die der Gl. (2) entspricht, auf ein Stück Karton und wählen dazu, wie die Abb. 33c zeigt, einen willkürlichen, jedoch zweckmäßigen Wert für r_a. Diese Spirale schneiden wir aus und benützen sie als Schablone. Auf Grund der geometrischen Eigenschaften der Spirale kann jeder Radiusvektor, wie z. B. r_a (Abb. 33c), als Ausgangsstrahl betrachtet werden, wenn der Winkel ϑ von diesem Vektor aus gemessen wird. Um eine Spirale durch den Punkt b der Abb. 33a zu legen, setzen wir den Ursprung O der Schablone auf irgendeinen Punkt O_1 der Geraden aD (Abb. 33a) und drehen die Schablone um O_1, bis der gekrümmte Rand der Schablone durch den Punkt b geht. Zeichnen wir den Schablonenrand mit einem Bleistift von b bis zur Geraden aD nach, so erhalten wir den Punkt d_1. Die Gerade $d_1 c_1$ ist im Punkt d_1 an die Spirale Tangente und liegt

zur Waagrechten unter einem Winkel von $45° - \dfrac{\varrho}{2}$. Auf dieselbe Art ziehen wir einige Spiralen, deren Ursprünge O_1, O_2 usw. in verschiedenen Punkten der Geraden aD gelegen sind. Das Gewicht des oberhalb des gekrümmten Teiles bd_1 der angenommenen Gleitfläche $bd_1 c_1$ gelegenen Bodens ist durch die Fläche $abd_1 f$ dargestellt. Diese Fläche besteht aus zwei Dreiecken $dd_1 f_1$ und $O_1 ab$ und dem Spiralsektor $O_1 bd_1$. Die Fläche des Sektors ist durch die Gleichung dargestellt:

$$F = \int_0^{\vartheta_1} \frac{1}{2}\, r^2\, d\vartheta = \frac{r_a^2}{4\,\mathrm{tg}\,\varrho}\,(e^{2\vartheta_1\,\mathrm{tg}\,\varrho} - 1). \tag{4}$$

Wenn die Oberfläche des dem Seitendruck ausgesetzten Bodens unter einem Winkel β ansteigt, wie Abb. 33d zeigt, ist die Richtung der Geraden aD und des ebenen Teiles $d_1 c_1$ der Gleitfläche in bezug auf die Bodenoberfläche identisch mit den entsprechenden Gleitflächenrichtungen in einer den Halbraum mit unter β geneigter Oberfläche erfüllenden Masse. Das Verfahren, wie diese Richtungen ermittelt werden, wurde in Abs. 10 beschrieben, und die Richtungen sind in der Abb. 9d dargestellt. Innerhalb der dreieckigen Fläche $ad_1 c_1$ ist der Spannungszustand derselbe, als ob diese Fläche einen Schnitt durch eine in der Abb. 9d gezeigte, unbegrenzte Ablagerung darstellen würde. Nach den Gesetzen der Mechanik sind die Scherspannungen längs jedem Schnitt $d_1 f_1$, der den von den Gleitflächen eingeschlossenen Winkel halbiert, gleich Null. Deshalb wirkt der Erdwiderstand E_{d1} (Abb. 33 d) unter einem rechten Winkel zur Fläche $d_1 f_1$, die den Winkel $a d_1 c$ halbiert, und seine Größe kann mittels des Mohrschen Diagrammes ermittelt werden, wie es in Abs. 10 und Abb. 9 b gezeigt wurde. Der weitere Vorgang ist mit dem vorher beschriebenen identisch.

40. Das Reibungskreis-Verfahren.

Bei diesem Verfahren nehmen wir an, daß der in Abb. 34 a mit bc bezeichnete Teil der Gleitfläche aus einem Kreisbogen $b d_1$ vom Radius r_1 besteht, der ohne Knickpunkt in den ebenen Abschnitt $d_1 c$ übergeht. Der Mittelpunkt dieses Kreises liegt auf einer unter dem Winkel ϱ zu $a d_1$ durch d_1 gezogenen Geraden in einer Entfernung $O_1 d_1 = O_1 b$ vom Punkte d_1 (Abb. 34 a). In jedem Punkt n des gekrümmten Teiles ist die Elementarreaktion dQ an einen Kreis C_r Tangente, der mit dem Kreis des Bogens $b d_1$ konzentrisch ist. Der Radius dieses Kreises C_r ist $r_0 = r_1 \sin \varrho$. Dieser Kreis wird *Reibungskreis* genannt. Als Näherung, für die ein Korrektionsverfahren später besprochen werden wird, können wir annehmen, daß die resultierende Reaktion Q_1 ebenfalls an diesem Kreis Tangente ist. Um die Kraft E_1 zu bestimmen, setzen wir die Kräfte G_1 und E_{d1} zu einer Resultierenden R_1 zusammen, wie hier im Kräftepolygon (Abb. 34 b) gezeigt ist. In der Abb. 34 a muß diese Resultierende durch den Schnittpunkt i_1 von E_{d1} und G_1 gehen. Sie schneidet die Kraft E_1 im Punkt i_2. Zur Wahrung des Gleichgewichtes muß die Reaktion Q_1 durch den Schnittpunkt i_2 gehen. Da Q_1 als Tangente an den Reibungskreis angenommen wurde, ist ihre Lage, wie die Abb. 34 a zeigt, gegeben. Kennen wir also die Richtung von Q_1, so kann die Kraft E_1 aus dem in Abb. 34 b dargestellten Kräftepolygon ermittelt werden. Der für die Erzeugung einer Gleitbewegung notwendige Kleinstwert E_p der Seitenkraft kann durch Auftragen einer Kurve ähnlich CE in Abb. 33 a ermittelt werden. Dies erfordert eine Wiederholung der Untersuchung für mehrere Kreise, von denen jeder durch den Punkt b geht. Die so erhaltenen Werte E_1, E_2, E_3 usw. werden als Ordinaten über der die waagrechte Oberfläche des Bodens darstellenden Geraden aufgetragen.

Der wesentlichste dem Reibungskreisverfahren anhaftende Fehler geht auf die Annahme zurück, daß die Reaktionskraft Q_1 der Abb. 34 a den Reibungskreis C_r mit dem Radius r_0 berührt. Tatsächlich ist die resultierende Reaktionskraft Q_1 eine Tangente an einen Kreis, dessen Radius r_0' größer als r_0 ist. Wenn aber die Kraft Q_1 einen Kreis vom Radius $r_0' > r_0$ berührt, dann wird der Neigungswinkel von Q_1 im Kräftepolygon (Abb. 34 b) kleiner und der Wert von E_1 größer. Der durch die Annahme $r_0' = r_0$ entstandene Fehler liegt daher auf der sicheren Seite.

Die Größe des Quotienten $(r_0' - r_0)/r_0$ hängt von der Größe des Zentriwinkels ϑ_1 und von der Normalspannungsverteilung im gekrümmten Abschnitt der Gleitfläche, bd_1 in der Abb. 34a, ab. Im allgemeinen ist diese Verteilung zwischen einer gleichförmigen und einer sinusförmigen Verteilung gelegen, mit einem

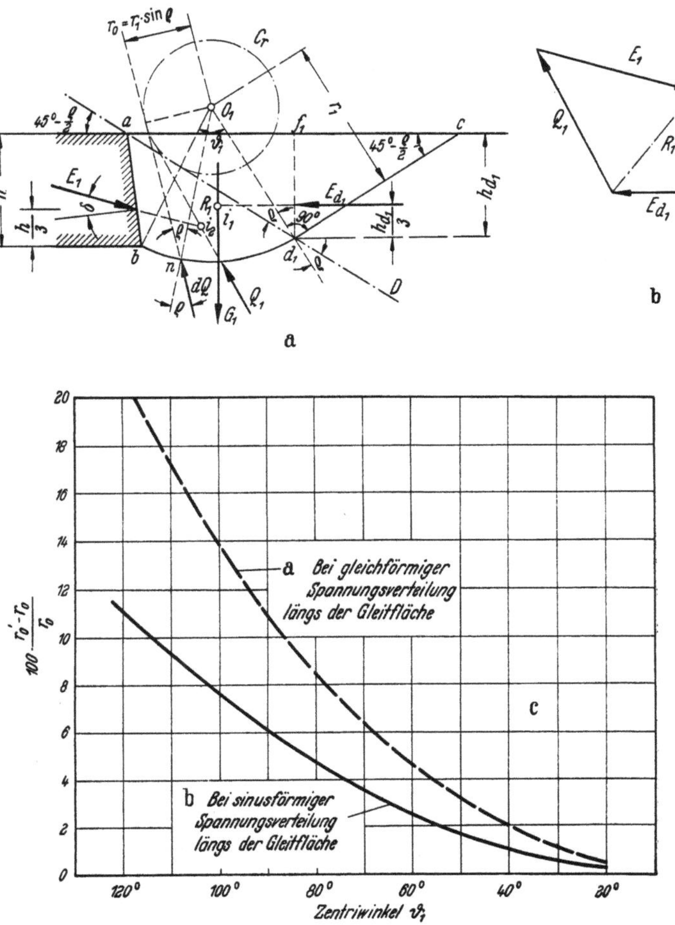

Abb. 34a—c. a und b Reibungskreisverfahren zur Ermittlung des Erdwiderstandes von Sand. c Korrekturtafel zur Verbesserung des Reibungskreisverfahrens. (Diagramm c nach D. W. TAYLOR 1937).

Größtwert in der Mitte zwischen einem Zentriwinkel $\vartheta = \vartheta_1/2$ und Nullstellen der Spannungen an beiden Enden des Abschnitts. In Abb. 34c sind die Werte von $100\,\dfrac{r_0' - r_0}{r_0}$ für beide Arten der Normalspannungsverteilung, für Zentriwinkel ϑ_1 von 0° bis 120° dargestellt (TAYLOR 1937). Wenn der Boden durch einen Mauerkörper, wie in den Abb. 33 und 34 dargestellt, beansprucht wird, ist die Verteilung der Normalspannungen über den gekrümmten Teil der Gleitfläche nahezu gleichförmig und der Zentriwinkel selten größer als 90°. Der Zentriwinkel des gekrümmten Teiles der in Abb. 34a dargestellten Gleitfläche ist 60°. Nehmen wir eine vollkommen gleichförmige Verteilung der Normalspannungen längs dieser Fläche an, so erhalten wir aus der Kurve a des Diagramms (Abb. 34c) einen Wert von 4,6% für den Korrekturfaktor. Um daher zu einem genaueren Ergebnis zu gelangen, muß die Kraft E_1 nicht als Tangente an den Reibungskreis C_r mit dem Radius r_0, wie in der Abb. 34a dargestellt, sondern auf einen Kreis, dessen Radius $1{,}046\,r_0$ beträgt, gezogen werden.

Bei Verwendung der Korrekturtafel (Abb. 34c) sind die mittels des Reibungskreisverfahrens erhaltenen Ergebnisse so genau wie jene, die nach dem im vorhergehenden Artikel beschriebenen Verfahren mit der logarithmischen Spirale erhalten wurden.

41. Erdwiderstand eines bindigen Bodens mit gleichförmig verteilter Auflast.

Abb. 35 zeigt die Verfahren zur Ermittlung des Erdwiderstandes einer bindigen Bodenmasse, deren Scherfestigkeit durch die Gleichung gegeben ist:

$$\tau_s = c + \sigma\,\mathrm{tg}\,\varrho. \tag{5.1}$$

In der Berührungsfläche zwischen Boden und Mauerwerk betragen die Scherspannungen

$$e_{pt} = c_a + e_{pn}\,\mathrm{tg}\,\delta,$$

worin δ den Wandreibungswinkel und c_a die Adhäsion bedeutet. Wenn die Druckübertragung innerhalb einer Bodenmasse stattfindet, sind die Werte c_a und δ mit den Werten c und ϱ in der COULOMBschen Gl. (5.1) identisch. Das Raumgewicht des Bodens ist γ. Die Bodenoberfläche ist waagrecht und trägt eine gleichförmig verteilte Auflast p pro Flächeneinheit.

Nach Abs. 36 besteht die Gleitfläche aus einem gekrümmten Teil bd_1 und einem ebenen Teil d_1e_1, der zur Waagrechten unter dem Winkel $45° - \dfrac{\varrho}{2}$ geneigt ist. Der Punkt d_1 liegt auf einer Geraden aD, die unter dem Winkel $45° - \dfrac{\varrho}{2}$ zur Waagrechten vom Punkt a abfällt. Die Lage des Punktes d_1 auf aD wird willkürlich gewählt, weil seine genaue Lage noch nicht bekannt ist. Innerhalb der durch das Dreieck ad_1e_1 dargestellten Bodenmasse befindet sich der Boden im passiven RANKINEschen Zustand (siehe Abs. 12). Die Scherspannungen in lotrechten Schnitten sind Null. Die Normalspannung in der lotrechten Schnittfläche d_1f_1 (Abb. 35a) ist durch die Gleichung gegeben:

$$\sigma_p = 2c\,\sqrt{\lambda_\varrho} + \gamma\left(z + \frac{p}{\gamma}\right)\lambda_\varrho, \tag{12.5}$$

worin $\lambda_\varrho = \mathrm{tg}^2\left(45° + \dfrac{\varrho}{2}\right)$ das kritische Hauptspannungsverhältnis bedeutet.

Diese Druckspannung besteht aus zwei Teilen

$$\sigma_p' = 2c\,\sqrt{\lambda_\varrho} + p\,\lambda_\varrho$$

ist von der Tiefe abhängig und,

$$\sigma_p'' = \gamma z\,\lambda_\varrho$$

nimmt wie der hydrostatische Druck geradlinig mit der Tiefe zu (siehe Abs. 37). Die entsprechenden Gesamtdrücke auf der Fläche $a_1 f_1$ von der Höhe h_{d1} sind

$$E_{d1}' = h_{d1}(2c\,\sqrt{\lambda_\varrho} + p\,\lambda_\varrho) \tag{1}$$

und

$$E_{d1}' = \frac{1}{2}\gamma\,h^2{}_{d1}\,\lambda_\varrho. \tag{2}$$

Der Angriffspunkt von E_{d1}' liegt auf $h_{d1}/2$ über dem Punkt d_1 (Abb. 35a) und jener von E_{d1}'' auf $h_{d1}/3$ über Punkt d_1.

Der gekrümmte Teil $b\,d_1$ der Gleitfläche kann sowohl durch eine logarithmische Spirale wie auch durch einen Kreisbogen ersetzt werden. Abb. 35a zeigt die Verwendung einer logarithmischen Spirale mit dem Ursprung in O_1. Die Gleichung der Spirale lautet:

$$r = r_a\,e^{\vartheta\,\mathrm{tg}\,\varrho}. \tag{39.2}$$

Die in einem Element ds der Spirale (Abb. 35b) wirkende Kohäsion $c\,ds$ kann in eine Komponente $c\,ds\,\sin\varrho$ in Richtung des durch den Ursprung O_1 gehenden Radiusvektors r und in eine Komponente $c\,ds\,\cos\varrho$ senkrecht zu dieser Richtung zerlegt werden. Das Moment um den Ursprung O_1 der Spirale ist von der ersten Komponente Null und infolge der zweiten Komponente

$$dM_c = r\,c\,ds\cos\varrho = r\,c\,\frac{r\,d\vartheta}{\cos\varrho}\cos\varrho = c\,r^2\,d\vartheta = c\,r_a^2\,e^{2\,\vartheta\,\mathrm{tg}\,\varrho}\,d\vartheta. \tag{3}$$

Daraus ergibt sich das Gesamtmoment aus der Kohäsion längs $b\,d_1$

$$M_{c1} = \int_0^{\vartheta_1} dM_c = \frac{c}{2\,\mathrm{tg}\,\varrho}\,(r_1^2 - r_a^2). \tag{4}$$

In Abb. 35c ist der gekrümmte Teil $b\,d_1$ der Gleitfläche als Kreisbogen vom Radius r und dem Zentriwinkel ϑ_1 angenommen. Die längs eines Bogenelementes ds wirkende Kohäsion $c\,ds$ kann in eine Komponente $c\,ds\,\cos\varrho$ parallel zu $b\,d_1$ und in eine Komponente $c\,ds\,\sin\beta$ senkrecht zu $b\,d_1$ zerlegt werden. Die Resultierende der parallel zur $b\,d_1$ verlaufenden Komponenten ist ebenfalls parallel zu $b\,d_1$ und gleich

$$C_{s1} = \overline{c\,b\,d_1}, \tag{5}$$

und die Summe der zu $b\,d_1$ senkrechten Komponenten ist gleich Null. Das Moment der Kraft C_{s1} um den Kreismittelpunkt O_1 muß gleich der Summe der aus den Kohäsionskräften cds um denselben Punkt gebildeten Momente sein. Bedeutet l_1 die kürzeste Entfernung von O_1 zu C_{s1}, so ergibt sich daraus

$$C_{s1}l_1 = \overline{bd_1}\,cl_1 = \widehat{bd_1}\,cr$$

oder

$$l_1 = \frac{\widehat{bd_1}}{\overline{bd_1}}\,r\,. \tag{6}$$

Zur Berechnung des Erdwiderstandes in ab gehen wie sowohl bei Verwendung der logarithmischen Spirale wie auch beim Reibungskreis nach dem am Schluß von Abs. 37 angegebenen Verfahren vor. Wir nehmen zuerst das Raumgewicht des Bodens γ mit Null an und be-

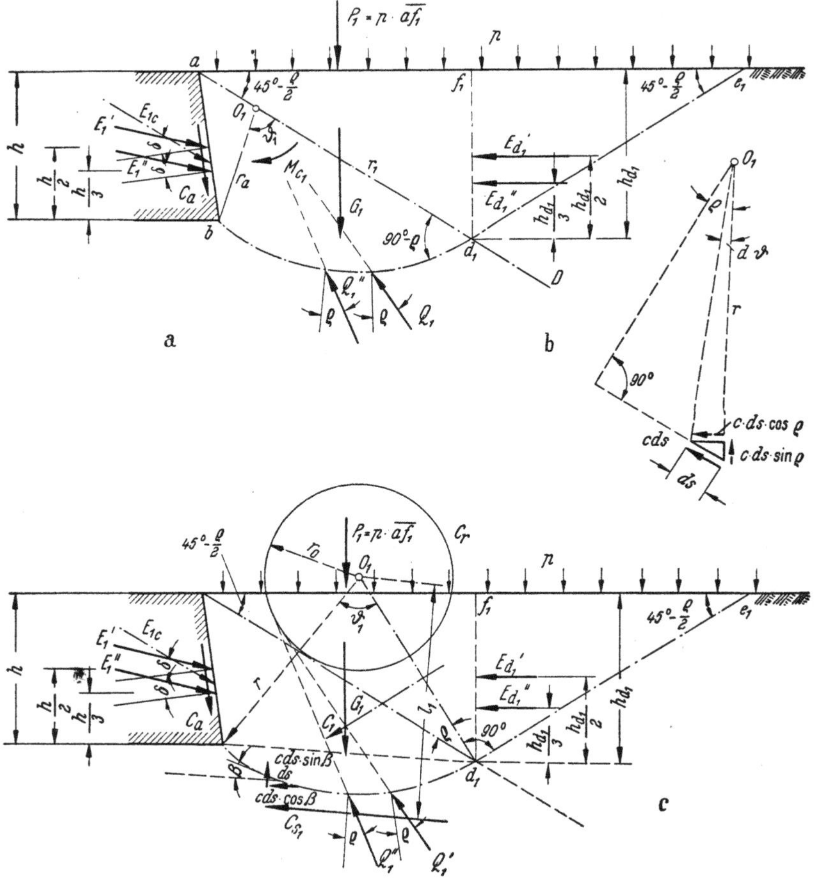

Abb. 35a—c. Ermittlung des Erdwiderstandes bindiger Böden. a und b mit logarithmischer Spirale; c nach dem Reibungskreisverfahren.

stimmen die Kraft E_1', die zur Erzeugung einer Gleitbewegung längs bd_1 erforderlich ist. Für $\gamma = 0$ wird auch die Kraft E_{d1}'' [Gl. (2)] gleich Null. Der Angriffspunkt der Kraft E_1' liegt in der Mitte von ab. Die Kraft wirkt unter einem Winkel δ zur Flächennormalen auf ab. Die Elementarreaktion dQ wirkt unter dem Winkel ϱ zur Normalen auf die Elemente. Bei Anwendung des Spiralverfahrens (Abb. 35a) geht die resultierende Reaktionskraft Q_1' bei $\gamma = 0$ und Q_1'' bei $c = 0$ und $p = 0$ durch den Ursprung der Spirale. Das von allen Kohäsionskräften um den Ursprung der Spirale erzeugte Moment ist gleich der algebraischen Summe aus dem Moment M_{c1} [Gl. (4)] und dem von der Adhäsionskraft C_a erzeugtem Moment. Wird das Reibungskreisverfahren nach Abb. 35c angewendet, dann muß die Richtung der Kraft Q_1' für $\gamma = 0$ ermittelt werden. Dazu ersetzen wir die Kohäsionskraft C_{s1} und die Adhäsionskraft C_a durch ihre Resultierende C_1. Dann setzen wir diese Resultierende mit den Kräften E_{d1}' und P_1 zusammen. Wir erhalten so die Resultierende R_1 der bekannten Kräfte C_{s1}, C_a, E_{d1}' und P_1 (in der Abbildung nicht angegeben). Die Richtung der Kraft Q_1' ergibt sich als Tangente an den Reibungskreis durch den Schnittpunkt von R_1 und E_1'. Die Größe der Kraft E_1' kann entweder mittels einer Momentengleichung, ähnlich der Gl. (39.3) (Spiralverfahren), oder mittels eines Kräftepolygones (Reibungskreisverfahren), wie in Abs. 40 beschrieben, bestimmt werden.

Der nächste Schritt besteht darin, $c = 0$ und $p = 0$ anzunehmen und das Raumgewicht γ des Bodens zu berücksichtigen. Dabei wird die Kraft E_{d1}' [Gl. (1)] gleich Null, und die lotrechte Schnittfläche $f_1 d_1$ wird nur durch die Kraft E_{d1}'' beansprucht. Der weitere Vorgang ist völlig mit den in Abs. 39 und 40 beschriebenen Verfahren identisch und ergibt den Wert E_1''.

Die Rechnung muß für verschiedene angenommene Gleitflächen wiederholt werden. Man erhält eine Reihe von Werten $(E_1' + E_1'')$ $(E_2' + E_2'') \ldots (E_n' + E_n'')$. Die tatsächliche Gleitfläche ist durch die Bedingung gegeben, daß $(E_n' + E_n'')$ ein Minimum darstellt:

$$E_p = E_p' + E_p'' = (E_n' + E_n'')_{\min}.$$

Die Kraft E_p kann, wie in Abs. 39 und 40 beschrieben, graphisch bestimmt werden. Dabei sind die Werte $(E_n' + E_n'')$ als Ordinaten oberhalb der Bodenoberfläche aufzutragen. Der Erdwiderstand E_{pc} ist gleich der Resultierenden von E_p und der Adhäsionskraft C_a. Da die Kraft C_a längs der Übertragungsfläche wirkt, ist der Angriffspunkt des Erdwiderstandes mit dem von der Kraft E_p identisch. Er liegt zwischen der Mitte und dem unteren Drittelpunkt der Wand.

42. Zusammenfassung der Verfahren zur Bestimmung des Erdwiderstandes.

Wenn der Wandreibungswinkel δ kleiner als $\varrho/3$ ist, kann der Erdwiderstand kohäsionsloser Böden mittels der Gl. (38.2) oder nach einem ihrer graphischen Auswertungsverfahren berechnet werden. Der Fehler ist auf der unsicheren Seite, aber unbedeutend klein. Für Werte von δ größer als $\varrho/3$ wächst der Fehler infolge der COULOMBschen Annahme ebener Gleitflächen mit zunehmenden Werten von δ sehr rasch an. In diesem Fall müssen die in Abs. 39 und 40 beschriebenen Verfahren angewendet werden. Die nach diesen Verfahren erhaltenen Ergebnisse sind praktisch identisch. Der Erdwiderstand eines bindigen Bodens sollte nur mittels der logarithmischen Spirale oder nach dem Reibungskreisverfahren bestimmt werden.

Die Berechnungsverfahren, die auf der Annahme einer gekrümmten Gleitfläche beruhen, sind weit anpassungsfähiger, als sie scheinen. Für die Bestimmung des Erdwiderstandes von Ton kann der Winkel des Scherwiderstandes meist mit Null angenommen werden. Auf Grund dieser Annahme ist der gekrümmte Teil der Gleitfläche ein Kreisbogen, und der ebene Teil schneidet die Waagrechte unter dem Winkel von 45°.

VIII. Tragfähigkeit.

43. Definition.

Wirkt eine Last auf eine begrenzte Fläche auf oder unterhalb der Bodenoberfläche, dann setzt sich diese belastete Fläche. Wenn die Setzungen infolge eines stetigen Lastanstieges als Ordinaten zu der auf die Flächeneinheit bezogenen Last aufgetragen werden, erhalten wir eine *Druck-Setzungskurve*. Die Setzungskurve wird irgendeine Form zwischen den in der Abb. 36c dargestellten Kurven C_1 und C_2 haben. Geht die Setzungskurve ausgeprägt in eine lotrechte Tangente (Kurve C_1) über, dann setzen wir die Bruchgrenze vom tragenden Boden gleich dem Übergang vom gekrümmten Teil zur lotrechten Tangente. Wenn die Setzungskurve jedoch, wie durch die Kurve C_2 dargestellt, in eine schräge Tangente übergeht, dann legen wir willkürlich, aber wie allgemein üblich, fest, daß auch hier der tragende Boden die Bruchgrenze erreicht hat, sobald der gekrümmte Teil der Kurve in die steil geneigte, aber nahezu gerade Tangente übergeht.

Die von der Last bedeckte Fläche wird *Tragfläche* genannt. Die zur Erzeugung des Bruchzustandes im tragenden Boden erforderliche Last wird *Grenzlast* oder *maximale Tragfähigkeit* genannt. Die mittlere Grenzlast pro Flächeneinheit, p_g oder p_g' (Abb. 36c), nennen wir *Tragfähigkeit des Bodens*. Sie hängt nicht nur von den mechanischen Eigenschaften des Bodens, sondern auch von der Größe der belasteten Fläche, ihrer Form und ihrer Lage in bezug zur Bodenoberfläche ab. In den folgenden Artikeln beschränken wir die Untersuchung auf lotrechte Lasten, die in waagrechten Tragflächen wirken. Wirkt die Last auf einem sehr langen Streifen von gleicher Breite, dann wird sie *Streifenlast* genannt, im Gegensatz zu einer Last, die auf einer Fläche wirkt, deren Breite angenähert gleich der Länge ist, wie z. B. ein Quadrat, Rechteck oder eine Kreisfläche. Im Bauwesen

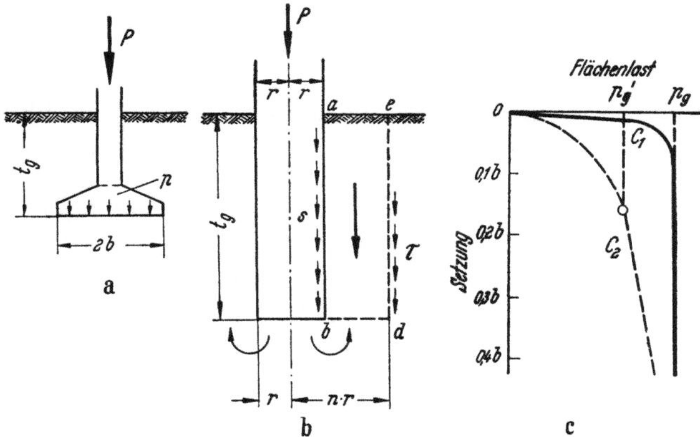

Abb. 36 a—c. a Streifenfundament; b zylindrischer Pfeiler; c Setzungsverlauf von dichtem (C_1) und lockerem (C_2) Boden in Abhängigkeit von der auf die Flächeneinheit bezogenen Last (Sohldruck).

wird die Last auf die Tragfläche durch eine Flachgründung oder durch Pfeiler übertragen. Abb. 36a stellt einen Querschnitt durch ein Streifenfundament dar. Die Länge eines *durchlaufenden Streifenfundamentes* ist im Vergleich zu seiner Breite $2b$ sehr groß, währenddessen jene eines *Einzelfundamentes* angenähert gleich der Breite ist. Ein Pfeiler (Abb. 36b) ist ein zylindrischer oder prismatischer Mauerwerkskörper, dessen waagrechte Abmessungen im Vergleich zur Gründungstiefe t_g, von der Tragfläche bis zur Bodenoberfläche gemessen, klein sind. Das untere Ende von manchen Pfeilern zeigt die Form eines Kegelstumpfes, dessen Basis eine größere Fläche aufweist als der Querschnitt durch den Pfeiler (Senkkastenpfeiler).

In den folgenden Untersuchungen wird der Boden von der Oberfläche bis zu einer Tiefe weit unterhalb der Gründungssohle der Streifenfundamente oder Pfeiler, als homogen angenommen.

44. Brucherscheinungen durch örtliches und allgemeines Abscheren.

Bevor die auf einen Fundamentstreifen wirkende Last den Boden beansprucht, befindet sich der Boden unterhalb der Gründungssohle im elastischen Zustand. Der entsprechende Spannungszustand wird in Kap. XVII beschrieben werden. Wenn die auf den Grundkörper wirkende Last über einen gewissen kritischen Wert hinaus anwächst, geht der Boden allmählich in einen plastischen Zustand über. Während dieses Vorganges wechselt sowohl die Verteilung der Bodenreaktionen in der Gründungssohle wie auch die Richtung der Hauptspannungen im Boden unterhalb des Fundamentes. Der Übergang beginnt an den äußeren Kanten des Fundamentes und schreitet von dort aus fort, wie in Abb. 123c für ein Streifenfundament, welches auf der waagrechten Oberfläche einer homogenen Sandmasse aufruht und in Abb. 123d für ein Fundament, dessen Sohle in einer gewissen Tiefe unterhalb der Bodenoberfläche liegt, dargestellt ist. Haben die mechanischen Eigenschaften des Bodens nur eine kleine elastische Verformung vor dem Bruch des Bodens infolge plastischen Fließens zur Folge, dann sinkt das Fundament erst ein, wenn ein plastischer Zustand, wie er in Abb. 15b dargestellt ist, erreicht wird. Die entsprechende Beziehung zwischen Last und Setzung ist durch die voll gezeichnete Kurve C_1 in Abb. 36c dargestellt. Der Bruch tritt durch die nach außen gerichteten Gleitbewegungen auf. In Abb. 37c stellt der Linienzug *def* eine dieser Gleitflächen dar. Sie besteht aus einem gekrümmten Teil *des* und einem ebenen Teil *ef*, der die waagrechte Oberfläche unter dem Winkel von $45° - \dfrac{\varrho}{2}$ schneidet (siehe Abs. 16). Diese Art des Bruches nennen wir ein *allgemeines Abscheren*.

In der Praxis ist die in Abb. 37c wiedergegebene Bedingung für allgemeines Abscheren nie vollständig erfüllt, weil die waagrechte Zusammendrückung des unmittelbar unter der Gründungssohle gelegenen Bodens zu beiden Seiten des Fundamentkörpers nicht groß genug ist, um innerhalb des gesamten oberen Teiles der Zone *aef* den plastischen Zustand zu erzeugen. Man hat deshalb einen Bruch etwa nach der in der Abb. 37d gezeichneten Form zu erwarten. Wegen der unzureichenden seitlichen Zusammendrückung tritt bereits ein Abscheren ein, solange noch der oberste Teil des Gleitkörpers im elastischen Zustand ist. Nur die Berandung des Gleitkörpers ist im Grenzzustand, und diese Gleitfläche schneidet die freie Oberfläche des Sandes unter einem Winkel zwischen $45° - \dfrac{\varrho}{2}$ und 90° (siehe Abb. 17a und c sowie 70c). In bindigen Böden endet die Gleitfläche bereits an der Grenze der elastischen Zone. In der Nähe der freien Oberfläche solcher Böden findet man zuweilen statt einer Gleitzone eine Reihe von unterbrochenen Zugrissen. Bei der theoretischen Untersuchung des vollständigen Abscherens werden diese Unterschiede zwischen Theorie und Wirklichkeit vernachlässigt. Der dabei auftretende Fehler ist gering.

Sind die mechanischen Eigenschaften des Bodens jedoch derart, daß eine ausgeprägte Verformung dem plastischen Fließen vorangeht, dann tritt vollständiges Abscheren erst bei einer größeren Setzung ein, und die Lastsetzungskurve sieht etwa wie die in Abb. 36c strichliert gezeichnete Kurve C_2 aus. Das Kriterium für den Bruchzustand des Bodens, das in der raschen Zunahme der Tangentenneigung der Setzungskurve zum Ausdruck kommt, ist bereits erfüllt, noch bevor die Gleitfläche die Oberfläche erreicht hat. Diese Art des Bruchvorganges soll deshalb als *örtliches Abscheren* bezeichnet werden.

45. Voraussetzungen für vollständiges Abscheren im Boden unter einem belasteten Streifenfundament geringer Gründungstiefe.

Die Gründungstiefe ist gering, wenn der lotrechte Abstand t_g zwischen Gründungssohle und Geländeoberfläche gleich oder kleiner der Breite $2b$ des Streifenfundamentes ist. Eine solche Gründung wird auch als „*Flachgründung*" bezeichnet. Ist diese Bedingung erfüllt, dann können wir die Scherfestigkeit des seitlich oberhalb der Gründungssohle gelegenen Bodens vernachlässigen. Mit anderen Worten, wir können den oberhalb der Gründungssohle gelegenen Boden vom Raumgewicht γ durch eine Auflast $p = t_g \gamma$ pro Flächeneinheit ersetzen. Diese Substitution vereinfacht die Berechnung wesentlich. Der Fehler ist jedoch unbedeutend und liegt auf der sicheren Seite. Wenn die Tiefe t_g jedoch beträchtlich größer als die Breite $2b$ ist (Tiefgründung), dann müssen die im Boden oberhalb der Gründungssohle wirkenden Scherspannungen berücksichtigt werden (siehe Abs. 50).

Wird der über dem Horizont der Gründungssohle gelegene Boden durch eine Auflast p pro Flächeneinheit ersetzt, dann stellt die Fundamentsohle einen belasteten Streifen von der Breite $2b$ dar, der auf der waagrechten Oberfläche einer unendlich ausgedehnten Masse liegt. Der durch eine solche Last hervorgerufene plastische Zustand ist in Abb. 15b dargestellt. Diesem Bild liegt die Annahme zugrunde, daß in der belasteten Fläche keine Scherspannungen auftreten. Um einen solchen Spannungszustand in der Sohle eines durchlaufenden Streifenfundamentes herzustellen, muß die Reibung und Adhäsion zwischen Fundamentsohle und Boden vollständig ausgeschaltet werden. Die Abb. 37a wurde auf Grund derselben Annahme gezeichnet. Die in dieser Abbildung durch die Fläche $f f_1 e_1 d e$ dargestellten plastischen Bereiche können in (I) eine keilförmige, unterhalb dem belasteten Streifen gelegene Zone, in der die größeren Hauptspannungen lotrecht sind, (II) in zwei Zonen radialer Gleitflächen, $a d e$ und $b d e_1$, die von den äußeren Rändern des belasteten Streifens ausstrahlen und deren Begrenzungen die Waagrechte unter den Winkeln $45° + \dfrac{\varrho}{2}$ und

$45° - \dfrac{\varrho}{2}$ schneiden und (III) in zwei passive RANKINEsche Zonen unterteilt werden. Die strichlierten Linien auf der rechten Seite der Abb. 37a stellten die Grenzen der Zonen I und III im Augenblick des Einbrechens in den tragenden Boden und die voll gezeichneten Linien dieselben Grenzen während des Einsinkens in den Boden dar.

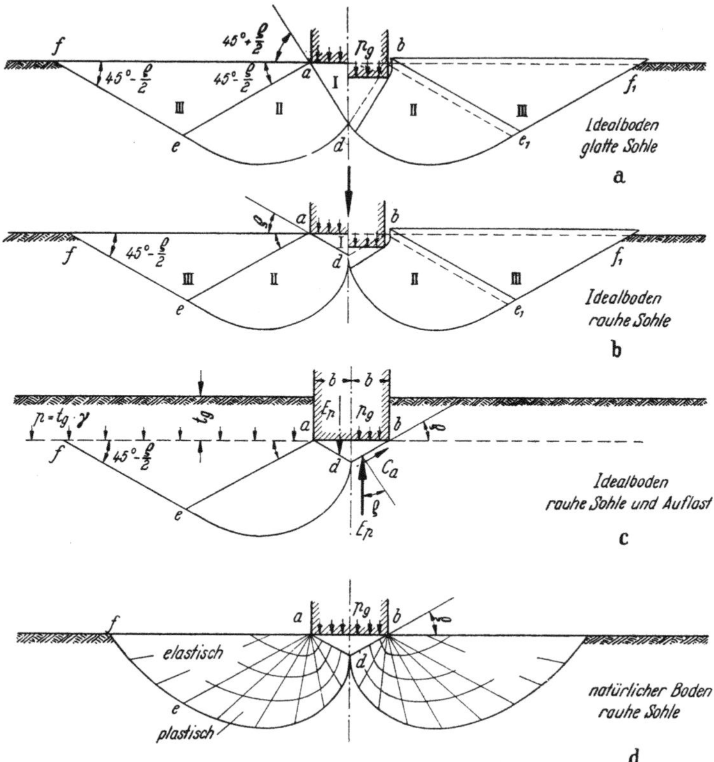

Abb. 37a—d. Grenzen der plastischen Fließbereiche nach dem Einsinken eines Streifenfundamentes in den tragenden Boden.

Der in der mittleren Zone I gelegene Boden weicht seitlich aus, und der Schnitt durch diese Zone erleidet die in der Abbildung angegebene Verschiebung.

Wenn die Last auf den Boden mittels eines durchlaufenden Streifenfundamentes mit rauher Sohle, wie in Abb. 37b dargestellt ist, übertragen wird, wirkt dem Bestreben des innerhalb der Zone I gelegenen Bodens, sich seitlich auszudehnen, die Reibung und Adhäsion zwischen Boden und Fundamentsohle entgegen. Auf Grund des vorhandenen Widerstandes gegen seitliche Ausdehnung verbleibt der unmittelbar unter der Fundamentsohle gelegene Boden in einem elastischen Zustand, und der in der mittleren Zone befindliche Boden verhält sich so, als ob er ein Teil des einsinkenden Fundamentes wäre. Die Tiefe dieses keilförmigen Bodenkörpers bleibt praktisch unverändert. Das Fundament sinkt nun ein. Dieser Vorgang ist nur möglich, wenn der unmittelbar unter dem Punkt d gelegene Boden sich nach unten bewegt. Diese Art Bewegung erfordert, daß die Gleitfläche de durch den Punkt d von einer lotrechten Tangente ausgeht. Die Grenze ad der radialen Gleitzone ade ist ebenfalls eine Gleitfläche. Nach Abs. 7 schneiden sich die möglichen Gleitflächen in einer ideal plastischen Masse gegenseitig in jedem Punkt der plastischen Zone unter einem Winkel von $90° - \varrho$. Deshalb muß die Grenzfläche ad (Abb. 37b) unter einem Winkel ϱ zur Waagrechten ansteigen, wenn die Reibung und Adhäsion zwischen Boden und Gründungssohle eine Gleitbewegung in der Sohle verhindern kann. Die rechte Seite der Abbildung zeigt die mit dem Einsinken des Fundamentes verbundene Verformung. Das ausgeprägte Hochsteigen des Bodens an beiden Seiten der Gründungssohle hatte zu verschiedenen Vermutungen Anlaß gegeben und wurde mit *Kantenwirkung* bezeichnet. Es ist aber nichts anderes als das sichtbare Erkennen der beiden radialen Gleitzonen.

Nachrechnungen haben ergeben, daß der zur Erzeugung des in der Abb. 37b dargestellten plastischen Fließzustandes erforderliche Winkel der Sohlreibung viel kleiner als der Winkel der Scherfestigkeit des tragenden Bodens ist. Deshalb kann die Neigung der unteren Begrenzung der mittleren Zone unter dem Fundamentkörper zur Sicherheit mit dem Winkel ϱ zur Waagrechten angenommen werden. Theoretisch kann der Neigungswinkel dieser Grenzflächen jedoch jeden Wert ψ zwischen ϱ und $45° + \dfrac{\varrho}{2}$ aufweisen.

Unabhängig von diesem Neigungswinkel der Grenzflächen sinkt der Fundamentkörper erst dann in den Boden, wenn der von der Last auf den an den geneigten Grenzflächen anschließenden Boden der Zone I in Abb. 37c ausgeübte Druck gleich dem Erdwiderstand wird. Der Erdwiderstand kann nach einem der in Kap. VII beschriebenen Verfahren berechnet werden, und die Grenztragfähigkeit ist durch die Bedingung gegeben, daß die Summe der lotrechten Kraftkomponenten, die auf den in der mittleren Zone I gelegenen Boden wirken, gleich Null sein muß.

Zur Erläuterung des Vorganges berechnen wir die Grenztragfähigkeit eines durchlaufenden Streifens, dessen Sohle in einer Ziefe t_g unter der waagrechten Oberfläche eines Bodens vom Raumgewicht γ liegt. Die Abb. 37c stellt den Querschnitt durch dieses Fundament dar. Bei einer Flachgründung sind wir berechtigt, den oberhalb des

Horizontes der Gründungssohle gelegenen Boden durch eine Auflast

$$p = \gamma\, t_g$$

pro Flächeneinheit zu ersetzen. Die Scherfestigkeit des Bodens ist durch die COULOMBsche Gleichung gegeben:

$$\tau_s = c + \sigma\, \mathrm{tg}\varrho. \tag{5.1}$$

Die Scherspannungen in der Berührungsfläche ad sind im Augenblick des Bruches

$$e_{pt} = c + e_{pn}\, \mathrm{tg}\varrho,$$

worin e_{pn} die Normalkomponente des auf die Flächeneinheit der Berührungsfläche bezogenen Erdwiderstandes ist. Auf Grund der Rauhigkeit der Fundamentsohle und der Adhäsion zwischen Sohle und Boden steigen die Berührungsflächen ad und bd unter dem Winkel ϱ zur Waagrechten an. Der Erdwiderstand auf jede dieser Flächen besteht aus zwei Komponenten, E_p, die unter dem Winkel ϱ ($\varrho = \delta =$ Wandreibungswinkel) zur Normalen auf der Berührungsfläche wirkt, und der Adhäsionskomponente

$$C_a = \frac{b}{\cos\varrho}\, c.$$

Die Verfahren zur Ermittlung des Erdwiderstandes E_p wurden in Abs. 41 beschrieben. In diesem Zusammenhang soll daran erinnert werden, daß die durch eines dieser Verfahren erhaltene Gleitfläche nur eine Annäherung an die tatsächliche Gleitfläche darstellt, weil die Verfahren nicht streng sind. Die mittels der logarithmischen Spirale oder nach dem Reibungskreisverfahren erhaltene Gleitfläche beginnt deshalb nicht, wie gefordert, im Punkt d der Abb. 37c mit einer lotrechten Tangente. Der durch diesen Unterschied zwischen wirklicher und angenäherter Gleitfläche bedingte Fehler ist jedoch unbedeutend. Das Gleichgewicht der innerhalb der elastischen Zone abd gelegenen Bodenmasse erfordert, daß die Summe der lotrechten Lasten, einschließlich dem Gewicht $\gamma b^2\, \mathrm{tg}\varrho$, des in der Zone enthaltenen Bodens gleich Null sein muß:

$$P_g + \gamma b^2\, \mathrm{tg}\varrho - 2E_p - 2bc\, \mathrm{tg}\varrho = 0. \tag{1}$$

Daraus

$$P_g = 2E_p + 2b\, \mathrm{ctg}\varrho - b^2\, \mathrm{tg}\varrho. \tag{2}$$

Wenn E_p bekannt ist, stellt diese Gleichung die Lösung unserer Aufgabe dar. Für $t_g = 0$, $p = 0$ und $c = 0$, d. h. wenn das Fundament auf der waagrechten Oberfläche einer kohäsionslosen Sandmasse ruht, nimmt der Druck E_p den durch Gl. (38.1) gegebenen Wert an. Durch Einsetzen von $h = b\, \mathrm{tg}\varrho$, $\delta = \varrho$, $\lambda_p = \lambda_{p\gamma}$ und $\alpha = 180° - \varrho$ erhalten wir

$$E_p = \frac{1}{2}\,\gamma\,b^2\,\frac{\mathrm{tg}\,\varrho}{\cos^2\varrho}\,\lambda_{p\gamma}, \tag{3}$$

worin $\lambda_{p\gamma}$ den Erdwiderstandsbeiwert für $c = 0$, $p = 0$, $\alpha = 180° - \varrho$ und $\delta = \varrho$ darstellt. Setzen wir diesen Wert und $c = 0$ in Gl. (2) ein, so erhalten wir für die Tragfähigkeit pro Längeneinheit des Fundamentes

$$P_g = P_\gamma = 2\,\frac{1}{2}\,\gamma\,b^2\,\mathrm{tg}\,\varrho\left(\frac{\lambda_{p\gamma}}{\cos^2\varrho} - 1\right) = 2\,b\,\gamma\,b\,\varkappa_\gamma, \tag{4a}$$

worin

$$\varkappa_\gamma = \frac{1}{2}\,\mathrm{tg}\,\varrho\left(\frac{\lambda_{p\gamma}}{\cos^2\varrho} - 1\right). \tag{4b}$$

Der Wert $\lambda_{p\gamma}$ kann nach dem Spiral- oder Reibungskreisverfahren erhalten werden (Abs. 39 und 40). Wenn der Wandreibungswinkel δ und der Neigungswinkel α der Berührungsfläche gleich ϱ und $180° - \varrho$ ist, hängen die Werte $\lambda_{p\gamma}$ und $\varkappa_\gamma$ nur von ϱ ab. Dann kann $\varkappa_\gamma$ als Funktion von ϱ berechnet werden. Die Beziehung zwischen $\varkappa_\gamma$ und ϱ ist durch die voll gezeichnete Linie $\varkappa_\gamma$ in Abb. 38c dargestellt.

46. Vereinfachte Verfahren zur Ermittlung der Tragfähigkeit.

Besitzt der die Last tragende Boden Kohäsion, dann muß nach Gl. (45.2) für die Berechnung der kritischen Last P_g pro Längeneinheit des Streifenfundamentes die Komponente E_p des Erdwiderstandes auf ziemlich zeitraubende Art ermittelt werden. Wir geben uns deshalb für praktische Aufgaben mit einem weniger genauen Wert für die kritische Last zufrieden. Dieses Verfahren beruht auf der Gleichung

$$E_{pn} = \frac{h}{\sin\alpha}\,(c\,\lambda_{pc} + p\,\lambda_{pp}) + \frac{1}{2}\,\gamma\,h^2\,\frac{\lambda_{p\gamma}}{\sin\alpha}, \tag{37.4}$$

worin E_{pn} die Normalkomponente des Erdwiderstandes einer ebenen Übertragungsfläche von der Höhe h, α den Neigungswinkel der Übertragungsfläche und λ_{pc}, λ_{pp} und $\lambda_{p\gamma}$ von h und γ unabhängige Koeffizienten bedeuten. Wenn ad in Abb. 37c die Übertragungsfläche darstellt, dann sind die in der vorhergehenden Gleichung enthaltenen Werte h, α und δ gleich

$$h = b\,\mathrm{tg}\,\varrho, \quad \alpha = 180° - \varrho, \quad \delta = \varrho \quad \text{und} \quad c_a = c.$$

Beachten wir außerdem, daß der gesamte Erdwiderstand E_p in der Übertragungsfläche gleich $E_{pn}/\cos\delta$ ist oder

$$E_p = \frac{E_{pn}}{\cos\delta} = \frac{E_{pn}}{\cos\varrho}, \tag{1}$$

so erhalten wir aus Gl. (37.4)

$$E_p = \frac{E_{pn}}{\cos\delta} = \frac{b}{\cos^2\varrho}\,(c\,\lambda_{pc} + p\,\lambda_{pp}) + \frac{1}{2}\,\gamma\,b^2\,\frac{\mathrm{tg}\,\varrho}{\cos^2\varrho}\,\lambda_{p\gamma}.$$

Durch Verbindung dieser Gleichung mit Gl. (45.2) erhalten wir

$$P_g = 2\,b\,c\left(\frac{\lambda_{pc}}{\cos^2\varrho} + \mathrm{tg}\,\varrho\right) + 2\,b\,p\,\frac{\lambda_{pp}}{\cos^2\varrho} + \gamma\,b^2\,\mathrm{tg}\,\varrho\left(\frac{\lambda_{p\gamma}}{\cos^2\varrho} - 1\right), \qquad (2)$$

worin λ_{pc}, λ_{pp} und $\lambda_{p\gamma}$ dimensionslose, von der Breite $2\,b$ unabhängige Größen darstellen. Diese Gleichung gilt unter der Bedingung, daß der tragende Boden durch vollständiges Abscheren versagt.

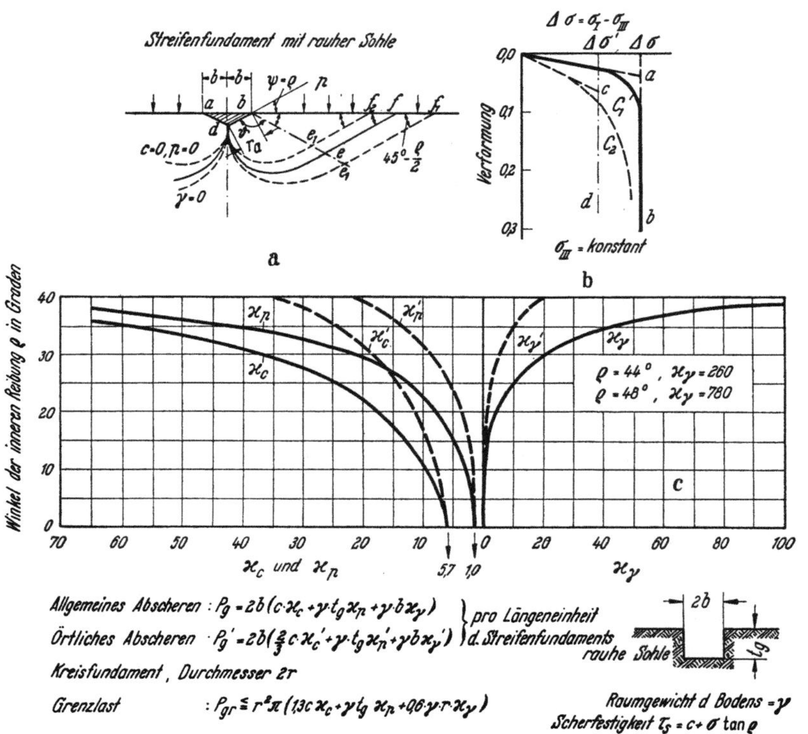

Abb. 38a—c. Ermittlung der Tragfähigkeit mit Hilfe der Tragfähigkeitsbeiwerte. a Fehlerquellen des Verfahrens, b Vereinfachende Annahme für die Berechnung der Tragfähigkeitsbeiwerte dichter und locker gelagerter Böden. c Abhängigkeit der Tragfähigkeitsbeiwerte von ϱ.

Abb. 38a zeigt ein Streifenfundament mit rauher Sohle. Wird das Raumgewicht des Bodens $\gamma = 0$, tritt der Bruch längs der Gleitfläche de_1f_1 ein. Der gekrümmte Teil de_1 dieser Gleitfläche ist eine logarithmische Spirale, deren Ursprung im Punkt b liegt (PRANDTL 1920). Die Gleichung der Spirale lautet

$$r = r_a\,e^{\vartheta\,\mathrm{tg}\,\varrho}, \qquad (3)$$

worin ϑ der im Bogenmaß ausgedrückte Zentriwinkel ist, der nach Abb. 38a vom Ausgangsvektor $r_a = bd$ gezählt wird. Für $\varrho = 0$ geht

Gl. (3) in die Gleichung eines Kreises vom Radius r_a über. Da die Gleichung der Gleitfläche weder c noch ϱ enthält, ist die Form der Gleitfläche von der Kohäsion und der Auflast unabhängig. Für $\gamma = 0$ erhalten wir für die zur Erzeugung eines vollständigen Abscherens längs der Gleitfläche de_1f_1 erforderliche Last den Wert

$$P_c + P_p = 2\,b\,c\left(\frac{\lambda_{pc}}{\cos^2\varrho} + \operatorname{tg}\varrho\right) + 2\,b\,p\,\frac{\lambda_{pp}}{\cos^2\varrho} = 2\,b\,c\,\varkappa_c + 2\,b\,p\,\varkappa_p. \tag{4}$$

Die Faktoren $\varkappa_c$ und $\varkappa_p$ sind dimensionslose Größen, deren Werte nur von ϱ in der Coulombschen Gleichung abhängen. Der Wert P_c stellt die Last dar, die der gewichtslose Boden tragen kann, wenn die Auflast p gleich Null ist ($\gamma = 0$ und $p = 0$), und P_p ist die Last, die er tragen kann, wenn sein Tragvermögen ausschließlich von der Auflast p ($\gamma = 0$ und $c = 0$) herrühren würde.

Wenn andererseits $c = 0$ und $p = 0$, jedoch γ größer als Null ist, tritt der Bruch längs de_2f_2 (Abb. 38a) ein. Die strenge Gleichung des gekrümmten Teiles dieser Linie ist nicht bekannt. Die angenäherte Form kann entweder mit dem Spiral- oder Reibungskreisverfahren angegeben werden (Abs. 39 und 40). Die Ergebnisse solcher Untersuchungen zeigen, daß der tiefste Punkt der Kurve de_2 fast über dem tiefsten Punkt von de_1 liegt. Die zur Herbeiführung eines Bruches längs de_2f_2 erforderliche kritische Last ist durch die Gleichung gegeben:

$$P_\gamma = \gamma\,b^2\,\operatorname{tg}\varrho\left(\frac{\lambda_p}{\cos^2\varrho} - 1\right) = 2\,b\,\gamma\,b\,\varkappa_\gamma. \tag{45.4a}$$

Wenn die Werte c, t_g und γ größer als Null sind, tritt der Bruch längs der Gleitfläche def (Abb. 38a) ein, die zwischen be_1f_1 und be_2f_2 gelegen ist. Wir wissen aus den Ergebnissen numerischer Rechnungen, daß die entsprechende kritische Last P_g pro Längeneinheit des Streifens nur wenig größer ist als die Summe der Lasten $P_c + P_p$ [Gl. (4)] und P_γ [Gl. (45.4a)]. Wir können deshalb mit genügender Genauigkeit annehmen, daß

$$P_g = P_c + P_p + P_\gamma = 2\,b\,c\,\varkappa_c + 2\,b\,p\,\varkappa_p + 2\,b^2\,\gamma\,\varkappa_\gamma,$$

worin $2b$ die Breite des Fundamentstreifens ist. Wir erhalten durch Einsetzen von $p = \gamma\,t_g$

$$P_g = P_c + P_p + P_\gamma = 2\,b(c\,\varkappa_c + \gamma\,t_g\,\varkappa_p + \gamma\,b\,\varkappa_\gamma). \tag{5}$$

Die Koeffizienten $\varkappa_c$, $\varkappa_p$ und $\varkappa_\gamma$ werden die *Tragfähigkeitsbeiwerte* durchlaufender Flachgründungen genannt. Da ihr Wert nur vom Winkel der Scherfestigkeit ϱ in der Coulombschen Gleichung abhängt, können sie leicht berechnet werden.

Um die Bedeutung des in Gl. (5) enthaltenen Fehlers ermessen zu können, wurden die kritischen Lasten für ein durchlaufendes Streifenfundament von der

Breite $2b$, dessen Sohle in einer Tiefe 2b unter der waagrechten Oberfläche einer idealen Sandmasse liegt, berechnet. Für $\varrho = 34°$ ergab sich bf_1 (Abb. 38a) $= 8{,}5\,b$, $bf = 7{,}0\,b$ und $bf_2 = 5{,}5\,b$. Die entsprechenden Werte für $\varrho = 38°$ betragen $bf_1 = 11{,}5\,b$, $bf = 8{,}7\,b$ und $bf_2 = 7{,}1\,b$. Daraus ist zu erkennen, daß die in der Abb. 38a eingezeichneten drei Gleitflächen sehr unterschiedlich sind. Trotzdem wurde festgestellt, daß die zum Abscheren der Fläche def erforderliche Last P_g nur knapp 10% größer als die Summe der Lasten P_p und P_γ ist, die zum Abscheren in der Gleitfläche de_1f_1 bzw. d_2f_2 erforderlich sind.

Die strenge Lösung der Aufgabe, die Last P_c und P_p in Gl. (4) zu ermitteln, wurde mittels der AIRYschen Spannungsfunktion angegeben (PRANDTL 1920, REISSNER 1924). Nach der Definition dieser Lasten ist dabei das Raumgewicht γ des Bodens gleich Null angesetzt. Die folgenden Gleichungen sind aus den Veröffentlichungen von PRANDTL und REISSNER abgeleitet:

$$\varkappa_c = \cot g \varrho \left[\frac{a_\vartheta^2}{2\cos^2(45° + (\varrho/2))} - 1 \right] \tag{6a}$$

und

$$\varkappa_p = \frac{a_\vartheta^2}{2\cos^2(45° + (\varrho/2))}, \tag{6b}$$

worin

$$a_\vartheta = e^{\left(\frac{3}{4}\pi - \frac{\varrho}{2}\right)\operatorname{tg}\varrho}. \tag{6c}$$

Wie vorhin erwähnt, hängen die Werte von $\varkappa_c$ und $\varkappa_p$ nur von ϱ ab. Durch Auftragen dieser Werte als Abszissen auf der linken Seite der Abb. 38a werden die voll gezeichneten Kurven $\varkappa_c$ und $\varkappa_p$ erhalten. Die Werte von $\varkappa_\gamma$ sind durch Gl. (45.4b) bestimmt. Sie sind durch die Abszissen der voll gezeichneten Kurve $\varkappa_\gamma$ auf der rechten Seite der Abb. 38c gegeben. Für $\varrho = 0$ erhalten wir

$$\varkappa_c = \tfrac{3}{4}\pi + 1 = 5{,}7; \quad \varkappa_p = 1 \quad \text{und} \quad \varkappa_\gamma = 0. \tag{7a}$$

Setzen wir diese Werte mit $t_g = 0$ in Gl. (5) ein, so erhalten wir für die Tragfähigkeit P_g pro Längeneinheit eines Streifenfundamentes mit rauher Sohle, das auf der waagrechten Bodenoberfläche aufruht, den Wert

$$P_g = 2b \cdot 5{,}7\,c \tag{7b}$$

und für die Tragfähigkeit pro Flächeneinheit

$$P_g = 5{,}7\,c. \tag{7c}$$

Für $\varrho = 34°$ erhalten wir

$$\varkappa_c = 41{,}9, \quad \varkappa_p = 29{,}3 \quad \text{und} \quad \varkappa_\gamma = 36{,}0.$$

Die Tragfähigkeit des auf der Bodenoberfläche aufruhenden Streifenfundamentes (Gründungstiefe $t_g = 0$) beträgt pro Längeneinheit

$$P_g = 2b \cdot 41{,}9\,c + 2b^2 \cdot 36{,}0\,\gamma,$$

und die mittlere Bodenpressung im Augenblick des Bruches ist gleich

$$p_g = 41{,}9\,c + 36{,}0\,b\,\gamma .$$

Dieses Ergebnis und die in Abb. 38c dargestellten Werte zeigen, daß die kritische Last mit zunehmendem Winkel ϱ sehr rasch anwächst.

Die Gl. (6) und (7) beziehen sich auf Fundamente mit rauher Sohle. Unterhalb solcher Fundamente verlaufen die Grenzen ad und bd der elastischen Zone (Abb. 38a) unter dem Neigungswinkel $\psi = \varrho$ zur Waagrechten. Wenn der Gleitwiderstand in der Fundamentsohle nicht ausreicht, um den Winkel ψ auf den Wert ϱ zu reduzieren, sind die Tragfähigkeitsfaktoren kleiner als die durch die vorhergehenden Gleichungen gegebenen Werte.

Die folgenden Gleichungen ergeben die Werte von $\varkappa_c$ und $\varkappa_p$ unter der Bedingung, daß ψ größer als ϱ ist.

Für $\varrho < \psi < 45° + \dfrac{\varrho}{2}$ wird

$$\varkappa_c = \operatorname{tg}\psi + \frac{\cos(\psi - \varrho)}{\sin\varrho\,\cos\psi}\,[a_{\vartheta}^2(1 + \sin\varrho) - 1] \tag{8c}$$

und

$$\varkappa_p = \frac{\cos(\psi - \varrho)}{\cos\psi}\,a_{\vartheta}^2\,\operatorname{tg}\left(45° + \frac{\varrho}{2}\right), \tag{8b}$$

worin

$$a_{\vartheta} = e^{\left(\frac{3}{4}\,\pi + \frac{\varrho}{2} - \psi\right)\operatorname{tg}\varrho}. \tag{8c}$$

Für $\psi = 45° + \dfrac{\varrho}{2}$ (vollkommen glatte Sohle) wird

$$\varkappa_c = \operatorname{cotg}\varrho\left[a_{\vartheta}^2\,\operatorname{tg}^2\left(45° + \frac{\varrho}{2}\right) - 1\right] \tag{9a}$$

und

$$\varkappa_p = a_{\vartheta}^2\,\operatorname{tg}^2\left(45° + \frac{\varrho}{2}\right), \tag{9b}$$

worin

$$a_{\vartheta} = e^{\frac{1}{2}\pi\operatorname{tg}\varrho}. \tag{9c}$$

Die zugehörigen Werte von $\varkappa_\gamma$ können nach dem in Abs. 45 gezeigten Verfahren bestimmt werden. Wenn wir als erwiesen annehmen, daß die Gleitfläche für $\gamma = 0$ (Fläche de_1f_1 in Abb. 38a) durch Gl. (3) bestimmt ist, dann können auch die Gl. (6), (8) und (9) auf elementare Weise abgeleitet werden, nämlich auf Grund der Bedingung, daß der Druck auf die geneigten Grenzflächen der plastischen Zone abd der Abb. 37c und 38a gleich dem Erdwiderstand ist

Für ein Streifenfundament mit vollkommen glatter Sohle ist der Wert ψ gleich $45° + \dfrac{\varrho}{2}$. Wenn außerdem $\varrho = 0$, erhalten wir

$$\varkappa_c = \pi + 2 = 5{,}14; \quad \varkappa_p = 1 \quad \text{und} \quad \varkappa_\gamma = 0. \tag{9d}$$

Setzen wir den Wert $\varkappa_c = 5{,}14$ in Gl. (5) ein und nehmen an, daß das Fundament auf einer Bodenoberfläche ruht ($t_g = 0$), so erhalten wir für die Grenztragfähigkeit P_g pro Längeneinheit des Funda-

mentes
$$P_g = 2b \cdot 5{,}14 \tag{9e}$$

und für die Tragfähigkeit pro Flächeneinheit

$$p_g = 5{,}14\,c. \tag{9f}$$

Der entsprechende Wert für ein Streifenfundament mit rauher Sohle war $p_g = 5{,}7\,c$ [Gl. (7c)]. Beide Werte sind von der Fundamentbreite unabhängig.

Liegt der Lastangriffspunkt bei einem Streifenfundament nicht genau in der Achse (ausmittige Belastung), dann beginnt der Bruch im tragenden Boden auf der Seite der Ausmittigkeit. Als Folge davon ist das Einsinken des Fundamentes mit einer Verdrehung der Sohle gegen die Seite der Ausmittigkeit verbunden. Bei kleiner Ausmittigkeit ist die zur Erzeugung dieser Art des Bruches nötige Last stets gleich jener Last, die zur Erzeugung eines symmetrischen vollständigen Abscherens erforderlich ist. Der Bruch tritt infolge radialer Abscherung bereits auf einer Seite der Symmetrieebene nach Abb. 37 ein, während die Verformungen in den radialen Scherzonen auf der anderen Seite noch geringfügig sind. Aus diesem Grund tritt beim Bruch stets eine Hebung des Bodens auf jener Seite auf, gegen die das Fundament kippt.

47. Bedingungen für örtliches Abscheren im Boden unter Streifenfundamenten geringer Gründungstiefe.

Die Bruchspannungsbedingung in einem bindigen Boden ist angenähert durch die Gleichung gegeben:

$$\sigma_{\mathrm{I}} = 2c\,\mathrm{tg}\left(45° + \frac{\varrho}{2}\right) + \sigma_{\mathrm{III}}\,\mathrm{tg}^2\left(45° + \frac{\varrho}{2}\right), \tag{7.3}$$

worin σ_{I} die größere Hauptspannung und σ_{III} die kleinere Hauptspannung bedeutet. Die Werte c und ϱ stellen die beiden Konstanten in der Coulombschen Gleichung dar. Abb. 38b zeigt die Beziehung zwischen der Spannungsdifferenz $\sigma_{\mathrm{I}} - \sigma_{\mathrm{III}}$ und der entsprechenden linearen Verformung in der Richtung der größeren Hauptspannung σ_{I} für zwei verschiedene Böden. Wenn das Verhalten des unterhalb eines Fundamentes gelegenen Bodens durch die voll gezeichnete Linie C_1 ausgedrückt werden kann, verhält sich der Boden unterhalb der Last wie ein ideal-plastisches Material, welches durch den gebrochenen Linienzug Oab dargestellt werden kann, und im Boden tritt der Bruch durch vollständiges Abscheren ein.

Wenn die Spannungs-Verformungsbedingungen andererseits durch die strichlierte Kurve C_2 dargestellt sind, ist die seitliche Zusammendrückung, die zur Ausbreitung des plastischen Zustandes bis zum äußeren Rand f des Keiles aef (Abb. 37 c) nötig ist, größer als die seitliche Zusammendrückung infolge des Einsinkens des Fundamentes. In diesem Fall tritt der Bruch im tragenden Boden durch örtliche Abscherung ein. Um über die untere Grenze der entsprechenden kritischen Last P_g Einblick zu bekommen, ersetzen wir die Kurve C_2 durch einen gebrochenen Linienzug Ocd. Er stellt die Spannungsverformungsbeziehung für ein ideal plastisches Material dar, dessen Scherwerte c' und ϱ' kleiner als die Scherwerte c und ϱ des durch die Kurve C_2 dargestellten Materiales sind. Ersetzen wir die Werte c und ϱ in der Gl. (7.3) durch c' und ϱ', so erhalten wir

$$\sigma_{\mathrm{I}} = 2\,c'\,\mathrm{tg}\left(45° + \frac{\varrho'}{2}\right) + \sigma_{\mathrm{III}}\,\mathrm{tg}^2\left(45° + \frac{\varrho'}{2}\right). \tag{1}$$

Da die Kurve C_2 in der Abb. 38 b fast vollständig auf der rechten Seite ihrer idealen Ersatzlinie Ocd liegt, ist für das durch Gl. (1) dargestellte Material, die zum vollständigen Abscheren erforderliche kritische Last P_g' etwas kleiner als jene, die zum örtlichen Abscheren des durch die Kurve C_2 charakterisierten Bodens ist. Nach den vorliegenden Spannungs-Verformungsmessungen sind wir berechtigt, für c' und ϱ' als untere Grenzwerte

$$c' = \tfrac{2}{3}c \tag{2a}$$
und
$$\mathrm{tg}\,\varrho' = \tfrac{2}{3}\,\mathrm{tg}\,\varrho \tag{2b}$$

anzunehmen. Wenn die Bodenunterlage durch vollständiges Abscheren bricht, ist die Tragfähigkeit angenähert durch Gl. (46.5) ausgedrückt. Für Fundamente mit rauher Sohle sind die in dieser Gleichung enthaltenen Tragfähigkeitsfaktoren $\varkappa_c$, $\varkappa_p$ und $\varkappa_\gamma$ durch die Gl. (46.6 a, c) und (45.4 b) gegeben. Um die entsprechenden Werte $\varkappa_c'$, $\varkappa_p'$ und $\varkappa_\gamma'$ für örtliches Abscheren zu berechnen, müssen wir in diesen Gleichungen ϱ und c durch c' und ϱ' ersetzen, und der Wert E_p in Gl. (45.4 b) muß unter der Annahme berechnet werden, daß der Winkel der Scherfestigkeit des Bodens gleich ϱ' ist. Die kritische Last P_g' ist daher gleich der Summe

$$P_g' = 2\,b\left(\tfrac{2}{3}c\,\varkappa_c' + \gamma\,t_g\,\varkappa_p' + \gamma\,b\,\varkappa_\gamma'\right). \tag{3}$$

Diese Gleichung ist das Gegenstück zu Gl. (46.5). In der Abb. 38 c sind die Werte $\varkappa_c'$, $\varkappa_p'$ und $\varkappa_\gamma'$ durch die Abszissen der strichlierten Kurven $\varkappa_c'$, $\varkappa_p'$ und $\varkappa_\gamma'$ dargestellt.

Die Tragfähigkeit pro Flächeneinheit des Streifens beträgt

$$P_g' = \frac{P_g'}{2\,b} = \frac{2}{3}\,c\,\varkappa_c' + \gamma\,t_g\,\varkappa_p' + \gamma\,b\,\varkappa_\gamma'. \tag{4}$$

Liegen die Spannungs-Verformungsbeziehungen eines Bodens zwischen den beiden durch die Kurven C_1 und C_2 der Abb. 38 b dargestellten Extremfällen, so liegt die kritische Last zwischen P_g und P_g'.

48. Sohldruckverteilung bei Streifenfundamenten.

Der Ausdruck *Sohldruck* bezeichnet die in der Berührungsfläche zwischen Fundamentsohle und Bodenunterlage wirkende Druckspannung. Die folgende Untersuchung über die Sohldruckverteilung in der Berührungsfläche beruht auf der Gleichung der Grenztragfähigkeit:

$$P_g = 2b(c\,\varkappa_c + \gamma\,t_g\,\varkappa_p + \gamma\,b\,\varkappa_\gamma). \qquad (46.5)$$

Diese Gleichung zeigt, daß die gesamte Tragfähigkeit P_g pro Längeneinheit eines Streifenfundamentes in zwei Teile zerlegt werden kann, in

$$P_1 = 2b(c\,\varkappa_c + \gamma\,t_g\,\varkappa_p), \qquad (1)$$

der linear mit der Breite $2b$ des Fundamentes zunimmt, und in

$$P_2 = 2\gamma\,b^2\,\varkappa_\gamma, \qquad (2)$$

der mit dem Quadrat der Breite anwächst. Die Verteilung der Drücke P_1 und P_2 über der Fundamentsohle ist durch die Verteilung des entsprechenden Erdwiderstandes auf den geneigten Grenzflächen der elastischen Zone abd der Abb. 37c bestimmt.

Bei der Berechnung der Werte $\varkappa_c$ und $\varkappa_p$ in der Gl. (1) wurde angenommen, daß das Raumgewicht γ des unterhalb des Horizontes der Fundamentsohle gelegenen Bodens gleich Null ist. Nach dieser Annahme ist der Erdwiderstand über die geneigte Fläche bd der Abb. 39a gleichförmig verteilt. Die Scherspannungen auf der lotrechten Fläche dO sind gleich Null, weil diese Fläche mit der Symmetrieebene des Fundamentes zusammenfällt. Da der Druck über bd gleichförmig und das Gewicht des innerhalb der Zone Obd gelegenen Bodens mit Null angenommen wurde, ist zu erwarten, daß der Normaldruck über Od ebenfalls praktisch gleichförmig verteilt ist und der resultierende Druck E', wie in der Abbildung gezeigt ist, die Strecke bd in unmittelbarer Nähe des Mittelpunktes schneidet. Infolge der Rauhigkeit der Fundamentsohle und der Adhäsion wirkt der resultierende Druck P', wie in der Abbildung dargestellt, auf der waagrechten Fläche Ob unter einem von der Lotrechten abweichenden Winkel. Aus Gleichgewichtsgründen müssen die drei Kräfte E_{pc} (Resultierende von E_p' und C_a), E' und P' sich in einem Punkt schneiden. Deshalb ist der Angriffspunkt des lotrechten Druckes auf Ob auf der rechten Seite vom Mittelpunkt von Ob gelegen. Die entsprechende Normalspannungsverteilung auf Ob ist durch die Ordinaten der Kurve rs wiedergegeben. Diese Kurve zeigt, daß die Normalspannung in der Fundamentsohle leicht von der Mittellinie gegen die Ränder anwächst.

Für die Berechnung von $\varkappa_\gamma$ in Gl. (2) wurde angenommen, daß die Kohäsion c und die Auflast p gleich Null sind. Die nach dieser

Annahme auf den innerhalb der elastischen Zone liegenden Boden wirkenden Kräfte sind in Abb. 39b dargestellt. Da $c = 0$ und $p = 0$, nimmt der Erdwiderstand auf db wie der hydrostatische Druck geradlinig mit dem Abstand von b zu. Sein Angriffspunkt liegt im Abstand $\overline{bd}/3$ vom Punkt d entfernt (siehe Abs. 37), und seine Wirkungslinie geht durch den Schwerpunkt der Bodenmasse vom Gewicht G,

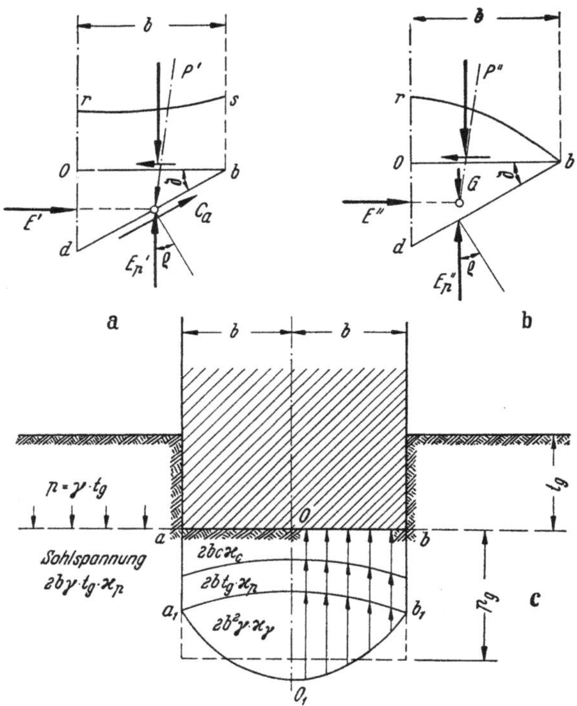

Abb. 39a—c. Im Augenblick des Bruches auf den Grenzflächen der elastischen Zone unterhalb der rauhen Sohle von Streifenfundamenten wirkende Kräfte. a Für gewichtslose bindige Böden; b für kohäsionslose Böden mit Eigengewicht; c Sohlspannungsverteilung bei Streifenfundamenten mit rauher Sohle auf bindigen Böden mit Eigengewicht im Augenblick des Einbrechens in dem belasteten Boden.

die innerhalb Obd liegt. Die Scherspannungen in der lotrechten Fläche Od sind gleich Null. Da der Druck auf bd wie der hydrostatische Druck mit der Tiefe zunimmt, haben wir zu erwarten, daß der Angriffspunkt des Normaldruckes E'' auf Od zwischen dem Mittelpunkt und dem unteren Drittelpunkt, wie in der Abbildung dargestellt, liegt. Aus Gleichgewichtsgründen muß die resultierende auf der waagrechten Oberfläche Ob wirkende Kraft P'' durch den Schnittpunkt von E_p'' und E'' gehen. Da P'' gegen die Mittellinie geneigt ist, liegt ihr Angriffspunkt in einem etwas größeren Abstand als $b/3$ vom Punkt O

entfernt. Am äußeren Rand b der Fundamentsohle ist die Normalspannung gleich Null und nimmt gegen den Mittelpunkt O zu (siehe Abs. 16). Aus diesen Bedingungen ergibt sich eine parabelähnliche Sohlspannungsverteilung.

Die Verteilung der gesamten kritischen Last P_g [Gl. (46.5)] über der Gründungssohle ist in Abb. 39c dargestellt. Die Tragfähigkeit p_g ist gleich der mittleren Höhe der Lastfläche $a a_1 O_1 b_1 b$.

Wenn der Boden unter dem Fundament eingebrochen ist, wird der Spannungszustand im Boden oberhalb der Gleitfläche von der weiteren Verformung unabhängig. Deshalb ist die elastische Verformung des Fundamentes nach dem Bruch des Bodens ohne Einfluß auf die Verteilung der Sohlspannung. Wenn aber die Belastung eines Fundamentes wesentlich kleiner als die kritische Last ist, kann die elastische Verformung des Fundamentes einen beträchtlichen Einfluß auf die Verteilung der Sohlspannungen haben (siehe Abs. 139). Wenn die Last an die kritische Last herankommt, geht die Anfangssohlspannungsverteilung allmählich in jene über, die in der Abb. 39c gezeichnet ist.

49. Tragfähigkeit von Quadrat- oder Kreisfundamenten geringer Gründungstiefe.

Ein Quadrat- oder Kreisfundament wird als flach gegründet bezeichnet, wenn die Gründungstiefe t_g kleiner als die Breite des Fundamentes ist. Bei der Untersuchung flach gegründeter Fundamente können wir den Boden (Raumgewicht γ), der über dem Horizont der Gründungssohle liegt, durch eine Auflast $p = t_g \gamma$ pro Flächeneinheit ersetzen (siehe den ersten Teil von Abs. 45).

Wenn der ein Streifenfundament tragende Boden ausweicht, bewegen sich alle Bodenteilchen parallel zu einer Ebene, die senkrecht zur Achse des Fundamentes liegt. Die Berechnung der Tragfähigkeit solcher Fundamente ist deshalb eine Aufgabe des ebenen Verformungszustandes. Weicht andererseits der Boden unter einem Quadrat- oder Kreisfundament aus, dann bewegen sich die Bodenteilchen in radialen und nicht mehr in parallelen Ebenen.

Durch Wiederholung der Überlegung, die zur Gl. (46.5) geführt hat, kommen wir zur Schlußfolgerung, daß die kritische Last für ein Kreisfundament vom Radius r angenähert durch die allgemeine Gleichung ausgedrückt werden kann:

$$P_{gr} = \pi r^2 (c\, v_c + \gamma t_g v_p + \gamma r\, v_\gamma), \tag{1}$$

worin v_c, v_p und v_γ dimensionslose Größen sind, deren Werte nur vom Winkel der inneren Reibung ϱ abhängen. Gl. (1) stellt ein Analogon zur Gl. (46.5) dar. Wegen der mathematischen Schwierigkeiten, die diese Aufgabe enthält, sind jedoch bisher noch keine strengen Verfahren zur Berechnung der Koeffizienten entwickelt worden. Bis brauchbare Ergebnisse theoretischer oder umfangreicher experimenteller Untersuchungen vorliegen, sind wir gezwungen, die Tragfähigkeit auf Grund der bis heute vorliegenden Erfahrungen abzuschätzen. Zahlenangaben darüber werden in einem Werk über angewandte Bodenmechanik gebracht werden (GOLDER 1942, SKEMPTON 1942 und unveröffentlichte Versuchsergebnisse). Durch Heranziehung der ungünstigsten Versuchsergebnisse erhielt der Verfasser zur Aufstellung einer Näherungsgleichung für die Tragfähigkeit einer Kreisfläche vom Radius r die Gleichung

$$P_g = \pi r^2 p_g = \pi r^2 (1{,}3\,c\,\varkappa_c + \gamma\,t_g\,\varkappa_p + 0{,}6\,\gamma\,r\,\varkappa_\gamma), \qquad (2)$$

worin $\varkappa_c$, $\varkappa_p$ und $\varkappa_\gamma$ die Tragfähigkeitsbeiwerte für Streifenfundamente darstellen, die von demselben Boden getragen werden. Für Fundamente, die eine Quadratfläche $2b \cdot 2b$ bedecken, erhielt der Verfasser

$$P_g = 4b^2 p_g = 4b^2 (1{,}3\,c\,\varkappa_c + \gamma\,t_g\,\varkappa_p + 0{,}8\,\gamma\,b\,\varkappa_\gamma). \qquad (3)$$

Wenn der Boden locker gelagert oder sehr zusammendrückbar ist, müssen die Tragfähigkeitsbeiwerte $\varkappa$ durch die Werte $\varkappa'$ ersetzt werden (siehe Abb. 38 c).

Modellversuche in kleinem Maßstab haben gezeigt, daß die größte Hebung der Bodenoberfläche außerhalb einer belasteten Kreisfläche vom Radius r in einem Abstand von etwa $3r$, vom Lastflächenmittelpunkt aus gemessen, auftritt. Außerhalb eines Abstandes von etwa $5r$ vom Mittelpunkt ist die Hebung bereits verschwindend klein.

Gl. (2) führt zu nachfolgendem Schluß: Wenn ein Streifenfundament von der Breite $2b$, das auf einem bindigen Boden ($\varrho = 0$) aufruht, unter der Sohlspannung p_g durch vollständiges Abscheren des Bodens einbricht, ist die Tragfähigkeit eines Kreisfundamentes vom Durchmesser $2r$ näherungsweise gleich $1{,}3\,p_g$. Wenn andererseits $c = 0$ und $t_g = 0$ und $\varrho > 0$ ist, bricht das Kreisfundament unter einer mittleren Sohlspannung von etwa $0{,}6\,p_g$ in den Boden ein, wenn p_g die zur Erzeugung eines vollständigen Scherbruches unterhalb einem Streifenfundament von der Breite $2b$ erforderliche Sohlspannung ist und das Fundament auf demselben Boden aufruht. Mit Sand und Ton durchgeführte Versuche haben die angenäherte Gültigkeit dieser Schlußfolgerung bewiesen. Eine genaue Übereinstimmung zwischen berechneten und gemessenen Werten kann nicht erwartet werden.

50. Tragfähigkeit zylindrischer Pfeiler.

In den vorhergehenden Absätzen wurde die Scherfestigkeit des oberhalb des Horizontes der Gründungssohle gelegenen Bodens vernachlässigt, weil der dabei auftretende Fehler klein und auf der sicheren Seite ist. Bei der Betrachtung von Pfeilern, deren Durchmesser $2r$ im Vergleich zur Gründungstiefe klein ist, ist eine solche Vereinfachung jedoch nicht zulässig, weil der dabei auftretende Fehler beträchtlich sein kann. Der Einfluß der Scherfestigkeit des Bodens auf die Tragfähigkeit eines Pfeilers ist auf der rechten Seite der Abb. 36 b dargestellt. Der unterhalb dem ringförmigen, durch bd bestimmten Flächenstück gelegenen Boden wird durch die waagrechten radialen Drücke beansprucht, die ihrerseits von dem unmittelbar unter der Gründungssohle gelegenen Boden ausgeübt werden. Sie führen zu einem Ausweichen nach oben, wie durch die Pfeile angedeutet ist. Dieser Tendenz wirkt nicht allein das Gewicht des Bodens γt_g pro Flächeneinheit des Ringes bd entgegen, sondern auch die Mantelreibung τ_s pro Einheit der Berührungsfläche von Pfeiler und Boden und die Scherspannungen τ in der äußeren Begrenzung de der oberhalb der Ringfläche gelegenen Bodenmasse. Die Wirkung dieser Spannungen ist eine doppelte. Zuerst vermindern sie den Gesamtdruck in der Pfeilersohle infolge P auf

$$P_1 = P - 2\pi r \tau_s t_g.$$

Wenn P_g der gesamte lotrechte Druck in der Pfeilersohle im Augenblick des Bruches ist, wird deshalb die zur Erzeugung des Druckes P_g erforderliche Last P_{gp} auf den Pfeiler (einschließlich Pfeilergewicht) gleich

$$P_{gp} = P_g + 2\pi r \tau_s t_g. \tag{1}$$

Zweitens erhöhen die Scherspannungen im Boden oberhalb der durch bd dargestellten Ringfläche den lotrechten auf die Einheit dieser Fläche bezogenen Druck von γt_g auf einen höheren Wert $\gamma_1 t_g$, sobald die Fläche in Bewegung gerät. Ersetzen wir γt_g in Gl. (49.2) durch $\gamma_1 t_g$ und setzen den so erhaltenen Wert P_g in Gl. (1) ein, so erhalten wir für die kritische Last des Pfeilers die Gleichung

$$P_{gp} = \pi r^2 \left(1{,}3\,c\varkappa_c + \gamma_1 t_g \varkappa_p + 0{,}6 \cdot \gamma \varkappa_\gamma\right) + 2\pi r \tau_s t_g. \tag{2}$$

Die Werte $\varkappa_c$, $\varkappa_p$ und $\varkappa_\gamma$ können aus der Abb. 38 c entnommen werden. Der Wert γ_1 ist durch die lotrechten Kräfte gegeben, die einer Bewegung der Ringfläche bd entgegenwirken. Wenn der äußere Durchmesser dieser Fläche gleich $2nr$ ist, sind diese Kräfte:

$$t_g\left[(n^2 - 1)\,\pi r^2 + 2\pi r \tau_s + 2n\pi r \tau\right]$$

oder pro Einheit der Ringfläche

$$p_1 = t_g \left[\gamma + 2 \frac{\tau_s + n\,\tau}{(n^2 - 1)\,r} \right] = \gamma_1\,t_g, \qquad (3\,\text{a})$$

worin

$$\gamma_1 = \gamma + 2 \frac{\tau_s + n\,\tau}{(n^2 - 1)\,r}. \qquad (3\,\text{b})$$

Der Faktor n in den Gl. (3) muß derart festgelegt werden, daß die kritische Last P_{gp}, Gl. (2), ein Minimum wird. Diese Bedingung wird durch eine einfache Rechnung erreicht. Die Mantelreibung τ_s kann in den vorhergehenden Gleichungen mit ihrem vollen Wert eingeführt werden, weil der Pfeiler nicht in den Boden einsinken kann, bevor die Mantelreibung voll wirksam ist. Der Wert τ in Gl. (3 b) ist jedoch sehr unsicher, weil die Größe der Scherfestigkeit in de in hohem Maße vom Grad der räumlichen Zusammendrückbarkeit des Bodens abhängig ist. Wenn der Boden praktisch unzusammendrückbar ist, wie z. B. dichter Sand, können die Scherspannungen im unteren Teil von de beträchtlich sein. Andererseits sind in locker gelagertem Sand, der sehr zusammendrückbar ist, die Scherspannungen über der ganzen Fläche de unbedeutend klein, weil der erforderliche Raum zum Vordringen des Pfeilers nach unten durch seitliche Verdichtung des unter der ringförmigen Fläche bd gelegenen Sandes erzeugt werden kann und das Bestreben zum Hochsteigen des über dieser Fläche gelegenen Sandes gering ist. Wenn daher der Wert τ in Gl. (3 b) festgelegt ist, muß die unvollständige Mobilisierung der Scherfestigkeit im Boden längs der Zylinderfläche de freigestellt sein. In jedem Fall muß die räumliche Zusammendrückbarkeit des Bodens in Betracht gezogen werden, weil sie einen maßgeblichen Einfluß auf die Tragfähigkeit des Pfeilers hat.

51. Tragfähigkeit von Einzelpfählen.

Der einzige Unterschied zwischen Pfählen und schlanken Pfeilern liegt im Herstellungsverfahren. Manche Pfahltypen haben eine konische Form, und alle vorhergehenden Bemerkungen über die Tragfähigkeit von Pfeilern sind auch für Pfähle gültig. Ein Teil P_m der gesamten Pfahllast wird durch die *Mantelreibung* getragen. Der Rest P_s wird durch den Fuß oder die Spitze des Pfahles auf den Boden übertragen und wird *Spitzenwiderstand* genannt. Die Tragfähigkeit P_{st} eines Pfahles unter einer ruhenden Last kann deshalb durch die Gleichung ausgedrückt werden:

$$P_{st} = P_m + P_s.$$

Die Teilwerte P_s und P_m entsprechen den Teilwerten P_g und $2\pi\,r\,\tau_s\,t_g$ in Gl. (50.1) für die Tragfähigkeit eines Pfeilers.

Für Pfähle, die vollständig von gleichförmig plastischem Material umgeben sind, wie z. B. weichem Ton, Schluff oder Schlick, ist der Spitzenwiderstand P_s gegenüber der von der Mantelreibung getragenen Last P_m vernachlässigbar. Solche Pfähle werden *schwebende Pfähle* genannt. Wenn die Spitze des Pfahles aber in eine festere Schicht zu liegen kommt, wird der größere Teil der Last durch die Spitze des Pfahles übertragen, der in diesem Fall *stehender Pfahl* genannt wird.

Das Verhältnis aus gesamter Mantelreibung und Spitzenwiderstand hängt nicht nur von der Art des Bodens und den Abmessungen des Pfahles ab, sondern auch von dem Einbringungsverfahren des Pfahles in den Boden. Gewisse Pfahltypen, z. B. Holzpfähle und Stahlbetonrammpfähle, werden durch den Schlag eines Fallgewichtes (Rammbär) in den Boden getrieben. Andere Pfahltypen werden durch Einrammen einer wieder ziehbaren Hülse, deren unteres Ende während des Rammvorganges geschlossen ist, hergestellt. Während der ganze von der Hülse umschlossene Hohlraum mit Beton gefüllt wird, wird die Hülse allmählich aus dem Boden herausgezogen. Dieser Vorgang vermindert teilweise die Spannungen, die vorher durch das Rammen der Hülse auf den Boden übertragen wurden. Um den Vorgang des Rammens eines Pfahles oder einer Hülse durch eine harte Schicht zu beschleunigen und zu vereinfachen, kann ein Wasserstrahl benützt werden, der den Boden vor der Pfahlspitze auflockert. Pfähle werden auch durch Einfüllen oder Rammen von Beton in ein Bohrloch oder durch Rammen einer zylindrischen, unten offenen Hülse in den Boden hergestellt. Der in den Hohlraum der Hülse eindringende Boden wird durch Luftdruck entfernt, worauf der ganze Hohlraum mit Beton erfüllt wird.

Unser Wissen über den Einfluß der Herstellungsverfahren der Pfähle auf die Mantelreibung und auf die Größe der Scherspannungen in Gl. (50.3) ist noch im Anfangsstadium, und die Aussichten auf eine strenge theoretische Erfassung sind sehr gering.

Wegen der in der Berechnung der Tragfähigkeit zylindrischer Pfeiler (siehe Abs. 50) enthaltenen Unsicherheiten ist es nicht verwunderlich, daß die Versuche, ein Berechnungverfahren für die Tragfähigkeit von Pfählen zu finden (STERN 1908, DÖRR 1922 u. a.), ohne Erfolg blieben. Sämtliche Verfahren enthalten willkürliche Annahmen oder ziehen falsche Schlüsse aus bestehenden Theorien, wie die folgenden Beispiele zeigen. Der Spitzenwiderstand wurde mittels dem nur für eine ebene Verformung gültigen Verfahren berechnet, wie die Theorie des Erdwiderstandes oder die Theorie der Tragfähigkeit von Streifenfundamenten, wie sie in Abs. 45 beschrieben wurde. Der vom Boden auf dem Pfahlmantel ausgeübte Druck wurde nach der COULOMBschen Erddrucktheorie bestimmt, die ebenfalls nur für einen ebenen Verformungszustand gültig ist, und die Wirkung der räumlichen Zusammendrückbarkeit des Bodens auf den Spitzenwiderstand wurde durchwegs vernachlässigt (TERZAGHI 1925).

Da die Tragfähigkeit der Pfähle bis heute noch nicht mit den Ergebnissen der im Laboratorium durchgeführten Bodenuntersuchungen ermittelt werden kann, sind wir noch immer gezwungen, diesen Wert entweder auf Grund örtlicher Erfahrung oder unmittelbar in der Natur durch Probebelastung von Pfählen bis zur Bruchlast zu bestimmen.

Um der Notwendigkeit, aufwendige Probebelastungen durchführen zu müssen, zu entgehen, wurde durch mehr als ein Jahrhundert hindurch versucht, aus den Ergebnissen einfacher Feldversuche die Tragfähigkeit eines Pfahles zu ermitteln. Es wurde die Eindringungstiefe Δs des Pfahles gemessen, die durch den Schlag des von einer bekannten Höhe h auf den Kopf des Pfahles fallenden gegebenen Bärgewichtes G_b erzielt wird. Die Gleichungen über die Beziehung zwischen der Eindringungstiefe Δs des Pfahles und dem dabei auftretenden Eindringungswiderstand werden als *Pfahlformeln* bezeichnet.

52. Pfahlformeln.

In Analogie zum Eindringungswiderstand eines Pfahles unter einer statischen Last wird angenommen, daß die Beziehung zwischen der Eindringungstiefe eines Pfahles unter einem Rammschlag und dem dabei auftretenden Widerstand P_d des Bodens näherungsweise durch die Kurve oeb in einer der beiden Abb. 40a und b dargestellt werden kann. Bei Sand nimmt der Widerstand mit zunehmender Eindringung ebenfalls zu (Abb. 40a), während der Rammwiderstand von Ton in der Regel bereits bei geringer Eindringung einen Maximalwert, wie in Abb. 40b gezeigt ist, erreicht.

Da der Eindringungswiderstand unter einem Rammschlag mit zunehmender Eindringung wechselt, hat die Bezeichnung

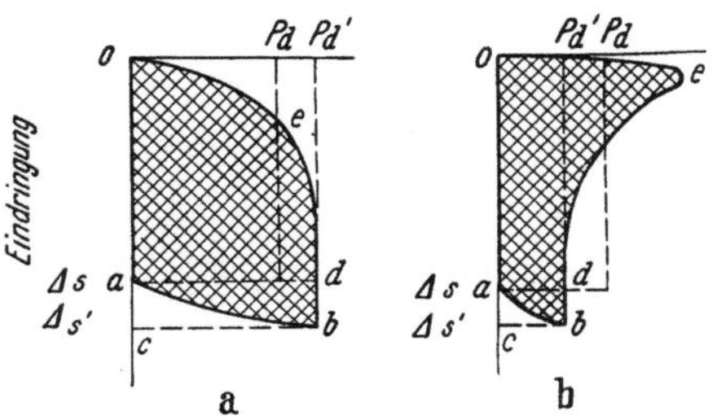

Abb. 40a u. b. Beziehung zwischen dem Widerstand P_d und der Eindringung Δs eines Pfahles unter einem Rammschlag. a Bei Sand und b bei Ton. (Nach A. E. Cummings 1940).

„dynamischer Eindringungswiderstand" nur dann eine bestimmte Bedeutung, wenn dieser Ausdruck auf den Endwiderstand angewendet wird, der durch die Abszisse P_d' der lotrechten Asymptote an die Eindringungskurve gegeben ist.

Der Rammschlag erzeugt nicht nur eine bleibende Eindringung des Pfahles, sondern auch eine vorübergehende elastische Zusammendrückung des Pfahles selbst und des umgebenden Bodens. Deshalb ist die durch den Rammschlag erzeugte Eindringung stets von einem elastischen Rückschnellen begleitet, das eine deutliche Aufwärtsbewegung des Pfahlkopfes zur Folge hat. In Abb. 40 ist dieses Rückschnellen durch die Linie ba dargestellt.

Das Produkt aus dem Widerstand und der entsprechenden Zunahme der Eindringung ist gleich der während der Eindringungszunahme geleisteten Arbeit. In den beiden Diagrammen der Abb. 40 stellt die schraffierte Fläche oba die zur Überwindung der Mantelreibung und zur Verdrängung des unter der Pfahlspitze gelegenen Bodens erforderliche Arbeit dar, wenn der Pfahl um die Strecke Δs in den Boden gerammt wird. Zusätzlich zu dieser nützlichen Arbeit verursacht der Rammschlag im Pfahl und im umgebenden Boden intensive Schwingungen, und nach dem Aufschlag springt der Rammbär oft nochmals hoch. Die zur Erzeugung dieser dynamischen Wirkungen erforderliche Energie kann als Energieverlust gewertet werden, weil sie nicht zur Zunahme der bleibenden Eindringung des Pfahles beiträgt. Wenn der Bär das obere Ende eines vollkommen elastischen Stabes, dessen unteres Ende auf einer vollkommen elastischen Aufstandsfläche ruht, treffen würde, wäre die Endlage des unteren Stabendes mit der Anfangslage identisch. Deshalb werten wir die gesamte Schlagenergie als einen Energieverlust.

Die vorhandenen Pfahlformeln beruhen auf der vereinfachenden Annahme, daß der Eindringungswiderstand des Pfahles während der gesamten Pfahlbewegung von der Länge Δs einen konstanten Wert P_d besitzt. Da die gesamte, vom fallenden Rammbären erzeugte Arbeit $G_b\,h$ ist, können wir schreiben:

$$G_b h = P_d\,\Delta s + E_v, \tag{1}$$

worin E_v den gesamten Energieverlust bedeutet. Weiter wird ohne Berechtigung angenommen, daß die zur Erzeugung einer vorübergehenden elastischen Zusammendrückung des Pfahles und des umgebenden Bodens geleistete Arbeit nur einen Teil des Energieverlustes darstellt. Dagegen wird der bedeutende Energieverlust infolge der durch den Rammschlag erzeugten Schwingungen vernachlässigt.

Um das tatsächliche, in der Abb. 40 dargestellte Eindringungsdiagramm mit der ziemlich willkürlichen Annahme, auf der die Pfahlformeln beruhen, in Einklang zu bringen, müssen wir den unteren Teil abd der schraffierten Fläche dem Energieverlust E_v zuteilen und den oberen Teil $oade$ durch ein rechtwinkeliges Dreieck von gleicher Höhe und Fläche ersetzen, dessen Breite

$$P_d = \frac{\text{Fläche } o\,a\,d\,e}{\Delta s} \tag{2}$$

den dynamischen Pfahl-Rammwiderstand darstellen soll, auf den sich die Pfahlformeln beziehen. Nach der Abb. 40 kann der Wert P_d

sowohl größer als auch kleiner als der tatsächliche dynamische Widerstand P_d' sein.

Die gebräuchlichen Verfahren zur Ermittlung des Energieverlustes E_v der Gl. (1) beruhen auf einer der folgenden Annahmen:

a) Der Energieverlust ist gleich dem dynamischen Widerstand P_d mal der elastischen Eindringung $\varDelta s' - \varDelta s$ des Pfahles,

b) E_v ist nur durch die elastische Zusammendrückung des Pfahles bedingt,

c) E_v ist identisch mit dem Energieverlust nach der NEWTONschen Theorie des Stoßes,

d) E_v umfaßt sowohl den Energieverlust durch elastische Zusammendrückung als auch den NEWTONschen Verlust.

In den folgenden Untersuchungen werden die verschiedenen Pfahlformeln auf den Grenzwiderstand bezogen, gleichgültig, ob die Originalgleichungen, wie sie von ihren Verfassern veröffentlicht wurden, sich auf die Grenzlast oder auf die „zulässige" Last bezogen haben.

Es bedeuten:
l Pfahllänge,
F mittlere Pfahlquerschnittsfläche,
G_p Pfahlgewicht,
E Elastizitätsmodul des Pfahlmaterials,
n_e Stoßziffer in der NEWTONschen Theorie.

Wenn die Bestimmung des Energieverlustes auf der Annahme a) beruht, die durch die Gleichung ausgedrückt wird

$$E_v = P_d\,(\varDelta s' - \varDelta s), \tag{3}$$

erhalten wir aus Gl. (1)

$$P_d = \frac{G_b\,h}{\varDelta s'}. \tag{4}$$

Da die Auswertung dieser Gleichung die Messung der maximalen Eindringung $\varDelta s'$ in der Natur erfordert, wurde diese Gleichung wenig verwendet.

Die Theorie von WEISBACH (um 1820) repräsentiert die unter der Annahme b) aufgestellten Theorien, die nur den Energieverlust infolge der elastischen Pfahlzusammendrückung betrachten. WEISBACH nahm den Eindringungswiderstand in der Pfahlspitze konzentriert an. Der Axialdruck im Pfahl nimmt von Null auf P_d zu. Daher ist die zur Erzeugung dieser Zusammendrückung erforderliche Arbeit

$$E_l = \frac{1}{2}\frac{P_d^2\,l}{F\,E}. \tag{5}$$

Setzen wir diesen Wert in Gl. (1) ein und lösen nach P_d auf, so erhalten wir die Formel von WEISBACH:

$$P_d = -\frac{\varDelta s\,F\,E}{l} + \sqrt{\frac{2\,G_b\,h\,F\,E}{l} + \left(\frac{\varDelta s\,F\,E}{l}\right)^2}. \tag{6}$$

Die NEWTONsche Gleichung für den Energieverlust bei unvollkommen elastischem Stoß zwischen Bär und Pfahl [Annahme c)] lautet

$$E_v = G_b\, h\, \frac{G_p(1 - n_e^2)}{G_p + G_b}\,. \tag{7}$$

Für vollkommen elastischen Stoß ist die Stoßziffer n_e gleich Eins und der entsprechende Stoßverlust Null. Für $E_v = 0$ erhalten wir aus Gl. (1) die Formel von SANDER (etwa 1850):

$$P_d = \frac{G_h\, h}{\varDelta s}\,.$$

Andererseits nimmt für vollkommen unelastischen Stoß ($n_e = 0$) der NEWTONsche Verlust den Wert an:

$$E_v = G_b\, h\, \frac{G_p}{G_p + G_b}\,,$$

der die Grundlage der Formel von EYTELWEIN (um 1820) bildet:

$$P_d = \frac{G_b\, h}{\varDelta s \left(1 + \dfrac{G_p}{G_b}\right)}\,.$$

Wenn wir in dieser Gleichung den Wert $\varDelta s\, \dfrac{G_p}{G_b}$ durch eine empirische Konstante c_p ersetzen, so erhalten wir die Engineering-News-Formel

$$P_d = \frac{G_b\, h}{\varDelta s + c_p}\,. \tag{8}$$

Die sogenannten allgemeinen, auf der Annahme d beruhenden Gleichungen berücksichtigen alle möglichen Energieverluste. Diese umfassen den Energieverlust infolge der elastischen Pfahlzusammendrückung [Gl. (5)], den NEWTONschen Stoßverlust [Gl. (7)] und einen zusätzlichen Verlust E_{vs} infolge der elastischen Boden- und Rammhaubenzusammendrückung. Setzen wir die Summe dieser Verluste für E_v in der Gl. (1) ein, erhalten wir

$$G_b\, h = P_d\, \varDelta s + G_b\, h\, \frac{G_p(1 - n_e^2)}{G_p + G_b} + \frac{P_d^2\, l}{2\, F\, E} + E_{vs}\,. \tag{9}$$

Die bekanntesten Repräsentanten dieser Gruppe von Pfahlformeln sind die Formeln von REDTENBACHER (1859) und HILEY (1930).

Für dieselben Werte von G_b, h und $\varDelta s$ ergeben die verschiedenen Pfahlformeln sehr unterschiedliche Werte für den dynamischen Widerstand P_d. Dies allein genügt, um zu zeigen, daß die theoretische Ermittlung des Energieverlustes E_v ohne einwandfreie wissenschaftliche Grundlage ist.

Nach A. E. CUMMINGS (1940) stehen den verschiedenen Verfahren zur Berechnung des Energieverlustes E_v die folgenden Einwände gegenüber. Gl. (5) beruht auf dem Gesetz über die Beziehung zwischen Spannungen und Verformungen unter ruhender Last. Dieses Gesetz ist für Verformungen beim Stoß nicht gültig. Die Gleichung gibt auch nicht den Energieverlust infolge der Bodenverformung an. Die NEWTONsche Gl. (7) für den Energieverlust beim Stoß ist nur für den Stoß zwischen Körpern, die keiner äußeren Festhaltung unterliegen, gültig. NEWTON selbst warnte vor der Anwendung seiner Theorie auf Aufgaben, die z. B. den durch einen „Rammschlag" erzeugten Stoß (NEWTON 1726) einbeziehen. Gl. (3) enthält sowohl den NEWTONschen Stoßverlust wie die Verluste durch elastische Verformung. Die NEWTONsche Theorie beachtet alle Energieverluste einschließlich jenen infolge der elastischen Verformung der zusammenstoßenden Körper. Diese Tatsache genügt, die Fehler der Gl. (9) aufzuzeigen, ohne Rücksicht darauf, ob die NEWTONsche Theorie des Stoßes auf die Aufgabe angewendet werden kann oder nicht.

Wegen ihrer grundlegenden Fehler sind alle bestehenden Pfahlformeln ungeeignet, um den Einfluß der wesentlichen Bedingungen zu erkennen. Der Quotient aus Pfahl- und Bärgewicht beeinflußt das Ergebnis der Pfahlrammung außerordentlich. Um verläßliche Anhaltspunkte über die Wirkung des Rammstoßes auf die Pfahleindringung zu bekommen, muß die vom Stoß erzeugte Schwingung beachtet werden. Die Grundlagen der Theorie der Schwingungen und die Beziehung der Theorie auf die Pfahlrammung wird in Abs. 162 besprochen werden.

Trotz ihrer offensichtlichen Mängel und ihrer Unzuverlässigkeit erfreuen sich die Pfahlformeln noch einer großen Beliebtheit unter den praktisch tätigen Ingenieuren, weil der Gebrauch dieser Formeln die Berechnung von Pfahlgründungen außerordentlich vereinfacht. Der für diese erzwungene Vereinfachung zu bezahlende Preis ist aber sehr hoch. In manchen Fällen ist der Sicherheitsfaktor von Gründungen, die mit den Ergebnissen von Pfahlformeln berechnet wurden, übermäßig groß, und in anderen Fällen sind wieder ausgedehnte Setzungen aufgetreten. Die Meinungen über die Bedingungen für die Zulassung der Formeln für den praktischen Gebrauch sind noch geteilt. In diesem Zusammenhang wird auf eine kürzlich in den Proceedings of the American Society of Civil Engineers (Pfahlrammformeln. Bericht des Komitees über die Tragfähigkeit von Pfahlgründungen, Proc. Amer. Soc. C. E. Mai 1941; Aussprachen in den Heften Sept. bis Dez. 1941, Jan. bis März 1942; abgeschlossen Mai 1942) erschienene, sehr aufschlußreiche Aussprache verwiesen.

53. Dynamischer und statischer Pfahlwiderstand.

Der dynamische Widerstand oder der Widerstand des Bodens gegenüber einer raschen Eindringung des Pfahles infolge eines Rammschlages ist keineswegs mit der statischen Last identisch, die zur Erzeugung einer sehr kleinen Eindringung des Pfahles notwendig ist.

Der Unterschied ist durch nachfolgende Begründung gegeben. Dem raschen Eindringen der Pfahlspitze in den Boden wirkt nicht nur die statische Reibung und Kohäsion entgegen, sondern auch die Zähigkeit des Bodens, die mit dem Zähigkeitswiderstand von Flüssigkeiten gegen rasche Verdrängung verglichen werden kann. Andererseits lockert eine rasche Schlagfolge auf den Pfahlkopf den am Pfahlmantel haftenden Boden. In extremen Fällen besteht der Vorgang der Pfahlrammung nur im vollständigen Ausschalten der Mantelreibung, solange der Pfahl gerammt wird und für kurze Zeit nachher.

Für die Bemessung von Pfahlgründungen interessiert nur die statische Tragfähigkeit der Pfähle. Wenn wir daher weitere Einsicht in den dynamischen Rammwiderstand bekommen wollen, müssen wir uns der Aufgabe zuwenden, durch systematische Feldversuche die Beziehung zwischen der dynamischen und der statischen Tragfähigkeit für verschiedene Bodenarten aufzudecken. Nach dem heutigen Stande dienen die dynamischen Pfahlformeln nur als ein „Maßstab, der dem Ingenieur hilft, genügend sichere und einheitliche Ergebnisse über die gesamte Arbeit zu bekommen" (CUMMINGS 1940). Da jedoch alle vorhandenen Pfahlformeln grundsätzlich unzulänglich sind, ist es vorzuziehen, als Maßstab empirische Regeln zu benützen, die auf örtlichen Versuchen oder auf Erfahrungen, die beim Rammen von Pfählen in verschiedenen Bodenarten gewonnen wurden, aufgebaut sind.

54. Widerstand der Pfähle gegen Knicken.

Wenn ein schlanker, auf seiner Spitze aufstehender Pfahl von großer Länge von einem sehr weichen Boden umgeben ist, kann die oben aufgebrachte Last ein Versagen des Pfahles durch Knicken verursachen. Zur Berechung der für ein Ausknicken erforderlichen Last müssen einige Annahmen über die elastischen Eigenschaften des um den Pfahl liegenden Bodens getroffen werden. Diese Aufgabe wird in Abs. 129 besprochen werden, der zum Abschnitt der Elastizitätsprobleme gehört. Die Untersuchung führt zur Folgerung, daß die Knickgefahr sehr gering ist. Sie kann daher in den meisten Fällen vernachlässigt werden.

IX. Standsicherheit von Böschungen.

55. Annahmen.

In jeder Bodenart kann eine Böschung so hoch und genügend steil hergestellt werden, daß der Boden infolge seines eigenen Gewichtes zu Bruch geht. Wenn der Bruch durch Abscheren längs einer ausgeprägten Gleitfläche erfolgt, wird er *Rutschung* genannt. Diese stellt eine nach abwärts und nach außen gerichtete Bewegung eines Erdkörpers dar, wie sie in der Abb. 41a skizziert ist, und die Gleitbewegung tritt längs der ganzen Berührungsfläche von Erdkörper und Unterlage auf.

Wenn die Bewegung nicht längs einer ausgeprägten Gleitfläche auftritt, wird sie *Niederbrechen klüftiger Massen* oder *Hangfließen* genannt. Materialien mit einer ausgeprägten Bruchfestigkeit werden

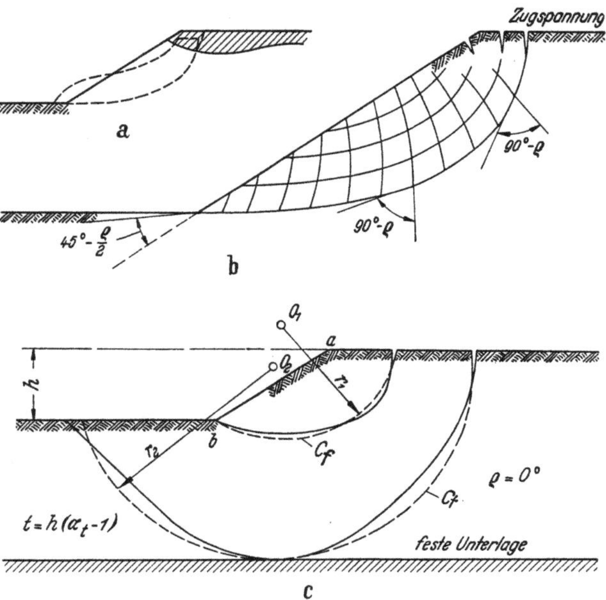

Abb. 41a—c. a Beim Bruch einer Böschung auftretende Verformung; b Gleitliniennetz im Rutschkörper; c die voll gezeichneten Kurven stellen die tatsächliche und die strichlierten Kurven die angenommene Form der Gleitflächen für einen Bruch der Böschung (obere Kurven) und des Untergrundes dar.

nur durch eine Rutschung und nicht durch Ausfließen zerstört. Für ideale Böden wird eine ausgeprägte Bruchfestigkeit angenommen. Dieses Kapitel behandelt daher nur die Stabilitätsbedingungen vor einer möglichen Rutschung. Weiter sind die Ausführungen auf Rutschungen in bindigen Materialien beschränkt, deren Scherfestigkeit durch die COULOMBsche Gleichung gegeben ist:

$$\tau_s = c + \sigma \, \mathrm{tg}\varrho. \tag{5.1}$$

In dieser Gleichung ist σ die totale Normalspannung, einschließlich der neutralen Spannung in der Gleitfläche. Es wird angenommen, daß diese Gleichung aus Laborversuchen erhalten wurde, die unter denselben Druck- und Entwässerungsbedingungen durchgeführt wurden, wie sie beim Gleitbruch in der Natur auftreten (siehe Abs. 6). Der Einfluß bekannter neutraler Spannungen auf die Stabilität wird unabhängig von diesen Ausführungen in Kap. XII untersucht werden (Abs. 93). Diese Unterteilung der Behandlung des Gegenstandes scheint aus folgenden Gründen nützlich zu sein. Bei der Untersuchung von Böschungen aus Ton sind wir selten in der Lage, den Porenwasserdruck, der im Porenwasser des Tones im Augenblick des Bruches wirkt, mit hinreichender Genauigkeit zu berechnen. In jenen wenigen Fällen, in denen die Größe des Porenwasserdruckes vorausgesagt werden kann, ist die Untersuchung der Stabilität der Böschung durch Verbindung der in diesem Kapitel beschriebenen Verfahren, mit denen die in Abs. 93 gebracht werden, möglich.

Wegen der großen Verschiedenartigkeit in den Bedingungen, die zu Rutschungen Anlaß geben, wird hier nur eine allgemeine Erörterung der Grundlagen für Stabilitätsberechnungen gebracht.

Die verschiedenartig zusammengesetzten natürlichen Bedingungen und der bedeutende Unterschied zwischen den angenommenen und den tatsächlichen mechanischen Bodeneigenschaften führen dazu, daß jede Stabilitätstheorie nur ein Hilfsmittel für eine grobe Schätzung des wahrscheinlichen Widerstandes gegen Rutschen sein kann. Wenn ein Rechenverfahren einfach ist, können wir die praktischen Auswirkungen verschiedenartiger Abweichungen von den Grundannahmen leicht beurteilen und unsere Entscheidungen dementsprechend abändern. Komplizierte Theorien besitzen nicht diesen großen Vorteil. Deshalb sind einige von den letzten Theorien (BRAHTZ 1939, CLOVER und CORNWELL 1941) in den folgenden Erörterungen, ohne Rücksicht auf ihren akademischen Wert, nicht einbezogen. Die grundlegenden Annahmen dieser Theorien und ihre praktische Bedeutung wurden von CARILLO (1942 c) zusammengefaßt und besprochen.

56. Böschungsrutschung und Grundbruch.

Abb. 42 a zeigt einen Schnitt durch eine lotrechte Geländestufe, die von einem bindigen Boden mit dem Raumgewicht γ gebildet wird. Die Scherfestigkeit des Bodens ist durch die Gleichung gegeben:

$$\tau_s = c + \sigma \operatorname{tg} \varrho .$$

Unter dem Einfluß des Bodeneigengewichtes verformt sich die ursprünglich lotrechte Fläche ab während des Aushubvorganges, wie etwa durch die strichlierte Linie der Abbildung gezeichnet ist. Innerhalb der schraffierten Fläche befindet sich der Boden unter Zugspannungen, die früher oder später zur Bildung von Zugrissen führen. Die Bedingungen für die Tiefe von Zugrissen und ihr Einfluß auf den Spannungszustand in dem an die Risse anschließenden Material wurden von WESTERGAARD (1933 d, 1939) für feste Baustoffe, wie Beton, untersucht. Diese Untersuchungsergebnisse sind aber nicht unmittelbar auf dem in der Zugzone hinter einer lotrechten Geländestufe be-

stehenden Zustand anwendbar. Nach den Ergebnissen von Modellversuchen mit Gelatine nimmt der Verfasser an, daß die Tiefe der
Zugzone hinter einer lotrechten Geländestufe nicht ganz die Hälfte
der Geländestufenhöhe h erreicht, vorausgesetzt, daß die Zugspannungen nur durch die Schwerkraft und nicht durch übermäßiges
Schrumpfen verursacht werden.

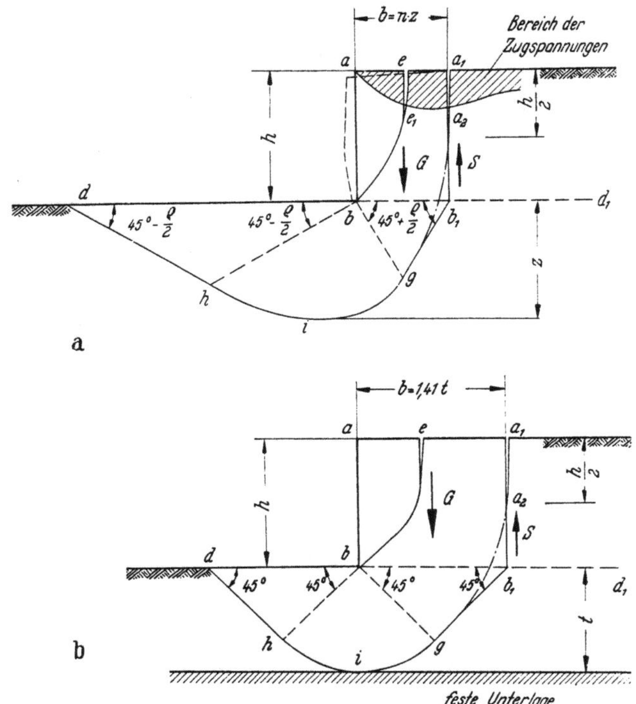

Abb. 42 a u. b. Rutschung und Grundbruch bei einer lotrechten Geländestufe. a Winkel der
inneren Reibung $\varrho > 0$; b $\varrho = 0$.

Durch periodischen Wechsel der Temperatur und des Wassergehaltes
tritt früher oder später ein durch Zugspannungen verursachter Riß
im Boden ein, und wenn die Scherfestigkeit des Bodens unzureichend
ist, folgt diesem durch Zugspannungen verursachten Riß hinter dem
oberen Teil der Geländestufe ein Abgleiten längs einer gekrümmten
und geneigten Gleitfläche be_1 durch den unteren Rand der Stufe b.
Dieser Vorgang wird *Rutschung* oder *Böschungsbruch* genannt. Die
Untersuchungsverfahren zur Ermittlung der Stabilitätsbedingungen
einer Böschung in bezug auf die Möglichkeit einer Rutschung sind ganz
ähnlich den Verfahren zur Ermittlung des Erddruckes auf Stützwände.

Wir müssen jedoch auch die Möglichkeit eines Bruches im Untergrund der Geländestufe in Betracht ziehen. In der waagrechten Fläche bd_1 durch b wirkt der Boden hinter der Geländestufe wie eine gleichförmig verteilte Auflast γh pro Flächeneinheit. Wenn diese Auflast die Tragfähigkeit des unter bd_1 gelegenen Bodens erreicht, versinkt der die lotrechte Wand bildende Boden in den Untergrund wie eine überbelastete Fundamentfläche. Diese Art des Bruchvorganges wird *Grundbruch* genannt. Der unter der Ebene bd_1 gelegene Boden kann nur gegen den Aushub hin ausweichen und die Scherspannungen in bd_1 sind klein, weil der oberhalb dieser Ebene gelegene Boden der seitlichen Ausdehnung des darunterliegenden Bodens folgen kann. Das Gleitlinienfeld ist deshalb ähnlich dem in der Abb. 15a dargestelltem Bild. Nach dieser Abbildung und nach Abs. 16 besteht die untere Grenze der plastischen Zone, die unterhalb eines an den Rand der belasteten Fläche angrenzenden Streifens liegt, aus zwei Ebenen, die voneinander durch einen gekrümmten Teil getrennt sind. Diese Grenzfläche.ist in Abb. 42a dargestellt. Die ebenen Abschnitte sind zur Waagrechten unter dem Winkel $45° + \dfrac{\varrho}{2}$ (rechte Seite) und $45° - \dfrac{\varrho}{2}$ (linke Seite) geneigt, und der Krümmungsradius des gekrümmten Abschnittes nimmt von der belasteten Seite gegen die keine Auflast tragende Seite zu. Der tiefste Punkt in der plastischen Zone liegt in einer Tiefe

$$z = \frac{b}{n} \tag{2}$$

unter der Ebene d_1. Die Tragfähigkeit P'_g pro Längeneinheit des Streifens bd_1 von der Breite b, der an den Fuß der Geländestufe anschließt, ist angenähert gleich der halben Tragfähigkeit P_g eines Streifens von der Breite $2b$, weil der unter dem Streifen liegende Boden nur nach einer Seite ausweichen kann.

Der Wert P_g ist durch Gl. (46.5) gegeben. Setzen wir in dieser Gleichung t_g (Gründungstiefe) $= 0$, so erhalten wir $P_g = 2 b c \varkappa_c + 2b^2\gamma\varkappa_\gamma$ und

$$P'_g = \tfrac{1}{2} P_g = b c \varkappa_c + b^2 \gamma \varkappa_\gamma. \tag{3}$$

Die Scherspannungen längs der Berührungsfläche bb_1 zwischen der Auflast der Abb. 42a und dem tragenden Boden sind sehr klein. Deshalb wird der Wert des Tragfähigkeitsfaktors $\varkappa_c$ durch Gl. (46.9a) bestimmt, die für Streifenfundamente mit vollkommen glatter Sohle anzuwenden ist. Er ist etwas kleiner als der durch Gl. (46.6a) gegebene Wert, und der Wert $\varkappa_\gamma$ ist etwas kleiner als jener, der durch die Kurve $\varkappa_\gamma$ in der Abb. 38c dargestellt ist.

In der Abb. 42a ist die auf dem Streifen bb_1 von der Breite $b = nz$ wirkende Auflast gleich dem Gewicht des Bodens $G = nz\gamma h$ pro Längeneinheit des Streifens, vermindert um die Scherfestigkeit bei Gleiten längs der lotrechten Fläche a_2b_1. Der obere Rand dieser Fläche liegt am Fuß eines Zugrisses. Da die Tiefe der Zugrisse $h/2$ nicht überschreitet, ist die Scherkraft S pro Längeneinheit des Streifens höchstens gleich $0{,}5hc$ und die gesamte Auflast P pro Längeneinheit ist nicht größer als

$$P = nzh\gamma - 0{,}5hc. \tag{4}$$

Ist diese Auflast größer als P'_g, dann bricht der unter der Auflast liegende Boden durch Gleiten längs a_2b_1id. Daher ist die Bedingung für einen Grundbruch unter der Geländestufe

$$P'_g = nzc\varkappa_c + n^2z^2\gamma\varkappa_\gamma = nz\gamma h - 0{,}5hc$$

oder

$$h = \frac{\varkappa_c\dfrac{c}{\gamma} + nz\varkappa_\gamma}{1 - \dfrac{0{,}5}{nz}\dfrac{c}{\gamma}}. \tag{5}$$

Der Wert h stellt die Höhe der höchsten lotrechten Geländestufe dar, deren Gewicht noch vom Streifen bb_1 der Abb. 42a von der Breite $b = nz$ getragen werden kann. Für

$$z = \frac{0{,}5}{n}\frac{c}{\gamma}$$

ist die Auflast auf den Streifen gleich Null und $h = \infty$. Für $z = \infty$ erhalten wir [aus Gl. (5)] $h = \infty$. Für irgendeinen dazwischenliegenden Wert z_1, der durch die Bedingung bestimmt ist:

$$\frac{dh}{dz} = 0 \tag{6}$$

wird die Höhe h [Gl. (5)] zu einem Minimum. Verbinden wir Gl. (6) mit Gl. (5) und lösen nach z_1 auf, so erhalten wir

$$z_1 = \frac{c}{2n\gamma}\left(1 + \sqrt{1 + 2\frac{\varkappa_c}{\varkappa_\gamma}}\right). \tag{7}$$

Für $\varrho = 20°$ und $30°$ ist der Wert z_1 angenähert $3{,}0\,c/\gamma$ bzw. $2{,}5 \cdot c/\gamma$. Der zugehörige Wert h_g für die Höhe der Geländestufe kann durch Einsetzen des Wertes z_1 in Gl. (5) gefunden werden. Ist der Boden bis über eine Tiefe z_1 homogen, so tritt unter dem Gewicht jeder Geländestufe, deren Höhe größer als h_g ist, Grundbruch ein und der tiefste Punkt der Gleitfläche liegt in der Tiefe z_1. Lagert der Boden jedoch bereits in einer Tiefe kleiner als z_1 auf einer festen Schicht auf, dann kann der Untergrund auch das Gewicht einer Geländestufe, deren Höhe größer als h_g ist, tragen. Zur Berechnung dieser

Höhe ersetzen wir z in Gl. (5) durch t. Die maßgebende Gleitfläche berührt dann die Oberfläche der festen Schicht.

Für $\varrho = 0$ wird der Tragfähigkeitsfaktor $\varkappa_\gamma$ in Gl. (3) gleich Null (siehe Abs. 46). Führen wir in Gl. (5) für $\varkappa_\gamma = 0$ ein, so erhalten wir

$$h = \frac{\varkappa_c \dfrac{c}{\gamma}}{1 - \dfrac{0{,}5c}{n z \gamma}} \,.$$

Dieser Wert nimmt stetig mit zunehmenden Werten von z ab. Für $\varrho = 0$ ist daher die bei Grundbruch auftretende Gleitfläche stets so gelegen, daß sie die Oberfläche der festen Schicht berührt, gleichgültig, in welcher Tiefe t diese Oberfläche liegt. Durch Einsetzen von $z = t$ kann die Höhe h_g, bei der Grundbruch unter der Geländestufe eintritt, berechnet werden. Wir erhalten so

$$h_g = \frac{\varkappa_c \dfrac{c}{\gamma}}{1 - \dfrac{0{,}5c}{n t \gamma}} \,. \tag{8}$$

Für $t = \infty$ wird die Höhe h_g gleich

$$h_{g\infty} = \varkappa_c \frac{c}{\gamma} \,. \tag{9}$$

In Abb. 42 b ist die Gleitfläche für $\varrho = 0$ durch die Linie $b_1 i d$ dargestellt. Sie besteht aus zwei ebenen Teilen, die zur Waagrechten unter den Winkeln 45° verlaufen, und einem Kreisbogen, dessen Mittelpunkt im Punkt b (siehe Abs. 46) liegt. Der Bruch tritt unter einem Streifen ein, dessen Breite gegeben ist durch

$$b = n t = t \sqrt{2} = 1{,}41 t$$

und

$$n = 1{,}41 \,.$$

Da die Scherspannungen längs $b b_1$ sehr klein sind, wird der Tragfähigkeitsfaktor $\varkappa_c$ durch Gl. (46.9 d) ausgedrückt:

$$\varkappa_c = 5{,}14 \,.$$

Setzen wir den Wert $n = 1{,}41$ und $\varkappa_c = 5{,}14$ in Gl. (8) und (9) ein, so erhalten wir

$$h_g = \frac{5{,}14 \dfrac{c}{\gamma}}{1 - \dfrac{0{,}355c}{t \gamma}} \tag{10}$$

und

$$h_{g\infty} = 5{,}14 \frac{c}{\gamma} \,. \tag{11}$$

In den vorhergehenden Untersuchungen wurde in der Gleitfläche im Punkte b_1 ein scharfer Knick angenommen (Abb. 42a und 42b). In Wirklichkeit ist die Gleitfläche ausgerundet, wie es in den beiden Abbildungen durch die strichlierten Linien $a_2 g$ angedeutet ist.

Die Abb. 41a zeigt eine Böschung vor und nach einer Rutschung. Vor der Rutschung ist der innerhalb der schraffierten Fläche gelegene Boden in einem Zugspannungszustand und dem Bruch der Böschung geht die Bildung von Zugrissen voraus. Der Bruch tritt durch eine Rutschung längs einer gekrümmten Gleitfläche ein, die durch den Fuß b der Böschung geht. Bei der Rutschung wird der obere Teil der Rutschmasse in der Richtung der Böschung aufgelockert und der untere Teil in derselben Richtung zusammengedrückt. Das dabei auftretende Gleitlinienfeld ist in der Abb. 41b dargestellt. Im untersten Teil der Gleitmasse ist das Gleitlinienfeld dem auf der linken Seite des lotrechten Schnittes rs der Abb. 13a gezeichneten ähnlich (passiver Bruch), und im obersten Teil hat es eine gewisse Ähnlichkeit mit dem auf der rechten Seite gezeichneten Netz (aktiver Bruch). Die Übergangszone zwischen diesen beiden Gleitlinienscharen ist mit der radialen Gleitzone vergleichbar, die den aktiven und den passiven RANKINEschen Bereich in der Abb. 15a trennt.

Eine unter dem Winkel $\beta < 90°$ geneigte Böschung kann ebenfalls infolge ungenügender Tragfähigkeit des Untergrundes zu Bruch gehen. Die Abb. 41c zeigt diesen Fall für ein Material, dessen Winkel der Scherfestigkeit $\varrho = 0$ beträgt. Die Frage, ob der Bruch der Geländestufe durch eine Rutschung oder durch Nachgeben des Untergrundes eintritt, kann nur auf Grund der Ergebnisse einer Stabilitätsberechnung entschieden werden. Um die Untersuchung zu vereinfachen, ersetzen wir die Gleitfläche durch den unteren Rand b der Böschung (Böschungsrutschung) durch einen Kreisbogen vom Radius r_1, dessen Mittelpunkt in O_1 liegt, und die beim Bruch des Untergrundes auftretende zusammengesetzte Gleitfläche durch einen Kreisbogen vom Radius r_2, dessen Mittelpunkt in O_2 liegt. Kreise durch den Fußpunkt b werden *Böschungsfußkreise* genannt, im Gegensatz zu *tiefliegenden Kreisen*, welche die untere waagrechte Bodenoberfläche in einer gewissen Entfernung vom Böschungsfußpunkt schneiden. Die zur Verhinderung einer Rutschung längs eines willkürlichen Böschungsfußkreises notwendige Kohäsion ist die erforderliche Kohäsion c_{erf}, und der entsprechende Wert für einen willkürlichen tiefliegenden Kreis ist die erforderliche Kohäsion c_{erf}. Eine Böschungsrutschung tritt längs jenes Böschungsfußkreises auf, für den c_{erf} ein Maximum c_{kr} wird, und ein Bruch im Untergrund tritt längs jenem tiefliegendem Kreis auf, für den c_{erf} ein Maximum c_{kr} wird. Diese beiden Kreise werden der *kritische Böschungsfußkreis* bzw. der *kritische tief-*

liegende Gleitkreis genannt. Der kritische Böschungsfußkreis kann mit der Gleitfläche in der Hinterfüllung einer nachgebenden Stützwand verglichen werden und der tiefliegende Gleitkreis mit jener unterhalb eines überbelasteten Streifenfundamentes. Die Kohäsionswerte $c_{\mathrm{kr}f}$ (kritischer Böschungsfußkreis) und $c_{\mathrm{kr}t}$ (kritischer tiefliegender Kreis) stellen die *kritischen Kohäsionswerte* dar. Die Verfahren zur Auffindung der Lage der kritischen Kreise werden in Abs. 58 bis 91 besprochen. Die kritischen Kohäsionswerte können mit dem Reibungskreisverfahren (Abs. 40) bestimmt werden.

Wenn ein dem Kreis C_t in der Abb. 41c ähnlicher tiefliegender Gleitkreis statt der tatsächlichen Gleitfläche $a_2 id$ der Abb. 42b gesetzt wird, erhalten wir für die kritische Höhe $h_{g\infty}$ bei einem Tiefenfaktor $\alpha_t = \infty$, anstatt

$$h_{g\infty} = 5{,}14\,\frac{c}{\gamma}$$

den Wert

$$h_{g\infty} = 5{,}52\,\frac{c}{\gamma} \tag{12}$$

mit einer Abweichung von 7,4% nach der unsicheren Seite. Bei der Untersuchung geneigter Böschungen ist jedoch der durch die Annahme kreisförmiger Gleitflächen verursachte Fehler wesentlich kleiner.

Der Quotient aus dem kritischen Kohäsionswert $c_{\mathrm{kr}f}$ für einen Böschungsfußkreis und dem kritischen Kohäsionswert $c_{\mathrm{kr}t}$ für einen tiefliegenden Gleitkreis ($c_{\mathrm{kr}f}/c_{\mathrm{kr}t}$) kann größer oder kleiner als die Einheit sein. Wenn $c_{\mathrm{kr}f}/c_{\mathrm{kr}t}$ größer als Eins ist, so haben wir mit einer Rutschung zu rechnen, weil die zur Verhütung einer Böschungsrutschung erforderliche Kohäsion $c_{\mathrm{kr}f}$ größer als $c_{\mathrm{kr}t}$ ist. Andererseits deutet ein Wert von $c_{\mathrm{kr}f}/c_{\mathrm{kr}t}$ kleiner als Eins auf die Gefahr eines Grundbruches hin. Bei einer gegebenen Höhe h einer Böschung hängt der Quotient $c_{\mathrm{kr}f}/c_{\mathrm{kr}t}$ vom Neigungswinkel β und vom Winkel der Scherfestigkeit ϱ ab. In manchen Fällen hängt er auch von der Tiefe t ab, in welcher der Boden auf einer festen Unterlage aufruht. Der Quotient $(t + h)/h$ wird *Tiefenfaktor* α_t genannt. Der Einfluß des Tiefenfaktors auf die Stabilitätsbedingungen wird in Abs. 58 bis 61 besprochen werden.

Das Ersetzen der tatsächlichen Gleitfläche durch einen Kreisbogen wurde erstmalig von Petterson vorgeschlagen. Die auf diese Substitution beruhenden Verfahren wurden von Fellenius (1927) und Taylor 1937) weiterentwickelt. Rendulic (1935b) schlug vor, die tatsächliche Gleitfläche durch eine logarithmische Spirale zu ersetzen. Taylor (1937) hat jedoch gezeigt, daß die mit dem verbesserten Reibungskreisverfahren (Abs. 40) und die nach dem Spiralverfahren erhaltenen Ergebnisse praktisch gleich sind. Da das Reibungskreisverfahren gebräuchlicher ist als das Spiralverfahren, wird das letztere nicht berücksichtigt.

Es wurde auch versucht, die Aufgabe der Stabilität von Böschungen mittels analytischer Verfahren nach der Plastizitätstheorie zu lösen (Frontard 1922. und Jáky 1936). Frontard vernachlässigte die Existenz einer Übergangszone zwischen den Rankineschen Zuständen, die in der Umgebung des oberen und unteren Randes der Rutschmasse vorherrschen. Das heißt, er ersetzte willkürlich das durchlaufende Gleitlinienfeld, wie es in der Abb. 41 b dargestellt ist, durch das in der Abb. 13 a dargestellte unstetige Gleitlinienfeld (Terzaghi 1936 a). Jáky nahm an, daß die Rutschung längs des Bogens eines Böschungsfußkreises eintritt, der die Böschung unter dem Winkel von $45° - \dfrac{\varrho}{2}$ schneidet. Die tatsächliche Gleitfläche schneidet die Böschung unter einem Winkel von $45° - \dfrac{\varrho}{2}$, aber die Annahme ist nicht gerechtfertigt, daß dies für die vereinfachte kreisbogenförmige Gleitfläche ebenfalls gilt. Die durch dieses Vorgehen bedingten Fehler sind sehr groß. Außerdem beachtete keiner der beiden Forscher die Möglichkeit eines Bruches im Untergrund, und ihre Untersuchungsverfahren sind sehr kompliziert. Aus diesen Gründen können die entwickelten Verfahren nicht als befriedigend angesehen werden.

Um den Leser mit dem Berechnungsverfahren vertraut zu machen, werden die mit der Stabilität von Böschungen zusammenhängenden individuellen Aufgaben in nachfolgender Reihe aufgenommen. Zuerst betrachten wir die Bedingungen für die Stabilität von lotrechten Böschungen, weil sie ähnlich jenen für die Stabilität der Hinterfüllung einer Stützmauer sind. Dann lösen wir der Reihe nach die folgenden Aufgaben: a) Berechnung der kritischen Kohäsion für eben geneigte Böschungen, b) Berechnung der kritischen Kohäsion für eine nichtebene Böschung einer geschichteten Bodenmasse und c) Berechnung des Sicherheitsfaktors einer gegebenen Böschung gegen Rutschen. Wegen des bedeutenden Einflusses des Winkels der Scherfestigkeit ϱ auf die Art des Bruches einer Böschung (Rutschung oder Grundbruch) werden diese Aufgaben zuerst unter der Annahme, daß $\varrho = 0$ (Abs. 58 und 59) gelöst werden und dann erst unter der Annahme, daß $\varrho > 0$ (Abs. 60 und 61). Bei der Untersuchung dieser Aufgaben wird das Auftreten von Zugrissen vernachlässigt. Der Einfluß von Zugrissen auf die Stabilität von geneigten Böschungen wird in Abs. 62 besprochen werden.

57. Kritische Höhe einer lotrechten Geländestufe.

Der oberste Teil des an die Böschung anschließenden Bodens ist in einem Zugspannungszustand, wenn der Böschungswinkel größer als der Winkel der Scherfestigkeit ϱ in der Coulombschen Gleichung ist. Die *kritische Höhe* einer Böschung ist die maximale Höhe, die eine Böschung haben kann, bevor die Zugspannungen durch die Bildung von Zugrissen ausgeschaltet werden.

In der folgenden Berechnung der kritischen Höhe lotrechter Böschungen wird angenommen, daß der Bruch längs einer Gleitfläche eintritt die durch den unteren Böschungsrand geht (Böschungsfuß). Es kann gezeigt werden, daß diese Annahme für jeden Wert von ϱ berechtigt ist. Die Scherfestigkeit des Bodens ist durch die COULOMBsche Gleichung ausgedrückt:

$$\tau_s = c + \sigma \, \mathrm{tg}\varrho. \tag{5.1}$$

Das gröbste und einfachste Verfahren zur Bestimmung der kritischen Höhe lotrechter Böschungen beruht auf der Annahme, daß der Boden im Anschluß an die lotrechte Böschungsfläche sich in einem aktiven RANKINEschen Zustand befindet. Nach dieser Annahme ist die Gleitfläche bd in der Abb. 43a eben und schneidet die Waagrechte unter dem Winkel von $45° + \dfrac{\varrho}{2}$ (Abs. 12). Wenn eine unendlich ausgedehnte bindige Masse mit ebener Oberfläche sich in einem RANKINEschen Zustand befindet, ist der gesamte waagrechte Druck E_a auf eine lotrechte Schnittfläche zwischen Oberfläche und der Tiefe h durch Gl. (14.3) bestimmt:

$$E_a = -\,2\,c\,h\,\frac{1}{\sqrt{\lambda_\varrho}} + \frac{1}{2}\,\gamma\,h^2\,\frac{1}{\lambda_\varrho},$$

worin $\lambda_\varrho = \mathrm{tg}^2\left(45° + \dfrac{\varrho}{2}\right)$ das kritische Hauptspannungsverhältnis darstellt. Wenn

$$h = h_c = 4\,\frac{c}{\gamma}\,\sqrt{\lambda_\varrho}\;. \tag{1}$$

ist der gesamte Druck E_a auf die lotrechte Schnittfläche von der Tiefe h_c gleich Null. Für $\varrho = 0$ ist das kritische Hauptspannungsverhältnis gleich Eins und

$$h_c = 4\,\frac{c}{\gamma}\,. \tag{2a}$$

Die Analogie zwischen einer lotrechten Schnittfläche von der Höhe h_c und einer unabgestützten lotrechten Böschungsfläche von der Höhe h_c ist jedoch nicht vollkommen, weil der Spannungszustand längs dieser beiden lotrechten Ebenen verschieden ist. Der obere Teil des lotrechten Schnittes wird durch Zugspannungen und der untere Teil, wie in der Abb. 11e gezeigt ist, durch Druckspannungen beansprucht und der zwischen dem Schnitt und der geneigten Gleitfläche des Gleitkeiles gelegene Boden ist in einem plastischen Zustand. In einer unabgestützten lotrechten Böschung sind die Normalspannungen überall gleich Null, und der über der gedachten, durch den Fuß der Böschung gehenden Gleitfläche gelegene Boden verbleibt in einem elastischen Zustand. Dieser Umstand beeinflußt sowohl die kritische Höhe wie auch die Form der Gleitfläche. Die Erfahrung lehrt, daß die Gleitfläche stark gekrümmt ist. Unter der Annahme einer kreisförmigen Gleitfläche fand FELLENIUS (1927), daß

$$h_c = 3{,}85\,\frac{c}{\gamma}\,. \tag{2b}$$

Dieser Wert ist nur 5% kleiner als der durch die Gl. (2a) gegebene Wert, und wenn ϱ größer als Null wird, ist der Fehler noch kleiner. Daher sind für Abschätzungen die Gl. (1) und (2a) genau genug, so daß die Krümmung der durch den Fuß einer lotrechten Böschung verlaufenden Gleitfläche vernachlässigt werden kann. In den folgenden Untersuchungen, die sich auf den Einfluß von Zugrissen auf die Stabilität lotrechter Böschungen beziehen, wird diese Gleitfläche als eben angenommen.

Der obere Teil des an die Sichtfläche der Böschung angrenzenden Bodens ist in einem Zugspannungszustand, der in Abb. 42a durch die schraffierte Fläche gekennzeichnet ist. Wenn einer der Zugrisse die gedachte Gleitfläche bd in Abb. 43a in der Tiefe z unter der Oberfläche schneidet, nimmt der keilförmige Teil $a_1 d d_1$ des

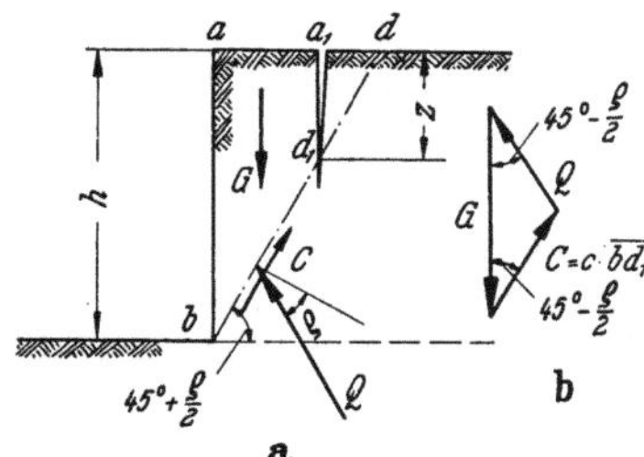

Abb. 43. Stabilitätsbedingungen einer lotrechten Böschung, wenn Zugrisse aufgetreten sind.

Bodens an der Rutschung nicht teil. Die Gleichgewichtsbedingungen des angrenzenden Körpers $a a_1 d_1 b$ vom Gewicht G pro Längeneinheit sind durch das in der Abb. 43b angegebene Krafteck dargestellt. Das Gewicht beträgt

$$G = \frac{1}{2}\,\gamma\,(h^2 - z^2)\,\mathrm{tg}\left(45^\circ - \frac{\varrho}{2}\right) = \frac{1}{2}\,\gamma\,(h^2 - z^2)\,\frac{1}{\sqrt{\lambda_\varrho}}\,.$$

Die längs $b d_1$ wirkende Kohäsion ist

$$C = (h - z)\,\frac{c}{\cos\left(45^\circ - \dfrac{\varrho}{2}\right)}\,,$$

und die Reaktionskraft Q wirkt unter dem Winkel ϱ zur Flächennormalen $b d_1$. Wir erhalten aus dem Kräftedreieck

$$G = \frac{1}{2}\,\gamma\,(h^2 - z^2)\,\frac{1}{\sqrt{\lambda_\varrho}} = 2\,C\cos\left(45^\circ - \frac{\varrho}{2}\right) = 2\,c\,(h - z)$$

oder

$$h = h'_{\mathrm{kr}} = 4\,\frac{c}{\gamma}\,\sqrt{\lambda_\varrho} - z = h_c - z\,, \tag{3}$$

darin ist h_{cr} die durch Gl. (1) gegebene Höhe. Unter normalen Umständen erreichen die Zugrisse keine größere Tiefe als etwa die halbe Höhe einer lotrechten Böschung. Unter der Annahme $z = h'_{\mathrm{kr}}/2$

erhalten wir aus Gl. (3)

$$h'_{kr} = \frac{2h_{kr}}{3} = 2{,}67\,\frac{c}{\gamma}\,\sqrt{\lambda_\varrho} \tag{4}$$

und für $\varrho = 0$ mit $\lambda_\varrho = 1$

$$h'_{kr} = 2{,}67\,\frac{c}{\gamma}\,. \tag{5}$$

h'_{kr} stellt die maximale Höhe einer lotrechten Böschung dar, die durch Zugrisse geschwächt ist. Wenn die Höhe einer unabgestützten lotrechten Böschung h'_{kr} nicht erreicht [Gl. (4) und (5)], kann diese Böschung als stabil angesehen werden, wenn ihre Gleichgewichtsbedingungen nicht verändert werden. Durch die Ansammlung von Oberflächenwasser in den offenen Zugrissen kann eine Änderung der Gleichgewichtsbedingungen eintreten.

Es bleibt noch die anfängliche Annahme zu begründen, daß bei einer unabgestützten lotrechten Böschung keine Grundbruchgefahr besteht. Für $\varrho = 0$ tritt kein Grundbruch ein, solange die Höhe der Böschung kleiner als h_g [Gl. (56.8)] bleibt. Diese Höhe nimmt mit zunehmenden Werten des Tiefenfaktors $\alpha_t = (t + h)/h$ ab. Für $\alpha_t = \infty$ erreicht sie ihren Kleinstwert

$$h_{g\infty} = 5{,}14\,\frac{c}{\gamma}\,. \tag{56.11}$$

Selbst dieser Kleinstwert ist beträchtlich größer als die kritische Höhe $h_{kr} = 4c/\gamma$ [Gl. (2a)].

Ähnliche Untersuchungen zeigten, daß der Quotient h_g/h_{kr} mit zunehmenden Werten des Winkels der Scherfestigkeit ϱ rasch zunimmt. Diese Ergebnisse stimmen mit unserer am Beginn getroffenen Annahme überein.

58. Stabilitätsfaktor und kritischer Gleitkreis für $\varrho = 0$.

In der Abb. 44a ist be ein willkürlicher Böschungsfußkreis einer geneigten Böschung ab, die mit der Waagrechten den Winkel β einschließt. Seine Lage ist bezüglich der Böschung durch zwei Winkel bestimmt. Wir nehmen dazu den Neigungswinkel α der Sehne be und den Zentriwinkel 2ϑ.

Es bedeuten:
G Gewicht des Bodenabschnittes $abfe$ pro Längeneinheit der Böschung,
a Hebelarm des Gewichtes G vom Mittelpunkt 0 des Böschungsfußkreises,
r Radius des Böschungsfußkreises,
l Länge des Bogens be,
c_{erf} zur Verhütung einer Gleitbewegung längs be erforderliche Kohäsion pro Flächeneinheit.

Für $\varrho = 0$ wirkt einer Rutschung längs be nur die Kohäsion $c_{erf}\,l$ pro Längeneinheit der Böschung entgegen. Aus Gleichgewichtsgründen muß die Summe der Momente um den Drehmittelpunkt O gleich Null sein:

$$Ga - c_{\text{erf}}\, l r = 0$$

oder

$$c_{\text{erf}} = G\,\frac{a}{r\,l}\,. \tag{1}$$

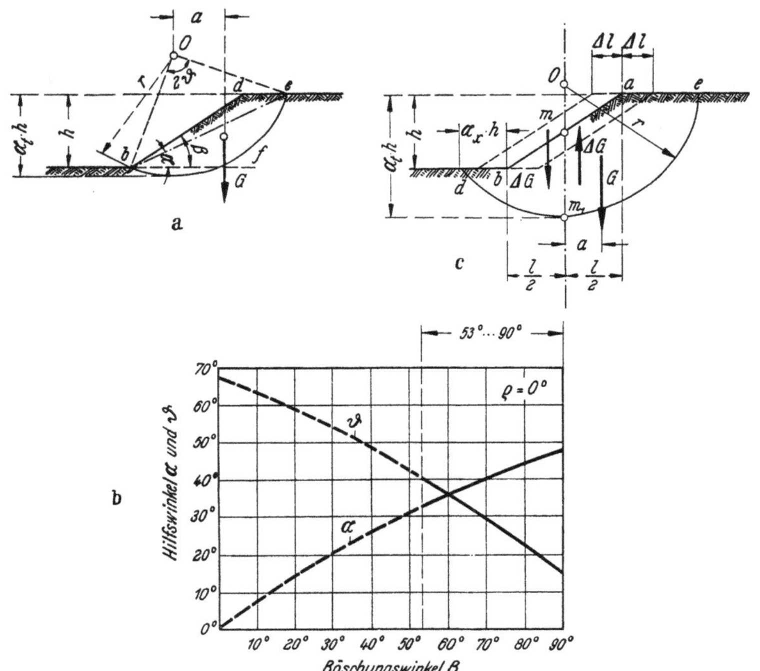

Abb. 44a—c. a Böschungsrutschung entlang dem kritischen Böschungsfußkreis; b die Hilfswinkel α und ϑ im Querschnitt a als Funktion des Böschungswinkels β; c Diagramm für den Beweis, daß der Grundbruch bei homogenem Boden längs eines tiefliegenden Gleitkreises eintreten muß.

Die Berechnung der Werte G, a und l aus den in der Abbildung angegebenen geometrischen Beziehungen zeigt, daß

$$c_{\text{erf}} = \gamma\, h\,\frac{1}{f(\alpha,\,\beta,\,\vartheta)}\,, \tag{2a}$$

worin γ das Raumgewicht des Bodens und $f(\alpha,\,\beta,\,\vartheta)$ eine Funktion der Winkel α, β und ϑ bedeutet. Die Böschungsrutschung tritt längs jenes Böschungsfußkreises auf, für den c_{erf} ein Maximum ist (kritischer Böschungsfußkreis). Wenn der Böschungswinkel β konstant bleibt, ist die Lage des kritischen Böschungsfußkreises durch die Bedingung gegeben:

$$\frac{\partial c_{\text{erf}}}{\partial \alpha} = 0 \quad \text{und} \quad \frac{\partial c_{\text{erf}}}{\partial \vartheta} = 0\,. \tag{2b}$$

Durch Auflösung dieser Gleichungen und Einsetzen der so erhaltenen Werte von α und ϑ in Gl. (1) erhält man für die zur Verhinderung einer Rutschung längs eines kritischen Böschungsfußkreises notwendigen Kohäsion c_{kr}

$$c_{\mathrm{kr}} = \frac{\gamma h}{f(\alpha, \beta, \vartheta)} = \frac{\gamma h}{\varkappa_s}, \tag{3}$$

worin $\varkappa_s$ eine dimensionlose Größe, den *Stabilitätsfaktor*, bedeutet, dessen Wert nur vom Böschungswinkel abhängt. Wenn die Kohäsion einen gegebenen Wert, *die vorhandene Kohäsion c*, besitzt, während die Höhe der Böschung veränderlich ist, so erhalten wir aus der vorhergehenden Gleichung

$$h_{\mathrm{kr}} = \frac{c}{\gamma} \varkappa_s. \tag{4}$$

Die Höhe h_{kr} ist die *kritische Höhe einer geneigten Böschung*. Sie stimmt bei lotrechten Böschungen mit der durch Gl. (57.2b) gegebenen kritischen Höhe überein. Der Stabilitätsfaktor $\varkappa_s$ ist mit dem Tragfähigkeitsfaktor $\varkappa_c$ (Abs. 46) vergleichbar. FELLENIUS (1927) hat Gl. (2) für verschiedene Werte von β gelöst. Die Ergebnisse seiner Untersuchungen sind in den Abb. 44b und 45a graphisch dargestellt. In der Abb. 44b sind die Werte α und ϑ als Funktion des Böschungswinkels β aufgetragen. Sie bestimmen die Lage des Mittelpunktes des kritischen Böschungsfußkreises. Wenn $\beta = 60°$, wird α gleich ϑ, und die Tangente an den Böschungsfußkreis ist im Fuß der Böschung waagrecht. Die Werte des Stabilitätsfaktors $\varkappa_s$ für eine Rutschung längs eines kritischen Böschungsfußkreises sind durch die Ordinaten der Kurve $aABb$ im Diagramm der Abb. 45a dargestellt. Sie nehmen von 3,85 für $\beta = 90°$ bis 8,36 für $\beta = 0$ zu. Die Ordinaten der voll gezeichneten, mit $\varrho = 0$ im Diagramm der Abb. 45c bezeichneten Kurven stellen den Tiefenfaktor

$$\alpha_t = \frac{t + h}{h} \tag{5}$$

für den tiefsten Punkt der Gleitfläche längs eines kritischen Böschungsfußkreises dar. Für Böschungswinkel über 60° (rechte Seite von Punkt C der Kurve aAb in der Abb. 45a) ist der Tiefenfaktor gleich Eins. Die Gleitfläche verläuft vom Böschungsfuß gegen die Böschung zu. Wenn andererseits $\beta < 60°$, liegt der tiefste Teil der Gleitfläche unterhalb dem Horizont des Böschungsfußes, wie aus der Abb. 44a hervorgeht.

Um die Gleichgewichtsbedingungen einer geneigten Böschung bei Grundbruch zu untersuchen, berechnen wir die Kräfte, die auf den oberhalb eines willkürlichen tiefliegenden Gleitkreises dm_1e gelegenen Körpers $abdm_1e$ (Abb. 44c) wirken. Der Mittelpunkt dieses Kreises wird in der Lotrechten durch die Böschungsmitte m angenommen. Die zur Verhütung einer Rutschung längs dieses Kreises erforderliche Kohäsion c_{erf} ist durch Gl. (1) ausgedrückt:

$$c_{\text{erf}} = G \frac{a}{r\,l}\,.$$

Wenn wir den Mittelpunkt O des Kreises und den Bogen dm_1e festhalten, während wir die Böschung um den Abstand Δx nach links verschieben, erhöhen wir das Gewicht G um ΔG und vermindern das Moment um $\Delta G\,\Delta x/2$. Verschieben wir andererseits die Böschung auf ähnliche Art um den Abstand Δx nach rechts, dann vermindern wir das Gewicht G um ΔG, aber gleichzeitig vermindern wir das Moment um den Punkt O ebenfalls um $\Delta G\,\Delta x/2$. In jedem Fall nimmt das die Rutschung fördernde Moment ab, während das Moment der Widerstandskräfte clr unverändert bleibt. Deshalb ist die Lotrechte durch den Böschungsmittelpunkt m der geometrische Ort der Mittelpunkte aller Kreise, für die das die Rutschung fördernde Moment ein Maximum wird. Diese Kreise sind ausschließlich tiefliegende Kreise. Die Lage eines tiefliegenden Kreises relativ zur Böschung ist durch zwei dimensionslose Größen bestimmt, durch den Tiefenfaktor $\alpha_t = (t+h)/h$ und dem Quotient

$$\alpha_x = \frac{\overline{d\,b}}{h} \tag{6}$$

aus dem waagrechten Abstand db in der Abb. 44c und der Höhe h der Böschung. Eine Berechnung der Werte G, h und l der Gl. (1) aus den aus der Abb. 44c zu entnehmenden geometrischen Beziehungen zeigt, daß

$$c_{\text{erf}} = \gamma\,h\,\frac{1}{f(\beta,\,\alpha_x,\,\alpha_t)}\,, \tag{7a}$$

worin γ das Raumgewicht und $f(\beta,\,\alpha_x,\,\alpha_t)$ eine Funktion der Werte β, α_x und α_t bedeutet. Die Werte α_t und α_x müssen für den kritischen tiefliegenden Gleitkreis die weitere Bedingung erfüllen:

$$\frac{\partial c_{\text{erf}}}{\partial \alpha_t} = 0 \quad \text{und} \quad \frac{\partial c_{\text{erf}}}{\partial \alpha_x} = 0\,. \tag{7b}$$

Diese Gleichungen sind erfüllt, wenn

$$\alpha_t = \infty \quad \text{und} \quad h_{\text{kr}} = 5{,}52\,\frac{c}{\gamma} \tag{8}$$

für jeden Wert des Böschungswinkels β wird. Der Wert h_{kr} ist mit dem durch Gl. (56.12) gegebenen Wert identisch. In der Abb. 45a ist Gl. (8) durch die waagrechte Gerade cd dargestellt. Diese schneidet die $\varkappa_t$-Linie des kritischen Böschungsfußkreises im Punkt A mit der Abszisse $\beta = 53°$. Wenn der Böschungswinkel β daher kleiner als $53°$

ist, gibt es zwei Möglichkeiten. Wenn die Bodenoberfläche vor dem Böschungsfuß waagrecht ist, hat man einen Grundbruch zu erwarten, und die kritische Höhe h_{kr} [Gl. (8)] ist vom Böschungswinkel β unabhängig. Wenn die vor dem Böschungsfuß angrenzende Bodenoberfläche jedoch nach der Abb. 45b verläuft, dann verhütet das Gewicht des Bodens unter der Gegenböschung den Grundbruch, und man hat

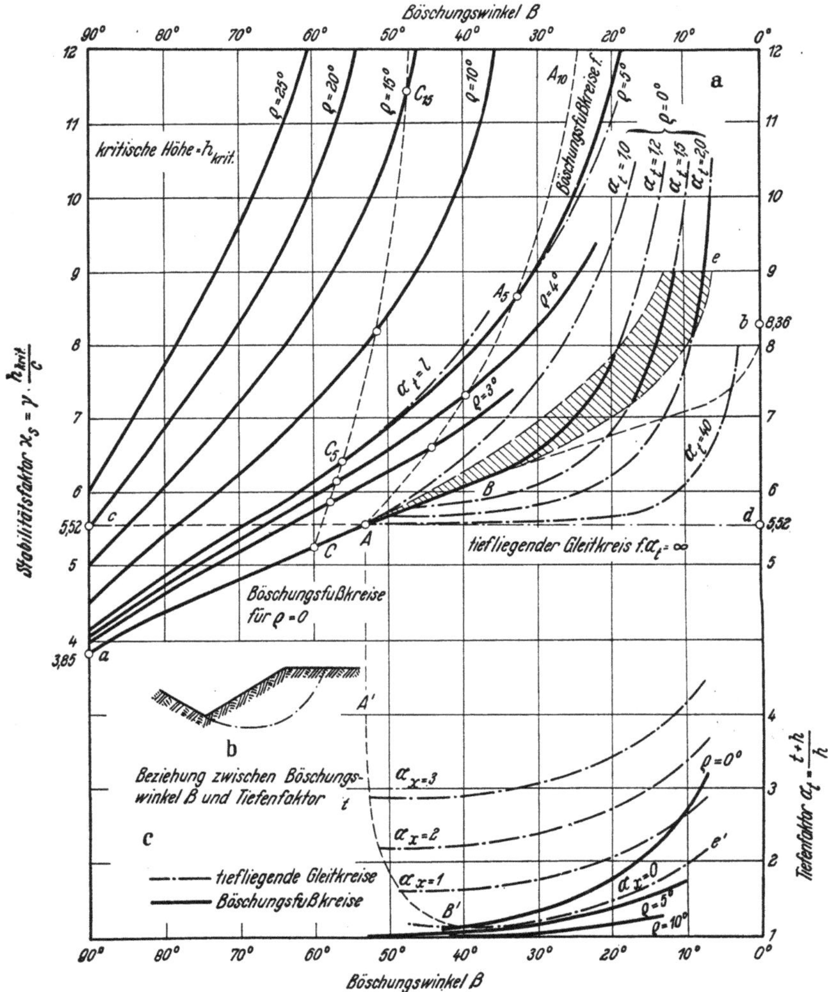

Abb. 45a—c. a Beziehung zwischen dem Böschungswinkel β und dem Stabilitätsfaktor $\varkappa_s$ für verschiedene Werte des Tiefenfaktors α_t und des Winkels der inneren Reibung ϱ; b Form des Böschungsquerschnittes, die einen Grundbruch ausschließt; c Beziehung zwischen Böschungswinkel β und Tiefenfaktor α_t für verschiedene Werte von α_x (s. Abb. 44c) und von ϱ. (Nach veröffentlichen Angaben von D. W. Taylor 1937.)

eine Rutschung längs eines kritischen Böschungsfußkreises zu erwarten. Die entsprechenden Werte des Stabilitätsfaktors $\varkappa_s$ sind durch die Ordinaten der Kurve ABb dargestellt.

In der vorhergehenden Erörterung wurde stillschweigend angenommen, daß der ganze kritische Kreis durch homogenes Material verläuft. In Wirklichkeit ruht jede Bodenmasse in einer gewissen endlichen Tiefe t auf einer festen Schicht auf. Eine solche Begrenzung der Tiefe des untersten Gleitflächenpunktes hat einen Einfluß auf die kritische Höhe sowohl bei einer Böschungsrutschung wie auch beim Grundbruch. Wenn die Oberfläche der festen Schicht z. B. den Böschungsfußkreis, der in Abb. 45 b dargestellt ist, schneidet, dann tritt die Rutschung längs eines diese Oberfläche berührenden Kreises ein. Dieser Kreis kann entweder ein Böschungsfußkreis sein, oder er schneidet die Böschung in einer gewissen Entfernung oberhalb des Fußes. (*Böschungskreis*).

Der tiefste Punkt des kritischen tiefliegenden Gleitkreises nach Gl. (8) liegt in unendlicher Tiefe. Wenn eine feste Schicht die Ausweitung über eine Tiefe t hinaus verhindert, berührt der kritische tiefliegende Gleitkreis die Oberfläche der festen Schicht, und der Tiefenfaktor wird

$$\alpha_t = \frac{h+t}{h}.$$

Da die Größe des Tiefenfaktors durch die Tiefe, in der die feste Schicht liegt, bestimmt ist, wird die erste der beiden durch die Gl. (7b) ausgedrückten Bedingungen bedeutungslos, und die Lage des kritischen tiefliegenden Gleitkreises gegenüber der Böschung ist durch die zweite Gleichung gegeben, wonach

$$\frac{\partial c_{\mathrm{erf}}}{\partial \alpha_x} = 0.$$

Aus dieser Gleichung erhalten wir für die zur Verhütung eines Grundbruches notwendige Kohäsion $c_{\mathrm{kr}} = c_{\mathrm{erf\,max}}$ bei einer gegebenen Böschungshöhe h die Gleichung

$$c_{\mathrm{kr}} = \frac{\gamma\,h}{\varkappa_s}.$$

Die Größe des Stabilitätsfaktors $\varkappa_s$ hängt vom Böschungswinkel und vom Tiefenfaktor α_t ab. Bei gegebener Kohäsion ergibt sich die entsprechende kritische Böschungshöhe zu

$$h_{\mathrm{kr}} = \frac{c}{\gamma}\,\varkappa_s.$$

Diese Gleichung ist mit Gl. (4) identisch, nur sind die Zahlenwerte von $\varkappa_s$ verschieden, weil der Wert $\varkappa_s$ in Gl. (4) den kritischen Böschungsfußkreisen entspricht und jener in der vorigen Gleichung sich auf die kritischen tiefliegenden Gleitkreise bezieht.

Der Einfluß des Tiefenfaktors α_t auf den Stabilitätsfaktor $\varkappa_s$ ist durch die mit $\alpha_t = 1$, $1,2$ usw. bezeichneten Kurven in der Abb. 45a dargestellt. Diese Kurven werden nach den Ergebnissen der von TAYLOR (1937) aufgestellten theoretischen Untersuchungen gezeichnet. Daraus ist ersichtlich, daß der Einfluß des Tiefenfaktors auf die Stabilitätsbedingungen von Böschungen nur bei Böschungsneigungen kleiner als 60° hervortritt. Nach den vorhergehenden Ausführungen rutschen steilere Böschungen nur längs des kritischen Böschungsfußkreises. Für $\beta > 60°$ liegt die ganze Gleitfläche oberhalb des Horizontes vom Böschungsfuß, und die entsprechenden Stabilitätsfaktoren sind durch die Ordinaten der Kurve aA der Abb. 45a gegeben. Bei solchen Böschungen besteht keine Gefahr, daß der Untergrund nachgibt.

Für Böschungswinkel zwischen 53° und 60°, die durch die Abszissen der Punkte C und A dargestellt sind, besteht ebenfalls keine Grundbruchgefahr. Wenn der Tiefenfaktor α_t jedoch sehr klein ist, schneidet der kritische Böschungsfußkreis die feste Schicht, die dann ein Abrutschen längs dieses Kreises verhindert. Daraus folgt, daß bei $\alpha_t = 1$ die Rutschung nach einem Kreis erfolgt, der die Böschung schneidet. Die entsprechenden Werte des Stabilitätsfaktors $\varkappa_s$ sind in der Abb. 45a durch die Ordinaten der mit $\alpha_t = 1$ bezeichneten, strichpunktierten und im Punkt C beginnenden Kurve dargestellt.

Wenn der Böschungswinkel β kleiner als 53° ist (Abszisse des Punktes A in Abb. 45a), so müssen drei verschiedene Möglichkeiten unabhängig voneinander betrachtet werden, nämlich a) der Tiefenfaktor α_t ist größer als etwa 4,0, b) α_t liegt zwischen etwa 1,2 und 4,0 und c) α_t ist kleiner als etwa 1,2.

a) Wenn α_t größer als etwa 4,0 wird, ist der Stabilitätsfaktor $\varkappa_s$ praktisch vom Böschungswinkel unabhängig, wenn der Böschungswinkel β nicht kleiner als etwa 15° wird. Für alle Werte von β über etwa 15° ist $\varkappa_s$ gleich oder etwas größer als 5,52, wie aus der waagrechten Linie Ad der Abb. 45a zu erkennen ist. Die Böschung rutscht längs eines tiefliegenden, die feste Schicht berührenden Gleitkreises.

b) Wenn α_t zwischen etwa 1,2 und 4,0 liegt, kann die Kurve für die Beziehung zwischen β und $\varkappa_s$ durch Interpolation zwischen den mit $\alpha_t = 1,2$, 2,0 und 4,0 bezeichneten Kurven erhalten werden. Jede dieser Kurven zweigt von der voll gezeichneten Kurve AB im Punkt mit der Abszisse β_1 ab. Wenn der Böschungswinkel größer als β_1 ist, tritt die Rutschung längs eines kritischen Böschungsfußkreises ein. Für solche Werte ist der Stabilitätsfaktor durch die Ordinaten von aAB gegeben. Ist der Böschungswinkel kleiner als β_1, ist $\varkappa_s$ durch die Ordinaten einer α_t-Kurve bestimmt. Jede dieser Kurven, z. B. die Kurve $\alpha_t = 1,5$, beginnt stets waagrecht und wird nach rechts zu steiler. Jeder unterhalb der schraffierten Fläche gelegene Punkt stellt eine Rutschung längs eines tiefliegenden Kreises dar. Jeder innerhalb der schraffierten Fläche gelegene Punkt entspricht einem Böschungsfußkreis und jeder oberhalb gelegene Punkt einem Böschungskreis. In jedem Fall berührt der Kreis die Oberfläche der festen Schicht.

c) Ist α_t kleiner als etwa 1,2, tritt die Rutschung entweder längs eines Böschungsfuß- oder Böschungskreises, der die feste Unterlage berührt, ein. Die Kurve, die die Beziehung zwischen β und dem Stabilitätsfaktor $\varkappa_s$ darstellt, kann durch Interpolation zwischen den beiden mit $\alpha_t = 1$ und $\alpha_t = 1,2$ bezeichneten Kurven gefunden werden. Jeder Punkt einer solchen innerhalb der schraffierten Fläche gelegenen Kurve entspricht einer Rutschung längs eine Böschungsfußkreises. Die oberhalb dieser Fläche gelegenen Punkte stellen Bruchzustände bei Rutschungen längs Böschungskreisen dar.

Die kritischen tiefliegenden Gleitkreise schneiden die untere waagrechte Geländeoberfläche im Abstand $\alpha_x h$ vom Böschungsfuß. Da die Mittelpunkte dieser Kreise auf der Lotrechten durch den Böschungsmittelpunkt liegen und weil diese Kreise die feste Unterlage berühren, bestimmen die α_x-Werte die Lage der Kreise gegenüber der Böschung. Diese Werte können mit dem Diagramm Abb. 45c geschätzt werden. In diesem Diagramm stellen die Abszissen den Böschungswinkel und die Ordinaten den Tiefenfaktor dar. Jeder oberhalb der Kurve $A'B'e'$ gelegene Punkt entspricht einem kritischen tiefliegenden Gleitkreis mit dem Tiefenfaktor α_t, der die feste Schicht berührt. Für jeden gegebenen Wert von β und α_t kann der zugehörige Wert α_x durch Interpolation zwischen den mit $\alpha_x = 0$ bis 3 bezeichneten Kurven ermittelt werden.

Um den Einfluß des Tiefenfaktors α_t auf die Art des Bruches und auf den Stabilitätsfaktor zu veranschaulichen, untersuchen wir die verschiedenen Bruchmöglichkeiten einer unter $\beta = 20°$ geneigten Böschung. Durch Interpolation finden wir, daß die Punkte auf den beiden Grenzkurven der schraffierten Fläche der Abb. 45a mit der Abszisse $\beta = 20°$ zu $\varkappa_s$-Kurven mit den Werten $\alpha_t = 1,40$ bzw. 1,18 gehören. Für α_t-Werte zwischen ∞ und 1,4 nimmt der Stabilitätsfaktor von 5,52 für $\alpha_t = \infty$ auf 7,0 für $\alpha_t = 1,4$ zu, und der Bruch der Böschung tritt durch eine Rutschung längs eines tiefliegenden Gleitkreises ein. Bei den Werten $\alpha_t = 1,4$ bis 1,18 rutscht die Böschung längs eines die feste untere Schicht berührenden Böschungsfußkreises, und die $\varkappa_s$-Werte nehmen von 7,0 bis 7,9 zu. Für Werte zwischen 1,18 und 1,0 rutscht die Böschung längs eines die Böschung schneidenden Kreises, und die Größe von $\varkappa_s$ nimmt von 7,9 bei $\alpha_t = 1,18$ auf 9,4 bei $\alpha_t = 1,0$ zu.

59. Stabilitätsuntersuchungen für $\varrho = 0$.

Die folgenden Aufgaben treten in der Praxis häufig auf:

a) Die Kohäsion einer weichen Tonschicht ist bekannt, und es soll die Neigung bestimmt werden, unter der bei einer gegebenen Tiefe die Seitenfächen eines Einschnittes ausgebildet werden.

b) Eine Rutschung ist bereits eingetreten, und es soll der Mittelwert der Kohäsion, die vor Eintritt der Rutschung vorhanden war, bestimmt werden; und

c) Es soll der Sicherheitsfaktor einer bestehenden Böschung ermittelt werden, wenn der Ton eine bekannte, jedoch veränderliche Kohäsion besitzt.

Die erste Aufgabe kann mit den Angaben des Diagrammes der Abb. 45a rasch gelöst werden. Zur Veranschaulichung des Vorganges nehmen wir an, daß in einem weichen Ton ein Einschnitt von 6 m Tiefe hergestellt werden soll. Die Scherfestigkeit des Tones ist $c = 2{,}43$ t/m² und das Raumgewicht $\gamma = 1{,}94$ t/m³. Der Neigungswinkel der Einschnittsböschungen soll so gewählt werden, daß der Sicherheitsfaktor gegen Rutschen gleich 1,5 ist. Zur Erfüllung der Sicherheitsanforderung darf der kritische Kohäsionswert nicht größer sein als

$$c_{\mathrm{kr}} = \frac{2{,}43}{1{,}5} = 1{,}62 \text{ t/m}^2 .$$

Setzen wir in Gl. (58.3) $h = 6$ m, $\gamma = 1{,}94$ t/m³ und $c_{\mathrm{kr}} = 1{,}62$ t/m², so erhalten wir

$$c_{\mathrm{kr}} = 1{,}62 = \frac{\gamma\, h}{\varkappa_s} = \frac{1{,}94 \cdot 6{,}0}{\varkappa_s}$$

oder

$$\varkappa_s = 7{,}18 .$$

Dieser Wert ist größer als die Ordinate des Punktes A in Abb. 45a. Der zulässige Böschungswinkel hängt daher vom Tiefenfaktor ab. Wenn die feste Unterlage der Tonschicht in der Höhe der Einschnittssohle liegt, ist der Tiefenfaktor α_t Gl. (585) gleich Eins. Dem Wert $\varkappa_s = 7{,}18$ entspricht auf der $\varkappa_s$-Kurve für $\alpha_t = 1$ eine Abszisse $\beta = 33°$. Da der $\varkappa_s = 7{,}18$ darstellende Punkt oberhalb der schraffierten Fläche liegt, schneidet der kritische Kreis die Böschung. Wenn der Ton aber erst in einer Tiefe von 3,0 m unterhalb der Einschnittssohle auf einer festen Schicht aufruht, beträgt der Tiefenfaktor $\alpha_t = 1{,}5$. Für $\varkappa_s = 7{,}18$ erhalten wir aus der mit $\alpha_t = 1{,}5$ bezeichneten $\varkappa_s$-Kurve den Wert $\beta = 17° 30'$. Der entsprechende Punkt auf der Kurve liegt in geringer Entfernung unterhalb der unteren Begrenzung der schraffierten Fläche. Der kritische Kreis ist daher ein tiefliegender Kreis, der die Einschnittssohle in unmittelbarer Nähe des Böschungsfußes schneidet. Er berührt die feste Unterlage in der Lotrechten durch den Böschungsmittelpunkt.

Das obige Beispiel zeigt den starken Einfluß des Tiefenfaktors α_t auf den zu wählenden standsicheren Wert von β, wenn $\varrho = 0$ und $\varkappa_s > 5{,}5$.

Die zweite Aufgabe ist durch Abb. 46a dargestellt, die einen Schnitt durch eine abgerutschte Böschung skizziert. Das Raumgewicht des Tones ist γ, und die Form der Gleitfläche efd wurde mittels Schürfgruben festgestellt. Aus Beobachtungen in der Natur kennen

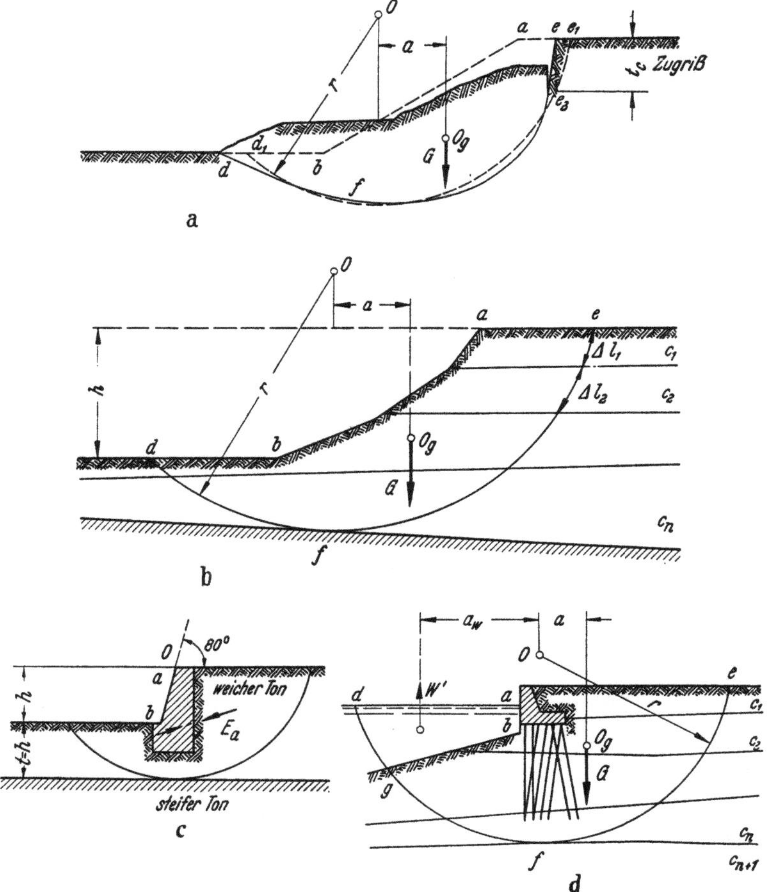

Abb. 46a—d. a Ersatz der wirklichen Gleitkurve (volle Linie) durch eine kreisbogenförmige; (b bis d) Brucherscheinungen im Untergrund für Ton mit $\varrho = 0$: b unter einer geschichteten Böschung aus bindigem Boden; c unter einer Stützmauer; d unterhalb einer auf Pfählen gegründeten Kaimauer.

wir auch die ungefähre Tiefe t_c der Zugrisse, die sich vor der Rutschung entwickelt haben. Zur Bestimmung der Kohäsion c_{erf}, die der Rutschung im Augenblick des Bruches entgegengewirkt hat, ziehen wir einen Kreisbogen e_1fd_1 in möglichst guter Anschmiegung an die tatsächliche Gleitkurve efd. Der Radius der Kreises ist r, und sein Mittelpunkt liegt in O. Es wird angenommen, daß die Kohäsion c_{erf} über der Bogenlänge l gewirkt hat, die von d_1 bis zum Punkte e_2 in einer Tiefe t_c unterhalb dem oberen Böschungsrand reicht. Das Gewicht des oberhalb des Bogens $e_2 f d_1$ gelegenen Bodens ist G pro Längeneinheit der Böschung. Bevor die Rutschung eingetreten ist, war der Hebelarm des Gewichtes G in bezug auf den Drehmittelpunkt O gleich a. Die Kohäsion ist durch die Gleichung gegeben:

$$c_{\mathrm{erf}} = \frac{G\,a}{r\,l}. \tag{58.1}$$

Die dritte Aufgabe behandelt Böschungsrutschungen bei gebrochener Böschungslinie, wenn der unter der Böschung gelegene Boden nicht homogen ist. Der Vorgang wird durch Abb. 46b erläutert. Diese Abbildung stellt einen Schnitt durch eine Böschung mit gebrochener Böschungslinie aus weichem Ton dar. Die mechanischen Eigenschaften des Tones wurden aus ungestört entnommenen Proben im Laboratorium ermittelt. Nach den Versuchsergebnissen unterteilen wir die Tonschicht in Einzelschichten mit den mittleren Kohäsionswerten c_1, c_2, ..., c_n. Dann ziehen wir einen Kreisbogen efd auf die Weise, daß der innerhalb der weichsten Schicht liegende Bogenabschnitt so lang wie möglich ist. Der Mittelpunkt des Kreises ist O, der Schwerpunkt des oberhalb des Bogens liegenden Tones ist O_g, und das Gewicht des Körpers $aefd$ ist G pro Längeneinheit der Böschung. Dem Drehmoment wirkt das Moment M_c der Kohäsion entgegen:

$$M_c = r \sum_{1}^{n} c_n \varDelta l_n,$$

worin $\varDelta l_n$ die Länge jenes Bogenabschnittes bedeutet, der innerhalb der Schicht mit der Kohäsion c_n liegt. Der Sicherheitsfaktor der Böschung gegen Rutschen längs des Bogens efd ist

$$f_s = \frac{M_c}{G\,a} = \frac{r \sum_{1}^{n} c_n \varDelta l_n}{G\,a}. \tag{1}$$

Diese Untersuchung muß für verschiedene Kreise wiederholt werden. Der Sicherheitsfaktor der Böschung ist gleich dem kleinsten Wert aller so erhaltener f_s-Werte. Der Vorgang beruht nur auf Probieren.

Das vorhergehende Verfahren zur Untersuchung der Stabilität von Böschungen kann auch dann angewendet werden, wenn die Böschung durch eine Konstruktion, wie z. B. eine Stützmauer, gehalten wird. Die Abb. 46c stellt einen Schnitt durch eine Stützmauer von der Höhe h dar, die eine lotrechte Stufe aus weichem homogenem Ton stützt. Der Ton ruht in einer Tiefe $t = h$ auf einer festen Schicht auf. Der Tiefenfaktor ist daher $\alpha_t = 2$. Wenn die Stützwand in der Lage ist, den seitlichen Erddruck E_a ohne zu kippen oder zu gleiten aufzunehmen, kann keine Böschungsrutschung auftreten. Es muß daher nur die Möglichkeit eines Grundbruches in Betracht gezogen werden. Für eine rohe Schätzung kann der Unterschied zwischen dem Raumgewicht des Betons und jenem des Tones vernachlässigt werden. Sind beide Raumgewichte gleich, dann sind die Stabilitätsbedingungen der Stützwand identisch mit jenen einer unabgestützten Böschung ab in bezug auf einen Grundbruch unterhalb einer solchen Böschung. Da der Tiefenfaktor α_t gleich 2,0 ist, wird der Stabilitätsfaktor für Rutschungen längs tiefliegenden Gleitkreisen durch die Kurve $\alpha_t = 2$ in der Abb. 45a bestimmt. Setzen wir diese Kurve nach links fort, bis sie die linke Seite des Diagramms (in der Abbildung nicht gezeigt) schneidet, dann finden wir, daß der Stabilitätsfaktor für einen Böschungswinkel $\beta = 80°$ gleich 5,60 ist. Aus Gl. (58.4) erhalten wir für eine solche Böschung die entsprechende kritische Höhe h_{kr}:

$$h_{\mathrm{kr}} = \frac{c}{\gamma}\,\varkappa_s = 5,6\,\frac{c}{\gamma}\,.$$

Wenn die Stützwand höher als h_{kr} wird, dann bricht der Untergrund der Wand, wie in der Abbildung gezeigt ist, längs eines die Oberfläche der festen Schicht berührenden tiefliegenden Gleitkreises, wenn die Wand nur stark genug ist, um eine Böschungsrutschung zu vermeiden. Die Drehbewegung um 0 umfaßt sowohl die Wand wie auch die angrenzenden Tonmassen.

Um für die kritische Höhe h_{kr} der Wand einen genaueren Wert zu bekommen, muß das Mehrgewicht der Wand gegenüber einem Körper aus Ton mit denselben Abmessungen berücksichtigt werden. Das Mehrgewicht verändert die Lage des Mittelpunktes des kritischen Kreises, und es vermindert in gewissem Maße die Größe des Stabilitätsfaktors $\varkappa_s$. Die Bestimmung des verbesserten Wertes von $\varkappa_s$ kann nur durch Probieren erfolgen.

Die Abb. 46d stellt den Schnitt durch eine auf Pfählen gegründete Kaimauer dar. Wegen der Scherfestigkeit der Pfähle verläuft die mögliche Gleitfläche efd außerhalb der Pfahlspitzen. Das auf der linken Seite der Wand befindliche freie Wasser stellt eine Schicht mit dem Raumgewicht γ_w und der Kohäsion Null dar. Die Kohäsion der anderen Schichten ist c_1, c_2 usw. Das Gewicht G umfaßt das Gewicht von allen oberhalb efd gelegenen Teilen, einschließlich der Wand und dem Wasser, bezogen auf die Längeneinheit der Wand. Der Sicherheitsfaktor gegen Rutschen ist durch Gl. (1) gegeben. Die Lage des kritischen Kreises kann durch Probieren gefunden werden, wie es früher im Zusammenhang mit der Abb. 46b beschrieben wurde. Der auf die in den Abb. 46c und 46d dargestellten Konstruktionen wirkende Erddruck geht in die Rechnung nicht ein, da er eine innere Kraft ist. Die einzigen Kräfte, die berücksichtigt werden müssen, sind die durch das Gewicht G

ausgedrückten Massenkräfte und alle äußeren Kräfte, die auf den oberhalb der Gleitfläche gelegenen Boden wirken.

Wenn eine der in den Abb. 46b und 46d gezeigten Schichten wesentlich weicher als die anderen ist, dann ist die Gleitfläche nicht einmal mehr angenähert kreisförmig. In diesem Fall haben wir, wie später in Abs. 63 erläutert wird, zusammengesetzte Gleitflächen anzunehmen.

Als letztes Beispiel untersuchen wir die Wirkung einer Wasserspiegelabsenkung in einem See oder Staubecken auf die Stabilität der das Becken begrenzenden Böschungen. Das Berechnungsverfahren wird an Hand des in Abb. 46d dargestellten Querschnittes erläutert. In diesem Schnitt stellt G das Gesamtgewicht pro Längeneinheit der Kaimauer des über der Gleitfläche efd gelegenen Bodens und Wassers dar. Das zur Rutschung drängende Moment ist $G a$, und der Sicherheitsfaktor gegen Rutschen ist durch Gl. (1) ausgedrückt:

$$f_s = \frac{r \sum\limits_{1}^{n} c_n \, \Delta l_n}{G a}.$$

Wenn der Wasserspiegel auf eine Lage unterhalb des Punktes g der Abb. 46d abgesenkt wird, vermindert sich das Gesamtgewicht G des oberhalb der Gleitfläche egd gelegenen Bodens und Wassers um das Gewicht G' der Wassermenge $abgd$. Die Kraft G' wirkt im Abstand a' vom Drehmittelpunkt 0. Deshalb nimmt bei der Absenkung des Wasserspiegels das zur Rutschung drängende Moment von $G a$ auf $G a + G' a'$ zu. Das durch die Kohäsionskräfte erzeugte Moment, welches im Zähler auf der rechten Seite der Gleichung aufscheint, bleibt unverändert. Wenn man daher den Einfluß der Spiegelsenkung auf die Lage des kritischen Kreises vernachlässigt, erhält man für den Sicherheitsfaktor nach der Absenkung

$$f_s' = \frac{r \sum\limits_{1}^{n} c_n \, \Delta l_n}{G a + G' a'}. \tag{2}$$

Bei der Forderung nach größerer Genauigkeit muß davon unabhängig die Lage des kritischen Kreises nach der Absenkung, wie in den vorhergehenden Artikeln beschrieben, durch Probieren gefunden werden.

60. Stabilitätsfaktor und kritischer Gleitkreis bei $\varrho > 0$.

Wenn der Winkel der Scherfestigkeit größer als Null ist, kann die Scherfestigkeit des Bodens durch die Coulombsche Gleichung ausgedrückt werden:

$$\tau_s = c + \sigma \, \mathrm{tg}\,\varrho.$$

Nach Abs. 56 kann das Versagen einer Böschung entweder durch eine Rutschung oder durch Grundbruch verursacht werden. In der Abb. 44a stellt be den Bogen eines willkürlichen Böschungsfußkreises dar. Behalten wir die in Abs. 58 in Verbindung mit Abb. 44a benützten Bezeichnungen bei, so finden wir nach den in der Abbildung dargestellten geometrischen Beziehungen, daß die zur Verhütung einer Rutschung längs be erforderliche Kohäsion ausgedrückt werden kann durch

$$c_{\text{erf}} = \gamma\,h\,\frac{1}{F(\alpha,\,\beta,\,\vartheta,\,\varrho)}\,. \tag{1}$$

Diese Gleichung ist mit Gl. 58(2a) identisch, nur enthält die Funktion im Nenner hier auch den Winkel der Scherfestigkeit ϱ. Die Lage des kritischen Böschungsfußkreises ist durch die Bedingung gegeben:

$$\frac{\partial c_{\text{erf}}}{\partial \alpha} = 0 \quad \text{und} \quad \frac{\partial c_{\text{erf}}}{\partial \vartheta} = 0\,.$$

Die Lösung dieser Gleichungen liefert den zur Verhütung einer Rutschung längs des kritischen Böschungsfußkreises erforderlichen Kohäsionswert $c_{\text{erf}} = c_{\text{kr}}$.

$$c_{\text{kr}} = \frac{\gamma\,h}{F(\alpha,\,\beta,\,\vartheta,\,\varrho)} = \frac{\gamma\,h}{\varkappa_s}\,. \tag{2}$$

Diese Gleichung ist analog der Gl. 58(3). Der in Gl. (2) enthaltene Stabilitätsfaktor $\varkappa_s$ hängt jedoch nicht nur vom Böschungswinkel, sondern auch vom Winkel ϱ ab. Die Abb. 45a zeigt die Beziehung zwischen dem Böschungswinkel β und dem Stabilitätsfaktor $\varkappa_s$ für $\varrho = 4°$, $5°$, $10°$, $15°$, $20°$ und $25°$ (FELLENIUS 1927). Ist die Kohäsion und der Böschungswinkel gegeben, dann ersetzen wir c_{kr} in Gl. (2) durch c und h durch die kritische Höhe h_{kr} und erhalten

$$h_{\text{kr}} = \frac{c}{\gamma}\,\varkappa_s\,. \tag{3}$$

Alle auf der rechten Seite der strichlierten Kurve CC_{15} gelegenen Punkte entsprechen Böschungsfußkreisen, deren tiefster Punkt unterhalb dem Horizont des Böschungsfußes liegt. Die Beziehung zwischen dem Böschungswinkel und dem entsprechenden Tiefenfaktor α_t für den tiefsten Punkt des kritischen Böschungsfußkreises ist durch die mit $\varrho = 5°$ und $\varrho = 10°$ bezeichneten und voll eingezeichneten Kurven in der Abb. 45c dargestellt. Wenn der kritische Böschungsfußkreis die Oberfläche einer festen Schichte schneidet, d. h. wenn der Tiefenfaktor für den kritischen Böschungsfußkreis größer als der Tiefenfaktor α_t der Oberfläche der festen, den Boden tragenden Schicht ist, tritt die Rutschung längs eines die Oberfläche dieser Schicht berührenden Kreises auf. Der kleinste Wert, den α_t annehmen kann, ist Eins. Für $\alpha_t = 1$ und $\varrho = 5°$ sind die Stabilitätsfaktoren durch die strichpunktierte Kurve, die mit $\alpha_t = 1$ bezeichnet und durch Punkt C_5 geht, dargestellt. Der Unterschied zwischen den Ordinaten dieser begrenzten Kurve und der voll gezeichneten und mit $\varrho = 5°$ bezeichneten Kurve ist unbedeutend. Mit zunehmenden Werten von ϱ nimmt dieser Unterschied ab. Man ist deshalb berechtigt, den Einfluß des Tiefenfaktors auf den Stabilitätsfaktor für ϱ-Werte von mehr als einigen Graden zu vernachlässigen.

Für einen gegebenen Wert des Böschungswinkels β nimmt der Stabilitätsfaktor $\varkappa_s$ mit zunehmenden Werten von ϱ zu. Wenn $\varkappa_{s\varrho}$ den

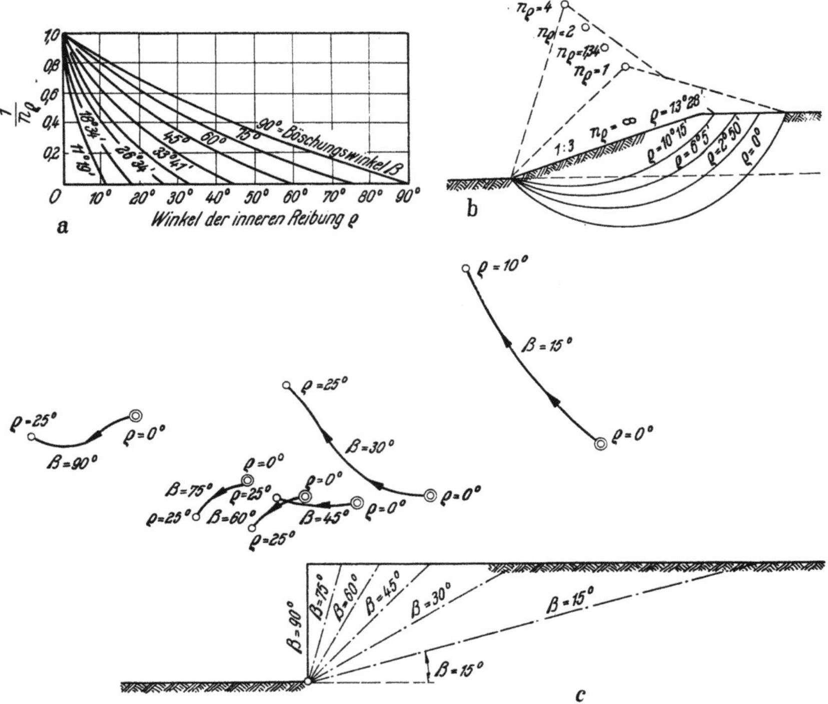

Abb. 47 a—c. a Beziehung zwischen dem Winkel der inneren Reibung ϱ und dem reziproken Wert des Reibungsindex n_ϱ; b Lage des Mittelpunktes des kritischen Böschungsfußkreises und zugehörige Werte von n_ϱ für verschiedene Winkel ϱ bei gegebener Böschungsneigung; c Einfluß des Wertes ϱ auf die Lage des Mittelpunktes des kritischen Böschungsfußkreises für verschiedene Werte des Böschungswinkels β. (Darstellung a und b nach FELLENIUS 1927 und c nach D. W. TAYLOR 1937).

Wert $\varkappa_s$ für gegebene Werte von β und ϱ, dagegen $\varkappa_{s0}$ den entsprechenden Wert für $\varrho = 0°$ auf der Kurve $aABb$ darstellt, so bezeichnet der Quotient

$$n_\varrho = \frac{\varkappa_{s\varrho}}{\varkappa_{s0}}. \qquad (4)$$

den *Reibungsindex*. Seine Größe zeigt den Einfluß des Reibungswiderstandes auf die kritische Höhe für gegebene Werte von β, und ϱ. Wenn $h_{\mathrm{kr}0}$ die kritische Höhe für $\varrho = 0$ bedeutet, dann ist die kritische Höhe

$h_{\mathrm{kr}\varrho}$ für einen gegebenen Wert ϱ

$$h_{\mathrm{kr}\varrho} = n_\varrho\, h_{\mathrm{kr}0}. \tag{5}$$

Für $\beta = \varrho$ wird der Reibungsindex n_ϱ unendlich groß. Die zur Verhütung einer Rutschung längs eines Böschungsfußkreises bei einer Böschungshöhe h erforderliche Kohäsion ist

$$c_{\mathrm{kr}\varrho} = \frac{\gamma h}{\varkappa_{s\varrho}}.$$

Für $\varrho = 0$ wird der Wert $c_{\mathrm{kr}\varrho}$ gleich $c_{\mathrm{kr}0}$ und der Wert $\varkappa_{s\varrho}$ gleich $\varkappa_{s0}$, woraus

$$c_{\mathrm{kr}0} = \frac{\gamma h}{\varkappa_{s0}}.$$

Da $\varkappa_{s\varrho} = n_\varrho \varkappa_{s0}$, erhalten wir

$$c_{\mathrm{kr}\varrho} = \frac{\varkappa_{s\varrho}}{\gamma h}\frac{1}{n_\varrho} = \frac{1}{n_\varrho} c_{\mathrm{kr}0}. \tag{6}$$

Der Einfluß von ϱ auf die Werte von n_ϱ und auf die Lage des kritischen Kreises wurde von FELLENIUS untersucht (1927). Die Abb. 47a zeigt die Beziehung zwischen ϱ und $1/n_\varrho$ für verschiedene Böschungswinkel β. Die Abb. 47b zeigt deutlich den Einfluß von n_ϱ auf die Lage des Mittelpunktes des kritischen Böschungsfußkreises für $\beta = 18° 26'$ (Neigung 1 : 3). Mit zunehmenden Werten von n_ϱ nimmt das Volumen des zwischen Böschung und Gleitfläche gelegenen Bodens ab, und für $n_\varrho = \infty$ wird es gleich Null. Abb. 47c zeigt den Einfluß des Winkels der Scherfestigkeit auf die Lage des Mittelpunktes des kritischen Böschungsfußkreises für verschiedene Werte des Böschungswinkels β (TAYLOR 1937).

Grundbruch tritt bei einer geneigten Böschung längs eines tiefliegenden Gleitkreises auf. Der Mittelpunkt des kritischen tiefliegenden Gleitkreises liegt derart, daß der Reibungskreis die Lotrechte durch den Böschungsmittelpunkt m, wie aus der Abb. 48 zu ersehen ist, berührt. Dieses Verhalten kann durch analoge Überlegungen, wie in Abs. 58 erörtert und durch Abb. 44c dargestellt, bewiesen werden. Das Prinzip des Reibungskreises wurde bereits in Abs. 40 erklärt.

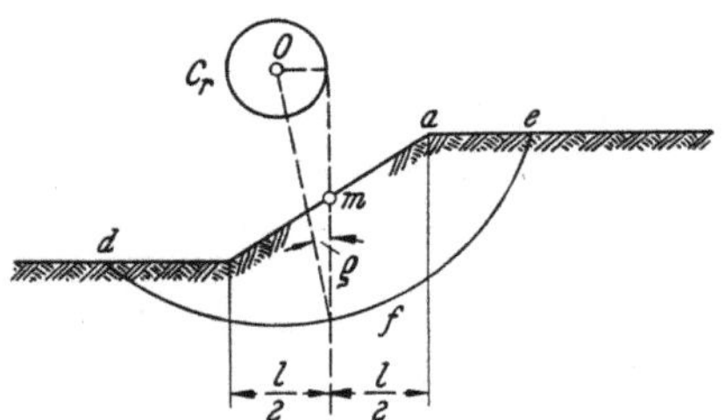

Abb. 48. Kritischer Kreis bei Grundbruch, wenn $\varrho > 0$. (Nach FELLENIUS 1927.)

Wenn wir die zur Verhütung einer Rutschung längs eines kritischen tiefliegenden Gleitkreises erforderliche Kohäsion c_{kr} berechnen, kommen wir auf die Gleichung

$$c_{\mathrm{kr}} = \frac{\gamma\,h}{\varkappa_s},$$

die ähnlich der Gl. (2) aufgebaut ist, und erhalten für die kritische Höhe h_{kr}

$$h_{\mathrm{kr}} = \frac{c}{\gamma}\,\varkappa_s$$

wie Gl. (3). Die Größe des Stabilitätsfaktors $\varkappa_s$ hängt von ϱ und vom Tiefenfaktor α_t ab. Bei der Berechnung von $\varkappa_s$ für verschiedene Größen von ϱ, β und α_t wurde festgestellt, daß bei einem Winkel der Scherfestigkeit größer als 5° und bei einem Böschungswinkel größer als 10° unterhalb einer unabgestützten Böschung keine Grundbruchsgefahr besteht.

Kann die Stabilitätsbedingung für eine gegebene Böschung durch einen Punkt auf der rechten Seite der strichlierten Linie $a\,A_{10}$ durch Abb. 45 dargestellt werden, dann ist der kritische Kreis ein tiefliegender Gleitkreis. Für jeden Winkel ϱ größer als etwa 5° ist jedoch dieser tiefliegende Gleitkreis mit dem kritischen Böschungsfußkreis identisch. Der $\varrho = 5°$ entsprechende Stabilitätsfaktor ist durch die Ordinaten der strichpunktierten Kurve durch A_5 in Abb. 45a dargestellt. Diese Kurve liegt so nahe an der voll gezeichneten Kurve für $\varrho = 5°$, daß der Unterschied vernachlässigt werden kann. Für größere Werte von ϱ ist er verschwindend klein.

Wenn $\varrho > 0$, tritt ein typischer Grundbruch nur unter solchen Bauwerken auf, deren Gründung die Möglichkeit einer flachen Rutschung ausschließt. Dazu gehören Stützwände auf Pfählen oder Kaimauern nach Abb. 46d. Die wesentlichste Bedingung für das Auftreten eines typischen Grundbruches ist ein kleiner Winkel der Scherfestigkeit ϱ. Nach der in Abb. 48 dargestellten Gesetzmäßigkeit wandert der Mittelpunkt des kritischen tiefliegenden Gleitkreises mit zunehmenden Werten von ϱ von der Böschung weg und nimmt tiefere Lagen an. Der Zentriwinkel 2ϑ liegt für alle ϱ-Werte etwa zwischen 100 und 135°.

61. Stabilitätsberechnungen für $\varrho > 0$.

In der Praxis können folgende Aufgaben auftreten: a) Wir sollen die Neigung bestimmen, unter der die Böschungen eines Einschnittes in ziemlich homogenem Boden ausgebildet werden müssen, wenn die Werte von c und ϱ bekannt sind; b) wir sollen den Sicherheitsfaktor einer gegebenen Böschung aus nicht homogenem Boden bestimmen und c) der Sicherheitsfaktor gegen Grundbruch bei einer Stützwand oder einer Kaimauer ist gefragt.

Als Beispiel für die zuerst genannten Aufgaben ändern wir die Angaben der am Beginn des Abs. 59 behandelten Aufgabe. Den Winkel der Scherfestigkeit ϱ nehmen wir mit $6°$ an Stelle von $0°$ an. Die Tiefe des Einschnittes wird mit $6{,}0$ m angenommen, die Kohäsion mit $c = 2{,}43$ t/m², das Raumgewicht mit $\gamma = 1{,}94$ t/m³ und der Sicherheitsfaktor gegen Rutschen $f_s = 1{,}5$. Um der Sicherheitsforderung zu genügen, ersetzen wir die vorhandene Kohäsion c durch

$$c_{\mathrm{kr}} = \frac{c}{f_s} = 1{,}62 \text{ t/m}^2$$

und den vorhandenen Reibungsbeiwert $\operatorname{tg}\varrho$ durch

$$\operatorname{tg}\varrho_{\mathrm{kr}} = \frac{1}{f_s}\operatorname{tg}\varrho = \frac{1}{1{,}5}\,0{,}105 = 0{,}070$$

oder $\varrho_{\mathrm{kr}} = 4°$. Setzen wir die Werte $h = 6{,}0$ m, $\gamma = 1{,}94$ t/m³ und $c_{\mathrm{kr}} = 1{,}62$ t/m² in Gl. 60(2) ein und lösen sie nach $\varkappa_s$ auf, so erhalten wir

$$\varkappa_s = 7{,}18\,.$$

Diesem Wert entspricht auf der in der Abb. 45a mit $\varrho = 4°$ bezeichneten Kurve der Böschungswinkel $\beta = 42°$. Für Böschungsneigungen unter $42°$ besteht keine Grundbruchsgefahr, und wenn der Boden in sehr geringer Tiefe unter dem Böschungsfuß auf einer festen Schicht aufruht, ist die Sicherheitsforderung selbst für eine etwas steilere Böschung noch erfüllt. Wenn deshalb die Einschnittsböschungen zur Waagrechten unter $42°$ geneigt sind, ist die Sicherheit unabhängig vom Tiefenfaktor α_t. Ist andererseits $\varrho = 0$ (Abs. 59), dann liegt der zulässige Böschungswinkel zwischen $33°$ für $\alpha_t = 1$ und $17°\,30'$ für $\alpha_t = 1{,}5$. Dieses Beispiel zeigt den großen Einfluß selbst eines kleinen Winkels der Scherfestigkeit auf die Stabilität. Dieser Einfluß kommt hauptsächlich davon, daß der zur Vermeidung eines Grundbruches unterhalb von Böschungen mit Neigungswinkeln von mehr als $20°$ notwendige Winkel der Scherfestigkeit außerordentlich klein ist. Eine geringe Zunahme der Kohäsion mit der Tiefe hat eine ähnliche Wirkung. Wenn deshalb bei einem Einschnitt in weichem Ton ein Grundbruch auftritt, wissen wir, daß die Kohäsion nicht mit der Tiefe zunimmt und der Winkel der Scherfestigkeit kaum einige Grade überschreitet.

Abb. 49a zeigt einen Schnitt durch eine ganz unregelmäßige Böschung in sandigem Ton, dessen Kohäsion mit der Tiefe veränderlich ist. Der Mittelwert des Winkels der Scherfestigkeit ist ϱ. Wenn ϱ größer als $5°$ ist, geht der kritische Kreis durch den Böschungsfuß, wenn nicht eine außerordentlich weiche Schicht unterhalb dem Horizont der Einschnittssohle liegt. Diese Möglichkeit wird jedoch hier ausgeschlossen. Zur Einschätzung des Sicherheitsfaktors dieser Böschung gegen Rutschen ziehen wir durch den Böschungsfuß einen Kreisbogen bde, wobei die innerhalb der weichsten Schicht gelegenen

Bogenabschnitte so lang wie möglich sein sollen. Dann bestimmen wir, z. B. mittels Kräftepolygon (in der Abbildung nicht gezeichnet), die Resultierende C_a der längs des Kreises wirkenden Kohäsion. Dies ist die vorhandene Kohäsion. Das Gewicht G des oberhalb der versuchsweise angenommenen Gleitfläche bde gelegenen Bodens wirkt in der Lotrechten durch den Schwerpunkt O_g der Fläche $bdea$. Aus Gleichgewichtsgründen muß die Resultierende Q aus den Normalspannungen

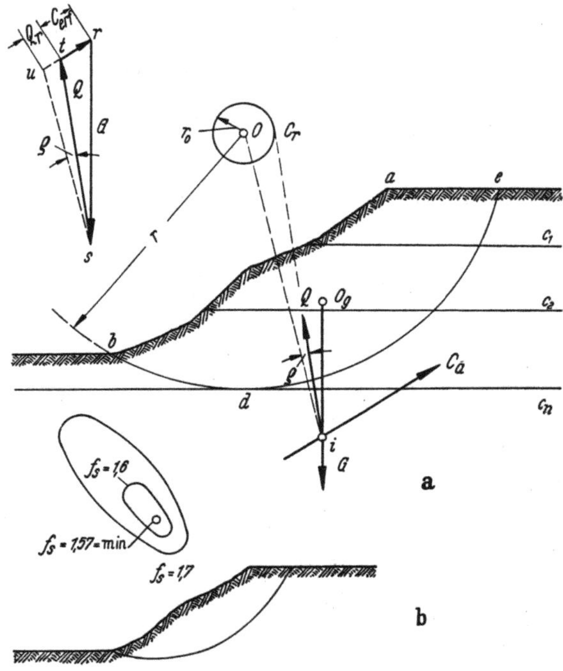

Abb. 49 a u. b. a ¡Die ſauf den Boden oberhalb der willkürlichen zylindrischen Gleitfläche wirkenden Kräfte, wenn die Böschung aus geschichteten bindigem Boden besteht; b Zeichnerisches Verfahren zur Auffindung der Lage des kritischen Kreises.

und den Scherspannungen infolge Reibung in der Gleitfläche bde durch den Schnittpunkt i von G und C_a gehen. Wenn die resultierende Kraft Q den Reibungskreis berührt, beginnt die Rutschung durch Abscheren längs der versuchsweise angenommenen Gleitfläche bde (siehe Abs. 40).

Wir erhalten daher für den Bruchzustand die Richtung von Q als Tangente an den Reibungskreis durch i, die von der Richtung Oi entgegengesetzt dem Drehsinn der möglichen Gleitbewegung abweicht. Durch Zeichnen des Kräftedreiecks (Abb. 49a) erhalten wir die Kohäsion C_{erf}, die zur Verhinderung der Rutschung erforderlich wäre. Ziehen wir die Parallele su zu Oi, so erhalten wir die Komponente Q_r des Reibungswiderstandes in der Richtung der Kohäsionskraft C_a. Der Sicherheitsfaktor gegen Rutschen längs der angenommenen Gleitfläche bde ist angenähert

$$f_s = \frac{Q_r + C_a}{Q_r + C_{\mathrm{erf}}} \, . \tag{1}$$

Diese Untersuchung muß für verschiedene Kreise wiederholt werden. Wenn wir den Mittelpunkten von jedem dieser Kreise den entsprechenden Wert des Sicherheitsfaktors f_s zuordnen, können wir eine Schar Kurven gleicher f_s-Werte, wie es in Abb. 49b geschehen ist, zeichnen. Der Mittelpunkt des kritischen Kreises liegt im Punkt mit dem Kleinstwert von f_s.

Für eine lotrechte Böschung, die durch eine auf Pfählen gegründete Stützwand oder durch eine ebenfalls auf Pfählen stehende Kaimauer nach Abb. 46d abgestützt ist, besteht keine Grundbruchgefahr, wenn der Winkel der Scherfestigkeit der unterhalb der Gründung gelegenen Schichten größer als etwa 5° ist. Der Sicherheitsfaktor gegen Grundbruch kann nach dem Reibungskreisverfahren bestimmt werden, wie bereits in den vorhergehenden Artikeln besprochen wurde. Dasselbe Verfahren wurde zur Bestimmung des Winkels der Scherfestigkeit verwendet, wenn die Lage der Gleitfläche, nach der eine Rutschung bereits eingetreten, bekannt ist (FELLENIUS 1927). Aus den Ergebnissen solcher Untersuchungen kann man jedoch nicht erkennen, ob die Abweichung der Gleitfläche von der $\varrho = 0$ entsprechenden Lage durch den Wert $\varrho > 0$ oder durch ein leichtes Anwachsen der Kohäsion nach der Tiefe bedingt ist.

62. Verbesserung bei Zugrissen.

Die Tiefe eines Zugrisses kann nicht größer sein als die kritische Höhe einer lotrechten Geländestufe

$$h_{\mathrm{kr}} = 4 \, \frac{c}{\gamma} \, \sqrt{\lambda_\varrho} \tag{57.1}$$

mit der Abkürzung $\lambda_\varrho = \mathrm{tg}^2\left(45° + \dfrac{\varrho}{2}\right)$. Es gibt aber noch andere Begrenzungen für die Tiefe von Zugrissen. Dies wird in Abb. 50 gezeigt. Der Bogen bde stellt einen kritischen Böschungsfußkreis und der Bogen ghi einen kritischen tiefliegenden Gleitkreis dar. Unter normalen Bedingungen verhindert der Spannungszustand hinter einer Böschung die Bildung von Zugrissen mit einer Tiefe über $h/2$. Außerdem ist der Abstand zwischen den Zugrissen und dem oberen Böschungsrand a selten kleiner als der halbe Abstand zwischen diesem

Rand und dem oberen Ende e des kritischen Kreises. Die Tiefe der Zugrisse ist meist nicht größer als t_c (Abb. 50) für Böschungsfußkreise und $h/2$ für tiefliegende Gleitkreise, gleichgültig, wie groß der Wert des theoretischen Maximums h_{kr} ist [Gl. (57.1)].

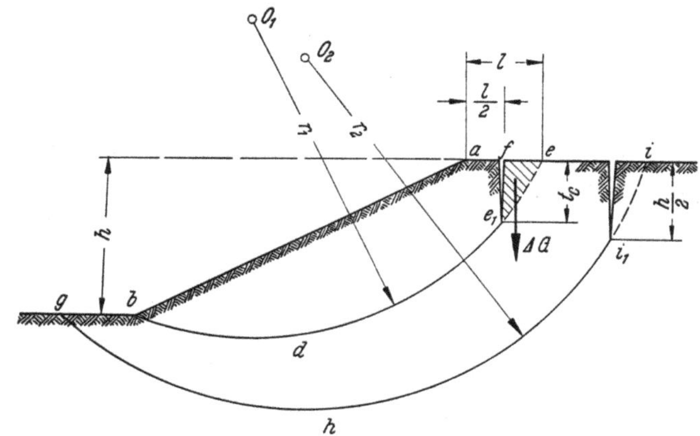

Abb. 50. Einfluß von Zugrissen auf die Stabilität einer Böschung.

Die Wirkung eines Zugrisses ($e_1 f$ in Abb. 50) auf die Stabilität einer Böschung ist eine dreifache. Zuerst schaltet der Zugriß den Kohäsionswiderstand längs des Bogens $e_1 e$ aus. Wenn c die vorhandene Kohäsion pro Flächeneinheit darstellt, dann vermindert der Riß die gesamte Kohäsion pro Längeneinheit des Böschungskörpers von $c\,\widehat{be}$ auf $c\,\widehat{be_1}$. Um dieselbe Wirkung zu erzielen, können wir die Kohäsion in be von c auf

$$c_a = c\,\frac{\widehat{be_1}}{\widehat{be}} \tag{1}$$

reduzieren, ohne die Bogenlänge zu verkürzen. Die zweite Wirkung der Zugrisse ist die Verminderung des Drehmomentes (Gewicht der oberhalb der Gleitfläche liegenden Bodenmasse $\times$ Hebelarm bis zum Drehmittelpunkt) um das vom Gewicht $\varDelta G$ des Körpers efe_1 um O_1 verursachte Moment. Als dritte Wirkung kommt der hydrostatische Seitendruck infolge des in den Rissen angesammelten Wassers hinzu. Dieser Druck vergrößert das Drehmoment. Genauere Untersuchungen haben ergeben, daß die beiden letztgenannten Wirkungen sich praktisch gegeneinander aufheben. Wenn wir deshalb die vorhandene Kohäsion c durch den verbesserten Wert c_a [Gl. (1)] ersetzen, können wir die Stabilität einer Böschung so untersuchen, als ob keine Zugrisse vorhanden wären.

Wenden wir dieses verbesserte Verfahren unter der Annahme einer ebenen Gleitfläche auf eine lotrechte Böschung an, so finden wir, daß der verbesserte Kohäsionswert c_a [Gl. (1)] gleich der halben vorhandenen Kohäsion c ist. Ersetzen wir c in Gl. (57.2a) durch $c_a = c/2$, so erhalten wir

$$h_{\mathrm{kr}} = 4\,\frac{c_a}{\gamma} = 2\,\frac{c}{\gamma}\,. \tag{2}$$

Diese Gleichung erfaßt bereits die Wirkung des in den Zugrissen angesammelten Oberflächenwassers. Mit der Annahme, daß die Risse nicht mit Wasser erfüllt sind, erhielten wir

$$h'_{\mathrm{kr}} = 2{,}67\,\frac{c}{\gamma}\,. \tag{57.5}$$

63. Zusammengesetzte Gleitflächen.

Enthält der Untergrund einer Böschung Tonschichten, die viel weicher als die übrigen Schichten sind, dann besteht die Gleitfläche aus mehreren unter stumpfen Winkeln aneinandergereihten Abschnitten. In diesem Fall kann keine kontinuierliche Kurve die gesamte Gleitfläche ersetzen ohne die Gefahr, grobe Fehler nach der unsicheren Seite zu begehen. Außerdem ist eine Rutschung längs einer gebrochenen Gleitfläche ohne plastisches Fließen in zumindest einem Abschnitt der Gleitmasse nicht denkbar, weil die Bewegung längs einer gebrochenen Gleitfläche zu einer radikalen Verformung des darüberliegenden Materials führt. Wegen dieser Schwierigkeit kann der Stabilitätsgrad der Dammschüttung nur ermittelt werden, wenn die Kräfte, die im Inneren der oberhalb der gedachten Gleitfläche liegenden Bodenmasse wirken, Berücksichtigung finden. Diese Kräfte sind in Abb. 51, die den Querschnitt eines mit einem Tonkern ausgestatteten Sanddammes vor der Füllung des Beckens darstellt, eingezeichnet. Der Damm liegt auf einer Sandschicht auf, in der eine Tonschicht sehr kleiner Mächtigkeit bandartig durchzieht.

Selbst symmetrisch ausgebildete Dämme rutschen nur nach einer Seite, und die Richtung der Rutschung bezüglich der Symmetrieebene hängt bloß von unbedeutenden Abweichungen ab. Wenn der in Abb. 51 dargestellte Damm rutscht, tritt die Gleitbewegung längs einer etwa nach $abde$ verlaufenden Gleitfläche ein. Auf der rechten Seite der Rutschmasse, im Bereich der Fläche d_1de, ist ein aktiver Bruch zu erwarten, weil innerhalb dieses Teiles der Boden nur unter dem Einfluß seines Eigengewichtes steht. Der mittlere Teil b_1bdd_1 der Rutschmasse will unter dem Einfluß des Erddruckes auf dd_1 längs der Fläche des geringsten Widerstandes bd nach links ausweichen. Auf der linken Seite des Dammfußes wird in der dünnen Sandschicht oberhalb dem

Ton ein passiver Bruch eintreten, der durch den vorrückenden Mittelteil $b_1 b d d_1$ verursacht wird.

Um die Stabilitätsbedingungen des in Abb. 51 dargestellten Dammes zu untersuchen, bestimmen wir vorerst den Erdwiderstand E_p in einigen probeweise ausgewählten lotrechten Schnitten in der Nähe des linken Dammfußes, wie z. B. im Schnitt $b b_1$. Es ist zulässig, den Erdwiderstand E_p waagrecht wirkend anzunehmen, weil der Fehler infolge dieser Annahme auf der sicheren Seite liegt. Der Mittelabschnitt $b_1 b d d_1$ der Rutschmasse hat keine Möglichkeit, nach links

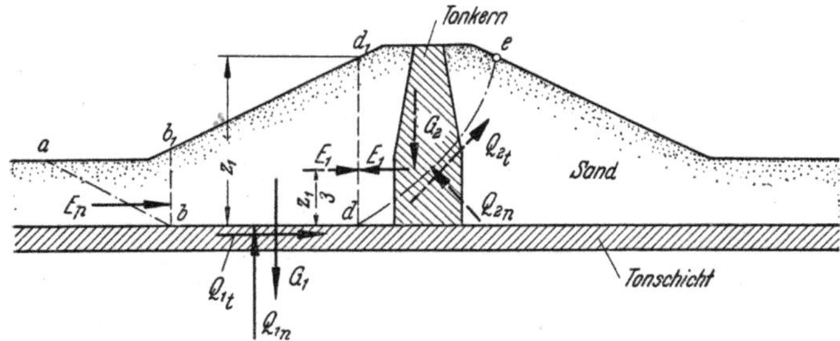

Abb. 51. Dammrutschung längs einer zusammengesetzten Gleitfläche.

auszuweichen, wenn er nicht auf die lotrechte Schnittfläche $b b_1$ einen waagrechten Druck, der gleich oder größer als der Erdwiderstand E_p ist, ausübt. Dann zeichnen wir eine lotrechte Schnittfläche $d d_1$ durch einen willkürlich gewählten Punkt d links vom Tonkern. Der gesamte Widerstand E_1 gegen eine waagrechte Verschiebung des Bodenkörpers $b b_1 d_1 d$ vom Gewicht G_1 ist gleich der Summe aus E_p, der Kohäsion $c \overline{b d}$ und dem Reibungswiderstand Q_{1t} gegen Gleiten längs der Grundfläche $b d$ oder

$$E_1 = E_p + Q_{1t} + c\,\overline{b d}.$$

Beginnt der Damm gerade zu rutschen, dann muß dieser Widerstand gleich oder kleiner sein als der Erddruck, der von der rechts vom Schnitt $d d_1$ liegenden Bodenmasse ausgeübt wird. Da der Keil $d_1 d e$ in waagrechter Richtung auf seine volle Höhe ausweichen kann, erfolgt die Verteilung des von diesem Keil ausgeübten Erddruckes hydrostatisch. Der Angriffspunkt des Erddruckes liegt deshalb in der Höhe $z_1/3$ oberhalb der Tonoberfläche. Die Scherspannungen längs $d d_1$ können vernachlässigt werden, weil sie die Stabilität des Dammes erhöhen. Die Größe des Erddruckes auf $d d_1$ kann unter der Annahme, daß die Gleitfläche $d e$ durch d ein Kreisbogen ist, durch Probieren bestimmt werden. Die Untersuchung muß für verschiedene Lagen des Punktes d (Abb. 51) wiederholt werden. Für die tatsächliche Gleitfläche wird der Sicherheitsfaktor f_s ein Minimum.

64. Dammrutschungen durch Ausfließen.

Wenn die in der Abb. 51 eingezeichnete weiche Tonschicht unmittelbar unterhalb der Dammsohle liegt, dann nimmt die Dammrutschung den Charakter einer Fließbewegung an, wobei der Damm ohne Rücksicht auf die Größe des Koeffizienten der inneren Reibung des Dammschüttungsmateriales seitlich ausfließt. Diese Dammrutschung durch Ausfließen` kann entweder auf die Umgebung des Dammfußes begrenzt sein oder sich über die ganze Breite der Dammsohle erstrecken.

Um den Sicherheitsfaktor einer Dammschüttung gegen örtliches oder vollständiges Rutschen durch Ausfließen zu bestimmen, muß die Größe und die Verteilung der Scherspannungen in der Dammsohle untersucht werden. Die Spannungen hängen in einem gewissen Grad vom Spannungszustand innerhalb des Dammes ab. Die folgende Untersuchung beruht auf der Annahme, daß die gesamte Schüttung gerade durch vollständiges Ausfließen zu rutschen beginnt. Die mit dieser Annahme erhaltenen Scherspannungen stellen die kleinsten Spannungen dar, die mit den Gleichgewichtsbedingungen innerhalb des Dammkörpers verträglich sind.

65. Scherspannungen in der Sohle kohäsionsloser Dammschüttungen.

RENDULIC (1938) hat ein einfaches Verfahren zur Ermittlung der Scherspannungen längs der Sohle einer kohäsionslosen Dammschüttung entwickelt, wenn in jedem Punkt des Dammkörpers gerade der aktive Bruchzustand erreicht ist. Die Scherfestigkeit längs irdendeinem Schnitt durch die Schüttung wird durch die Gleichung

$$\tau_s = \sigma \, \mathrm{tg}\, \varrho \tag{1}$$

als gegeben angenommen, und der Fehler infolge der Annahme ebener Gleitflächen wird vernachlässigt. Der innerhalb der Schüttung wirkende Erddruck kann deshalb nach der COULOMBschen Erddrucktheorie bestimmt werden.

Die Abb. 52a zeigt ein Dammprofil. Der auf eine lotrechte Fläche ab vom rechts dieser Fläche gelegenen Dammschüttungsmaterial ausgeübte Druck muß gleich und entgegengesetzt gerichtet sein dem von der Dammschüttung der linken Seite ausgeübten Druck. Diese Bedingung bestimmt den Winkel δ zwischen dem resultierenden Druck in ab und seiner Normalkomponente. Da der Winkel δ nicht bekannt ist, wird vorteilhaft das ENGESSERsche graphische Verfahren (Abs. 25) zur Bestimmung des Erddruckes auf ab angewendet. Nach diesem in Abb. 21 dargestellten Verfahren werden durch den Fuß b der lot-

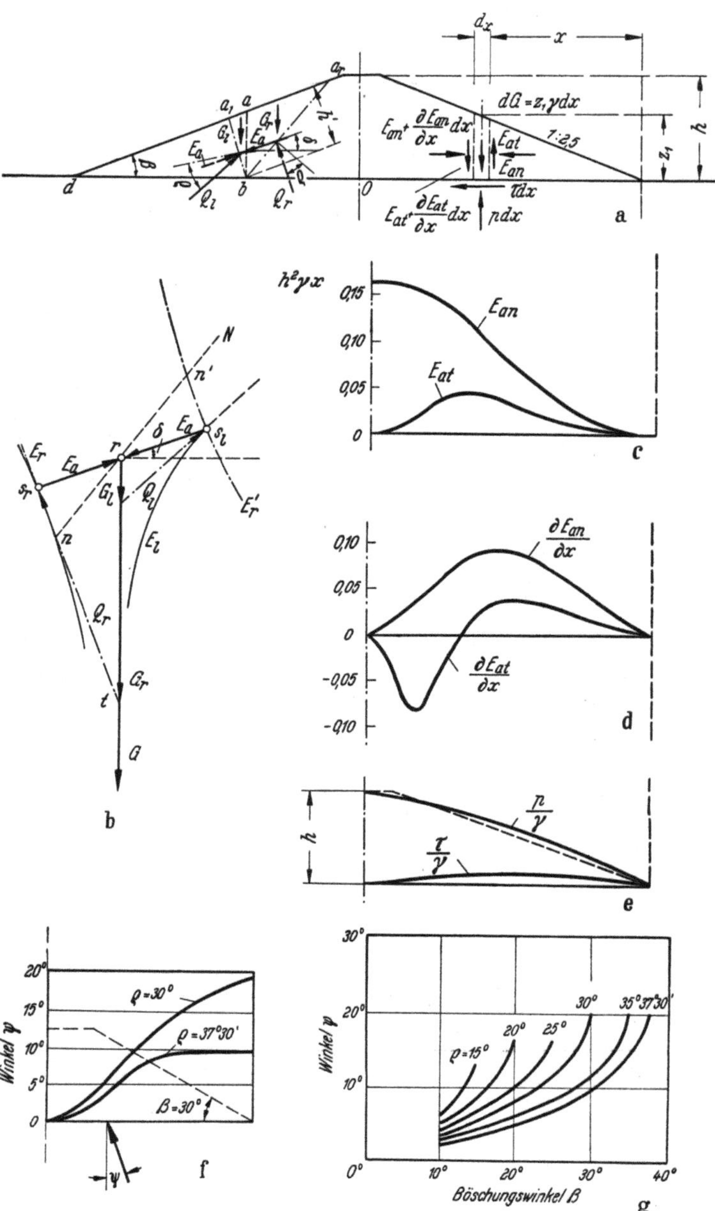

Abb. 52a—g. a u. b. Darstellung des Berechnungsverfahrens der in der Sohle der in a dargestellten Sandschüttung auftretenden Scherspannungen; c—e zeichnerische Darstellung der Untersuchungsergebnisse; f Zunahme des Winkels ψ zwischen der resultierenden Sohlspannung unter der Dammschüttung und der Lotrechten bei zunehmendem Abstand von der Dammachse; g Beziehung zwischen ψ_{max} (ψ im Böschungsfuß) und dem Böschungswinkel β für verschiedene Werte von ϱ. (Nach L. RENDULIC 1938).

rechten Ebene ab der Abb. 52a, unter verschiedenen Winkeln zur Waagrechten, ebene Schnittflächen gelegt. Die Gewichte der zwischen ab und diesen Schnittflächen gelegenen Keile sind auf einer Lotrechten (Abb. 52b) vom Punkt r nach abwärts gerichtet aufgetragen. So stellt z. B. G_r (Abb. 52b) das Gewicht des rechts von ab gelegenen Keiles aba_r in Abb. 52a dar. Die Neigung der Grundfläche ba_r dieses Keiles wurde willkürlich gewählt. Der Keil vom Gewicht G_r wird von der Reaktionskraft Q_r und vom Erddruck E_a beansprucht. Die Reaktionskraft Q_r wirkt unter dem Winkel ϱ zur Flächennormalen der geneigten Fläche $a_r b$. In der Abb. 52b wurde Q_r durch den Punkt t parallel zu Q_r in der Abb. 52a gezogen. Durch Wiederholung derselben Konstruktion auf der rechten Seite von ab der Abb. 52a für Keile mit verschieden geneigten Grundflächen erhalten wir aus den entsprechenden Q-Richtungen eine Hüllkurve, die als die ENGESSER-Kurve E_r für den auf der rechten Seite von ab der Abb. 52a gelegenen Boden bekannt ist. Auf ähnliche Art konstruieren wir in Abb. 52b die ENGESSER-Kurve E_l für den auf der linken Seite von ab in Abb. 52a gelegenen Boden. Nach dem ENGESSER-Verfahren (Abs. 25) ist der Erddruck auf ab durch den auf der rechten Seite von ab gelegenen Boden durch den in der Richtung des Erddruckes gemessenen Abstand zwischen Punkt r und der Kurve E_r der Abb. 52b dargestellt. In einer ähnlichen einfachen Art bestimmt die ENGESSER-Kurve E_l die Größe des von dem auf der linken Seite von ab gelegenen Bodens ausgeübten Druckes. Aus Gleichgewichtsgründen muß der Druck E_a, der vom rechts von ab gelegenen Boden auf ab ausgeübt wird, gleich und entgegengesetzt gerichtet sein dem Druck des links von ab gelegenen Bodens. Um diese Bedingung zu erfüllen, konstruieren wir in Abb. 52b die Hilfskurve E_r'. Diese Kurve wird durch Spiegelung jedes Punktes n auf der Kurve E_r in den durch r gehenden Richtungen, wie etwa nN und dem Abstand $\overline{n'r} = \overline{nr}$, auf die andere Seite des Punktes r erhalten. Die Hilfskurve E_r' schneidet die Kurve E_l im Punkt s_l.

Nach Abs. 25 und der Abb. 21d ist der Abstand rs_r in Abb. 52b gleich dem vom Boden auf der rechten Seite der Schüttung ausgeübten Erddruck und der Abstand rs_l dem entsprechenden Druck von der linken Seite der Schüttung. Da $\overline{rs_r} = \overline{rs_l}$, sind diese beiden Drücke gleich und wirken in entgegengesetzter Richtung.

Die Größe des Druckes kann durch Einsetzen von $\overline{rs_r}$ für $\overline{be}$ in Gl. (25.1) erhalten werden, woraus sich ergibt:

$$E_a = \frac{1}{2}\gamma\, h'\, \overline{r\,s_r}.$$

Die Wirkungslinie von E_a in der Abb. 52a verläuft parallel zu $s_r s_l$ in der Abb. 52b. Der Erddruck E_a auf die lotrechte Schnittfläche ab kann in eine Normalkomponente

$$E_{an} = E_a \cos \delta$$

und in eine Tangentialkomponente zerlegt werden:

$$E_{at} = E_a \sin \delta .$$

In der Abb. 52c stellen die Ordinaten der Kurve E_{an} die Größen von E_{an} für verschiedene lotrechte Schnittflächen durch die Dammschüttung und die Ordinaten der Kurve E_{at} stellen die entsprechenden Werte von E_{at} dar. Um die Verteilung der Scherspannungen längs der Dammsohle zu bestimmen, untersuchen wir die Gleichgewichtsbedingungen einer lotrechten dünnen Scheibe, wie in der Abb. 52a skizziert. Das Gewicht der Scheibe ist $dG = z_1 \gamma\, dx$. Die auf die Scheibe wirkenden äußeren Kräfte sind in der Abbildung eingezeichnet. Das Gleichgewicht der waagrechten Komponenten ergibt:

$$\tau\, dx = \frac{\partial E_{an}}{\partial x}\, dx \quad \text{oder} \quad \tau = \frac{\partial E_{an}}{\partial x}$$

und jenes der lotrechten Komponenten

$$p\, dx = dG + \frac{\partial E_{at}}{\partial x}\, dx = z_1\, dx + \frac{\partial E_{at}}{\partial x}\, dx$$

oder

$$p = z_1 + \frac{\partial E_{at}}{\partial x} .$$

Die Differentialquotienten $\dfrac{\partial E_{an}}{\partial x}$ und $\dfrac{\partial E_{at}}{\partial x}$ sind in Abb. 52d eingezeichnet. Sie wurden aus den Kurven der Abb. 52c durch zeichnerische Differentiation erhalten. Mit den aus Abb. 52d zu entnehmenden Größen können die vorigen ·Gleichungen für p und τ ausgewertet werden.

In Abb. 52e stellen die voll gezeichneten Kurven die Verteilung der Normalspannungen und der Scherspannungen in der Dammsohle dar. Nach der strichlierten Kurve erfolgt die Verteilung der Normalspannungen in der Dammsohle, wenn die Scherspannungen in lotrechten Ebenen mit Null angenommen werden. Die Abbildung zeigt, daß der auf die Flächeneinheit bezogene Normaldruck p in jedem Punkt der Sohle mit der Dammschüttungshöhe über diesem Punkt veränderlich ist. Die Scherspannung erreicht jedoch innerhalb der Dammachse und dem Böschungsfuß ein Maximum.

Der Winkel ψ zwischen der resultierenden Sohlspannung und der Normalkomponente der Spannung ist in der Achse des Dammes gleich Null und nimmt von der Achse nach beiden Richtungen auf einen Maximalwert ψ_{max} im Dammfuß zu. Abb. 52f zeigt die Zunahme von ψ von der Achse gegen den Böschungsfuß für zwei verschiedene ϱ-Werte, und die Abb. 52g stellt die Beziehung dar zwischen dem Neigungswinkel β der Dammböschung, dem Winkel der inneren Reibung ϱ und dem Winkel ψ_{max}.

Wenn längs der Dammsohle keine seitliche Verschiebung eintritt, dann befindet sich der Damm nicht im Zustand des beginnenden aktiven Bruches. Daraus folgt, daß der Seitendruck in lotrechten Ebenen und die entsprechenden Scherspannungen in der Sohle wesentlich größer sind als die durch die vorhergehenden Untersuchungen erhaltenen Werte. In einem Damm, der sich nicht in einem beginnenden aktiven Bruchzustand befindet, hängt das hydrostatische Druckverhältnis λ von der Art der Dammschüttung ab und kann bis 0,6 betragen. Das hydrostatische Druckverhältnis wird durch die Gleichung ausgedrückt:

$$\lambda = \text{tg}^2\left(45° - \frac{\varrho'}{2}\right), \tag{2}$$

worin ϱ' jenen Reibungswinkel darstellt, der als Teilwert des Winkels der inneren Reibung des Dammschüttungsmaterials mobilisiert wird. Wenn λ zwischen 0,40 und 0,60 liegt, bewegt sich der Wert ϱ' zwischen 25° und 15°. Um die Größe der Scherspannungen in der Dammsohle bei irgendeinem hydrostatischen Druckverhältnis λ zu ermitteln, ersetzen wir den Wert ϱ in der vorhergehenden Untersuchung durch ϱ'.

Wenn die Scherfestigkeit längs der Dammsohle durch die Gleichung

$$\tau_s = c + p\,\text{tg}\,\varrho_1$$

ausgedrückt werden kann, worin $\varrho_1 < \varrho$, ist es möglich, daß diese Scherfestigkeit im Bereich des Maximums der Scherspannung unzureichend ist, während die Scherfestigkeit in der Nähe des Dammfußes noch ausreicht. Dieser Zustand ist aber mit den Annahmen, auf denen die vorhergehenden Untersuchungen beruhen, nicht verträglich. Die in Abb. 52e bis 52g dargestellte Verteilung der Scherspannungen über der Dammsohle wird dadurch ungültig. Solange der Erddruck in allen lotrechten Ebenen des Dammes kleiner ist als die gesamte Scherfestigkeit in der Sohle des an diese Ebenen angrenzenden Dammabschnittes, kann im Damm keine Rutschung durch Ausfließen eintreten. Diese Bedingung kann als Grundlage für die Untersuchung der Standsicherheit eines Dammes benützt werden.

X. Erddruck auf Baugruben-, Tunnel- und Schachtaussteifungen.

66. Der Spannungszustand hinter Aussteifungen.

Als *Aussteifung* wird die vorübergehende Abstützung der Sichtfläche einer Baugrube vor der Erstellung einer dauernden Stützkonstruktion bezeichnet. Während des Aushubes und dem Einbringen

der Aussteifung erreicht der in Arbeit stehende Teil (d. h. der unabgestützte Teil der Baugrubenwandung) nur einen Bruchteil der Gesamtfläche der auszuhebenden Baugrube, während der Hauptteil
bereits durch relativ starre Bauglieder abgestützt ist. In Kap. V
wurde schon bemerkt, daß durch diesen Vorgang Gewölbebildungen
auftreten können. Die Gewölbewirkung vermindert die Spannungen
in jenen Teilen des Bodens, die Gelegenheit zum Ausweichen haben,
und sie erhöht die Spannungen in dem an die Aussteifung angrenzenden Boden, dessen Ausweichen verhindert wird. Die Art der Gewölbebildung und ihre mechanischen Auswirkungen hängen von der Art
des Aushubes und vom Bauverfahren ab.

67. Erddruck auf Baugrubenaussteifungen bei idealem Sand.

In der Regel folgt die Aussteifung schrittweise den Aushubarbeiten,
und der Boden kann zu beiden Seiten des Aushubes nur so ausweichen,
daß am oberen Rand der Baugrube die Bewegung Null ist und bis zu
einem Maximalwert in oder knapp oberhalb der Baugrubensohle anwächst. Die strichlierte Linie in Abb. 53a zeigt das Ausweichen der
Wand ab. Nach dieser Verformungsbedingung, die dem Sand durch das
Bauverfahren vorgegeben wird, muß die Gleitfläche (bd in Abb. 53a) gekrümmt sein und die Sandoberfläche angenähert unter einem rechten
Winkel schneiden (siehe Abs. 20 und Abb. 17c). Die nachfolgende
Berechnung des vom Sand auf die Baugrubenaussteifung ausgeübten
Seitendruckes beruht auf der Annahme, daß die seitliche Ausdehnung des
Sandes im unteren Abschnitt des aktiven Keiles (abd in Abb. 53a)
und das dabei auftretende Absinken des oberen Teiles ausreichen,
um die Scherfestigkeit des Sandes

$$\tau_s = \sigma \, \mathrm{tg} \, \varrho \qquad\qquad (5.2)$$

pro Flächeneinheit der gesamten möglichen Gleitfläche bd zu erreichen.
Der Angriffspunkt des resultierenden Druckes liegt in der Höhe $n_a h$
oberhalb der Baugrubensohle, und für die Richtung wird entsprechend
der Abbildung angenommen, daß der Druck unter dem Winkel δ
zur Flächennormalen auf die Rückseite der Aussteifung wirkt. Wegen
der Gewölbewirkung ist n_a größer als ein Drittel. Der Wert von n_a
hängt in einem gewissen Maß vom Bauverfahren ab. Jedoch wissen
wir sowohl aus theoretischen Überlegungen wie auch aus der Erfahrung, daß n_a für reine und schluffige Sande, wenn die Baugrubensohle oberhalb dem Grundwasserspiegel liegt (siehe Abs. 20), zwischen
den engen Grenzen von 0,45 und 0,55 schwankt.

Eine gute Annäherung an die tatsächliche Form der natürlichen
Gleitfläche wird durch die Annahme erhalten, wenn als Erzeugende

der Gleitfläche in der zur Einschnittsachse senkrechten Ebene der
Abschnitt einer logarithmischen Spirale gewählt wird. Die Gleichung
dieser Spirale lautet

$$r = r_0 e^{\vartheta \, tg \varrho}, \tag{1}$$

und ihr Ursprung O liegt auf der Geraden dD, die nach Abb. 53a zur
Waagrechten unter ϱ geneigt und durch den oberen Rand d der Gleitfläche geht (TERZAGHI 1941). Um die Lage des Punktes d zu bestim-

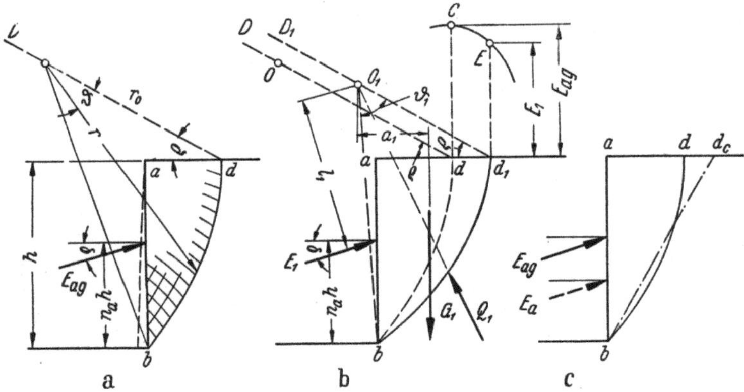

Abb. 53'a—c. a Gleitvorgang in einer Sandmasse beim Ausweichen der seitlichen Abstützung
durch Kippen um den oberen Rand; b Bestimmung der Gleitfläche mittels logarithmischer
Spirale; c die stetige Kurve entspricht der Gleitfläche beim Kippen der seitlichen Abstützung
um den Punkt a und die strichpunktierte Kurve der Gleitfläche für die nach der COULOMB-
schen Theorie berechnete Stützwand.

men, wählen wir vorerst einen willkürlichen Punkt d_1 auf der waagrechten Oberfläche der Baugrube, Abb. 53b, und ziehen durch diesen
Punkt und durch den Fußpunkt der Geländestufe b den Bogen einer
logarithmischen Spirale, deren Ursprung O_1 auf der Geraden $d_1 D_1$
liegt. Der Keil abd_1 vom Gewicht G_1 wird von der Reaktionskraft E_1
der Aussteifung ab und von der Reaktionskraft Q_1 längs der Gleitfläche bd_1 beansprucht. Die Summe der Momente um den Drehmittelpunkt O_1 muß gleich Null sein. Die Reaktionskraft Q_1 geht durch O_1
(siehe Abs. 39). Die Kraft E_1 ist deshalb durch die Gleichung gegeben:

$$E_1 = \frac{G_1 a_1}{l_1}. \tag{2}$$

Zur Lösung dieser Gleichung müssen noch die Größe von n_a der
Abb. 53b angenommen werden, weil durch n_a der Abstand l_1 bestimmt wird. Mit zunehmenden Werten n_a nimmt der Abstand l_1 ab
und der Wert E_1 [Gl. (2)] zu. Am Anfang dieses Artikels wurde dar-
gelegt, daß der Wert n_a für reinen und für schluffigen Sand zwischen

0,45 und 0,55 liegt. Wenn daher für solche Böden $n_a = 0,55$ angenommen wird, liegt der begangene Fehler meist auf der sicheren Seite.

Die weitere Untersuchung ist nichts anderes als eine zeichnerische Lösung einer Maxima- und Minimaaufgabe. Wir ermitteln die Kraft E für einige durch verschiedene Punkte der waagrechten Oberfläche des Sandes gehende Spiralen und tragen die Werte als Ordinaten, wie es in Abb. 53 b gezeigt ist, über den Punkten auf. Wir erhalten so die E-Kurve. Der Erddruck E_{ag} auf die Aussteifung ist gleich der Ordinate des höchsten Punktes C dieser Kurve. Die Gleitfläche geht durch den unter C gelegenen Punkt d auf der waagrechten Oberfläche der Ablagerung. Die Normalkomponente E_{agn} des Erddruckes ist

$$E_{agn} = E_{ag} \cos \delta,$$

und der Quotient

$$\alpha_a = \frac{E_{agn}}{\frac{1}{2} \gamma h^2} \tag{3}$$

ist der *Erddruckfaktor* des Erddruckes auf eine Baugrubenaussteifung. Er ist eine dimensionslose Größe. Sind die Verformungsbedingungen derart, daß die Verteilung des Erddruckes infolge eines kohäsionslosen Bodens auf der ebenen Rückseite einer seitlichen Abstützung hydrostatisch erfolgt, dann ist der Erddruckfaktor α_a mit dem Erddruckbeiwert λ_a dieses Bodens identisch, der durch Gl. (23.1 b) gegeben ist. Der Quotient

$$n = \frac{\alpha_a}{\lambda_a} \tag{4}$$

stellt ein Maß über den Einfluß der Verformungsbedingungen auf den Erddruck dar. Je größer n, desto größer ist die Zunahme des Erddruckes infolge der seitlichen Festhaltung des oberen Teiles der abgestützten Sandmasse. Für gegebene Werte von ϱ und δ nimmt der Wert n mit zunehmenden Werten des Faktors n_a, der die Lage des Druckangriffspunktes bestimmt, zu (siehe Abb. 53 a). Für $\varrho = 38°$ und $\delta = 0°$ erhalten wir

für $\qquad\qquad\qquad n_a = 0,45, \quad n = 1,03$

und für $\qquad\qquad\quad\; n_a = 0,55, \quad n = 1,11.$

Die Breite der in der Geländeoberfläche liegenden Grundfläche des Gleitkeiles ist stets wesentlich kleiner als die Breite der Grundfläche des entsprechenden, in der Abb. 53 c mit abd_c bezeichneten Gleitkeiles.

Mit abnehmenden Werten von n_a nimmt die Krümmung der Gleitfläche innerhalb der Sandmasse ab und wird für $n_a = 1/3$, gemäß Abb. 14 c, sehr klein. Ist der Wandreibungswinkel außerdem gleich Null, wird die Gleitfläche für $n_a = 1/3$ vollkommen eben (siehe Abs. 14). Deshalb ist für $n_a = 1/3$ und $\delta = 0$ die Annahme einer logarithmischen Spirale für die Gleitfläche nicht mehr richtig.

Trotzdem finden wir, daß der nach dieser Annahme berechnete Erddruck für $n_a = 1/3$ und $\delta = 0$ durchwegs um weniger als 10% vom genauen Wert abweicht. Mit zunehmenden Werten von n_a nimmt der prozentuale Fehler rasch ab. Das Verfahren zur Ermittlung des Erddruckes auf Baugrubenaussteifungen, unter Verwendung einer logarithmischen Spirale als Gleitfläche, ist für $n_a = 1/2$ ebenso genau wie das COULOMBsche Verfahren zur Berechnung des Erddruckes auf Stützwände.

Die Verteilung des Erddruckes auf die Aussteifung von Baugruben im Sand hängt in einem gewissen Maß von den Einzelheiten des Bauvorganges ab. Im allgemeinen ist die Verteilung, wie es Abb. 17c zeigt, mehr oder weniger parabolisch.

68. Erddruck auf die Aussteifung von Baugruben in idealem bindigen Boden.

Das in Abs. 67 beschriebene Berechnungsverfahren kann auch auf Baugruben in bindigem Boden angewendet werden, dessen Scherfestigkeit durch die COULOMBsche Gleichung ausgedrückt wird:

$$\tau_s = c + \sigma \operatorname{tg} \varrho.$$

Der Gleitbewegung längs einer willkürlichen Gleitfläche ($b d_1$ in Abb. 53b) wirkt nicht nur die Reibung, sondern auch die Kohäsion c pro Flächeneinheit der Gleitfläche entgegen. Bildet man das Moment um den Ursprung O_1 der Spirale, dann folgt aus Gleichgewichtsgründen

$$E_1 l_1 = G_1 a_1 - M_c, \tag{1}$$

worin M_c das Moment der Kohäsionskräfte um O_1 bedeutet.

Die Größe von M_c kann mittels Gl. (41.4) berechnet werden:

$$M_c = \frac{c}{2 \operatorname{tg} \varrho} (r_1^2 - r_0^2). \tag{41.4}$$

In der Abb. 53b sind die Radien r_0 und r_1 durch die Abstände $O_1 d_1$ und $O_1 b$ dargestellt. Setzen wir den Wert M_c in Gl. (1) ein und lösen nach E_1 auf, so erhalten wir

$$E_1 = \frac{1}{l_1} \left[G_1 a_1 - \frac{c}{2 \operatorname{tg} \varrho} (r_1^2 - r_0^2) \right].$$

Diese Kraft stellt den Seitendruck dar, der zur Verhütung einer Gleitbewegung längs der willkürlichen Gleitfläche $b d_1$ (Abb. 53b) notwendig ist. Die Gleitfläche muß die Bedingung erfüllen, daß der Druck E_1 ein Maximum E_{ag} wird. Ihre Lage kann graphisch, wie durch die Kurve E (Abb. 53b) für idealen Sand gezeigt, bestimmt werden. Ersetzen wir E_1 in der vorhergehenden Gleichung durch den Maximalwert E_{ag} und die Werte G_1, r_1 usw. durch die der tatsächlichen Gleitfläche entsprechenden, so erhalten wir

$$E_{ag} = \frac{1}{l}\left[G\,a - \frac{c}{2\,\mathrm{tg}\,\varrho}\,(r_1^2 - r_0^2)\right].\qquad (2)$$

Die größte Höhe, bis zu der die lotrechten Seitenwände einer Baugrube vorübergehend ohne Abstützung stehen können, beträgt angenähert

$$h_{\mathrm{kr}} = \frac{4c}{\gamma}\,\mathrm{tg}\left(45° + \frac{\varrho}{2}\right) = \frac{4c}{\gamma}\sqrt{\lambda_\varrho},\qquad (57.1)$$

worin

$$\lambda_\varrho = \mathrm{tg}^2\left(45° + \frac{\varrho}{2}\right).$$

Daraus ergibt sich

$$c = \frac{\gamma}{4\sqrt{\lambda_\varrho}}\,h_{\mathrm{kr}}.\qquad (3)$$

Setzen wir diesen Wert in Gl. (2) ein, so erhalten wir

$$E_{ag} = \frac{1}{l}\left[G\,a - h_{\mathrm{kr}}\,\frac{\gamma}{8\sqrt{\lambda_\varrho}\,\mathrm{tg}\,\varrho}\,(r_1^2 - r_0^2)\right].$$

Die Normalkomponente des Erddruckes beträgt

$$E_{agn} = E_{ag}\cos\delta$$

und der Erddruckfaktor

$$\alpha_a = \frac{E_{agn}}{\frac{1}{2}\gamma h^2} = \left(2\,\frac{G}{\gamma h^2}\,\frac{a}{l} + \frac{1}{4}\,\frac{h_{\mathrm{kr}}}{h}\,\frac{r_1^2 - r_0^2}{h\,l}\,\frac{1}{\sqrt{\lambda_\varrho}\,\mathrm{tg}\,\varrho}\right)\cos\delta.\qquad (4)$$

Der Quotient α_a ist eine dimensionslose Zahl, und die Größe von α_a hängt nur von h_{kr}/h, δ, ϱ und n_a ab. Die voll gezeichneten Kurven in der Abb. 54 stellen die Beziehung zwischen α_a und dem Wert n_a dar, der die Lage des Angriffspunktes des Erddruckes für $\varrho = 17°$, $\delta = 0°$, $10°$ und $20°$ und $h_{\mathrm{kr}}/h = 0{,}66$, $0{,}5$ und $0{,}4$ angibt. Die einzelnen Werte wurden nach dem früher beschriebenen Spiralverfahren bestimmt.

Der aktive RANKINEsche Druck auf die Seitenflächen der Baugrube wäre

$$E_a = E_{an} = -\frac{2\,c\,h}{\sqrt{\lambda_\varrho}} + \frac{1}{2}\,\gamma h^2\,\frac{1}{\lambda_\varrho}.\qquad (14.3)$$

Ersetzen wir c durch den Ausdruck der Gl. (3) und dividieren durch $\frac{1}{2}\gamma h^2$, so erhalten wir für den entsprechenden Erddruckfaktor

$$\alpha_a = \frac{E_{an}}{\frac{1}{2}\gamma h^2} = \frac{1}{\lambda_\varrho}\left(1 - \frac{h_{\mathrm{kr}}}{h}\right).\qquad (5)$$

Für $\varrho = 17°$ sind diese Werte in Abb. 54 durch die Abszissen der lotrechten strichlierten Geraden, welche die voll gezeichneten Kurven schneiden, dargestellt.

Die strichlierten Kurven in Abb. 54 zeigen die Beziehung zwischen α_a und n_a für $\varrho = 0$. Die Abszissen der lotrechten strichlierten Geraden, welche die strichlierten Kurven schneiden, sind gleich α_a [Gl. (5)] für $\varrho = 0$ oder

$$\alpha_a = 1 - \frac{h_{kr}}{h}. \tag{6}$$

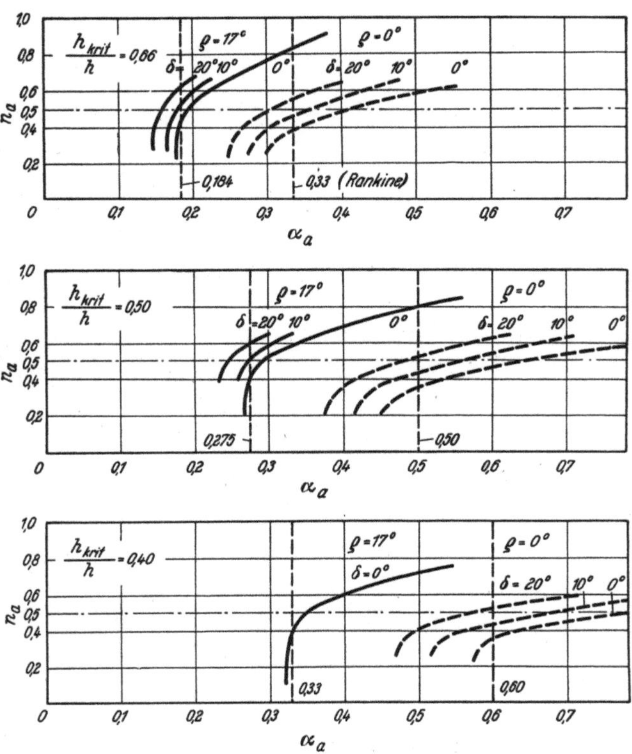

Abb. 54. Beziehung zwischen dem Erddruckfaktor α_a und dem Quotienten n_a, der 'die Lage des Angriffspunktes des resultierenden Erddruckes bei bindigen Böden bestimmt, für drei verschiedene Werte des Quotienten aus kritischer Höhe h_{kr} und gesamter Höhe h der Abstützung und für verschiedene Wandreibungswinkel δ.

Für größere n_a-Werte als 0,5 beginnt das durch die Abszissen der strichlierten Kurven dargestellte Druckverhältnis α_a ziemlich rasch mit abnehmenden n_a-Werten abzunehmen. Deshalb muß bei dem Versuch, den Erddruck bindiger Böden auf die Baugrubenaussteifung zu berechnen, eine vernünftige Annahme über den n_a-Wert getroffen werden. Wenn $h_{kr}/h = 0$ und $\varrho = 0$, wirkt der an die Baugrubenwände angrenzende Boden wie eine Flüssigkeit, und der entsprechende n_a-Wert ist 1/3. Ist andererseits $h_{kr}/h = 1$, dann können bei dieser Einschnittstiefe die Baugrubenwände vorübergehend ohne seitliche Abstützung stehen. In diesem Fall sollen zur Verminderung der Einsturzgefahr der Baugrubenwände nahe am oberen Baugrubenrand Steifen vorgesehen werden.

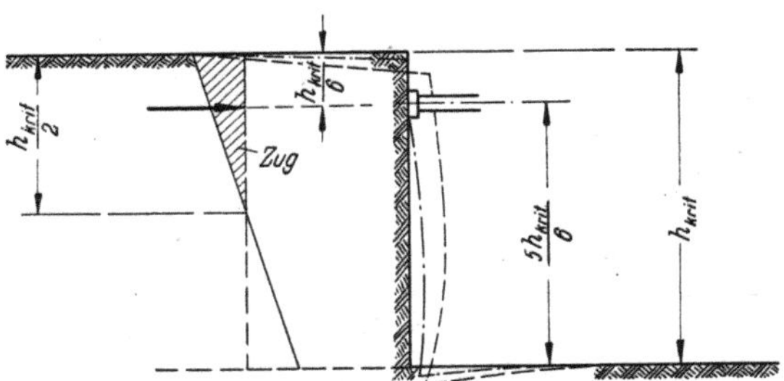

Abb. 55. Erforderliche Verstrebung einer lotrechten Baugrubenwand von der kritischen Höhe h_{kr} zur Verhinderung von Zugrissen im Boden.

Die Begründung für die Zweckmäßigkeit solcher Steifen ist aus der Abb. 55 zu ersehen. Diese Abbildung zeigt einen lotrechten Schnitt durch eine unabgestützte lotrechte Baugrubenwand von der kritischen Höhe h_{kr}. Der an den oberen Teil der Baugrube angrenzende Boden befindet sich im Zugspannungszustand. Die durch das Eigengewicht des Bodens bedingte Verformung ist durch eine strichlierte Linie angedeutet. Zur Vereinfachung der Aufgabe nehmen wir an, daß die Zugspannungen durch die RANKINEsche Gl. (12.2) gegeben sind. Nach dieser Annahme nehmen die Zugspannungen, wie in der Abbildung gezeigt ist, von einem Maximalwert an der Oberfläche bis auf Null in der Tiefe

$$z_0 = \frac{2c}{\gamma} = \frac{h_{kr}}{2}$$

geradlinig ab. Der Angriffspunkt der Zugkraft liegt daher in der Tiefe $h_{kr}/6$ unterhalb der Oberfläche, was einem $n_a = 5/6$ entspricht. Wenn die Geländestufe der Baugrube einstürzt, beginnen sich Zugrisse parallel zum Baugrubenrand zu bilden. Um während des fortschreitenden Aushubs den oberen Teil des Bodens im Druckzustand zu halten, sollen Steifen in Höhe des Zugkraftangriffspunktes, d. i. in der Tiefe $h_{kr}/6$ vorgesehen werden. Die Verformung der abgestützten Baugrube ist durch eine strichpunktierte Linie angedeutet.

Wir erhalten auf diese Weise zwei extreme n_a-Werte, nämlich $n_a = 5/6$ für $h_{kr}/h = 1$ und $n_a = 1/3$ für $h_{kr}/h = 0$ und $\varrho = 0$. Wenn wir als erste Näherung zwischen h_{kr}/h und n_a eine lineare Beziehung annehmen, erhalten wir:

$$n_a = \frac{1}{3} + \frac{h_{kr}}{h}\left(\frac{5}{6} - \frac{1}{3}\right) = \frac{1}{3} + \frac{1}{2}\frac{h_{kr}}{h}. \tag{7}$$

Ein genaueres Verfahren zur Ermittlung der n_a-Werte ist noch nicht entwickelt worden. Aus den Ergebnissen von Druckmessungen in der Aussteifung von Baugruben in Ton wurden die tatsächlichen n_a-Werte etwas kleiner als die durch Gl. (7) berechneten festgestellt. Übereinstimmend mit der Gleichung nehmen die n_a-Werte mit wachsendem Quotienten h_{kr}/h zu. Die gemessenen Werte von n_a liegen näher an n_a [Gl. (7)] als an 1/3. In keinem Fall wurde ein Wert unter 1/3 erhalten. Der durch Anwendung von Gl. (7) begangene Fehler liegt auf der sicheren Seite, weil ein höherer n_a-Wert einen höheren theoretischen Erddruck ergibt. In diesem Zusammenhang soll daran erinnert werden, daß der n_a-Wert für den RANKINEschen Druck von 1/3 für $h_{kr}/h = 0$ auf $-\infty$ für $h_{kr}/h = 1$ abnimmt. Wenn daher der Angriffspunkt des RANKINEschen Druckes nach abwärts geht, verschiebt sich der Angriffspunkt des Druckes auf die Baugrubenaussteifung nach oben.

69. Stabilitätsbedingungen für die Baugrubensohle.

Der außerhalb einer Baugrube verbleibende Boden wirkt auf die Fläche eines waagrechten Schnittes durch die Baugrubensohle wie eine gleichförmig verteilte Auflast. Diese Auflast führt zu einer Hebung der Baugrubensohle, in der die Auflast fehlt. Diese Hebungserscheinung ist mit einem Böschungsgrundbruch vergleichbar (siehe Abs. 56). Es kann jedoch kein Grundbruch eintreten, wenn die vom Bodeneigengewicht herrührende Last neben den Baugrubenbegrenzungen die Tragfähigkeit des unter dem Horizont der Baugrubensohle gelegenen Bodens nicht überschreitet. In der folgenden Untersuchung werden zwei extreme Fälle betrachtet, nämlich Baugruben in idealem Sand und Baugruben in idealen bindigen Böden, wo der Winkel der Scherfestigkeit gleich Null gesetzt werden kann.

In der Abb. 56a ist ein Schnitt durch eine Baugrube von der Aushubtiefe h in idealem Sand dargestellt. Die Baugrubensohle liegt genügend hoch über dem Grundwasserspiegel. Das untere Ende der lotrechten Aussteifungselemente liegt in Höhe der Baugrubensohle. Deshalb wirkt der Erddruck E_{ag} auf die Aussteifung in waagrechter Richtung ($E_{ag} = E_{agn}$). Die Verteilung des Seitendruckes in den Baugrubenwänden erfolgt angenähert parabolisch, wie durch die Druckfläche rus in der Abb. 56a dargestellt ist. Der Normaldruck in einer lotrechten Schnittfläche sC durch den Rand s der Baugrubensohle kann nirgends den Erdwiderstand überschreiten. Der Erdwiderstand des Sandes wächst wie der hydrostatische Druck geradlinig mit der Tiefe an. Tragen wir den Erdwiderstand pro Flächeneinheit von sC nach links auf, so erhalten wir die Gerade $s\lambda_p$. Bevor die Baugrube ausgehoben war, betrugen die Normalspannungen in der lotrechten Schnittfläche rC in der Tiefe z unterhalb der Oberfläche

$$\sigma_{h0} = \lambda_0 \gamma z, \qquad (10.1)$$

worin λ_0 den Ruhedruckbeiwert bedeutet. Tragen wir die σ_{h0}-Werte von rC nach links auf, so erhalten wir die Gerade $r\lambda_0$. Da der Einfluß

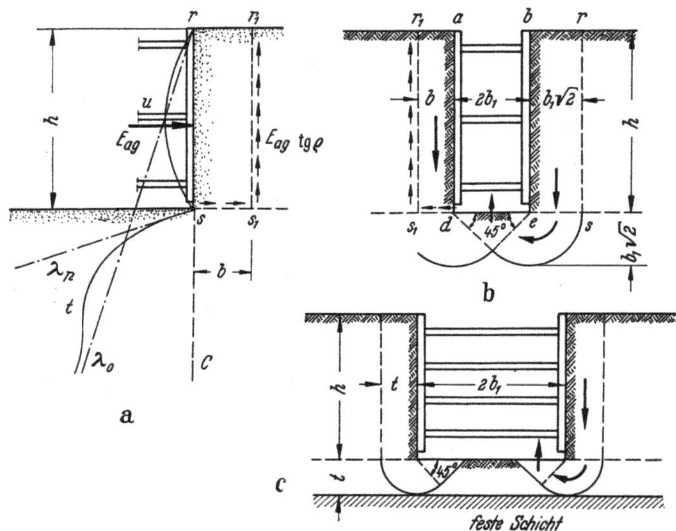

Abb. 56a—c. a Verteilung des waagrechten Druckes auf Baugrubenaussteifungen in kohäsionslosem Sand; b Hebung der Sohle einer ausgesteiften Baugrube in weichem Ton, wenn keine feste Schicht störend auf das Fließen des Tones einwirkt; c wie vorher, wenn der Ton in geringer Tiefe unter der Baugrubensohle auf einer festen Schicht aufruht.

des Baugrubenaushubes auf den Spannungszustand im Boden mit zunehmender Tiefe abnimmt, muß die Kurve st, welche die Normalspannungen in dem lotrechten Schnitt sC darstellt, sich asymptotisch an die Gerade $r\lambda_0$, wie in der Abbildung gezeigt ist, nähern.

Damit ist der Spannungszustand in der Umgebung der Ränder der Baugrubensohle gekennzeichnet. Um die Sicherheit einer Baugrube gegen Hochdrücken der Sohle zu ermitteln, berechnen wir den lotrechten Druck P pro Längeneinheit des Streifens ss_1 (Abb. 56a), der an die untere Berandung s der Baugrubenwand anschließt. Der Streifen hat eine willkürliche Breite b. Der Druck im Streifen ist gleich der Differenz zwischen dem Gewicht $\gamma h b$ des Prismas rr_1s_1s und der Scherkraft in der lotrechten Begrenzung des Prismas. Die Scherkraft ist angenähert gleich dem Erddruck E_{ag} mal dem Reibungsbeiwert tg ϱ:

$$P = \gamma h b - E_{ag} \, \mathrm{tg}\varrho = \gamma h b - \tfrac{1}{2} \gamma h^2 \alpha_a \, \mathrm{tg}\varrho,$$

worin

$$x_a = \frac{E_{agn}}{\tfrac{1}{2} \gamma h^2} \tag{67.3}$$

den Erddruckfaktor für den Erddruck auf die Aussteifung darstellt. Die Aussteifung hindert den oberhalb der tragenden Fläche gelegenen Boden der seitlichen Bewegung des unter dieser Fläche liegenden Bodens nachzufolgen. Außerdem kann der belastete Sand nur nach einer Seite ausweichen. Die Tragfähigkeit P'_g pro Längeneinheit des Streifens von der Breite b ist deshalb näherungsweise gleich der halben Tragfähigkeit P_g eines Streifenfundamentes von der Breite $2b$, dessen rauhe Sohle auf der Sandoberfläche aufruht. Die Größe von P_g ist durch Gl. (46.5) gegeben. Setzen wir in dieser Gleichung $c = 0$ und t_g (Gründungstiefe) $= 0$, so erhalten wir

$$P_g = 2 b^2 \gamma x_\gamma$$

und

$$P'_g = \tfrac{1}{2} P_g = b^2 \gamma x_\gamma.$$

Die Größe des Tragfähigkeitsfaktors x_γ kann aus dem in Abb. 38c (Kurve x_γ) dargestelltem Diagramm herausgemessen werden. Der Sicherheitsfaktor gegen Grundbruch durch Hochdrücken der Baugrubensohle

$$f_s = \frac{P'_g}{P}$$

wird zu einem Minimum, wenn die Streifenbreite b die Bedingung erfüllt:

$$\frac{d f_s}{d b} = 0$$

oder

$$\frac{d}{d b} \frac{b^2 \gamma x_\gamma}{\gamma h b - \tfrac{1}{2} \gamma h^2 \alpha_a \, \mathrm{tg}\varrho} = 0.$$

Nach Auflösung dieser Gleichung erhalten wir

$$b = h \alpha_a \, \mathrm{tg}\varrho.$$

Für $\delta = 0$ und $n_a = 0,5$ ist der Faktor α_a angenähert gleich dem Beiwert des aktiven RANKINEschen Druckes

$$\lambda_a = \mathrm{tg}^2 \left(45° - \frac{\varrho}{2}\right).$$

Daraus folgt

$$b = h \, \mathrm{tg}^2 \left(45° - \frac{\varrho}{2}\right) \mathrm{tg}\varrho = n_b h, \tag{1}$$

worin n_b eine dimensionslose Zahl bedeutet, deren Größe nur vom Winkel der inneren Reibung ϱ abhängig ist. Für ϱ-Werte zwischen 30° und 40° liegt der Wert n_b zwischen 0,19 und 0,18. Der Kleinstwert des Sicherheitsfaktors f_s wird durch die Gleichung ausgedrückt:

$$f_s = \left[\frac{P'_g}{P} \right]_{b = n_b h} \tag{2}$$

Diese Gleichung zeigt, daß der Sicherheitsfaktor gegen Hochdrücken der Baugrubensohle von der Tiefe der Baugrube unabhängig ist. Er hängt nur vom Wert ϱ ab. Wenn ϱ von 30° auf 40° zunimmt, wächst der Sicherheitsfaktor von etwa 8 gegen 50 an.

Abb. 56 b stellt einen lotrechten Schnitt durch eine Baugrube in idealem bindigem Boden dar, dessen Winkel der Scherfestigkeit ϱ gleich Null ist. Der Boden ist bis auf größere Tiefe unterhalb der Baugrubensohle gleichförmig, und die lotrechten Glieder des Aussteifungssystems enden an der Sohle. Die Scherfestigkeit des Bodens ist gleich c. Der lotrechte Druck P pro Längeneinheit des waagrechten Streifens ds_1 von der willkürlichen Breite b ist angenähert

$$P = \gamma h b - h c = b h \left(\gamma - \frac{c}{b} \right). \tag{3}$$

Aus dieser Gleichung ist zu erkennen, daß die Druckspannung p mit zunehmender Breite b ebenfalls zunimmt.

Der Winkel ϱ der Scherfestigkeit ist gleich Null, und die Auflast wirkt auf den tragenden Boden wie eine Last, die von einem Streifenfundament mit rauher Sohle getragen wird, weil die Aussteifung den oberhalb vom Horizont der Baugrubensohle gelegenen Boden daran hindert, dem seitlichen Ausweichen des unterhalb dieses Horizontes gelegenen Bodens zu folgen. Daher ist die Tragfähigkeit p_g pro Flächeneinheit des Streifens durch die Gleichung

$$p_g = 5{,}7\,c \tag{46.7 c}$$

gegeben, die von der Breite b unabhängig ist. Der Quotient

$$f_s = \frac{P_g}{P} = \frac{b\,p_g}{P} = \frac{1}{h} \frac{5{,}7\,c}{\gamma - \dfrac{c}{b}}$$

stellt den Sicherheitsfaktor gegen Hochdrücken der Baugrubensohle dar. Er nimmt mit zunehmender Breite b ab. Der Größtwert von b ist durch die Form der durch d (Abb. 56 b) verlaufenden Gleitfläche gegeben. Weil $\varrho = 0$, ist der gekrümmte Teil dieser Gleitfläche ein Kreisbogen mit dem Mittelpunkt in e, und weil die Schnittfläche es einer rauhen Fundamentsohle gleichwertig ist, beginnt die Gleitfläche in s

mit einer lotrechten Tangente (siehe Abs. 45). Der ebene Teil der Gleitfläche verläuft unter dem Winkel von 45° zur Waagrechten. Nach diesen geometrischen Bedingungen kann die Breite b nicht größer werden als $b_1 \sqrt{2}$. Setzen wir diesen Wert in die vorhergehende Gleichung ein, so erhalten wir

$$f_s = \frac{1}{h} \frac{5{,}7\,c}{\gamma - \dfrac{c}{b_1 \sqrt{2}}} \,. \tag{4}$$

Für

$$h = h_1 = \frac{5{,}7\,c}{\gamma - \dfrac{c}{b_1 \sqrt{2}}} \tag{5}$$

wird der Sicherheitsfaktor gleich Eins. Wenn der Boden bis zu einer Tiefe größer als h_1 ausgehoben wird, dann bewegt sich der Boden zu beiden Seiten der Baugrube gemeinsam mit dem Aussteifungssystem nach abwärts, und die Baugrubensohle steigt hoch. Für $\varrho = 0$ wird die kritische Höhe einer lotrechten Böschung angenähert

$$h_{kr} = \frac{4c}{\gamma} \,, \tag{57.2a}$$

woraus

$$c = \tfrac{1}{4}\gamma\, h_{kr} \,.$$

Setzen wir diesen Wert in Gl. (5) ein, so erhalten wir

$$h_1 = h_{kr} \frac{5{,}7}{4 - \dfrac{h\,c}{b_1 \sqrt{2}}} \,. \tag{6}$$

Wenn $b_1 = h_{kr}/5{,}65$, wird der Wert h_1 gleich unendlich. Mit zunehmenden b_1-Werten nimmt h_1 ab. Wird andererseits $b_1 = \infty$, so erhalten wir

$$h_1 = 1{,}42\, h_{kr} \approx \tfrac{3}{2} h_{kr} \,.$$

Dies besagt, daß die Sohle einer sehr breiten Baugrube in einem bis auf große Tiefe homogenen Boden hochgedrückt wird, wenn die Tiefe der Baugrube größer als etwa 3/2 der kritischen Höhe h_{kr} ist. Wird in einem weichen Boden eine Baugrube ausgehoben, und in einer Tiefe t unter der Baugrubensohle liegt eine feste Schicht, dann erfolgt der Grundbruch der Sohle, wie in Abb. 56c dargestellt ist. Die Breite des einsinkenden Streifens ist gleich t. Ersetzen wir $b_1 \sqrt{2}$, d. i. die Breite des einsinkenden Streifens der Abb. 56b, durch t, so erhalten wir aus Gl. (6) für die Tiefe, bei der die Baugrube durch Sohlenaufbruch zerstört wird, den Wert

$$h_1 = h_{kr} \frac{5{,}7}{4 - \dfrac{h_{kr}}{t}} \tag{7}$$

der für Baugruben mit $2b_1 > t\sqrt{2}$ von der Baugrubenbreite unabhängig ist.

Wenn der Baugrubenaushub zwischen Spundwänden vorgenommen wird, die bis zu der Tiefe t_1 unter Baugrubensohle reichen, muß das Verfahren zur Ermittlung des Sicherheitsfaktors gegen Sohlenaufbruch entsprechend abgeändert werden. Am einfachsten wird der lotrechte Druck in einem waagrechten Schnitt durch den unteren Rand der Spundwand berechnet. Dem Sohlenaufbruch wirkt nicht nur das Gewicht des zwischen den voll eingerammten Teilen der Spundwände gelegenen Bodens entgegen, sondern auch die Adhäsion zwischen diesem Erdkörper und den angrenzenden Spundwänden.

70. Tunnel und Stollen im Sand.

In Abb. 57a ist ein Schnitt durch eine mächtige Sandschicht dargestellt, in der zwischen der waagrechten Oberfläche und dem Grundwasserspiegel ein Stollen hergestellt wird. Die Kohäsion des Sandes soll dabei nicht größer sein als die durch eine geringe Feuchtigkeit verursachte leichte Bindung der Sandkörner. Die Erfahrung lehrt uns, daß diese geringe Kohäsion ausreicht, um die Abstützung der Stollenbrust bei kleinem Querschnitt zu entbehren. Ein Teil des den Stollenquerschnitt umgebenden Sandes bewegt sich bereits während des Vortriebes des in der Abbildung gezeigten Querschnittes zum Stollen, und der restliche Teil bewegt sich erst, nachdem die Zimmerung eingebracht ist. Wegen des unvollkommenen Anschlusses der Stützen und Steifen an den Stoßstellen und der Zusammendrückbarkeit der Unterlage der lotrechten Stützen, genügt das Nachgeben der Auszimmerung meist völlig, um den Druck des Sandes auf die Aussteifung auf jenen Wert zu vermindern, der dem Grenzzustand beginnender Abscherung im Sand entspricht. Dieser Zustand ist dem Spannungszustand in einer Sandmasse oberhalb eines nachgebenden Streifens ähnlich. Der an den Seitenflächen des Stollens angrenzende Sand sinkt ebenfalls wegen dem Nachgeben der seitlichen Abstützung ab. Die Grenzfläche des absinkenden Gebietes ist unter dem Winkel von etwa $45° + \frac{\varrho}{2}$ geneigt. In der Höhe des Stollenfirstes ist deshalb die Breite des nachgebenden Streifens angenähert gleich

$$2b_1 = 2\left[b_0 + h \operatorname{tg}\left(45° - \frac{\varrho}{2}\right)\right]. \tag{1}$$

Entsprechend dem in Abs. 20 beschriebenen Vorgang soll angenommen werden, daß die wahrscheinlichen Gleitflächen durch die äußeren Ränder des nachgebenden Streifens b_1b_1 lotrecht sind, wie es in der Abbildung durch die strichlierten Linien b_1e_1 gezeigt ist.

Nach dieser Annahme ist der lotrechte Druck im waagrechten Schnitt $b_1 b_1$ (Abb. 57a) von der Breite $2 b_1$ durch Gl. (20.5) ausgedrückt. Setzen wir in dieser Gleichung für z den Wert t und für b den Wert b_1 [Gl. (1)], so erhalten wir

$$\sigma_v = \frac{\gamma\, b_1}{\lambda\,\mathrm{tg}\,\varrho}\,(1 - e^{-\lambda\,\mathrm{tg}\,\varrho\,t/b_1}) \tag{2}$$

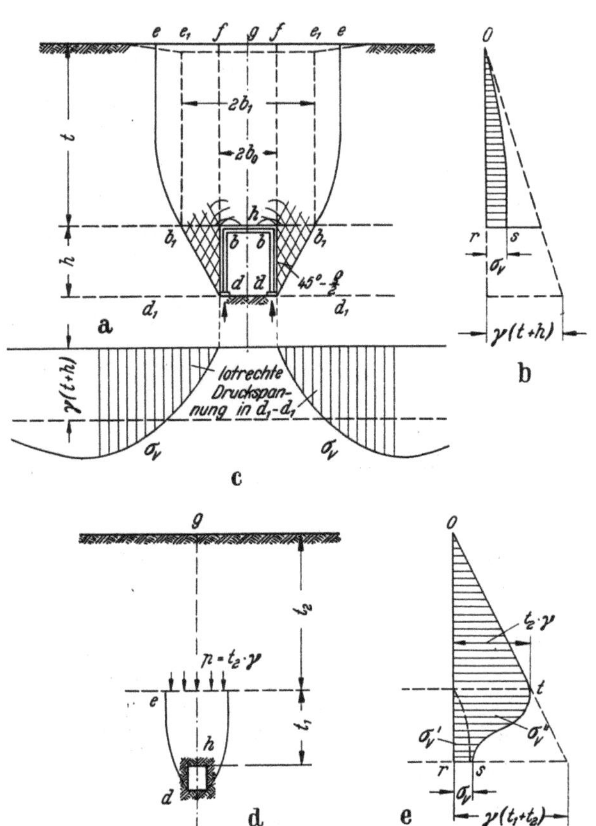

Abb. 57a—e. a Nachfließen des Sandes gegen einen seicht liegenden Stollen im Augenblick des Zusammenbruches der Zimmerung; b Lotrechte Spannung im Sand in der Achse oberhalb des Stollens als Funktion der Tiefe; c Verteilung der lotrechten Druckspannung in einem waagrechten Schnitt durch die Stollensohle. Liegt der Stollen in großer Tiefe, dann tritt die Zeichnung d an die Stelle von a und e an die Stelle von b.

pro Flächeneinheit des waagrechten Schnittes $b_1 b_1$. In dieser Gleichung bedeutet das Symbol λ eine empirische Größe. Die Ergebnisse direkter Messungen haben für den Koeffizienten λ angenähert Eins ergeben (siehe Abs. 20). Seitlich des Stollens wirkt die Druckspannung σ_v wie eine Auflast auf die zu beiden Stollenseiten gelegenen Keile.

Der entsprechende Seitendruck in den Ulmen des Stollens kann nach der COULOMBschen Erddrucktheorie berechnet werden, mit den Annahmen, daß die Seitenverkleidung des Stollens wie eine einfache Stützwand wirkt, deren Hinterfüllung eine gleichförmig verteilte Auflast σ_v pro Flächeneinheit trägt.

Der in der Firste des Stollens wirkende Druck wird in den Sand unterhalb der Stollensohle durch die Aufstandsflächen der lotrechten Stützen übertragen. Der Rest des Gewichtes des ober der Firste liegenden Sandes wird durch die Scherspannungen in den an den Stollen angrenzenden Sand übertragen. Deshalb muß die Verteilung der lotrechten Druckspannungen in einem waagrechten Schnitt durch die Stollensohle ähnlich der in Abb. 57a dargestellten Form verlaufen.

Liegt der Stollen in großer Tiefe unter der Geländeoberfläche, dann reicht die Gewölbewirkung im Sand nicht über eine bestimmte Höhe t_1 oberhalb der Stollenfirste. Der über dieser Höhe liegende Sand, von der Geländeoberfläche bis auf die Tiefe t_2, Abb. 57d, wirkt auf die Verspannungszone wie eine einfache Auflast von der Größe γt_2 pro Flächeneinheit. In diesem Fall ist der Druck auf die Stollenfirste durch Gl. (20.4) gegeben. Setzen wir in dieser Gleichung $b = b_1$, $p = \gamma t_2$ und für $z = t_1$, so erhalten wir

$$\sigma_v = \frac{\gamma\, b_1}{\lambda\, \mathrm{tg}\, \varrho}\left(1 - e^{-\lambda\, \mathrm{tg}\, \varrho\, t_1/b_1}\right) + \gamma\, t_2\, e^{-\lambda\, \mathrm{tg}\, \varrho\, t_1/b_1}.$$

Der Winkel der inneren Reibung ϱ beträgt für Sande mindestens $30°$, und aus Versuchen wurde festgestellt, daß der Wert λ mindestens gleich Eins ist. Wenn die Firste eines tiefen Stollens nachgibt, nimmt die Höhe t_1 der Verspannungszone zu, während die Höhe t_2 abnimmt. Sobald die Höhe t_1 etwa 20% der gesamten Tiefe $t_1 + t_2$ beträgt, kann der zweite Ausdruck auf der rechten Seite der vorigen Gleichung vernachlässigt werden. Der erste Ausdruck ist für alle Werte von t kleiner als $t_1/\lambda\, \mathrm{tg}\, \varrho$. Deshalb bleibt die Druckspannung bei einem tiefliegenden Stollen im trockenen Sand innerhalb einer unteren Grenze, die gegeben ist durch

$$\sigma_{v,\,\infty} = \frac{\gamma\, b_1}{\lambda\, \mathrm{tg}\, \varrho}\,, \tag{3}$$

obgleich die Verspannung nicht bis zur Geländeoberfläche reicht. Die lotrechte Druckspannung in der Stollenachse in waagrechten Schnittflächen oberhalb des Stollens ist in Abb. 57c durch die Abszisse der Kurve *ots* dargestellt. Diese Kurve ist ähnlich der Kurve *odf* in Abb. 18d.

Die Bedingungen für die Standsicherheit der im Sand liegenden Stollensohle können nach dem in Abs. 70 beschriebenen Verfahren untersucht werden. Die Ergebnisse solcher Untersuchungen haben gezeigt, daß der Sicherheitsfaktor gegen Hochdrücken der Stollensohle bei Sand stets ausreichend ist, wenn der tiefste Punkt der möglichen Gleitfläche über dem Grundwasserspiegel liegt.

71. Anwendung der RANKINEschen Theorie zur Berechnung des vom Sand auf die Tunnelausmauerung ausgeübten Druckes.

Vor der Herstellung eines Tunnels besitzt eine Sandmasse mit waagrechter Oberfläche keine seitliche Bewegungsmöglichkeit, und der Quotient aus waagrechtem und lotrechtem Druck ist gleich dem Ruhedruckbeiwert λ_0. Damit der aktive RANKINEsche Zustand eintritt, muß dem Sand ein seitliches Ausdehnen ermöglicht werden, und zwar über die volle Breite und Tiefe der Ablagerung und über einen gewissen Mindestbetrag pro Breiteneinheit, der hauptsächlich von der Lagerungsdichte des Sandes abhängt. Im Gegensatz zu dieser grundlegenden Forderung der RANKINEschen Erddrucktheorie reicht die seitliche Ausdehnung des Sandes infolge des Tunnelvortriebes nicht über einen engen, zu beiden Seiten des Tunnels liegenden, Bereich hinaus. Außerhalb dieses Bereiches ist die waagrechte Verformung praktisch gleich Null. Dieses Verformungsbild ist mit der RANKINEschen Theorie nicht vereinbar. Von dieser allgemeinen Regel gibt es jedoch eine Ausnahme. Sie betrifft den vom Sand auf die Aussteifung eines in geringer Tiefe liegenden Tunnels ausgeübten Druck, wenn der Tunnel unterhalb einer Böschung liegt, die unter einem Winkel gleich oder wenig kleiner als der Winkel der inneren Reibung des Sandes geneigt ist. Bis zu einer Tiefe, die nur einen kleinen Teilbetrag der gesamten Böschungshöhe darstellt, ist der Sand bereits an der Grenze des aktiven Bruchzustandes, bevor noch mit dem Tunnelvortrieb begonnen wurde. Dieser Zustand ist mit dem aktiven RANKINEschen Zustand nach Abb. 9b und 9c identisch. Bei einem Böschungswinkel $\beta = \varrho$ verläuft eine Schar der möglichen Gleitflächen parallel zur Böschung und die andere Schar lotrecht. Da der Sand bereits vor Bruchbeginn in einem plastischen Grenzzustand war, vermag die Zimmerung des Tunnels nur diesen Zustand beizubehalten. Der Erddruck ist deshalb im oberen Teil der Auskleidung näherungsweise mit dem aktiven RANKINEschen Druck identisch. Wenn z. B. der Tunnelquerschnitt die in Abb. 58 gezeigte Form besitzt, kann der Normaldruck auf den Abschnitt *abc* des Bogenrückens nach der RANKINEschen Theorie, unter Benützung des MOHRschen Diagramms, ermittelt werden. Im Sand, der an diesen Teil angrenzt, sind die Hauptspannungen σ_I und σ_{III} nach den in der Abbildung eingezeichneten Pfeilen gerichtet. Während des Bauvorganges sind die Spannungen im Sand in der Tunnelsohle auf Null reduziert. Im Abschnitt *ad* kehrt der Bauvorgang die Richtung der Scherspannungen, die vor Baubeginn dort wirksam waren, um. Darum kann die RANKINESche Theorie nur zur Berechnung des auf den Bogen *abc* wirkenden Druckes benützt werden. Der Druck auf die Fläche *ad* kann mittels der COULOMBschen Theorie berechnet werden.

Um die gegebenen Mauerprofile vom Eisenbahntunnel an die in Abb. 58 dargestellten Erddruckverhältnisse anzupassen, wurde das Profil mancher Tunnel nach einer unsymmetrischen Form ausgebildet, wie auch in der Abbildung dargestellt ist (BIERBAUMER 1913).

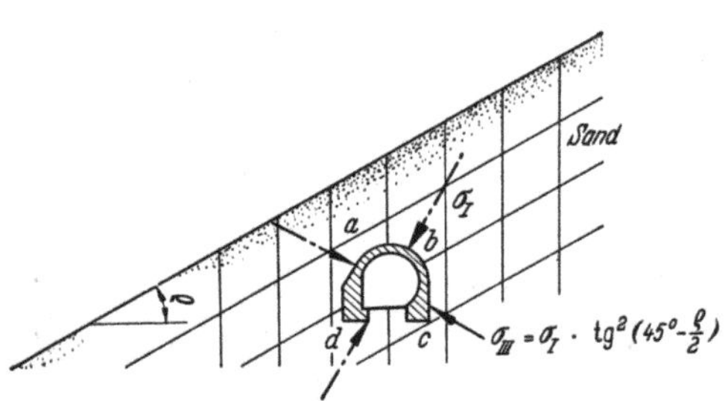

Abb. 58. Tunnel in einer kohäsionslosen Sandmasse, deren Oberfläche unter dem natürlichen Böschungswinkel geneigt ist.

Wenn der Böschungswinkel β nur wenig kleiner als der Winkel der inneren Reibung ϱ ist, können wir auch das in Abb. 58 dargestellte Verfahren anwenden, wenn wir den Winkel der inneren Reibung gleich dem Böschungswinkel β annehmen. Ist der Böschungswinkel β jedoch wesentlich kleiner als ϱ, dann kann die RANKINESche Theorie nicht mehr benützt werden.

72. Tunnel und Stollen in bindigen Böden.

Das in Abs. 70 beschriebene Untersuchungsverfahren kann auch auf Tunnel und Stollen in bindigen Böden angewendet werden. Die Scherfestigkeit des Bodens beträgt pro Flächeneinheit einer möglichen Gleitfläche

$$\tau_s = c + \sigma\, tg\varrho. \tag{5.1}$$

Wenn wir die vereinfachenden Annahmen, auf denen die Gleichungen von Abs. 70 beruhen, beibehalten, dann können wir den Druck auf die Stollenfirste mittels Gl. (20.3) berechnen. Setzen wir in dieser Gleichung für b den Wert b_1 [Gl. (70.1)], der die halbe Gesamtbreite der Verspannungszone in Höhe der Stollenfirste, wie in Abb. 57a gezeigt ist, darstellt und für z die Tiefe t der Stollenfirste unter der Geländeoberfläche, so erhalten wir

$$\sigma_v = b_1 \frac{\gamma - \dfrac{c}{b_1}}{\lambda\, tg\varrho}(1 - e^{-\lambda\, tg\varrho\, t/b_1}). \tag{1}$$

Nach dieser Gleichung ist der Druck in der Firste für jede Tiefe gleich Null, wenn

$$b_1 \lessgtr \frac{c}{\gamma}. \tag{2}$$

Es soll jedoch daran erinnert werden, daß Gl. (20.3) auf der vereinfachenden Annahme beruht, die Normalspannungen in waagrechten Schnittflächen durch die Verspannungszone sind überall gleich groß. In Wirklichkeit ist die Fläche gleicher Normalspannungen wie ein Gewölbe gekrümmt. Daraus folgt, daß die Fläche der Nullspannung die Symmetrieebene des Stollens in einer gewissen Entfernung oberhalb der Firste schneidet. Innerhalb dieser Strecke ist der Boden im Zugspannungszustand. Beim Abreißen längs der oberen Grenze der Zugzone fällt ein Erdkörper von plankonvexem Querschnitt auf die Stollenfirste. Zur Verhinderung dieses Vorganges soll die unabgestützte Firste in einem Stollen durch bindigen Boden stets bogenförmig ausgebildet sein. Wenn die Breite des Stollens größer als c/γ [Gl. (2)] ist, muß die Firste abgestützt werden. Der auf die Firste ausgeübte Druck wird auf die Stollensohle durch die Grundfläche der lotrechten Stützen übertragen. Die Normalspannungsverteilung in einem waagrechten Schnitt durch die Stollensohle hat die in der Abb. 57c dargestellte Form. In extremen Fällen kann der Boden zu weich sein, um der ungleichförmig verteilten Last nach Abb. 57c widerstehen zu können,

wobei dann die Stollensohle hochsteigt, wenn sie nicht durch eine biegesteife Sohlplatte oder ein Gegengewölbe niedergehalten wird.

Die Stabilitätsbedingungen für die Sohle eines Stollens im bindigen Boden sind im wesentlichen identisch mit jenen, die in Abs. 69 besprochen und in Abb. 56b und 56c dargestellt sind. Wenn die Stollensohle genügend Steifigkeit besitzt, kann der Druck auf die vorübergehende Verkleidung der Firste durch Stützen auf an beiden Sei-

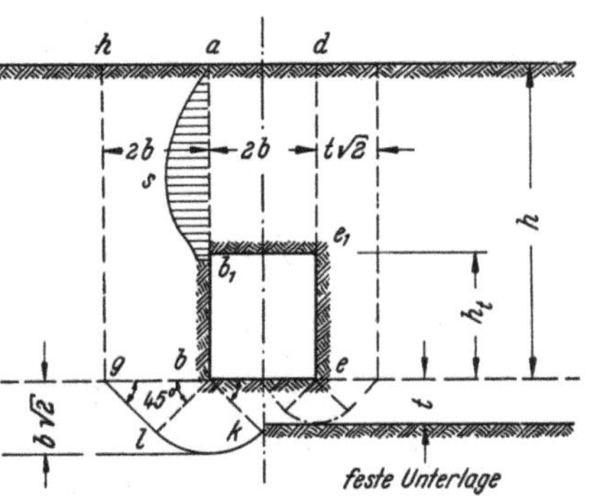

Abb. 59. Hochdrücken der Stollensohle in weichem Ton. Die linke Seite der Zeichnung stellt den Fall einer sehr mächtigen Tonschicht dar, die rechte Seite, wenn der Ton in geringer Tiefe auf einer festen Schicht aufruht.

ten der Sohle angeordnete Fundamente übertragen werden. Im gegenteiligen Fall muß der Stollen mit einem Schild vorgetrieben werden (TERZAGHI 1942a). Diese Verfahren erhöhen die Baukosten beträchtlich. Deshalb ist die Tragfähigkeit der Stollensohle ein Faktor großer praktischer Bedeutung.

Abb. 59 zeigt einen lotrechten Schnitt durch einen seicht liegenden Stollen von der Breite $2b$. Das Raumgewicht des den Stollen umgebenden Bodens ist γ, seine Kohäsion c und sein Winkel der Scherfestigkeit Null. Der gesamte Normaldruck in den lotrechten Schnittflächen ab und de durch die Ulmen des Stollens ist näherungsweise gleich dem Erddruck E_{ag} auf die Aussteifung einer Baugrube gleicher Breite und gleicher Tiefe im selben Boden. Der Erdkörper ab_1e_1d erfüllt die Funktion der Steifen. Der Normaldruck in den lotrechten Seiten dieses Blockes ist durch die Druckfläche asb_1 dargestellt.

Da unter der Stollenfirste keine waagrechten Steifen angeordnet sind, kann der Boden in den beiden Ulmen frei gegen das Stolleninnere ausweichen. Deshalb wirkt der oberhalb dem Streifen gb gelegene Boden wie eine Auflast auf einer vollkommen glatten Unterlage. Nach dieser Bedingung ist die Tragfähigkeit des Streifens durch die Gleichung gegeben:

$$p_g = 5{,}14\,c. \tag{46.9f}$$

Sie ist von der Streifenbreite unabhängig. Die Breite des nachgebenden Streifens ist durch die Begrenzungen festgelegt, die der plastischen Zone des unterhalb des Streifens gelegenen Bodens infolge der Breite des Stollenprofils vorgegeben sind. Da $\varrho = 0$, besteht die Begrenzung der plastischen Zone aus einem Kreisbogen kl und einem geraden Abschnitt lg, der unter dem Winkel von 45° zur Waagrechten geneigt, wie auf der linken Seite der Abb. 59 dargestellt ist. Daher ist die Breite des Streifens bg gleich $2b$.

Der untere Grenzwert des gesamten lotrechten Druckes auf den Streifen ist gleich der Differenz aus dem Gewicht der zwischen der Symmetrieebene des Tunnels und der lotrechten Ebene gh gelegenen Bodenmasse $(3\gamma bh - \gamma bh_t)$ und der gesamten Scherfestigkeit in der lotrechten Ebene gh $(h\,c)$. Deshalb kann die lotrechte Druckspannung im Streifen bg nicht kleiner sein als

$$p = \frac{\gamma}{2}\,(3h - h_t) - \frac{h\,c}{2b}$$

und der Sicherheitsfaktor gegen Hochdrücken der Stollensohle wird

$$f_s = \frac{p_g}{p} = \frac{5{,}14c}{\dfrac{\gamma}{2}\,(3h - h_t) - \dfrac{h\,c}{2b}}. \tag{3}$$

Für

$$h = h_1 = \frac{5{,}14c + 0{,}5\gamma\,h_t}{1{,}5\gamma - \dfrac{c}{2b}} \tag{4}$$

wird der Sicherheitsfaktor gleich Eins. Setzen wir die kritische Höhe $h_{kr} = 4c/\gamma$ [Gl. (57.2a)] in diese Gleichung ein, so erhalten wir

$$h_1 = h_{kr}\,\frac{5{,}14 + 2\dfrac{h_t}{h_{kr}}}{6 - \dfrac{h_{kr}}{2b}}. \tag{5}$$

Wird der lotrechte Abstand zwischen der Stollensohle und der Oberfläche größer als h_1, dann wird die Stollensohle nach oben gedrückt, und die Firste wird absinken.

Die strichpunktierte Linie auf der rechten Seite der Abb. 59 zeigt die untere Grenze der plastischen Zone unter der Annahme, daß unterhalb des weichen Bodens in einer Tiefe $t < b\sqrt{2}$ unter der Sohle eine harte Schicht liegt. Die Gegenwart dieser Schicht vermindert die Breite der absinkenden Zone von $2b$ auf $t\sqrt{2}$, woraus wir erhalten:

$$h_1 = h_{\mathrm{kr}} \frac{5{,}14 + 2\,\dfrac{h_t}{h_{\mathrm{kr}}}}{2\left(\dfrac{t\sqrt{2}}{b} + 1\right) - \dfrac{h_{\mathrm{kr}}}{2\,b}}\,. \tag{6}$$

Die Verzimmerung eines Stollens kann auch infolge unzulänglicher Unterlage der Firstträger oder der Stützen versagen. Die auf die Unterlage pro Längeneinheit des Stollens übertragene Last ist mindestens gleich der Differenz aus dem Gewicht des Erdkörpers ab_1e_1d und dem Größtwert $2c\,(h - h_t)$, den die Scherkräfte in den lotrechten Ebenen ab_1 und de_1 annehmen können. Wenn die Stützen durch Streifenfundamente getragen werden, die je $2b_1$ breit sind, ist der auf die Flächeneinheit dieser Streifen ausgeübte Druck mindestens gleich

$$p = \frac{\gamma\, b\,(h - h_t) - (h - h_t)\,c}{2\,b_1} = \frac{1}{2\,b_1}\,(h - h_t)\,(\gamma\, b - c)\,.$$

Da die Sohle der Streifenfundamente rauh ist, wird die Tragfähigkeit durch die Gleichung ausgedrückt:

$$p_g = 5{,}7\,c\,. \tag{46.7c}$$

Der auf die Streifenfundamente ausgeübte Druck p darf nicht größer sein als die Tragfähigkeit p_g, dividiert durch einen angemessenen Sicherheitsfaktor f_s. Daraus folgt:

$$p = \frac{1}{2\,b_1}\,(h - h_t)\,(\gamma\, b - c) = \frac{5{,}7\,c}{f_s}$$

oder

$$2\,b_1 = \frac{h - h_t}{5{,}7\,c}\,(\gamma\, b - c)\,f_s\,. \tag{7}$$

Ist es nicht möglich, Streifenfundamente mit einer Mindestbreite von $2b_1$ oder gleichwertige Quadratfundamente einzubauen, dann können Bauverfahren mit offenem Vortrieb nicht angewendet werden.

73. Spannungszustand in der Umgebung von Bohrlöchern.

Bei der Untersuchung des plastischen Zustandes des Bodens in der Umgebung von zylindrischen Öffnungen muß zwischen engen Öffnungen, wie z. B. Bohrlöchern und weiten Öffnungen, wie z. B.

Schächten, unterschieden werden. Im Gegensatz zum Bohrloch, dessen Durchmesser einige Dezimeter nicht überschreitet, besitzt ein Schacht einen Querschnitt von mehreren Quadratmetern. Wird in einer Ablagerung aus bindigem Boden ein enges Loch gebohrt, dann bleiben die Wandungen des Bohrloches ohne irgendeine seitliche Abstützung stehen. Wird jedoch ein Schacht von etwa 3 m Durchmesser im gleichen Boden ohne Aussteifung ausgehoben, dann brechen die Wandungen von einer gewissen Tiefe an nach. Die folgenden Untersuchungen behandeln den wahrscheinlichen Spannungszustand in der Umgebung enger Bohrlöcher. Die Bezeichnung *Zylinderschnitt* wird ausschließlich für eine kreiszylindrische Schnittfläche, deren Achse mit der Bohrlochachse zusammenfällt, verwendet.

Es bezeichnen:

γ = das Raumgewicht des Bodens,

λ_0 = den Ruhedruckbeiwert, der von der Bodenart und ihrer geologischen Entstehung abhängt,

σ_r, σ_ϑ und σ_z = die waagrechte Radialspannung, die waagrechte Tangentialspannung bzw. die lotrechte Spannung (Normalspannungen),

τ = die Scherspannung in den Ebenen der Normalspannungen σ_r und σ_z,

σ_{I} und σ_{III} = größte und kleinste Hauptspannung nach der Herstellung des Bohrloches,

σ_{r0} = die Normalspannung in der Wandung des Bohrloches in der Tiefe z,

r_0 = der Radius des Bohrloches und r_e = der äußere Radius der plastischen Zone in der Tiefe z.

Die Scherfestigkeit des Bodens ist durch die COULOMBsche Gleichung ausgedrückt:

$$\tau_s = c + \sigma\,\mathrm{tg}\,\varrho,$$

worin c die Kohäsion, σ die in der Scherebene wirkende Normalspannung und ϱ den Winkel der Scherfestigkeit bedeutet. Die Spannungsbedingung für den plastischen Grenzzustand ist durch Gl. (7.3) gegeben:

$$\sigma_{\mathrm{I}} = 2c\,\sqrt{\lambda_\varrho} + \sigma_{\mathrm{III}}\,\lambda_\varrho \tag{1}$$

darin bezeichnet σ_{I} die größte und σ_{III} die kleinste Hauptspannung und

$$\lambda_\varrho = \mathrm{tg}^2\left(45° + \frac{\varrho}{2}\right).$$

In Abb. 60a sind die in dem am Zylinderschnitt vom willkürlichen Radius r angrenzenden Bodenelement wirkenden Spannungen dargestellt. Da die Scherspannungen in lotrechten Schnittflächen durch die Bohrlochachse gleich Null sind, ist die Tangentialspannung σ_ϑ eine Hauptspannung.

WESTERGAARD (1940) hat durch eine Näherungsrechnung bewiesen, daß die in Abb. 60a eingezeichnete Scherspannung τ vernachlässigt werden kann.

Wenn diese Bedingung erfüllt ist, wird die radiale Spannung σ_r identisch mit der kleinsten Hauptspannung σ_{III}, wodurch wir die Plastizitätsbedingung [Gl. (1)] ersetzen können durch

$$\sigma_\vartheta = 2c\sqrt{\lambda_\varrho} + \lambda_\varrho \sigma_r. \tag{2}$$

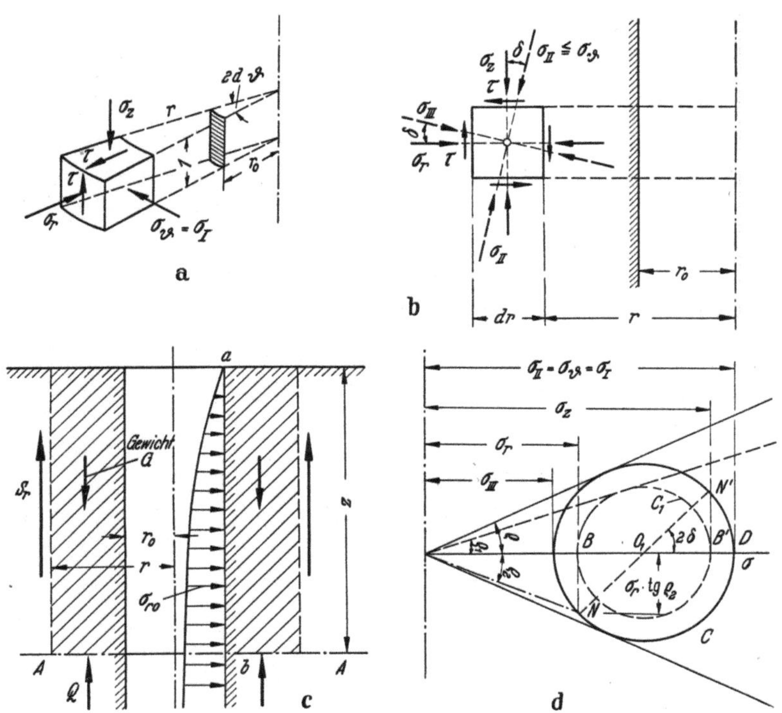

Abb. 60a—d. a u. b Die auf die Seitenflächen eines Bodenelementes, das von der Achse eines Schachtes in der willkürlichen Entfernung r liegt, wirkenden Spannungen; c u. d Darstellung der Annahmen, auf denen die Berechnung des Erddruckes auf die Auskleidung eines Schachtes beruht.

Da die beiden Spannungen σ_ϑ und σ_r waagrecht sind, tritt der Bruch in der Bohrlochwandung durch plastisches Fließen in waagrechten Ebenen ein. Durch Verbindung der Gl. (2) mit den Gl. (17.3) ermittelte WESTERGAARD (1940) jene Spannungsfunktion, welche die Randbedingungen der Aufgabe erfüllt. Die Gleichungen der Spannungen lauten

$$\sigma_r = \left(\sigma_{r0} + \frac{2c\sqrt{\lambda_\varrho}}{\lambda_\varrho - 1}\right)\left(\frac{r}{r_0}\right)^{\lambda_\varrho - 1} - \frac{2c\sqrt{\lambda_\varrho}}{\lambda_\varrho - 1} \tag{3a}$$

und

$$\sigma_\vartheta = \lambda_\varrho\left(\sigma_{r0} + \frac{2c\sqrt{\lambda_\varrho}}{\lambda_\varrho - 1}\right)\left(\frac{r}{r_0}\right)^{\lambda_\varrho - 1} - \frac{2c\sqrt{\lambda_\varrho}}{\lambda_\varrho - 1} \tag{3b}$$

Diese Gleichungen können auch elementar abgeleitet werden. Gl. (2) muß mit einer weiteren Gleichung verbunden werden, welche die Bedingung ausdrückt, daß die Summe aller auf dem in Abb. 60a dargestellten Element wirkenden Kräfte, bezogen auf den durch den Mittelpunkt des Elementes gehenden Radiusvektor, gleich Null sein muß (Terzaghi 1919).

An der Grenze zwischen der plastischen und elastischen Zone müssen die mittels der Gl. (3) berechneten Spannungen auch noch die Bedingungen für den elastischen Zustand des außerhalb der Grenze gelegenen Bodens erfüllen. Die Spannungen im elastischen Gebiet werden durch Gleichungen ausgedrückt, die erst später in Abs. 145 abgeleitet werden. Durch Verbindung dieser Gleichungen mit den Gl. (3) erhielt Westergaard für den Radius r_e der plastischen Zone in der Tiefe z unter Geländeoberfläche unter der Annahme $\lambda_0 = 1$ die Gleichung

$$r_e = r_0 \left\{ \frac{2\left[(\lambda_\varrho - 1)\,\gamma\,z + 2\,c\,\sqrt{\lambda_\varrho}\,\right]}{(\lambda_\varrho + 1)\left[(\lambda_\varrho - 1)\,\sigma_{r0} + 2\,c\,\sqrt{\lambda_\varrho}\,\right]} \right\}^{1/(\lambda_\varrho - 1)} \tag{4}$$

Um die vorhergehenden Gleichungen auf kohäsionslose Böden anzuwenden, müssen wir in den Gl. (2), (3) und (4) für $c = 0$ einsetzen. Wir erhalten dann

$$\sigma_\vartheta = \lambda_\varrho\,\sigma_r \tag{5}$$

$$\sigma_r = \sigma_{r0} \left(\frac{r}{r_0}\right)^{\lambda_\varrho - 1} \tag{6a}$$

$$\sigma_\vartheta = \lambda_\varrho\,\sigma_{r0} \left(\frac{r}{r_0}\right)^{\lambda_\varrho - 1} \tag{6b}$$

und

$$r_e = r_0 \left[\frac{2\,\gamma\,z}{\sigma_{r0}(\lambda_\varrho + 1)}\right]^{1/(\lambda_\varrho - 1)} \tag{7}$$

Der Radius r_e der plastischen Zone [Gl. (7)] hat für jeden positiven Wert der an der Bohrlochwandung wirkenden Radialspannung σ_{r0} einen endlichen Wert. Diese Schlußfolgerung stimmt mit den praktischen Erfahrungen bei Bohrlöchern in Sand überein. Es gilt als Regel, daß ein geringfügiger seitlicher Widerstand infolge eines dünnen Schlammüberzuges auf der Bohrlochwandung genügt, damit das Bohrloch offen bleibt.

Als zweiten Fall wollen wir den Spannungszustand in der Umgebung eines Bohrloches in einem idealen Ton betrachten, dessen Winkel der Scherfestigkeit ϱ gleich Null ist. Führen wir in Gl. (2) den Wert ein:

$$\lambda_\varrho = \mathrm{tg}^2\left(45° + \frac{\varrho}{2}\right) = 1\,,$$

so erhalten wir

$$\sigma_\vartheta = \sigma_r + 2\,c\,. \tag{8}$$

Werten wir die Gl. (3) und (4) für $\varrho = 0$ aus, so erhalten wir

$$\sigma_r = 2c \ln \left(\frac{r}{r_0} \right) + \sigma_{r0} \tag{9a}$$

$$\sigma_\vartheta = 2c \left[\ln \left(\frac{r}{r_0} \right) + 1 \right] + \sigma_{r0} \tag{9b}$$

und

$$r_e = r_0 \, e^{(\gamma z - c - \sigma_{r0})/2c}. \tag{10}$$

Sind die Wandungen des Bohrloches nicht abgestützt, dann ist die an den Wandungen wirkende Normalspannung σ_{r0} gleich Null, und die Größe von r_e wird gleich

$$r_e = r_0 \, e^{(\gamma z - c)/2c}. \tag{11}$$

Zwischen der Oberfläche und der Tiefe

$$z_e = \frac{c}{\gamma} \tag{12}$$

ist der Wert r_e kleiner als r_0. Dies bedeutet, daß der elastische Bereich innerhalb dieser Tiefe bis zur Wandung des Bohrloches reicht. Für größere Werte von z nimmt der Radius der plastischen Zone mit zunehmender Tiefe zu. Jedenfalls ist für jeden endlichen Wert z auch der Radius r_e endlich. Deshalb brauchen die Wandungen eines Bohrloches in Ton keine seitliche Abstützung, gleichgültig, wie groß die Werte von c und z sein mögen. Wie die Erfahrung gezeigt hat, brauchen die Bohrlochwandungen bei steifem oder plastischem Ton tatsächlich keinerlei seitliche Abstützung. Diese Erfahrung stimmt also mit den gezogenen Schlußfolgerungen überein. Die Praxis hat aber weiter gezeigt, daß Schachtwandungen in Ton, wenn sie nicht genügend ausgesteift sind, nachbrechen können. Diese Beobachtung zeigt, daß die vorherigen Untersuchungen auf Schächte nicht anwendbar sind. Der Grund dafür wird in Abs. 74 im Zusammenhang mit dem von Sand auf Schachtwandungen ausgeübten Erddruck besprochen werden.

74. Gleichgewichtsbedingungen für Sand, der an Schachtwandungen oberhalb des Grundwasserspiegels angrenzt.

In Abb. 60c ist ein lotrechter Schnitt durch einen zylindrischen Sandkörper vom Gewicht G, der Höhe z und dem willkürlichen Radius r dargestellt. Er umgibt einen zylindrischen Schacht vom Radius r_0. Auf der äußeren Mantelfläche des Sandkörpers wirkt die Scherkraft S_r und in der Grundfläche der lotrechte Druck P. Der Sandkörper ist im Gleichgewicht, wenn

$$G = P + S_r. \tag{1}$$

In Abs. 73 wurden die Scherspannungen in Zylinderschnitten als vernachlässigbar klein und die Normalspannungen in waagrechten Schnitten als mittlere Hauptspannungen angenommen. Solange der Durchmesser des Bohrloches nur einige Dezimeter erreicht, sind diese Bedingungen erfüllt, selbst wenn die Radialspannungen σ_{r0} in den Bohrlochwandungen sehr klein sind. Deshalb stimmen auch die Rechenergebnisse mit den bei Bohrlöchern in Sand gemachten Erfahrungen gut überein. Da die Normalspannungen in waagrechten Schnittflächen als mittlere und daher vernachlässigbare Hauptspannungen vorausgesetzt wurden, war die Aufgabe der Spannungsberechnung in dem ein Bohrloch umgebenden Sand eine zweidimensionale Plastizitätsaufgabe.

Wird in Sand ein weiter Schacht ausgehoben, dann wissen wir aus den Bauerfahrungen, daß die Aussteifung des Schachtes einen beträchtlichen Erddruck aufzunehmen hat. Ist die Aussteifung nicht genügend bemessen, um diesem Druck zu widerstehen, dann geht sie zu Bruch, wobei die Oberfläche des den Schachteinstieg umgebenden Sandes nachsinkt. Diese Art der Verformung des den Schacht umgebenden Sandes ist auf ein Abscheren in Zylinderschnitten zurückzuführen. Dieses Abscheren zeigt aber auch, daß die Normalspannungen in waagrechten Schnitten die Festigkeit des Sandes überschreiten. Die im vorigen Artikel behandelte Untersuchung kann deshalb nicht zur Ermittlung des auf Schachtwandungen wirkenden Erddruckes benützt werden.

Die Größe und Verteilung des Erddruckes auf die Schachtauskleidung hängt zweifellos auch in einem gewissen Maß von dem Bauverfahren ab. Wir sind aber bis jetzt noch nicht in der Lage, diese Wirkung in Betracht zu ziehen. Um den Einfluß des Schachtdurchmessers, der Tiefe und des Winkels der inneren Reibung des Sandes auf die Größe des Erddruckes zu ersehen, benützen wir eine Näherungsrechnung. Wir nehmen an, daß auf die Wandfläche eines unendlich tiefen Schachtes eine Radialspannung σ_{r0}, wie auf der rechten Seite der Abb. 60c eingezeichnet ist, wirkt und bestimmen den Kleinstwert, den diese Spannung haben muß, um den Bruch der Schachtwandung zu verhindern. Da diese Druckspannung durch den Widerstand einer ideellen Verkleidung aufgenommen werden kann, wird der Druck σ_{r0} kurz Erddruck genannt.

Die Abb. 60a und 60b zeigen die Spannungen, die auf einem keilförmigen Element des an einen Zylinderschnitt mit dem Radius r angrenzenden Sandes wirken. Wie in Abs. 73 erklärt wurde, ist die Tangentialspannung σ_ϑ die größte Hauptspannung, während die beiden anderen Hauptspannungen in radialen Ebenen wirken. Es wurde ebenfalls gezeigt, daß die Radialspannung für $r = 0$ die kleinste Hauptspannung darstellt. Bei der Untersuchung eines Schachtes kann die

Scherspannung τ nicht vernachlässigt werden. Deshalb wirkt die kleinste Hauptspannung σ_{III} unter einem kleinen Winkel δ zur Waagrechten, wie in Abb. 60b eingezeichnet ist. Die beim Bruch der Schachtwandung auftretende Bewegung des Sandes zeigt, daß auch der Größtwert der zweiten Hauptspannung σ_{II} mit der Bedingung für plastisches Fließen verträglich sein muß. Nach der MOHRschen Bruchtheorie (Abs. 7) ist dieser Wert gleich der größten Hauptspannung, die in unserem Fall σ_{ϑ} beträgt. Die Bruchspannungsbedingungen sind im MOHRschen Diagramm, Abb. 60d, dargestellt. Setzen wir in Gl. (7.5) $\sigma_{II} = \sigma_I$, so erhalten wir für den Zustand des beginnenden Bruches

$$\sigma_{II} = \sigma_{\vartheta} = \sigma_{III}\lambda_\varrho,$$

worin $\lambda_\varrho = \mathrm{tg}^2\left(45° + \dfrac{\varrho}{2}\right)$. Daraus folgt

$$\frac{\sigma_{II}}{\sigma_{III}} = \lambda_\varrho. \tag{1}$$

Da σ_r und σ_z in Abb. 60d keine Hauptspannungen darstellen, ist der Quotient $\dfrac{\sigma_z}{\sigma_r} = a$ kleiner als der Wert $\sigma_{II}/\sigma_{III} = \lambda_\varrho$. Aus dem MOHRschen Diagramm erhalten wir aus rein geometrischen Beziehungen

$$\frac{\sigma_z}{\sigma_r} = a = \mathrm{tg}^2\left(45° + \frac{\varrho_1}{2}\right). \tag{2}$$

Die Größe des Hilfswinkels ϱ_1 hängt von δ ab. Er ist kleiner als ϱ. Das Diagramm zeigt weiter, daß die im Zylinderschnitt wirkende Scherspannung τ, bei einem gegebenen Winkel ϱ_1, nicht größer sein kann als

$$\tau = \sigma_r\,\mathrm{tg}\varrho_2. \tag{3}$$

Schließlich ersehen wir aus Abb. 60d, daß der Quotient $\sigma_{\vartheta}/\sigma_r$ nur etwas größer als der Quotient $\sigma_z/\sigma_r = a$ ist. Wenn wir daher $\sigma_{\vartheta} \approx \sigma_z$ oder

$$\frac{\sigma_{\vartheta}}{\sigma_r} \approx \frac{\sigma_z}{\sigma_r} = \mathrm{tg}^2\left(45° + \frac{\varrho_1}{2}\right) = a \tag{4a}$$

annehmen, führen wir einen kleinen, auf der sicheren Seite liegenden Fehler in unsere Rechnung ein. In der folgenden Untersuchung stellt der Wert $a = \sigma_{\vartheta}/\sigma_r$ ein Analogon zum Wert $\lambda_\varrho = \sigma_{\vartheta}/\sigma_r$ der Gl. (73.6) dar.

Die Beziehung zwischen σ_{ϑ}, σ_r und σ_{r0} bei Bohrlöchern ist durch die Gl. (73.6) gegeben. Ersetzen wir in diesen Gleichungen den Wert λ_ϱ durch a, so erhalten wir für die radiale und tangentiale Spannung bei Schächten die Werte

$$\sigma_r = \sigma_{r0}\left(\frac{r}{r_0}\right)^{a-1} \tag{4b}$$

und

$$\sigma_{\vartheta} = a\,\sigma_{r0}\left(\frac{r}{r_0}\right)^{a-1} \tag{4c}$$

Diese Gleichungen zeigen, daß sowohl die radialen wie die tangentialen Spannungen mit abnehmendem Quotienten r/r_0 kleiner werden. Mit anderen Worten, die Größe aller Spannungen nimmt in radialer Richtung gegen den Schacht zu ab. Diese Spannungsabnahme wird als *Ringwirkung* bezeichnet.

Aus den Gl. (2) und (4b) erhalten wir

$$\sigma_z = a\,\sigma_r = a\,\sigma_{r0}\left(\frac{r}{r_0}\right)^{a-1} \tag{4d}$$

In Abb. 61a ist ein lotrechter Schnitt durch die Achse des Schachtes dargestellt. Würde keine Ringwirkung auftreten, dann wäre der seitliche Druck in den Schachtwandungen nicht kleiner als der aktive RANKINESche Druck. In der Tiefe z unter der Oberfläche ist dieser Druck gleich

$$\sigma_a = \gamma\,z\,\mathrm{tg}^2\left(45° - \frac{\varrho}{2}\right) = \gamma\,z\,\frac{1}{\lambda_\varrho}$$

pro Flächeneinheit. In Abb. 61a ist dieser Druck durch den waagrechten Abstand zwischen den Linien ib und $i\lambda_a$ gegeben. Infolge der Ringwirkung ist jedoch der seitliche Druck auf ib viel kleiner als der aktive RANKINESche Druck. Er ist durch die Druckfläche ibd dargestellt. Im Punkt i des oberen Schachtrandes berührt die Drucklinie id die Linie $i\lambda_a$. Die Druckfläche efg auf der rechten Seite der Schachtachse (Abb. 61a) zeigt die Verteilung des Seitendruckes im Zylinderschnitt mit dem beliebigen Radius r. Vor der Herstellung des Schachtes ist der Druck pro Flächeneinheit in diesem Schnitt in der Tiefe z gleich

$$\sigma_0 = \lambda_0\,\gamma\,z,$$

worin λ_0 den Ruhedruckbeiwert bedeutet. Die Spannung σ_0 ist in der Abb. 61a durch den waagrechten Abstand zwischen den Linien ef und $e\lambda_0$ dargestellt. Nach dem Aushub des Schachtes verschiebt sich die Drucklinie von ihrer ursprünglichen Lage nach eg.

Abb. 61b zeigt die in der Umgebung des Schachtes in irgendeiner Tiefe z unter der Oberfläche wirkenden Spannungen. Der Maßstab des in dieser Abbildung dargestellten Spannungsdiagrammes ist kleiner als der in Abb. 61a verwendete. Die Abszissen stellen die Abstände r von der Achse, die Ordinaten der unteren Kurve die Radialspannung und die der oberen Kurve die Tangential- und lotrechte Spannung dar. Die Grenze zwischen dem plastischen und elastischen Bereich ist durch einen Knick in den Spannungskurven gekennzeichnet. Innerhalb der plastischen Zone sind die Spannungen σ_r und σ_ϑ durch die Gl. (4b) bzw. (4c) gegeben.

Das Gesamtgewicht des oberhalb des waagrechten Schnittes in der Tiefe z gelegenen Sandes, zwischen Schachtwandung und dem Abstand r von der Achse, beträgt

$$G = \pi (r^2 - r_0^2)\gamma\, z.$$

Der Gesamtdruck in der Ringfläche $\pi (r^2 - r_0^2)$ ist gleich

$$P = \int_{r_0}^{r} 2\pi r\, \sigma_z\, dr.$$

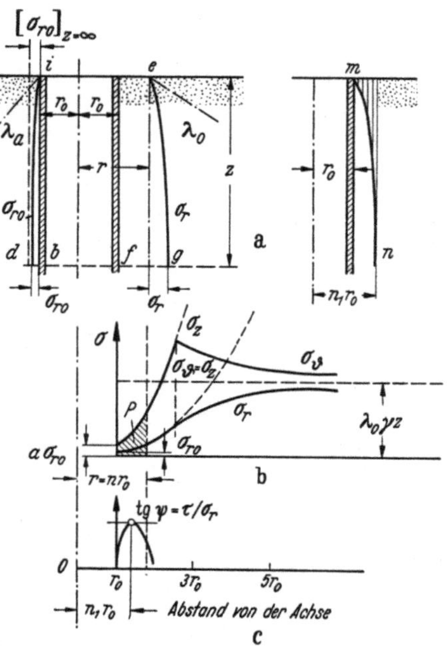

In Abb. 61 b ist der Druck P durch die schraffierte Fläche dargestellt. Die Differenz zwischen den Kräften G und P muß von den Scherspannungen, die in der Zylinderfläche ef der Abb. 61 a wirken, getragen werden. Die folgende Untersuchung zeigt, daß die Größe der Zunahme der radialen Spannungen in einem Zylinderschnitt mit zunehmender Tiefe unter Geländeoberfläche abnimmt. Diese Tendenz ist aus der Krümmung der Drucklinie eg in Abb. 61 a zu erkennen. Deshalb liegt die mittlere radiale Druckspannung im Zylinderschnitt ef zwischen dem Wert σ_r, der Normalspannung in diesem Schnitt in der Tiefe z und dem Wert $\tfrac{1}{2}\sigma_r$, der mittleren Normalspannung unter der Annahme eines gerad

Abb. 61 a—c. a Verteilung der radialen Druckspannung σ_{r_0} auf die Auskleidung eines Schachtes in Sand und der radialen Spannung σ_r in einem Zylinderschnitt mit dem Radius r; die schraffierte Fläche im rechten Diagramm stellt die Zone dar, in der die Scherspannungen in Zylinderschnitten immer gleich der Scherfestigkeit des Sandes sind; b angenäherte Verteilung der radialen, tangentialen und lotrechten Normalspannungen (σ_r, σ_ϑ und σ_z) in waagrechten Schnitten in der Tiefe z; c Beziehung zwischen dem Radius eines Zylinderschnittes und dem Mittelwert des Tangens des Winkels ψ zwischen den resultierenden Spannungen in diesem Schnitt oberhalb der Tiefe z und der radialen Richtung.

linigen Druckanstieges mit der Tiefe. Die zugehörige mittlere Scherspannung τ_m im Zylinderschnitt liegt innerhalb $\sigma_r\,\mathrm{tg}\,\varrho_2$ und $\tfrac{1}{2}\sigma_r\,\mathrm{tg}\,\psi$. In der weiteren Rechnung nehmen wir für τ_m den unteren Grenzwert

$$\tau_m = \tfrac{1}{2}\sigma_r\,\mathrm{tg}\,\varrho_2, \tag{5}$$

wobei der begangene Fehler auf der sicheren Seite liegt.

Wenn nur ein Teil der Scherfestigkeit zur Erhaltung des Gleichgewichtszustandes erforderlich ist, wird die mittlere Scherspannung in ef gleich $\tfrac{1}{2}\sigma_r\,\mathrm{tg}\,\psi$, worin $\mathrm{tg}\,\psi$ kleiner als $\mathrm{tg}\,\varrho_2$ ist. Die Größe von $\mathrm{tg}\,\psi$ ist durch die Bedingung gegeben, daß die gesamte Scherkraft in ef gleich der

Differenz zwischen den Kräften G und P sein muß, oder

$$G - P = \pi (r^2 - r_0^2)\,\gamma\,z - \int_{r_0}^{r} 2\,\pi\,r\,\sigma_z\,dr = 2\,\pi\,r\,z - \tfrac{1}{2}\sigma_r\,\mathrm{tg}\,\psi.$$

Führen wir in diese Gleichung die Gl. (4d) ein und setzen

$$\frac{r}{r_0} = n \quad \text{und} \quad m_\sigma = \frac{\sigma_{r0}}{\gamma\,r_0} \qquad (6\,\mathrm{a})$$

so erhalten wir

$$\mathrm{tg}\,\psi = \frac{n^2 - 1}{m_\sigma\,n^a} - \frac{2a}{a+1}\,\frac{r_0}{z}\,\frac{n^{a+1} - 1}{n^a}. \qquad (6\,\mathrm{b})$$

Der Wert n_1, für den $\mathrm{tg}\,\psi$ ein Maximum wird, ist durch die Bedingung bestimmt:

$$\frac{d\,\mathrm{tg}\,\psi}{d\,n} = 0.$$

Lösen wir diese Gleichung nach m_σ auf, so erhalten wir

$$m_\sigma = \frac{z}{r_0}\,\frac{a+1}{2a}\,\frac{a - (a-2)\,n_1^2}{a + n_1}. \qquad (7)$$

Der Winkel ψ stellt den Winkel zwischen der resultierenden Spannung in einem Zylinderschnitt und der zugehörigen Normalspannung dar. Nach dem MOHRschen Diagramm, Abb. 60d, ist der Größtwert, den dieser Winkel bei gegebenem Winkel ϱ_1 annehmen kann, ϱ_2. Ersetzen wir in der Gl. (6b) den Wert n durch n_1 und $\mathrm{tg}\,\psi$ durch $\mathrm{tg}\,\varrho_2$, so erhalten wir

$$\mathrm{tg}\,\varrho_2 = \frac{n_1^2 - 1}{m_\sigma\,n_1^a} - \frac{2a}{a+1}\,\frac{r_0}{z}\,\frac{n_1^{a+1} - 1}{n_1^2}. \qquad (8)$$

Für $z = 0$ ist Gl. (8) nur dann erfüllt, wenn $n_1 = 1$; daraus folgt

$$z = 0,\; n_1 = 1 \quad \text{und} \quad m_\sigma = \frac{z}{a\,r_0}. \qquad (9)$$

Mit wachsenden Werten von z nimmt sowohl n_1 wie auch m_σ zu. Für $z = \infty$ erhalten wir aus Gl. (8)

$$m_\sigma = \frac{n_1^2 - 1}{n_1^a\,\mathrm{tg}\,\varrho_2}.$$

Setzen wir diesen Wert in Gl. (7) ein und lösen nach n_1 auf, so erhalten wir

$$n_1 = \sqrt{\frac{a}{a-2}}$$

Daraus folgt

$$z = \infty,\; n_1 = \sqrt{\frac{a}{a-2}} \quad \text{und} \quad m_\sigma = 2\,\frac{(a-2)^{(a-2)/2}}{a^{a/2}\,\mathrm{tg}\,\varrho_2}. \qquad (10)$$

Der in den vorhergehenden Gleichungen enthaltene Wert a ist gleich $\mathrm{tg}^2\!\left(45° + \dfrac{\varrho_1}{2}\right)$ [Gl. (2)]. Wenn ϱ_1 bekannt ist, kann der Winkel ϱ_2 zeichnerisch aus dem in Abb. 60d dargestellten MOHRschen Diagramm bestimmt werden. In Abb. 62a sind die Werte ϱ_1 und ϱ_2 gegen $\varrho_1 - \varrho_2$ für $\varrho = 30°$ (strichlierte Kurve) und für $\varrho = 40°$ (volle

Kurve) aufgetragen. In Abb. 62 b stellen die Abszissen die Werte $\varrho - \varrho_1$ und die Ordinaten die entsprechenden Werte von m_σ dar, die mittels der Gl. (10) für $\varrho = 30°$ (strichlierte Kurve) und $\varrho = 40°$ (volle Kurve) berechnet wurden. Für $\varrho_1 = \varrho$ oder $\varrho - \varrho_1 = 0$ ist ϱ_2 gleich Null, woraus m_σ für $z = \infty$ [Gl. (10)] gleich unendlich wird. Wenn die in der Schachtwandung in unendlicher Tiefe wirkende radiale Druckspannung σ_{r0} kleiner als unendlich ist, dann beginnt der den Schacht umgebende Sand gegen den Schacht nachzudrängen. Während dieses Vorganges entwickeln sich in den Zylinderschnitten Scherspannungen, und die in dieser Schnittfläche wirkenden radialen Spannungen σ_r (Abb. 60 b) sind keine Hauptspannungen mehr. In dem Maß, wie die Scherspannungen zunehmen, nimmt der Winkel ϱ_1 ab, der Winkel ϱ_2 zu und der Wert $m_\sigma = \sigma_{r0}/\gamma\, r_0$ nimmt ebenfalls ab (Abb. 62 b). Deshalb nimmt auch die radiale Druckspannung $\sigma_{r0} = \gamma\, r_0 m_\sigma$ ab, die das Nachdrängen des Sandes aufhält. Sobald als ϱ_1 angenähert $\varrho - 5°$ wird, erreicht diese Druckspannung ein Minimum. Dieser Kleinstwert erfüllt die Forderungen unserer Aufgabe, weil wir nach der kleinsten radialen Druckspannung σ_{r0} gefragt haben, die zur Erhaltung des plastischen Zustandes in der Umgebung des Schachtes genügt. Nach Abb. 62 a ist die dem Wert $\varrho_1 = \varrho - 5°$ entsprechende Größe von ϱ_2 angenähert auch gleich $\varrho - 5°$. Für $\varrho_1 = \varrho - 5°$ beträgt der Winkel δ (Neigungswinkel der kleinsten Hauptspannung σ_{III} in Abb. 60 a) für jeden Wert von ϱ zwischen $30°$ und $40°$ etwa $15°$.

Die kleinste radiale Druckspannung $\sigma_{r0} = \gamma r_0 m_\sigma$, die zur Verhinderung eines Bruches in den Schachtwandungen notwendig ist, kann für einen gegebenen Wert z durch Verbindung der Gl. (7) und (8) mit der Gleichung

$$\varrho_1 = \varrho_2 = \varrho - 5° \tag{11}$$

berechnet werden, wenn der Winkel ϱ innerhalb $30°$ und $40°$ liegt. Diese Grenzen stellen die extremen Werte dar, die der Winkel der inneren Reibung eines Sandes annehmen kann. Die folgende Tabelle enthält die Zahlenwerte von m_σ und von n_1 für $\varrho = 40°$ ($\varrho_1 = 40° - 5° = 35°$) und für verschiedene Werte von z/r_0[1].

z/r_0	0	3,1	8,3	11,8	18,2	29,4	76,0	∞
$m_\sigma = \dfrac{\sigma_{r0}}{\gamma r_0}$	0	0,23	0,30	0,33	0,35	0,36	0,37	0,398
n_1	1	1,30	1,38	1,40	1,42	1,44	1,46	1,472

---

[1] Die Zahlenwerte der Tabelle wurden durch Einführung von $\mathrm{tg}\,\varrho_2 = \mathrm{tg}\,\varrho_1 = \mathrm{tg}\,35°$ in Gl. (8) erhalten, woraus für verschiedene Werte n_1 die Werte m_σ berechnet und schließlich mittels Gl. (7) die Quotienten z/r_0 erhalten wurden.

In Abb. 62c stellen die Abszissen die Werte z/r_0, die Ordinaten der vollen Kurve die zugehörigen Werte von m_σ und jene von der strichlierten Kurve die Werte n_1 dar. Mit zunehmenden Werten von z/r_0 nähern sich beide Kurven waagrechten Asymptoten mit den ordinaten 0,398 und 1,472. Für größere Tiefen als etwa $8r_0$ (vierfacher

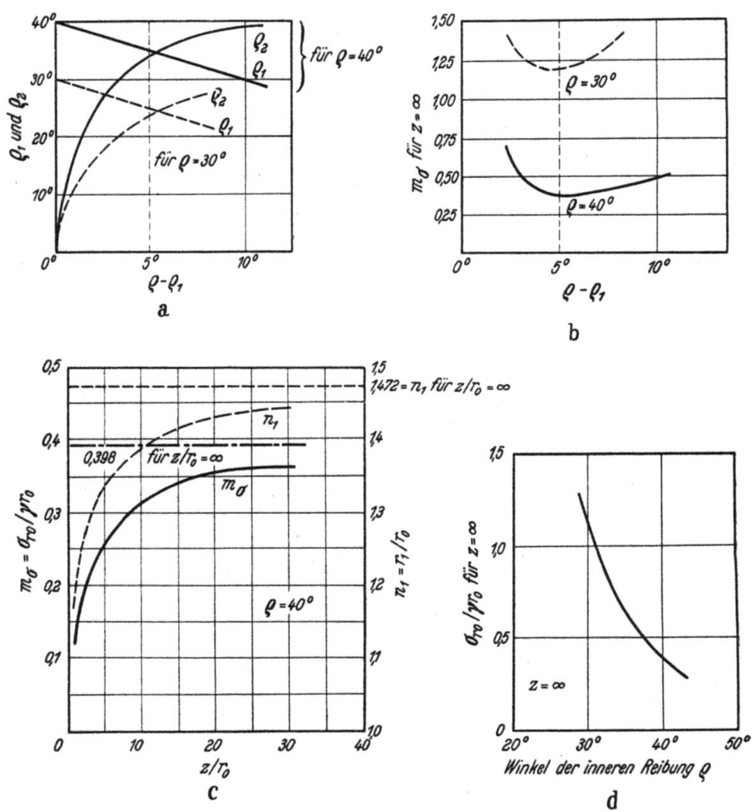

Abb. 62a—d. a Verlauf von ϱ_1 und ϱ_2 im MOHRschen Diagramm der Abb. 60d, in Abhängigkeit von $\varrho - \varrho_1$; b Einfluß von $\varrho - \varrho_1$ auf die Größe von $m_\sigma = \sigma_{r0}/\gamma r_0$ für $z = \infty$; c Beziehung zwischen m_σ und dem Tiefenverhältnis z/r_0 für $\varrho = 40°$; d Beziehung zwischen $m_\sigma = \sigma_{r0}/\gamma r_0$ und ϱ für $z = \infty$.

Schachtdurchmesser) nimmt die in den Schachtwandungen wirkende Erddruckspannung mit zunehmender Tiefe nur mehr sehr langsam zu. Der Radius $n_1 r_0$ des Ringelementes, innerhalb dessen der Sand im Fall eines Bruches der seitlichen Schachtwandabstützung nachsinken würde, ist angenähert gleich dem 1,5fachen Schachtradius r_0.

Ähnliche Kurventafeln können für irgendeinen gegebenen Wert von ϱ aufgetragen werden. Mittels solcher Tafeln kann der Erddruck auf Schachtwandungen rasch ermittelt werden. Wir wollen einen zylindrischen Schacht mit einem Durchmesser $2r_0 = 6$ m annehmen, der in einer Sandschicht vom Raumgewicht $\gamma = 1{,}76$ t/m^3 ausgehoben wird. Wir sollen den auf die Schachtwandung in einer Tiefe $z = 30$ m unter Geländeoberfläche wirkenden Seitendruck ermitteln. Für $z/r_0 = 30/3 = 10$ erhalten wir aus der Abb. 62c $m_\sigma = 0{,}315$.

Da

$$m_\sigma = \frac{\sigma_{r0}}{\gamma\, r_0} = 0{,}315 = \frac{\sigma_{r0}}{1{,}76 \cdot 3}$$

ist die Erddruckspannung auf die Schachtwandung in einer Tiefe von 30 m

$$\sigma_{r0} = 0{,}315 \cdot 1{,}76 \cdot 3 = 1{,}663 \text{ t/m}^2.$$

Nach Abb. 62c ist dem Quotient $z/r_0 = 10$ ein Wert von $n_1 = 1{,}39$ zugeordnet. Daher ist der Quotient aus Scherspannung und Normalspannung für jenen Zylinderschnitt am größten, der etwa $n_1 r_0 = 4{,}20$ m von der Schachtachse oder 1,20 m von der Schachtwandung entfernt ist. Werden die Werte von $n_1 r_0$ als Funktion der Tiefe aufgetragen, so erhalten wir eine kuppelförmige Fläche. Auf der rechten Seite der Abb. 61a ist die Erzeugende dieser Fläche durch die Linie mn dargestellt. Oberhalb dieser Fläche, innerhalb des durch die schraffierte Fläche dargestellten Körpers ist in jedem Zylinderschnitt die Scherfestigkeit des Sandes voll ausgenützt. Außerhalb der Grenzen dieses Körpers fällt die Scherspannung in Zylinderschnitten rasch unter ihren Maximalwert.

Liegen die Schachtwandungen vollständig unter dem Grundwasserspiegel und ist der Schacht wasserdicht, dann werden die Schachtwandungen durch die Summe aus dem vollen Wasserdruck und dem vom Sand ausgeübten Druck beansprucht. In einer Tiefe von 30 m unterhalb des Wasserspiegels ist der Wasserdruck gleich $30 \cdot 1 = 30$ t/m^2. Zur Berechnung des vom Sand ausgeübten Druckes müssen wir in den vorhergehenden Gleichungen das Raumgewicht γ des Sandes durch das unter Auftrieb stehende Raumgewicht γ_a ersetzen. Nehmen wir $\gamma_a = 1{,}12$ t/m^3 an, so erhalten wir

$$\sigma_{r0} = 0{,}315 \cdot 1{,}12 \cdot 3 = 1{,}06 \text{ t/m}^2,$$

ein Wert, der gegenüber dem Wasserdruck vernachlässigbar klein ist.

Abb. 62d zeigt die durch Gl. (10) gegebene Beziehung zwischen dem Winkel der inneren Reibung ϱ des Sandes und den Werten $m_\sigma = \sigma_{r0}/\gamma \cdot r_0$ für $z = \infty$. Der entsprechende Wert von σ_{r0} stellt den Höchstwert dar, den die Druckspannung eines gegebenen Sandes auf die Wandung eines Schachtes mit gegebenem Durchmesser erreichen kann.

Abb. 62c ergibt für den Quotienten n_1 bei $\varrho = 40°$ und $z/r_0 = \infty$ gleich 1,47. Bei $\varrho = 30°$ erhalten wir aus der Gl. (10) für $n_1 = 2{,}30$.

Dieses Ergebnis zeigt, daß der Bereich, in dem die Scherfestigkeit des Sandes in Zylinderschnitten voll ausgenützt wird, nur sehr schmal ist. Wir können deshalb die anormalen Spannungsbedingungen in der Umgebung der Schachtsohle vernachlässigen. In geringer Entfernung oberhalb der Schachtsohle müssen sie praktisch normal sein.

Bis jetzt haben wir keine Beweise irgendeines Widerspruches zwischen den Ergebnissen der vorherigen Berechnungen und dem gemessenen Erddruck auf die Auskleidung ausgeführter Schächte im Sand. Aus dieser Tatsache ist zu erkennen, daß die üblichen Verfahren zur Abteufung von Schächten die volle Mobilisierung der Scherfestigkeit des Sandes während des Aushubes ermöglichen. Übereinstimmend mit den Ergebnissen der vorherigen Rechnungen nähert sich der gemessene Erddruck auf die Auskleidung von Schächten im Sand mit zunehmender Tiefe einem endlichen und relativ kleinen Wert.

75. Der von Ton auf Schachtwandungen ausgeübte Druck.

Die in Abs. 74 beschriebenen Berechnungsverfahren können mit kleinen Änderungen auf die Berechnung des Erddruckes auf die Wandungen von Schächten in Ton angewendet werden. Genauere Untersuchungen zeigen jedoch, daß die Fehler zu groß werden. Sie sind in erster Linie auf den Einfluß des unter der Schachtsohle gelegenen Bodens auf die Größe und Verteilung der Spannungen zurückzuführen. Die in Abs. 74 beschriebene Theorie beruht auf der Annahme, daß die Schachttiefe unendlich groß ist. Wenn die Tiefe des Schachtes endlich ist, wird ein Teil der radialen Druckspannungen, die vom Boden um den unteren Teil des Schachtes ausgeübt werden, durch Scherspannungen auf den unterhalb der Sohle liegenden Boden übertragen. Von einer Höhe oberhalb der Sohle an, die grob geschätzt etwa gleich der Breite der plastischen Zone ist, wird die Druckentlastung infolge dieser Druckverlagerung sehr groß. Liegt der Schacht im Sand, dann ist die Breite dieser Zone klein. Deshalb ist in geringer Entfernung oberhalb der Sohle der Druck auf die Schachtwandungen praktisch gleich dem auf einen Schacht von unendlicher Tiefe. Demgegenüber ist im Horizont der Schachtsohle in Ton die Breite der plastischen Zone etwa gleich der Schachttiefe. Deshalb reicht die Entlastung des Erddruckes infolge der oben beschriebenen Druckverlagerung über den größten Teil der Schachttiefe hinaus. Wegen dieses Einflusses muß der Erddruck auf die Wandungen des Schachtes mit endlicher Tiefe in Ton viel kleiner als der berechnete Druck sein. Tatsächlich zeigte ein Vergleich der Ergebnisse einer solchen Berechnung mit den Ergebnissen von Druckmessungen in der Natur, daß die gemessenen Drücke kaum die Hälfte der berechneten Drücke erreichten. Genauere Berechnungsverfahren sind bis jetzt noch nicht verfügbar.

XI. Verankerte Spundwände.

76. Definition und Annahmen.

Verankerte Spundwände haben dieselbe Aufgabe wie Stützwände. Gegenüber den schweren Stützwänden, deren Gewicht meist einen beträchtlichen Teilbetrag des Gleitkeilgewichtes erreicht, bestehen die

Spundwände aus einer einzigen Reihe leichter Spundbohlen, deren untere Enden in den Boden gerammt werden. Der Erddruck wird zum Teil durch die Verankerung aufgenommen, die in Punkt A_0 (Abb. 63) die Spundbohlen in geringer Entfernung unterhalb dem oberen Rand der Spundwand festhält und teilweise durch den Erdwiderstand des auf der linken Seite vor dem unteren Teil der Spundwand liegenden Bodens.

Die Ankerzugstange wird durch Ankerplatten, die in der Hinterfüllung in genügender Entfernung von der Spundwand eingegraben sind, festgehalten.

Gegenüber den starren Stützwänden sind Spundwände als biegsame Abstützung anzusehen. Infolge der Verankerung des obersten Teiles

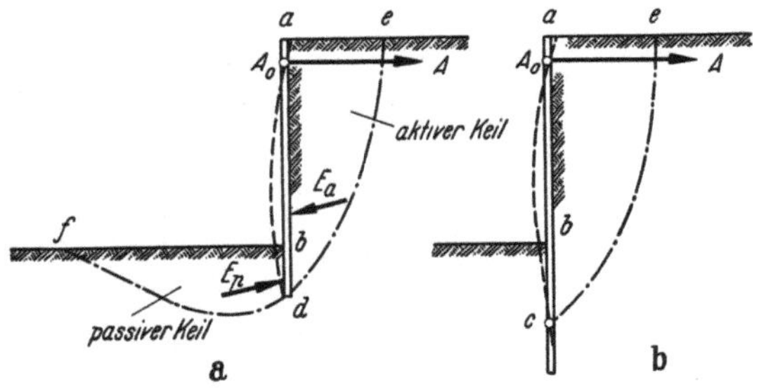

Abb. 63a u. b. Verankerte Spundwand mit a freier und b unter eingespannter Auflagerung. Die strichpunktierten Kurven zeigen die möglichen Gleitflächen.

und dem Erdwiderstand des den untersten Teil der Spundwand umgebenden Bodens sind die oberen und unteren Ränder der Spundwand praktisch festgehalten. Die Spundwand biegt sich deshalb nur in waagrechter Richtung durch, und der Maximalwert tritt angenähert in der Mitte der Wandhöhe auf. Diese Art des seitlichen Nachgebens ist vom Ausweichen der in den früheren Kapiteln besprochenen anderen seitlichen Abstützungen wesentlich verschieden. Wird eine Baugrube im Sand hergestellt, dann nimmt die seitliche Bewegung des an die Baugrubenabstützung angrenzenden Sandes von fast Null am oberen Rand bis zu einem Maximum in der Baugrubensohle zu, und der vom Sand auf die Aussteifung ausgeübte Seitendruck ist parabolisch verteilt. Eine Stützwand weicht jedoch in der Regel durch Kippen um ihre Grundfläche aus, und die Verteilung des Erddruckes bei kohäsionslosem Sand erfolgt auf eine solche Wand hydrostatisch. Die Spundwände biegen sich innerhalb mehr oder weniger fester oberer und unterer Auflager etwas durch. Die Wirkung dieser Durchbiegung auf die Verteilung des Erddruckes hängt von der Lage der natürlichen Bodenoberfläche gegenüber dem oberen und unteren Rand der freiliegenden

Spundwandseite ab. Wegen dieses Einflusses wird zwischen *hinter-füllter* und *gerammter* Spundwand unterschieden.

Nach den Ergebnissen neuerer Versuche folgt die Verteilung des Erddruckes bei hinterfüllten Spundwänden angenähert hydrostatisch. Bei einer gerammten Spundwand verläuft die Erddruckspannung jedoch etwa nach der punktiert gezeichneten Kurve S_1 der Abb. 64.

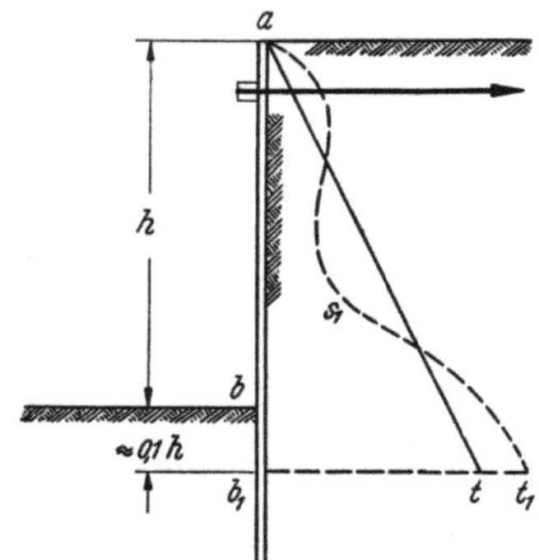

Abb. 64. Angenommene (gerade Linie) und tatsächliche (strichlierte Linie) Verteilung des Erddruckes auf eine verankerte, gerammte Spundwand mit unterer Einspannung.

Bei Spundwandaufgaben wird immer ein so weites Nachgeben der Spundwand angenommen, bis die volle Scherfestigkeit des abgestützten Bodens längs der möglichen Gleitfläche, z. B. längs der Fläche *de* in Abb. 63a, geweckt wird. Die Größe und die Verteilung des Erddruckes im Bereich unter der Baugrubensohle hängt von der Tiefe ab, bis zu der die Spundwand in den Boden gerammt wurde.

Beim Entwurf von Spundwänden haben wir folgende Fragen zu beantworten: Wie groß ist die Tiefe, bis zu der die Spundbohlen gerammt werden müssen, um eine ausreichende seitliche Abstützung des unteren Teiles der Spundwand zu sichern? Wie groß ist die Kraft im Zuganker? Wie groß ist das größte Biegemoment in den Spundbohlen?

Um die Behandlung der Aufgabe zu vereinfachen, soll die Untersuchung auf lotrechte Spundwände begrenzt werden, die vom Erddruck einer homogenen idealen Sandmasse beansprucht sind, deren Scherfestigkeit durch die Gleichung gegeben ist:

$$\tau_s = \sigma \, \mathrm{tg}\,\varrho. \tag{5.2}$$

Die Lage des Zugankers wird waagrecht angenommen. Weiter wird angenommen, daß der Grundwasserspiegel tiefer als der untere Rand der Spundwand liegt und die Oberfläche der von der Spundwand gestützten Sandmasse keinerlei Auflasten trägt. Die in den folgenden Absätzen beschriebenen Berechnungsverfahren können jedoch auch ohne grundsätzliche Änderungen, selbst wenn der an die Spundwand angrenzende Boden teilweise oder vollständig unter Auftrieb steht, geschichtet oder bindig ist oder der Zuganker zur Waagrechten geneigt ist, sinngemäß angewendet werden. Der Einfluß von Strömungskräften auf die Stabilität von Spundwänden wird in Abs. 92 besprochen werden.

77. Auflagerbedingungen im Boden.

Werden die Spundbohlen nur in geringe Tiefe gerammt, dann erfolgt die Durchbiegung der Spundwand ähnlich der Durchbiegung eines lotrechten elastischen Balkens, dessen unteres Ende d, wie Abb. 63a zeigt, ohne Einspannung frei aufgelagert ist. Werden Spundbohlen jedoch bis auf größere Tiefe gerammt, wie in Abb. 63b gezeigt ist, dann wird das untere Ende der Spundwand in seiner Lage festgehalten, weil der Widerstand des Sandes im Bereich des Spundwandendes den Spundbohlen nur eine unbedeutend kleine Abweichung von ihrer lotrechten Anfangslage erlaubt. Spundwände dieser Art werden deshalb *unten eingespannte Spundwände* genannt. Eine ausreichend verankerte Spundwand mit freier Auflagerung kann entweder durch Biegungsbeanspruchung zu Bruch gehen oder infolge Ausweichens des die Berührungsfläche bd umgebenden Sandes durch Abscheren längs der gekrümmten Gleitfläche df. Eine sicher verankerte Spundwand mit unterer Einspannung im Boden kann nur durch die Biegebeanspruchung zu Bruch gehen.

78. Erddruckverteilung längs gerammten Spundwänden.

Sowohl die Ergebnisse theoretischer Untersuchungen (Schönweller 1929, Ohde 1938) wie auch die praktischen Erfahrungen zeigen, daß bei gerammten Spundwänden die Verteilung des Erddruckkes etwa in der Form erfolgt, wie in Abb. 64 durch die strichlierte Kurve as_1t_1 angegeben ist. Die theoretischen Arbeiten ergeben weiter, ebenfalls in guter Übereinstimmung mit der Erfahrung, daß der gesamte auf die Spundwand wirkende Erddruck angenähert gleich dem Coulombschen Erddruck auf die Rückseite einer Stützwand ist, den die Gl. (23.1) angibt. Die Verfahren zur Ermittlung der Druckverteilung berücksichtigen nicht die elastischen Eigenschaften des Bodens. Die Größe des durch Vernachlässigung dieser wichtigen Eigenschaft bedingten Fehlers ist bis jetzt noch nicht bekannt. Die sehr sorgfältig ausgearbeiteten Verfahren verbergen aber die zahlreichen willkürlichen Annahmen, auf denen sie beruhen, und täuschen eine Verläßlichkeit der Ergebnisse vor, die nicht vorhanden ist. Unabhängig von der weiteren Entwicklung dieses Gebietes schlägt der Verfasser vor, den Einfluß der nichthydrostatischen Druckverteilung auf das maximale Biegemoment M_0 mittels unserer rein empirischen Erkenntnisse über die Erddruckerscheinungen zu bestimmen, wie dies im folgenden Punkt besprochen wird.

Abb. 64 zeigt einen lotrechten Schnitt durch eine gerammte unten eingespannte Spundwand. Unterhalb von Punkt b_1 ist die seitliche Durchbiegung der Spundwand unbedeutend. Oberhalb b_1 wird die rechte Seite der Spundwand vom Erddruck E_a beansprucht. Die Verteilung des Erddruckes längs der Spundwand hängt hauptsächlich von den elastischen Eigenschaften des von der Spundwand gestützten Bodens ab. Besteht der Boden aus einer halbflüssigen, feinkörnigen eingespülten Hinterfüllung, dann erfolgt die Druckverteilung, wie durch die Dreiecksfläche ab_1t dargestellt ist, hydrostatisch. Diese Fläche ergibt den Druck E_a. Folglich ist das mittels der angenommenen hydrostatischen Druckverteilung berechnete Biegemoment M praktisch mit dem tatsächlichen maximalen Biegemoment M identisch. Stützt die Spundwand jedoch eine reine Sandmasse ab, wie in diesem Kapitel angenommen war, dann erfolgt die Verteilung des Seitendruckes nach der Druckfläche $as_1t_1b_1$, und das tatsächliche maximale Biegemoment M in den Spundbohlen erreicht nicht einmal zwei Drittel des maximalen Biegemomentes M_0, das unter der Annahme hydrostatischer Druckverteilung berechnet wurde.

79. Vereinfachtes Bemessungsverfahren.

Die üblichen Verfahren zur Spundwandbemessung (LOHMEYER 1930, BLUM 1930) vernachlässigen die nichthydrostatische Verteilung des auf die Spundwand wirkenden Erddruckes. Wie in Abs. 78 erläutert wurde, ist deshalb das berechnete maximale Biegemoment in den Spundbohlen wesentlich größer als das tatsächliche. Der Einfluß der Druckverteilung auf die für eine genügende seitliche Abstützung des unteren Teiles der Spundwand erforderlichen Rammtiefe bleibt jedoch sehr klein. Diese Rammtiefe kann deshalb, ohne einen großen Fehler zu begehen, nach den üblichen Verfahren bestimmt werden.

Bei diesem vereinfachten Bemessungsverfahren wird die waagrechte Komponente des Erddruckes e_{an} pro Flächeneinheit der Spundwandrückseite durch die Gleichung gegeben:

$$e_{an} = \gamma z \lambda_a, \tag{15.1}$$

worin λ_a den Erddruckbeiwert darstellt. Die waagrechte Komponente des Erdwiderstandes e_{pn} pro Flächeneinheit des eingerammten Teiles der Spundbohlen ist gleich

$$e_{pn} = \gamma z' \lambda_p, \tag{15.3}$$

worin mit λ_p der Erdwiderstandsbeiwert und mit z' die Tiefe unterhalb des Baugrubenhorizontes bezeichnet wird. Die Verfahren zur Ermittlung von λ_a und λ_p wurden in den Kap. VI und VII besprochen. Diese Größen hängen vom Winkel der inneren Reibung ϱ und dem Wandreibungswinkel δ ab. Der Winkel δ muß nach den Verformungsbedingungen der Aufgabe gewählt werden. Da das Gewicht der Spundbohlen im Vergleich zu den äußeren, auf die Spundwand wirkenden Kräften vernachlässigbar klein ist, kann die Reibungskomponente des Erdwiderstandes nicht nennenswert größer als jene des Erddruckes sein. Für $\delta = 0$ werden die Werte λ_a und λ_p mit den RANKINEschen Werten identisch:

$$\lambda_a = \mathrm{tg}^2 \left(45^\circ - \frac{\varrho}{2}\right) = \frac{1}{\lambda_\varrho} \tag{15.2}$$

bzw.

$$\lambda_p = \mathrm{tg}^2 \left(45^\circ + \frac{\varrho}{2}\right) = \lambda_\varrho . \tag{15.4}$$

80. Unten frei aufgelagerte Spundwände.

Abb. 65 zeigt einen Schnitt durch eine Spundwand mit freier unterer Auflagerung. Die Verteilung des Erddruckes auf der rechten Seite der Spundwand wird hydrostatisch angenommen, wie durch die dreieckige Druckfläche $a\,d\,d_a$ dargestellt ist. Die Rammtiefe der Spund-

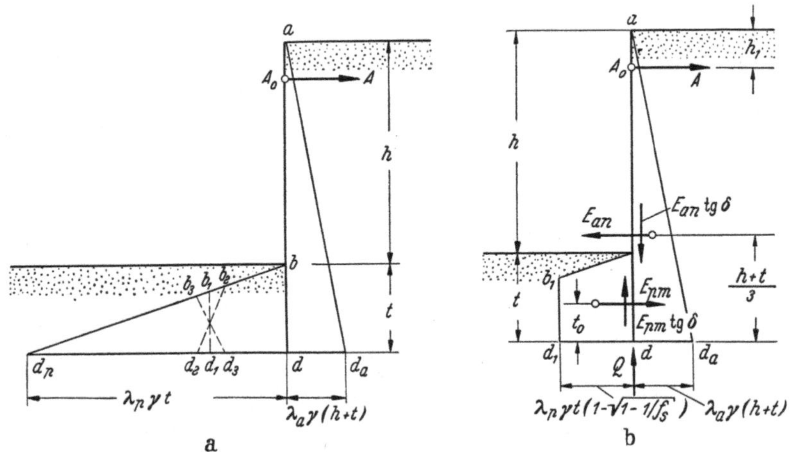

Abb. 65a u. b. a Verschiedene Annahmen über die Verteilung des Erdwiderstandes auf den eingerammten Teil einer unten frei gelagerten Spundwand; b Übliche Annahmen über die eine solche Spundwand beanspruchenden Kräfte.

bohlen ist durch die Bedingung gegeben, daß der zur Abstützung der unteren Spundbohlenenden nötige Widerstand einen gewissen Betrag $1/f_s$ des durch die dreieckige Druckfläche $b\,d\,d_p$ (Abb. 65) dargestellten Erdwiderstandes nicht überschreiten soll. Der Wert f_s wird der Sicherheitsfaktor gegen Nachgeben der unteren Spundwandauflagerung genannt.

Die Linien d_1b_1, d_2b_2 und d_3b_3 (Abb. 65a) zeigen die verschiedenen Möglichkeiten für die linksseitige Begrenzung der Druckfläche, die den wirksamen Teil des gesamten Widerstandes bdd_p darstellt. Meist wird die lotrechte Begrenzungslinie d_1b_1 bevorzugt, weil sie die rechnerische Untersuchung vereinfacht (KREY 1936).

Unter der Annahme, daß der wirksame Teil des Erdwiderstandes durch das Trapez bb_1d_1d (Abb. 65a) dargestellt werden kann, wird die Spundwand durch die in Abb. 65b eingezeichneten Kräfte beansprucht. Es bezeichnet:

$$E_{an} = \frac{(h+t)^2}{2}\, \gamma\, \lambda_a = \text{ waagrechte Komponente des Erddruckes}$$

$$E_{pm} = \frac{1}{f_s}\, E_{pn} = \frac{1}{f_s}\, \frac{t^2}{2}\, \gamma\, \lambda_p = \text{ wirksamer Teil der waagrechten Komponente des Erdwiderstandes}$$

$\operatorname{tg}\delta$ = Wandreibungsbeiwert,
A = Ankerzug pro Längeneinheit der Spundwand,
Q = lotrechte Bodenreaktion am unteren Rand der Spundwand pro Längeneinheit,
t_0 = Abstand des Schwerpunktes der Druckfläche bb_1d_1d vom unteren Rand der Spundbohlen.

Aus Gleichgewichtsgründen muß die Summe der lotrechten Komponenten, der waagrechten Komponenten und der Momente um irgendeinen Punkt des Systems, z. B. Punkt A, gleich Null sein. Dies ergibt

$$E_{an}\operatorname{tg}\delta_a - E_{pm}\operatorname{tg}\delta - Q = 0, \tag{1a}$$

$$A + E_{pm} - E_{an} = 0 \tag{1b}$$

und

$$E_{an}[\tfrac{2}{3}(h+t) - h_1] - E_{pm}(h+t-h_1-t_0) = 0. \tag{1c}$$

Die Gl. (1b) und (1c) können nach der erforderlichen Spundwandrammtiefe t und nach dem Ankerzug A aufgelöst werden. In die Rechnung wird in der Regel ein Sicherheitsfaktor $f_s = 2$ eingeführt. Die Größe der Bodenreaktion Q in der Gl. (1a) ist unbekannt. Diese Reaktion hat jedoch einen beträchtlichen Einfluß auf die Werte λ_a und λ_{pm}. Wenn $Q = 0$, ist die durch Gl. (1a) ausgedrückte Bedingung nur erfüllt, wenn der Wandreibungswinkel für den Erdwiderstand größer ist als für den Erddruck oder wenn beide Werte gleich Null sind. Um die Fehler auf der sicheren Seite zu halten, wird häufig $\delta = 0$ angenommen. Nach dieser Annahme werden bei lotrechter Spundwand die COULOMBschen Werte für die Erddrücke identisch mit den RANKINEschen. Die RANKINEschen Werte sind durch die Gl. (15.2) und (15.4) gegeben.

81. Spundwände mit unterer Einspannung.

Das untere Ende einer Spundwand wird als eingespannt bezeichnet, wenn die Spundbohlen genügend tief gerammt sind und die elastische Linie durch die strichlierte Linie L in Abb. 66 a dargestellt werden kann. Die S-Form dieser Linie ist auf den Einfluß der Biegsamkeit und der großen Eindringungstiefe der Spundbohlen zurückzuführen. Da der von rechts wirkende Erddruck zwischen dem Angriffspunkt der Verankerung und der unteren Auflagerung im Boden ein Biegemoment verursacht, biegt sich die Spundwand nach links durch. Infolge dieser

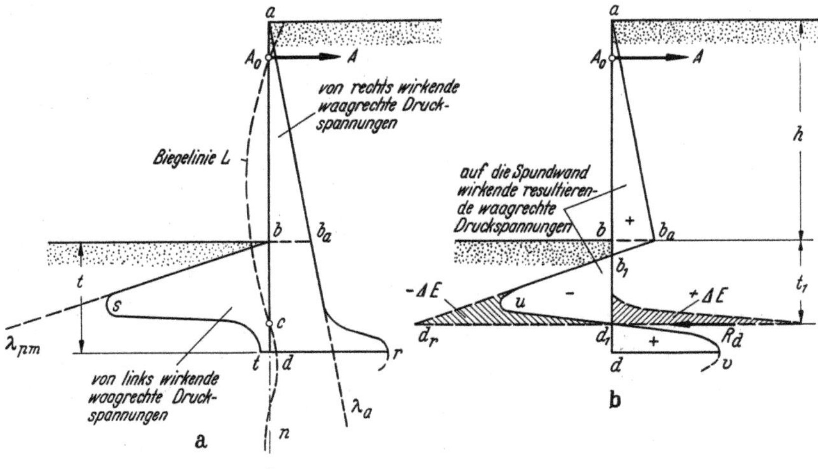

Abb. 66a u. b. a Tatsächliche und b angenommene Verteilung der waagrechten Drücke zu beiden Seiten einer unten eingespannten Spundwand.

Durchbiegung wird in dem an den oberen Teil bc des Spundwandabschnittes bd angrenzenden Sand der Erdwiderstand geweckt, der zur Erhaltung des Gleichgewichtes im System nötig ist.

In einer größeren Tiefe unterhalb des zwischen b und d gelegenen Wendepunktes c müssen sich die Spundbohlen von ihrer ursprünglichen Lage aus nach rechts durchbiegen, weil bei unendlich langen Spundbohlen die elastische Linie L allmählich mit der geraden lotrechten Linie an identisch wird. Diese asymptotische Annäherung an an kann nur durch ein abwechselndes Abweichen der elastischen Linie nach links und nach rechts von an erreicht werden, das mit der Tiefe allmählich abklingt. Liegt die elastische Linie links von ihrer ursprünglichen Lage, so wird der Erdwiderstand auf der linken Seite der Spundwand geweckt, während die rechte Seite durch den Erddruck beansprucht ist. Eine Durchbiegung nach rechts hat die entgegengesetzte Wirkung. Zur Ermittlung der extremen Grenzwerte des Erddruckes in verschiedenen Tiefen unterhalb der Oberfläche wird folgendermaßen vorgegangen: Der Kleinstwert des auf der rechten Seite der Spundwand wirkenden Druckes ist gleich dem Erddruck. Die waagrechte Komponente dieses Druckes ist durch die Druckfläche $a\,n\,\lambda_a$ (Abb. 66a) dargestellt. Der von dem eingerammten Teil bd der Spundwand auf den angrenzenden Teil des Bodens ausgeübte waagrechte Druck darf nirgends die waagrechte Komponente e_{pn} des Erdwiderstandes, dividiert durch den Sicherheitsfaktor f_s, erreichen. In irgendeiner Tiefe z' unterhalb dem Punkt b ist der Druck e_{pn}

$$e_{pn} = \gamma\,z'\,\lambda_p,$$

worin λ_p der Erdwiderstandsbeiwert ist. Um die Sicherheitsbedingung zu erfüllen, muß die waagrechte Druckspannung kleiner sein als

$$e_{pm} = \frac{1}{f_s}\,e_{pn} = \gamma\,z'\,\lambda_{pm},$$

worin

$$\lambda_{pm} = \frac{1}{f_s}\,\lambda_p.$$

In der Regel wird $f_s = 1$ angenommen, weil kaum eine Gefahr besteht, daß eine unten eingespannte Spundwand wegen unzureichendem Erdwiderstand zu Bruch geht. Die Größe von f_s hat jedoch keinen Einfluß auf die folgenden Untersuchungen. Deshalb wird die Unterscheidung zwischen λ_p und λ_{pm} beibehalten.

In Abb. 66a ist die Druckspannung e_{pm} durch die Abszisse der Linie $b\,\lambda_{pm}$ dargestellt. Für die im Abschnitt cd der Spundwand übertragenen Druckspannungen werden keine Grenzwerte benötigt, weil dieser Druck immer sehr klein ist im Vergleich mit dem Druck, den der Boden übernehmen kann.

Die Wirkung der Spundwanddurchbiegung auf die Größe und Verteilung der waagrechten Druckspannungen zu beiden Seiten der Spundwand ist in Abb. 66a durch die zwischen der Spundwand und der Linie $a\,b_a\,r\,d$ gelegene Druckfläche für die rechte Seite und durch die Druckfläche $bstd$ für die linke Seite gezeigt. Der resultierende Druck pro Flächeneinheit der Spundwand ist durch die Abszissen der Linie $a\,b_a\,u\,v$ in Abb. 66b in bezug auf die Lotrechte gegeben. Diese Abszissen sind gleich der algebraischen Summe der Abszissen der Linien $a\,b_a\,r$ und bst in Abb. 66a.

Unsere erste Aufgabe besteht in der Bestimmung der Tiefe, bis zu der die Spundbohlen gerammt werden müssen, um eine elastische Linie gemäß Abb. 66a zu bekommen. Um diese Aufgabe zu vereinfachen, addieren wir zu den Drücken, die durch die Abszissen der

Kurve $b_a u v$ (Abb. 66b) dargestellt sind, zwei durch die schraffierten Flächen dargestellte gleiche und entgegengesetzt gerichtete Drücke und ersetzen den gesamten positiven Druck, der auf das untere Spundwandende wirkt, einschließlich dem durch eine der schraffierten Flächen gegebenen Druck ΔE, durch seine Resultierende R_d pro Längeneinheit der Spundwand. Der Angriffspunkt des resultierenden Drukkes R_d liegt näherungsweise im Punkt d_1. Wir ersetzen so die beiden

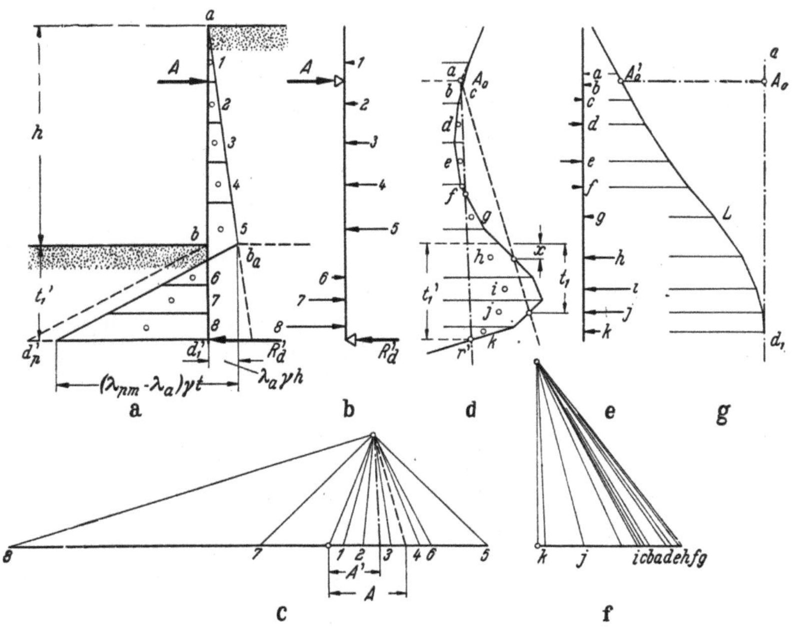

Abb. 67a—f. Biegelinienverfahren zur Berechnung des Ankerzuges und des maximalen Biegemomentes in einer unten eingespannten verankerten Spundwand.

tatsächlichen Druckflächen $b_1 u d_1$ und $d_1 v d$ mit gekrümmten Berandungen durch eine Dreiecksfläche $b_1 d_r d_1$, die links vom Spundwandabschnitt bd liegt, und durch eine Einzellast R_d, die auf der rechten Seite dieses Abschnittes liegt. In d_1 ist die Spundwand frei gelagert. Unter d_1 ist die Spundwand lotrecht, aber in ihrer Bewegung seitlich nicht behindert, weil alle Kräfte, die auf die Spundwand unterhalb d_1 wirken mit $+\Delta E$ zusammengesetzt und durch die Reaktionskraft R_d in d_1 ersetzt sind. Die zeichnerische Ermittlung der erforderlichen Rammtiefe der Spundbohlen ist in Abb. 67 wiedergegeben.

Zu Beginn unserer Untersuchung ist die Tiefe t_1, in der der Punkt d_1 liegt, unbekannt (Abb. 66b). Wir müssen deshalb eine erste Annahme treffen, wie z. B. durch den Wert $t_1' = b d_1'$ in Abb. 67a. Dann ersetzen wir die verteilte Flächenlast, die die Spundwand beansprucht, durch ein System von Einzellasten, *1* bis *8* in Abb. 67b, zeichnen das in Abb. 67a dargestellte Kräftepolygon und das zugehörige Seilpolygon, Abb. 67d. Die dem in Abb. 67a gezeichneten Lastsystem entsprechende Biegelinie soll die Linie $d_1'a$ im Punkt A_0 schneiden, wo der Zuganker angreift. Um festzustellen, ob diese Bedingung erfüllt ist oder nicht, muß die Biegelinie bestimmt werden. Dies erfolgt mit Hilfe der graphischen Statik (siehe z. B. MALCOLM 1909). Wir nehmen dann die vom Seilpolygon (Abb. 67d) eingeschlossenen Flächen als waagrechte Drücke an. Die auf der linken Seite der Schlußlinie $A_0 r'$ gelegene Fläche stellt einen positiven Druck und die Fläche auf der rechten Seite stellt einen negativen Druck dar. Wir brauchen die Absolutwerte dieser Drücke nicht zu kennen, weil der Kräftemaßstab keinen Einfluß auf die Lage des Punktes mit der Durchbiegung Null hat. Wir ersetzen diese flächenförmige Belastung durch ein System von Einzellasten a bis k, wie in Abb. 67e eingetragen und zeichnen das entsprechende, in Abb. 67g dargestellte Seilpolygon. Dieses Seilpolygon stellt die Biegelinie der Spundbohlen dar. Die so erhaltene Biegelinie geht in der Regel nicht durch den Punkt A_0 (Abb. 67g), und wir wiederholen die Konstruktion mit kleineren Werten t_1', bis wir einen Wert finden, der die Bedingung erfüllt, daß die Biegelinie durch den Punkt A_0 geht (Abb. 67g). Die endgültige Lösung ist durch die im Seilpolygon Abb. 67d strichliert gezeichnete Schlußlinie dargestellt, deren Parallele im Kräftepolygon (Abb. 67c) die Größe des Ankerzuges A ergibt.

Für den Erddruck wird der Wandreibungswinkel in der Regel mit Null angenommen. Beim Erdwiderstand von Materialien mit einem Winkel der inneren Reibung ϱ über 25° wird im allgemeinen der Erdwiderstandsbeiwert λ_p gleich dem doppelten entsprechenden RANKINEschen Wert $\mathrm{tg}^2\left(45° + \dfrac{\varrho}{2}\right)$ gesetzt. Für einen Winkel der inneren Reibung kleiner als 25° wird λ_p gleich dem RANKINEschen Wert angenommen. Diese Festlegung beruht auf der Tatsache, daß bereits eine geringe Wandreibung den Wert λ_p mehr als verdoppelt, wenn ϱ größer als 25° ist. Ist ϱ kleiner als 25°, dann sinkt der Einfluß der Wandreibung auf den Wert λ_p mit abnehmendem ϱ sehr rasch.

Der nach dem in Abb. 67 gezeigten zeichnerischen Verfahren erhaltene Wert t_1 gibt die Lage des Punktes d_1 in Abb. 66b an. Das untere Ende der Spundbohlen ist durch Punkt d gegeben, der tiefer als der Angriffspunkt d_1 des Druckes R_d liegt. Für praktische Fälle kann ohne weitere Untersuchungen $d d_1 = 0{,}2\, t_1$ angenommen werden. Die Spundbohlen müssen deshalb bis auf die Tiefe $t = 1{,}2\, t_1$ gerammt werden.

82. Ersatzbalkenverfahren.

Das Ersatzbalkenverfahren ist eine Vereinfachung des in Abs. 81 beschriebenen Biegelinienverfahrens. Es ermöglicht, bei nur geringem Verlust an Genauigkeit, beträchtlich an Zeit und Arbeit zu sparen. Die Abb. 68a und 68b zeigen das Prinzip, auf dem das Verfahren beruht. Der Verlauf der Biegemomente ist in Abb. 68b dargestellt. Der Wendepunkt der Biegelinie liegt in c. Wenn wir den Balken

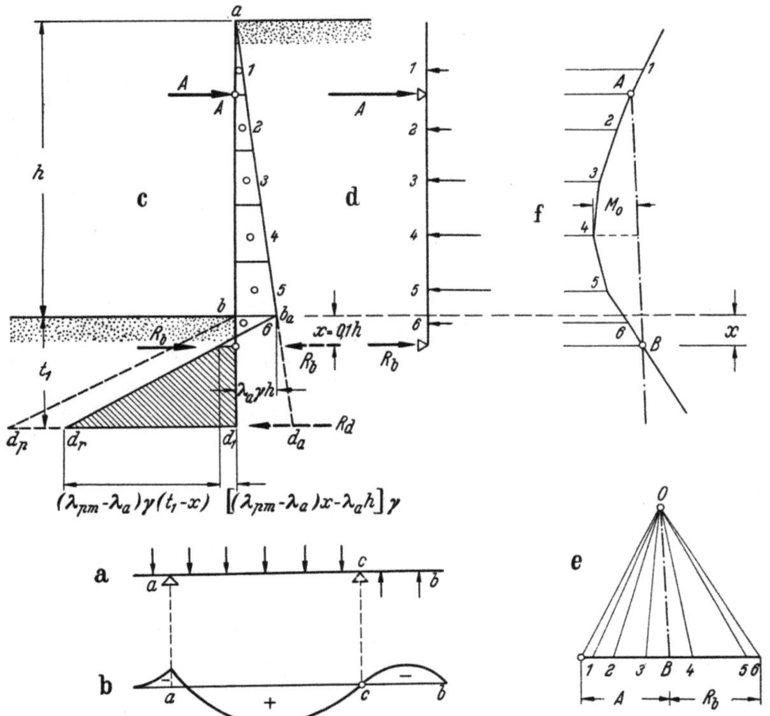

Abb. 68a—f. Ersatzbalkenverfahren zur Berechnung des Ankerzuges und des maximalen Biegemomentes in verankerten Spundwänden mit unterer Einspannung.

im Punkt c durchschneiden und in c für den linken Balkenteil ac eine freie Auflagerung voraussetzen, bleiben die Biegemomente in Abschnitt ac unverändert. Der Balken ac wird der Ersatzbalken für den Teil ac des Balkens ab genannt. (BLUM 1930.)

Die Anwendung dieser Überlegung auf die Berechnung von Spundwänden mit unterer Einspannung ist in den Abb. 68c und 68f gezeigt. Abb. 68c zeigt das Kräftesystem, das auf die Spundwand nach Abb. 67a wirkt, und Abb. 68f die entsprechende Momentenlinie.

Bei der Anwendung des Ersatzbalkenverfahrens auf unsere Aufgabe müssen wir den Punkt, in dem das Biegemoment der Spundbohlen gleich Null ist, ermitteln. Dieser Punkt ist mit dem Punkt B der Abb. 68f identisch, in dem die Schlußlinie die Momentenkurve schneidet. Er liegt in der Tiefe x unter dem unteren Geländehorizont. Bei der Untersuchung von Spundwänden mit dem Biegelinienverfahren wurden bei homogenen Böden für verschiedene Winkel ϱ die folgenden x-Werte erhalten:

$$\varrho = \quad 20° \qquad\qquad 30° \qquad\qquad 40°$$
$$x = 0{,}25 \cdot h \qquad 0{,}08 \cdot h \qquad -0{,}007 \cdot h$$

Der Winkel der inneren Reibung ϱ von sandigen Hinterfüllungen ist näherungsweise $32°$, dem ein x-Wert von etwa $0{,}1\,h$ entspricht. Wenn daher die Hinterfüllung und der auf der linken Seite von bd_1 in Abb. 68c gelegene Boden sandiger Art ist, können wir, ohne einen nennenswerten Fehler zu begehen, $x = 0{,}1\,h$ annehmen. Mit dieser Annahme können wir unsere Aufgabe mittels dem in Abb. 68a und 68b dargestellten Ersatzbalkenverfahren lösen. Nach Festlegung der Begrenzung $ab_a d_r d_1$ der Druckflächen denken wir uns die Spundbohlen in B (Abb. 68c) in der Tiefe $x = 0{,}1\,h$ unter dem Punkt b durchgeschnitten. Wir ersetzen die Querkraft in B durch den Auflagerdruck R_b pro Längeneinheit der Spundwand und den auf aB wirkenden Erddruck durch ein System von Einzellasten 1 bis 6, wie es in Abb. 68d geschehen ist. Dann zeichnen wir das Kräftepolygon (Abb. 68e) und das zugehörige Seilpolygon (Abb. 68f) mit der Schlußlinie AB. Ziehen wir im Kräftepolygon (Abb. 68c) den Strahl OB parallel zur Schlußlinie AB in Abb. 68f, so erhalten wir aus Abb. 68e die Größe des Auflagerdruckes R_b und des Ankerzuges A. Das größte Biegemoment M_0, das die Spundbohlen aufzunehmen haben, ist aus dem Seilpolygon (Abb. 68f) zu entnehmen.

Der untere Teil Bd_1 der Spundbohlen (Abb. 68c) von der Länge $t_1 - x$ wird von keinen anderen Kräften als vom oberen Auflagerdruck R_b, vom resultierenden Erdwiderstand, der durch die schraffiert gezeichnete (Abb. 68c) Druckfläche dargestellt ist, und durch den unteren Auflagerdruck R_d beansprucht. Deshalb muß die Summe der Momente aus diesen Kräften um irgendeinen Punkt, z. B. um den Punkt d_1 in Abb. 68c, gleich Null sein. Diese Bedingung ergibt

$$\frac{(t_1 - x)^2}{2}\,(\lambda_{pm} - \lambda_a)\,\frac{t_1 - x}{3}\,\gamma +$$
$$+ \left[(\lambda_{pm} - \lambda_a)\,x - \lambda_a\,h\right]\,\frac{(t_1 - x)^2}{2}\,\gamma = R_b\,(t_1 - x).$$

Nach Auflösung dieser Gleichung erhalten wir

$$t_1 = \frac{3}{2}\,h\,\frac{\lambda_a}{\lambda_{pm} - \lambda_a} - \frac{x}{2} + \sqrt{\frac{6\,R_b}{(\lambda_{pm} - \lambda_a)} + \frac{9}{4}\left(x - h\,\frac{\lambda_a}{\lambda_{pm} - \lambda_a}\right)^2} \qquad (1)$$

Der zweite Ausdruck unter der Wurzel ist im Vergleich zum ersten sehr klein und kann vernachlässigt werden. Wir können daher schreiben

$$t_1 = \frac{3}{2}\,h\,\frac{\lambda_a}{\lambda_{pm} - \lambda_a} - \frac{x}{2} + \sqrt{\frac{6\,R_b}{\lambda_{pm} - \lambda_a}}\,. \tag{2}$$

Die Spundbohlen werden bis auf die Tiefe $t = 1,2\,t_1$ gerammt. Die Begründung dafür wurde bereits in Abs. 82 gebracht.

83. Vergleich der Spundwand-Berechnungsverfahren.

Wenn die erforderliche Rammtiefe t nach dem Biegelinien- oder dem Ersatzbalkenverfahren (Abs. 81 und 82) berechnet wird, erhält man für t wesentlich größere Werte als bei Spundwänden mit freier unterer Auflagerung (Abs. 80). Die in der folgenden Tabelle zusammengestellten Werte sollen nur als Beispiel dienen (RIMSTAD 1937).

Tabelle 1.

Anordnung und Berechnungsverfahren	Rammtiefe in m	Ankerzug in kg/m	max. Biegemoment in kgm/m
1. Unten frei gelagert (Verfahren Abb. 65)	1,83	9375	8410
2. Unten eingespannt (Biegelinienverfahren Abb. 67)	3,66	7700	6340
3. Unten eingespannt (Ersatzbalkenverfahren Abb. 68)	3,72	7700	6340

Die Zahlenwerte der Tab. 1 beziehen sich auf eine Spundwand für eine freie Höhe $h = 7,0$ m. Die Hinterfüllung trägt eine gleichförmige Auflast gleich dem Gewicht einer 2,40 m mächtigen Bodenschicht. Die nach dem Biegelinien- und nach dem Ersatzbalkenverfahren erhaltenen Ergebnisse sind praktisch identisch. Berechnet man die Stahlmengen pro Längeneinheit, so findet man meist, daß Spundwände mit freier Auflagerung etwas weniger Stahl erfordern als jene mit unterer Einspannung, wenn die Berechnung mit den üblichen Annahmen über den Sicherheitsfaktor dieser beiden Spundwandarten durchgeführt wurde. Die untere Einspannung hat jedoch den Vorteil, daß sie die Bruchgefahr bei unzureichendem seitlichem Widerstand des an den eingerammten Teil der Spundwand angrenzenden Bodens ausschaltet.

Die · nichtlineare Druckverteilung hinter Spundwänden hat eine Verlagerung des Erddruckangriffspunktes nach oben zur Folge. Wenn wir deshalb den Ankerzug unter der Annahme hydrostatischer Druckverteilung berechnen, wie es in Abs. 80 bis 82 erfolgt ist, wird der Ankerzug meist zu niedrig bestimmt. Tatsächlich sind die meisten Spundwandeinstürze, die dem Verfasser bekannt wurden, durch unzureichende

Verankerung entstanden. Leider haben wir noch keine verläßlichen Angaben über die Lage des Erddruckangriffspunktes. Bis zu einer weiteren Vertiefung unserer Erkenntnisse ist es zweckmäßig, den theoretisch ermittelten Ankerzug mindestens um 20 % zu erhöhen.

84. Verankerung von Spundwänden und der Widerstand von Ankerwänden.

Die Zuganker der in Abb. 63 dargestellten Spundwände können an einzelnen von Pfahljochen getragenen Ankerböcken oder an Ankerwänden oder Platten, die im Boden versenkt und in ihrer Lage durch den Widerstand des angrenzenden Bodens gegen seitliche Verschiebung festgehalten sind, angeschlossen werden. Abb. 69a zeigt einen von zwei zu einem Joch verbundenen Pfählen getragenen Ankerblock.

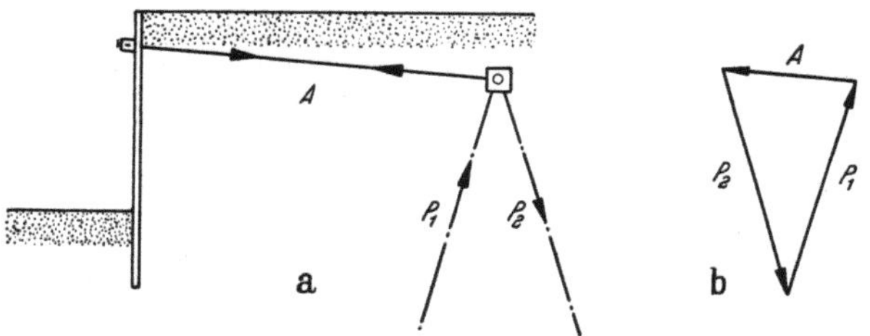

Abb. 69a u. b. Spundwandverankerung mit gerammten Pfahljochen.

Die vom Ankerzug ausgeübte Kraft A versucht den linken Pfahl in den Boden zu drücken und den rechten Pfahl aus dem Boden herauszuziehen. Die von den Pfählen aufzunehmenden Kräfte P_1 und P_2 können aus dem Kräftepolygon (Abb. 69b) ermittelt werden. Die Tragfähigkeit der Pfähle wurde bereits in Abs. 51 besprochen.

Die aufnehmbare Kraft von Verankerungen, wie z. B. von Ankerwänden oder -platten, hängt vom Erdwiderstand ab. Die Abmessungen solcher Verankerungen müssen derart sein, daß der Ankerzug nur einen gewissen Teilbetrag des zum Herausdrücken des Bodens nötigen Zuges erreicht. Der Quotient aus dem Ankerzug A und dem maximalen Zug, den der Anker aufnehmen kann, wird der Sicherheitsfaktor des Ankers genannt.

Abb. 70a und 70c zeigen lotrechte Schnitte durch Ankerwände. Liegt der obere Rand der Wand in der Geländeoberfläche, wie in Abb. 70a gezeigt, ist das Nachgeben der Wand bei zu großem Ankerzug mit einem Hochdrücken eines keilförmigen Sandkörpers abc längs einer geneigten Gleitfläche bc verbunden. Gleichzeitig erfolgt im Boden hinter der Wand ein aktiver Bruch, der das Nachrutschen

eines Bodenkörpers längs einer geneigten Gleitfläche verursacht. Da
der auf der linken Seite der Wand gelegene Sand nach oben ausweicht, führt die lotrechte Komponente des Erdwiderstandes zu einem
Herausheben der Wand aus dem Boden. Diese Kraft kann keinen größeren Wert erreichen als die Summe aus Wandgewicht und der Reibung zwischen der Berührungsfläche und dem aktiven Bodenkeil auf
der rechten Seite der Wand. Sowohl das Gewicht wie die Reibung

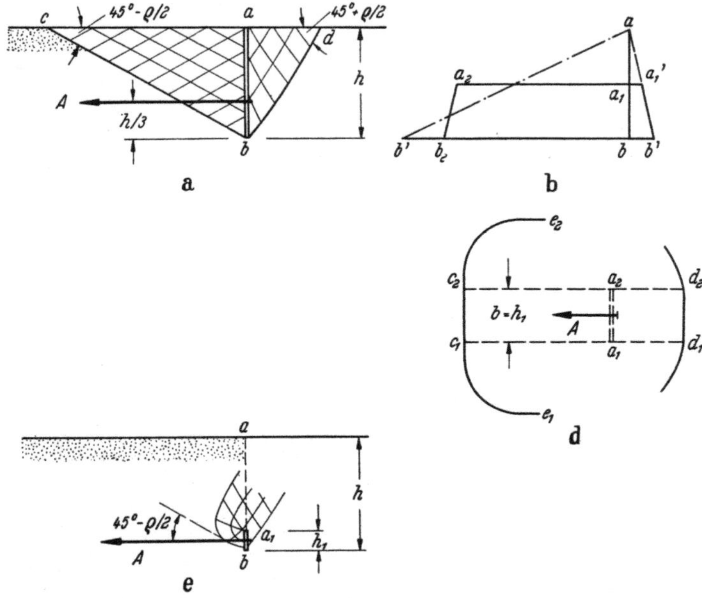

Abb. 70a—e. a Gleitlinienfeld in dem an eine Ankerwand angrenzenden Sand; b Druckverteilung an beiden Seiten der in a mit ab und in c mit a_1b angegebenen Wand; c Gleitlinienfeld in dem an eine Ankerwand, deren oberer Rand unter der Bodenoberfläche liegt,
angrenzenden Sand; d Bruchspuren der Gleitflächen in der Sandoberfläche nach Über-
beanspruchung einer quadratischen Ankerplatte; e Gleitlinienfeld in dem an einen Ankerbalken
angrenzenden Sand.

sind sehr klein. Wir können deshalb die lotrechte Komponente des
Erdwiderstandes $E_p \operatorname{tg} \delta$ immer mit Null annehmen oder $\delta = 0$ setzen.
Die entsprechende Gleitfläche ist daher eben, wie in Abb. 70a gezeich-
net. Wenn die Wand lotrecht und der Winkel δ gleich Null ist, wird
der Erdwiderstand durch die Gleichung bestimmt:

$$ E_p = \frac{1}{2}\, \gamma\, h^2\, \operatorname{tg}^2\left(45^\circ + \frac{\varrho}{2}\right). $$

Bei geneigter Wand können wir den Wert E_p nach der COULOMBschen
Theorie berechnen.

Sobald der Ankerzug im unteren Drittel der Wandhöhe angreift,
erfolgt in beiden Fällen die Verteilung des Erdwiderstandes auf der

linken Seite der Ankerwand hydrostatisch. Für den Erddruck können wir, zumindest als erste Näherung, ebenfalls δ gleich Null annehmen und erhalten für eine lotrechte Ankerwand

$$E_a = \frac{1}{2}\,\gamma\,h^2\,\mathrm{tg}^2\left(45^\circ + \frac{\varrho}{2}\right).$$

Bedeutet A den Ankerzug pro Längeneinheit der Spundwand und f_s den Sicherheitsfaktor der Verankerung, dann muß die Höhe h der Ankerwand so gewählt werden, daß sie die Gleichung erfüllt:

$$A = \frac{1}{f_s}\,(E_p - E_a). \tag{1}$$

Abb. 70c zeigt einen Schnitt durch eine Ankerwand mit einer Höhe etwa gleich der halben Tiefe, in der ihr unterer Rand liegt. Die Verteilung des Erddruckes auf der linken Seite der Ankerwand $a_1 b$ ist durch die Druckfläche $a_1 a_2 b_2 b$ in Abb. 70b dargestellt. Der für das Eintreten des Bruchzustandes erforderliche Ankerzug ist gleich der Differenz zwischen der Widerstands- und der Druckfläche, $a_1 a_2 b_2 b$ und $a_1 a_1' b' b$. Nach Abs. 15 tritt bei einer ebenen Gleitfläche hydrostatische Druckverteilung auf. Da die Verteilung des Seitendruckes auf den auf der linken Seite des lotrechten Schnittes ab der Abb. 70c gelegenen Sandes von der hydrostatischen Druckverteilung stark abweicht, kann die Gleitfläche bc durch den unteren Rand b der Wand nicht einmal angenähert eben sein, obwohl der Wandreibungswinkel δ praktisch gleich Null ist.

Abb. 70c zeigt auch die Richtungen der Gleitflächen innerhalb der plastischen Zonen zu beiden Seiten der Ankerwand $a_1 b$. Diese weichen stark vom Gleitlinienfeld der Abb. 70a ab. Ein genaues Verfahren zur Berechnung des maximalen Widerstandes einer Ankerwand, deren oberer Rand unterhalb der Geländeoberfläche liegt, wurde bisher noch nicht entwickelt. Die Erfahrung hat jedoch gezeigt, daß der Unterschied zwischen den Widerständen der in Abb. 70a und 70c dargestellten beiden Ankerwände für h_1 (Abb. 70c) gleich oder größer als h_2 unbedeutend ist.

Als letzten Fall betrachten wir den Widerstand einer Ankerwand (Abb. 70e), deren Höhe h_1 im Vergleich zur Gesamthöhe h klein ist. In diesem Fall kann der Anker den Boden durchpflügen, ohne ein bis zur Geländeoberfläche reichendes Abscheren hervorzurufen. Die Verdrängung des Bodens erfolgt längs gekrümmten Gleitflächen (Abb. 70c) gegen die Ausdehnungszone auf der rechten Seite des Abschnittes $a a_1$, weil dieser Bereich den kleinsten Widerstand gegen das Eindringen des verdrängten Materials ausübt. Die zum Wegschieben eines solchen Ankerbalkens von der Höhe h_1 erforderliche Kraft ist näherungsweise gleich der Tragfähigkeit eines Streifenfundamentes

von der Breite h_1, dessen Sohle in der Tiefe $h - h_1/2$ unter der Bodenoberfläche liegt. Das Verfahren zur Berechnung der Tragfähigkeit
wurde in Abs. 46 beschrieben.

85. Abstand zwischen Spundwand und Ankerwand.

Der kleinste Abstand zwischen der Spundwand und der Ankerwand
ist durch die Bedingung gegeben, daß die Grundfläche des an die Ankerwand anschließenden passiven Keiles (Abb. 71 a) die Grundfläche des
an die Spundwand anschließenden aktiven Keiles nicht schneiden
darf. Wenn, wie in Abb. 71 c gezeigt ist, diese Bedingung nicht erfüllt

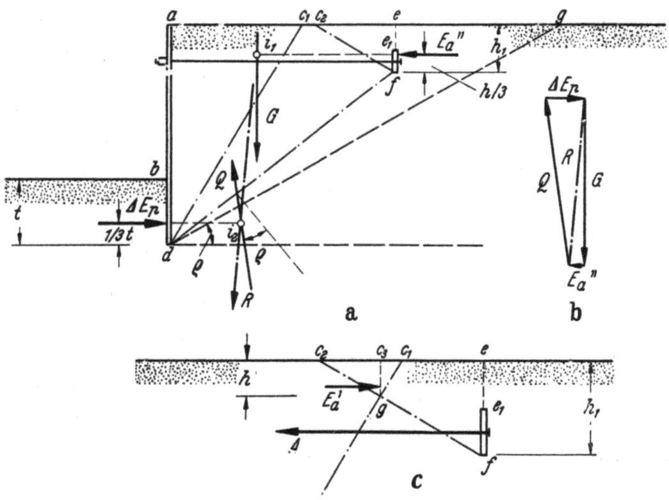

Abb. 71 a—c. a u. b Gleichgewichtsbedingungen für eine verankerte Spundwand, deren
Ankerwand oberhalb der natürlichen Böschungsneigung dg des Sandes liegt; c Gleichgewichtsbedingungen der Ankerwand, wenn die Gleitfläche durch den unteren Rand der Ankerwand
die Gleitfläche durch den unteren Rand der Spundwand schneidet.

ist, liegt ein Teil des passiven Keiles $c_1 c_2 g$ innerhalb dem aktiven
Keil. Innerhalb dieser Zone lockert sich der Sand in waagrechter Richtung auf, was aber mit dem passiven Zustand nicht verträglich ist. Um
die Wirkung der Überlagerung dieser beiden Zonen auf den Widerstand des Ankers zu ermitteln, untersuchen wir die Spannungsbedingungen im lotrechten Schnitt $c_3 g$ (Abb. 71 c).Wenn der Keil $c_2 e f$ vollkommen außerhalb des aktiven Keiles liegt, wird der Schnitt $c_3 g$ vom
Erdwiderstand beansprucht:

$$E'_p = \frac{1}{2} h^2 \gamma \, \mathrm{tg}^2 \left(45° + \frac{\varrho}{2}\right). \tag{1}$$

In dem in Abb. 71c dargestellten Fall wird jedoch der Druck auf $c_3 g$ fast gleich dem Erddruck sein:

$$E_a' = \frac{1}{2} h^2 \gamma \, \mathrm{tg}^2 \left(45^\circ - \frac{\varrho}{2}\right). \tag{2}$$

Der ungenügende Abstand zwischen der Spundwand und der Ankerwand vermindert den Widerstand der Verankerung näherungsweise um den Betrag $E_p' - E_a'$.

Häufig wird auch verlangt, daß der obere Rand der Ankerwand unterhalb der Böschungslinie dg (Abb. 71a) liegen muß, die vom unteren Rand d der Spundwand unter dem Winkel ϱ zur Waagrechten ansteigt. Die in Abb. 71a gezeigte Ankerwand erfüllt diese Bedingung nicht. Daraus folgt, daß der Sandkörper $adfe$ die Tendenz hat, längs der geneigten Gleitfläche df nach abwärts zu gleiten. Diese Tendenz erhöht den Druck des an den Abschnitt bd der Spundwand angrenzenden Bodens um den Betrag ΔE_p über den auf diesen Abschnitt einer Spundwand mit ausreichender Verankerung ausgeübten Druck. Der Teil $adfe$ vom Gewicht G wird vom Erddruck E_a' durch die zusätzliche Kraft ΔE_p und durch die Reaktionskraft Q, die auf df unter dem Winkel ϱ zur Normalen auf df wirkt, beansprucht. Die Kraft ΔE_p wird in waagrechter Richtung in der Höhe $t/3$ oberhalb dem unteren Rand der Spundwand angenommen. Wir nehmen weiter an, daß E_a'' in waagrechter Richtung, in $h_1/3$ oderhalb f, wirkt. Nach diesen Annahmen wird die Größe von ΔE_p durch das in Abb. 71b dargestellte Kräftepolygon (KREY 1936) bestimmt. Wenn die Ankerwand auf der rechten Seite der Böschungslinie dg (Abb. 71a) liegt, wird der auf der linken Seite von bd liegende Sand nur vom Druck E_{pm} (Abb. 65b) beansprucht. Die in Abb. 71a eingezeichnete unzureichende Ankerlänge vermindert diesen Druck um ΔE_p.

86. Widerstand von Ankerplatten.

Besteht die in Abb. 70c gezeichnete Verankerung nicht aus einer durchlaufenden Wand, sondern aus einzelnen Platten, deren Breite b gleich ihrer Höhe h_1 ist, dann breitet sich der passive Bruch in dem an die Platte angrenzenden Sand über einen über b hinausgehenden Bereich aus, wie in Abb. 70d durch die Linie $e_1 e_2$ dargestellt ist. Bevor der Ankerzug wirkt, befindet sich der Sand im Ruhezustand. Der Ruhedruckbeiwert beträgt angenähert 0,5 und der Reibungswiderstand längs irgendeinem Schnitt durch die Hinterfüllung ist gleich der Normalkomponente des Ruhedruckes mal dem Beiwert der inneren Reibung $\mathrm{tg}\varrho$. Sobald der Ankerzug wirkt, nehmen die waagrechten Drücke im Sand innerhalb eines angenähert kegelförmigen Gebietes zu, das sich von der Ankerplatte nach links erstreckt. Vor der Übertragung des Ankerzuges ist der gesamte waagrechte Druck in den lotrechten Schnittflächen durch den passiven Keil, die in Abb. 70d als Linien $a_1 c_1$ und $a_2 c_2$ dargestellt sind, gleich dem Ruhedruck E_0, und die entsprechende Scherfestigkeit beträgt längs dieser Flächen $E_0 \operatorname{tg} \varrho$. Mit zunehmendem Ankerzug wächst auch der Druck in diesen beiden Schnittflächen, und die entsprechende Scherfestigkeit nimmt ebenfalls bedeutend zu. Deshalb erfolgt der Gleitvorgang längs der äußeren Grenzen der durch den Ankerzug verursachten Druckzone, und die Gleitfläche schneidet die Hinterfüllungsoberfläche längs einer halbmondförmigen Linie $e_1 e_2$ (Abb. 70d). Die Scherfestigkeit längs der langen geneigten Seiten dieser Fläche ist zweifellos größer als die Anfangsscherfestigkeit $2 E_0 \operatorname{tg} \varrho$ längs der lotrechten Schnittflächen $a_1 c_1$ und $a_2 c_2$. Für jede Ankerplatte beträgt deshalb der zulässige Ankerzug

$$A_p = A\, b + \frac{2 E_0}{f_s} \operatorname{tg} \varrho , \tag{1}$$

worin A den zulässigen Ankerzug pro Längeneinheit einer Ankerwand [Gl. (84.1)], f_s den erforderlichen Sicherheitsfaktor und E_0 den Ruhedruck in einer lotrechten Schnittfläche durch den passiven Keil bedeutet.

C. Die mechanische Wirkung des Wassers im Boden.

XII. Die Wirkung der Porenwasserströmung auf die Gleichgewichtsbedingungen in idealem Sand.

87. Die Scherfestigkeit von wassergesättigtem Sand.

Die Scherfestigkeit von wassergesättigtem Sand ist durch die Gleichung gegeben:

$$\tau_s = (\sigma - p_w)\, \operatorname{tg} \varrho , \tag{6.5}$$

worin σ die totale Normalspannung in der Gleitfläche in einem gegebenen Punkt und ϱ den Winkel der inneren Reibung bedeutet. Die neutrale Spannung p_w ist gleich dem Produkt aus dem spezifischen Gewicht des Wassers γ_w und der Höhe h_w, bis zu der das Wasser in einem Standrohr über den betrachteten Punkt ansteigt, d. h.

$$p_w = \gamma_w\, h_w . \tag{6.1}$$

Wenn das die Hohlräume des Sandes erfüllende Wasser im Ruhezustand ist, dann steigt es in jedem Punkt auf denselben Horizont, und die Standrohrspiegelhöhe h_w ist gleich der Tiefe des Punktes unterhalb dieses Horizontes. Der Einfluß der im ruhenden Wasser wirkenden neutralen Spannungen auf die wirksamen Spannungen und auf die Stabilität einer Sandmasse wurde in Abs. 8 und 11 beschrieben. Wenn das Wasser jedoch durch die Poren des Sandes strömt, dann steigt es in den in verschiedenen Punkten angeordneten Standrohren auf verschiedene Höhe an. Um die neutralen Spannungen im strömenden Wasser zu bestimmen, müssen die hydrostatischen Bedingungen beachtet werden, die längs der Ränder der durchströmten Sandmasse bestehen. Dies ist eine Aufgabe der angewandten Hydraulik. Die Wirkung der neutralen Spannungen infolge Kapillarwirkung auf die Bruchspannungbedingungen der Böden wird im Kap. XIV beschrieben werden. In diesem Kapitel werden die Kapillarkräfte vernachlässigt.

88. Strömung des Wassers im Boden.

Der Weg, längs dem ein Wasserteilchen durch eine Bodenmasse strömt, wird *Stromlinie* genannt. Wenn die Stromlinien gerade und parallel sind, liegt eine *lineare* Strömung vor. Die Strömung des Wassers durch eine waagrechte Sandschicht in lotrechter Richtung nach unten ist ein Beispiel dafür. Strömen die Wasserteilchen in gekrümmten Bahnen paralleler Ebenen, handelt es sich um eine ebene Strömung. Alle anderen Strömungsarten, wie z. B. die Strömung gegen Brunnen, sind dreidimensional. Bei Gründungsaufgaben interessieren uns in erster Linie ebene, d. h. zweidimensionale Strömungsarten. Die Wasserströmung von einem Staubecken durch den unter der Dammsohle liegenden Boden gehört in diese Gruppe.

Abb. 72a stellt einen Schnitt durch eine der verschiedenen Apparaturen dar, die zur Herstellung eines linearen Strömungszustandes in einer Bodenprobe endlicher Abmessung verwendet werden kann. Die Probe befindet sich in einem prismatischen Kasten, der die Länge l und die Querschnittsfläche F besitzt. Die Seitenwandungen des Kastens sind undurchlässig. Die beiden Endflächen sind durchlöchert, um eine freie Kommunikation zwischen Boden und den anschließenden freien Wassersäulen zu ermöglichen. Die Linie ab stellt eine der Stromlinien dar. Die neutrale Spannung im Punkt a ist

und im Punkt b

$$p_{w1} = \gamma_w \, h_{w1} \tag{1}$$

$$p_{w2} = \gamma_w \, h_{w2}. \tag{2}$$

Wenn das Wasser in den beiden Standrohren a und b auf derselben Höhe steht, dann ist das Wasser im Ruhezustand, wenn auch die beiden neutralen Spannungen p_{w1} und p_{w2} verschieden sein können. Damit das Wasser durch den Sand strömt, muß ein hydraulischer Druckhöhenunterschied h (Abb. 72a) aufgebracht werden, der den hydrostatischen Druck in einem Rohr um $\gamma_w h$ über dem hydrostatischen Druck im anderen Rohr erhöht. Dieser *hydrostatische Überdruck* $\gamma_w\, h$ stellt die Kraft dar, die das Wasser durch den Sand preßt. Der Quotient

$$i_p = \gamma_w\,\frac{h}{l} \tag{3}$$

stellt das *Druckgefälle* zwischen den Punkten a und b dar. Es hat die Dimension eines Raumgewichtes, $g \cdot \mathrm{cm}^{-3}$. Der Quotient

$$i = \frac{i_p}{\gamma_w} = \frac{h}{l} \tag{4}$$

ergibt das *hydraulische Gefälle*. Es ist eine dimensionslose Zahl.

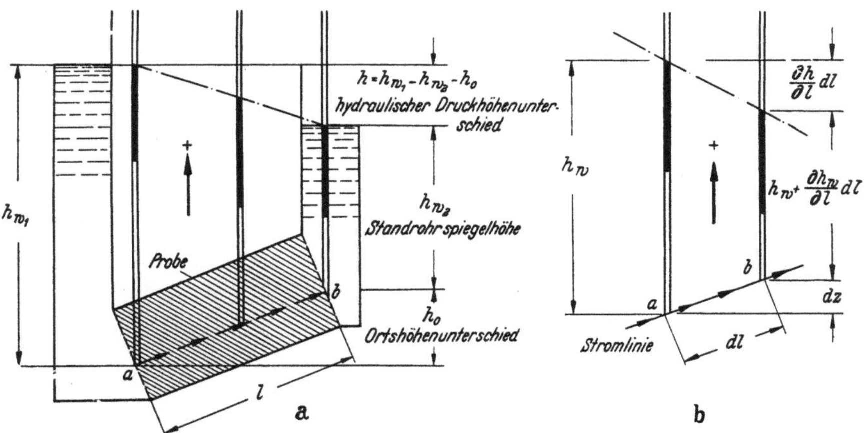

Abb. 72a u. b. Bedeutung der bei Strömungsaufgaben verwendeten Ausdrücke und Zeichen, wenn es sich a um eine lineare Strömung und b um eine zwei- oder dreidimensionale Strömung handelt, wobei dl ein Element einer gekrümmten Stromlinie darstellt.

Die Wassermenge, die pro Zeiteinheit durch die Flächeneinheit eines senkrecht zur Fließrichtung liegenden Schnittes strömt, wird die *Filtergeschwindigkeit* v genannt. Für feine Sande und für Böden feiner als Sand, kann die Beziehung zwischen dem Druckgefälle i_p, Gl. (3), und der entsprechenden Filtergeschwindigkeit v ziemlich genau durch die Gleichung ausgedrückt werden:

$$v = \frac{K}{\eta}\,i_p, \tag{5}$$

worin $\eta\,(g\,\mathrm{cm}^{-2}\,\mathrm{sek})$ die Zähigkeit der Flüssigkeit und $K\,(\mathrm{cm}^2)$ eine empirische Konstante bedeutet. Der Wert η hängt von der Temperatur der Flüssigkeit und der Wert K vom Hohlraumgehalt, von der Form und von der Größe der Hohlräume des durchlässigen Materiales ab. Der Wert K wird in der Physik Durchlässigkeitsbeiwert genannt.

Durch Verbindung der Gl. (4) und (5) erhalten wir

$$v = \frac{K}{\eta}\, \gamma_w\, i\,.$$

Der Bauingenieur hat es bei Strömungsaufgaben nur mit Wasser zu tun. Innerhalb des Bereiches der in der Natur auftretenden Wassertemperaturen können die Werte η (Zähigkeit) und γ_w (Stoffgewicht des Wassers) als konstant betrachtet werden. Bei bautechnischen Aufgaben ist es deshalb üblich, diese beiden Werte als konstant anzunehmen und in der vorhergehenden Gleichung den Wert einzuführen:

$$k = \frac{K}{\eta}\, \gamma_w \tag{6}$$

womit

$$v = k\, i = k\, \frac{h}{l}\,. \tag{7}$$

Der Wert k wird ebenfalls *Durchlässigkeitsbeiwert* genannt. Im Gegensatz jedoch zu dem in der Physik benützten Wert K hat er die Dimension einer Geschwindigkeit, cm pro sek. Er stellt die Filtergeschwindigkeit für ein hydraulisches Gefälle i gleich Eins dar, und das durch Gl. (7) ausgedrückte Gesetz wird DARCY*sches Gesetz* (DARCY 1856) genannt. Nach diesem Gesetz beträgt die Wassermenge, die pro Zeiteinheit durch die in der Abb. 72 a dargestellte Probe strömt,

$$q = F\, v = F\, k\, i\,.$$

Im Zusammenhang mit Gl. (6) soll betont werden, daß die charakteristische Durchlässigkeit eines porösen Materials durch K (cm^2) und nicht durch k (cm sek^{-1}) ausgedrückt wird, weil K vom Stoffgewicht und der Zähigkeit der durchsickernden Flüssigkeit unabhängig ist, während k von diesen Faktoren abhängt. Die ausschließliche Verwendung von k in diesem Buch und im Bauwesen im allgemeinen ist nur durch die Gepflogenheit gerechtfertigt.

Innerhalb der Probe nimmt das Wasser nur einen Raum n pro Raumeinheit des Bodens ein. Deshalb beträgt die mittlere Geschwindigkeit, mit der sich die Wasserteilchen in Richtung parallel zu den Stromlinien bewegen, gleich

$$v_s = \frac{1}{n}\, v\,, \tag{8}$$

die *Sickergeschwindigkeit* genannt wird.

Mit den Bezeichnungen der Abb. 72 a erhalten wir folgende Beziehungen. Wenn h_{w1} und h_{w2} die Standrohrspiegelhöhen in a und b darstellen, ist der hydrostatische Höhenunterschied h gleich

$$h = h_{w1} - h_{w2} - z \tag{9}$$

und das hydraulische Gefälle

$$i = \frac{h}{l} = \frac{h_{w1} - h_{w2}}{l} - \frac{z}{l}\,. \tag{10}$$

Da $h_{w1} = p_{w1}/\gamma_w$ [Gl. (1)] und $h_{w2} = p_{w2}/\gamma_w$ [Gl. (2)] ist, kann Gl. (10) ersetzt werden durch

$$i = \frac{1}{\gamma_w}\,\frac{p_{w1} - p_{w2}}{l} - \frac{z}{l}\,. \tag{11}$$

Erfolgt die Strömung in lotrechter Richtung, dann wird z in den Gl. (10) und (11) gleich l, woraus

$$i = \frac{h_{w1} - h_{w2}}{z} - 1 = \frac{1}{\gamma_w}\,\frac{p_{w1} - p_{w2}}{z} - 1\,. \tag{12}$$

Ein positiver Wert von i zeigt an, daß das hydraulische Gefälle eine nach oben gerichtete Strömung verursacht.

In Abb. 72b stellt die Linie ab ein Element einer willkürlich gekrümmten Stromlinie dar. Die Länge des Elementes beträgt dl. In dem einen Ende a des Elementes steigt das Wasser in einem Standrohr auf die Höhe h_w über a, und im anderen Ende b steigt es bis auf die Höhe

$$h_w + \frac{\partial h_w}{\partial l}\,dl\,.$$

Der Höhenunterschied zwischen den Beobachtungspunkten a und b ist dz. Setzen wir in Gl. (10)

$$l = dl\,, \quad \frac{h}{l} = -\frac{\partial h}{\partial l}\,, \quad h_{w1} = h_w\,, \quad h_{w2} = h_w + \frac{\partial h_w}{\partial l}\,dl$$

und

$$z = dz\,,$$

so erhalten wir

$$i = -\frac{\partial h}{\partial l} = -\frac{\partial h_w}{\partial l} - \frac{\partial z}{\partial l} \tag{13}$$

Da

$$p_w = h_w\,\gamma_w \quad \text{oder} \quad h_w = \frac{p_w}{\gamma_w} \quad \text{und} \quad \frac{\partial h_w}{\partial l} = \frac{1}{\gamma_w}\,\frac{\partial p_w}{\partial l}\,,$$

können wir auch schreiben

$$i = -\frac{1}{\gamma_w}\,\frac{\partial p_w}{\partial l} - \frac{\partial z}{\partial l}\,. \tag{14}$$

Das Druckgefälle ist gleich

$$i_p = -\gamma_w\,\frac{\partial h}{\partial l} = \gamma_w\,i \tag{15}$$

89. Stromliniennetz.

Abb. 73a veranschaulicht die Strömung des Wassers längs gekrümmter Linien, die parallel zu der in der Abbildung dargestellten Schnittrichtung sind. Die Abbildung zeigt einen Schnitt durch eine undurchlässige Wand, die bis zur Tiefe t unter der waagrechten Oberfläche einer homogenen Bodenschicht reicht. Die Bodenschicht ruht in der Tiefe t_1 auf einer undurchlässigen waagrechten Unterlage. Der Unterschied h_1 zwischen den Wasserspiegeln zu beiden Seiten der Wand wird konstant angenommen. Infolge des hydraulischen Druckhöhenunterschiedes h_1 tritt das Wasser an der oberstromigen Seite der Wand in den Boden ein, strömt nach unten und tritt an der Unterstromseite gegen die Oberfläche aus. Abb. 73b zeigt ein prismatisches Bodenelement in einem größeren Maßstab. Das Element hat die Seiten dx, dy und dz. Die Wasserströmung erfolgt parallel zu der in der Abbildung dargestellten Schnittfläche. Es bezeichnet

$v_x =$ die Komponente der Filtergeschwindigkeit v in waagrechter Richtung,

$i_x = -\dfrac{\partial h}{\partial x}$ das hydraulische Gefälle in waagrechter Richtung und

v_z und $i_z = -\dfrac{\partial h}{\partial z}$ die entsprechenden Werte für die lotrechte Richtung.

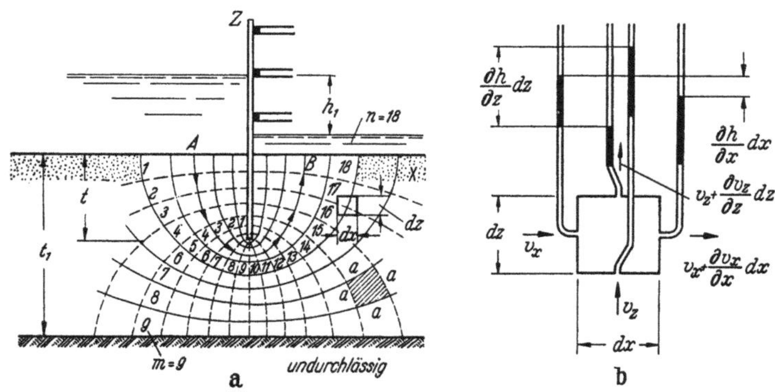

Abb. 73a u. b. a Strömung des Wassers durch homogenen Sand um den unteren Rand einer Spundwand. b hydrostatische Druckverhältnisse in den vier Seiten des in a eingezeichneten Sandelementes.

Die gesamte Wassermenge, die in das Element pro Zeiteinheit eintritt, ist gleich $v_x dz\,dy + v_z dx\,dy$, und die Menge, die das Element verläßt, beträgt

$$v_x\,dz\,dy + \frac{\partial v_x}{\partial x}\,dx\,dz\,dy + v_z\,dx\,dy + \frac{\partial v_z}{\partial z}\,dz\,dx\,dy\,.$$

Nehmen wir das Wasser als vollkommen unzusammendrückbar an, womit das vom Wasser innerhalb des Elementes erfüllte Volumen konstant bleibt, muß die eintretende Wassermenge gleich der austretenden Menge sein. Deshalb wird

$$\frac{\partial v_x}{\partial x}\,dx\,dz\,dy + \frac{\partial v_z}{\partial z}\,dz\,dx\,dy = 0$$

oder

$$\frac{\partial v_x}{\partial x} + \frac{\partial v_z}{\partial z} = 0\,. \tag{1}$$

Diese Gleichung stellt die Kontinuitätsbedingung der Strömung dar. Nach dem DARCYschen Gesetz [Gl. (88.7)] betragen die beiden

Komponenten der Filtergeschwindigkeit

$$v_x = - k \frac{\partial h}{\partial x} \quad \text{und} \quad v_z = - k \frac{\partial h}{\partial z},$$

worin $-\frac{\partial h}{\partial x}$ und $-\frac{\partial h}{\partial z}$ das hydraulische Gefälle in der x- und y-Richtung darstellt.

Das Produkt $k\,h$ wird *Potential* genannt und mit Φ bezeichnet:

$$\Phi = k\,h.$$

Damit wird $v_x = -\frac{\partial \Phi}{\partial x}$ und $v_z = -\frac{\partial \Phi}{\partial z}$.

Durch Einsetzen dieser Werte in Gl. (1) erhalten wir

$$\frac{\partial^2 \Phi}{\partial x^2} + \frac{\partial^2 \Phi}{\partial z^2} = 0. \tag{2}$$

Die Lösung dieser Gleichung kann durch zwei Kurvenscharen dargestellt werden, die einander in jedem Punkt unter rechtem Winkel schneiden. Die Kurven der einen Schar werden die *Stromlinien* und jene der anderen Schar die *Äquipotentiallinien* genannt. In jedem Punkt einer Äquipotentiallinie steigt das Wasser in einem Beobachtungsrohr auf dieselbe Höhe an. Entsprechend dieser Definition ist die waagrechte Bodenoberfläche auf der Oberstromseite der Wand eine Äquipotentialseite und ebenso an der Unterstromseite.

Weiter stellen die Umrißlinien der eingebetteten Wand und der Schnitt durch die Grundfläche der durchlässigen Schicht *Stromlinien* dar. Durch diese Angaben sind die hydraulischen Randbedingungen für die Sickerströmung gegeben, womit die Lösung der Gl. (2) möglich ist. In Abb. 73 a ist diese Lösung durch ein Stromliniennetz, das die Gl. (2) und die Randbedingungen erfüllt, graphisch dargestellt (FORCHHEIMER 1917). In komplizierten Fällen kann das Stromliniennetz auch zeichnerisch bestimmt oder durch Probieren, durch Modellversuch oder aus der Analogie der elektrischen mit der Sickerströmung gefunden werden. Eine kurze Zusammenfassung aller dieser Verfahren wurde kürzlich veröffentlicht (A. CASAGRANDE 1937). Eine vollständige Abhandlung über diesen Gegenstand liegt ebenfalls vor (MUSKAT 1937).

Abb. 74 zeigt einige Stromliniennetze, die als Hilfsmittel bei der Anwendung der graphischen Methode benützt werden können. Aus Gründen, die erst in Abs. 90 erklärt werden, sind in allen Stromliniennetzen die von den beiden Scharen gebildeten Felder näherungsweise Quadrate.

Abb. 74a bis 74d geben die Sickerströmung durch eine gleichförmig durchlässige Schicht unterhalb der Sohlfläche einer Betonstaumauer für verschiedene Querschnittsformen an. Die Durchlässigkeit des in den Abb. 74c und 74d eingezeichneten abgestuften Filters wird als

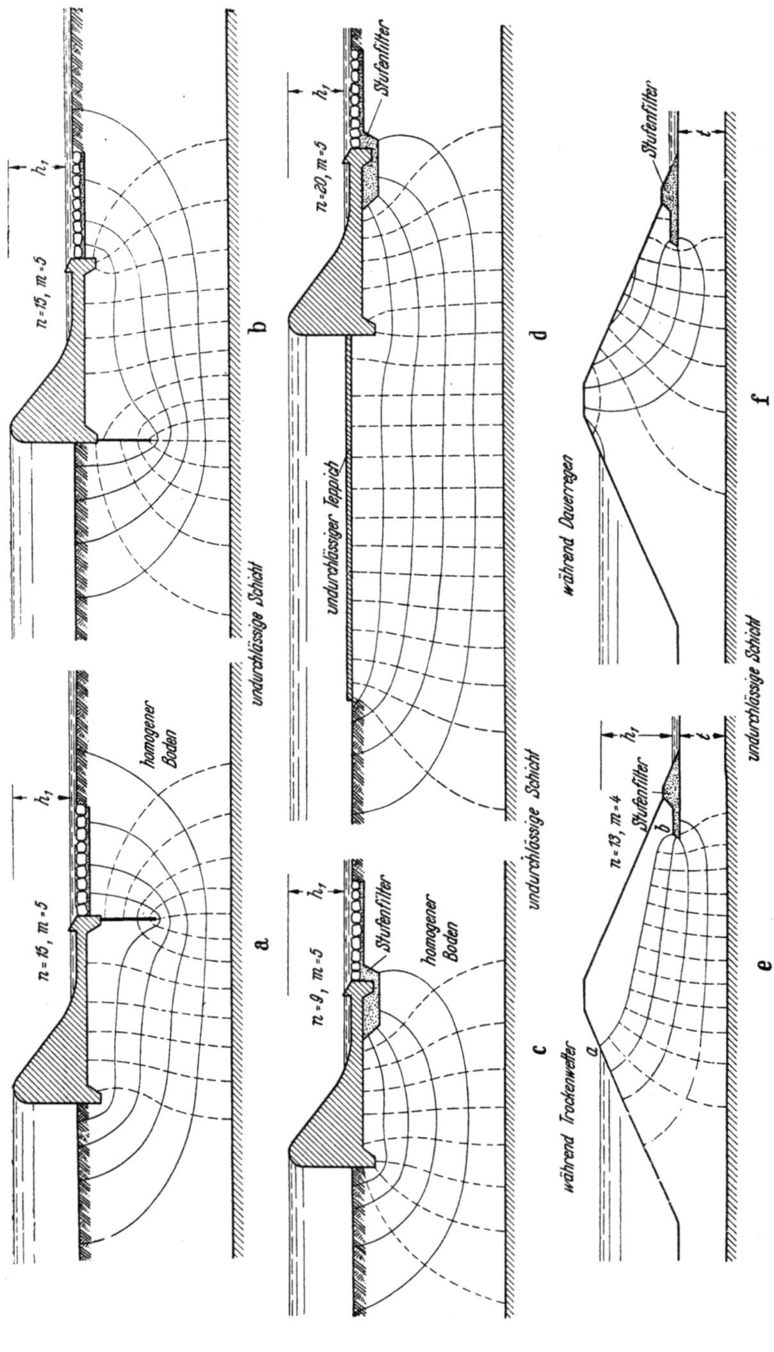

Abb. 74 a—f. a—d Sickerströmung durch homogenen Sand unterhalb der Sohle von Betonstaukörpern; e u. f Sickerströmung durch homogene Dämme, die aus sehr feinen, reinen Sanden bestehen. (Nach A. CASAGRANDE, Trans. Am. Soc., Civ. Eng.)

sehr groß im Vergleich zu jener des natürlichen Bodens angenommen. Deshalb stellt die Berührungsfläche zwischen dem Boden und dem Filter eine freie Austrittsfläche dar. In jedem der in den Abb. 74a bis 74d dargestellten Fälle sind die Grenzen des durchströmten Bereiches mit den Grenzen der durchlässigen Schicht identisch. Deshalb sind die hydraulischen Randbedingungen durch den Schnitt durch diese Schicht und durch die Lage des darüberliegenden freien Wasserspiegels bestimmt.

Abb. 74e zeigt einen Schnitt durch einen homogenen Erddamm, der als Staudamm wirkt. Auf der Unterwasserseite ruht der Dammkörper auf einer waagrechten Sand- und Kiesschicht auf, deren Durchlässigkeit sehr groß im Vergleich mit jener des Dammbaustoffes ist. Diese Schicht wirkt deshalb als Fußdrainage.

Die oberste Stromlinie $a\,b$ wird gewöhnlich *Sättigungslinie* oder *Sickerlinie* genannt. Sie stellt die obere Berandung des Strömungsgebietes dar.

Das Sickerwasser tritt in den Damm durch die oberstromige Böschung ein und strömt gegen den linken Rand der Drainschicht. Die Tatsache, daß die Lage der Randlinie $a\,b$ nicht von vornherein bekannt ist, erschwert die Konstruktion des Stromliniennetzes. Da die Berandung jedoch mit einer Stromlinie zusammenfällt, kann sie durch Probieren zeichnerisch gefunden werden (A. CASAGRANDE 1937). Das Verfahren beruht auf der Annahme, daß die Kapillarkräfte keinen Einfluß auf die Lage der Randstromlinie haben. Bei feinkörnigen Böden ist diese Annahme nicht mehr als Näherung berechtigt (siehe Abs. 111). Wenn ein aus sandigem Boden bestehender Erddamm genügend wasserdicht ist, um das Wasser in einem Becken zu stauen, kann bei Regen innerhalb des ganzen Dammkörpers eine Sickerströmung auftreten, wie in Abb. 74f dargestellt ist. Während des Regens ist der Damm weniger stabil als während einer Trockenperiode.

Alle in Abb. 74 dargestellten Stromliniennetze werden unter der Annahme bestimmt, daß der innerhalb der durchströmten Zone gelegene Boden hydraulisch homogen ist. Mit anderen Worten, es wurde die Durchlässigkeit der Schicht in jeder Richtung gleich angenommen. In der Natur sind alle Bodenablagerungen stets geschichtet, d. h., sie sind aus einzelnen Schichten mit verschiedener Durchlässigkeit zusammengesetzt.

Bezeichnen wir mit:

$k_1, k_2, \ldots, k_n$ die Durchlässigkeitsbeiwerte der einzelnen Schichten,
$h_1, h_2, \ldots, h_n$ ihre Dicke, $h = h_1 + h_2 + \cdots + h_u$ die gesamte Mächtigkeit der Ablagerung,
k_I den mittleren Durchlässigkeitsbeiwert parallel zu den Schichtebenen und
k_II den mittleren Durchlässigkeitsbeiwert senkrecht zu den Schichtebenen.

Findet die Strömung parallel zu den Schichtebenen statt, dann sind die Stromlinien ebenfalls parallel zu diesen Ebenen, und das hydraulische Gefälle hat in jedem Punkt jeder Schicht den gleichen Wert i, der von den Durchlässigkeitsbeiwerten der Schichten unabhängig ist. Die mittlere Filtergeschwindigkeit ist deshalb

$$v = i\,k_{\mathrm{I}} = \frac{i}{h}\,(k_1\,h_1 + k_2\,h_2 + \cdots + k_n\,h_n)$$

und

$$k_{\mathrm{I}} = \frac{1}{h}\,(k_1\,h_1 + k_2\,h_2 + \cdots + k_n\,h_n)\,. \tag{3}$$

Wenn die Strömung jedoch rechtwinkelig zu den Schichtebenen stattfindet, dann strömt jedes Wasserteilchen nacheinanderfolgend durch jede einzelne Schicht hindurch. Da die Strömung kontinuierlich erfolgt, muß die Filtergeschwindigkeit v in jeder Schicht dieselbe sein, während die Durchlässigkeitsbeiwerte der Schichten unterschiedlich sind. Deshalb muß das hydraulische Gefälle in den verschiedenen Schichten verschieden groß sein.

Bezeichnen wir mit
$i_1, i_2, \ldots, i_n$ das hydraulische Gefälle in den einzelnen Schichten und
$\varDelta h$ den gesamten hydraulischen Höhenverlust bei einer gesamten Sickerlänge $h = h_1 + h_2 + \cdots + h_n$.

Mit Gl. (88.7) erhalten wir

$$v = \frac{\varDelta h}{h}\,k_{\mathrm{II}} = k_1\,i_1 = k_2\,i_2 = \cdots = k_n\,i_n$$

und nach Auflösung dieser Gleichung

$$k_{\mathrm{II}} = \frac{h}{\dfrac{h_1}{k_1} + \dfrac{h_2}{k_2} + \cdots + \dfrac{h_n}{k_n}}\,. \tag{4}$$

Ein Vergleich der Gl. (3) und (4) zeigt, daß der Durchlässigkeitsbeiwert k_{II} einer geschichteten Ablagerung senkrecht zu den Schichtebenen immer kleiner sein muß als der Wert k_{I}.

Auf folgende Weise kann dies bewiesen werden: wir nehmen an, daß die durchlässige Schicht von der Gesamtdicke t aus zwei homogenen Schichten mit den Dicken je $\tfrac{1}{2}t$ besteht, deren Durchlässigkeitsbeiwerte k_1 und k_2 betragen. Mit den Gl. (3) und (4) erhalten wir

$$k_{\mathrm{I}} = \frac{1}{2}\,(k_1 + k_2)\,; \qquad k_{\mathrm{II}} = \frac{2\,k_1\,k_2}{k_1 + k_2}$$

und

$$\frac{k_{\mathrm{II}}}{k_{\mathrm{I}}} = \frac{4\,k_1\,k_2}{(k_1 + k_2)^2} = 1 - \left(\frac{k_1 - k_2}{k_1 + k_2}\right)^2\,.$$

k_{II} muß daher stets kleiner als k_{I} sein. Ähnliche Ergebnisse erhalten wir, wenn die Schicht aus mehr als zwei Einzelschichten mit verschiedenen Durchlässigkeiten besteht.

Alle theoretischen Verfahren zur Berechnung der Sickerströmung durch geschichtete Bodenmassen beruhen auf der vereinfachenden Annahme, daß die Werte k_{II} und k_I innerhalb der ganzen Schicht konstant, aber nicht gleich groß sind; mit anderen Worten, daß die Schicht durch eine Quer-Anisotropie gekennzeichnet ist. Nach dieser Annahme verursacht die Anisotropie bloß eine lineare Verzerrung des Stromliniennetzes. Um das Stromliniennetz für ein anisotropes Medium dieser Art zu konstruieren, genügt es, die Dimensionen der durchströmten Zone in Richtung parallel zu den Schichtebenen im Verhältnis $\sqrt{\dfrac{k_{II}}{k_I}}$ zu reduzieren (SAMSIÖE 1931). Für diesen verzerrten Querschnitt kann das Stromliniennetz so bestimmt werden, als ob die durchlässige Schicht isotrop

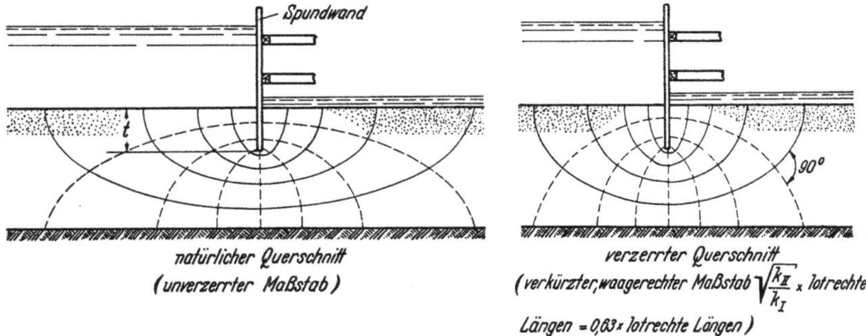

Abb. 75. Ermittlung des Stromliniennetzes aus dem verzerrten Querschnitt, wenn der Durchlässigkeitsbeiwert des Sandes in waagrechter und lotrechter Richtung (k_I und k_{II}) verschieden ist.

wäre. Wenn die Konstruktion beendet ist, heben wir die Verzerrung auf, d. h., wir führen alle Dimensionen, einschließlich jene des Stromliniennetzes, auf den ursprünglichen Maßstab zurück. Abb. 75 zeigt den Vorgang. Diese Abbildung zeigt einen Schnitt durch eine Spundwand in einer Feinsandschicht, deren Durchlässigkeitsbeiwert k_I in waagrechter Richtung gleich dem 2,5fachen Wert des Wertes k_{II} in lotrechter Richtung ist. Um das Stromliniennetz für den Strömungsvorgang vom freien Wasserspiegel auf der linken Seite der Spundwand zur rechten Seite zu konstruieren, multiplizieren wir die waagrechten Abmessungen des Querschnittes mit dem Faktor $\sqrt{\dfrac{k_{II}}{k_I}} = 0,63$ und ermitteln das Stromliniennetz für den verzerrten Querschnitt nach einem der früher beschriebenen Verfahren. Dann multiplizieren wir die waagrechten Abmessungen des Netzes mit $\sqrt{\dfrac{k_I}{k_{II}}} = 1,58$. Wir erhalten so das Stromliniennetz auf der linken Seite der Abb. 75. Die beiden Kurvenscharen, die dieses Netz bilden, schneiden sich nicht mehr rechtwinkelig.

Die Gedankengänge, die zur Differentialgleichung (2) geführt haben, können auch auf dreidimensionale Strömungsvorgänge des Wassers in einem homogenen, durchlässigen Material angewandt werden. Wir erhalten dann

$$\frac{\partial^2 \Phi}{\partial x^2} + \frac{\partial^2 \Phi}{\partial y^2} + \frac{\partial^2 \Phi}{\partial z^2} = 0. \tag{5}$$

Die Lösung dieser Gleichung kann durch drei Scharen gekrümmter Flächen dargestellt werden. Die Flächen der einen Schar sind Flächen gleichen Standrohrspiegels und entsprechen den Äquipotentiallinien im ebenen Netz. Das Wasser strömt längs den Schnittlinien der Flächen der beiden anderen Scharen. Gl. (5) kann nur in ganz einfachen Fällen gelöst werden, und es gibt kein praktisch anwendbares zeichnerisches oder experimentelles Verfahren, das mit den Verfahren zur Ermittlung der Stromliniennetze vergleichbar wäre. Deshalb können die meisten praktischen Aufgaben über dreidimensionale Fließvorgänge nur durch eine rohe Annäherung gelöst werden, die auf mehr oder weniger willkürlichen vereinfachenden Annahmen beruhen. Glücklicherweise ist in den meisten in der Baupraxis auftretenden Aufgaben die Strömung des Wassers parallel zu einer Ebene.

90. Sickerwassermenge.

Nachdem das Stromliniennetz nach einem der in Abs. 89 beschriebenen Verfahren gefunden ist, kann der Strömungsvorgang nach dem DARCYschen Gesetz angegeben werden:

$$v = k\,i, \tag{88.7}$$

worin v die Filtergeschwindigkeit, k den Durchlässigkeitsbeiwert und i das hydraulische Gefälle bedeutet. Zur Vereinfachung des Vorganges soll das Stromliniennetz derart gezeichnet werden, daß die Potentialdifferenz zwischen zwei benachbarten Äquipotentiallinien konstant ist:

$$\Delta h = \frac{h_1}{n}. \tag{1}$$

In dieser Gleichung ist h_1 die gesamte hydraulische Druckhöhendifferenz und n die Anzahl der Potentialdifferenzen. Der Wert n kann willkürlich gewählt werden. In Abb. 73a wurde n mit 18 angenommen. Die hintereinanderfolgenden Potentialdifferenzen sind mit 1 bis 18 bezeichnet.

Die Stromlinien schneiden die Äquipotentiallinien rechtwinkelig. Der Zwischenraum zwischen den Stromlinien wird *Stromröhre* genannt. Da die Wasserteilchen sich längs der Stromlinien bewegen, tritt längs der Stromröhren Wasser weder ein noch aus. Die Weite der Stromröhre und die entsprechende Sickergeschwindigkeit ist jedoch über die Länge der Röhre veränderlich.

Ein zwischen zwei benachbarten Äquipotentiallinien liegender Abschnitt einer Stromröhre wird ein *Feld* des Stromliniennetzes genannt. Eines dieser Felder, das im Bereich der Potentialdifferenz Nr. 15 liegt, ist durch eine schraffierte Fläche gekennzeichnet. Wenn a der mittlere Abstand zwischen den beiden Äquipotentiallinien im Bereich dieser Felder bedeutet, ist das mittlere hydraulische Gefälle in diesem Feld $i = \Delta h/a$, und die Wassermenge, die pro Zeiteinheit je Breiteneinheit durch das Feld der Stromröhre fließt, beträgt

$$k\,i = k\,\frac{\Delta h}{a}\,.$$

Wenn b den mittleren Abstand zwischen den Randstromlinien des Feldes statt a, wie in Abb. 73a dargestellt ist, bedeutet, wird die durch das Feld fließende Wassermenge gleich

$$b\,k\,i = k\,\Delta h\,\frac{b}{a}\,.$$

Da die Sickerwassermenge über die ganze Länge der Stromröhre dieselbe ist, muß der Quotient b/a auch eine Konstante sein. Um die Berechnung der Sickerwassermenge zu vereinfachen, zeichnen wir das Stromliniennetz derart, daß die Felder Quadrate werden. Daraus ergibt sich $b/a = 1$. Mit dieser Bedingung ist die Sickerwassermenge pro Stromröhre gleich

$$Q = k\,\Delta h\,\frac{a}{a} = k\,\frac{h_1}{n}\,. \tag{2}$$

Wenn m die Gesamtzahl der Stromröhren bedeutet, beträgt die Sickerwassermenge Q pro Breiteneinheit des in Abb. 73a dargestellten Querschnitts

$$Q = k\,h_1\,\frac{m}{n}\,. \tag{3}$$

Da die Felder des Stromliniennetzes Quadrate sind, hängt die Anzahl m von der Anzahl n ab. Verdoppeln wir n, so verdoppeln wir auch m. In Abb. 73a ist die Anzahl m gleich 9.

Für eine anisotrope Schicht, d. h. wenn der Durchlässigkeitsbeiwert parallel zu den Schichtebenen k_{I} und senkrecht zu den Schichtebenen k_{II} beträgt, konstruieren wir das Stromliniennetz nach Abb. 75 mittels eines verzerrten Querschnitts. Nach diesem Stromliniennetz kann die Sickerwassermenge berechnet werden (Samsiöe 1931):

$$Q = h_1\,\frac{m}{n}\,\sqrt{k_{\mathrm{I}}\,k_{\mathrm{II}}}\,. \tag{4}$$

Die folgenden Abs. 91 bis 96 enthalten einige Beispiele über die Berechnung der Wirkung von Sickerströmungen auf den Erddruck und auf die Stabilität von Böschungen. Aus Gründen der Einfachheit sind die Beispiele auf Böden mit vernachlässigbarer Kohäsion beschränkt.

91. Wirkung einer Regenwasserströmung auf den Erddruck auf Stützwände.

Abb. 76a stellt einen Schnitt durch eine Schwergewichtsmauer dar. Die Hinterfüllung ruht auf einer waagrechten undurchlässigen Sohle und ist von der Rückseite der Wand durch eine grobkörnige Filterschicht getrennt, die in Verbindung mit Entwässerungsschlitzen am Fuß der Wand steht. Während eines Regens tritt ein Teil des auf die Oberfläche der Hinterfüllung auftreffenden Wassers in die Hinterfüllung ein und strömt durch sie gegen den Filter. In dem in der Abbildung dargestellten Schnitt bedeutet die Oberfläche der Hinterfüllung eine Äquipotentiallinie und die Sohle der Hinterfüllung eine Stromlinie. In jedem Punkt der lotrechten Berührungsfläche zwischen Hinterfüllung und Filter ist die neutrale Spannung im Wasser gleich Null.

Das in Abb. 76a dargestellte Stromliniennetz erfüllt alle diese hydraulischen Randbedingungen.

Nach der Gl. (90.2) ist die Sickerwassermenge ΔQ pro Zeiteinheit für jede Stromröhre dieselbe. Die Filtergeschwindigkeit ist

$$v = k\,i = k\,\frac{\Delta h}{a}$$

worin Δh den Höhenverlust während der Strömung von einer Äquipotentiallinie zur nächsten bedeutet und a die Seitenlänge eines Quadrates im Stromliniennetz darstellt. Das neben dem Punkt c (Abb. 76a) in die Hinterfüllung eintretende Wasser strömt stets lotrecht nach unten und verläßt den Boden wieder in einem unendlich kleinen Abstand dl unterhalb c (in der Abbildung nicht eingezeichnet). Der Höhenverlust ist gleich dl, und die Strecke, durch die das Wasser strömt, ist ebenfalls gleich dl. Das hydraulische Gefälle ist deshalb gleich der Einheit, und die Filtergeschwindigkeit wird

$$v_0 = k\,i = k,$$

worin k den Durchlässigkeitsbeiwert der Hinterfüllung bedeutet. Vom Punkt c nach rechts nimmt der Abstand zwischen den nacheinanderfolgenden Äquipotentiallinien ab, während die Potentialdifferenz Δh unverändert bleibt. Die entsprechende Filtergeschwindigkeit nimmt nach rechts ab, wie in Abb. 76b eingezeichnet ist. Sobald

die Niederschlagshöhe v_r eines Regens (gleich der Eindringungstiefe
pro Zeiteinheit) die Größe des Durchlässigkeitsbeiwertes erreicht,
tritt eine geschlossene Regenwasserströmung durch die Hinterfüllung
zum Filter ein, und die Größe der neutralen Spannung p_w im Porenwasser ist in jedem Punkt der Hinterfüllung durch das in der Abbildung gezeigte Stromliniennetz bestimmt. In feuchten Gebieten ist
die vorhin erwähnte Bedingung während jedes starken Regens erfüllt, sobald der Wert k gleich oder kleiner als etwa 0,002 cm/sek oder
7,2 cm/Stunde ist.

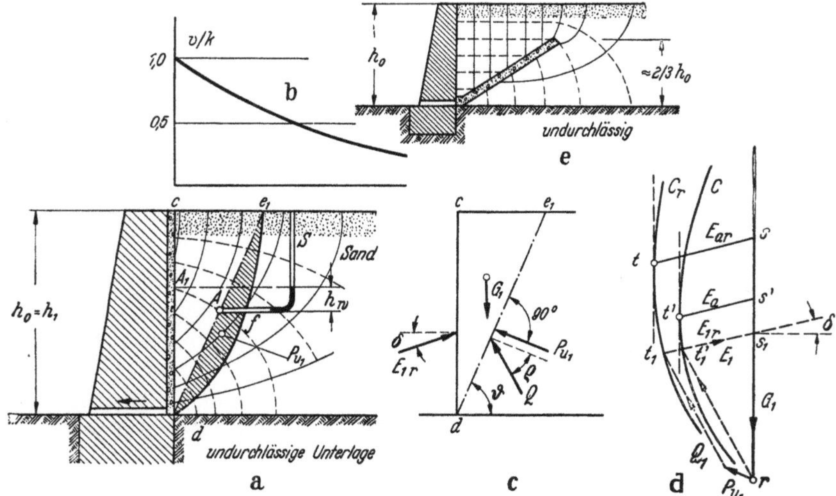

Abb. 76 a—e. a, c, d Graphische Bestimmung des Erddruckes von Feinsand auf die mit einer
grobkörnigen Entwässerungsschicht versehene lotrechte Rückseite einer Stützmauer bei Regen;
b Verlauf des Quotenten aus der Sickergeschwindigkeit an der Oberfläche und dem Durchlässigkeitsbeiwert längs der Hinterfüllungsoberfläche; e Geneigte Filterschicht zur Ausschaltung
der Erddruckzunahme während eines Regens.

Die von der Hinterfüllung während des Regens ausgeübte Größe
des Erddruckes kann durch eine Anpassung des Coulombschen Verfahrens auf die betrachtete Aufgabe bestimmt werden (Terzaghi
1936d). Das Raumgewicht der Hinterfüllung, Wasser und Boden zusammen, beträgt γ, und die Scherfestigkeit der Hinterfüllung ist
durch die Gleichung gegeben:

$$\tau_s = (\sigma - p_w)\,\mathrm{tg}\varrho. \tag{6.5}$$

Wie beim Coulombschen Verfahren nehmen wir die Gleitfläche
auch hier eben an. Zur Lösung unserer Aufgabe wählen wir die willkürliche ebene Schnittfläche de_1 (Abb. 76a und 76c) durch den Fuß
der Hinterfüllung. Das Gewicht des Keiles beträgt G_1, wobei das
Raumgewicht des wassergesättigten Bodens maßgebend ist. Der Keil

wird vom Wasserdruck P_{u1} senkrecht zum Schnitt de_1, durch die unter dem Winkel ϱ zur Normalen auf de_1 wirkende Reaktionskraft Q_1 und durch die unter dem Winkel δ zur Normalen auf die Rückseite der Wand wirkende Reaktionskraft E_{1r} beansprucht.

Der Wasserdruck P_{u1} stellt die Resultierende der neutralen Spannungen p_w längs dem Schnitt de_1 dar. Entsprechend der Gl. (6.1)

$$p_w = \gamma_w\, h_w$$

ist die neutrale Spannung in jedem Punkt A (Abb. 76a) des Schnittes gleich dem spezifischen Gewicht γ_w des Wassers mal der Höhe h_w, bis zu der das Wasser in einem Standrohr S über diesen Punkt ansteigt. Diese Höhe ist gleich dem Höhenunterschied zwischen dem Punkt A und dem Punkt A_1, wo die Äquipotentiallinie durch A die lotrechte Fläche der Hinterfüllung trifft. Durch Auftragen der neutralen Spannung p_w in jedem Punkt von $e_1 d$ rechtwinkelig zu $e_1 d$ erhält man die hydrostatische Drucklinie $d f e_1$. Die Druckfläche $d f e_1$ stellt die neutrale Kraft P_{u1} dar, und die Resultierende dieser Kräfte geht durch den Schwerpunkt der Druckfläche.

Die Reaktionskraft Q_1 (Abb. 76c) stellt die Resultierende der wirksamen Spannungen in de_1 dar. Deshalb wirkt sie unter dem Winkel ϱ zur Normalen auf den Abschnitt de_1. Da der Keil $c\,de_1$ im Gleichgewichtszustand ist, muß das zugehörige Kräftepolygon (Abb. 76d) geschlossen sein. Diese Bedingung zusammen mit der bekannten Richtung der unbekannten Kräfte Q_1 und E_{1r} bestimmt die Größe der Reaktionskraft $E_{1r} = s_1 t_1$ (Abb. 76d), die zur Verhinderung des Abrutschens längs der Schnittfläche de_1 (Abb. 76a) erforderlich ist. Nach dem Regen sinkt die neutrale Kraft P_{u1} rasch ab. Wegen der Kapillarwirkung (siehe. Kap. XV) wird sie schließlich sogar negativ. Wenn man sowohl die Kapillarkräfte wie die Abnahme des Raumgewichtes des Sandes infolge teilweiser Entwässerung vernachlässigt, wird die zur Verhinderung des Abrutschens längs de_1 in Abb. 76 erforderliche Kraft gleich $E_1 = s_1 t_1'$ in Abb. 76d.

Die Lage der Gleitfläche kann durch Wiederholung der Konstruktion für verschiedene willkürliche Schnittflächen de_2, de_3 usw., die in der Abbildung nicht eingezeichnet sind, gefunden werden. Die entsprechenden Gewichte G_2, G_3 usw. sind in Abb. 76d vom Punkt r nach abwärts aufgetragen. Alle so erhaltenen Punkte t_2, t_3 usw. (in der Abbildung nicht eingezeichnet) liegen auf der Kurve C_r. Ziehen wir parallel zu rs eine Tangente an diese Kurve, so erhalten wir Punkt t. Der Abstand st stellt den Erddruck auf die Wand während des Regens dar. Der Angriffspunkt des Erddruckes E_{ar} liegt etwas höher als $h/3$ über der Hinterfüllungssohle. Der Erddruck E_a auf die Stützwand nach dem Regen kann mittels dem CULMANNschen Verfahren bestimmt werden, wie in Abb. 76d gezeigt ist (siehe Abs. 24). Nach den Ergebnissen numerischer Berechnungen kann die Wirkung des Regens trotz wirksamer Entwässerung der Wandrückseite auf die Größe des seitlichen Druckes sehr bedeutend sein. Es wurde auch festgestellt, daß bei Regen der Neigungswinkel der ungünstigsten Gleitfläche vermindert wird. Für $\gamma = 2{,}0$ t/m³, $\varrho = 38°$, $\delta = 15°$ und $h = 7{,}30$ m ergibt die Rechnung folgende Ergebnisse:

$$\text{ohne Regen } E_a = 12{,}0 \text{ t/m,} \qquad \vartheta = 62°,$$
$$\text{bei Regen } \quad E_a = 16{,}0 \text{ t/m,} \qquad \vartheta = 54° \, 30'.$$

Die gewöhnlichen Berechnungsverfahren für Stützwände vernachlässigen die Wirkung des Regens auf die Größe des Erddruckes. Wie durch das Beispiel gezeigt wurde, kann jedoch ein Regen den Erddruck bis um 33% erhöhen. Es kann daher nicht überraschen, daß der Bruch von Stützwänden gewöhnlich während heftiger Regenfälle erfolgt. Die vorhergehenden Untersuchungen zeigen die Fehlerhaftigkeit der weit verbreiteten Ansicht, daß solche Brucherscheinungen nur infolge unzulänglicher Entwässerung der Wandrückseite auftreten.

Nach Abb. 76a ist die Wirkung des Regens auf die Größe des Erddruckes auf die Krümmung der Äquipotentiallinien zurückzuführen, die während des Regens einen hydrostatischen Druck in der durch den Fuß der Wand verlaufenden wahrscheinlichen Gleitfläche erzeugen. Wenn der Filter, wie in Abb. 76a gezeichnet, geneigt angeordnet ist, sind alle Äquipotentiallinien innerhalb des Gleitkeiles waagrecht. Die hydrostatischen Drücke sind deshalb ausgeschaltet, und der Erddruck ist während des Regens gleich dem Wert, der mittels der gewöhnlichen Rechenverfahren erhalten wird.

92. Wirkung des Regens und der Gezeiten auf die Standsicherheit verankerter Spundwände.

Die in Kap. XI beschriebenen Berechnungsverfahren für Spundwände beruhen auf der Annahme, daß die Scherfestigkeit des Bodens durch die Gleichung gegeben ist:

$$\tau_s = \sigma \, \mathrm{tg}\varrho, \tag{5.2}$$

worin σ die wirksame Normalspannung in den möglichen Gleitflächen darstellt. Mit anderen Worten, die neutralen Spannungen wurden vernachlässigbar klein angenommen. Für eine ziemlich durchlässige Spundwand, z. B. bei Fugen zwischen den einzelnen Spunddielen, kann ein Regen eine Zunahme des Erddruckes im oberen Teil der Spundwand verursachen, ohne dabei den Widerstand des Bodens, der den unteren Teil abstützt, zu vermindern. Wenn die Spundwand jedoch praktisch wasserdicht ist, weil z. B. die Schlösser der einzelnen Spunddielen verschlämmt sind oder weil die Spundwand aus Stahlbetondielen mit verpreßten Zwischenräumen besteht, verursacht ein Regen eine Wasserströmung von der Hinterfüllung durch den Boden unterhalb der Spunddielen in den Boden, der den unteren Teil der Spundwand abstützt. Dieser Fall ist in Abb. 77a dargestellt, wo der Schnitt durch eine Spundwand gezeichnet ist, die in eine sehr feine Sandschicht, die auf einer undurchlässigen Unterlage in einer bestimmten Tiefe unter dem unteren Rand der Spundwand aufruht, eingerammt ist. Vor dem Regen liegt der Wasserspiegel im Horizont der Ebene ed. Das Stromliniennetz stellt die hydraulischen Bedingungen dar, die während des Regens herrschen. Es wurde auf Grund der Annahme konstruiert, daß die Durchlässigkeit der Hinterfüllung gleich der Durchlässigkeit der natürlichen Sandschicht und die Spundwand vollkommen wasserdicht ist.

Die Scherfestigkeit des Sandes ist durch die Gleichung gegeben:

$$\tau_s = (\sigma - p_w)\,\mathrm{tg}\,\varrho. \tag{6.5}$$

Die neutralen Spannungen p_w können aus dem Stromliniennetz, wie in Abs. 91 im Zusammenhang mit der Hinterfüllung einer Stützwand erklärt wurde, bestimmt werden. Sie erhöhen den Erddruck im oberen Teil der Spundwand und vermindern den Widerstand des Sandes gegen den seitlichen, vom unteren Teil der Spundwand ausgeübten Druck. In jedem Punkt ist die neutrale Spannung p_w gleich dem spezifischen Gewicht des Wassers γ_w mal der Höhe, bis zu der das Wasser in diesem Punkt in einem Standrohr ansteigt. Als Beispiel für die Anwendung dieses Verfahrens bestimmen wir die neutrale Spannung in den Punkten a_1 und a_2, die auf der zweiten Äquipotentiallinie (Abb. 77a) liegen. Wenn n die Gesamtzahl der Potentialdifferenzen zwischen der Ein- und Austrittsfläche bedeutet, ist der Höhenverlust infolge der Strömung von einer Potentiallinie zur nächsten gleich

$$\varDelta h = \frac{h_1}{n} = \frac{h_1}{10} = \frac{h}{10}$$

und der Höhenverlust zwischen der Oberfläche und der Linie $a_1 a_2$ beträgt $2\varDelta h$. Deshalb ist die neutrale Spannung im Punkt a_1 gleich $\gamma_w(z_1 - 2\varDelta h)$ und im Punkt a_2 gleich $\gamma_w(z_2 - 2\varDelta h)$. Auf diese Art können wir die neutrale Spannung längs jeder Schnittfläche durch den Sand bestimmen, wie z. B. längs der möglichen Gleitflächen bc und bd (Abb. 77a). Diese Spannungen vermehren den Erddruck auf den oberen Teil der Spundwand und vermindern den Widerstand der seitlichen Sandabstützung des unteren Teiles. Beide Wirkungen führen zu einer Verminderung des Sicherheitsfaktors der Spundwand. Die Berechnung des Sicherheitsfaktors kann durch Verbindung eines der in Kap. XI besprochenen Verfahren mit dem im vorigen Kapitel erläuterten Verfahren vervollständigt werden.

Abb. 77b zeigt einen Schnitt durch eine undurchlässige Spundwand, die im Küstengebiet bei starker Gezeitenwirkung liegt. Die Bodenverhältnisse werden wie bei Abb. 77a angenommen. Bei beginnender Flut strömt das Wasser vom Meer durch den Zwischenraum zwischen Spundwand und undurchlässiger Unterlage des Sandes

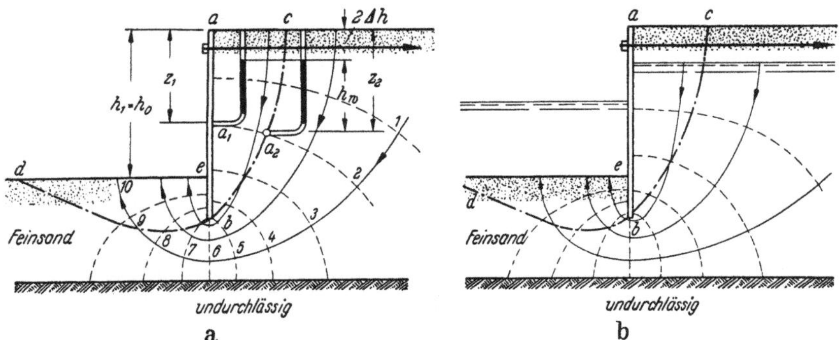

Abb. 77a u. b. a Sickervorgang durch eine von einer wasserdichten Spundwand gestützten Feinsandmasse während eines Regens; der Grundwasserspiegel liegt auf der Höhe ed; b Grundwasserströmung durch Sand hinter einer Spundwand an der Meeresküste während des Flutrückganges.

in die Hinterfüllung. Diese Strömung erhöht den Widerstand der unteren Spundwandauflagerung und den Sicherheitsfaktor der Spundwand. Im anderen Fall, wenn die Flut zurückgeht, tritt die entgegengesetzte Erscheinung ein, die in der Abbildung eingezeichnet ist. Diese erhöht den Erddruck auf den oberen Teil der Spundwand und vermindert den Widerstand der Auflagerung im Boden des unteren Teiles.

Wegen des ausgeprägten Einflusses der vorhin erwähnten Strömungserscheinungen auf den Sicherheitsfaktor der Spundwand sollte keine Spundwand entworfen werden, ohne eine vorausgehende Untersuchung und Analyse der möglichen Anlässe und mechanischen Wirkungen einer kurzfristigen Wasserströmung von der Hinterfüllung gegen den Sitz des Sandwiderlagers des unteren Spundwandabschnittes vorzunehmen. In einem gegebenen Querschnitt durch die Spundwand hängt das Stromliniennetz in hohem Maße von den Einzelheiten der Schichtung der natürlichen Sandablagerung und vom Quotient aus dem mittleren Durchlässigkeitsbeiwert der natürlichen Ablagerung und der Hinterfüllung ab. Keiner dieser Werte kann genau ermittelt werden. Deshalb muß die Untersuchung auf den ungünstigsten Möglichkeiten, die mit den Ergebnissen der Bodenuntersuchungen verträglich sind, aufgebaut werden. In den meisten Fällen kann der größte Teil der ungünstigen Wirkung eines Regens oder der Gezeiten durch Entwässerungsmaßnahmen, wie in Abb. 76e für eine Stützwand gezeigt wurde, ausgeschaltet werden.

93. Wirkung einer Sickerströmung auf die Standsicherheit von Böschungen.

In Abb. 78a ist ein Schnitt durch einen homogenen Erddamm gezeichnet, der aus feinkörnigem Sand mit vernachlässigbarer Kohäsion besteht. Die Scherfestigkeit des Bodens ist durch die Gleichung gegeben:

$$\tau_s = (\sigma - p_w)\,\mathrm{tg}\,\varrho, \tag{6.5}$$

worin σ die totale Normalspannung und p_w die neutrale Spannung in der möglichen Gleitfläche darstellt. Es wird angenommen, daß der Damm auf der Oberfläche einer praktisch undurchlässigen Schicht aufruht. Feinkörnige Böden bleiben für lange Zeiträume wassergesättigt, so daß das Raumgewicht γ des wassergesättigten Bodens praktisch unveränderlich ist. Während einer Trockenzeit ist das Wasser in den Hohlräumen des Bodens durch Kapillarkräfte gehalten, wobei die neutralen Spannungen (siehe Kap. XIV) negative Werte aufweisen. Da negative Spannungen im Porenwasser den Sicherheitsfaktor des Dammes über den Wert bei $p_w = 0$ erhöhen, werden die in Trockenzeiten auftretenden neutralen Spannungen in den folgenden Untersuchungen vernachlässigt.

Während heftiger Regenfälle tritt das Regenwasser durch die Krone und die oberen Böschungsabschnitte in den Damm ein und verläßt den Damm durch die unteren Abschnitte der Böschungen. Der Überschuß über jene Menge, die durch die Poren des Bodens sickert, fließt über die Böschungsoberfläche ab. Die hydraulischen Randbedingungen zur Ermittlung des in Abb. 78a dargestellten Stromliniennetzes sind folgende: Die Grundfläche des Dammes und die Symmetrieachse des Querschnittes sind Stromlinien. Die Dammkrone ist eine Äquipotentiallinie, und in jedem Punkt der Böschungsoberflächen ist die neutrale Spannung gleich Null.

Um einen stationären Fließzustand durch den Damm zu unterhalten, muß die Größe v_r des Starkregens (Niederschlagsmenge pro Zeiteinheit und waagrechter Flächeneinheit) ausreichend sein, um die durch das Stromliniennetz gegebene stationäre Strömung zu gewährleisten. Die Wassermenge ΔQ, die zwischen zwei benachbarten Stromlinien fließt, ist für jede Stromröhre dieselbe (siehe Abs. 90). Deshalb ist die Regenwassermenge, die in die Stromröhren pro Zeit- und Flächeneinheit der Eintrittsfläche einströmen muß, dort am größten, wo die Breite der Stromröhren an der Oberfläche am kleinsten

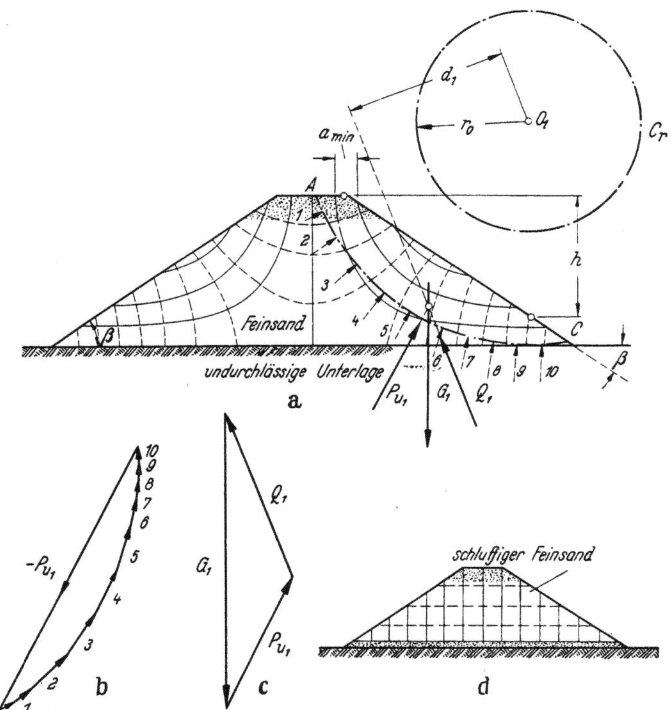

Abb. 78 a—d. a Sickerströmung durch eine aus Feinsand hergestellte Dammschüttung während eines Starkregens; b u. c Kräftepolygon bei der Stabilitätsuntersuchung mittels des Reibungskreisverfahrens; d Verhinderung einer Dammrutschung während eines Starkregens durch Einbau eines grobkörnigen Filters über der Dammunterlage.

ist. Diese Bedingung tritt längs der Ränder der Dammkrone auf, wo der Abstand zwischen zwei benachbarten Stromlinien am kleinsten und gleich a_{min} ist. Der gesamte Fallhöhenverlust der entsprechenden Stromröhre ist nach Abb. 78a gleich h, und die Potentialdifferenz ist

$$\Delta h = \frac{h}{n}, \tag{90.1}$$

worin n die Anzahl der Potentialdifferenzen innerhalb der Stromröhre bedeutet. Am Beginn der Stromröhre, bei der Breite a_{min}, beträgt

Terzaghi, Bodenmechanik.   17

das hydraulische Gefälle

$$i = \frac{\Delta h}{a_{\min}}$$

und die Wassermenge, die in die Stromröhre pro Zeit- und Flächeneinheit einströmen muß, beträgt

$$v = k\,i = k\,\frac{\Delta h}{a_{\min}} = \frac{k}{a_{\min}}\,\frac{h}{n}.$$

Daher lautet die Bedingung zur Aufrechterhaltung der in Abb. 77a gezeichneten Strömung:

$$v_r \gtrless \frac{k}{a_{\min}}\,\frac{h}{n}. \tag{1}$$

In feuchten Gebieten ist diese Bedingung für jeden Damm erfüllt, dessen Durchlässigkeitsbeiwert k kleiner als der eines sehr feinen Sandes ist.

Der Einfluß des Starkregens auf den Sicherheitsfaktor der Böschungen kann nach dem in Kap. IX beschriebenen Reibungskreisverfahren bestimmt werden. Vor dem Starkregen werden die neutralen Spannungen als Null angenommen. Da die Kohäsion vernachlässigbar ist, wird der kritische Kreis in diesem Zustand identisch mit der Böschungslinie (siehe Abs. 60), und der Sicherheitsfaktor gegen Gleiten beträgt

$$f_s = \frac{\operatorname{tg}\varrho}{\operatorname{tg}\beta},$$

worin β den Böschungswinkel, Abb. 78a, bedeutet.

Während dem Starkregen nimmt der Radius des kritischen Kreises einen endlichen Wert an, und die Lage des Kreises gegenüber der Böschung kann nur durch Probieren bestimmt werden. Zu diesem Zweck nehmen wir einen willkürlichen, die feste Unterlage des Dammes berührenden Kreis an. Der Mittelpunkt dieses Kreises liegt in O_1, und der zugehörige Reibungskreis mit dem Radius r_0 ist mit C_r bezeichnet. Die versuchsmäßig angenommene Gleitfläche ABC (Abb. 78a) stellt den Sitz der neutralen Spannungen

$$p_w = \gamma_w h_w \tag{6.1}$$

dar, worin h_w die Höhe bedeutet, bis zu der das Wasser in einem Standrohr im Beobachtungspunkt ansteigt. Solche Standrohre sind in Abb. 76a und 77a eingezeichnet. Die Resultierende P_{u1} der neutralen Spannungen in ABC kann mit einem Kräftepolygon bestimmt werden (Abb. 78b). Die Wirkungslinie von P_{u1} geht durch den Mittelpunkt O_1 des Kreises und verläuft parallel zu P_{u1} im Polygon der Abb. 78b. Das Gewicht G_1 des Bodenkörpers (Wasser und Festmasse zusammen) steht im Gleichgewicht mit zwei Kräften P_{u1} und Q_1, die im Kräftepolygon Abb. 78c eingezeichnet sind. Die eine dieser Kräfte, P_{u1}, ist bekannt. Sie stellt die Resultierende des Wasserdruckes dar, der auf die Fläche ABC wirkt. Die zweite Kraft, Q_1, stellt die Resultierende der wirksamen Spannungen in ABC dar. In Abb. 78a muß die Kraft Q_1 durch den Schnittpunkt der Kräfte P_{u1} und Q_1 gehen. Der Abstand zwischen der verlängerten Wirkungslinie der Kraft Q_1 und dem Mittelpunkt O_1 ist d_1. Da das Bestreben der Böschung zum Rutschen mit zunehmenden Werten von d_1 wächst, kann der Quotient r_0/d_1 als ein Maß der Sicherheit der Böschung gegen Rutschen angesehen werden. Wenn $d_1 = r_0$, ist die Reaktionskraft eine Tangente an den Reibungskreis, und der entsprechende Sicherheitswert ist gleich $r_0/d_1 = 1$. Für $d_1 = 0$ ist der Sicherheitsfaktor gleich unendlich. Wir können deshalb annehmen, daß der Sicherheitsfaktor während eines Starkregens, gegen ein Abrutschen längs ABC, ausgedrückt werden kann durch

$$f_{sr} = \frac{r_0}{d_1}\,.$$

In dem in Abb. 78a dargestellten Fall ist der Wert f_{sr} kleiner als Eins, obwohl die Fläche ABC nicht mit einem kritischen Kreis übereinstimmen muß. Deshalb kann längs des kritischen Kreises eine Rutschung eintreten, noch bevor der Starkregen einen stationären Strömungszustand erreicht hat, wie durch das in Abb. 78a dargestellte Stromliniennetz dargestellt ist. Wird andererseits f_{sr} größer als die Einheit festgestellt, dann müssen wir die Untersuchung für andere Kreise wiederholen. Die Lage des kritischen Kreises wird durch die Bedingung bestimmt

$$f_{sr} = \frac{r_0}{d_1} = \text{Minimum.}$$

Wenn wir einen grobkörnigen Filter unmittelbar unter der Dammsohle einschalten, dann werden alle Äquipotentiallinien waagrecht und die Stromlinien lotrecht, wie in Abb. 78d dargestellt; folglich ist die neutrale Spannung in jedem Punkt des Dammes gleich Null. Die Gegenwart der Filterschicht verhindert deshalb eine Verminderung der Stabilität der Böschung während eines Starkregens. Diese Anordnung ist ein billiges und einfaches Mittel, um die Standsicherheit von Straßen und Eisenbahndämmen zu erhöhen.

Das halbgraphische Berechnungsverfahren, wie es in Abb. 78a erläutert wurde, kann auch ohne Änderung für die Ermittlung des Sicherheitsfaktors eines Erddammes benutzt werden, wenn dieser Damm durch die von einem Staubecken herrührende Sickerströmung (Abb. 74e) beansprucht wird, oder wenn der Erddamm aus sandigem Boden mit etwas Kohäsion besteht und der Tongehalt sehr niedrig ist. Sobald das Stromliniennetz konstruiert ist, genügt es, die Resultierende P_{u1} (Abb. 78a) aus den neutralen Spannungen p_w zu bestimmen und mit dem Gewicht G_1 des oberhalb der angenommenen Gleitfläche liegenden Bodens zusammenzusetzen.

Das vorhergehende Rechenverfahren beruht auf der Annahme, daß der Wassergehalt des Bodens sich sofort einem Wechsel im Spannungszustand des Dammes angleicht. Deshalb kann es nicht auf Dämme oder Auffüllungen angewendet werden, wenn diese aus stark zusammendrückbarem Material mit sehr kleiner Durchlässigkeit, wie z. B. Ton, hergestellt sind.

94. Die Mechanik des hydraulischen Grundbruches und die kritische Druckhöhe.

Abb. 79 a stellt einen Schnitt durch eine Spundwand einer Baugrube dar. Die Wand besteht aus einer Reihe von Spunddielen, die seitlich durch Sprießen und Gurte abgestützt sind. Der Untergrund soll aus einer Kiesschicht mit der Mächtigkeit t_1 und einer Schicht feinen, dichten und homogenen Sandes von der Mächtigkeit t_2 bestehen. Der Durchlässigkeitsbeiwert der oberen Schicht ist gegenüber der unteren Schicht sehr groß. Die Spunddielen dringen in die untere Schicht bis zu der Tiefe t unterhalb ihrer Oberfläche ein. Nachdem die Spunddielen gerammt sind, wird der innerhalb der Baugrube gelegene Boden bis auf die Oberfläche der unteren Schicht durch Bagger ausgehoben und das Wasser aus dem durch die Spundwand umschlossenen Gebiet herausgepumpt. Außerhalb der umspundeten Baugrube bleibt der Wasserspiegel in seiner ursprünglichen Lage. Deshalb verursacht das Pumpen eine Wasserströmung durch den Boden gegen die Sohle der ausgehobenen Baugrube. Wegen der hohen Durchlässigkeit der oberen Schicht von der Dicke t_1 verhält sich die Strömung so, als ob diese Schicht nicht vorhanden wäre. Das in Abb. 79 a dargestellte Stromliniennetz wurde auf Grund der Annahmen ermittelt, daß die Sickerströmung gegen die Baugrubensohle angenähert eben erfolgt.

Aus Modellversuchen wissen wir, daß der die Spunddielen umgebende Sand in einem Gleichgewichtszustand bleibt, wenn der hydraulische Überdruck h_1 kleiner ist als ein gewisser kritischer Wert (TERZAGHI 1922). Sobald jedoch dieser kritische Wert erreicht wird, nimmt die Strömungsgeschwindigkeit viel rascher als die Druckhöhe zu, was auf eine Zunahme der mittleren Durchlässigkeit des Sandes hinweist. Gleichzeitig tritt in der Sandoberfläche über eine Streifenbreite von etwa $t/2$ eine Hebung ein, wie in Abb. 79 a gezeigt ist, und endlich bricht ein Gemisch von Sand und Wasser durch den unter den Spunddielen gebildeten Zwischenraum durch. Diese Erscheinung wird *hydraulischer Grundbruch* genannt, und die hydraulische Druckhöhe, bei der ein

Grundbruch eintritt, ist die *kritische Druckhöhe* h_p. Ein Grundbruch unter einer Spundwand bedeutet einen Einsturz der Spundwand. Unsere Aufgabe besteht in der Bestimmung des Sicherheitsfaktors gegen Grundbruch der in Abb. 79 a dargestellten Spundwand, wenn der Wasserspiegel innerhalb der Baugrube um die Höhe h_1 unter dem äußeren Wasserspiegel abgesenkt wurde.

Der in Abs. 93 beschriebene Vorgang deutet darauf hin, daß der Grundbruch durch eine Auflockerung des Sandes im Bereich zwischen der Rammtiefe der Spundwand und dem Abstand von etwa $t/2$ unterwasserseitig der Spundwand eingeleitet wird. Dieser Auflockerung folgt ein Ausspülen des Sandes aus diesem Bereich. Diese Erscheinung kann

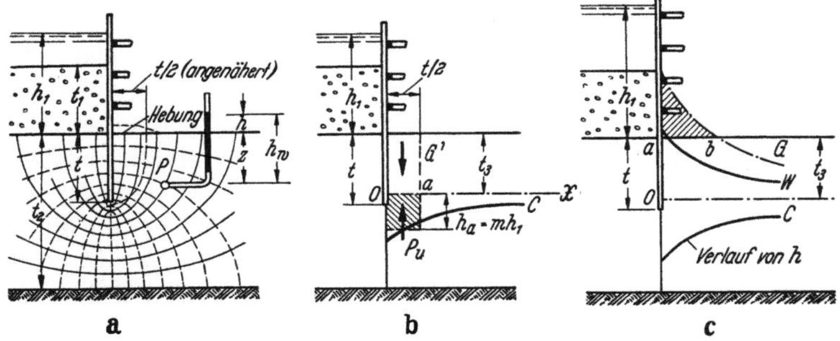

Abb. 79 a—c. Graphische Bestimmung des Sicherheitsfaktors von homogenem Sand gegenüber Fließerscheinungen. Die Gefahr eines hydraulischen Grundbruches wird durch das Auspumpen der Baugrube, die durch Spundwände abgestützt ist, hervorgerufen. a Stromliniennetz; b neutrale und wirksame Kräfte, die auf den innerhalb des Bereiches der möglichen Auflockerung liegenden Sand wirken; c Verfahren zur Ermittlung der Filterlast, die zur Erhaltung eines gegebenen Sicherheitsgrades erforderlich ist.

nur auftreten, wenn der Wasserdruck das Gewicht des innerhalb der Ausspülungszone gelegenen Sandes überwindet. Wir können mit genügender Genauigkeit annehmen, daß der Sandkörper, der durch das Wasser hochgetrieben wird, die Form eines Prismas von der Breite $t/2$ und waagrechter Grundfläche in der Tiefe t_3 unterhalb der Oberfläche hat. Der Aufwärtsbewegung des Prismas wirkt das Gewicht des Prismas und die Reibung längs der lotrechten Seitenflächen des Prismas entgegen. Im Augenblick des Bruches sind die wirksamen waagrechten Drücke in den Seitenflächen des Prismas und die entsprechenden Reibungswiderstände praktisch Null. Deshalb wird das Prisma hochgedrückt, wenn der gesamte Wasserdruck in der Grundfläche des Prismas gleich seinem Gewicht wird, wobei das Raumgewicht des wassergesättigten Sandes einzusetzen ist. Die Druckhöhe h_p, bei der der Sandkörper angehoben wird, ist die kritische Druckhöhe. Die Höhenlage der Basisfläche des Sandkörpers ist durch die Bedingung gegeben, daß h_p ein Minimum sein muß, weil der Grundbruch dann eintritt, wenn das Wasser das Sandprisma anheben kann, gleichgültig, wo dessen Basisfläche liegt. Abb. 79 b zeigt die Basisfläche in der willkürlichen Tiefe t_3.

Um den Wasserdruck zu bestimmen, der in der Basisfläche des Prismas wirkt, beginnen wir mit der Untersuchung des Spannungszustandes im Wasser in dem willkürlichen Punkt P (Abb. 79 a). Die Spannung im Wasser oder die neutrale Spannung im Punkt P ist gleich der Höhe h_w, bis zu der das Wasser über dem Punkt in einem Standrohr ansteigt, multipliziert mit dem spezifischen Gewicht des Wassers γ_w. Die Höhe h_w kann in zwei Abschnitte, z und h, unterteilt werden, und die neutrale Spannung im Punkt P ist

$$p_w = z\,\gamma_w + h\,\gamma_w. \tag{1}$$

Der erste Teil, $z\,\gamma_w$, stellt den hydrostatischen Auftrieb (Abs. 8) dar. Seine mechanische Wirkung besteht in der Verminderung des wirksamen Raumgewichtes des Sandes von γ auf den unter Auftrieb vorhandenen Wert γ_a. Der zweite Teil, $h\,\gamma_w$, ist der hydrostatische Überdruck p_u gegenüber dem freien Wasserspiegel auf der Unterstromseite, und h ist die hydrostatische Druckhöhe im Punkt P in bezug auf diesen Horizont. Deshalb ist die Bedingung für den Anstieg des Sandprismas der Abb. 79 b dadurch gegeben, daß der gesamte hydrostatische Überdruck in der Sohle des Prismas größer sein muß als das unter Auftrieb stehende Gewicht des Prismas, welches durch $\frac{1}{2}t\,t_3\gamma_a$ ausgedrückt wird.

Der hydrostatische Überdruck in irgendeinem Punkt P (Abb. 79 a) innerhalb der durchströmten Zone kann aus dem Stromliniennetz bestimmt werden. Nach der Theorie der Stromliniennetze (Abs. 89) ist die Potentialdifferenz Δh, die den Druckhöhenverlust bei der Strömung des Wassers von einer Äquipotentiallinie zur nächsten bedeutet, gleich

$$\Delta h = \frac{h_1}{n},$$

worin n die Gesamtzahl der Felder in einer Stromröhre bedeutet. Deshalb ist die hydrostatische Druckhöhe h im Punkt P gleich

$$h = n_d\,\Delta h = \frac{n_d}{n}\,h_1, \tag{2}$$

wenn n_d die Anzahl der Felder in der Stromröhre durch den Punkt P zwischen diesem Punkt P und dem Austrittsende der Röhre bedeutet. Mittels dieser Gleichung sind wir imstande, den Verlauf der hydrostatischen Druckhöhe h längs der Grundfläche des in Abb. 79 b gezeichneten Prismas zu bestimmen. Sie ist im Maßstab der Zeichnung durch die Ordinaten der Kurve C dargestellt. Die mittlere hydrostatische Druckhöhe in der Grundfläche Oa des Prismas ist h_a, und der gesamte hydrostatische Überdruck in dieser Fläche ist

$$P_u = \tfrac{1}{2}\, \gamma_w\, t\, h_a.$$

Die hydrostatische Druckhöhe h ist in jedem Punkt des Sandes durch die Gl. (2) ausgedrückt:

$$h = \frac{n_d}{n}\, h_1 = h_1 \cdot \text{Konstante},$$

worin der konstante Faktor n_d/n nur von der Lage des Punktes im Stromliniennetz abhängt. Deshalb nehmen die Ordinaten der Kurve C in geradlinigem Verhältnis mit der Druckhöhe h_1 ab, und die zugehörige mittlere Höhe h_a kann durch ein Produkt ausgedrückt werden:

$$h_a = m\, h_1. \tag{3}$$

Der Faktor m ist von der Druckhöhe unabhängig. Die Werte h_a und h_1 können aus der Zeichnung herausgemessen werden. Die Größe des Quotienten $m = h_a/h_1$ kann deshalb berechnet werden.

Um das Prisma hochzudrücken, muß der hydrostatische Überdruck P_u in der Grundfläche Oa des Prismas gleich dem unter Auftrieb stehenden Prismengewicht, $\tfrac{1}{2} t\, t_3 \gamma_a$ sein, oder

$$\tfrac{1}{2}\, t\, h_a\, \gamma_w = \tfrac{1}{2}\, t\, t_3\, \gamma_a$$

woraus

$$h_a = t_3\, \frac{\gamma_a}{\gamma_w}. \tag{4}$$

Im Augenblick, wo das Prisma hochsteigt, ist die Druckhöhe h_1 in Gl. (3) gleich der kritischen Druckhöhe h_p. Setzen wir in Gl. (4) für h_a gleich $m h_p$, so erhalten wir

$$m\, h_p = t_3\, \frac{\gamma_a}{\gamma_w}.$$

oder

$$h_p = \frac{t_3}{m}\, \frac{\gamma_a}{\gamma_w}. \tag{5}$$

Die Untersuchung kann für verschiedene waagrechte Schnitte durch den Sand wiederholt werden, die in verschiedenen Tiefen t_3 unter der Baugrubensohle anzunehmen sind. Die kritische Druckhöhe ist durch die Bedingung $h_p = \text{Minimum}$ bestimmt, und die waagrechte Schnittfläche, die zu diesem Minimum führt, ist die kritische Schnittfläche. Sie stellt die untere Begrenzung der Sandmasse dar, die im Anfangszustand der Grundbrucherscheinung einem Hochdrücken unterworfen ist. Für die in Abb. 79b dargestellte einfache Spundwand hat die Untersuchung ergeben, daß die kritische Schnittfläche stets genau durch den unteren Rand der Spunddielen geht, oder $t_3 = t$. Wenn andererseits ein Staukörper mehrere Spundwände besitzt oder eine Spundwand am unterwasserseitigen Ende eines Betonwehres, wie in Abb. 74a bis 74d gezeichnet, muß die Lage der kritischen Schnittfläche versuchsmäßig bestimmt werden, was eine Wiederholung der in Abb. 79b dargestellten Konstruktion für verschiedene waagrechte Schnittflächen erfordert.

Nach Gl. (4) ist die kritische Druckhöhe h_p für eine gegebene Staukonstruktion praktisch vom Winkel der inneren Reibung des Sandes unabhängig, und sie nimmt geradlinig mit dem unter Auftrieb stehenden Raumgewicht des Sandes zu. Die Übereinstimmung zwischen den berechneten Werten von h_p und den versuchsmäßig erhaltenen ist bei reinem Sand sehr gut.

Für eine gegebene hydraulische Druckhöhe h_1 ist der Sicherheitsfaktor f_s gegen Grundbruch durch den Quotienten aus dem unter Auftrieb stehenden Gewicht G' des oberhalb dem Streifen Oa (Abb. 79b) liegenden Sandkörpers und dem Überdruck P_u gegeben oder

$$f_s = \frac{G'}{P_u} = \frac{\frac{1}{2}\,t\,t_3\,\gamma_a}{\frac{1}{2}\,h_a\,t\,\gamma_w} = \frac{h_p}{h_1}\,. \tag{6}$$

Die vorhergehenden Untersuchungen beruhen auf der Annahme, daß der Untergrund der Staukonstruktion hydraulisch isotrop ist. In Wirklichkeit wird es stets nötig sein, die Schichtung des Untergrundes in Betracht zu ziehen. Da die Schichtung einen entscheidenden Einfluß auf das Stromliniennetz hat, bestimmt sie auch in hohem Maße den Sicherheitsfaktor.

95. Wirkung von Belastungsfilter auf die kritische Druckhöhe und auf den Sicherheitsfaktor.

Wenn der Sicherheitsfaktor eines geplanten Stauwerkes gegenüber Grundbruch in einem durchlässigen Untergrund unzulänglich ist, sind wir gezwungen, den Sicherheitsfaktor durch konstruktive Maßnahmen zu erhöhen. Dies kann einfach und billig durch Anwendung der durch die Gleichung

$$f_s = \frac{G'}{P_u} \tag{94.6}$$

ausgedrückten Beziehung bewerkstelligt werden.

Nach dieser Gleichung ist der Sicherheitsfaktor gleich dem Quotienten aus dem unter Auftrieb stehenden Gewicht des Sandkörpers, der an die Unterwasserseite der Spundwand Abb. 79b, angrenzt, und dem hydrostatischen Überdruck P_u, der das Hochdrücken dieses Körpers veranlaßt. Um den Sicherheitsfaktor zu erhöhen, muß das Gewicht G' vermehrt werden, ohne den Druck P_u zu verändern. Die Erhöhung von G' kann durch Aufbringung einer Auflast auf die Oberfläche, durch welche das Wasser aus dem Sand austritt, erreicht werden. Damit die Auflast keine Veränderung im Stromlinienbild erzeugt, die eine entsprechende Zunahme des Überdruckes P_u verursachen würde, müssen wir einen umgekehrten Filter zwischen den Sand und der Grundfläche der Auflast einschalten. Der Filter muß körnig genug sein, um einen praktisch ungehinderten Wasseraustritt aus dem Sand zu erlauben, und dabei fein genug sein, um das Ausspülen der Bodenteilchen durch die Sohlfläche des Filters zu verhüten. Wenn diese beiden Bedingungen erfüllt sind, hat die Auflast keinen Einfluß auf den Druck P_u.

Das Verfahren, um die Größe und die Verteilung der erforderlichen Auflast zu bestimmen und einen gegebenen Sicherheitsfaktor zu erhalten, ist durch Abb. 79c für die in Abb. 79a gezeichnete Baugrubenspundwand dargestellt. Unsere Aufgabe besteht in der Ermittlung der erforderlichen Auflast, die nötig ist, um ein Absinken des Sicherheitsfaktors unter einem gegebenen Wert f_s zu vermeiden, wenn der Wasserspiegel während der Hochwasserführung auf eine Höhe h_1 oberhalb des Wasserspiegels in der Baugrube ansteigt. OX stellt die kritische Schnittfläche dar, und die Ordinaten h in der Kurve C stellen die Höhe einer Wasserschicht dar, deren Gewicht gleich dem hydrostatischen Überdruck in der kritischen Schnittfläche ist. Durch Auftragen der Werte $h\gamma_w/\gamma_a$ oberhalb der Linie OX erhalten wir die Kurve W. Diese Kurve stellt die obere Grenze einer gedachten Erdschüttung vom Raumgewicht γ_a dar, deren Gewicht gleich dem hydrostatischen Überdruck in der kritischen Schnittfläche ist. Um einen Sicherheitsfaktor f_s gegen Grundbruch einzuführen, muß der Druck in der kritischen Schnittfläche infolge des unter Auftrieb stehenden Gewichtes des Bodens und der Auflast gleich sein f_s mal dem gesamten hydrostatischen Überdruck in der Sohlfläche des Prismas. Multiplizieren wir die Ordinaten der Kurve W mit f_s, so erhalten wir die Kurve G (Abb. 79c). Um einen Sicherheitsfaktor f_s zu erhalten, müssen wir den Abschnitt ab der Sandoberfläche mit einem Gewicht gleich der schraffierten Fläche mal dem unter Auftrieb stehenden Gewicht γ_a des Sandes belasten.

Versuche haben gezeigt, daß eine gleichförmig verteilte Auflast praktisch die gleiche Wirkung auf die kritische Druckhöhe hat wie die durch die schraffierte Fläche der Abb. 79c dargestellte Auflast, wenn die Breite der gleichförmig verteilten Auflast angenähert gleich der Breite ab der Grundfläche der schraffierten Fläche ist. Wenn die Auflast oberhalb des Wasserspiegels liegt, ist das wirksame Raumgewicht der Auflast grob genähert gleich dem halben unter Auftrieb stehenden Raumgewicht γ_a. Deshalb soll die Querschnittsfläche der erforderlichen Auflast angenähert gleich etwa der Hälfte der schraffierten Fläche sein.

96. Seitendruck auf Spundwandschürzen.

Abb. 80a zeigt einen Schnitt durch den untersten Teil der in Abb. 79 dargestellten Spundwand. Die Abszissen der Kurve cd bezüglich der Lotrechten ab stellen den Wasserdruck auf der linken Seite der Spundwand dar und jene der Kurve ac_1 den Wasserdruck auf der rechten Seite. Die Abbildung zeigt, daß der eingerammte Teil der Spundwand durch einen Wasserüberdruck ΔP_u beansprucht wird, der durch die schraffierte Fläche der Abb. 80b dargestellt ist und die Spundwand nach rechts zu biegen versucht. Dieser Wasserdruck setzt sich mit dem vom auf der linken Seite der Spundwand liegenden Sand ausgeübten Erddruck E_a zusammen. Die Kurven ac und de können mittels des Stromliniennetzes konstruiert werden, das im Abs. 84 beschrieben wurde, und der Erddruck E_a kann graphisch nach dem in Abs. 91 beschriebenen Verfahren ermittelt werden. Der Widerstand des Sandes gegen ein Ausweichen der Spundwand durch Kippen um den Punkt a der Abb. 80a kann den wirksamen Teil E_p des Erdwiderstandes des auf der rechten Seite von ab der Abb. 80a gelegenen Sandes nicht überschreiten. Dieser Druck kann mittels Gl. (14.2) berechnet werden. Setzen wir in dieser Gleichung $h = t$, $\gamma = \gamma_{ai}$ und $\lambda_\varrho = \mathrm{tg}^2\left(45° + \dfrac{\varrho}{2}\right)$, so erhalten wir

$$E_p = \frac{1}{2}\,\gamma_{ai}\,t^2\mathrm{tg}^2\left(45° + \frac{\varrho}{2}\right).$$

Die in dieser Gleichung enthaltene Größe γ_{ai} stellt das um den mittleren Strömungsdruck verminderte, unter Auftrieb stehende Gewicht γ_a des Sandes dar, bezogen auf die Volumeneinheit der an die rechte Seite der Spundwand angrenzenden Sandmasse.

Sobald die hydraulische Druckhöhe h gleich der kritischen Druckhöhe h_p wird, ist das wirksame Gewicht des über Oa der Abb. 79b gelegenen Sandprismas gleich Null, und das mittlere Raumgewicht γ_{ai} des innerhalb des Prismas befindlichen Sandes wird ebenfalls gleich Null. Die Höhe t_3 des Prismas ist angenähert gleich t. Deshalb herrscht die Bedingung $\gamma_a = 0$ praktisch innerhalb der gesamten in der Umgebung der Spundwand auf der rechten Seite von ab der Abb. 80a liegenden Sandmasse. Setzen wir in der vorigen Gleichung $\gamma_{ai} = 0$, so erhalten wir

$$E_p = 0.$$

Wenn sich deshalb die hydraulische Druckhöhe dem kritischen Wert h_p nähert, wird der Erdwiderstand des auf der rechten Seite der Spundwand befindlichen Sandes gleich Null; dadurch wirkt den Kräften E_a und ΔP_u auf der linken Seite der Spundwand nur die Biegefestigkeit der Spunddielen entgegen. Nach dieser Bedingung ist es begreiflich, daß die Spundwand durch Biegebeanspruchung versagt, bevor der Sand auf der rechten Seite der Spundwand durch den Wasserdruck tatsächlich hochgedrückt wird.

Wenn eine Spundwandschürze am unterwasserseitigen Fuß eines Betonsturzbettes liegt, wie in Abb. 80c gezeichnet, kann der Wasserüberdruck auf der oberwasserseitigen Spundwandfläche in Verbindung mit dem Erddruck auf dieser Fläche die Spundwand von

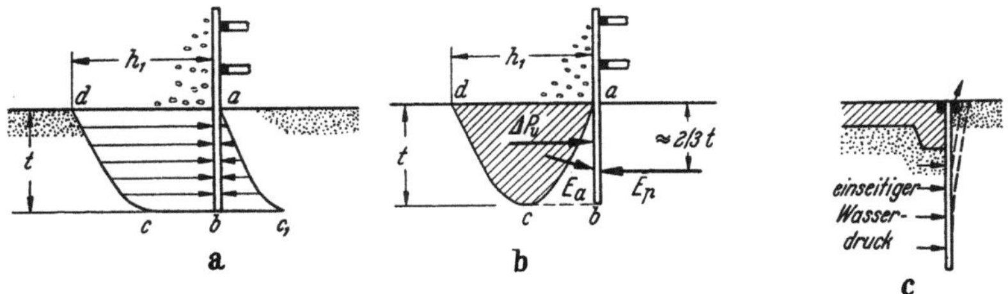

Abb. 80a—c. a Wasserdruck auf den beiden Seitenflächen des eingerammten Abschnittes einer Baugrubenumspundung während des Auspumpens; b Wasserüberdruck gleich der Differenz aus den in a eingezeichneten Wasserdrücken; c Bedingungen für das Eintreten eines Grundbruches infolge unzulänglicher Verbindung von Betonsturzbett und Kolkspundwand.

der Betonplatte wegdrücken, wenn nicht der obere Teil der Spundwand fest im Beton verankert ist. Wenn sich zwischen der Spundwand und dem Beton ein Spalt bildet, entweicht durch diesen Spalt ein Gemisch von Sand und Wasser, und das Bauwerk geht unter einer hydraulischen Druckhöhe zugrunde, die viel kleiner ist als jene, die zum Hochdrücken des an der Unterwasserseite der Spundwand liegenden Sandes erforderlich ist. Da der Verbindung von Spundwand und Beton nur selten die Beachtung gegeben wird, die ihr zukommt, ist es sehr leicht möglich, daß eine Reihe von Stauwerken beim Bruch dieser Verbindung und dem nachfolgenden Grundbruch eingestürzt sind. Ein Versagen durch Grundbruch tritt meist innerhalb sehr kurzer Zeit auf, und die Zerstörung ist so vollständig, daß es praktisch unmöglich ist, nach dem Unfall die tatsächliche Ursache der Zerstörung zu rekonstruieren.

Die Größe E_p des Erdwiderstandes bestimmt auch die Tragfähigkeit des Sandes, der den Staukörper trägt. Wenn sich der Wert E_p gegen Null nähert, geht die Tragfähigkeit des auf der linken Seite der Spundwand gelegenen Sandes ebenfalls gegen Null, und es ist denkbar, daß ein Staukörper wegen einer unzulänglichen Unterlage zu Bruch geht, obwohl der Sand unterhalb des Staukörpers fest und dicht gelagert sein kann.

Die vorhergehenden Beispiele veranschaulichen die verschiedenartigen mechanischen Wirkungen der Sickerströmung, die zu einem Bruch von Staukörpern auf durchlässigem Untergrund führen kann. Wegen der Vielseitigkeit der Bedingungen, die in der Baupraxis auftreten können, ist es nicht möglich, allgemeine Regeln aufzustellen. In jedem speziellen Fall kann jedoch die Wirkung der Sickerströmung auf den theoretischen Sicherheitsfaktor des Bauwerkes auf Grund der allgemeinen, in den Abs. 87 bis 94 festgelegten Prinzipien ermittelt werden. Der tatsächliche Sicherheitsfaktor hängt von den Einzelheiten der Schichtung und anderen untergeordneten geologischen Faktoren ab, die im vorhinein nicht bestimmt werden können. Deshalb bedürfen die Ergebnisse einer Untersuchung über die Sicherheit einer Baukonstruktion gegen Grundbruch stets noch einer Verbesserung oder Abänderung auf Grund der Ergebnisse von Wasserdruckmessungen, die während des Baues oder während des Zeitabschnittes, wo die hydraulische Druckhöhe erstmalig aufgebracht wurde, gemacht wurden. Wie die Ergebnisse solcher Untersuchungen auch sein mögen, meist ist es möglich, die bestehenden Gefahrenquellen durch zweckmäßige Entwässerungsmaßnahmen oder mit Hilfe der in Abs. 96 beschriebenen Belastungsfilter auszuschalten.

XIII. Konsolidierungstheorie.

97. Grundlegende Annahmen.

Im vorhergehenden Kapitel über Sickerströmung und Strömungswirkungen wurde angenommen, daß das vom Wasser pro Raumeinheit des Bodens eingeschlossene Volumen vom Spannungszustand des Bodens unabhängig ist. Wenn diese Bedingung erfüllt ist, muß die aus einem Bodenelement austretende Wassermenge, wie z. B. in Abb. 73 b gezeigt ist, gleich der Wassermenge sein, die in das Element eintritt, gleichgültig ob der Spannungszustand im Boden sich ändert oder nicht. Diese als Kontinuitätsbedingung bekannte Forderung wird mathematisch durch die Differentialgleichung (89.1) ausgedrückt. Es gibt keinen natürlichen Boden, der die Kontinuitätsbedingung streng erfüllt, weil jeder Wechsel im Spannungszustand eine gewisse Veränderung im Porenvolumen pro Raumeinheit des Bodens, Δn, erzeugt. Wenn der Boden jedoch sehr durchlässig und nicht sehr zusammendrückbar ist, kann die Änderung des Porenraumes infolge einer

Änderung des Spannungszustandes im Boden meist vernachlässigt werden.

Eine Änderung in den wirksamen Spannungen eines hochkompressiblen Bodens, wie z. B. in Ton oder Sand-Glimmer-Gemischen, kann eine große Änderung Δn des Porenanteils n hervorrufen. Wenn daher die Hohlräume eines solchen Bodens vollständig mit Wasser erfüllt sind und in diesem Zustand verbleiben, bedingt eine Änderung der wirksamen Spannungen eine Änderung des Wassergehaltes des Bodens. Jeder Vorgang, der eine Abnahme des Wassergehaltes eines gesättigten Bodens verursacht, ohne dabei das Wasser durch Luft zu ersetzen, wird *Konsolidierung* genannt. Der entgegengesetzte Vorgang, der eine Zunahme des Wassergehaltes infolge einer Vergrößerung des Porenvolumens verursacht, wird *Schwellung* genannt.

Eine weitere Erschwernis entsteht, wenn ein Boden hohe Zusammendrückbarkeit mit geringer Durchlässigkeit verbindet. Diese beiden Eigenschaften weisen in hohem Maße fette Tone auf. In Böden mit solchen Eigenschaften geht eine Änderung im Wassergehalt infolge Veränderung des Spannungszustandes nur langsam vor sich, weil die geringe Durchlässigkeit des Bodens eine rasche Bewegung des Wassers von einem Teil der Bodenmasse zu einer anderen oder zu einer angrenzenden hochdurchlässigen Schicht nicht gestattet. Diese Erscheinung verursacht eine zeitliche Verschiebung zwischen der Änderung der äußeren Kräfte, die auf eine schwach durchlässige zusammendrückbare Schicht wirken, und der entsprechenden Änderung des Wassergehaltes im Boden. Sie ist die Hauptursache der allmählich fortschreitenden Setzung einer auf Ton ausgeführten Gründung und einer Reihe anderer Vorgänge von großer praktischer Bedeutung. Die auf diese Vorgänge bezogenen Theorien werden *Konsolidierungstheorien* genannt. Ähnlich wie bei allen anderen Theorien der Bodenmechanik und der Grundbautechnik beruhen sie auf vereinfachenden Annahmen. Die Ergebnisse stellen deshalb nur eine Annäherung an die Natur dar.

98. Die in den Konsolidierungstheorien benützten Annahmen.

Mit nur geringen Ausnahmen beruhen alle bestehenden Konsolidierungstheorien auf den folgenden Annahmen: Die Poren des Bodens sind vollständig mit Wasser gefüllt; sowohl das Wasser wie die festen Bestandteile des Bodens sind vollkommen unzusammendrückbar; das DARCYsche Gesetz ist streng gültig; der Durchlässigkeitsbeiwert k ist eine Konstante; die zeitliche Verzögerung der Konsolidierung ist nur durch die geringe Durchlässigkeit des Bodens bedingt. Die in den folgenden Absätzen behandelten Theorien beruhen auf nachfolgenden ergänzenden Annahmen, wenn nicht eine Abweichung von diesen Annahmen besonders erwähnt ist. Der Ton ist seitlich eingeschlossen; sowohl die totalen wie auch die wirksamen Normalspannungen sind in jedem Punkt eines waagrechten Schnittes durch den Ton und für jedes Stadium des Konsolidierungsvorganges dieselben; ein Anwachsen des wirksamen Druckes von einem Anfangswert $\overline{p}_0$ zu einem Endwert $\overline{p}$ vermindert die Porenziffer des Tons von einem Anfangswert ε_0 auf einen Endwert ε: der Quotient

$$a_{vc} = \frac{\varepsilon_0 - \varepsilon}{\overline{p} - \overline{p}_0} \qquad \dots (1)$$

wird für den Druckbereich $\overline{p}_0$ bis $\overline{p}$ als Konstante angenommen. Er wird *Verdichtungsbeiwert* genannt. Wenn der wirksame Druck von einem Anfangswert $\overline{p}$ auf einen Endwert $\overline{p}'$ vermindert wird, wächst die Porenziffer vom Anfangswert ε zum Endwert ε' an. Der Quotient

$$a_{vs} = \frac{\varepsilon' - \varepsilon}{\overline{p} - \overline{p}'} \qquad \dots (2)$$

wird ebenso für den Druckbereich $\overline{p}$ bis $\overline{p}'$ als Konstante angenommen und *Schwellbeiwert* genannt.

War die Dicke des Bodenelementes unter dem Druck $\overline{p}_0$ gleich der Einheit, dann vermindert sich diese Dicke beim Anwachsen des Druckes von $\overline{p}_0$ auf $\overline{p}$ um die bezogene Setzung $\varDelta s$. Die Porenziffer ε ist daher durch die Gleichung gegeben:

$$\varepsilon = \frac{n_0 - \varDelta s}{1 - n_0}, \qquad (3\,\mathrm{a})$$

weil die Festmasse gleich $1 - n_0$ geblieben ist.

Aus der Gl. (1) erhalten wir

$$\varepsilon_0 - \varepsilon = a_{vc}(\overline{p} - \overline{p}_0) \qquad (3\,\mathrm{b})$$

und nach Einsetzen der Werte ε bzw. ε_0

$$\varepsilon - \varepsilon_0 = \frac{n_0}{1 - n_0} - \frac{n_0 - \varDelta s}{1 - n_0} = \frac{\varDelta s}{1 - n_0} = (1 + \varepsilon_0)\,\varDelta s. \qquad (3\,\mathrm{c})$$

Die linke Seite der Gl. (3 c) stellt daher die Dickenabnahme oder auch die Volumenverminderung, da die Grundfläche des Bodenelementes gleich der Einheit geblieben ist, in einem Bodenelement von der Anfangsdicke $1 + \varepsilon_0$ dar.

Deshalb beträgt die Abnahme $\varDelta s$ pro Einheit der Anfangsdicke des Bodenelementes

$$\varDelta s = \frac{\varepsilon - \varepsilon_0}{1 + \varepsilon_0} = \frac{a_{vc}}{1 + \varepsilon_0}\,(\overline{p} - \overline{p}_0) = m_{vc}\,(\overline{p} - \overline{p}_0) = m_{vc}\,\varDelta \overline{p} \qquad (4)$$

wenn $\varDelta\overline{p}$ die Zunahme der wirksamen Druckspannungen bedeutet.

Der Quotient

$$m_{vc} = \frac{a_{vc}}{1 + \varepsilon_0} \ [\text{cm}^2/\text{kg}] \tag{5}$$

wird *Verdichtungsziffer* genannt. Der reziproke Wert

$$\frac{1}{m_{vc}} = S_{vc} \ [\text{kg}/\text{cm}^2] \tag{5a}$$

ist dem Elastizitätsmodul E der elastischen Stoffe ähnlich und wird *Steifeziffer* genannt.

Der bei der Abnahme der wirksamen Druckspannungen auftretende Schwellvorgang ist durch die *Schwellziffer*

$$m_{vs} = \frac{a_{vs}}{1 + \varepsilon_0} \tag{6}$$

ausgedrückt. Besteht keine Gefahr der Verwechslung, dann wird in der Regel der zweite Index bei den Symbolen a_v und m_v weggelassen.

Die vorhandenen Annahmen bestimmen die physikalischen Eigenschaften, die ein idealer Ton aufweisen soll, der den Gegenstand der folgenden theoretischen Untersuchungen bildet. Die Gl. (1) bis (3) stellen eine rohe Annäherung an die Beziehung zwischen den wirksamen Spannungen in einem natürlichen Ton im Zustand vollständiger seitlicher Einschließung und der entsprechenden Porenziffer dar. Aus diesem Grund können die auf den Gl. (1) bis (3) beruhenden Theorien nur auf Vorgänge angewendet werden, in denen die seitliche Verformung der konsolidierten Tonschicht klein im Vergleich zur lotrechten Zusammendrückung ist. Wegen der angenommenen Abwesenheit von Spannungsänderungen in waagrechten Schnittflächen erfolgt die Porenwasserströmung im Ton nur in lotrechter Richtung und stellt deshalb einen linearen Strömungsvorgang dar. In praktischen Fällen wird die Spannungsverteilung über waagrechte Schnittflächen niemals völlig gleichförmig sein, aber in vielen Fällen kann der dadurch auftretende Fehler vernachlässigt werden.

99. Differentialgleichung des Konsolidierungsvorganges von waagrechten idealen Tonschichten.

Abb. 81 stellt einen Schnitt durch eine ideale Tonschicht auf undurchlässiger waagrechter Unterlage dar.

Es bedeutet:

ε_0 die Anfangsporenziffer,
a_{vc} den Verdichtungsbeiwert [Gl. (98.1)],
m_{vc} die Verdichtungsziffer [Gl. (98.5)],
k den Durchlässigkeitsbeiwert,
γ_w das spezifische Gewicht des Wassers,
d die Anfangsdicke der Tonschicht.

Der Ton liegt unter einer stark durchlässigen Sandschicht, und der Grundwasserspiegel liegt auf der Höhe h_0 über der Tonoberfläche. Zu Beginn unserer Untersuchungen soll der Ton in einem Zustand hydraulischen Gleichgewichtes sein. Nach dieser Annahme würde das Wasser in einem Standrohr I aus irgendeinem Punkt einer waagrechten Schnittfläche mn durch den Ton bis zum Wasserspiegel auf die Höhe h_0 über die Tonoberfläche ansteigen. Für die entsprechenden neutralen Spannungen p_w erhalten wir:

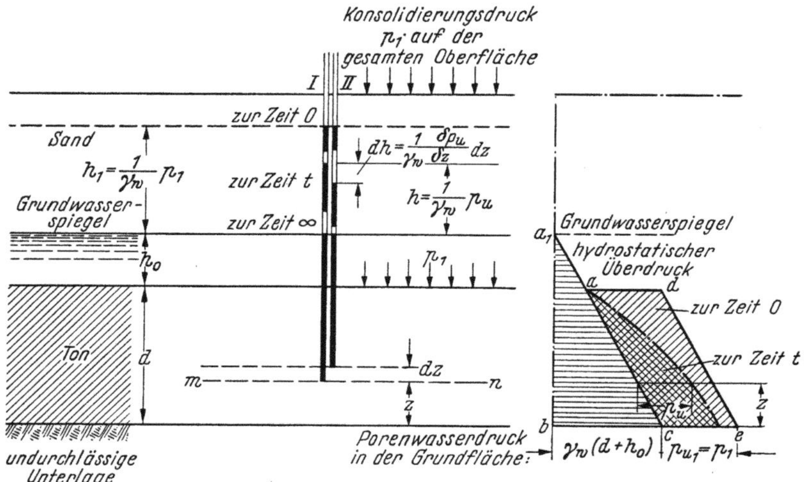

Abb. 81. Porenwasserüberdruck in einer Tonschicht infolge plötzlich aufgebrachter gleichförmig verteilter Auflast.

worin $d + h_0 - z$ die Standrohrspiegelhöhe bedeutet, die gleich dem lotrechten Abstand zwischen der Schnittfläche mn und dem Wasserspiegel ist. Durch Auftragen dieser Spannung in der Waagrechten von der Bezugslinie $a_1 b$ wird die Linie $a_1 c$ erhalten. Die gesamte Normalspannung in mn ist gleich dem Gewicht p_0 von dem über der Flächeneinheit von mn liegenden Ton, Sand und Wasser. Die wirksame Normalspannung in mn ist

$$\overline{p} = p_0 - p_w.$$

Wenn wir eine gleichförmig verteilte Auflast p_1 pro Flächeneinheit der Sandoberfläche annehmen, die nach jeder Richtung unbegrenzt ist, nimmt die gesamte Normalspannung in der Tonoberfläche und in jedem waagrechten Schnitt mn durch den Ton um p_1 zu. Diese Zunahme der Gesamtspannung ist in Abb. 81 durch die schraffierte

Fläche $aced$ dargestellt, deren Breite $ad = ce$ gleich p_1 ist. Die Zusatzspannung p_1 verdichtet den Ton. Am Ende des Konsolidierungsvorganges wird die gesamte Auflast p_1 von Korn zu Korn übertragen, und die neutralen Spannungen sind mit jenen identisch, die durch die Abszissen von ac dargestellt werden. Dies bedeutet, daß die Auflast die wirksame Normalspannung in jedem waagrechten Schnitt um p_1 maximal erhöht. Die Normalspannung p_1 wird *Konsolidierungsspannung* oder *Konsolidierungsdruck* genannt, weil sie für den Konsolidierungsvorgang maßgebend ist.

Wenn der Konsolidierungsdruck durch irgendeine andere Ursache als durch eine gleichförmig verteilte Auflast hervorgerufen wird, kann er innerhalb des Tones mit der Tiefe veränderlich sein. In jedem Fall ist der Konsolidierungsdruck für irgendeinen waagrechten Schnitt durch den Ton gleich dem Unterschied zwischen der wirksamen Normalspannung in der Schnittfläche nach der Konsolidierung und der wirksamen Normalspannung in derselben Schnittfläche vor der Aufbringung der Auflast.

Infolge der geringen Durchlässigkeit des Tones schreitet der Konsolidierungsvorgang jedoch nur sehr langsam vorwärts. Unmittelbar nach Aufbringung der Auflast p_1 ist die Porenziffer des Tones noch ε_0, womit ausgedrückt wird, daß die wirksamen Spannungen gleich $\overline{p}_0$ bleiben, die totale Normalspannung in der waagrechten Schnittfläche ist jedoch um p_1 angestiegen. Deshalb wird zu Beginn des Konsolidierungsvorganges die gesamte Auflast p_1 pro Flächeneinheit durch eine neutrale Spannung von gleicher Größe getragen, was soviel bedeutet, als daß der Druck im Wasser von seinem Anfangswert p_w auf $p_w + p_1$ angewachsen ist. Die vorübergehende Zunahme des hydrostatischen Druckes um p_u stellt den hydrostatischen Überdruck dar (siehe Abs. 88). Im Augenblick, wo die Last p_1 aufgebracht wird, ist der hydrostatische Überdruck in irgendeinem waagrechten Schnitt mn durch den Ton gleich p_1. Daraus folgt, daß das Wasser in einem Standrohr (I in Abb. 81) bis zur Höhe

$$h_1 = \frac{p_1}{\gamma_w}$$

über den Grundwasserspiegel ansteigt. Im Verlauf der Zeit nimmt der hydrostatische Überdruck ab, und der Wasserspiegel im Standrohr sinkt ebenfalls ab. Wenn nach einer Zeit t der hydrostatische Überdruck gleich p_u beträgt, steht das Wasser im Standrohr auf der Höhe

$$h = \frac{p_u}{\gamma_w} \tag{1}$$

oberhalb des freien Wasserspiegels. Schließlich sinkt der hydrostatische Überdruck auf Null ab, und die Wasseroberfläche im Standrohr erreicht die Höhe des freien Grundwasserspiegels. Zu jeder Zeit muß jedoch die Summe der zusätzlichen wirksamen Normalspannung $\overline{p} - \overline{p}_0$ infolge der Auflast und dem hydrostatischen Überdruck p_u gleich p_1 sein, d. h.

$$p_u + \overline{p} - \overline{p}_0 = p_1$$

daraus

$$p_u = p_1 - \overline{p} + \overline{p}_0. \tag{2}$$

Die Abnahme des hydrostatischen Überdruckes beträgt pro Zeiteinheit gleich

$$\frac{\partial p_u}{\partial t} = - \frac{\partial \overline{p}}{\partial t} \tag{3}$$

Die Zunahme der wirksamen Normalspannung um $\partial \overline{p}/\partial t$ pro Zeiteinheit verursacht eine gleichzeitige Verminderung $\varDelta s$ der Schichtdicke Eins des Tones. Die Beziehung zwischen $\varDelta \overline{p}$ und $\varDelta s$ ist durch die Gl. (98.4) gegeben:

$$\varDelta s = m_{vc} (\overline{p} - \overline{p}_0)$$

woraus wir erhalten

$$\frac{\partial \overline{p}}{\partial t} = - \frac{1}{m_{vc}} \frac{\partial s}{\partial t}.$$

Verbinden wir diese Gleichung mit Gl. (3), so erhalten wir

$$\frac{\partial s}{\partial t} = m_{vc} \frac{\partial p_u}{\partial t}.$$

Da die Poren des Tones vollständig mit Wasser erfüllt angenommen wurden, stellt der Quotient $-\partial s/\partial t$ die Wassermenge dar, die aus dem Ton in der Tiefe $d - z$ pro Zeit- und Volumeneinheit ausgequetscht wurde. Die aus einer Scheibe von der Dicke dz ausgequetschte Menge ist daher gleich

$$- \frac{\partial s}{\partial t} dz = - m_{vc} \frac{\partial p_u}{\partial t} dz$$

pro Zeit- und Flächeneinheit der Tonscheibe. Sie tritt zu der Menge hinzu, die in der Grundfläche mn in die Scheibe einströmt. Wenn deshalb in der Schnittfläche mn die Filtergeschwindigkeit v beträgt, so nimmt diese Geschwindigkeit v nach oben im Abstand dz um den Betrag zu:

$$\frac{\partial v}{\partial z} dz = - \frac{\partial s}{\partial t} dz = - m_{vc} \frac{\partial p_u}{\partial t} dz \tag{4}$$

Diese Gleichung ist nichts anderes als der mathematische Ausdruck für die Tatsache, daß die Differenz $\frac{\partial v}{\partial z} dz$ zwischen der das Element pro Zeiteinheit verlassenden Wassermenge und der eintretenden gleich sein muß der Menge $-\frac{\partial s}{\partial t} dz$, welche aus dem Element pro Zeiteinheit ausgequetscht wird.

Die Filtergeschwindigkeit v ist durch das hydraulische Gefälle i und durch den Durchlässigkeitsbeiwert k des Tones gegeben. An der Tonoberfläche ist der hydrostatische Überdruck stets gleich Null. Dies bedeutet, daß das Wasser in einem Standrohr, dessen unteres Ende in der Tonoberfläche liegt, niemals höher als auf h_0 ansteigt. Andererseits steigt das Wasser in dem in Abb. 81 gezeigten Standrohr unmittelbar nach dem Aufbringen der Auflast auf die Höhe h_1 und mit fortschreitender Konsolidierung sinkt das Wasser wieder ab. Zu irgendeiner Zeit t steht es auf einer Höhe h oberhalb des Anfangshorizontes. Mit zunehmenden Werten von z nimmt h ab, und für $z = d$ ist h gleich Null. In der Tiefe $d - z$ und zu einer Zeit t beträgt das entsprechende hydraulische Gefälle

$$i = - \frac{\partial h}{\partial z} = - \frac{1}{\gamma_w} \frac{\partial p_u}{\partial z} .$$

Nach dem DARCYschen Gesetz ist die Filtergeschwindigkeit v gleich

$$v = i\,k = - \frac{k}{\gamma_w} \frac{\partial p_u}{\partial z} . \tag{5}$$

Die Änderung der Geschwindigkeit v in lotrechter Richtung beträgt

$$\frac{\partial v}{\partial z} = - \frac{k}{\gamma_w} \frac{\partial^2 p_u}{\partial z^2} .$$

Verbinden wir diese Gleichung mit der Gl. (4), so erhalten wir

$$\frac{\partial p_u}{\partial t} = \frac{k}{\gamma_w\, m_{vc}} \frac{\partial^2 p_u}{\partial z^2} . \tag{6}$$

Dies ist die Differentialgleichung des Konsolidierungsvorganges von waagrechten Tonschichten unter den in Abs. 98 näher erklärten Annahmen (TERZAGHI 1923). Zur Vereinfachung dieser Gleichung führen wir die Abkürzung ein:

$$\frac{k}{\gamma_w\, m_{vc}} = c_{vc} \tag{7}$$

und erhalten

$$\frac{\partial p_u}{\partial t} = c_{vc} \frac{\partial^2 p_u}{\partial z^2} . \tag{8}$$

Die Abkürzung c_{vc} wird *Verfestigungsbeiwert* genannt. Eine Verminderung der auf einer Tonschicht wirkenden Last verursacht ein allmähliches Anschwellen des Tones. In diesem Fall muß der Wert c_{vc} durch den *Quellbeiwert*

$$c_{vs} = \frac{k}{\gamma_w\, m_{vs}} \,[\mathrm{cm}^2\,\mathrm{sek}^{-1}] \tag{9}$$

ersetzt werden, worin m_{vs} die Schwellziffer bedeutet [Gl. (98.6)]. Wenn kein Zweifel besteht, ob die Beiwerte auf einen Konsolidierungsvorgang (c_{vc}) oder auf einen Schwellvorgang (c_{vs}) bezogen sind, kann der zweite Index weggelassen werden. Alle in dieser Gleichung enthaltenen Größen sind von der hydrostatischen Anfangsdruckhöhe h_0 unabhängig. Deshalb wird in allen weiteren Untersuchungen angenommen, daß die hydrostatische Anfangsdruckhöhe h_0 gleich Null ist.

Jeder Konsolidierungsvorgang bezieht sich auf die Abgabe des Überschußwassers beim Übergang aus dem Ruhezustand in den Zustand der Bewegung. In der Ableitung der Gl. (8) wurde die zur Überwindung der Trägheitskräfte des Wassers erforderliche Energie vernachlässigt. Gegen diese Vernachlässigung wurden Einwände vorgebracht und behauptet, daß die Ergebnisse unrichtig wären. Später wurde eine strenge Lösung gefunden, die die Beschleunigungskräfte in Betracht zieht (HEINRICH 1938). Diese Lösung zeigte, daß der in der ursprünglichen Lösung enthaltene Fehler knapp ein Tausendstel beträgt.

100. Thermodynamisches Gleichnis des Konsolidierungsvorganges.

Wenn wir $\gamma_w = 1$ annehmen, wird die Gl. (99.6) mit der Differentialgleichung der nichtstationären, linearen Wärmeströmung durch isotrope Körper identisch, wenn wir den Bezeichnungen in den Gleichungen folgende physikalische Bedeutung geben:

Konsolidierungstheorie	Bezeichnung	Thermodynamik
Hydrostatischer Überdruck . .	p_u	Temperatur
Zeit	t	Zeit
Durchlässigkeitsbeiwert	k	Wärmeleitungsbeiwert
Verdichtungziffer	$\dfrac{a_v}{1+\varepsilon_0}=m_v$	Spezifische Wärme mal Raumgewicht
Verfestigungs- oder Quellbeiwert	c_v	Temperaturleitvermögen

Der Wasserverlust (Konsolidierung) entspricht dem Wärmeverlust und die Wasseraufnahme (Schwellung) einer Wärmezunahme in einem festen Körper. Das Bestehen der Analogie mit der Thermodynamik ist in doppelter Hinsicht von Nutzen. Zuerst vor allem erspart sie in manchen Fällen die Lösung der Differentialgleichung (99.6), weil bereits eine große Anzahl verschiedener Lösungen für thermodynamische Aufgaben gefunden wurden. Zweitens, im Gegensatz zu den Konsolidierungs- und Schwellerscheinungen sind die Abkühlungs- und Erwärmungsvorgänge jedermann aus der alltäglichen Erfahrung bekannt. Deshalb erleichtert die Kenntnis der bestehenden Analogie die Vorstellung der Konsolidierungs- und Schwellvorgänge.

Der in Abb. 81 dargestellte Fall soll als Beispiel dienen. Er behandelt die Konsolidierung einer Tonschicht auf einer undurchlässigen Unterlage infolge einer plötzlich aufgebrachten Auflast p_1 pro Flächeneinheit. Im Augenblick der Lastaufbringung steigt der hydrostatische Überdruck im Porenwasser des Tones in jedem Punkt der belasteten

Schicht von seinem Anfangswert Null auf einen Wert $p_{u1} = p_1$ an, der durch die Breite der schräg schraffierten Fläche $aced$ dargestellt ist. Mit fortschreitender Zeit nimmt der hydrostatische Überdruck allmählich ab und wird schließlich gleich Null. Das thermodynamische Gleichnis ist in diesem Fall die allmähliche Abkühlung einer Platte von der Dicke d, nachdem die Temperatur in jedem Punkt von Null Grad auf p_{u1} Grad erhöht wurde. Die Grundfläche der Platte ist isoliert, und die Oberfläche bleibt mit der Luft in Verbindung, deren Temperatur auf Null Grad gehalten wird. Die Abkühlung der Platte schreitet mit abnehmender Geschwindigkeit von der freien Oberfläche gegen die isolierte Grundfläche vor. Aus dem thermodynamischen Gleichnis können wir schließen, daß die Konsolidierung der Tonschicht mit abnehmender Geschwindigkeit von der Oberfläche gegen die undurchlässige Grundfläche der Schicht fortschreiten wird. Die Gleichungen, die diesen Vorgang beschreiben, werden im folgenden Abschnitt abgeleitet werden.

Mathematische Analogien bestehen auch zwischen Konsolidierungsvorgängen im allgemeinen und den folgenden physikalischen Vorgängen: Diffusion von in Flüssigkeiten schwebenden Feststoffen, Diffusion von Gasen, Fortpflanzung des elektrischen Stromes in einem Kabel und die Bewegung von festen Körpern durch eine zähe Flüssigkeit (TERZAGHI und FRÖHLICH 1936).

101. Hydrostatischer Überdruck während der Konsolidierung.

Der hydrostatische Überdruck p_u im Porenwasser von in Konsolidierung begriffenen Tonschichten ist durch die Differentialgleichung (99.8) gegeben. Lösen wir diese Gleichung nach p_u auf, so erhalten wir p_u als eine Funktion der Zeit t und der Höhe z:

$$p_u = f(t, z).\qquad(1)$$

Der Charakter dieser Funktion hängt von der Art und der Geschwindigkeit der Spannungsänderung ab, die die Konsolidierung verursacht und von der Lage der Oberfläche oder Oberflächen, durch welche das Überschußwasser aus dem Ton abströmen kann. In ihrer Gesamtheit bestimmen diese Faktoren die Bedingungen, die durch die Lösung der Gl. (99.8) erfüllt werden müssen. Abb. 81 zeigt die Konsolidierung einer Tonschicht von der Dicke d infolge einer plötzlich aufgebrachten Last p_1 pro Flächeneinheit. Diese Auflast erzeugt augenblicklich in jedem waagrechten Schnitt durch den Ton eine Konsolidierungsspannung von der Größe p_1. Das Überschußwasser kann nur durch die Tonoberfläche entweichen. Im Augenblick der Lastaufbringung, $t = 0$, hat sich die Porenziffer des Tones noch nicht verändert, aber der totale Normaldruck in jedem waagrechten Schnitt ist um p_1 angewachsen. Deshalb ist zur Zeit $t = 0$ der hydrostatische Überdruck gleich $p_u = p_1$ innerhalb der ganzen Schicht. Zu jeder Zeit t für $0 < t < \infty$ ist der hydrostatische Überdruck in der Oberfläche, wo $z = d$, gleich Null, weil hier dem Austreten des Überschußwassers aus dem Ton unterhalb der Oberfläche kein Widerstand entgegentritt. In der Grundfläche der Schicht, wo $z = 0$, ist die Filtergeschwindigkeit v stets gleich Null, weil aus der undurchlässigen Unterlage des Tones kein Wasser nachströmen kann. Da

$$v = - \frac{k}{\gamma_w} \frac{\partial p_u}{\partial z}, \qquad (99.5)$$

erhalten wir für die Grundfläche der Schicht $(z = 0)$

$$\frac{\partial p_u}{\partial z} = 0.$$

Nach unendlich langer Zeit ist der Überdruck im Wasser überall gleich Null. Diese Bedingungen können in den nachfolgenden Gleichungen zusammengefaßt werden. Für

$$t = 0 \quad \text{und} \quad 0 \gtreqless z < d \quad p_u = p_1, \qquad (2\,\text{a})$$

$$0 \gtreqless t \gtreqless \infty \quad \text{und} \quad z = 0 \quad \frac{\partial p_u}{\partial z} = 0, \qquad (2\,\text{b})$$

$$0 \gtreqless t \gtreqless \infty \quad \text{und} \quad z = d \quad p_u = 0, \qquad (2\,\text{c})$$

$$t = \infty \quad \text{und} \quad 0 \gtreqless z \gtreqless d \quad p_u = 0. \qquad (2\,\text{d})$$

Mit diesen Randbedingungen kann die Lösung der Differentialgleichung mittels FOURIERscher Reihen angegeben werden.

Die Lösung der in Abb. 81 dargestellten Aufgabe führt zu folgendem Ergebnis:

$$p_u = \frac{4}{\pi}\, p_1 \sum_{n=0}^{n=\infty} \frac{1}{2\,n + 1} \sin\left[\frac{(2\,n + 1)\,\pi\,z}{2\,d}\right] e^{-(2\,n+1)^2 \pi^2 \tau_v/4}, \qquad (3\,\text{a})$$

worin e die Basis des natürlichen Logarithmus und

$$\tau_v = \frac{c_v}{d^2}\, t = \frac{k}{\gamma_w\, m_v} \frac{t}{d^2} \qquad (3\,\text{b})$$

eine unabhängige Veränderliche, *Zeitfaktor* genannt, bedeutet. Er ist eine dimensionslose Zahl.

Um die Verteilung des hydrostatischen Überdruckes p_u [Gl. (3a)] innerhalb der unter Konsolidierung stehenden Tonschicht zu veranschaulichen, führen wir einen schrägen Schnitt ab (Abb. 82) durch die Tonschicht, der unter einem Winkel von 45° zur Waagrechten ansteigt, und ordnen in irgendeinem Punkt m dieser Schnittfläche ein Standrohr an. Wenn p_u den hydrostatischen Überdruck im Punkt m

bedeutet, so steigt das Wasser im Standrohr bis auf eine Höhe $h = p_u/\gamma_w$ [Gl. (99.1)] über dem ursprünglichen Grundwasserspiegel, der nach Abb. 81 auf h_0 liegt, an. Da h von der Lage des Grundwasserspiegels unabhängig ist, nehmen wir $h_0 = 0$ an und tragen den Wert h von der Tonoberfläche nach oben gerichtet auf. Der so erhaltene Punkt liegt auf einer Kurve, die *Isochrone* genannt wird.

Eine Isochrone ist der Ort der Spiegelhöhen, bis zu denen das Wasser in Standrohren in verschiedenen Punkten der schrägen Schnittfläche ab zu einer bestimmten Zeit ansteigt. Die Differenz zwischen

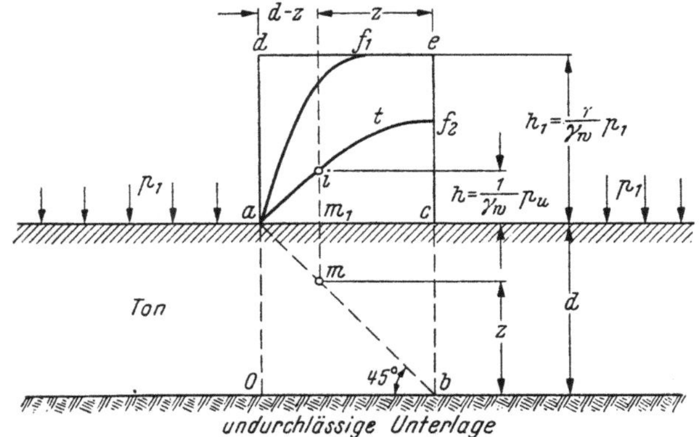

Abb. 82. Konsolidierung einer Tonschicht nach plötzlich aufgebrachter gleichförmig verteilter Auflast. Die Isochronen (voll gezeichnete Kurven) geben die Lage des Wasserspiegels in lotrechten Standrohren wieder, deren untere Enden in der Schnittfläche $a\,b$ liegen.

der Höhe irgendeines Punktes m in der Schnittfläche ab und jener des zugehörigen Punktes i auf einer mit t bezeichneten Isochrone ist die Standrohrspiegelhöhe im Punkt m zur Zeit t, und die neutrale Spannung im Punkt m ist

$$p_w = \gamma_w \overline{m\,i} = \gamma_w(d + h - z). \tag{4}$$

Die hydraulische Druckhöhe h im Punkt m, bezogen auf den Anfangswasserspiegel, ist gleich

$$h = \frac{p_u}{\gamma_w}, \tag{5}$$

worin p_u den hydrostatischen Überdruck zur Zeit t bedeutet. Der Wert von p_u ist durch die Gl. (3) gegeben, die die Lösung der Gl. (99.8) darstellt. Das hydraulische Gefälle im Punkt m zur Zeit t ist gleich

$$i = -\frac{\partial h}{\partial z} = -\frac{1}{\gamma_w}\frac{\partial p_u}{\partial z}. \tag{6}$$

Ein negativer Wert von i bedeutet ein nach unten gerichtetes Gefälle. Da $\overline{cm_1} = z$, ist das Gefälle im Punkt m zur Zeit t mit der Neigung der mit t bezeichneten Isochrone im Punkt i identisch. Ist die Neigung zum Punkt a gerichtet, wie in der Abbildung gezeichnet, so ist das Gefälle im Punkt m positiv, und dies bedeutet, daß das Überschußwasser in der Höhe des Punktes m nach aufwärts strömt.

Im Augenblick der Aufbringung einer gleichförmig verteilten Last p_1 pro Flächeneinheit der in Abb. 82 dargestellten Tonschicht besteht die Isochrone aus einem gebrochenen Linienzug ade, dessen waagrechter Teil de auf der Höhe p_1/γ_w oberhalb der waagrechten Tonoberfläche liegt. Dies ist die *Nullisochrone*. Während des ersten Stadiums des Konsolidierungsvorganges berühren die Isochronen die Gerade de. Diese Feststellung besagt, daß die Konsolidierung zuerst auf den oberen Teil der Tonablagerung beschränkt ist, während die Porenziffer des unteren Teiles unverändert bleibt. Im späteren Zustand, der durch die Isochrone af_2 wiedergegeben wird, trifft die Isochrone die lotrechte Linie ec.

Der Abstand ef_2 stellt den Zuwachs der wirksamen Normalspannung im Ton in der Grundfläche der Tonablagerung seit dem Augenblick der Lastaufbringung dar. Weil die Sickergeschwindigkeit durch eine waagrechte Schnittfläche mit der Höhe z dieser Fläche zunimmt, wird die Neigung der Isochronen von rechts nach links steiler. In der Grundfläche der Konsolidierungszone ist die Filtergeschwindigkeit gleich Null, woraus sich die Forderung $\partial p_u/\partial z = 0$ ergibt. Deshalb muß zu jeder Zeit die Tangente an das rechte Ende der Isochrone waagrecht sein. Nach vollständiger Konsolidierung liegt der Wasserspiegel in allen Standrohren in der Höhe ac. Die Strecke ac ist die *Endisochrone*. Wenn die äußeren hydraulischen Bedingungen, wie die Lage des Wasserspiegels, unverändert bleiben, ist die Endisochrone mit der Lage des Wasserspiegels in den Standrohren vor der Aufbringung der Konsolidierungsspannungen identisch.

Im thermodynamischen Gleichnis stellen die von der Oberfläche der Tonschicht an gemessenen Ordinaten der Isochronen die Temperaturen dar. In einem Stadium der Abkühlung, gekennzeichnet durch die Isochrone af_1, ist die Temperatur des unteren Teiles der heißen Platte noch unverändert, währenddem der obere Teil bereits abgekühlt ist.

Das Diagramm, welches die nacheinanderfolgenden Stadien des Konsolidierungsvorganges durch Isochronen darstellt, wie z. B. das Diagramm der Abb. 82, soll kurz *Piezograph* genannt werden. Es erleichtert die Bestimmung des Spannungszustandes zu irgendeiner Zeit für alle Punkte der Tonschicht. Die totale Normalspannung zur Zeit t in einem waagrechten Schnitt in der Höhe z beträgt

$$p_t = p_1 + \gamma(d - z), \tag{7}$$

worin γ das Raumgewicht des wassergesättigten Tones bedeutet. Die totale neutrale Spannung beträgt

$$p_w = p_u + \gamma_w(d - z). \tag{8}$$

Die wirksame Normalspannung beträgt daher

$$\overline{p}_t = p_t - p_w = (p_1 - p_u) + (d - z)(\gamma - \gamma_w). \tag{9}$$

In dieser Gleichung stellt die Differenz $(p_1 - p_u)$ die Zunahme der wirksamen Spannung infolge der Auflast dar, und $(d - z)(\gamma - \gamma_w)$ ist die wirksame Spannung in der Höhe z infolge des unter Auftrieb stehenden Raumgewichtes des Tones. Dieser Teil der gesamten wirksamen Spannung $\overline{p}_t$ besteht bereits, bevor noch die Auflast aufgebracht wurde.

Die Gültigkeit der vorhergehenden Gleichungen setzt voraus, daß die Anfangsauflast auf der Tonoberfläche gleich Null ist und daß der freie Wasserspiegel mit der Tonoberfläche zusammenfällt. Wenn diese beiden Bedingungen nicht erfüllt sind, muß die gesamte Auflast pro Flächeneinheit um die totale Normalspannung p_t, Gl. (7), und die neutrale Anfangsspannung, die auf der Tonoberfläche wirkt, muß um die neutrale Spannung p_w, Gl. (8), vermehrt werden.

Die Abb. 83a bis 83f zeigen die Isochronen für einige andere wichtige Fälle der Konsolidierung ebener Tonschichten. In Abb. 83a ist angenommen, daß die Tonschicht von der Dicke $2d$ auf einer durchlässigen Unterlage aufruht. Das überschüssige Wasser kann deshalb sowohl nach der oberen wie auch nach der unteren Oberfläche der Tonschicht abströmen. Da die Strömung des aus dem Ton ausgepreßten Porenwassers bezüglich der in der Mitte der Tonschicht gelegenen Ebene symmetrisch erfolgt, sind die Isochronen auch symmetrisch, wie aus der Abbildung zu erkennen ist. In dem in Abb. 83b wiedergegebenen Fall ruht die Tonschicht von der Dicke $2d$ ebenfalls auf einer durchlässigen Unterlage, aber die Konsolidierungsspannungen nehmen vom Wert p_1 in der Oberseite auf einen kleineren Wert p_2 in der Unterseite ab, wie es die Gerade de in der Abbildung zeigt. Diese Annahme nähert sich den Spannungsverhältnissen unter einer auf der Tonoberfläche wirkenden Streifenlast, weil die Normalspannungen in waagrechten Schnittflächen infolge einer örtlichen Auflast mit zunehmendem lotrechtem Abstand der Schnittfläche von der Oberfläche abnehmen. Die Isochronen sind jenen der Abb. 83a ähnlich, sie sind jedoch nicht symmetrisch. In jedem Stadium der Konsolidierung bestimmt der Berührungspunkt zwischen der entsprechenden Isochrone und einer waagrechten Tangente in dieser Isochrone die Höhenlage der Grenze zwischen den Bereichen der Aufwärts- und Abwärtsströmung. Diese Grenze geht, wie in Abb. 83b gezeigt ist, durch den Schnittpunkt zwischen der Lotrechten durch den Berührungspunkt und dem schrägen Schnitt ab. Zur Zeit Null ist die Grenze identisch mit jener Fläche im Ton, wo der hydrostatische Überdruck am größten ist. Mit fortschreitender Zeit nähert sich die Grenze allmählich einer waagrechten Ebene in der Mitte der Tonschicht. Diese

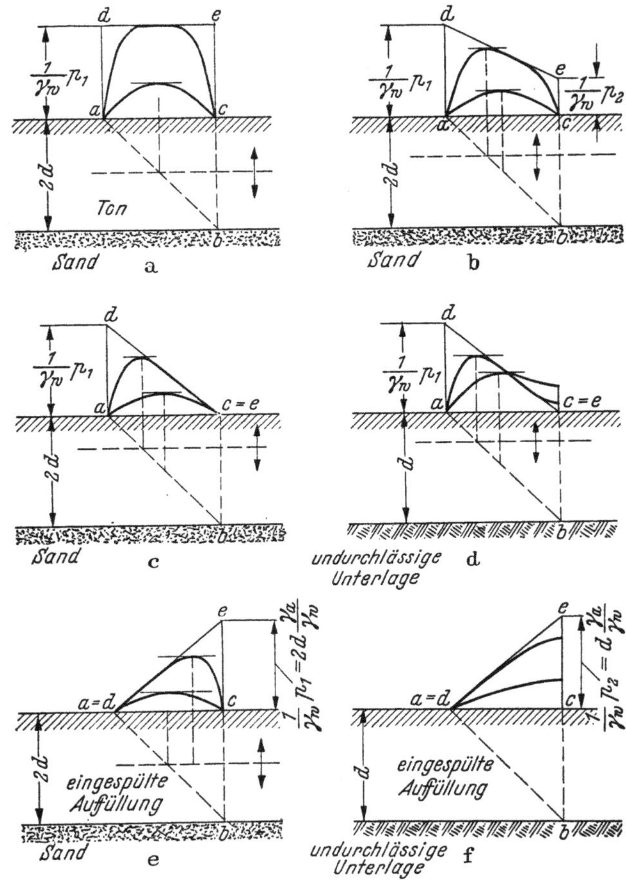

Abb. 83. Durch Isochronen dargestelltes Fortschreiten der Konsolidierung von idealen Tonschichten für verschiedene Verteilungsarten des Konsolidierungsdruckes in lotrechter Richtung. (Nach TERZAGHI-FRÖHLICH, 1936.)

Darstellung gilt auch für alle anderen Konsolidierungsvorgänge, die eine zweiseitige Entwässerung voraussetzen, wie jene, die in den Abb. 83c und 83e dargestellt sind.

In Abb. 83c ist angenommen, daß die Konsolidierungsspannungen von p_1 in der oberen Grenzfläche zur unteren Grenzfläche auf Null abnehmen und das überschüssige Porenwasser nach der oberen und unteren Grenzfläche ausströmen kann. Wenn die Unterlage des Tones undurchlässig ist, so schneiden die Isochronen, die zu dem in Abb. 83c dargestellten Spannungssystem gehören, die Nullisochrone de, wie in Abb. 83d gezeigt ist. Die physikalische Bedeutung dieses durch Rechnung erhaltenen Ergebnisses kann mit Hilfe des diesem Fall entsprechenden thermodynamischen Analogons erkannt werden. Dieses Analogon besteht aus einer Platte mit isolierter Grundfläche, deren Anfangstemperatur von t_0 in der Grundfläche auf $t_0 + t = t_0 + \gamma_w \overline{ad}$ in der Oberfläche ansteigt. Die Oberfläche bleibt in Berührung mit der Luft von der Temperatur t_0. Während des folgenden Abkühlungsvorganges steigt die Temperatur des unteren Teiles der Platte vorübergehend an. In der Konsolidierungstheorie entspricht der Temperaturzunahme ein Anschwellen des Tones.

Abb. 83e stellt den Piezograph für eine eingespülte Anschüttung auf durchlässiger Unterlage dar.

Dieses Bild wurde entsprechend der Annahme gezeichnet, daß die Konsolidierung während des Einbringungsvorganges der Schüttung und die Veränderung des Raumgewichtes der Schüttung infolge der Konsolidierung vernachlässigt werden kann. Die totale Normalspannung in einer waagrechten Schnittfläche durch die Schüttung in einer Tiefe $2d - z$ ist $(2d - z)\gamma$, wenn γ das Raumgewicht der gesättigten Schüttung bedeutet. Unmittelbar nachdem die Schüttung eingespült ist, ist die wirksame Spannung jedoch gleich Null, weil die Konsolidierung noch nicht begonnen hat. Deshalb ist zur Zeit $t = 0$ die neutrale Spannung in irgendeiner Tiefe $2d - z$ gleich der totalen Spannung $(2d - z)\gamma$, wodurch das Wasser in einem Standrohr aus der Tiefe $2d - z$ auf eine Höhe $(2d - z)\gamma/\gamma_w$ über diese Tiefe ansteigt, oder bis auf die Höhe

$$h = \frac{1}{\gamma_w}(2d - z)\gamma - (2d - z) = (2d - z)\frac{\gamma - \gamma_w}{\gamma_w} = (2d - z)\frac{\gamma_a}{\gamma_w}$$

über die Schüttungsoberfläche. In Abb. 83e sind diese Anfangswerte der hydrostatischen Druckhöhe durch die Ordinaten der Geraden ae dargestellt. Während des nachfolgenden Konsolidierungsvorganges nähert sich die hydrostatische Druckhöhe allmählich dem Wert Null, und die Grenze zwischen den Bereichen der nach oben bzw. nach unten gerichteten Strömung steigt allmählich von der Schüttungsgrundfläche gegen eine waagrechte Ebene in der Mitte der sich konsolidierenden Schicht an.

Wenn die Schüttung auf einer undurchlässigen Unterlage ruht, sind die Isochronen nur nach links geneigt, wie in Abb. 83f eingezeichnet ist, und schneiden die Linie ae rechtwinkelig, weil an der undurchlässigen Unterlage das hydraulische Gefälle gleich Null ist.

Es soll bemerkt werden, daß die Dicke aller jener Tonschichten der Abb. 83, aus denen das Porenwasser durch beide Schichtoberflächen abströmen kann, mit $2d$ bezeichnet (Abb. 83a, 83b, 83c und 83e), während jene der anderen durch d bezeichnet ist. Der Gund für diese wichtige Unterscheidung wird im folgenden Absatz erklärt werden.

Die Konsolidierung einer Tonschicht kann auch durch eine Strömung des Wassers durch den Ton in lotrechter Richtung hervorgerufen werden. Abb. 84 zeigt die Mechanik dieses Vorganges. Diese stellt einen Schnitt durch ein Staubecken dar, das oberhalb einer Tonschicht von der Dicke $2d$, die wieder auf einer Sandschicht aufruht, gelegen

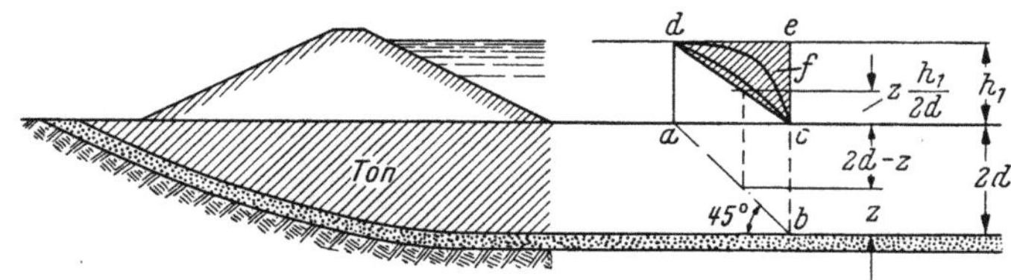

Abb. 84. Konsolidierung einer Tonschicht infolge einer lotrecht nach unten gerichteten Sickerströmung aus einem Becken in eine Sandschicht, die auf der Luftseite des Staudammes frei austritt.

ist. Vor der Füllung des Beckens wird der Wasserspiegel in der Höhe der Bodenoberfläche angenommen. Durch Füllung des Beckens bis auf eine Höhe h_1 mit Wasser erhöhen wir die totale Normalspannung in jedem waagrechten Schnitt durch den Ton um $h_1\gamma_w$. Wenn die hydrostatische Druckhöhe in der unter dem Ton liegenden Sandschicht ebenfalls um h_1 ansteigt, ist die Zunahme der neutralen Spannung überall gleich der Zunahme der totalen Spannung, und sowohl die wirksamen Spannungen wie auch die Porenziffer des Tones bleiben unverändert. Wenn andererseits die hydrostatische Druckhöhe im Sand auf ihren ursprünglichen Wert gehalten wird, z. B. weil die Sandschicht die Bodenoberfläche außerhalb der luftseitigen Dammböschung, wie in der Abbildung gezeichnet ist, schneidet, verursacht die Füllung des Beckens eine Porenwasserströmung aus dem Becken durch den Ton in den Sand. Diese Strömung ist staticnär. Die hydrostatische Druckhöhe des Wassers ist in jedem Punkt der Schnittfläche (Abb. 84) durch den Ton gleich den Ordinater der Geraden dc, bezogen auf die Dammsohle. Diese Ordinaten bestimmen auch die gleichbleibende Zunahme $\gamma_w h_1 z/2d$ der neutralen Spannungen im Ton. Infolge der Füllung des Bodens haben jedoch die totalen Normalspannungen in jedem waagrechten Schnitt um $h_1\gamma_w$ zugenommen. Deshalb erhöht die Füllung des Beckens die wirksamen Normalspannungen in waagrechten Schnittflächen durch den Ton um maximal

$$p = \gamma_w h_1 \left(1 - \frac{z}{2d}\right).$$

Diese mögliche Zunahme der wirksamen Spannungen verursacht eine Konsolidierung. Unmittelbar nachdem das Becken gefüllt ist, bleibt die Porenziffer des Tones noch unverändert. Deshalb ist zu dieser Zeit die Zunahme des wirksamen Druckes gleich Null, und die gesamte Überdruckspannung $\gamma_w h_1$ kommt zu den neutralen Spannungen hinzu. Die entsprechende Isochrone ist durch die Waagrechte de dargestellt. Mit fortschreitender Zeit konsolidiert der Ton, wie durch die Isochrone dfc gezeigt ist, wird die hydrostatische Druckhöhe kleiner und nimmt endlich die Werte an, die durch die Ordinaten der Geraden dc bestimmt sind. Der Konsolidierungsvorgang ist mit dem in Abb. 83e dargestellten Fall identisch.

Die Linie dc ist ein Beispiel einer oberhalb des Horizontes ac gelegenen Endisochrone, bis zu der das Wasser im Standrohr vor der Aufbringung der Konsolidierungsspannungen angestiegen ist. Wenn die Endisochrone oberhalb oder unter dem ursprünglichen Wasserspiegel liegt, stellt der hydrostatische Überdruck p_u in der Differentialgleichung des Vorganges [Gl. (99.8)] den Unterschied dar zwischen dem hydrostatischen Druck in einem gegebenen Punkt zu einer gegebenen Zeit und dem hydrostatischen Anfangs- oder Enddruck im gleichen Punkt. Man hat deshalb die Wahl zwischen zwei verschiedenen Bezugsspannungen. Jedoch hat diese Auswahl keinen Einfluß auf die Rechenergebnisse. Der Verfasser benützt stets die Endspannungen als die Bezugsspannung. Entsprechend dieser willkürlichen Festlegung stellt die Endisochrone die Bezugslinie dar für das Herausmessen der hydrostatischen Druckhöhen.

102. Setzung infolge Konsolidierung.

Während des Konsolidierungsvorganges einer Tonschicht vermindert sich die Dicke der Schicht infolge der Abnahme der Porenziffer. Die dabei auftretende Abwärtsbewegung der Schichtoberfläche wird *Setzung durch Konsolidierung* genannt. Der Endwert der Dickenänderung Δs_1, bezogen auf die Dickeneinheit der Tonschicht im Anfangszustand, ist durch Gl. (98.4) bestimmt. Aus dieser Gleichung erhalten wir

$$\Delta s_1 = \frac{a_v}{1 + \varepsilon_0}\, p_1 = m_v p_1, \tag{1}$$

worin p_1 den Konsolidierungsdruck (siehe Abs. 99) bedeutet. In dem durch Abb. 82 veranschaulichten Vorgang ist der Konsolidierungsdruck p_1 innerhalb der ganzen Tonschicht derselbe. Deshalb beträgt die Endsetzung der Oberfläche der in Abb. 82 gezeigten Tonschicht infolge Konsolidierung

$$s_1 = d \, \Delta s_1 = d \, m_v \, p_1 . \tag{2}$$

Wenn der Konsolidierungsdruck mit der Tiefe geradlinig veränderlich ist, wie z. B. in den Darstellungen der Abb. 83b bis 83f und Abb. 84, ist die Endsetzung gleich

$$s_1 = m_v \, d \, \frac{p_1 + p_2}{2} , \tag{3}$$

worin p_1 den Konsolidierungsdruck in der Tonoberfläche und p_2 den Konsolidierungsdruck in der Grundfläche bedeutet. Wenn eine Auflast p_1 pro Flächeneinheit über der gesamten Oberfläche der Tonschicht der Dicke d wirkt, so erzeugt sie einen Konsolidierungsdruck, der die gleiche Größe p_1 innerhalb der ganzen Schicht aufweist, und die Endsetzung ist dann durch die Gl. (2) bestimmt. Während der Zeitspanne zwischen dem Augenblick der Lastaufbringung und einer willkürlichen Zeit t nimmt die wirksame Druckspannung infolge des Konsolidierungsdruckes p_1 in einer gegebenen Tiefe $d - z$ von Null auf

$$\bar{p} = p_1 - p_u$$

ab. Die Abnahme Δs der Dickeneinheit des konsolidierenden Tones infolge Zunahme der wirksamen Druckspannung um $\bar{p}$ kann mittels Gl. (98.4) berechnet werden. Setzen wir in dieser Gleichung $\Delta \bar{p} = \bar{p}$, so erhalten wir

$$\Delta s = m_v \bar{p} = m_v (p_1 - p_u) . \tag{4}$$

Die Abnahme ds der Dicke einer waagrechten Tonschicht von der ursprünglichen Dicke dz beträgt

$$ds = \Delta s \, dz = m_v (p_1 - p_u) dz , \tag{5}$$

und die Setzung s_t zur Zeit t ist

$$s_t = \int_0^d \Delta s \, dz = m_v \left(p_1 d - \int_0^d p_u \, dz \right) . \tag{6}$$

Für die in Abb. 82 gezeigte Tonschicht ist der Wert p_u durch die Gl. (101.3) gegeben. Setzen wir diesen Wert in Gl. (6) ein und integrieren, so bekommen wir

$$s_t = m_v \, p_1 \, d \left[1 - \frac{8}{\pi^2} \sum_{n=0}^{n=\infty} \frac{1}{(2n+1)^2} \, e^{-(2n+1)^2 \pi^2 \tau_v / 4} \right] , \tag{7}$$

worin

$$\tau_v = \frac{c_v}{d^2} \, t \tag{101.3b}$$

den Zeitfaktor bedeutet.

Das Produkt vor der Klammer stellt die Endsetzung s_1 [Gl. (2)] dar. Wenn die Randbedingungen von dem in Abb. 82 dargestellten Fall abweichen, nimmt auch der Klammerausdruck eine andere Form an. Der erste Ausdruck auf der rechten Seite der Gleichung stellt immer die Endsetzung dar und der Klammerausdruck eine Funktion $f(\tau_v)$ des Zeitfaktors. Wir können deshalb schreiben

$$s_t = s_1 f(\tau_v) = s_1 \mu \tag{8a}$$

der Wert

$$\mu = \frac{s_t}{s_1} = f(\tau_v) \tag{8b}$$

wird *Verfestigungsgrad* genannt. Er hängt nur von den Randbedingungen und vom Zeitfaktor τ_v ab. Der Charakter der Funktion $f(\tau_v)$ ist von der Art der Aufgabe abhängig. Für eine große Anzahl verschiedenster Aufgaben ist die Funktion $f(\tau_v)$ bereits bekannt (TERZAGHI-FRÖHLICH 1936). Diese Funktion muß deshalb nur in Ausnahmefällen bestimmt werden. In Abb. 85 stellt die Kurve C_1 die Funktion $f(\tau_v) = \mu$ für die in den Abb. 82, 83a, 83b, 83c und 83e gezeichneten Fälle dar. Alle diese Fälle, mit Ausnahme des ersten, enthalten für Tonschichten von der Dicke $2d$ Entwässerungsmöglichkeiten nach zwei entgegengesetzten Richtungen, wobei der Überdruck mit der Tiefe geradlinig veränderlich ist. Die Gleichheit der Zeitfaktor- und Konsolidierungskurven für alle diese Fälle zeigt, daß die Form dieser Kurven von der Neigung der Nullisochrone *ed* unabhängig ist, unter Voraussetzung eines geradlinigen Verlaufes und wenn das Überschußwasser sowohl durch die obere wie durch die untere Grenzfläche der konsolidierenden Schicht entweichen kann. Eine Tonschicht mit beiderseitiger Entwässerungsmöglichkeit wird *offene Schicht* genannt. Die Dicke einer solchen Schicht wird stets mit $2d$ bezeichnet, während die Bezeichnung d für die Dicke *halbgeschlossener* Schichten verwendet wird, an denen das überschüssige Porenwasser nur durch eine Oberfläche allein abströmen kann.

Die Form der Zeitfaktor-Konsolidierungskurve für halbgeschlossene Tonschichten mit der Dicke d hängt von der Verteilung der Konsolidierungsspannung ab. Die Abb. 83d und 83f stellen zwei verschiedene, häufig vorkommende Verteilungen dar. Die entsprechenden Zeitfaktor-Konsolidierungskurven sind in Abb. 85a durch C_2 und C_3 dargestellt. Für eine halbgeschlossene durch eine gleichförmig verteilte Konsolidierungsspannung beanspruchte Schicht, wie in Abb. 82 gezeichnet, ist die Zeitfaktor-Konsolidierungskurve mit der Kurve C_1 für offene Schichten identisch, weil der Konsolidierungsvorgang in einer solchen Schicht mit jeder der beiden Hälften der in Abb. 83a gezeichneten offenen Schicht identisch ist.

Die Kurven C_1, C_2 und C_3 (Abb. 85a) stellen die Lösung der am häufigsten vorkommenden Konsolidierungsaufgaben dar. Die Lösungen für einige andere Fälle wurden ebenfalls veröffentlicht (TERZAGHI-FRÖHLICH 1936). Wenn wir die Setzung der Oberfläche einer Tonschicht zur Zeit t nach Beginn der Konsolidierung bestimmen wollen, rechnen wir zuerst den Größtwert der Setzung s_1 mit Hilfe der Gl. (2) oder (3). Dann bestimmen wir den Zeitfaktor mittels der Gl. 101(3b).

$$\tau_v = \frac{k}{\gamma_w\, m_v}\, \frac{t}{d^2} = \frac{c_v}{d^2}\, t$$

und schließlich entnehmen wir den Wert des entsprechenden Konsolidierungsgrades aus der graphischen Darstellung (Abb. 85c). Aus der Gl. (8a) erhalten wir für die Setzung zur Zeit t den Wert

$$s_t = s_1\, \mu\,.$$

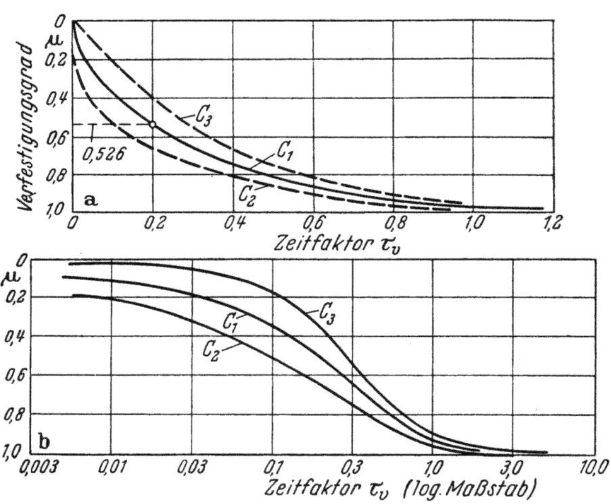

Abb. 85a u. b. Beziehung zwischen dem Zeitfaktor und dem Verfestigungsgrad. In a ist der Zeitfaktor in normalem und in b in logarithmischem Maßstab aufgetragen. Die drei Kurven C_1 bis C_3 entsprechen drei verschiedenen Belastungsfällen bei verschiedenen Entwässerungsmöglichkeiten, die in der Abbildung 83 (a, d und f) dargestellt sind. (Nach TERZAGHI-FRÖHLICH, 1936.)

Für offene Tonschichten ist der Wert d in der Gleichung zur Berechnung des Zeitfaktors τ_v immer gleich der halben Anfangsdicke der Tonschicht. Andererseits ist der Wert d gleich der gesamten Dicke, wenn der Ton auf einer undurchlässigen Unterlage aufruht (Abb. 83d und 83f).

In der Baupraxis können die meisten Konsolidierungsvorgänge auf die in Abb. 85 dargestellte Kurve C_1 zurückgeführt werden. Diese Kurve bezieht sich auf die Konsolidierung halbgeschlossener Tonschichten infolge eines gleichförmig verteilten Konsolidierungsdruckes (Abb. 82) und auf offene Tonschichten unter dem Einfluß irgendeines

Konsolidierungsdruckes, der als lineare Funktion der Tiefe dargestellt werden kann, wie die Abb. 83a, 83b, 83c und 83e zeigen. Die Kurve C_1 stellt auch die Beziehung zwischen dem Zeitfaktor und dem Verfestigungsgrad für Konsolidierungsversuche im kleinen Maßstab dar, die zur Bestimmung des Verfestigungsbeiwertes c_v in der Gl. (101.3b) im Laboratorium durchgeführt werden. Für Werte von μ zwischen 0 und 0,562 kann die Kurve C_1 genau genug durch die Gleichung

$$\tau_v = \frac{\pi}{4}\,\mu^2 \tag{9}$$

dargestellt werden, die als Parabelgleichung zu erkennen ist. Setzen wir für τ_v den durch Gl. (101.3b) gegebenen Wert ein, so erhalten wir

$$\mu = \sqrt{\frac{4\,c_v}{\pi\,d^2}}\,\sqrt{t}. \tag{10}$$

Die Werte c_v und d sind konstant. Deshalb nimmt der Verfestigungsgrad bei plötzlicher Lastaufbringung proportional der Quadratwurzel aus der Zeit ab. Für Werte von μ größer als 0,526 ist die Kurve C_1 mit jener Kurve identisch, die nur das erste Glied in der Summe der Gl. (7) berücksichtigt und durch die Gleichung dargestellt werden kann:

$$\tau_v = \frac{4}{\pi^2}\ln 8 - \frac{4}{\pi^2}\ln \pi^2 (1-\mu) \tag{11}$$
$$= -0,085 - 0,933 \log(1-\mu)$$

oder

$$\tau_v = 1,781 - 0,933 \log 100 (1-\mu). \tag{11a}$$

Es soll bemerkt werden, daß der Krümmungsradius der Kurve C_1 in Abb. 85a, bis etwa $\mu = 0,5$ stetig anwächst, dann wieder abnimmt und bei $\mu = 0,85$ ein zweites Minimum erreicht. Wegen der parabolischen Form des ersten Kurvenabschnittes [siehe Gl. (10)] schneidet die Tangente an die Kurve in jedem Punkt dieses Abschnittes mit der Abszisse τ_v die waagrechte Achse im Abstand $-\tau_v$ vom Ursprung.

In Abb. 85b ist die Beziehung, die in Abb. 85a durch die Kurve C_1 dargestellt ist, in einem semilogarithmischen Maßstab gezeichnet. Die so erhaltene Kurve hat bei etwa $\mu = 0,75$ einen Wendepunkt. Bei etwa $\mu = 0,95$ verflacht sie rasch und nähert sich einer waagrechten Asymptote für $\mu = 1,00$. Die Kurve stellt die Gleichung dar

$$\log \tau_v = F(\mu).$$

Setzen wir für τ_v den durch die Gl. (101.3b) gegebenen Wert, so erhalten wir

$$\log \tau_v = \log t + \log \frac{c_v}{d^2} = \log t + \text{Konst.} = F(\mu).$$

Diese Gleichung führt zu folgender Überlegung: Wenn der Verfestigungsgrad von zwei Tonschichten mit verschiedenen Werten von

c_v/d^2 gegen den Logarithmus der Zeit aufgetragen wird, haben die so erhaltenen Zeit-Konsolidierungskurven die gleiche Form, sind aber voneinander um den waagrechten Abstand $\log(c_v/d^2)$ verschoben. Für $\tau_v/t = 1$ wird die Zeit-Konsolidierungskurve identisch mit der Zeitfaktor-Konsolidierungskurve, die in der Abbildung gezeichnet ist. Diese wichtige Eigenschaft der semilogarithmischen Darstellung der Zeit-Konsolidierungskurve erleichtert den Vergleich von empirischen Konsolidierungskurven mit der theoretischen Standardkurve, der dazu dient, Abweichungen des natürlichen Vorganges vom theoretischen aufzudecken. Deshalb ist in manchen Fällen die semilogarithmische Auftragung der Auftragung im normalen Maßstab vorzuziehen.

103. Näherungsverfahren zur Lösung von Konsolidierungsaufgaben.

Die den Differentialgleichungen (99.8) genügenden Lösungen werden *strenge Lösungen* genannt, weil sie streng mit den grundlegenden Annahmen übereinstimmen (siehe Abs. 17). Wenn die Bedingungen der Aufgabe die Möglichkeit, eine relativ einfache strenge Lösung zu erhalten, ausschließen, ist es stets möglich, eine befriedigende Näherungslösung zu bekommen. Näherungslösungen können dadurch erhalten werden, daß für die wirklichen Isochronen, wie solche in den Abb. 82 und 83 gezeigt wurden, eine Gruppe einfacher Kurven mit ähnlichen allgemeinen Kennzeichen gesetzt werden.

Die in Abb. 82 dargestellten Isochronen haben z. B. angenähert parabolische Form, weil das Abströmen des Porenwasserüberschusses gegen die obere Begrenzungsfläche des Tones eine Zunahme des hydraulischen Gefälles von Null in der Grundfläche der Konsolidierungszone gegen ein Maximum in der Oberfläche (siehe Abs. 101) erfordert. Deshalb beruht das vereinfachte Berechnungsverfahren auf der Annahme, daß die Isochronen Parabeln sind. Mit fortschreitender Zeit bewegt sich der Scheitel der parabolischen Isochronen zuerst von d in Abb. 82 in waagrechter Richtung nach e und dann lotrecht nach unten von e gegen c. Die Geschwindigkeit, mit der sich der Scheitel bewegt, bestimmt die Menge des aus dem Ton pro Zeiteinheit ausströmenden überschüssigen Wassers. In der Oberfläche muß das hydraulische Gefälle stets gleich sein dem zur Erhaltung des Fließzustandes des aus der Gleitfläche ausströmenden Porenwassers nötigen Gefälles. Diese Bedingung ermöglicht, die Geschwindigkeit der Isochronenbewegung zu ermitteln, und die entsprechende Konsolidierungskurve ist meist mit der die strenge Lösung darstellenden Kurve identisch.

Das Ersetzen der tatsächlichen Isochronen durch einfachere Kurven ist vergleichbar mit dem COULOMBschen Verfahren, die in der

Hinterfüllung einer Stützmauer auftretenden leicht gekrümmten wirklichen Gleitflächen (siehe Abs. 23) durch ebene Gleitflächen zu ersetzen. Eine Reihe von Näherungslösungen von Konsolidierungsaufgaben wurden bereits veröffentlicht (TERZAGHI 1925, TERZAGHI und FRÖHLICH 1936), und das Verfahren kann leicht auf Aufgaben, die bisher noch nicht gelöst wurden, angewendet werden.

104. Konsolidierung während und nach allmählicher Lastaufbringung.

Als häufigste Ursachen von Konsolidierungen sind die Ausführungen von Bauwerken oder Dämmen auf Tonschichten und die Ablagerungen von Ton durch Spülung in halbflüssigem Zustand anzusehen. In beiden Fällen geht der Konsolidierung des Tones unter konstanter Last eine Übergangszeit voraus, während der die Konsolidierung gleichzeitig mit einer Lastzunahme erfolgt. Die Konsolidierung infolge jeder Lastzunahme schreitet unabhängig von der Konsolidierung durch die vorhergehende und die nachfolgende Lastzunahme fort. Deshalb kann die Konsolidierungsgeschwindigkeit während der Übergangszeit mit jedem gewünschten Genauigkeitsgrad durch einfache Überlagerung berechnet werden.

Um dieses Vorgehen in einem Beispiel zu zeigen, berechnen wir die Konsolidierungsgeschwindigkeit einer Tonschicht von der Dicke $2d$, die zwischen zwei Sandschichten liegt. Die obere Sandschicht dient als Unterlage eines im Bauzustand befindlichen Gebäudes. Die Ordinaten der gebrochenen Linie Oab der Abb. 86a stellen die mittlere Normalspannung p in waagrechten Schnittflächen durch den Ton infolge des Gebäudegewichtes dar, die als Funktion der Zeit t aufgetragen sind. Mit dem Bau wird zur Zeit $t = 0$ begonnen, und er ist zur Zeit t_1 fertiggestellt. Nach der Zeit t_1 ist die Druckspannung p konstant und gleich p_1. Die Kurve C_1 stellt die Zeit-Konsolidierungskurve für die Annahme dar, daß das gesamte Bauwerksgewicht plötzlich zur Zeit $t = 0$ aufgebracht wurde. Sie wurde aus der Kurve C_1 der Abb. 85a durch Einsetzen des Zeitmaßstabes der Abb. 86 an Stelle des Zeitfaktormaßstabes der Abb. 85a erhalten. Die Substitution wird mittels der Gl. (101.3b) durchgeführt:

$$\tau_v = \frac{c_v}{d^2}\, t\,.$$

Zu einer Zeit t kleiner als t_1 ist die mittlere Druckspannung im Ton p. Für praktische Zwecke können wir die Annahme treffen, daß der Konsolidierungszustand zur Zeit t derselbe ist, als wenn der Druck p auf den Ton während einer Zeitspanne $t/2$ gewirkt hat. In der Zeit $t/2$ nach plötzlicher Aufbringung der Druckspannung p würde der Verfestigungsgrad gleich μ' sein (Abb. 86a). Daher ist der Verfestigungsgrad zur Zeit t gleich

$$\mu_t = \mu' \, \frac{p}{p_1}$$

in Bruchteilen der Endsetzung infolge der Konsolidierung unter der Last p_1. Die theoretische Rechtfertigung dieses angenäherten Berechnungsverfahrens wurde an anderer Stelle veröffentlicht (TERZAGHI und FRÖHLICH 1936).

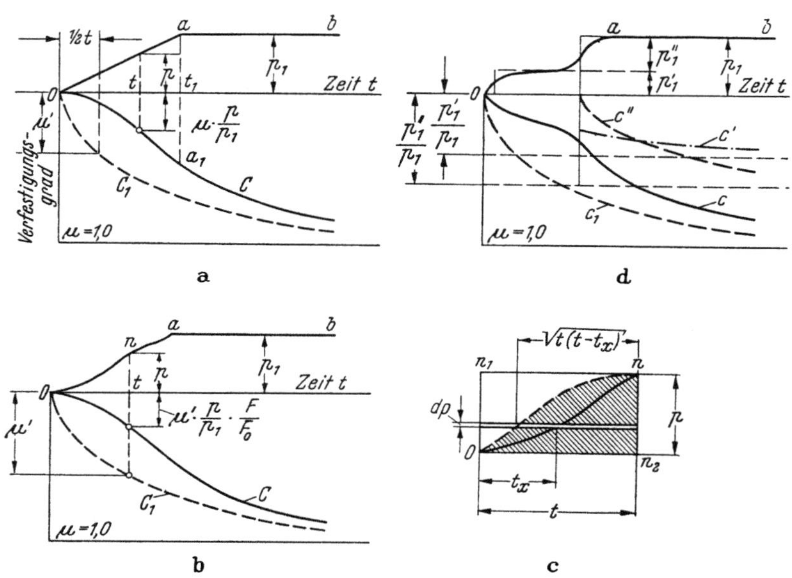

Abb. 86 a—d. Zeichnerisches Verfahren zur Ermittlung der Zeit-Konsolidierungskurve bei allmählicher Lastaufbringung. (Nach TERZAGHI und FRÖHLICH 1936.)

Tragen wir diesen Wert gegen die Abszisse t auf, so erhalten wir einen Punkt der Konsolidierungskurve C. Weitere Punkte können durch Wiederholung dieses Vorganges für andere Werte von t gefunden werden. Außerhalb des Punktes a_1 mit der Abszisse t_1 schreitet die Konsolidierung so fort, als ob der Enddruck p_1 plötzlich zur Zeit $t = 0$ aufgebracht wird. Der Verfestigungsgrad zur Zeit t infolge der plötzlichen Aufbringung des kleineren Druckes p zur Zeit $t = 0$ ist gleich

$$\mu'' = \mu' \, \frac{p}{p_1} \tag{1}$$

in Bruchteilen der Endkonsolidierung unter dem Druck p_1. Der Einfluß der allmählichen Aufbringung des Druckes p muß noch untersucht werden. Um diesen Einfluß zu berechnen, zeichnen wir in Abb. 86c den Abschnitt On der Last-Zeit-Kurve Oa der Abb. 86b in größerem

Maßstab. Wählen wir den Maßstab in dieser Abbildung derart, daß die Fläche F_0 des Rechteckes $On_1 n n_2$ die Setzung zur Zeit t nach plötzlicher Aufbringung des Druckes p darstellt, dann ist die Setzung infolge einer plötzlichen Aufbringung eines Lastelementes dp zur Zeit $t = 0$ gleich der Fläche des in der Abbildung mit der Länge t bezeichneten Streifens. Tatsächlich wirkt das Lastelement dp auf den Ton nur während einer Zeit $t - t_x$. Aus der Gl. (102.1 d)

$$\mu = \sqrt{\frac{4c_v}{d^2}}\, \sqrt{t}$$

ersehen wir, daß die Setzung infolge einer plötzlich aufgebrachten Last mit der Quadratwurzel aus der Zeit zunimmt. Deshalb ist die Länge des Streifens, der die Setzung infolge des Lastelementes dp in Abb. 86 c darstellt, gleich

$$t\sqrt{\frac{t - t_x}{t}} = \sqrt{t(t - t_x)}\,.$$

Durch Auftragen der Werte $\sqrt{t(t - t_x)}$, entsprechend den verschiedenen Punkten der Lastkurve On (Abb. 86 c) von $n n_2$ nach links, erhalten wir die strichlierte Kurve On. Die schraffierte Fläche $F = Onn_2$ stellt die tatsächliche Setzung zur Zeit t im Maßstab der Abbildung dar. Wenn p zur Zeit $t = 0$ aufgebracht worden wäre, würde die Setzung gleich der Fläche $On_1 n n_2 = F_0$ sein, und der entsprechende Verfestigungsgrad wäre gleich μ'' [Gl. (1)]. Deshalb ist der tatsächliche Verfestigungsgrad zur Zeit t infolge einer Last, die nach der Kurve On (Abb. 86 b und 86 c) aufgebracht wird, gleich

$$\mu = \mu'' \frac{F}{F_0} = \mu' \frac{p}{p_1} \frac{F}{F_0}\,.$$

Dieser Wert bestimmt einen Punkt der Konsolidierungskurve C. Weitere Punkte können durch Wiederholung dieses Vorganges für andere Werte von t ermittelt werden. Die Gl. (102.10), auf der das Verfahren beruht, ist für Werte von μ zwischen 0 und 0,526 streng gültig. Jedoch ist auch für etwas höhere Werte von μ' die durch das beschriebene Verfahren erreichte Näherung sehr gut.

Wenn die Lastkurve unregelmäßig stufenförmig ansteigt (siehe Lastkurve der Abb. 86 d), kann die Bestimmung der Konsolidierungsgeschwindigkeit durch Ersetzen der Kurve durch eine Reihe von zwei oder mehreren Stufen erfolgen (strichlierte Belastungslinie in der Abb. 86 d). Jede dieser Stufen stellt die plötzliche Aufbringung eines Teiles des endgültigen Druckes dar. Jedes dieser Lastelemente liefert einen Beitrag, $\dfrac{p'}{p_1}$, $\dfrac{p''}{p_1}\cdots$, zur Endkonsolidierung von 1,00. Die durch jedes Lastelement verursachte Konsolidierung verläuft unabhängig von den anderen. Die entsprechenden Konsolidierungskurven sind in Abb. 86d durch C' und C'' dargestellt. Zu einer Zeit t ist der Verfestigungsgrad gleich der Summe der Ordinaten dieser Kurven für die Zeit t. Bei der Durchführung dieser Operation erhalten wir eine Kurve mit scharfen Knicken. Diese Knicke sind durch die vorhergehende Substitution der tatsächlichen zügigen Lastkurve durch eine gebrochene Linie bedingt. Die tatsächliche Konsolidierungskurve ist ebenfalls zügig ausgerundet, wie durch die voll gezeichnete Kurve C in Abb. 86d gezeigt ist.

Das allgemeine, durch Abb. 86 erläuterte Verfahren kann auch für die Lösung aller anderen Konsolidierungsaufgaben bei allmählicher Lastaufbringung auf eine Tonschicht herangezogen werden.

105. Wirkung von Gaseinschlüssen im Ton auf den Konsolidierungsverlauf.

Wenn ein Teil der im Ton enthaltenen Poren mit Gasblasen erfüllt ist, verursacht die Aufbringung der Auflast auf den Ton eine gleichzeitige Zusammendrückung des Gases, wodurch noch vor der nachfolgenden Konsolidierung des Tones eine Abnahme der Porenziffer eintritt. In Abb. 87 ist diese plötzliche Abnahme der Porenziffer vor der Konsolidierung durch die Anfangskonsolidierung μ_0 dargestellt. Der Wert μ_0 hängt vom Anfangsgasdruck, vom Gasvolumen vor der Lastaufbringung und von der Größe der Auflast ab.

Während des nachfolgenden Konsolidierungsvorganges verschwindet der von der Zeit abhängige Konsolidierungsdruck allmählich, und der Gasdruck in den Poren nähert sich seinem ursprünglichen Wert p_g. Deshalb ist die während des Konsolidierungsvorganges ausströmende Wassermenge genau dieselbe, als wenn keine Gaseinschlüsse vorhanden wären. Der Durchlässigkeitsbeiwert des Tones ist also vom Gasgehalt des Tones unabhängig, selbst wenn das Gas einen nennenswerten Prozentsatz der Hohlräume erfüllt. Wir können deshalb daraus schließen, daß der Gasdruck im Ton nur einen kleinen Einfluß auf die Konsolidierungsgeschwindigkeit ausübt. In einem Ton, der keine Gaseinschlüsse enthält, ist der Verfestigungsgrad für $t = 0$ ebenfalls gleich Null, und die nachfolgende Konsolidierung verläuft nach der Kurve C (Abb. 87). Enthält der Ton jedoch Gaseinschlüsse, dann beträgt der Verfestigungsgrad für $t = 0$ gleich μ_0. Nach den vorigen Ausführungen jedoch ist die Geschwindigkeit, mit

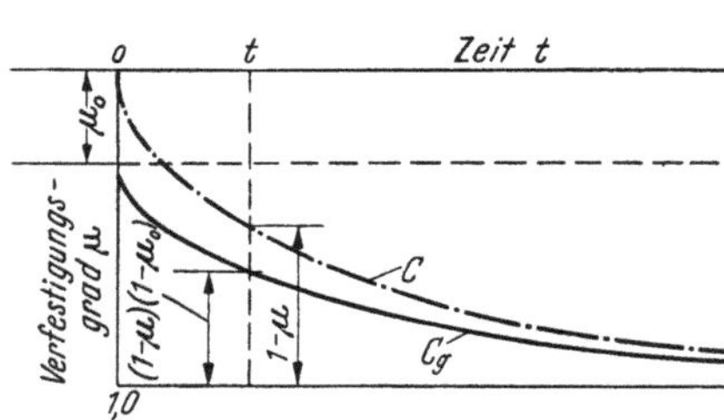

Abb. 87. Einfluß unvollständiger Sättigung eines Tones auf die Form der Konsolidierungskurve (voll gezeichnete Kurve C_g).

der der Endzustand erreicht wird, vom Gasgehalt unabhängig. Wir erhalten deshalb die Konsolidierungskurve C_g für gashaltige Tone durch Reduktion der von der 1,0-Achse aus gemessenen Ordinaten $1 - \mu$ der Kurve C (Abb. 87) mit

$$1 - \mu_0.$$

106. Zwei- und dreidimensionale Konsolidierungsvorgänge.

Tritt bei Konsolidierungsvorgängen ein zweidimensionaler Strömungszustand auf, dann strömt das überschüssige Porenwasser in parallelen Ebenen aus dem Ton aus. Bei dreidimensionalen Vorgängen strömt das Wasser in radialen Ebenen oder auch längs Stromlinien, die nicht in Ebenen liegen.

Die Differentialgleichung der linearen Porenwasserströmung wurde in Abs. 99 abgeleitet. Nach einem ähnlichen Annäherungsverfahren kann die räumliche Aufgabe behandelt werden, und wir erhalten die Gleichung

$$\frac{\partial p_u}{\partial t} = c_v \left(\frac{\partial^2 p_u}{\partial x^2} + \frac{\partial^2 p_u}{\partial y^2} + \frac{\partial^2 p_u}{\partial z^2} \right), \tag{1}$$

worin p_u den hydrostatischen Überdruck im Porenwasser, t die Zeit und c_v den Verfestigungsbeiwert [Gl. (99.7)] bedeutet. Wenn die Strömung nur in einer Richtung erfolgt, z. B. in der Richtung der z-Achse, werden zwei von den drei Ausdrücken in der Klammer gleich Null, und die Gl. (1) wird mit der Gl. (99.8) identisch. Die Differentialgleichung für den ebenen Konsolidierungsvorgang parallel zur xz-Ebene lautet

$$\frac{\partial p_u}{\partial t} = c_v \left(\frac{\partial^2 p_u}{\partial x^2} + \frac{\partial^2 p_u}{\partial z^2} \right). \tag{2}$$

Wenn ein räumlicher Konsolidierungsvorgang axialsymmetrisch erfolgt, ist es zweckmäßiger, die rechtwinkeligen Koordinaten durch Zylinderkoordinaten zu ersetzen, d. h. r in radialer und z in lotrechter Richtung einzuführen. Nach der Substitution erhalten wir aus der Gl. (1)

$$\frac{\partial p_u}{\partial t} = c_v \left(\frac{\partial^2 p_u}{\partial r^2} + \frac{1}{r} \frac{\partial p_u}{\partial r} + \frac{\partial^2 p_u}{\partial z^2} \right). \tag{3}$$

Erfolgt die radiale Strömung in Ebenen senkrecht zur z-Achse, dann wird der Ausdruck $\partial^2 p_u / \partial z^2$ gleich Null, und wir erhalten

$$\frac{\partial p_u}{\partial t} = c_v \left(\frac{\partial^2 p_u}{\partial r^2} + \frac{1}{r} \frac{\partial p_u}{\partial r} \right). \tag{4}$$

Carillo (1942b) hat nachgewiesen, daß die radiale räumliche Strömung, die durch Gl. (3) beschrieben wird, in eine radiale ebene Strömung [Gl. (4)] und in eine lineare Strömung [Gl. (99.8)] zerlegt werden kann. Wenn μ_r den mittleren Verfestigungsgrad einer Tonschicht zur Zeit t bei ebener radialer Entwässerung darstellt und μ_z den Verfestigungsgrad bei linearer Entwässerung zur selben Zeit, dann ist der Verfestigungsgrad μ infolge der kombinierten radialen und linearen Entwässerung durch die Gleichung ausgedrückt:

$$1 - \mu = (1 - \mu_r)(1 - \mu_z). \tag{5}$$

Der Verfestigungsbeiwert c_v in Gl. (3) ist durch die Gleichung gegeben:

$$c_v = \frac{k}{\gamma_w m_v}, \tag{99.7}$$

worin k den Durchlässigkeitsbeiwert, γ_w das spezifische Gewicht des Wassers und m_v die Verdichtungsziffer [Gl. (98.5)] bedeutet. Wenn der Durchlässigkeitsbeiwert k in axialer Richtung gleich dem n-fachen Wert des Durchlässigkeitsbeiwertes k_r für radiale Richtung ist, ergibt sich für den Quotienten der entsprechenden Werte von c_v ebenfalls gleich n

$$\frac{k}{k_r} = n \quad \text{und} \quad \frac{c_v}{c_{vr}} = n. \tag{6}$$

Wenn k von k_r verschieden ist, kann gezeigt werden, daß die Gl. (3) ersetzt werden muß durch

$$\frac{\partial p_u}{\partial t} = c_{vr}\left(\frac{\partial^2 p_u}{\partial r^2} + \frac{1}{r}\frac{\partial p_u}{\partial r}\right) + c_v\frac{\partial^2 p_u}{\partial z^2}. \tag{7}$$

Die allgemeine, durch Gl. (3) ausgedrückte Beziehung behält jedoch ihre Gültigkeit.

In der Baupraxis ist als einer der wichtigsten ebenen Konsolidierungsvorgänge die Strömung im Kern eines gespülten Dammes während und nach der Bauzeit zu nennen. Abb. 88a stellt einen Schnitt durch einen solchen Damm während des Baues dar. Der mittlere Teil des Dammes, in dem die feinsten Bodenarten eingebaut werden, wird der *Kern* des Dammes genannt. Ein Teil des Porenüberschußwassers strömt aus dem Kern durch die Oberfläche in lotrechter Richtung nach oben in den Kernsumpf K, und der übrige Teil tritt in waagrechter Richtung durch die Böschungen des Kernes aus. Beide Strömungsvorgänge erfolgen gleichzeitig und in parallel zum Querschnitt der Abbildung liegenden Ebenen. G. GILBOY (1934) berechnete die Konsolidierungsgeschwindigkeit solcher Dämme auf Grund der vereinfachenden Annahme, daß das überschüssige Porenwasser nur in waagrechter Richtung austritt. Während der ersten Bauzeit ist die Entwässerung durch die obere Fläche allerdings ziemlich bedeutend. Deshalb wird die tatsächliche Konsolidierungsgeschwindigkeit wesentlich größer als die berechnete sein.

Als einfaches Beispiel eines räumlichen Strömungsvorganges betrachten wir den in Abb. 88b dargestellten Fall. Diese Abbildung stellt einen Schnitt durch einen Damm dar, der auf der waagrechten Oberfläche einer weichen Ton- oder Schluffschicht aufruht. Um die Konsolidierung der belasteten Schicht zu beschleunigen, werden Filterbrunnen angeordnet, die einen Teil des überschüssigen Porenwassers in waagrechter Richtung gegen die Brunnen leiten, die dann das Wasser in eine Filterschicht zwischen dem Ton und der Sohle des Dammes abgeben. Der restliche Teil des überschüssigen Porenwassers fließt aus dem Ton nach oben in die Filterschicht. Abb. 88c zeigt die Grundrißanordnung des Brunnensystems. Die durch strichpunktierte Linien bezeichneten lotrechten Schnittflächen teilen die unter Konsolidierung stehende Tonschicht in prismatische Blöcke. Innerhalb jedes Blockes schreitet die Entwässerung so fort, als ob die lotrechten Seiten des Blockes mit einer undurchlässigen Membrane überzogen wären, weil das überschüssige Porenwasser im Ton zu beiden Seiten der lotrechten Schnittfläche nach entgegengesetzten Richtungen abströmt. Die Ermittlung der Strömungsgeschwindigkeit kann ohne nennenswerten Fehler vereinfacht werden, wenn jeder Block zylindrisch angenommen wird. Mit dieser Annahme wird die Strömung axialsymmetrisch. Innerhalb des Blockes schreitet die Strömung des

Porenwassers gegen die Austrittsflächen so vorwärts, als ob die zylindrische Mantelfläche des Blockes mit einem undurchlässigen Material überzogen wäre.

Wenn die Durchlässigkeit des Tones in lotrechter Richtung von jener in waagrechter radialer Richtung verschieden ist, wird die Konsolidierung des zylindrischen Blockes durch die Gl.(7) dargestellt. Eine rasche Aufbringung des Damm-

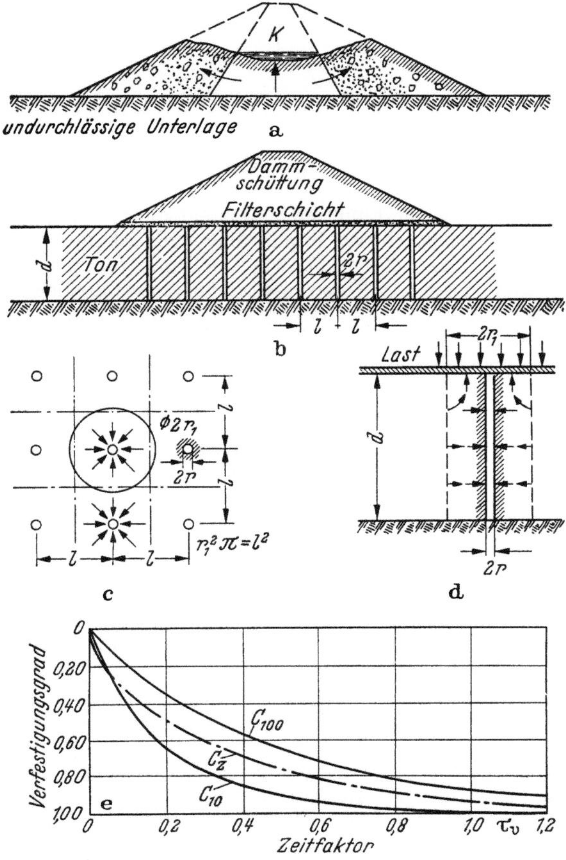

Abb. 88 a—e. Zwei- und dreidimensionale Konsolidierungsvorgänge. a Hydraulisch gespülter Damm; b—d Entwässerung einer Tonschicht unterhalb eines Dammes mittels Sandbrunnen; e Beziehung zwischen Zeitfaktor und Verfestigungsgrad zylindrischer Körper nach d bei einer Strömung gegen die in der Achse angeordneten Brunnen für $a_1/r = 10$ und 100.

gewichtes erzeugt innerhalb des Blockes einen hydrostatischen Überdruck gleich dem Gewicht des Dammes p pro Flächeneinheit der Dammsohle. Mit fortschreitender Zeit nimmt dieser Überdruck allmählich auf Null ab. Gleichzeitig wachsen die wirksamen Spannungen im Ton an und nähern sich einem konstanten Wert, der gleich ist der gesamten Spannungszunahme im Ton infolge des Dammgewichtes. Der Zylindermantel und die Sohlfläche sind undurchlässig, und das überschüssige Wasser tritt nur durch die Oberfläche und durch die Brunnenwandung aus. Das sind die Randbedingungen. Die Strömung des überschüssigen Porenwassers durch den zylindrischen Block kann in zwei Komponenten zerlegt werden, eine lotrechte Komponente in der Richtung der Brunnenachse (Richtung der z-Achse) und in eine waagrechte radiale Komponente gegen den Filterbrunnen gerichtet. Die Randbedingungen für die lotrechte lineare Strömung sind mit jenen identisch, die bei der Konsolidierung infolge plötzlich aufgebrachter Auflast p pro Flächeneinheit einer Tonschicht von der Dicke d auftreten, wenn diese Tonschicht auf einer undurchlässigen Unterlage aufruht (halbgeschlossene Schicht) (siehe Abs. 102). Die Beziehung zwischen der Zeit t und dem Verfestigungsgrad μ_z ist durch die Gleichung gegeben

$$\mu_z = f(\tau_v), \tag{102.8 b}$$

worin

$$\tau_v = \frac{c_v}{d^2}\, t \tag{101.3 b}$$

den Zeitfaktor bedeutet. Die Funktion $f(\tau_v)$ hängt nur von den Randbedingungen ab. Für die vorher beschriebenen Randbedingungen ist die Beziehung zwischen μ_z und τ_v durch die Kurve C_1 in Abb. 85a bzw. durch C_z in Abb. 88e dargestellt.

Die zweite Komponente der Porenwasserströmung stellt einen Konsolidierungsvorgang dar, dem eine waagrechte radiale von der Mantelfläche des zylindrischen Körpers gegen den in der Zylinderachse liegenden Filterbrunnen gerichtete Strömung zugrunde liegt. Dieser Strömungsvorgang ist durch Gl. (4) gegeben. RENDULIC (1935a) hat diese Gleichung gelöst und gezeigt, daß die Beziehung zwischen der Zeit t und dem Verfestigungsgrad μ_r durch die Gleichung ausgedrückt werden kann:

$$\mu_r = F(\tau), \tag{8a}$$

worin

$$\tau = \frac{c_{vr}}{4\,r_1}\, t \tag{8b}$$

den Zeitfaktor für einen Konsolidierungsfall darstellt, der bei einem zentral entwässerten Tonzylinder vom äußeren Durchmesser $2r_1$ mit einem Filterdurchmesser $2r$ auftritt. Die Beziehung zwischen dem Verfestigungsgrad μ_r mit dem Zeitfaktor τ hängt vom Quotienten r_1/r ab. In Abb. 88c ist diese Beziehung durch die Kurven C_{10} und C_{100} für die Werte $r_1/r = 10$ und 100 dargestellt. Wenn die Werte μ_z und μ_r für eine bestimmte Zeit ermittelt sind, erhält man den mittleren Verfestigungsgrad μ des zylindrischen Blockes durch Auswertung der Gl. (5) für die Zeit t.

Um den Einfluß der Filterbrunnen auf die Konsolidierungsgeschwindigkeit zu veranschaulichen, nehmen wir an, daß die Dicke d der in Abb. 88b bezeichneten Tonschicht 6 m beträgt. Die Brunnen haben einen Durchmesser von 0,30 m und einen gegenseitigen Abstand von 2,70 m in beiden Richtungen. Ersetzen wir die lotrechten prismatischen Blöcke, die die Brunnen umgeben, durch zylindrische Blöcke mit gleicher waagrechter Querschnittsfläche, so erhalten wir als Durchmesser dieser Blöcke $2r_1 = 3$ m. Wir wollen den Einfluß der Brunnen auf den mittleren Verfestigungsgrad für jene Zeit bestimmen, wo der Verfestigungsgrad des Tones ohne Brunnen 0,30 betragen würde. Der Rechnung sollen zwei verschiedene Annahmen bezüglich der Durchlässigkeit zugrunde gelegt werden. Zuerst wird der Ton isotrop angenommen:

$$k_r = k \quad \text{oder} \quad c_{vr} = c_v \quad \text{und} \quad n = 1,$$

und für einen zweiten Rechnungsgang soll angenommen werden, daß

$$k_r = 10\,k \quad \text{oder} \quad c_{vr} = 10\,c_v \quad \text{und} \quad n = 10.$$

Aus der Kurve C_z (Abb. 88e) erhalten wir für $\mu_z = 0,30$ den Wert $\tau_v = 0,07$ Setzen wir diesen Wert in Gl. (101.3b) ein, so erhalten wir

$$\tau_v = 0,07 = \frac{c_v}{d^2}\, t,$$

woraus

$$t = \frac{0,07\, d^2}{c_v}.$$

Der Zeitfaktor für radiale Strömung beträgt

$$\tau = \frac{c_v}{4 r_1}\, t = \frac{c_v}{4 r_1}\, \frac{0,07\, d^2}{c_v} = \frac{0,07 \cdot 6^2}{4 \cdot 1,5^2} = 0,28.$$

Mit $r_1/r = 10$ kann der Verfestigungsgrad μ_r zur Zeit t als Ordinate des Punktes mit der Abszisse 0.28 aus der Kurve C_{10} der Abb. 88e herausgegriffen werden, und man erhält $\mu_r = 0,76$. Setzen wir die Werte $\mu_z = 0,30$ und $\mu_r = 0,76$ in Gl. (5) ein, so erhalten wir

$$1 - \mu = 0,70 \cdot 0,24 = 0,168$$

oder

$$\mu = 0,832.$$

Die Gegenwart der Filterbrunnen erhöht also den Verfestigungsgrad zur Zeit t von 0,30 auf 0,832.

Wenn $k_r = 10\, k_z$ oder $c_{vr} = 10 c_v$, wird der Zeitfaktor der radialen Strömung zur Zeit t gleich

$$\tau = \frac{c_{vr}}{4 r_1}\, t = \frac{10 c_v}{4 r_1}\, \frac{0,07\, d^2}{c_v} = 2,8.$$

Dem Wert $\tau = 2,8$ entspricht auf der Kurve C_{10} ein Verfestigungsgrad μ_r von nahezu 1,0, so daß in diesem Fall zur Zeit t bereits die volle Konsolidierung eingetreten ist.

Jede durch Sedimentation entstandene Tonschicht ist in waagrechter Richtung weit durchlässiger als in lotrechter Richtung. Deshalb sind die Filterbrunnen viel wirksamer, als man es aus einer Rechnung ersehen kann, in der der Einfluß der Brunnen unter der Annahme einer hydraulischen isotropen Schicht $k = k_r$ oder $n = 1$ ermittelt wurde. Filterbrunnen wurden auch zur Beschleunigung der Konsolidierung von Ton oder Schluffschichten benützt, die als künstliche Schüttung oder durch Spülverfahren entstanden sind. Wenn eine solche Dammschüttung auf einer sehr durchlässigen Schicht liegt, kann man die Wirksamkeit der Brunnen noch weiter dadurch erhöhen, daß der Wasserspiegel in den Brunnen durch Anordnung von Pumpen in der Höhe der Dammsohle gehalten wird. In diesem Fall kann die Konsolidierungsgeschwindigkeit ähnlich wie vorher beschrieben ermittelt werden.

Ein anderes, weniger wichtiges, jedoch viel schwierigeres Problem einer dreidimensionalen Porenwasserströmung tritt bei der Ermittlung der Setzungsgeschwindigkeit der örtlich belasteten waagrechten Oberfläche einer Tonschicht auf, deren Dicke im Vergleich zur Größe der belasteten Fläche groß ist. Um diese Aufgabe zu lösen, hat BIOT (1935b) unter der Annahme, daß der Ton dem HOOKschen Gesetz gehorcht und das überschüssige Porenwasser nur in lotrechter Richtung abströmen kann, eine Näherung entwickelt.

Später hat derselbe Forscher eine allgemeine Theorie der dreidimensionalen Konsolidierung (BIOT 1941a) angegeben. Nach dieser Theorie berechnete er die Konsolidierungsetzung einer Tonschicht unter einer gleichförmig verteilten

Rechteckslast (BIOT 1941 b) und die Konsolidierung infolge einer auf einer Tonschicht mit undurchlässiger Oberfläche wirkenden Last (BIOT und CLINGAN
1941). Er untersuchte auch die progressive Setzung einer belasteten, elastischen,
auf einer idealen Tonschicht aufruhenden Platte (BIOT und CLINGAN 1942).

Alle diese Untersuchungen beruhen auf der Annahme, daß der Verfestigungsbeiwert c_v in der Gl. (1) konstant ist. Wir wissen, daß diese Annahme für lineare
Strömungsvorgänge genügend genau ist. Bei zwei- und dreidimensionalen Konsolidierungsvorgängen jedoch muß dieselbe Annahme als Fehlerquelle betrachtet
werden, deren Bedeutung bisher noch nicht bekannt ist. BIOT nahm auch c_v
sowohl für Verdichtung als für Schwellung gleich groß an. Diese Annahme ist
keinesfalls berechtigt. Eine bessere Annäherung wird erreicht, wenn c_v für Schwellung gleich unendlich gesetzt wird.

Auf Grund experimenteller Ergebnisse dreiaxialer Druckversuche zeigte
RENDULIC (1936), daß der Konsolidierungsvorgang eines Tones unterhalb einer
endlichen belasteten Fläche durch die Differentialgleichung ausgedrückt werden
kann:

$$\frac{\partial p_u}{\partial t} = \frac{k}{\gamma_w f(x, y, z)} \left(\frac{\partial^2 p_u}{\partial x^2} + \frac{\partial^2 p_u}{\partial y^2} + \frac{\partial^2 p_u}{\partial z^2} \right), \tag{4}$$

wenn der Vorgang keine örtlichen Schwellvorgänge im Ton einbezieht. In dieser
Gleichung ist k der Durchlässigkeitsbeiwert und $f(z, y, z)$ eine Funktion, die von
der Beziehung zwischen der Änderung des wirklichen Spannungszustandes im
Ton und der entsprechenden Änderung des Porenanteils abhängt. Der Faktor

$$\frac{k}{\gamma_w f(x, y, z)}$$

entspricht dem früher erwähnten Verfestigungsbeiwert c_v. Die Funktion $f(x, y, z)$
entspricht der Verdichtungsziffer m_{vc} in der Gl. (99.7). Nach den Versuchsergebnissen von RENDULIC ist diese Funktion sehr kompliziert. Der durch das Ersetzen dieser Funktion durch eine Konstante erhaltene Fehler kann nur durch
eine auf den von RENDULIC veröffentlichten Versuchsergebnissen beruhende
theoretische Untersuchung festgestellt werden oder durch einen Vergleich der
berechneten und beobachteten Konsolidierungsgeschwindigkeit. Bisher wurden
solche Untersuchungen noch nicht gemacht. Deshalb können die bestehenden Verfahren über zwei- oder dreidimensionale Konsolidierungsaufgaben belasteter Tone
für praktische Zwecke noch nicht herangezogen werden.

XIV. Kapillarkräfte.

107. Kapillarwirkung.

In feinkörnigen Böden besitzt das Wasser die Fähigkeit, auf beträchtliche Höhe über dem freien Grundwasserspiegel anzusteigen und
dort unbegrenzt zu verbleiben. Zur Erklärung dieser Erscheinung
waren die Physiker gezwungen, die Existenz einer Kraft anzunehmen,
die fähig ist, das Gewicht des oberhalb des freien Wasserspiegels
befindlichen Wassers zu halten. Diese Kraft ist als *Kapillarkraft* bekannt. Obwohl die physikalische Natur dieser Kraft noch strittig ist,

können alle ihre mechanischen Wirkungen auf Grund der Annahme berechnet werden, daß die Kraft längs der Berührungsfläche von Wasser, Luft und Festmasse wirkt.

108. Oberflächenspannung.

Um die Mechanik des kapillaren Wasseranstieges in den Poren eines trockenen, kohäsionslosenSandes zu veranschaulichen, vereinfachen wir die Aufgabe und betrachten den Wasseranstieg in einem Kapillarrohr. Abb. 89 stellt einen Schnitt durch ein derartiges Rohr dar. Jeder Teil der im Rohr befindlichen Wassermenge, wie z. B. das in der Abbildung eingezeichnete zylindrische Element vom Durchmesser $2x$, der Höhe h_c und dem Gewicht $\pi x^2\gamma_w h_c$, befindet sich im Gleichgewichtszustand. In der Grundfläche des Elementes, in der Höhe des freien Wasserspiegels außerhalb des Rohres, ist der hydrostatische Druck im Wasser gleich Null. Der Druck auf der Oberfläche des Elementes ist ebenso gleich Null. Die Scherspannungen längs des Zylindermantels des Elementes sind gleich Null. Das Element hat jedoch ein Eigengewicht von $\pi x^2\gamma_w h_c$. Es kann daher nur im Gleichgewicht sein, wenn der äußere Rand der Oberfläche des Elementes durch eine Kraft beansprucht wird, deren lotrechte Komponente P gleich dem Gewicht $\pi x^2\gamma_w h_c$ ist. Eine derartige Kraft kann nur existieren,

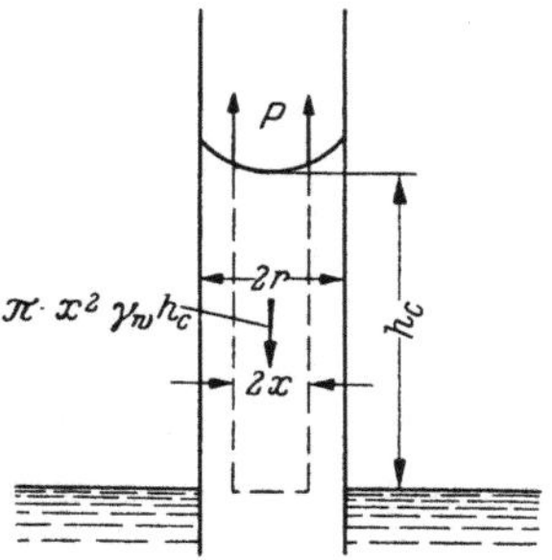

Abb. 89. Die auf dem in einem Kapillarrohr enthaltenen Wasser wirkenden Kräfte.

wenn die mechanischen Eigenschaften der obersten Schicht der Wassersäule von denen des gewöhnlichen Wassers verschieden sind. Diese oberste Schicht wird der *Oberflächenfilm* des Wassers genannt. Die Kraft, die das Element am Absinken hindert, muß ihren Sitz innerhalb dieses Films haben, weil kein anderer Ort für diese Kraft denkbar ist. Außer diesem Punkt enthält unsere Beweisführung keine Annahme, und die Schlußfolgerung ist streng gültig, wie jede Feststellung über die Gleichgewichtsbedingungen eines festen Körpers.

Der nächste Schritt besteht in der Ermittlung des Spannungszustandes innerhalb des Oberflächenfilms, weil die vorangegangene Untersuchung uns mehr über die lotrechte Komponente P der Spannungen Auskunft erteilt hat. Vor über hundert Jahren durchgeführte experimentelle Untersuchungen haben ergeben, daß sich der Oberflächenfilm in einem zweidimensionalen Zugzustand, parallel zu seiner Oberfläche, befindet und daß die in Abb. 89 dargestellte Kraft P die lotrechte Komponente dieser Zugspannungen ist. Diese Spannung wird die *Oberflächenspannung* des Wassers genannt. Die Dicke dieses den Sitz der Oberflächenspannung darstellenden Oberflächenfilms ist von der Größenordnung 10^{-7} cm. Die Ansichten über den die Oberflächenspannung erzeugenden Molekularmechanismus sind noch strittig. Die Existenz einer Oberflächenspannung als einer innerhalb des Oberflächenfilms wirkenden Spannung war während des letzten Jahrhunderts über jeden Zweifel bestätigt worden, und die Größe dieser Spannung wurde wiederholt durch voneinander unabhängige Verfahren mit den gleichen Ergebnissen bestimmt.

Die mathematische Darstellung dieser Erscheinung beruht jedoch auf keinen Annahmen, weil diese unabhängig von den physikalischen Ursachen der Oberflächenspannung gültig ist.

Einige Forscher auf dem Gebiet der Bodenmechanik haben sich durch die Meinungsverschiedenheiten über die physikalischen Ursachen der Oberflächenspannung zur Folgerung verleiten lassen, daß die Existenz der Oberflächenspannung als solche Ansichtssache wäre. Diese Folgerung kann mit den Zweifeln über die Gültigkeit der Gesetze der elektrischen Leitfähigkeit verglichen werden, die darauf beruhen, daß unsere Ansicht über die Natur der Elektrizität noch in einem strittigen Stadium ist. In diesem Zusammenhang soll betont werden, daß noch keine Kapillarerscheinung beobachtet wurde, die mit dem mathematischen Begriff der Oberflächenspannung im Widerspruch stand.

Die folgende Tabelle enthält die Spannung σ_0 im Oberflächenfilm des Wassers an der Berührungsfläche mit der Luft für verschiedene Temperaturen (SMITHSONS Physikalische Tabellen 1934):

T (°C)	=	0°	10°	20°	30°	40°
σ_0 (gr/cm)	=	0,0756	0,0742	0,0727	0,0711	0,0695

109. Wasseranstieg in kapillaren Röhren und Spalten.

Eine Röhre wird Kapillarröhre genannt, wenn ihr Durchmesser genügend klein ist, um ein sichtbares Ansteigen des Wassers innerhalb des Rohres über den außerhalb des Rohres freien Wasserspiegel zu verursachen. In Abb. 90a ist ein Schnitt durch eine solche Röhre dargestellt. Die Oberfläche des Wassers nimmt innerhalb des Rohres die Form einer Schale an, die *Meniskus* genannt wird. Die Wasseroberfläche schließt an die lotrechte Wand unter dem *Benetzungswinkel* α an.

Der Winkel α hängt von der chemischen Zusammensetzung der Rohrwandung und von der Art der die Wand überziehenden Verunreinigung ab. Wenn die Wandungen einer Glasröhre vor dem Versuch gereinigt und angefeuchtet werden, ist α gleich Null. Wenn die Wände andererseits mit einem Fettfilm überzogen sind, kann α auch größer als 90° sein. In diesem Fall ist der Meniskus nach oben konvex, und der Scheitelpunkt des Meniskus liegt unter dem Spiegel des außerhalb des Rohres befindlichen Wassers. Normalerweise führen die über die Wandungen verteilten Verunreinigungen zu einem Benetzungswinkel α zwischen $0°$ und $80°$.

Das Gleichgewicht der das Rohr oberhalb des freien Wasserspiegels erfüllenden Wassersäule (Abb. 90a) fordert

$$\pi r^2 \gamma_w h_c = \sigma_0 2\pi r \cos\alpha$$

oder

$$h_c = \frac{2\sigma_0}{r\,\gamma_w}\cos\alpha. \tag{1a}$$

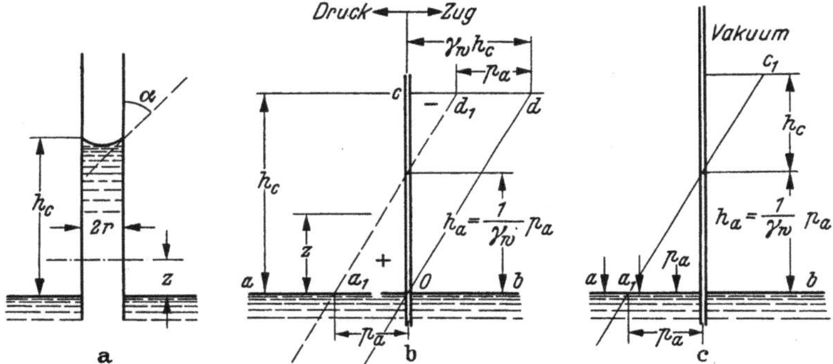

Abb. 90a—c. a Mit Wasser erfüllte Kapillarröhre; $\alpha =$ Benetzungswinkel an der Grenze von Meniskus und Rohr; b Spannungszustand des Wassers im oben offenen Kapillarrohr; c Wasseranstieg in einem Kapillarrohr, welches oben unter Vakuum steht, während der freie Wasserspiegel durch den Luftdruck p_a beansprucht wird.

Wenn r in cm, $\gamma_w = 1$ in g/cm³ und $\sigma_0 = 0,075$ g/cm gegeben ist, wird

$$h_c = \frac{0,15}{r}\cos\alpha. \tag{1b}$$

Der Spannungszustand des im Kapillarrohr befindlichen Wassers hängt vom Luftdruck p_a oberhalb des Wasserspiegels ab. Wird der in Abb. 90b dargestellte Versuch bei vollkommenem Vakuum durchgeführt, dann ist die gesamte oberhalb des freien Wasserspiegels liegende Wassersäule aus folgenden Gründen in einem Zugspannungszustand. Da das Wasser in einem Gleichgewichtszustand ist, muß in jedem Punkt einer waagrechten Schnittfläche der Druck im Wasser gleich sein. Im Horizont des freien Wasserspiegels ist der Druck gleich Null. Das Gewicht einer Wassersäule innerhalb des Kapillarrohres zwischen dem freien Wasserspiegel und der Höhe z oberhalb dieses Horizontes ist gleich $\gamma_w z$ pro Flächeneinheit der waagrechten Schnittfläche. Der Druck in der Grundfläche ist Null, und die Druckspannung in der Oberfläche ist p_{uz}. Da die Summe der auf die Wassersäule wirkenden Kräfte gleich Null sein muß, erhalten wir

$$p_{uz} + \gamma_w \, z = 0$$

oder

$$p_{uz} = - \gamma_w \, z. \tag{2}$$

In Abb. 90 b sind die Werte p_{uz} durch die Abszissen der Geraden Od dargestellt.

Wenn in den Raum oberhalb der Wassersäule Luft eindringt, die unter dem Druck p_a steht, dann nimmt der Druck im Wasser überall um p_a zu. Deshalb wird in diesem Fall der Druck im Wasser nach den Abszissen der strichlierten Linie $a_1 d_1$ (Abb. 90 b) verlaufen. Die Höhe h_c des kapillaren Anstieges bleibt unverändert. Nach Abb. 90 b herrscht im Wasser keine Zugspannung, wenn die Höhe h_c des kapillaren Anstieges nicht größer als $h_a = p_a/\gamma_w$ ist oder angenähert 10 m. Wenn wir schließlich noch das untere Ende eines luftleeren Kapillarrohres (Abb. 90 c) in Wasser, das unter dem Luftdruck p_a steht, tauchen, dann wird das Wasser im Rohr bis auf die Höhe ansteigen:

$$h_a + h_c = \frac{p_a}{\gamma_w} + \frac{0{,}15}{r} \cos \alpha. \tag{3}$$

Für Glasröhren mit vollkommen reinen Wandungen wird $\alpha = 0$.

Wenn wir das untere Ende einer Kapillarröhre aus dem Wasser herausziehen und die lotrechte Lage des Rohres beibehalten, dann hört das Ausfließen des Wassers aus dem Rohr in dem Augenblick auf, wenn der Wasserspiegel im Rohr die Höhe h_c über dem unteren Rohrende erreicht hat. Zur gleichen Zeit bildet sich ein gleichbleibender Tropfen am unteren Rohrende, wie in der Abb. 91 a skizziert. Das Gewicht der im Rohr enthaltenen Wassersäule wird durch die Oberflächenspannung des Films an der oberen Begrenzung der Säule gehalten. In der Nähe des unteren Rohrendes gehen die Spannungen im Wasser von Zug in der Wassersäule in Druck im Tropfen über, und der Oberflächenfilm des Tropfens kann mit einer dünnen Gummihaut verglichen werden, die wie ein Behälter wirkt und das Gewicht G des Tropfens an das untere Rohrende überträgt.

Bisher haben wir nur den kapillaren Anstieg von zusammenhängenden Wassersäulen in Röhren und die in Kapillarröhren nach Absenkung zurückgehaltene Wassersäule betrachtet. Wir sind jedoch auch in Verbindung mit der Ursache der Bodenfeuchtigkeit an dem kapillaren Wasseranstieg in Spalten und Schlitzen und in den an den Berührungspunkten zwischen den unebenen Oberflächen haftenden Wassertropfen interessiert.

Wenn wir die unteren Ränder von zwei durch einen sehr engen Luftzwischenraum getrennten Glasplatten in Wasser tauchen, so steigt das Wasser innerhalb dieses Zwischenraumes genau so wie in einem Kapillarrohr, obwohl die Seiten des Luftspaltes offen sind. Ändern wir die Lage der Glasplatten derart, daß sie längs einer lotrechten Berührungslinie aneinanderstoßen, dann nimmt die Höhe des kapillaren Wasseranstieges in dem so erhaltenen Schlitz von der Berührungslinie zur offenen Seite hin ab. Sehr enge Schlitze können sogar als kapillare Heber zur Wasserförderung aus einem Behälter benützt werden, unter der Voraussetzung, daß sie die Form eines Hakens haben, dessen unteres Ende tiefer als der Wasserspiegel im Behälter liegt (siehe Abb. 91 b).

In einer Ansammlung fester Teilchen, wie z. B. in Sand, wird jeder Berührungspunkt zwischen zwei angrenzenden Teilchen durch einen ring- und schlitzförmigen Zwischenraum von V-förmigem Querschnitt umgeben. Die Weite dieses Zwischenraumes nimmt von Null im Berührungspunkt nach allen Seiten zu. Wird Sand durch die Schwerkraft oder durch eine Zentrifuge entwässert, dann enthält jeder

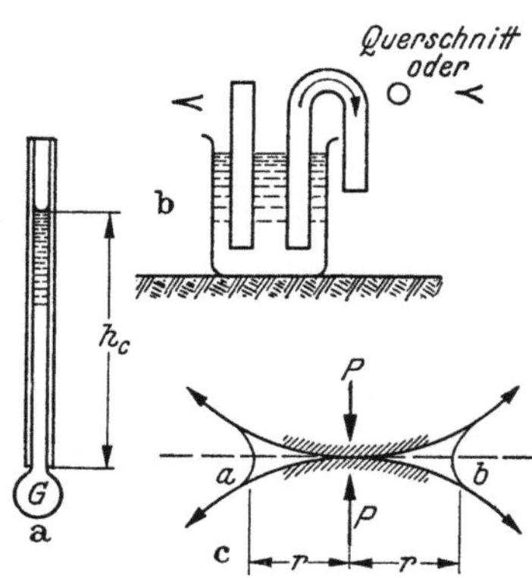

Abb. 91 a—c. a Wassertropfen am unteren Ende eines wassergefüllten Kapillarrohres; b Versuchsanordnung zur Vorführung der Kapillarbewegung in V-förmigen Schlitzen; c durch die Feuchtigkeit an der Berührungsstelle verursachte Adhäsion zwischen Sandkörnern.

dieser Schlitze eine ganz geringe Wassermenge, die durch die Kapillarkräfte, wie in der Abb. 91 c gezeigt, an Ort und Stelle festgehalten wird. Die von der Festmasse auf den Oberflächenfilm ausgeübten Kräfte sind durch Pfeile dargestellt. Da sie zu einer Zunahme des Durchmessers des den Berührungspunkt umgebenden Wasserringes führen, wird das Wasser unter Zugspannung gehalten, und die zu beiden Seiten des Berührungspunktes liegenden Teilchen der Festmasse werden mit einer Druckkraft gegeneinandergepreßt, die entgegengesetzt gleich ist der Zugkraft in der Schnittfläche ab durch den Wasserring.

110. Kapillarbewegung des Wassers in einer trockenen Sandsäule.

Wenn wir ein mit trockenem Sand gefülltes zylindrisches Gefäß mit siebartiger Grundplatte in Wasser tauchen, dann steigt das Wasser in den Poren des Sandes genau so an, wie es in einem Bündel Kapillarröhren ansteigt. Sowohl im Sand wie in den Röhren nimmt die Geschwindigkeit des kapillaren Anstieges rasch ab und wird schließlich Null.

Zur Vereinfachung der Untersuchung nehmen wir willkürlich an, daß der Wasserspiegel innerhalb des Sandes die Grenze zwischen einer

Zone vollkommener kapillarer Sättigung und einer Zone vollkommen trockenen Sandes darstellt. Nach dieser Annahme wird die Geschwindigkeit des kapillaren Wasseranstieges durch das DARCYsche Gesetz

$$v = k\,i \tag{1}$$

bestimmt, worin v die Filtergeschwindigkeit, k der Durchlässigkeitsbeiwert und i das hydraulische Gefälle bedeuten.

Tatsächlich ist der oberste Teil der feuchten Zone in einem Zustand teilweiser und nicht vollständiger kapillarer Sättigung. Innerhalb dieser Zone ist die Fließgeschwindigkeit des Wassers durch das *Kapillarpotential* ausgedrückt, welches eine Funktion des Sättigungsgrades des Sandes darstellt (siehe z. B. BAVER 1940). Jedoch sind die auf der Grundlage des Kapillarpotentials beruhenden Berechnungsverfahren noch nicht so weit entwickelt, daß sie für die Lösung praktischer Bauaufgaben herangezogen werden können.

Da die Querschnittsfläche der Sandsäule in jeder Höhe gleich ist, stellt der kapillare Wasseranstieg in der Sandsäule einen linearen Strömungszustand in lotrechter Richtung nach oben dar. Zu einer gegebenen Zeit t steht der Wasserspiegel auf einer Höhe z oberhalb des freien Wasserspiegels außerhalb der Sandsäule. Nehmen wir an, daß die lotrechte Komponente der Oberflächenspannung an der oberen Grenze des gesättigten Abschnitts eine Konstante darstellt, dann ist der hydraulische Überdruck, bezogen auf die in der Höhe des freien Wasserspiegels liegende Grundfläche der Sandsäule, gleich $h_c - z$ und das hydraulische Gefälle

$$i = \frac{h_c - z}{z}. \tag{2}$$

Die Geschwindigkeit dz/dt, mit der die obere Begrenzung der gesättigten Zone in lotrechter Richtung ansteigt, ist mit der Sickergeschwindigkeit v_s identisch, d. i. mit der lotrechten Komponente der mittleren Geschwindigkeit des in den Kapillarwegen strömenden Wassers. Bedeutet n den Porenanteil pro Raumeinheit des Sandes, dann ist v_s gleich v/n [Gl. (88.8)]. Daraus

$$v_s = \frac{v}{n} = \frac{dz}{dt}.$$

Verbinden wir diese Gleichung mit den Gl. (1) und (2), so erhalten wir

$$\frac{dz}{dt} = \frac{k}{n}\,\frac{h_c - z}{z}$$

woraus

$$(h_c - z) - h_c \ln(h_c - z) = \frac{k}{n}\,t + C.$$

Bei $t = 0$ ist die Höhe z des kapillaren Anstieges gleich Null. Diese Bedingung ist erfüllt, wenn

$$C = h_c - h_c \ln h_c.$$

Damit erhalten wir

$$t = \frac{n\,h_c}{k}\left[\ln\frac{h_c}{h_c - z} - \frac{z}{h_c}\right].\qquad(3)$$

In der vorhergehenden Untersuchung wurde angenommen, daß das Wasser in den Poren eines trockenen Sandes so lange ansteigt, bis ein Gleichgewichtszustand erreicht ist. Jedoch kann aber auch ein Endzustand kapillaren Gleichgewichts eintreten, wenn das Überschußwasser aus der Sandsäule ausfließen kann, die zu Beginn vollkommen gesättigt war. In diesem Fall wird der Vorgang, der zum Endzustand kapillaren Gleichgewichtes führt, *Wasserentzug* oder *Drainage* genannt. Sobald dem Überschußwasser Gelegenheit zum Entweichen durch die Grundfläche der Sandsäule gegeben wird, dringt in den oberen Teil der Säule Luft ein. Dabei wird der Wasseranteil des oberen Gebietes in ein System von ineinandergeflochtenen Wasserfäden und -bänder mit einem Netz von Luftkanälen umgeformt. Das in diesem Netz enthaltene Wasser wird *offenes Kapillarwasser* genannt. Es füllt die engsten Porenkanäle und die Winkel zwischen den Körnern aus. Wenn die Sandsäule sehr hoch ist, dann lösen sich die Wasserbänder und -fäden im obersten Teil der Säule in einzelne Tropfen auf, die die Berührungspunkte zwischen den einzelnen Körnern, wie in der Abb. 91 c gezeigt, umfassen. Das Kapillarwasser dieser Art ist *nicht zusammenhängend*, weil jeder Wassertropfen von seinem benachbarten hydrostatisch unabhängig ist. Es wird nur durch sein Eigengewicht und durch die Oberflächenspannung beansprucht. Wenn durch Verdunstung kein Wasserverlust eintritt, kann das Wasser in diesem Zustand im Sand dauernd in jeder Höhe über dem Grundwasserspiegel verbleiben.

Deshalb ist im Endzustand des Kapillargleichgewichtes der oberste Teil der Sandsäule durch nicht zusammenhängendes Porenwasser feucht gehalten, während der unterste Teil vollkommen gesättigt ist. In der Übergangszone ist die Kapillarfeuchtigkeit, wie oben beschrieben, als

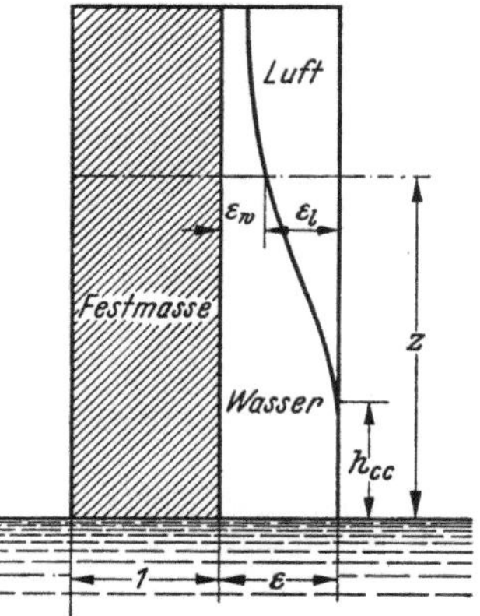

Abb. 92. Lotrechte Verteilung des Luftanteils nach Entwässerung einer gesättigten Sandsäule.

offenes Kapillarwasser enthalten. Abb. 92 zeigt eine Darstellung über den Verlauf des Sättigungsgrades in den verschiedenen Abschnitten einer drainierten Sandsäule. In dieser Abbildung stellt die Breite des rechten Rechteckes das auf die Festmasse bezogene Porenvolumen, d. h. die Porenziffer ε, dar. Die in der Abbildung eingezeichnete Kurve teilt dieses Rechteck in zwei Abschnitte. In irgendeiner Höhe z über dem freien Wasserspiegel zeigt die Breite ε_w des linken Abschnittes das vom Wasser erfüllte Volumen und die Breite $\varepsilon_l = \varepsilon - \varepsilon_w$ das mit Luft erfüllte und auf die Festmasse bezogene Porenvolumen an. Der Quotient

$$S_w = \frac{\varepsilon_w}{\varepsilon} \tag{4}$$

wird *Sättigungsgrad* genannt und der Quotient

$$G_l = \frac{\varepsilon_l}{\varepsilon} = 1 - S_w \tag{5}$$

ergibt den *Luftgehalt*. Die Höhe der Zone vollständiger kapillarer Sättigung ($S_w = 1,0$) wird durch h_{cc} bezeichnet. Sie scheint etwas kleiner zu sein als die Höhe h_c, bis zu der das Wasser durch die Kapillarwirkung in einer vollkommen trockenen Sandsäule ansteigt.

111. Kapillare Heberwirkung.

In Abb. 93a ist ein Schnitt durch einen Erddamm mit einem Kern aus relativ undurchlässigem Material dargestellt. Die Krone des Kernes liegt in der Höhe $\varDelta h$ oberhalb des freien Wasserspiegels. Wenn $\varDelta h$ kleiner als die kapillare Steighöhe des den durchlässigeren Teil des Dammes bildenden Materials ist, verursacht die in Abb. 91b veranschaulichte kapillare Heberwirkung eine Strömung des Wassers über der Krone des Dichtungskernes und ein Abströmen in den unterwasserseitigen Dammteil.

Ein Verfahren zur Berechnung der Abströmgeschwindigkeit ist noch nicht bekannt. Wir wissen jedoch sowohl aus Laboratoriumsversuchen wie aus Erfahrungen in der Natur, daß der Wasserverlust infolge der Heberwirkung sehr groß sein kann (siehe z. B. TERZAGHI 1942b).

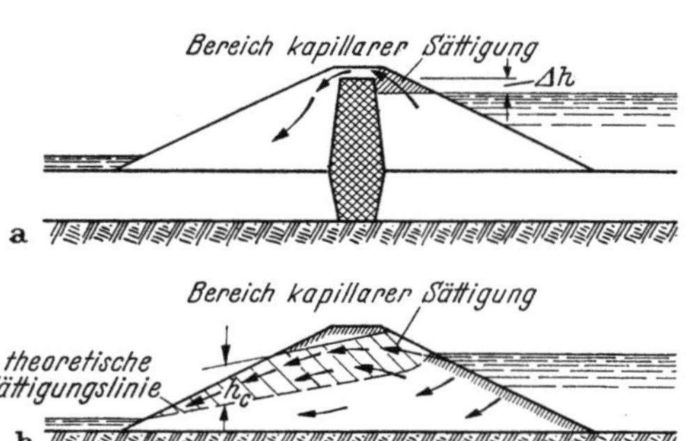

Abb. 93a u. b. Kapillarer Wasserabfluß aus einem Becken a durch den oberhalb des Dichtungskernes gelegenen Boden und b durch den oberhalb der theoretischen Sättigungslinie bei einem homogenen Erddamm gelegenen Boden.

Eine ähnliche Heberwirkung tritt in homogenen Erddämmen, wie in Abb. 93b eingezeichnet ist, auf. Durch die Kapillarwirkung sickert das Wasser nicht nur unterhalb der sogenannten Sättigungslinie (siehe Abs. 89), sondern auch innerhalb der Zone kapillarer Sättigung durch den Damm. Bei der Einzeichnung eines Stromliniennetzes in einem Damm, wie es in Abs. 89 beschrieben wurde, wird dieser Strömungsbereich nicht beachtet. Deshalb ist das tatsächliche Stromliniennetz nicht gleich mit dem theoretischen Stromliniennetz, und der tatsächliche Durchfluß kann wesentlich größer als der berechnete sein.

112. Innendruck in Luftblasen und Poren.

In manchen Böden enthält die Zone vollständiger Sättigung (Kapillare oder Schwerkraftsättigung) einen gewissen Anteil eines freien Gases in zusammenhanglosem Zustand. Wenn eine Gasmenge vollkommen von Wasser umgeben ist, wird sie *Blase* genannt. In Böden haften die Blasen stets an der Oberfläche eines Bodenteilchens, jedoch ist die Berührungsfläche im Vergleich zur gesamten Blasenoberfläche unbedeutend klein. Wenn andererseits eine Gasmenge einen Hohlraum erfüllt, dessen äußere Begrenzung aus unabhängigen, voneinander durch die Oberfläche der Bodenkörner getrennten Menisken besteht, dann erfüllt die Gasmenge eine *Pore*. Gasblasen sind immer kugelförmig, während die Poren jede Gestalt haben können.

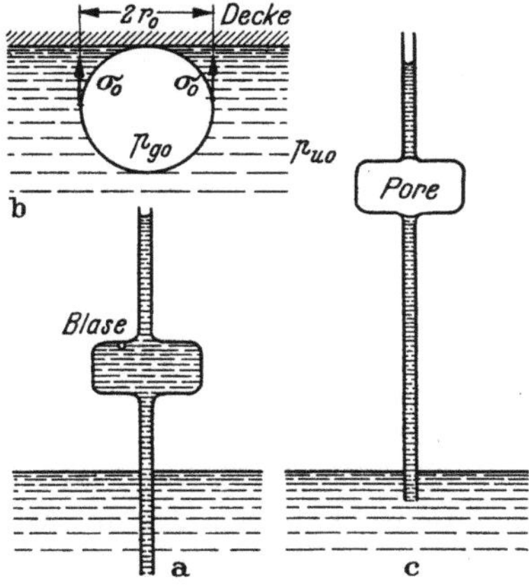

Abb. 94 a—c. Darstellung der Bedingungen für die Ausweitung von Blasen in Poren.

Die Gasmengen in einem Boden können die Überreste der Luft darstellen, die vor dem Eindringen des Wassers in den Boden die Hohlräume erfüllt hat. Sie können sowohl Luft wie auch irgendein anderes Gas, das vorher im Wasser gelöst war, darstellen oder ein Gas, das durch chemische Vorgänge im Boden enwickelt wurde. Bei einer gegebenen Temperatur hängt der Gasdruck in einer Blase ausschließlich vom Gewicht des in der Blase enthaltenen Gases und von der Spannung im Wasser ab. Der Gasdruck in Poren hängt auch von der Anordnung der die Pore umgebenden Bodenteilchen ab.

Um den Unterschied zwischen den Gleichgewichtsbedingungen einer Gasblase und einer in einer Pore eingeschlossenen Gasmenge zu veranschaulichen, berechnen wir den Gasdruck in einer Blase, die an der Decke der in Abb. 94 a dargestellten wassererfüllten Erweiterung haftet. Der Boden der Erweiterung steht mit einem Kapillarrohr mit dem freien Wasser in Verbindung. Ein weiteres Kapillarrohr führt aus der Decke nach oben. Durch Veränderung des Abstandes zwischen dem freien Wasserspiegel und dem Boden des Behälters kann man die Spannungen im Wasser innerhalb der durch den Durchmesser des oberen Kapillarrohres bestimmten Grenzen verändern. Die Rechnung beruht auf der Vereinfachung, daß das Gewicht des in der Blase enthaltenen Gases vom Spannungszustand im Wasser unabhängig ist. Zu Beginn des Versuches beträgt der Durchmesser der Blase gleich $2r_0$. Da die Blase oberhalb des freien Wasserspiegels liegt, ist der tatsächliche Wasserdruck p_{u0} gleich der algebraischen Summe von p_{w0} und dem Luftdruck p_a oder

$$p_{u0} = p_{w0} + p_a. \tag{1}$$

Der Druck p_0 kann sowohl positiv wie negativ sein. Der Gasdruck ist p_{g0} und die Oberflächenspannung σ_0. Abb. 94b stellt einen vergrößerten lotrechten Schnitt durch die Blase dar. Aus Gleichgewichtsgründen der auf die untere Hälfte der Blase wirkenden Kräfte ergibt sich

$$\pi r_0^2 p_{g0} = \pi r_0^2 p_{u0} + 2\pi r_0 \sigma_0$$

oder

$$p_{g0} = p_{u0} + \frac{2\sigma_0}{r_0} = p_{w0} + p_a + \frac{2\sigma_0}{r_0}. \tag{2}$$

Wenn sich r_0 an Null nähert, geht der Gasdruck p_{g0} gegen unendlich. Innerhalb des Bereiches molekularer Abmessungen verliert jedoch Gl. (2) ihre Gültigkeit.

Beim Anheben der in Abb. 94a dargestellten Erweiterung kann man den Druck im Wasser von p_{u0} auf p_u vermindern, wobei der Gasdruck von p_{g0} in p_g und der Radius der Blase von r_0 in r übergeht. Nach dem BOYLEschen Gesetz ist das Produkt aus dem Volumen und dem Druck für jedes Gas bei einer konstanten Temperatur eine Konstante. Das vom Gas vor und nach der Druckänderung eingeschlossene Volumen ist gleich $\frac{4}{3}\pi r_0^3$ bzw. $\frac{4}{3}\pi r^3$. Deshalb kann der Radius r, wenn r_0 bekannt ist, aus der Gleichung

$$\frac{4}{3}\pi r_0^3 \left(p_{u0} + \frac{2\sigma_0}{r_0}\right) = \frac{4}{3}\pi r^3 \left(p + \frac{2\sigma_0}{r}\right)$$

berechnet werden oder nach Vereinfachung:

$$r_0^3 \left(p_{u0} + \frac{2\sigma_0}{r_0}\right) = r^3 \left(p_u + \frac{2\sigma_0}{r}\right). \tag{3}$$

Durch Auflösen dieser Gleichung nach p_u erhält man

$$p_u = \frac{r_0^3}{r^3}\left(p_{u0} + \frac{2\sigma_0}{r_0}\right) - \frac{2\sigma_0}{r}.$$

Der Betrag, um den sich die Blase, mit abnehmendem Druck p_u im Wasser, ausdehnt, ist durch die Gleichung gegeben:

$$-\frac{dr}{dp_u} = \frac{r^2}{\frac{3\,r_0^3}{r^2}\,p_{u0} + 2\,\sigma_0\left(\frac{3\,r_0^2}{r^2} - 1\right)}\,.$$

Für

$$r = r_1 = r_0\,\sqrt{3}\,\sqrt{\frac{r_0\,p_{u0}}{2\,\sigma_0} + 1} \tag{4}$$

wird die Zunahme des Radius der Blase gleich unendlich. In diesem Zustand ist der tatsächliche Druck im Wasser p_{u1}. Durch Verbindung der Gl. (3) und (4) erhalten wir

$$p_{u1} = -\frac{4}{3}\,\frac{\sigma_0}{r_1}\,. \tag{5}$$

Der entsprechende hydrostatische Druck [siehe Gl. (1)] ist

$$p_{w1} = p_{u1} - p_a = -\left(\frac{4}{3}\,\frac{\sigma_0}{r_1} + p_a\right)\,. \tag{6}$$

Den Gasdruck erhalten wir aus Gl. (2) mit

$$p_{g1} = p_{u1} + \frac{2\,\sigma_0}{r_1} = \frac{2}{3}\,\frac{\sigma_0}{r_1}\,. \tag{7}$$

Sobald der hydrostatische Druck im Wasser gleich p_{w1} [Gl. (6)] wird, dehnen sich die Gasblasen aus, und zwar so lange, bis die Erweiterung gefüllt ist. Wenn dieser Zustand erreicht ist, bildet die Gasmenge keine Blase mehr. Sie füllt einen Hohlraum, wie in Abb. 94c dargestellt ist. Die Begrenzung dieses Hohlraumes besteht aus den Wandungen der Erweiterung und aus zwei Menisken am Boden und an der Decke. Wenn V das Volumen der Erweiterung ist, dann wird der Gasdruck p_{gv} durch die Gleichung.

$$\tfrac{3}{4}\,\pi\,r_0^3\,p_{g0} = V\,p_{0v}$$

dargestellt oder durch

$$p_{gv} = \frac{4\,\pi\,r_0^3}{3\,V}\,p_{g0}\,.$$

Im Gegensatz zum Gasdruck für den Zustand der Blasen, der durch Gl. (2) ausgedrückt wird, erhalten die vorhergehenden Gleichungen für den Gasdruck im Zustand der Hohlraumfüllung das Volumen des Hohlraumes, auf das sich die Gasmenge ausgedehnt hat. Deshalb hängt der Gasdruck, sobald die Gasmenge den Hohlraum erfüllt hat, hauptsächlich von den Anfangsbedingungen und vom Volumen des Hohlraumes, auf das sich das Gas ausgedehnt hat, ab. Alle übrigen Faktoren, wie die Spannung im Wasser oder die Oberflächenspannung, sind von geringer Bedeutung. Die Krümmung der Menisken, die einen

Teil der Begrenzung der gasgefüllten Hohlräume bilden, hängt vom Gasdruck und von der Höhe der Wassersäule ab, die ober- und unterhalb der Erweiterung vorhanden ist. Sie ist nach diesen Angaben leicht zu berechnen.

Um den Einfluß der Form einer Blase auf die Spannungen im Wasser, bei denen die Blase sich in einem Hohlraum erweitert, zu veranschaulichen, berechnen wir den Radius r_1 [Gl. (4)] und die zugehörigen Werte p_{u1} [Gl. (5)] und p_{w1} [Gl. (6)] für zwei verschiedene Werte von r_0 nach der Annahme, daß die Blase zu Versuchsbeginn auf der Höhe des freien Wasserspiegels gelegen ist. Daraus folgt, daß p_{w0} in Gl. (1) gleich Null wird. Der Luftdruck p_a ist angenähert 1,0 kg/cm². Nach dieser Annahme ist p_{u0} gleich 1,0 kg/cm². Für $r_0 = 5 \cdot 10^{-5}$ cm (Radius eines mittelgroßen Tonteilchens) erhalten wir $r_1 = 10 \cdot 10^{-5}$ cm, $p_{u1} = -1000$ g/cm² und $p_{w1} = -2000$ g/cm². Deshalb erweitert sich die Blase in einem Hohlraum, wenn sie ihre Form verdoppelt, und die entsprechende Spannung im Wasser ist gleich der des Wassers in einem Kapillarrohr auf einer Höhe von 20 m oberhalb des freien Wasserspiegels. Wenn andererseits $r_0 = 0,05$ cm (Größe eines feinen Sandkörnchens), erhalten wir $r_1 = 1,6$ cm, $p_{u1} = -0.06$ g/cm² und $p_{w1} = -1000,06$ g/cm². Deshalb ist in diesem Falle die Ausdehnung der Blase, die der Ausdehnung zu einem Hohlraum vorausgeht, sehr beträchtlich, und die Spannung im Wasser, bei der die Ausdehnung eintritt, ist zahlenmäßig gleich dem Luftdruck. Es soll daran erinnert werden, daß alle Gleichungen, aus denen die vorangehenden Werte erhalten wurden, auf der Annahme beruhen, daß das Gewicht der in den Blasen enthaltenen Luft konstant bleibt. In der Natur ist die Druckabnahme im Wasser immer mit einem Luftaustritt verbunden. Deshalb sind die Ergebnisse der Berechnungen nur angenähert richtig.

Die Ergebnisse der vorhergehenden Untersuchungen ermöglichen den Einfluß von Zugspannungen im Porenwasser der Hohlräume eines Bodens auf den von den Gasmengen verdrängten Raum zu veranschaulichen. Ein Hohlraum im Boden kann mit der in Abb. 94 dargestellten Erweiterung verglichen werden. Der Gasgehalt eines nahezu gesättigten Bodens besteht aus sehr kleinen Gasblasen, die an den Wänden der Hohlräume haften. Wenn im Wasser Zugspannungen auftreten, dehnen sich die größten Blasen in Hohlräume aus, und wenn die Zugspannung zunimmt, folgen die kleineren Blasen nach. Die zur Einleitung dieses Vorganges erforderliche Zugspannung hängt vom Anfangsspannungszustand im Wasser und von der Größe der weitesten Gasblasen ab. Sobald eine Gasblase sich erweitert hat, verliert die Beziehung zwischen Gasdruck und Oberflächenspannung, wie sie in Gl. (2) ausgedrückt wurde, für dieses Gasquantum ihre Gültigkeit.

XV. Die Mechanik des Wasserentzuges.

113. Die Arten des Wasserentzuges.

Der künstliche Wasserentzug aus dem Boden wird als Drainierung bezeichnet. Im Bauwesen wird ein solcher Wasserentzug zur Erhöhung der Bodenstabilität vor dem Aushub oder vor der Lastaufbringung vorgenommen. In beiden Fällen beruht die Zunahme der Stabilität auf der Verminderung der neutralen Spannungen bei praktisch unveränderten totalen Spannungen im Boden. Um einem Boden Wasser zu entziehen, muß der Grundwasserspiegel abgesenkt werden. Die Ausdrücke *Grundwasserspiegel, freier Wasserspiegel, Wasserspiegel* oder *Grundwasserhorizont* bezeichnen den Horizont, bis zu dem das Grundwasser in Standrohren ansteigt, deren unteres Ende unmittelbar unter diesem Horizont angeordnet ist. Wenn das Grundwasser in Ruhe ist, so steigt das Wasser in jedem Rohr auf dieselbe Höhe an, gleichgültig, wo das untere Rohrende angeordnet wird.

Wenn das Wasser durch den Boden strömt, wird die Grundwasserspiegelfläche manchmal auch Sättigungslinie genannt. Dieser Ausdruck ist jedoch irreführend, weil jeder Boden bis zu einer bestimmten Höhe über dem Grundwasserspiegel in einem Zustand vollkommen kapillarer Sättigung ist. In der oberen Berandung der Zone vollständiger kapillarer Sättigung ist die Standrohrspiegelhöhe stets negativ, wodurch der Grundwasserspiegel den Ort aller jener Punkte in einer Bodenmasse darstellt, für die die Standrohrspiegelhöhe gleich Null ist.

Die Senkung des Grundwasserspiegels kann durch Anordnung von Gräben oder Stollen mit natürlichem Abfluß (Wasserentzug mit Vorflut), durch Pumpanlagen, die mit Brunnen oder Gräben in Verbindung stehen (Wasserentzug mit künstlicher Hebung des Wassers), oder durch Oberflächenverdunstung (Wasserentzug durch Austrocknen) erreicht werden. Das überschüssige Wasser kann längs geraden, parallelen Linien (geradlinige Strömung) entweichen oder durch Strömung längs Kurven in parallelen Ebenen (ebene Strömung), in radialen Ebenen (radiale Strömung) oder längs räumlich gekrümmten Kurven (allgemeiner Fall einer räumlichen Strömung).

Bei der praktischen Durchführung einer Wasserentzugsmaßnahme ist es oft nützlich oder notwendig, von vornherein die für die Abführung des größten Teiles des überschüssigen Wassers aus dem Boden erforderliche Zeit angenähert zu wissen. Die Geschwindigkeit, mit der das Wasser austritt, wird *Entzugsgeschwindigkeit* genannt. Für ein gegebenes System hängt sowohl die Geschwindigkeit wie die Wirkung des Wasserentzuges von den physikalischen Eigenschaften des durchströmten Bodens ab, d. h. von der Durchlässigkeit, von der Kornverteilung und der Zusammendrückbarkeit. Diese Eigenschaften bewegen sich zwischen den beiden Grenzen, die durch idealen Sand und idealen Ton gezogen sind.

Bei der Behandlung des Wasserentzuges bezeichnet der Ausdruck *idealer Sand* ein ideales körniges Material, das vollkommen unzusammendrückbar ist. Deshalb muß das Wasser, das aus einem solchen idealen Sand abfließt, durch Luft ersetzt werden, die dasselbe Volumen erfüllt (Wasser-Luft-Austausch).

Die Bezeichnung *idealer Ton* bezieht sich auf einen hochzusammendrückbaren Boden, dessen Poren so klein sind, daß sie während des ganzen Wasserentzugvorganges vollständig mit Wasser gefüllt bleiben, wobei vorausgesetzt wird, daß die Bodenoberfläche gegen Verdunsten geschützt ist. Deshalb ist das gesamte Wasservolumen, das aus dem idealen Ton ausströmt, gleich der gleichzeitigen Abnahme des gesamten Porenvolumens. Ein Vorgang dieser Art ist im wesentlichen identisch mit dem Konsolidierungsvorgang unter dem Einfluß einer äußeren Last, und die Konsolidierungsgeschwindigkeit kann meist nach dem in Kap. XIII beschriebenen Verfahren berechnet werden.

Während die Wasserabgabe in einer Sandmasse fortschreitet, ist der entwässerte Bereich der Masse vom gesättigten Teil durch eine breite Übergangszone getrennt, in der einige Poren durch Luft und die restlichen durch strömendes Wasser erfüllt sind. Innerhalb der Übergangszone hängt die Fließgeschwindigkeit nicht nur vom hydraulischen Gefälle und der Größe der Poren ab, sondern auch vom Sättigungsgrad und einigen anderen Faktoren. Die Theorien, die diese Faktoren in Betracht ziehen (GARDNER 1936; siehe auch WILSON und RICHARDS 1938 und BAVER 1940), sind so verwickelt, daß sie bis jetzt für praktische Zwecke noch nicht geeignet sind. Die in den folgenden Abschnitten enthaltenen Berechnungen beruhen auf der gebräuchlichen Annahme, daß der entwässerte und gesättigte Teil des Sandes durch eine scharfe Grenze getrennt ist. Die Ergebnisse stellen deshalb nur mit sehr roher Näherung den tatsächlichen Wasserabgabevorgang in Sanden dar.

114. Entwässerung einer idealen Sandschicht durch ihre Grundfläche.

Abb. 95a zeigt einen Schnitt durch eine ideale Sandschicht von der Dicke d, die auf einer Kiesschicht aufruht, welche bedeutend durchlässiger als der Sand ist. Vor der Wasserabgabe des Sandes liegt der Grundwasserspiegel in der Sandoberfläche. In diesem Zustand steht das Wasser in Standröhren auf der Höhe der Geländeoberfläche. In irgendeiner Tiefe $d - z$ unterhalb der Oberfläche ist die neutrale Spannung (siehe Abs. 6) gleich

$$p_w = \gamma_w (d - z).$$

Der Wasserentzug wird durch Abpumpen des Wassers aus dem Kies mittels Brunnen mit wasserdichter Verkleidung erreicht. Wegen der Verkleidung erfolgt die Wasserabgabe nur in lotrechter Richtung (lotrechte Strömung). Durch das Pumpen wird der Wasserspiegel in dem Brunnen in der Höhe der Grundfläche der Sandschicht gehalten. Nach vollständiger Entwässerung bleiben die untersten Teile des Sandes in einem Zustand völliger kapillarer Sättigung, wogegen die Poren im übrigen Sand mit unzusammenhängendem Haftwasser erfüllt sind (siehe Abs. 110). In Wirklichkeit besteht ein allmählicher Übergang zwischen diesen beiden Zonen, aber in den folgenden Untersuchungen wird angenommen, daß sie durch eine scharfe Grenze getrennt sind.

Wenn der Sand trocken wäre, würde das Wasser durch die Kapillarwirkung innerhalb einiger Tage auf die Höhe h_c über den Grundwasserspiegel ansteigen. Deshalb wird angenommen, daß die Grenze zwischen dem gesättigten und dem entwässerten Teil der Schicht auf der Höhe h_c in jedem Zustand der Wasserabgabe über dem Grundwasserspiegel liegt.

Es bezeichnen:

n den Porenanteil des Sandes pro Gesamtvolumeneinheit,
G_l den Luftgehalt des Sandes nach der Wasserabgabe [Gl. (110.5)],
k den Durchlässigkeitsbeiwert des Sandes,
γ_w das spezifische Gewicht des Wassers,
γ das Raumgewicht des gesättigten Sandes (Sand und Wasser),
γ_t das Raumgewicht des Sandes nach dem Wasserentzug und
γ_a das unter Auftrieb stehende Raumgewicht des Sandes.

Die Wasserabgabe wird durch rasche Senkung des Wasserspiegels in den Brunnen auf die Höhe der Grundfläche der Sandschicht bewirkt, wo er durch Pumpen gehalten wird. Durch diese Maßnahme sinkt der Wasserspiegel von der Oberfläche zur Grundfläche der Sandschicht, wobei das Wasser aus dem Sand abfließt. Diesem Bestreben wirkt aber die Oberflächenspannung des Wassers entgegen, die das Gewicht einer Wasserschicht von der Dicke h_c tragen kann. Um die Wirkung der Oberflächenspannung auf den Spannungszustand im Wasser zu veranschaulichen, führen wir durch den Sand einen unter 45° zur Waagrechten verlaufenden Schnitt ab und ordnen in verschiedenen Punkten dieser Schnittfläche Standrohre an, wie z. B. das Rohr S im Punkt m in Abb. 95a. Diese Rohre sind U-förmig gebogen, wodurch es möglich wird, sowohl positive wie negative neutrale Spannungen zu messen. Vor dem Pumpbeginn steht das Wasser in allen Rohren in der Geländeoberfläche. Wenn keine Oberflächenspannung vorhanden ist, ist die hydraulische Druckhöhe bezüglich des abgesenkten Wasserspiegels zur Zeit $t = 0$ gleich d und das hydraulische Gefälle gleich $d/d = 1$. Sobald jedoch das Auspumpen des Wassers aus dem Brunnen im Wasser das Bestreben, aus dem Sand auszufließen, erzeugt, wird die Oberflächenspannung des Wassers voll aktiv, worauf der Standrohrspiegel für nahe an der Oberfläche gelegene Punkte von der Oberfläche auf die Tiefe h_c unter der Oberfläche absinkt. Dieser Vorgang vermindert die Anfangsdruckhöhe in der Oberfläche bezüglich des abgesenkten Wasserspiegels von d auf $d - h_c$ und das hydraulische Anfangsgefälle von der Einheit auf

$$i_0 = \frac{d - h_c}{d}. \tag{1}$$

In Abb. 95a ist dieses Gefälle durch die Neigung der Geraden $a_0 b$ gegeben, die den Ort der Standrohrspiegel für verschiedene Punkte in der Ebene ab zur Zeit Null darstellt.

In jedem Punkt in dieser Ebene ist in der Tiefe $d - z_1$ unter der Oberfläche die Anfangsdruckhöhe, bezogen auf den abgesenkten Grundwasserspiegel gleich

$$h_0 = \overline{d_0 f} = (d - h_c)\frac{z_1}{d}.$$

Der anfängliche hydraulische Überdruck beträgt:

$$p_{u0} = \gamma_w \overline{d_0 f} = \gamma_w (d - h_c)\frac{z_1}{d}$$

und die neutrale Spannung

$$p_{w0} = \gamma_w \overline{m\,d_0} = -\gamma_w h_c \frac{z_1}{d}.$$

Die Gerade $a_0 b$ sowohl wie jede andere Gerade im Diagramm, die gleichzeitig die Standrohrspiegelhöhen für den Schnitt ab verbindet, hat dieselbe physikalische Bedeutung wie die in den Abb. 82 und 83 dargestellten Isochronen. Da die Isochrone $a_0 b$ (Abb. 95a) vollkommen unter dem Schnitt ab liegt, ist zur Zeit $t = 0$ die neutrale Spannung in jedem Punkte dieses Schnittes immer negativ.

Wenn die Wasserabgabe fortschreitet, bewegt sich die obere Grenze der Zone vollständiger kapillarer Sättigung nach abwärts. In dieser Grenze ist die Standrohrspiegelhöhe stets gleich $-h_c$. Liegt die Grenze in der Höhe z über dem abgesenkten Grundwasserspiegel, ist die hydraulische Druckhöhe in der Grenze gleich $z - h_c$ und das hydraulische Gefälle

$$i = \frac{z - h_c}{z}. \tag{2}$$

Während z abnimmt, sinkt der Wasserspiegel im Rohr S nach abwärts; sobald $z = z_1$ wird, steht der Wasserspiegel in S im Abstand h_c unter dem Punkt m, wie in der Abbildung eingezeichnet. Ein weiteres Absinken der Grenze verursacht ein Abreißen der Wassersäule im U-förmigen Rohr, weil m dann nicht mehr von gesättigtem Sand umgeben ist.

Sobald die Grenze die Höhe h_c des Punktes m_1 erreicht, wird das hydraulische Gefälle i [Gl. (2)] gleich Null, und die Wasserabgabe ist abgeschlossen. Die Spannungsbedingungen dieses Endzustandes sind in Abb. 95b dargestellt. In dieser Abbildung bedeutet der lotrechte Abstand zwischen irgendeinem Punkt des ebenen Schnittes ab und dem entsprechenden Punkt auf der Endisochrone bf_1a_1 die Standrohrspiegelhöhe dieses Punktes. Warum der untere Teil von a_1f_1 gekrümmt ist, wird später noch erklärt werden. Da die Isochrone vollständig unter ab liegt, ist die Standrohrspiegelhöhe in jedem Punkt des Schnit-

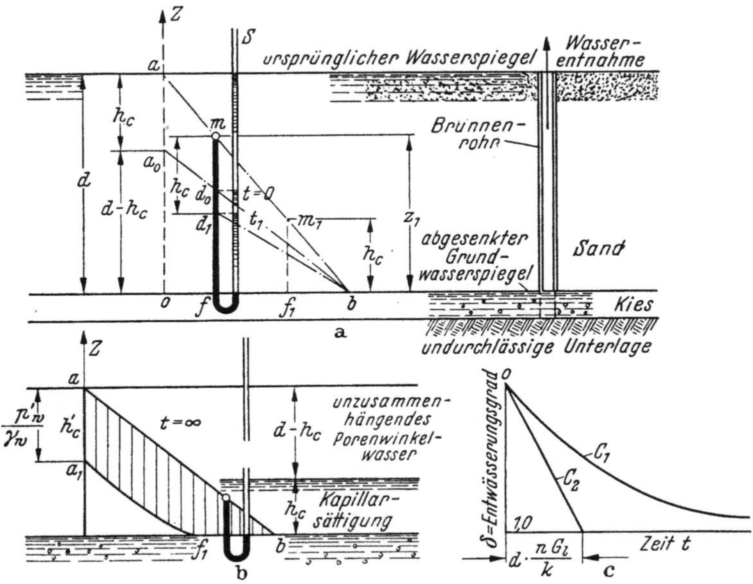

Abb. 95 a—c. a Entwässerung einer Sandschicht durch Pumpen aus der darunterliegenden Kiesschicht; b Spannungszustand im Sand nach der Wasserabgabe; c verzögernder Einfluß der Oberflächenspannung auf die Konsolidierungsgeschwindigkeit. Wenn die Oberflächenspannung vernachlässigbar wäre, würde die Wasserabgabe nach C_2 in Abb. c fortschreiten.

tes negativ. Unterhalb der Höhe h_c verbleibt der Sand vollständig gesättigt. Über dieser Höhe füllt das Wasser nur mehr die Umgebung der Berührungspunkte der Bodenkörner. Es bildet das nicht zusammenhängende Porenwasser (Abs. 110). In jeder Höhe $z < h_c$ ist die totale Normalspannung in einem waagrechten Schnitt

$$p = \gamma(h_c - z) + \gamma_t(d - h_c) \tag{3}$$

und die wirksame Normalspannung

$$\bar{p} = p + \gamma_w z. \tag{4}$$

In jeder Höhe $z > h_c$ ist die totale Normalspannung gleich

$$p = \gamma_t(d - z).$$

Die im Porenwasser des oberhalb der Sättigungszone liegenden Sandes wirkende neutrale Spannung kann nicht auf direktem Weg ermittelt werden, weil die in den Standrohren befindliche Wassersäule in dem Augenblick abreißt, sobald in das im Beobachtungspunkt gelegene Rohrende Luft eintritt. Jedoch zeigt die versuchsmäßige Bestimmung der scheinbaren Kohäsion von Sand nach dem Wasserentzug, daß die Spannung im unzusammenhängenden Porenwasser das Äquivalent einer neutralen Spannung

$$p'_w = -\gamma_w h'_c \tag{5}$$

darstellt, die praktisch von der Tiefe unter der Oberfläche unabhängig ist. Der Wert h'_c ist etwas größer als h_c. In Abb. 95 b ist der Wert h'_c durch den lotrechten Abstand von ab und dem oberen Teil von $a_1 f_1$ dargestellt. Deshalb beträgt für $z > h_c$ die wirksame Normalspannung in einem waagrechten Schnitt

$$\overline{p} = p + \gamma_w h'_c. \tag{6}$$

Da h'_c größer als h_c ist, besteht ein allmählicher Übergang zwischen dem geraden oberen Teil der Endisochrone $a_1 f_1 b$ und dem geraden unteren Teil $f_1 b$. Die Geschwindigkeit, mit der die obere Grenze der Sättigungszone aus irgendeiner Höhe z gegen ihre Endlage auf die Höhe h_c absinkt, beträgt $-dz/dt$ pro Zeiteinheit. Die Wassermenge, die pro Zeiteinheit aus der Flächeneinheit der Grundfläche der Sandschicht ausfließt, beträgt

$$v = -\frac{dz}{dt}\, n\, G_l. \tag{7}$$

In dieser Gleichung stellt das Produkt $n G_l$ jenen Teil der Sandporen n pro Raumeinheit dar, die mit Luft erfüllt sind. Der Wert v stellt die Filtergeschwindigkeit dar. Nach dem DARCYschen Gesetz ist

$$v = k\, i.$$

Verbinden wir diese Gleichung mit den Gl. (2) und (7), so erhalten wir

$$k\,\frac{z - h_c}{z} = -\frac{dz}{dt}\, n\, G_l. \tag{8}$$

Die Lösung dieser Differentialgleichung lautet

$$t = \frac{n\, G_l}{k}\, [h_c - z - h_c \ln (h_c - z)] + C.$$

Die Größe der Integrationskonstanten C ist durch die Bedingung $z = d$ für $t = 0$ bestimmt. Wir erhalten damit

$$t = \frac{h_c\, n\, G_l}{k} \left[\ln \frac{d - h_c}{z - h_c} - \frac{z}{h_c} + \frac{d}{h_c} \right]. \tag{9}$$

Diese Gleichung bestimmt die Geschwindigkeit, mit der die Wasserabgabe des idealen Sandes fortschreitet. Zu einer Zeit t beträgt die Wassermenge, die aus dem Sand pro Einheit der Grundfläche ausgeströmt ist,

$$(d - z)\,n\,G_l.$$

Die gesamte Wassermenge, die aus dem Sand abgegeben werden kann, beträgt

$$(d - h_c)\,n\,G_l.$$

Der Quotient

$$\delta = \frac{d - z}{d - h_c} \tag{10}$$

ist ein Maß für den Entwässerungszustand des Sandes. Er entspricht dem mit Gl. (102.8 b) definierten Verfestigungsgrad μ. Durch Auftragen der Werte δ gegen die Zeitachse erhalten wir die Wasserabgabekurve C_1 (Abb. 95 c). Sie nähert sich dem Wert $\delta = 1{,}0$.

Wenn die Höhe des kapillaren Anstieges h_c vernachlässigbar klein ist, so erhalten wir für i [Gl. (2)] den Wert $i = 1 =$ konst. Wir erhalten dann statt der Gl. (8) und (9)

$$k = -\frac{dz}{dt}\,n\,G_l,$$

$$-\frac{dz}{dt} = \frac{k}{n\,G_l} = \text{konst.}$$

und

$$z = d - \frac{k}{n\,G_l}\,t.$$

Setzen wir in Gl. (10) für $h_c = 0$, so erhalten wir für den *Entwässerungsgrad* zur Zeit t

$$\delta = \frac{d - z}{d} = \frac{k\,t}{n\,G_l\,d}\,. \tag{11}$$

Dies ist die Gleichung einer geraden Linie C_2 in Abb. 95 c, die die Zeitachse des Diagramms in einem Punkt schneidet mit der Abszisse

$$t = \frac{n\,G_l}{k}\,d.$$

Für gegebene Werte von k, n und G_l ist die Kurve C_1 für $h_c > 0$ stets ganz auf der rechten Seite der Geraden C_2 für $h_c = 0$ gelegen. Die Kapillarkräfte vermindern deshalb nicht nur die gesamte Wassermenge, die aus dem Sand entzogen werden kann, sondern verzögern auch den Wasserabgabevorgang.

115. Wasserentzug aus idealem Sand mittels Brunnen.

Die Wasserabsenkung in Sand vor Beginn von Aushubarbeiten wird häufig mittels Brunnen bewerkstelligt. Abb. 96 zeigt eine auf undurchlässiger Sohle aufruhende Sandschicht mit der Grundwassermächtigkeit h vor der Absenkung. Pro Zeiteinheit war aus einem Einzelbrunnen eine konstante Wassermenge Q herausgepumpt worden. Durch das Pumpen entsteht eine trichterförmige Absenkung des Wasserspiegels, deren Radius r_t mit der Zeit zunimmt. Die Berechnung des Radius r_t als Funktion der Zeit ist eine Aufgabe der angewandten Hydraulik, die nur mit der vereinfachenden Annahme, daß die kapillare Steighöhe h_c vernachlässigbar ist, gelöst wurde.

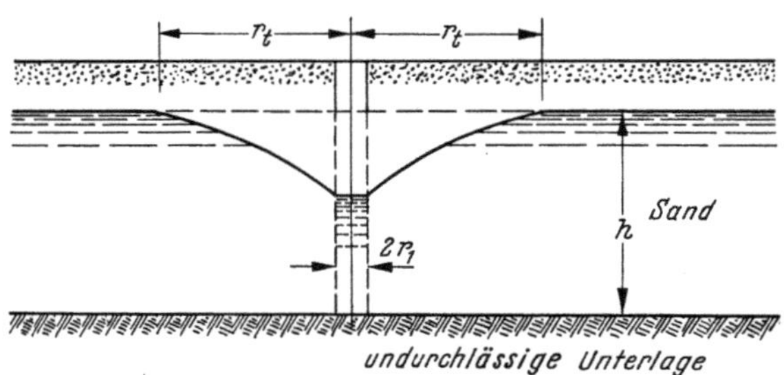

Abb. 96. Grundwasserabsenkung durch Wasserentnahme aus Einzelbrunnen.

Wenn h_c gleich Null ist, wird die abgesenkte Grundwasserspiegelfläche identisch mit der Grenzfläche zwischen dem feuchten und gesättigten Bereich des Sandes. Oberhalb dieser Grenzfläche ist das vom Wasser erfüllte Volumen gleich $n(1 - G_l)$ pro Raumeinheit des Sandes. Der Durchlässigkeitsbeiwert des Sandes ist k. Zu einer beliebigen Zeit nach Beginn des Pumpens beträgt der lotrechte Abstand z zwischen dem ursprünglichen und dem abgesenkten Wasserspiegel im Abstand r von der Brunnenachse gleich

$$z = \frac{Q}{4\pi k h}\left(\ln\frac{1{,}5^2}{a} + \frac{a}{4\cdot 1!} - \frac{a^2}{4^2\cdot 2\cdot 2!} + \cdots\right)$$

worin

$$a = \frac{n\,G_l\,r^2}{k\,h\,t}$$

bedeutet.

Für kleine Werte von a können in der Klammer auf der rechten Seite der Gleichung alle Ausdrücke bis auf den ersten vernachlässigt werden, woraus

$$z = \frac{Q}{4\pi k h}\ln\left(\frac{1{,}5^2}{a}\right).$$

Der Radius r_t der trichterförmigen Absenkungszone in Abb. 96 ist durch die Bedingung $z = 0$ bestimmt; diese erfordert, daß

$$\ln\left(\frac{1{,}5^2}{a}\right) = 0 \quad \text{oder} \quad a = 1{,}5^2.$$

Mit dieser Bedingung erhalten wir

$$r_t = 1{,}5 \cdot \sqrt{\frac{h\,k\,t}{G_l\,n}} \qquad (1)$$

und

$$z = \frac{Q}{2\,\pi\,k\,h}\ln\left(\frac{r_t}{r}\right) \qquad (2)$$

(STEINBRENNER 1937). Nach diesen Näherungsgleichungen und einigen anderen unabhängigen Lösungen dieser Aufgabe (WEBER 1928, KOZENY 1933) ist der Radius r_t für eine gegebene Zeit t sowohl vom Brunnenradius wie von der aus dem Brunnen gepumpten Wassermenge Q unabhängig (siehe auch THEIS 1940).

116. Porenwasserströmung in Sanddämmen nach Spiegelabsenkung.

Um den Strömungsvorgang, der beim Absenken des an einem aus idealem Sand bestehenden Damm angrenzenden freien Wasserspiegels auftritt, zu veranschaulichen, untersuchen wir den einfachsten Fall in Abb. 97. Diese Abbildung zeigt einen Schnitt durch einen

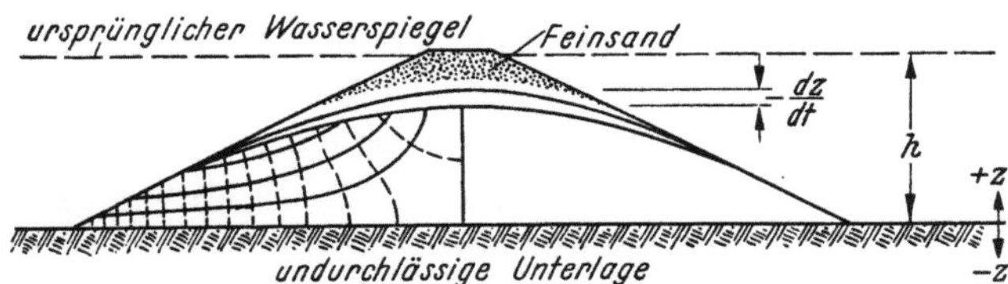

Abb. 97. Stromliniennetz in einem Sanddamm für ein Zwischenstadium der Porenwasserströmung nach plötzlicher Absenkung.

Straßendamm, der einen Stausee durchquert. Der freie Wasserspiegel liegt unmittelbar unter der Dammkrone auf der Höhe h über der undurchlässigen Unterlage des Dammes. Wenn der Stausee plötzlich und vollständig entleert wird, strömt das überschüssige Porenwasser nG_l pro Raumeinheit des Dammes aus den Dammböschungen aus. Die Höhe des kapillaren Wasseranstieges h_c wird vernachlässigbar klein angenommen. Da das überschüssige Porenwasser des an die Böschungen angrenzenden Sandes aus dem Damm wesentlich leichter abströmen kann als das im Damminnern befindliche, zeigt die obere Grenze der Sättigungszone sehr bald die Form einer gerundeten Kuppe. Mit fortschreitender Zeit sinkt die Krone der Kuppe um den Betrag $-dz/dt$ pro Zeiteinheit ab, der sich gegen Null nähert. In der Krone beträgt die Filtergeschwindigkeit

$$v = -\frac{dz}{dt}\,n\,G_l. \qquad (114.7)$$

Unter der oberen Grenze der Strömungszone ist die Kontinuitätsbedingung [Gl. (89.1)] erfüllt. Deshalb kann das Stromliniennetz nach einem der in Abs. 89 angeführten Verfahren ermittelt werden. Unmittelbar nach der Absenkung zur Zeit $t = 0$ ist das Stromliniennetz ähnlich dem in Abb. 78a eingezeichneten, das die Strömung durch einen Damm während eines Starkregens darstellt. Mit fortschreitender Zeit nimmt das mittlere hydraulische Gefälle innerhalb der Sättigungszone stetig ab. Deshalb wird der Endzustand asymptotisch erreicht. Abb. 97 zeigt das Stromliniennetz für einen willkürlichen Zeitpunkt t nach erfolgter Absenkung. In jeder Zeit $t > 0$ liegt der Scheitel der Strömungszone unter der Dammkrone. Deshalb sind die zugehörigen Stabilitätsbedingungen günstiger als die durch einen heftigen Regen hervorgerufenen, wenn der Regen einen Zustand völliger Sättigung verursacht.

Die Wirkung einer plötzlichen Absenkung auf die Stabilität von Dämmen, die aus bindigen Böden bestehen, wird im Abs. 122 beschrieben werden.

117. Wasserentzug einer idealen Tonschicht durch ihre Unterlage.

In Abb. 98a ist ein Schnitt durch eine ideale Tonschicht dargestellt, deren Mächtigkeit d kleiner als die kapillare Steighöhe des Wassers im Ton ist. Die Oberfläche der Schicht ist gegen Verdunstung dauernd geschützt. Vor der Absenkung liegt der Grundwasserspiegel in der Oberfläche des Tones. In diesem Zustand steigt das Wasser aus jedem Punkt des Tones und des Sandes in einem Standrohr auf die Höhe der Tonoberfläche, und die neutrale Spannung p_{w0} in einem Punkt n mit der Höhe z über der Grundfläche des Tones ist gleich

$$p_{w0} = \gamma_w (d - z).$$

Der Wasserentzug kommt dadurch zustande, daß ein Rohrbrunnen durch den Ton in den Sand abgesenkt und der Wasserspiegel durch Pumpen auf der Höhe der Unterseite des Tones gehalten wird. Die zum Absenken des Wasserspiegels im Brunnen erforderliche Zeit wird als vernachlässigbar klein angenommen. Nach den Eigenschaften, die dem idealen Ton zugesprochen wurden (Abs. 113), verbleibt der Ton während des ganzen Wasserabgabevorganges in gesättigtem Zustand. Mit anderen Worten, das durch die Entwässerung abgeführte Porenwasser ist gleich der Abnahme des Porenvolumens im Ton. Das überschüssige Wasser tritt aus dem Ton nach unten in den Sand aus. Nach vollzogener Entwässerung ist die Standrohrspiegelhöhe in irgendeinem Punkt n des Tones in der Höhe z über der Grundfläche gleich

$$p_{w1} = -\gamma_w z.$$

Daher vermindert der Wasserabgabevorgang die neutrale Spannung in der Höhe z um

$$p_{w0} - p_{w1} = \gamma_w(d - z) + \gamma_w z = \gamma_w d, \tag{1}$$

also um einen von der Tiefe unabhängigen Wert.

Die totale Normalspannung in einem waagrechten Schnitt durch diesen Punkt bleibt während des Wasserabgabevorganges stets unverändert, weil das Gewicht des aus dem Ton ausströmenden Wassers verglichen mit dem Gewicht des gesättigten Tones vernachlässigbar

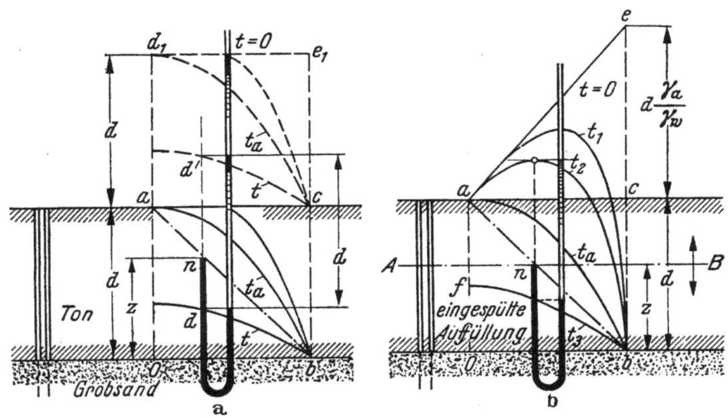

Abb. 98a u. b. Konsolidierung a einer bestehenden Tonschicht und b einer hydraulisch gespülten frischen Anschüttung infolge plötzlicher Absenkung des Grundwasserspiegels auf die Höhe der Tonunterlage, wenn dieser Spiegel durch Brunnen gehalten wird.

klein ist. Deshalb nimmt die wirksame Normalspannung in waagrechten Schnittflächen während des Wasserabgabevorganges um einen Betrag p_1 zu, der gleich der dabei auftretenden Verminderung der neutralen Spannungen ist [Gl. (1)], d. h.

$$p_1 = \gamma_w d. \tag{2}$$

Dieselbe Wirkung kann durch Belastung der Tonoberfläche mit p_1 pro Flächeneinheit erzielt werden, wenn gleichzeitig der Grundwasserspiegel in seiner ursprünglichen Lage in der Tonoberfläche gehalten wird. Um die Analogie, die zwischen Wasserentzug und Konsolidierung unter Belastung besteht, zu zeigen, betrachten wir zuerst die Konsolidierung des Tones unter dem Einfluß der Auflast $p_1 = \gamma_w d$ ohne irgendeiner Änderung des Grundwasserspiegels. Die Tonoberfläche wird dabei als mit einer undurchlässigen Membrane bedeckt angenommen. Infolge der Gegenwart dieser Membrane kann das überschüssige Porenwasser nur nach unten in den Sand entweichen. Unmittelbar nach der Aufbringung der Last steht das Wasser in jedem Standrohr im

Horizont d_1e_1 auf der Höhe $p_1/\gamma_w = d$ über der Tonoberfläche (Abb. 98a). Zur Zeit $t = \infty$ steht das Wasser in jedem Standrohr im Horizont der Tonoberfläche. Deshalb stellen die Linien d_1e_1 und ac die Null- und Endisochronen dar. Der hydrostatische Überdruck p_u für dazwischenliegende Stadien ist durch die Differentialgleichung ausgedrückt:

$$\frac{\partial p_u}{\partial t} = c_v \frac{\partial^2 p_u}{\partial z^2} \, . \tag{99.8}$$

Die Festlegung der Randbedingungen wurde in Abs. 101 erklärt. Diese Bedingungen lauten:

$$\text{für} \qquad t = 0 \quad \text{und} \quad 0 < z \gtrless d, \qquad p_u = p_1 = \gamma_w d \tag{3a}$$

$$0 \gtrless t \gtrless \infty \quad \text{und} \qquad z = d, \qquad \frac{\partial p_u}{\partial z} = 0 \tag{3b}$$

$$0 \gtrless t \gtrless \infty \quad \text{und} \qquad z = 0, \qquad p_u = 0 \tag{3c}$$

$$t = \infty \quad \text{und} \quad 0 \gtrless z \gtrless d, \qquad p_u = 0 \, . \tag{3d}$$

Die Lösung der Gl. (99.8), die diese Randbedingungen erfüllt, ist der Gl. (101.3a) ähnlich. Sie kann in der Form geschrieben werden:

$$p_u = f(t, z) \, . \tag{4}$$

In Abb. 98a ist diese Gleichung durch die strichlierten Isochronen dargestellt. Sie sind ein Spiegelbild von den in Abb. 82 gezeichneten. Zu irgendeiner Zeit t steht der Wasserspiegel im Standrohr des Beobachtungspunktes n im Horizont des entsprechenden Punktes d' auf der Isochrone für die Zeit t, wie in der Abbildung gezeichnet ist. Die zugehörige neutrale Spannung beträgt

$$p_w = \gamma_w \, \overline{nd'} \, . \tag{5}$$

Der Konsolidierungsvorgang infolge des Wasserentzuges kann auch durch die Differentialgleichung (99.8) ausgedrückt werden. Die Randbedingungen sind mit den durch Gl. (3) gegebenen identisch, jedoch mit der Ausnahme, daß die Höhe des hydrostatischen Überdruckes p_u nicht von der Oberfläche, sondern von der Grundfläche der Tonschicht aus, die in der Tiefe d unter der Oberfläche liegt, gemessen wird. Deshalb ist die Lösung der Gl. (99.8), die die Randbedingungen der Aufgabe erfüllt, mit der Gl. (4) identisch, nur die Endisochrone Ob liegt in der Grundfläche der Tonschicht und nicht in der Oberfläche. Wenn daher eine Reihe gestrichelt gezeichneter Isochronen, die den Konsolidierungsvorgang unter einer Auflast $\gamma_w d$ darstellen, gegeben ist, können die zugehörigen voll gezeichneten Isochronen durch Verschieben der gestrichelt gezeichneten um den Abstand d lotrecht nach unten erhalten werden. Mit anderen Worten, der lotrechte Abstand dd' zwischen zwei zur selben Zeit t gehörenden Isochronen ist konstant und gleich d. Erfolgt die Konsolidierung zu einer gegebenen Zeit t in einem gegebenen Punkt n durch eine Auflast, so ist die neutrale Spannung p'_w zur Zeit t gleich $\gamma_w \overline{nd'}$, und erfolgt sie durch Wasserentzug, dann beträgt die neutrale Spannung $p_w = -\gamma_w \overline{nd}$. Da

$$\overline{nd'} + \overline{nd} = d,$$

ist die Differenz $p'_w - p_w$ eine Konstante

$$p'_w - p_w = \gamma_w d$$

oder

$$p_w = p'_w - \gamma_w d.$$

Die neutrale Spannung kann sowohl positiv wie auch negativ sein, während p'_w stets positiv ist.

Für beide Vorgänge, die durch die strichlierten bzw. voll gezeichneten Isochronen dargestellt sind, ist die Beziehung zwischen Zeit und hydrostatischem Überdruck p_u durch dieselbe Gleichung [Gl. (4)] ausgedrückt. Deshalb ist die Beziehung zwischen dem Zeitfaktor τ_v und dem Verfestigungsgrad μ [Gl. (102.8 b)] für beide Vorgänge auch dieselbe. Sie ist durch die Kurve C_1 in Abb. 85a dargestellt.

Abb. 98b zeigt den Piezograph für einen auf einer Sandschicht gespülten Damm. Der Piezograph wurde unter den nachfolgenden Annahmen aufgetragen: Die Konsolidierung des Dammes während der Schüttung kann vernachlässigt werden. Die größte kapillare Steighöhe ist größer als die Mächtigkeit d der Dammschüttung, und die hydrostatische Druckhöhe in der Dammsohle, bezogen auf die Dammsohle, wird durch Pumpen aus einem in den Sand reichenden Brunnen auf Null gehalten. Die Gerade ae ist die Nullisochrone, die den Ort aller Standrohrspiegelhöhen für jeden Punkt des ebenen Schnittes ab für die Zeit $t = 0$ darstellt. Zur Zeit $t = \infty$ fällt die Standrohrspiegelhöhe überall mit dem Horizont der Dammsohle zusammen. Daher stellt die Linie Ob die Endisochrone dar. Die Nullisochrone ist mit der Nullisochrone ae der Abb. 83e bzw. 83f identisch, aber die Endisochrone ist unterschiedlich. Der Konsolidierungsvorgang ist durch die vorher angegebene Differentialgleichung (99.8) beschrieben. Jedoch im Gegensatz zu den durch Abb. 98a erläuterten Vorgang kann der durch Abb. 98b dargestellte nicht durch ein System äußerer Lasten wiedergegeben werden. Es ist deshalb nötig, für die Gleichungen, unabhängig von den in Abs. 101 gegebenen Lösungen, eine Lösung zu finden. Da ae und Ob die Null- und Endisochronen darstellen, lauten die Randbedingungen:

$$t = 0 \quad \text{und} \quad 0 < z \gtreqless d, \quad p_u = d\,\frac{\gamma_a}{\gamma_w}\,\frac{d-z}{d} + \gamma_w\,d$$

$$0 \gtreqless t \gtreqless \infty \quad \text{und} \quad z = 0, \quad p_u = 0$$

$$t = \infty \quad \text{und} \quad 0 \gtreqless z \gtreqless d, \quad p_u = 0.$$

Im Abs. 101 wurde gezeigt, daß das hydraulische Gefälle [Gl. (101.6)] in einem gegebenen Punkt n mit der Neigung der Isochrone im Schnittpunkt zwischen Isochrone und der Lotrechten durch den Punkt n identisch ist. Eine Neigung in entgegengesetzter Richtung zu jener der Bezugslinie ab bezeichnet ein nach oben gerichtetes Gefälle, während eine Neigung in derselben Richtung ein nach abwärts gerichtetes Gefälle angibt. Für $t = 0$ ist die Isochrone durch die gleichmäßig nach links geneigte Linie ae dargestellt. Folglich strömt zur Zeit $t = 0$ das Wasser in jedem Punkt des Dammkörpers nach aufwärts. Zur Zeit t_2 wechselt die Richtung der Strömung quer zur waagrechten Schnittebene AB durch den Punkt n von aufwärts nach abwärts. Nach der Zeit t_a, entsprechend der Isochrone mit der Bezeichnung t_a in Abb. 98 b, strömt das überschüssige Porenwasser nur nach unten ab, und das Gefälle in der Oberfläche bleibt gleich Null, wie in Abb. 98 gezeigt ist. Es müssen deshalb die vorhergehenden Randbedingungen ergänzt werden durch

$$0 \gtreqless t \gtreqless t_a \quad \text{und} \quad z = d, \quad p_u = \gamma_w\,d$$

$$t_a \gtreqless t \gtreqless \infty \quad \text{und} \quad z = d, \quad \frac{\partial p_u}{\partial z} = 0.$$

Auf Grund dieser Randbedingungen wurde die Form der in Abb. 98 b gezeigten Isochronen nach einem Näherungsverfahren ermittelt. Während des ersten Stadiums der Wasserabgabe, $t < t_a$, fallen die Isochronen nach zwei Seiten und geben damit an, daß ein Teil des Porenwassers nach aufwärts durch die Schüttungsoberfläche abströmt und sich vorübergehend auf der Oberfläche ansammelt. Diese Erscheinung wird *Wasserhebung* genannt und wurde wiederholt beobachtet. Die Höhe der Grenze zwischen der Zone der nach aufwärts gerichteten und der nach abwärts gerichteten Porenwasserabgabe ist durch die Lage des Berührungspunktes zwischen der entsprechenden Isochrone und der waagrechten Tangente an diese Isochrone gegeben, wie im Abs. 101 beschrieben wurde. Nachdem die Tangente an die Isochrone im Punkt a waagrecht wird ($t = t_a$), erfolgt die weitere Wasserabgabe nur nach abwärts, und das Wasser, das vorher an der Oberfläche angesammelt war, verschwindet ziemlich rasch und versickert durch die Schüttung im Sand. Dieser Teil des überschüssigen Wassers ist klein im Vergleich mit der aus der Schüttung austretenden Gesamtwassermenge. Wir sind deshalb bei der Festlegung der Randbedingungen zur Annahme berechtigt, daß das hydraulische Gefälle für jede Zeit größer als t_a, in der Oberfläche gleich Null ist.

Lösen wir die Aufgabe mit dieser Annahme, so erhalten wir eine Zeitkonsolidierungskurve, die durchwegs zwischen den Kurven C_1 und C_2 der Abb. 85a liegt. Da der Abstand zwischen diesen beiden Kurven ziemlich gering ist, kann die Zeitkonsolidierungskurve des in Abb. 98b dargestellten Vorganges in der Mitte zwischen C_1 und C_2 der Abb. 85a angenommen werden. Wird der Wasserabgabevorgang durch Abpumpen des Wassers mittels Brunnen nicht unterstützt, ist die Beziehung zwischen dem Verfestigungsgrad μ und dem Zeitfaktor τ_v durch die Kurve C_1 (Abb. 85a) dargestellt, und am Ende des Konsolidierungsvorganges ist der hydrostatische Überdruck innerhalb der gesamten Schüttung gleich Null.

Während des Pumpens wirkt die Schüttung wie eine halbgeschlossene Schicht, weil das meiste überschüssige Porenwasser die Schüttung durch ihre Unterlage verläßt. Deshalb stellt die Größe d in der Gleichung für den Zeitfaktor τ_v [Gl. (101.36)] die gesamte Mächtigkeit der Schüttung dar. Wird die Konsolidierung nicht durch Pumpen unterstützt, so schreitet sie nach Abb. 83c fort, und die Größe d stellt die halbe Schichtdicke dar. Da der Pumpvorgang die mittlere wirksame lotrechte Druckspannung in der Schüttung verdreifacht, verursacht er eine beträchtliche Zunahme der Schüttungsdichte.

118. Die Wirkung von Gaseinschlüssen auf die durch die Grundfläche erfolgende Wasserabgabe einer idealen Tonschicht.

Wird aus einer Tonschicht das Porenwasser durch die Grundfläche entzogen, dann führt dieser Vorgang auf eine Abnahme der neutralen Spannungen im Ton. In dem durch Abb. 98a dargestellten Fall ist die maximale Abnahme in jedem Punkt der Tonschicht gleich $\gamma_w d$ [Gl. (117.1)] worin d die Mächtigkeit der Tonschicht bedeutet, die gleich dem lotrechten Abstand zwischen der Nullisochrone ac und der Endisochrone Ob ist. Wenn ein Teil der Poren des Tones mit Gasblasen erfüllt ist, die unter dem Gasdruck p_{g0} stehen, ist die Abnahme der neutralen Spannung mit einer Verminderung des Gasdruckes verbunden, wodurch sich die Gasblasen ausdehnen. Deshalb ist die aus dem Ton ausströmende Wassermenge größer als die Abnahme des Porenraumes im Ton.

Es bezeichnen:

r_0 = mittlerer Radius der Gasblasen vor dem Wasserentzug,
r = wie vor, nur nach dem Wasserentzug,
p_w = mittlere neutrale Spannung im Ton vor dem Wasserentzug,

$p_w - \gamma_w d =$ mittlere neutrale Spannung im Ton nach dem Wasserentzug,
$p_a =$ Luftdruck,
$\varepsilon_0 =$ die mittlere Anfangsporenziffer des Tones,
$\varepsilon_1 =$ die mittlere Endporenziffer,
$a_v =$ der Verdichtungsbeiwert des Tones,
$m_v =$ die Verdichtungsziffer,
$G_l =$ Anfangsluftgehalt, gleich dem Quotienten aus dem vom Gas vor dem Wasserentzug erfüllten Raumanteil und dem Anfangsporenvolumen und
$\Delta\varepsilon =$ die Endzunahme des vom Gas pro Raumeinheit Festmasse erfüllten Volumens.

Mittels der Gl. (112.1) und (112.2) erhält man für den mittleren Anfangsgasdruck in den Gasblasen den Wert

$$p_{g0} = p_w + p_a + \frac{2\sigma_0}{r_0}. \tag{1}$$

Durch den Wasserentzug wird dieser Wert vermindert auf

$$p_g = p_w - \gamma_w d + p_a + \frac{2\sigma_0}{r}. \tag{2}$$

Wenn r_0 bekannt ist, kann der Radius r der Gasblasen nach dem Wasserentzug mit der Gl. (112.3) berechnet werden. Vor dem Wasserentzug ist das von den Gasblasen erfüllte Volumen pro Volumeneinheit der Festmasse gleich $G_l\varepsilon_0$. Der Wasserentzug erhöht dieses Volumen auf $G_l\varepsilon_0 + \Delta\varepsilon$. Nach dem BOYLEschen Gesetz ergibt sich

$$\varepsilon_0 G_l p_{g0} = (\varepsilon_0 G_l + \Delta\varepsilon)p_g,$$

woraus

$$\Delta\varepsilon = \varepsilon_0 G_l \frac{p_{g0} - p_g}{p_g}. \tag{3}$$

Die Gesamtwassermenge, die den Ton während des Wasserabgabevorganges verläßt, ist gleich

$$\varepsilon_0 - \varepsilon_1 + \Delta\varepsilon$$

pro Volumeneinheit Festmasse. In einem Ton ohne irgendwelche Gasblasen beträgt die Wassermenge, die aus dem Ton infolge einer Zunahme der wirksamen Druckspannungen um $\bar{p}$ austritt, gleich $\varepsilon_0 - \varepsilon_1 = a_v\bar{p}$ pro Volumeneinheit Festmasse. In einem Ton mit Gasblasen beträgt sie

$$\varepsilon_0 - \varepsilon_1 + \Delta\varepsilon = a_v\bar{p} + \Delta\varepsilon = \bar{p}\left(a_v + \frac{\Delta\varepsilon}{\bar{p}}\right) = a_v'\bar{p}$$

mit der Abkürzung

$$a_v' = a_v + \frac{\Delta\varepsilon}{\bar{p}}. \tag{4}$$

Die zugehörige Verdichtungsziffer [Gl. (98.5)] beträgt

$$m_v' = \frac{a_v'}{1 + \varepsilon_0} = \frac{a_v + \dfrac{\Delta\varepsilon}{\bar{p}}}{1 + \varepsilon_0}. \tag{5}$$

Die Konsolidierungsgeschwindigkeit des Tones mit Gasblasen kann deshalb durch Einsetzen von m_v' statt m_v in der Gl. (101.3b), die den Zeitfaktor definiert, berechnet werden. Wir erhalten dann

$$\tau_v' = \frac{k}{\gamma_w\, m_v'\, d^2}\, t. \tag{6}$$

In dem behandelten Fall ist der Wert $\bar{p}$ in Gl. (5) gleich $\gamma_w d$, und der Wert $\Delta\varepsilon$ ist durch die Gl. (3) bestimmt. Nach den durch die Gl. (5) und (6) ausgedrückten Beziehungen kann der Wasserentzug bei einem feinkörnigen, praktisch unzusammendrückbaren Sediment genau so langsam erfolgen wie bei einem stark zusammendrückbaren, wenn seine

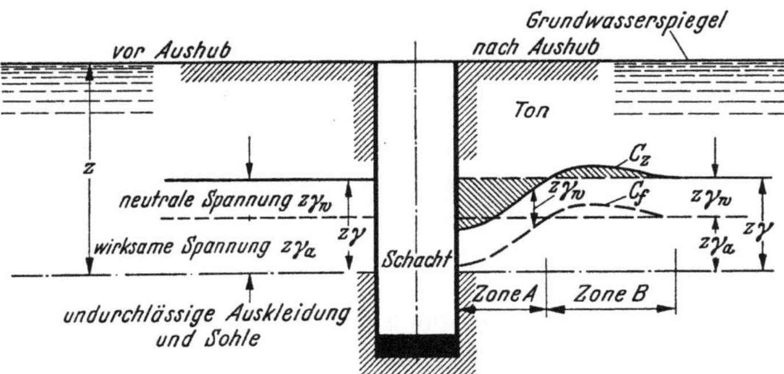

Abb. 99. Spannungszustand in idealem Ton in der Umgebung eines wasserdicht verkleideten Schachtes. Die schraffierten Flächen auf der rechten Seite zeigen die vorübergehenden Änderungen im Porenwasserdruck infolge der Spannungsverminderung im Ton während des Aushubes.

Poren teilweise mit Gas erfüllt sind. Der scheinbare Verdichtungsbeiwert eines solchen Sedimentes ist mit a_v' [Gl. (4)] für Tone identisch:

$$a_v' = a_v + \frac{\Delta\varepsilon}{\bar{p}}.$$

Im Abs. 105 wurde gezeigt, daß die Gegenwart von Gasblasen im Ton die Konsolidierung beschleunigt. Nach den vorhergehenden Untersuchungen hat der Gasgehalt auf die Wasserabgabegeschwindigkeit die gegenteilige Wirkung.

119. Wasserentzug in idealem Ton durch die Wandungen eines Schachtes.

In Abb. 99 ist ein Schnitt durch eine im hydrostatischen Gleichgewichtszustand befindliche Tonschicht dargestellt. Der Grundwasserspiegel soll in der Oberfläche der Tonschicht liegen.

Der Aushub eines Schachtes in einer solchen Ablagerung verändert die totalen Spannungen in dem den Schacht umgebenden Ton und verursacht ein Abströmen des Porenwassers im Ton gegen den Bereich der Spannungsverminderung. Wir schaffen auch ein hydraulisches Gefälle zwischen dem Ton und den Schachtwandungen, das eine durch das Eigengewicht des Wassers bedingte Strömung gegen den Schacht zur Folge hat, die mit der Wasserströmung zu einem Brunnen vergleichbar ist. Um die Mechanik dieses zusammengesetzten Vorganges zu erkennen, untersuchen wir beide Komponenten unabhängig voneinander. Um die erste Komponente von der anderen zu trennen, nehmen wir an, daß die Sohle und die Wandungen mit einer undurchlässigen Membrane überzogen sind und daß der Schacht unmittelbar nach dem Aushub vollständig mit Wasser gefüllt ist. Wir schalten die Ursache der durch das Eigengewicht des Wassers bedingten Wasserabgabe auf diese Weise aus, und die Wirkung des Einsinkens des Schachtes ist auf eine Änderung des Spannungszustandes im Ton begrenzt. Vor der Herstellung des Schachtes war die neutrale Spannung in einem waagrechten Schnitt in der Tiefe z gleich $z\gamma_w$, die wirksame Normalspannung $z\gamma_a$ ($\gamma_a =$ unter Auftrieb stehendes Raumgewicht des Tones) und die totale Normalspannung $z\gamma$ ($\gamma =$ Raumgewicht des wassergesättigten Tones). In Abb. 99 sind diese Anfangsspannungen durch die Ordinaten der waagrechten Linien angedeutet. Die Normalspannung in waagrechten Schnitten in der ungestörten Tonschicht ist jedoch viel größer als der Ton ohne eine seitliche Absteifung standhalten kann. Deshalb verursacht der Aushub des Schachtes ein plastisches Nachgeben des Tones gegen den Schacht, welches fortschreitet, bis der Spannungszustand im Ton mit den Bedingungen für den plastischen Grenzzustand verträglich wird. Während dieses Vorganges der Spannungsabminderung, der als Ringwirkung bezeichnet wurde (Abs. 74), ändert sich die totale Normalspannung in waagrechten Schnitten von ihrem ursprünglichen Wert auf die durch die Ordinaten der Kurve C_z (Abb. 99) dargestellten Werte (siehe auch Abb. 61 b). Innerhalb der Zone A sind diese Spannungen geringer, und in der Zone B sind sie höher als die totale Anfangsspannung. Die wirksamen Druckspannungen im Ton ändern sich jedoch nicht nennenswert, wenn die Porenziffer sich nicht ändert. Unmittelbar nach der Herstellung des Schachtes verursacht deshalb die Änderung der Spannungen, wie sie in Abb. 99 durch die schraffierten Flächen dargestellt ist, mehr eine Änderung der neutralen Spannungen. Innerhalb der Zone A wurden die neutralen Spannungen vermindert, und innerhalb der Zone B nahmen sie zu. Das entsprechende hydrostatische Druckgefälle verursacht ein Abströmen des Porenwassers aus der Zone B in die Zone A. Der Ton konsolidiert deshalb in der Zone B und schwillt in der Zone A. Dieser Vorgang geht so lange weiter, bis der Wassergehalt des Tones sich selbst an die veränderten Spannungsbedingungen angepaßt hat. Im Endzustand ist die neutrale Spannung wieder so groß, wie sie früher vor der Errichtung des Schachtes war, oder $\gamma_w z$ und die wirksamen Normalspannungen in einem waagrechten Schnitt in der Tiefe z sind gleich den Ordinaten der Kurve C_f (Abb. 99), die im Abstand $z\gamma_w$ unter der Kurve C_z liegt.

Es soll hervorgehoben werden, daß das Schwellen des Tones in der Zone A durch die undurchlässige Membrane, die nach der Annahme sowohl Sohle wie die Wandungen des Schachtes überzieht, verursacht wird. Diese Tatsache zeigt den Fehler in der weitverbreiteten Ansicht, daß die Schwellung des Tones in Schächten und Stollen ausschließlich von der Absorption der Luftfeuchtigkeit herrührt.

Wenn der Schacht ohne eine wasserdichte Verkleidung hergestellt wird und kein freies Wasser im Schacht angesammelt werden soll, kann die Standrohrspiegelhöhe in irgendeinem Punkt der Schachtwandung in der Tiefe z unter der Oberfläche nicht über Null sein. Sie kann jedoch vorübergehend negativ sein. Andererseits ist in derselben Tiefe z in größerem Abstand vom Schacht die Standrohrspiegelhöhe gleich z. Deshalb verursacht die Erstellung des Schachtes im Porenwasser das Bestreben, gegen den Schacht zu strömen. Jedoch so lange wie der Ton, der innerhalb der Zone A liegt, zum Schwellen neigt, kann nicht ein Wassertropfen vom Ton in den Schacht übertreten, weil das gesamte Wasser, das gegen den Schacht strömt, innerhalb der Schwellzone zurückgehalten wird. Die Strömung des Wassers in den Schacht kann erst beginnen, wenn der Wassergehalt des Tones sich selbst den veränderten Spannungsverhältnissen angepaßt hat. Wenn die Wiederauffüllung der Poren des Tones mit Regenwasser den Wasserverlust infolge der Wasserabgabe gegen den Schacht ausgleicht, gibt die Anwesenheit des Schachtes Veranlassung zu einer stationären, radialen Porenwasserströmung gegen den Schacht. Die Standrohrspiegelhöhe in irgendeinem Punkt der Schachtwandung bleibt gleich Null. In der Praxis ist es unwahrscheinlich, daß das Wasser beständig aus dem Ton in den Schacht strömt, weil die Verdunstungsgeschwindigkeit meist größer sein wird als die gegen den Schacht infolge des Eigengewichtsgefälles strömende Wassermenge. Der Einfluß der Verdunstung auf den Spannungszustand im Ton wird im Abs. 121 besprochen werden.

Der Aushub eines Stollens in einer homogenen Tonschicht verursacht auch eine wesentliche Verminderung der Spannungen in dem den Stollen umgebenden Ton, die mit einer Zunahme der Druckspannungen in größerer Entfernung verbunden ist (siehe Abb. 57c). Deshalb muß dem Aushub des Stollens eine Schwellung in dem an den Stollen anschließenden Ton folgen, unabhängig davon, ob die Luftfeuchtigkeit an den Ton Feuchtigkeit abgibt oder nicht. Die Geschwindigkeit des Schwellvorganges in dem an einen Schacht angrenzenden Ton kann mit der Gl. (106.4) auf Grund der vereinfachten Annahme ermittelt werden, daß die Porenwasserströmung in waagrechten Ebenen erfolgt und daß die radialen und tangentialen Normalspannungen Hauptspannungen sind.

120. Porenwasserströmung in einem idealen Tondamm nach plötzlicher Spiegelsenkung im Becken.

Abb. 100a zeigt den Querschnitt durch einen aus idealem Ton hergestellten Damm, dessen Raumgewicht γ beträgt. Das unter Auftrieb stehende Raumgewicht ist γ_a, und die Höhe h_d des Dammes ist kleiner als die kapillare Steighöhe. Der Damm ruht auf einer undurchlässigen Unterlage auf und liegt vollständig unter dem Stauwasserspiegel eines Beckens. Es wird angenommen, daß der Ton in einem hydrostatischen Gleichgewichtszustand ist, d. h., das Wasser steigt in jedem Punkt des Dammes in einem Standrohr bis auf die Spiegelhöhe des Staubeckens. Wenn wir das Becken plötzlich entleeren, wird die Standrohrspiegelhöhe vorübergehend in jedem Punkt der Dammböschung gleich Null. Im Laufe der Zeit paßt sich der Wassergehalt des Tones den neuen hydraulischen Randbedingungen an. Unmittelbar nach dem Absenken ist der Wassergehalt jedoch praktisch mit dem vorherigen identisch.

Um den Einfluß dieses Vorganges auf den Spannungszustand im Damm unmittelbar nach dem Absenken zu veranschaulichen, untersuchen wir den Spannungszustand in einem waagrechten Schnitt durch den Damm in der Höhe z über der Grundfläche. Die linke Seite der Abb. 100a zeigt die angenäherte Spannungsverteilung im Schnitt vor dem Absenken. Die totalen Normalspannungen $p_w + \bar{\sigma}$ im Schnitt sind näherungsweise durch die Ordinaten des Linienzuges $r r_1 t_1 o_1$ und die wirksamen Normalspannungen $\bar{\sigma}$ durch jene der Linie $r t_0$ dargestellt. Die Ordinaten dieser Linien wurden durch Division der Normalspannungen durch das Raumgewicht γ_w des Wassers erhalten.

Das Absenken des Spiegels vermindert die totalen Normalspannungen auf die Werte, die durch die Linie $s u_1 o_1$ auf der rechten Seite bestimmt sind. Der Wassergehalt des Tones bleibt dabei unverändert. Wenn das Dammschüttungsmaterial seitlich eingeschlossen wäre, würden deshalb die wirksamen Normalspannungen auch unverändert bleiben, und die neutrale Spannung p_w in dem Punkt m des waagrechten Schnittes wäre gleich

$$p_w = \gamma_w (z_1 - z).$$

Die Standrohrspiegelhöhe ist $z_1 - z$, und die auf den Dammfuß
bezogene hydrostatische Druckhöhe wäre

$$h_w = z_1,$$

die in jedem Punkt einer Lotrechten durch m dieselbe ist. Die rechte
Seite der Abb. 100b zeigt die Linien gleicher hydrostatischer Druckhöhen für den Zustand unmittelbar nach dem Absenken.

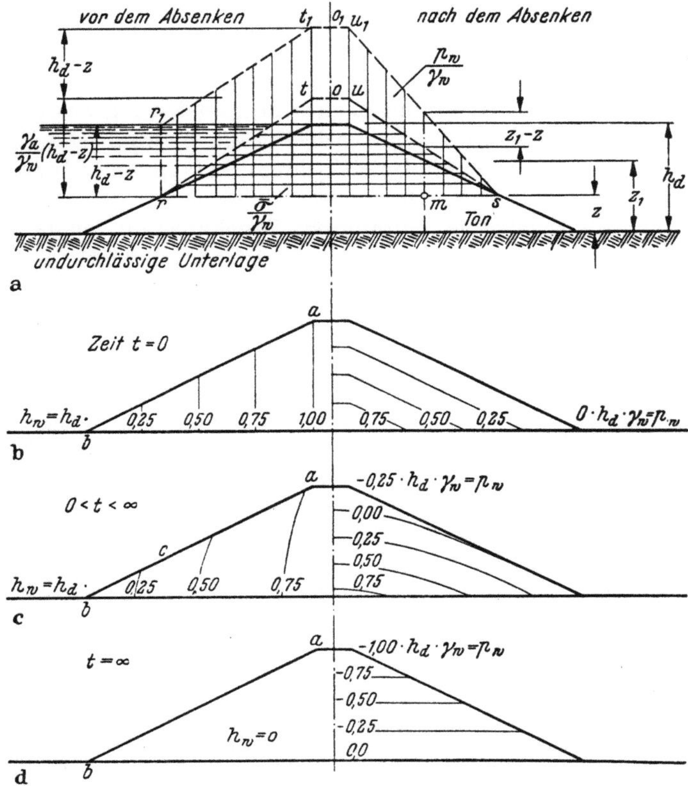

Abb. 100a—d. a Linke Seite: Angenäherte Verteilung der wirksamen und neutralen Druckspannungen in einem waagrechten Schnitt durch einen vollständig überfluteten Tondamm;
Rechte Seite: Die entsprechenden Druckspannungen unmittelbar nach plötzlichem Absenken;
b bis d hydraulische Bedingungen zu den Zeiten 0, t und ∞. Die linke Seite zeigt die Linien
gleicher hydrostatischer Druckhöhe und die rechte Seite die Linien gleicher neutraler Spannungen.

In Wirklichkeit ist das Dammschüttmaterial seitlich nicht eingeschlossen. Folglich verändert die Absenkung nicht nur die totale
Normalspannung in waagrechten Schnitten, sondern auch die Scherspannungen. Diese Änderung ist mit einer Änderung der wirksamen
Hauptspannungen bei unverändertem Wassergehalt verbunden, die

wieder eine zusätzliche Änderung der neutralen Spannungen hervorrufen. Diese Änderung kann sowohl positiv wie negativ sein. Sie hängt von der Beziehung zwischen Spannung und Volumenänderung des Schüttmaterials ab und kann noch nicht berechnet werden. Deshalb ist der in Abb. 100b dargestellte Spannungszustand nur eine Näherung.

Während des nachfolgenden Wasserabgabevorganges bleibt der Ton in einem Zustand vollständiger kapillarer Sättigung, und die gesamte Wassermenge, die aus dem Damm ausfließt, ist gleich der gesamten Abnahme des Porenvolumens infolge der Konsolidierung. Da die hydraulische Druckhöhe vom Mittelteil des Dammes nach beiden Richtungen abnimmt, strömt das überschüssige Porenwasser gegen den tiefsten Teil bc der Böschungen, wie in Abb. 100c gezeigt. In jedem Punkt der entlasteten Fläche verbleibt die hydraulische Druckhöhe in bezug auf den Dammfuß gleich ihrem Anfangswert. Innerhalb des oberen und des mittleren Dammabschnittes nimmt die neutrale Spannung und die zugehörige hydraulische Druckhöhe ab. Die Gleichungen der Kurven gleicher Druckhöhe und gleicher neutraler Spannungen können mittels der Differentialgleichung (106.2) abgeleitet werden. Jedoch wegen der verwickelten Randbedingungen wurde diese Aufgabe noch nicht gelöst. Der Verfasser vermutet, daß die Kurven so wie die auf der linken Seite der Abb. 100c gezeichneten Kurven aussehen dürften.

Im oberen Teil ac der Böschung ist die Standrohrspiegelhöhe negativ, weil der Wasserströmung von ac durch den Ton nach bc die Oberflächenspannung des Wassers entgegenwirkt. Mit fortschreitender Zeit nimmt die Breite der Austrittsfläche bc ab und wird schließlich Null. In diesem Endzustand steht das Wasser in jedem Standrohr auf der Höhe der Dammsohle, und die hydrostatische Druckhöhe ist, bezogen auf diesen Horizont, in jedem Punkt gleich Null, so wie es in Abb. 100d gezeigt ist.

Da die maximale neutrale Spannung in jedem Punkt des Dammes negativ ist, verursacht eine Überflutung des Dammes ein Schwellen des Tones. Derselbe Zustand besteht in Erddämmen von Speicheranlagen, die aus bindigen Böden gebaut wurden und sich in einem halbausgetrockneten Zustand befinden, weil in diesem Zustand eine negative neutrale Spannung auftritt. Während der ersten Zeit, nachdem das Speicherbecken gefüllt ist, schwillt der Boden, seine Scherfestigkeit nimmt ab, und der Sicherheitsfaktor gegenüber Rutschen vermindert sich. Dieser Vorgang beginnt an der Wasserseite des Dammes.

121. Wasserentzug durch Austrocknen.

Wir wissen aus der Erfahrung, daß eine mit der Luft in Berührung stehende gesättigte Tonprobe von der Oberfläche gegen das Innere allmählich austrocknet. Dieser Vorgang hat eine kontinuierliche

Wasserströmung vom Innern des Tones zur Verdunstungsoberfläche
zur Folge. An der Oberfläche ist die Filtergeschwindigkeit gleich der
Verdunstungsgeschwindigkeit v_e, d. h. der pro Flächen- und Zeiteinheit verdunsteten Wassermenge. Die neutrale Spannung infolge des
Eigengewichtes des in der Probe enthaltenen Wassers ist vernachlässigbar klein. Solange das im Ton enthaltene Wasser in einem Gleichgewichtszustand ist, ist deshalb die neutrale Spannung innerhalb der
Probe entweder überall gleich Null oder überall negativ. Sobald man
nun die Oberfläche des Tones der Verdunstung aussetzt, strömt das
Wasser vom Innern der Probe gegen die Oberfläche, was die Gegenwart eines hydraulischen Gefälles voraussetzt. Da die neutrale Spannung
im Innern der Probe nicht anwächst, zeigt das Vorhandensein eines
hydraulischen Gefälles eine Abnahme der neutralen Spannung in der
Oberfläche. Die einzige bekannte Kraft, die eine solche Abnahme ohne
irgendeine Änderung der äußeren Bedingungen erzeugen kann, ist die
Oberflächenspannung des Wassers.

Wenn wir die weitere Verdunstung, bevor Luft in die Poren des
Tones eingedrungen ist, ausschalten, ist der Ton noch in einem gesättigten Zustand. Seine Porenziffer ist nun wesentlich kleiner als die
Anfangsporenziffer, und eine nachfolgende Überflutung verursacht
ein Anschwellen des Tones. Das Einströmen des Wassers in den Ton
erfordert ein hydraulisches Gefälle, das gegen das Innere des Tones
gerichtet ist. Da die Oberfläche der anschwellenden Probe in unmittelbarer Verbindung mit dem freien Wasser ist, müssen wir annehmen,
daß das im Ton enthaltene Wasser unter einer Zugspannung steht.

Um den Spannungszustand in einer teilweise ausgetrockneten
Tonmasse und seine Beziehung zur Oberflächenspannung zu veranschaulichen, untersuchen wir die Kräfte, die auf ein hochzusammen-
drückbares Kapillarenbündel, dessen Radien gleich r sind, wirken.
Die Röhren sind, wie in den Abb. 101a und 101b gezeigt ist, vollständig mit Wasser gefüllt. Die vom Eigengewicht des Wassers
stammenden Druckspannungen werden als vernachlässigbar klein
gegenüber den von der Oberflächenspannung erzeugten Kräften betrachtet, und die Schnittfläche durch die Wandungen der Kapillaren
wird ebenfalls als vernachlässigbar gegenüber der Querschnittfläche
der Kapillarröhren angenommen. Der Kleinstwert des Benetzungs-
winkels α wird mit Null festgelegt. Abb. 101 zeigt die Röhren vor Beginn der Austrocknung. In diesem Zustand ist die totale Normalspannung in einem Querschnitt durch das Bündel praktisch gleich Null,
und der Benetzungswinkel des Meniskus ist $90°$. Mit fortschreitender
Austrocknung neigt die Wasseroberfläche dazu, sich ins Rohrinnere
zurückzuziehen. Diesem Bestreben wirkt die Oberflächenspannung
des Wassers entgegen, die ein Haften der obersten Wasserschichten

an den äußeren Rohrenden verursacht. Der Meniskus nimmt deshalb
eine Schalenform an. Mit zunehmender Krümmung wächst die mit
einem Pfeil bezeichnete Axialkomponente der Oberflächenspannung.
Diese erzeugt eine Zugkraft im Wasser und einen Druck von gleicher
Stärke in den Wandungen der Röhren. Der Kleinstwert, den der

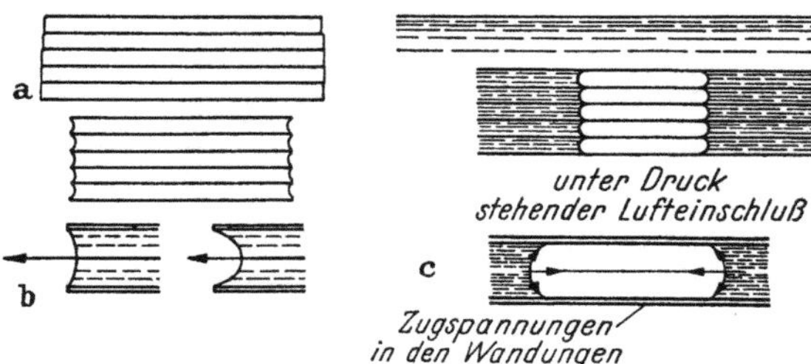

Abb. 101 a—c. a u. b Axialdruck in Kapillarröhren infolge Verdunstung des Wassers in ihren
offenen Enden; c Zugkraft im Mittelabschnitt eines luftgefüllten Kapillarrohres nach Überflutung.

Krümmungsradius des Meniskus annehmen kann, ist gleich dem
Radius des Rohres. In diesem Zustand ist der Benetzungswinkel α,
der früher gleich 90° war, gleich Null. Für $\alpha = 0$ beträgt die Gesamt-
kraft die von der Oberflächenspannung auf das in einer Röhre enthaltene Wasser ausgeübt wird gleich $2\pi r \sigma_0$. Die Zugspannung p_w
im Wasser ist durch die Gleichung gegeben:

$$2\pi r \sigma_0 \cos\alpha + \pi r^2 p_w = 0$$

oder

$$p_w = -\frac{2\sigma_0}{r}\cos\alpha. \tag{1}$$

Dieser Wert stellt die neutrale Spannung im System dar. Die totale
Normalspannung in jedem Schnitt durch die Röhren bleibt gleich Null.
Daher müssen die festen Rohrwandungen durch die wirksame Span-
nung

$$\overline{p}_k = 0 - p_w = \frac{2\sigma_0}{r}\cos\alpha \tag{2}$$

beansprucht werden, die pro Flächeneinheit des Gesamtquerschnittes
wirkt. Der Wert $\overline{p}_k$ wird *Kapillardruck* genannt, weil er durch die
Kapillarkräfte verursacht wird. Wenn die Wandungen der Röhren hoch-
zusammendrückbar sind, erzeugt der Kapillardruck eine sichtbare
Verkürzung der Röhren, wie in den Abb. 101 a und 101 b angedeutet
ist. Durch Verbindung der Gl. (2) und (109.1 a) erhalten wir

$$\overline{p}_k = \gamma_w h_c \cos\alpha,$$

wenn h_c die kapillare Steighöhe bedeutet.

Wenn ein Bündel leerer Kapillarröhren in waagrechter Lage überflutet wird, so daß sie bis zur Tiefe z unter dem Wasserspiegel zu liegen kommen, drückt die Oberflächenspannung das Wasser in die Röhren und drückt die in den Röhren verbliebene Luft, wie in Abb. 101 c zu sehen ist, zusammen. Die Kraft, mit der die Oberflächenspannung das Wasser gegen die Luft drückt, ist durch Gl. (2) gegeben. Zu ihr tritt noch der Wasserdruck $\gamma_w z$ und der Luftdruck p_a hinzu. Für $\alpha = 90°$ ist der Gesamtdruck auf die Luft

$$p_g = \gamma_w z + p_a + \frac{2\sigma_0}{r} = \gamma_w(z + h_c) + p_a.$$

Diese Gleichung kann auch durch Substitution von $p_{w0} = \gamma_w z$ in der Gl. (112.2) erhalten werden.

Der mittlere Normaldruck pro Einheit der Gesamtfläche eines lotrechten Schnittes durch das Bündel ist gleich dem Wasserdruck in der gleichen Höhe vom Betrag $\gamma_w z + p_a$; der Druck in der die Röhren erfüllenden Luft ist p_g, und die Querschnittsfläche der Rohrwandungen wird als sehr klein gegenüber den Rohrflächen angenommen. Deshalb erfordert das Gleichgewicht, daß die festen Wände die Spannung übernehmen:

$$\bar{p} = \gamma_w z + p_a - p_g = -\frac{2\sigma_0}{r} = -\gamma_w h_c,$$

die auf die Flächeneinheit der Gesamtquerschnittsfläche des Röhrenbündels bezogen ist. Diese Spannung ist eine Zugspannung. Wenn die Wandungen schwach sind, können sie durch die Zugspannung reißen.

Jeder Boden, einschließlich Ton, enthält ein System von Kapillarröhren, die mit dem umgebenden Raum durch die Oberfläche in Verbindung stehen. Wenn diese Kapillaren mit Wasser gefüllt sind, muß jeder Verdunstungsvorgang notwendigerweise die in den Abb. 101 a und 101 b gezeichneten mechanischen Wirkungen erzeugen, einschließlich der Entwicklung von Zugspannungen im Wasser und dem Schrumpfen infolge des Kapillardruckes. Eine nachfolgende Überflutung verursacht ein Schwellen des Bodens.

Die vorhergehende Berechnung des Kapillardruckes und der Schwellung beruht auf der Annahme, daß die Wasserströmung in oder aus einem Boden ausschließlich auf die Gegenwart eines Gefälles rein mechanischen Ursprunges zurückzuführen ist. Dies ist die mechanische Vorstellung des Schwellens. In besonders feinkörnigen Böden, wie z. B. in Bentoniten, erfolgt die Schwellung wie die Eindringung des Wassers in feste Körper durch Diffusion. Die Beziehung zwischen Schwellung infolge mechanischer Ursachen und infolge Diffusion wird in einem Band über angewandte Bodenmechanik besprochen werden. Da die Grundgleichungen für Konsolidierung und für Diffusion identisch sind, macht es nichts aus, auf welche dieser beiden Ursachen die beobachtete Erscheinung zurückzuführen ist.

Der Größtwert $\overline{p}_k$, den der Kapillardruck im Boden annehmen kann, ist zahlenmäßig gleich der größten Zugspannung p_{uk}, die sich im Porenwasser entwickeln kann. Diese Zugspannung ist gleich

$$p_{uk} = -\gamma_w h_c = -\overline{p}_k, \tag{3}$$

worin h_c die kapillare Steighöhe bedeutet (siehe Abs. 109 und 110). Sobald der Unterdruck im Porenwasser gleich p_{uk} wird, verursacht die weitere Verdunstung, daß die Wasseroberfläche sich ins Innere des Bodens zurückzieht, während die Zugspannung im Wasser unverändert ihren Wert p_{uk} beibehält.

In der Praxis kann es gelegentlich nötig sein, im voraus die Konsolidierungsgeschwindigkeit einer Tonschicht beim Austrocknen zu bestimmen. Nach vollständigem Austrocknen ist die Spannung im Porenwasser innerhalb des Tones gleich $p_{uk} = -\gamma_w h_c$ [Gl. (3)]. Da das Gewicht des verdunsteten Wassers, verglichen mit dem Gesamtgewicht des Tones, klein ist, bleibt die totale Normalspannung in waagrechten Schnitten durch den Ton praktisch konstant. Deshalb erhöht der Austrocknungsvorgang die lotrechte wirksame Druckspannung im Ton um $\overline{p}_k = -p_{uk}$. Der gleiche Endeffekt wird bei der Konsolidierung des Tones unter der Oberflächenbelastung von $\overline{p}_k = \gamma_w h_c$ pro Flächeneinheit erhalten. Wenn der Ton auf einer undurchlässigen Grundfläche, wie in der durch Abb. 82 veranschaulichten Berechnung angenommen wurde, aufruht, dann entweicht das überschüssige Porenwasser bei beiden Vorgängen nach oben durch die Tonoberfläche. Obwohl der Endeffekt der beiden Vorgänge derselbe ist, wird die Konsolidierungsgeschwindigkeit durch verschiedene Gesetze ausgedrückt, weil die Randbedingungen verschieden sind. Um diesen Unterschied zu veranschaulichen, führen wir einen lotrechten Schnitt (Abb. 102a) durch den Ton, ähnlich dem in Abb. 82 geführten Schnitt, und zeichnen den Piezograph für den Spannungszustand in der Ebene ab, die unter 45° zur Waagrechten ansteigt. Die strichlierten Kurven über ac sind die Isochronen einer Konsolidierung unter der Oberflächenlast p_k pro Flächeneinheit und sind identisch mit den in Abb. 82 gezeichneten Kurven. Zu einer Zeit t' steht das Wasser in einem Standrohr über dem willkürlichen Punkt m der Fläche ab in der Höhe des Punktes l', der im Schnittpunkt der Lotrechten durch m und der Isochrone für die Zeit t' liegt. Das zugehörige hydraulische Gefälle ist gleich der Neigung der Isochrone im Punkt l'. Eine Neigung nach links zeigt ein nach aufwärts gerichtetes Gefälle. In der Oberfläche, dargestellt durch den Punkt a, bleibt die Standrohrspiegelhöhe dauernd in der Höhe der Tonoberfläche. Im Laufe der Zeit nimmt das hydraulische Gefälle in der Oberfläche ständig ab und nähert sich dem Wert Null. Deshalb nimmt auch die Filtergeschwindigkeit

$$v = k i$$

allmählich ab und nähert sich Null.

Erfolgt die Konsolidierung durch Austrocknen, dann stellt die Linie ac die Nullisochrone und die Linie de die Endisochrone dar. Zu der Zeit t ist der hydrostatische Überdruck p_u gleich den Ordinaten der Isochronen für die Zeit t, bezogen auf die Endisochrone de, mal dem spezifischen Gewicht des Wassers γ_w. Die Zugspannung im Porenwasser in der

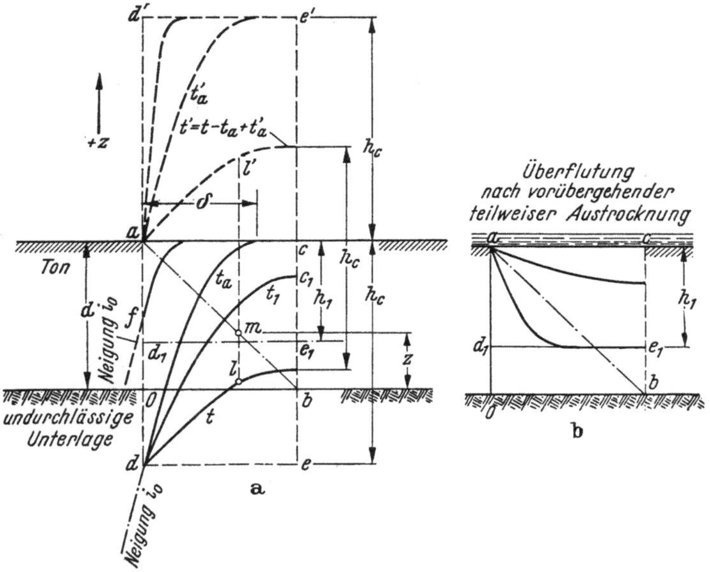

Abb. 102 a u. b. a Konsolidierung einer Tonschicht infolge Oberflächenverdunstung; b Schwellung einer teilweise ausgetrockneten Tonschicht nach Überflutung ihrer Oberfläche.

Oberfläche nimmt mit zunehmendem Wasserverlust infolge Verdunstung ebenfalls zu. Deshalb bewegt sich das linke Ende f der Isochronen (Abb. 120a), deren Ordinate die hydraulische Druckhöhe in der Oberfläche darstellt, allmählich von seiner Anfangslage a gegen seine Endlage d, wo es zur Zeit t_a ankommt. Zu jeder Zeit während dieses Zeitraumes ist die Neigung i_0 am linken Ende f der Isochronen durch die Verdunstungsgeschwindigkeit v_e gegeben. Der zwischen der Zeit Null und t_a stattfindende Vorgang bestimmt das erste Stadium des Konsolidierungsvorganges infolge Austrocknung. Während desselben Zeitraumes gehen alle strichlierten Isochronen durch a. Deshalb hat das erste Stadium der Austrocknung keine Ähnlichkeit mit der entsprechenden Konsolidierung unter der Last p_k.

22*

Das zweite Stadium beginnt, sobald die Spannung im Wasser den mit der Form und Größe der Poren im Ton verträglichen Größtwert angenommen hat. Dieser Wert ist gleich $p_{uk} = -\gamma_w h_c$, Gl. (3). Während des zweiten Stadiums bleibt die Spannung im Wasser in der Oberfläche konstant, während die aus dem Ton durch die Oberfläche ausströmende Wassermenge abnimmt. Während dieses Stadiums gehen die Isochronen durch das linke Ende d der Endisochrone de, und die Neigung in ihren rechten Endpunkten ist gleich Null. Deshalb sind die Randbedingungen in diesem Stadium für die voll gezeichneten Isochronen identisch mit jenen der strichliert gezeichneten.

Um die Konsolidierungsgeschwindigkeit während des ersten Stadiums zu berechnen, müssen wir die Verdunstungsgeschwindigkeit kennen. Die Verdunstungsgeschwindigkeit nimmt mit zunehmender Zugspannung im Wasser ab. Um die Berechnung jedoch zu vereinfachen nehmen wir an, daß die Verdunstungsgeschwindigkeit während dieses Stadiums konstant und gleich v_e bleibt. Eine konstante Verdunstungsgeschwindigkeit führt notwendigerweise auf eine konstante Fließgeschwindigkeit durch die Oberfläche und auf ein konstantes hydraulisches Gefälle i_0 in der Oberfläche. Diese Bedingung kann durch die Gleichung

$$v_e = k i_0$$

ausgedrückt werden, worin i_0 das hydraulische Gefälle in der Oberfläche bedeutet. Daraus ist das hydraulische Gefälle

$$i_0 = \frac{v_e}{k} = -\frac{1}{\gamma_w} \frac{\partial p_u}{\partial z}, \tag{4}$$

welches gleich der Neigung am linken Ende der Isochrone und ebenfalls konstant ist. Diese Bedingung ist vorherrschend bis zur Zeit t_a, wenn das linke Ende der Isochronen im Punkt d ankommt, was einer neutralen Spannung $p_{uk} = -\gamma_w h_c$ entspricht. Bis zu dieser Zeit sind die Randbedingungen für den Austrocknungsvorgang

$$t = 0 \quad \text{und} \quad 0 \gtreqless z \gtreqless d, \qquad p_u = \gamma_w h_c,$$

$$0 \gtreqless t \gtreqless t_a \quad \text{und} \qquad z = d, \qquad \frac{\partial p_u}{\partial z} = -\frac{\gamma_w}{k} v_e,$$

$$0 \gtreqless t \gtreqless t_a \quad \text{und} \qquad z = 0, \qquad \frac{\partial p_u}{\partial z} = 0,$$

$$t = t_a \quad \text{und} \qquad z = d, \qquad p_u = 0.$$

Nach der Zeit t_a (zweiter Zustand) bleibt die Standrohrspiegelhöhe h_c konstant, nur die gegen die Oberfläche strömende Wassermenge nimmt ab und nähert sich Null. Demnach wird die gegen die Oberfläche fließende Wassermenge kleiner als jene Wassermenge, die verdunstet, solange die Wasseroberfläche in der Tonoberfläche bleibt, und es zieht sich die Verdunstungsoberfläche in das Innere des Tones zurück. Mit zunehmendem Abstand dieser beiden Oberflächen nimmt die Verdunstungsgeschwindigkeit sehr rasch ab. Deshalb genügt eine kleine Abwärtsbewegung der Oberfläche, um zwischen den durch die Verdunstung bedingten Wasserverlust und dem abnehmenden Nachströmen von unten Gleichgewicht zu erzielen.

Im zweiten Stadium gehen die Isochronen durch den Punkt d, weil in der durch den Punkt a dargestellten Oberfläche der hydraulische Überdruck p_u seinen Endwert Null zu Beginn dieses Zustandes erreicht. Zur Zeit $t = \infty$ werden die Isochronen mit der waagrechten Linie de identisch. Deshalb nimmt zwischen der Zeit t_a und $t = \infty$ die Neigung der Isochronen in d ab und nähert sich Null. Für diesen zweiten Zustand der Austrocknung lauten die Randbedingungen

$$t_a \gtreqless t \gtreqless \infty \quad \text{und} \quad z = d, \quad p_u = 0,$$

$$t_a \gtreqless t \gtreqless \infty \quad \text{und} \quad z = 0, \quad \frac{\partial p_u}{\partial z} = 0,$$

$$t = \infty \quad \text{und} \quad 0 \gtreqless z \gtreqless d, \quad p_u = 0.$$

Die Isochronen für diesen zweiten Zustand verlaufen ähnlich den strichlierten Isochronen der Abb. 102a, weil die Randbedingungen ähnlich sind.

Die Konsolidierungsgeschwindigkeit ist durch die Differentialgleichung (99.8) gegeben. Die Aufgabe, diese Geschwindigkeit zu berechnen, wurde nach einem Näherungsverfahren für $d = \infty$ (TERZAGHI und FRÖHLICH 1936) mit nachfolgenden Ergebnissen gelöst. Innerhalb der Zeit $t = \infty$ und der Zeit

$$t_a = \frac{\pi}{4} \, \frac{1}{c_v} \left(\frac{k \, p_k}{\gamma_w \, v_e}\right)^2_a, \tag{5}$$

worin c_v den Verfestigungsbeiwert [Gl. (99.7)] bedeutet, ist die durch Austrocknen bedingte Konsolidierung des Tones auf den oberen Teil der Tonschicht begrenzt. Für die Zeit $t > t_a$ ist die Mächtigkeit der konsolidierten Kruste durch die Gleichung gegeben:

$$d_k = 2 \, \sqrt{3 \, c_v \, t}. \tag{6}$$

Für $t = t_a$ wird d_k gleich

$$d_{ka} = \frac{k \, p_k}{\gamma_w \, v_e} \sqrt{3 \, \pi}. \tag{7}$$

Wenn die Mächtigkeit d einer Tonschicht größer als d_{ka} ist, sind die vorherigen Gleichungen auch auf eine solche Schicht anwendbar. In beiden Fällen ist die zur Zeit t_a zugehörige Isochrone eine Parabel, deren Scheitel in Abb. 102a auf ac im Abstand d_{ka} von a liegt. Für die Zeit $t < t_a$ beträgt die neutrale Spannung in der Oberfläche

$$p_w = 2\gamma_w \, \frac{v_e}{k} \sqrt{\frac{t \, c_v}{\pi}}.$$

Zur Zeit $t = t_a$ beträgt der Verfestigungsgrad

$$\mu_a = \frac{d_{ka}}{3\,d}. \tag{8}$$

In dem durch die strichlierten Isochronen dargestellten Konsolidierungsvorgang unter Belastung würde derselbe Verfestigungsgrad zu der Zeit t_a' erreicht werden. Nach der Zeit t_a ist die Beziehung zwischen dem Zeitfaktor und dem Verfestigungsgrad für beide Vorgänge dieselbe, wenn wir die Last $p_k = \gamma_w h_c$ auf die Oberfläche der Tonschicht zur Zeit $t_a - t_a'$ nach Beginn des Austrocknungsvorganges der anderen ähnlichen Tonschicht wirken lassen. Um für $t > t_a$ eine in Abb. 102a voll gezeichnete Isochrone zu erhalten, konstruieren wir für $t' = t - t_a + t_a'$ nach Lastaufbringung die strichlierte Isochrone und verschieben die strichlierte Isochrone um den Abstand h_c nach abwärts, wie in der Abbildung gezeigt ist.

Wenn wir die weitere Austrocknung nach der Zeit t_1, die durch die Isochrone dc_1 (Abb. 102a) dargestellt ist, verhindern, ist im Porenwasser des Tones ein gegen die Tonoberfläche gerichtetes hydraulisches Gefälle vorhanden. Da ein solches Gefälle mit dem hydraulischen Gleichgewicht im Ton $v_e = 0$ nicht verträglich ist, strömt das Porenwasser vom unteren Teil der Tonschicht in den oberen, so lange, bis das hydraulische Gefälle gleich Null wird. Dieser Vorgang hat eine Konsolidierung der unteren Teile und eine Schwellung der oberen Teile der Tonschicht zur Folge. Am Ende dieses Vorganges ist der hydrostatische Überdruck gleich $-\gamma_w h_1$ innerhalb der ganzen Tonschicht. Ein solcher Vorgang wird *adiabatischer Vorgang* genannt. Der Wert h_1 ist durch die Bedingung gegeben, daß der mittlere Wassergehalt des Tones während des ganzen Vorganges unverändert bleibt. Zur Zeit $t = \infty$ steht das Wasser in jedem Standrohr auf der Linie $d_1 e_1$ in der Tiefe d_1 unter der Oberfläche. Deshalb stellt die Linie $d_1 e_1$ die Endisochrone dieses Vorganges dar.

Das thermodynamische Gleichnis dieses Vorganges besteht in einer nach oben gerichteten Wärmeströmung in einer waagrechten Schicht mit isolierten Oberflächen, deren Anfangstemperatur von der Grundfläche zur Oberseite abnimmt. Mit fortschreitender Zeit nimmt das Temperaturgefälle allmählich ab, und die Temperatur der Schicht wird überall gleich der mittleren Anfangstemperatur.

Wenn die Tonoberfläche in dem durch die Endisochrone $d_1 e_1$ (Abb. 102a) dargestellten Stadium überflutet wird, so wird die hydrostatische Druckhöhe in der Oberfläche gleich Null gegenüber $-h_1$ im Innern des Tones. Das zugehörige hydraulische Gefälle verursacht ein Eindringen des freien Wassers ins Innere des Tones. Die Nullisochrone für diesen Vorgang ist $d_1 e_1$ in Abb. 102b, und die Endisochrone ist ac. Die Isochronen für diesen Schwellvorgang erscheinen, bezogen auf die Tonoberfläche, als Spiegelbild der in Abb. 102a strichliert gezeichneten Isochronen, und die Gleichung der Zeit-Schwellkurve ist mit der Gleichung der Zeit-Konsolidierungskurve C_1 der Abb. 85a identisch. Um jedoch die Geschwindigkeit der Schwellung zu bestimmen, müssen wir die Verdichtungsziffer m_v in der Gleichung für den Zeitfaktor τ_v [Gl. (101.3b)] durch die Schwellziffer m_{vs} [Gl. (98.6)] ersetzen.

122. Wirkung des Wasserentzuges auf den Erddruck und die Standsicherheit von Böschungen.

Jeder Wasserentzug vermindert die Spannungen im Porenwasser des Bodens, ohne dabei die totalen Spannungen wesentlich zu verändern. Diese Änderung der neutralen Spannung verursacht eine Zunahme der wirksamen Spannungen in jeder möglichen Gleitfläche innerhalb des Bodens, obwohl das Gewicht des oberhalb dieser Gleitfläche gelegenen Bodens unverändert bleibt. Der Wasserentzug erhöht daher den Sicherheitsfaktor gegen Gleiten, wenn die äußeren Gleichgewichtsbedingungen unverändert bleiben. Diese Feststellung gilt unabhängig davon, ob die Seitenfläche des Erdkörpers durch eine künstliche Stütze gehalten wird oder nicht.

Die neutrale Spannung im Boden während und nach dem Wasserentzug kann für jede mögliche Gleitfläche mit den Erkenntnissen, die in den vorhergehenden Absätzen dieses Kapitels enthalten sind, berechnet werden. Diese Spannungen haben den Sicherheitsfaktor gegen Gleiten bestimmt, und die Gleichgewichtsbedingungen können mittels der im Kap. XII beschriebenen Verfahren ermittelt werden. Wenn die Wasserabgabe in lotrechter Richtung gegen die Grundfläche der Schicht erfolgt, ist die Berechnung durch die Tatsache wesentlich vereinfacht, daß die neutrale Spannung zu einer gegebenen Zeit für jeden Punkt einer waagrechten Schnittfläche durch die Schicht dieselbe ist. Als Beispiel berechnen wir den auf den Abschnitt rs der Rückseite rs_1 (Abb. 103a) einer Stützwand ausgeübten Seitendruck infolge einer plastischen Hinterfüllung in einem Zwischenstadium der Konsolidierung. In der Höhe des Punktes s ruht die Hinterfüllung auf einer Kiesschicht. Der Wasserspiegel wird in der Höhe der Grundfläche der Anschüttung angenommen. Das Überschußwasser strömt durch die Grundfläche der Anschüttung in den Kies und von dort durch Öffnungen in der Wand, die unterhalb des Horizontes des Punktes s angeordnet sind, gegen einen auf der linken Seite gelegenen offenen Schlitz ab.

Der Konsolidierungsvorgang der Anschüttung ist graphisch durch die voll gezeichneten Isochronen der Abb. 98b dargestellt. Die Isochronen stellen den Ort der Standrohrspiegelhöhen für verschiedene Punkte der schrägen Schnittfläche ab für eine gegebene Zeit t dar. Die

Kurve bdf in Abb. 103b zeigt eine dieser Isochronen nochmals. Sie schneidet die geneigte Schnittfläche ab im Punkt d mit der Ordinate z_0. Oberhalb des Horizontes des Punktes d ist die Standrohrspiegelhöhe negativ und unterhalb dieses Horizontes positiv. Wenn z die Höhe irgendeines Punktes m auf der schrägen Schnittfläche ab bedeutet und h die Ordinate des zugehörigen Punktes l auf der Isochrone, dann ist die neutrale Spannung p_w im Punkt m zur Zeit t

$$p_w = \gamma_w (h - z).$$

Wenn $z < z_0$, ist die neutrale Spannung p_w positiv, und wenn $z > z_0$, ist sie negativ. Tragen wir die positiven Werte von p_w auf der linken Seite von rs der Abb. 103a und die negativen Werte nach rechts

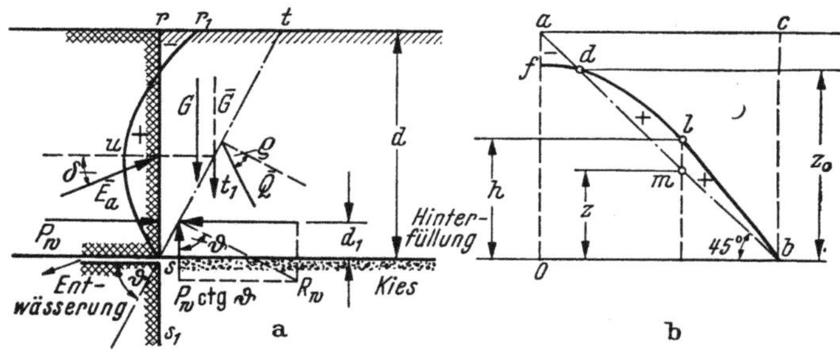

Abb. 103a u. b. Hydraulisch gespülte Anschüttung hinter einer Stützwand, bei vernachlässigbar kleiner Kohäsion. Der Wasserspiegel liegt in der Grundfläche der Schüttung und die kapillare Steighöhe ist größer als die Mächtigkeit d der Anschüttung. a zeigt die Kräfte, die auf den Gleitkeil wirken in einem Zwischenstadium während der Konsolidierung der Anschüttung; b die Isochrone für dieses Stadium.

auf, so erhalten wir die hydrostatische Druckfläche rr_1us, die den totalen neutralen Druck auf die lotrechte Fläche rs des Gleitkeiles rst darstellt. Die Resultierende P_w dieses Druckes geht durch den Schwerpunkt der Druckfläche in der Höhe d_1 oberhalb der Grundfläche der Anschüttung. Da die neutrale Spannung zu einer gegebenen Zeit für jeden Punkt in einem waagrechten Schnitt durch die Anschüttung dieselbe ist, wird der totale neutrale Druck R_w auf der schrägen Fläche st des Gleitkeiles gleich

$$R_w = \frac{P_w}{\sin \vartheta}.$$

Der Angriffspunkt dieses Druckes liegt ebenfalls in der Höhe d_1 oberhalb der Grundfläche der Anschüttung. Die waagrechte Komponente von R_w ist gleich P_w, und die lotrechte Komponente ist P_w cotg ϑ. Die waagrechte Komponente ist gleich und entgegengesetzt gerichtet dem Wasserdruck auf rs. Deshalb ist die Resultierende aller neutralen Kräfte, die auf den Gleitkeil rst wirken, gleich P_w cotg ϑ und wirkt, wie in der Abbildung eingezeichnet, in lotrechter Richtung. Die neutrale Kraft $P_w \cotg \vartheta$ vermindert das wirksame Gewicht des Gleitkeiles von G (Gewicht aus Festmasse und Wasser zusammen) auf

$$\overline{G} = G - P_w \cotg \vartheta = \frac{1}{2}\, \gamma\, d^2 \cotg \vartheta - P_w \cotg \vartheta$$

$$= \frac{1}{2}\, \gamma\, d^2 \cotg \vartheta \left(1 - \frac{2 P_w}{\gamma\, d^2}\right) = \frac{1}{2}\, \gamma_r\, d^2 \cotg \vartheta$$

mit der Abkürzung

$$\gamma_r = \gamma \left(1 - \frac{2 P_w}{\gamma\, d^2}\right). \tag{1}$$

Der Wert γ_r ist vom Neigungswinkel der möglichen Gleitfläche st unabhängig. Deshalb vermindert der neutrale Druck das wirksame Raumgewicht der Anschüttung von γ auf γ_r. Er verschiebt auch die Lage des wirksamen Gewichtes gegen die rechte Seite, wie in der Abbildung gezeigt ist. Die wirksame Reaktionskraft $\overline{Q}$ greift unter dem Winkel ϱ zur Normalen auf der Gleitfläche m, und der wirksame Teil $\overline{E}_a$ des Erddruckes wirkt unter dem Winkel δ zur Normalen auf die Wandrückseite. Der Druck $\overline{E}_a$ kann nach irgendeinem der Verfahren, die in Kap. VI beschrieben wurden, berechnet werden, wenn vorher der Wert γ_r [Gl. (1)] für das Raumgewicht γ der Anschüttung gesetzt wurde. Bei der Annahme, daß der Angriffspunkt von $\overline{E}_a$ in der Höhe des Schnittpunktes t_1 zwischen dem wirksamen Gewicht $\overline{G}$ und der möglichen Gleitfläche st liegt, macht man einen geringen Fehler nach der sicheren Seite.

Eine andere Aufgabengruppe von praktischer Bedeutung befaßt sich mit der Wirkung einer raschen Spiegelabsenkung auf die Stabilität von Dämmen. Die Absenkung des Spiegels verursacht einen Wasserabgabevorgang im Damm. Während der Wasserabgabe nimmt der Sicherheitsfaktor gegen Gleiten zu; und wenn die Wasserabgabe vollendet ist, ist er sogar höher, als er vor Beginn der Wasserabgabe war, weil die Oberflächenspannung des Wassers die Gleitgefahr vermindert. Deshalb besteht unmittelbar nach dem Absenken die größte Gleitgefahr, und die nachfolgenden Stadien brauchen nicht untersucht zu werden.

Für einen vollkommen überfluteten Damm aus feinem Sand wurde die Verteilung der neutralen Spannungen unmittelbar nach dem plötzlichen Absenken als etwas günstiger festgestellt als der entsprechende Spannungszustand im Wasser während eines Sturzregens bei einem Zustand vollständiger Sättigung (siehe Abs. 116). Wenn daher die Böschungen eines solchen Dammes während einer langen Regenperiode stabil bleiben, so sind sie auch nach einem plötzlichen Absenken stabil.

Bei der Untersuchung der Wirkung einer plötzlichen Absenkung auf die Stabilität von Böschungen aus bindigem Boden, wie z. B. Ton, muß die Unfähigkeit des Tones, seinen Wassergehalt rasch einer Änderung des Spannungszustandes anzupassen, beachtet werden. Um das Untersuchungsverfahren zu zeigen, ermitteln wir den Sicherheitsfaktor gegen Gleiten der wasserseitigen Böschung des in Abb. 74e ge-

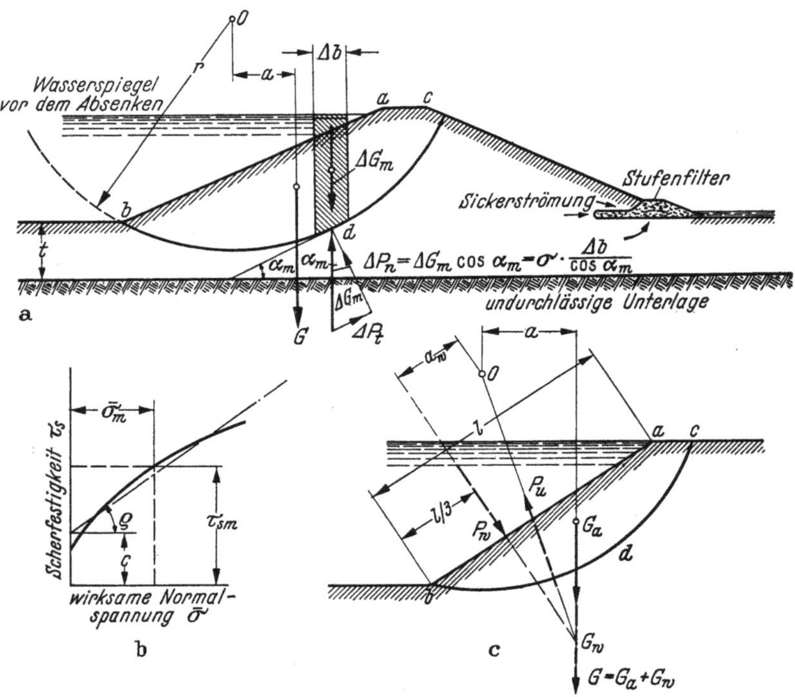

Abb. 104 a—c. a Erläuterung des Verfahrens zur Bestimmung des Sicherheitsfaktors eines homogenen Erddammes gegen Gleiten nach plötzlicher Spiegelabsenkung; b Beziehung zwischen wirksamer Normalspannung und Scherfestigkeit des Dammschüttungsmaterials; c vereinfachtes Untersuchungsverfahren zur Ermittlung der Stabilität vollkommen überfluteter Böschungen nach plötzlicher Spiegelsenkung.

zeigten Erddammes unmittelbar nach einem plötzlichen Absenken des Wasserspiegels im Becken auf die Höhe des Böschungsfußes. In Abb. 104a ist der in Abb. 74e dargestellte Querschnitt nochmals gezeichnet. Wie in der Besprechung der Abb. 74e im Abs. 89 hervorgehoben, wird angenommen, daß der zwischen der Dammsohle und der Tiefe t unterhalb der Sohle gelegene Boden derselbe wie das Dammschüttmaterial ist und daß der Wassergehalt des Bodens sich dem Spannungszustand, der vor der Absenkung vorhanden war, angepaßt hat. Wenn der Absenkung eine lange Regenperiode vorausgegangen ist, sind die neutralen Spannungen durch das in Abb. 74f dargestellte Stromliniennetz gegeben. Im anderen Fall sind sie durch Abb. 74e gegeben.

Um den Sicherheitsfaktor gegen Gleiten längs eines willkürlich gewählten Böschungsfußkreises bdc in Abb. 104a zu bestimmen, unterteilen wir die gesamte Boden- und Wassermasse, die über der Fläche bdc vor dem Absenken liegt, in n lotrechte Lamellen von der Breite Δb. Das Gewicht der in der Abbildung gezeigten willkürlichen Lamelle ist ΔG_m pro Längeneinheit des Dammes, und ihre Grundfläche ist unter dem Winkel α_m zur Waagrechten geneigt. Wenn wir die Spannungen in den lotrechten Lamellenbegrenzungen vernachlässigen, ist die gesamte Reaktionskraft in der Lamellengrundfläche gleich ΔG_m. Sie kann in eine Tangentialkomponente ΔP_t und in eine Normalkomponente $\Delta P_n = \Delta G_m \cos\alpha_m$ zerlegt werden. Da die Breite der Lamellengrundfläche $\Delta b/\cos\alpha_m$ beträgt, ist die totale Normalspannung in der Grundfläche gleich

$$\sigma = \frac{\Delta P_n}{\Delta b}\cos\alpha_m = \frac{\Delta G_m}{\Delta b}\cos^2\alpha_m. \tag{2}$$

Die neutrale Spannung p_w in der Grundfläche kann aus dem Stromliniennetz (Abb. 74e oder 74f) nach dem im Abs. 91 beschriebenen Verfahren bestimmt werden. Vor der Absenkung wurde die Grundfläche des Prismas von der wirksamen Normalspannung

$$\bar{\sigma}_m = \sigma - p_w \tag{3}$$

beansprucht. Auf diese Weise kann die Größe und Verteilung der wirksamen Normalspannungen für jeden Punkt der Fläche bdc bestimmt werden.

Während des Absenkens bleibt der Wassergehalt des Bodens praktisch unverändert. Deshalb bleiben die wirksamen Spannungen in der Fläche bdc praktisch ebenfalls gleich, während die Scherspannungen zunehmen. Die Beziehung zwischen der wirksamen Normalspannung $\bar{\sigma}_m$ [Gl. (3)] und der zugehörigen Scherfestigkeit τ_{sm} pro Flächeneinheit unter Bedingungen, die eine Änderung des Wassergehaltes während des Bruches nicht zulassen, kann mittels Laborversuchen bestimmt werden. Die Ergebnisse einer typischen Reihe solcher Versuche sind in Abb. 104b dargestellt. Mittels dieser Abbildung und der Gl. (3) können wir die Scherfestigkeit τ_{sm} pro Flächeneinheit der in Abb. 104a gezeichneten Lamelle bestimmen. Die gesamte Scherfestigkeit längs der geneigten Lamellengrundfläche beträgt $\tau_{sm}\Delta b/\cos\alpha_m$. Das gesamte Moment der Scherfestigkeit um 0 ist

$$M_p = \Delta b\, r \sum_1^n \frac{\tau_{sm}}{\cos\alpha_m}$$

und das Moment, das zur Einleitung einer Gleitbewegung führt, ist

$$M_a = G\,a$$

worin G das Gewicht des Bodens und Wassers oberhalb der Fläche bde nach der Absenkung bedeutet. Der Sicherheitsfaktor gegenüber Gleiten längs bde beträgt

$$f_s = \frac{M_p}{M_a} = \frac{\varDelta b\,r \sum\limits_1^n \dfrac{\tau_{sm}}{\cos\alpha_m}}{G\,a}. \tag{4}$$

Wenn die in Abb. 104b aufgezeichneten Ergebnisse der Scherversuche mit genügender Genauigkeit durch eine Gerade ersetzt werden können, ist der Wert von τ_{sm} durch die Gleichung gegeben:

$$\tau_{sm} = c + \bar\sigma_m\,\mathrm{tg}\varrho, \tag{5}$$

die mit der COULOMBschen Gl. (5.1) übereinstimmt. Führen wir den Wert τ_{sm} [Gl. (5)] in die Gl. (4) ein, so erhalten wir:

$$f_s = \frac{\varDelta b\,r \sum\limits_1^n (c + \bar\sigma_m\,\mathrm{tg}\varrho)\,\dfrac{1}{\cos\alpha_m}}{G\,a} = \frac{r}{G\,a}\left[c\,l + \varDelta b\,\mathrm{tg}\varrho \sum\limits_1^n \frac{\bar\sigma_m}{\cos\alpha_m}\right], \tag{6}$$

worin l die Länge des Bogens bdc bedeutet. Diese Untersuchung muß für verschiedene Böschungsfußkreise wiederholt werden. Die Rutschung tritt längs des Kreises ein, für den f_s ein Minimum wird.

Praktisch erfolgt die Absenkung des Wasserspiegels in einem Speicherbecken niemals plötzlich. Während der Wasserspiegel absinkt, beginnt die Konsolidierung des Dammes, und die Standsicherheit nimmt allmählich zu. Der wahre Sicherheitsfaktor ist dadurch etwas größer als der nach dem vorhergehenden Verfahren ermittelte Faktor.

In den vorausgegangenen Untersuchungen wurde die Wirkung der Verformung bei konstantem Wassergehalt auf die neutralen Spannungen vernachlässigt. Nach dem gegenwärtigen Stand unseres Wissens kann der Fehler infolge dieser Vereinfachung noch nicht ausgeschaltet werden. Wenn ein Damm gut verdichtet ist, liegt der Fehler auf der sicheren Seite. Bei lockeren Dammschüttungen liegt er auf der unsicheren Seite.

Wenn der hinter einer Böschung befindliche Boden von ruhendem Wasser vollkommen überflutet ist, wie in Abb. 104c dargestellt, kann die Wirkung einer plötzlichen Absenkung auf die Stabilität der Böschung ohne die neutralen Spannungen längs der Gleitflächen zu berechnen, bestimmt werden (TAYLOR 1937). Um das Prinzip des Verfahrens zu veranschaulichen, soll angenommen werden, daß der Widerstand eines Körpers gegen Gleiten längs einer ebenen Fläche durch die empirische Gleichung

$$S = C + G\,\mathrm{tg}\varrho \tag{7}$$

gegeben ist, worin C die Adhäsion zwischen dem Körper und seiner Grundfläche und G das wirksame Gewicht des Körpers bedeutet. Wenn wir den Körper überfluten, dann wird sein wirksames Gewicht gleich

$$G_a = G - G_w,$$

worin G_w das Gewicht des vom Körper verdrängten Wassers bedeutet. Nach der Überflutung ist sein Gleitwiderstand gleich

$$S_a = C + (G - G_w)\,\mathrm{tg}\,\varrho = C + G\left(\frac{G - G_w}{G}\,\mathrm{tg}\,\varrho\right) = C + G\,\mathrm{tg}\,\varrho_1. \quad (8\,\mathrm{a})$$

Darin ist

$$\mathrm{tg}\,\varrho_1 = \frac{G - G_w}{G}\,\mathrm{tg}\,\varrho \quad (8\,\mathrm{b})$$

ein fiktiver Winkel der Scherfestigkeit. Daher kann die Wirkung der Überflutung auf die Scherfestigkeit durch Ersetzen des Wertes $\mathrm{tg}\,\varrho$ in der Gl. (7) durch $\mathrm{tg}\,\varrho_1$ nach Gl. (8 b) berechnet werden. Um dieses Verfahren auf den in Abb. 104c dargestellten Fall anzuwenden, unterteilen wir das totale Gewicht des Körpers $abdc$ (Abb. 104c), G pro Längeneinheit der Böschung, in das unter Auftrieb stehende Gewicht G_a und das Gewicht G_w des vom Körper $abdc$ verdrängten Wassers. Vor der Absenkung wird die Böschung ab vom Wasserdruck P_w pro Längeneinheit der Böschung beansprucht. Da das Moment der neutralen Kräfte um O gleich Null ist, geht die Resultierende P_u der neutralen Spannungen auf bdc, Abb. 104a, durch O und

$$P_w\,a_w = G_w\,a.$$

Das Moment, welches die Gleitbewegung fördert, ist $G_a\,a$. Die Absenkung schaltet das rückhaltende Moment $P_w a_w = G_w a$ aus. Deshalb vergrößert sich das Drehmoment von $G_a a$ auf

$$M_d = (G_a + G_w)a.$$

Der wirksame Druck in der Gleitfläche bleibt dabei unverändert. Folglich ist der Widerstand gegen Gleiten längs bdc der gleiche, wie wenn der Körper $abdc$ noch im Zustand vollkommener Überflutung wäre. Wenn die Scherfestigkeit nach der COULOMBschen Gleichung

$$\tau_s = c + \bar{q}\,\mathrm{tg}\,\varrho$$

gegeben ist, kann die Wirkung vollkommener Überflutung durch Ersetzen des Wertes $\mathrm{tg}\,\varrho$ durch den mit Gl. (8 b) gegebenen Wert

$$\mathrm{tg}\,\varrho_1 = \frac{G - G_w}{G}\,\mathrm{tg}\,\varrho$$

ausgeglichen werden. Nach Durchführung dieser Substitution können die neutralen Kräfte vernachlässigt werden, wonach der Sicherheitsfaktor gegenüber Gleiten mittels eines der in den Abs. 57 bis 65 beschriebenen Verfahren berechnet werden kann.

D. Elastizitätsaufgaben der Bodenmechanik.

XVI. Bettungsziffer- und Pfahlwiderstandstheorien.

123. Definition der Bettungsziffer.

Wird eine Last oder ein Lastsystem durch ein starres oder durch ein elastisches Fundament auf den Boden übertragen, dann ist die Summe der in der Gründungssohlfläche wirkenden Berührungsspannungen gleich der gesamten auf der Fläche übertragenen Last. Die Verteilung der Sohlspannungen hängt sowohl von den physikalischen Eigenschaften des die Last tragenden Bodens wie von den elastischen Eigenschaften des Fundamentes ab. Die Berechnung der Sohlspannung zeigt übereinstimmend mit der Erfahrung, daß der Quotient aus der Sohlspannung in einem gebenen Punkt der Gründungsfläche und der Setzung dieses Punktes für jeden Punkt der Berührungsfläche verschieden ist. Die Sohlfläche eines starren Fundamentes, das eine mittig angreifende Last trägt, setzt sich z. B. in jedem Punkt um dieselbe Strecke. Die Verteilung der Sohlspannungen über der Grundfläche erfolgt jedoch ungleichförmig.

Da die strengen Verfahren zur Berechnung der Sohlspannungsverteilung für die Anwendung auf einfache Angaben zu kompliziert sind, ist es üblich, die Berechnung durch die willkürliche Annahme, daß der Quotient aus Sohlspannung und Setzung für jeden Punkt der Grundfläche derselbe ist, zu vereinfachen. Mit anderen Worten, es wird angenommen, daß die Setzung irgendeines Teiles der belasteten Fläche unabhängig ist von der Form der Fläche und von der Last, die im Schwerpunkt der Fläche wirkt.

Diese Annahme ist mit den mechanischen Eigenschaften fester Körper und der Böden nicht verträglich. Um zwischen der Annahme und der Wirklichkeit Übereinstimmung zu erzielen, muß der das Fundament tragende Boden durch eine Schicht gleich langer und gleich zusammendrückbarer Federn ersetzt werden, von denen jede einzelne von der anderen unabhängig ist, wie es Abb. 141a zeigt. Es ist dies eine weitgehend von der Natur abweichende Annahme. Die Rechenergebnisse, die auf dieser Annahme beruhen, müssen deshalb als eine rohe Näherung betrachtet werden. Nichtsdestoweniger benützen die meisten gebräuchlichen Verfahren zur Berechnung der Sohlspannungen unter Fundamenten und der auf die Glieder einer Pfahlgruppe entfallenden Lasten diese Annahme. Das vorliegende Kapitel behandelt nur diese Verfahren. Um zu unterscheiden zwischen den Bodenpressungen, die nach einem dieser Verfahren berechnet werden, und den tatsächlichen Bodenpressungen oder den Pressungen, die sich nach der Plastizitäts- oder Elastizitätstheorie ergeben, werden die ersteren als *Bettungsspannungen* bezeichnet. Der Quotient aus der Bettungsspannung und der zugehörigen Setzung wird *Bettungsziffer* genannt. Die Verfahren zur Berechnung der Sohlspannung nach der Elastizitätstheorie werden im nächsten Kapitel behandelt werden.

124. Bettungsziffer und Pfahlwiderstandsziffer.

Die Bettungsziffer ist als Quotient p/s zwischen der auf die Einheit der waagrechten Bodenoberfläche wirkenden Last p und der zugehörigen Setzung s der Oberfläche definiert. Der Quotient aus einem waagrechten Druck p pro Flächeneinheit einer lotrechten Fläche und der zugehörigen waagrechten Verschiebung wird *waagrechte Bettungsziffer* genannt. Der Quotient P/s aus der auf einen Pfahl wirkenden Last P und der Setzung s des Pfahlkopfes stellt die *Pfahlwiderstandsziffer* dar.

Um für diese Ziffern praktisch brauchbare Mittelwerte zu erhalten, lassen wir eine gleichförmig verteilte Druckspannung auf eine freigelegte Bodenoberfläche wirken; dann messen wir in verschiedenen Punkten die Einsenkung, dividieren den Einheitsdruck durch die Einsenkung der verschiedenen Punkte und bilden den Mittelwert der so erhaltenen Werte. Oder wir übertragen mittels eines starren Körpers einen bekannten Gesamtdruck auf den Boden, z. B. mit einem Betonblock, messen die Einsenkung und berechnen den Quotienten aus mittlerer Druckspannung und Einsenkung. Bei Pfählen können wir auf jedes Glied einer Gruppe gleichmäßig entfernter Pfähle eine Last P wirken lassen, messen die Setzung jedes Pfahles und bilden den Mittelwert. Oder wir übertragen eine gegebene Gesamtlast mittels eines Betonblockes auf eine Pfahlgruppe und dividieren die auf den Einzelpfahl entfallende Last durch die Setzung des Blockes. In beiden Fällen enthält der Vorgang ein willkürliches Element insofern, als wir den veränderlichen Quotienten durch einen Mittelwert, die fiktive Bettungsziffer, ersetzen. Die Bedeutung des durch diese Substitution bedingten Fehlers wird im nächsten Kapitel besprochen werden.

Wir wissen aus der Erfahrung, daß eine über einer Kreis- oder Rechtecksfläche gleichförmig verteilte Last auf der waagrechten Oberfläche eines bindigen Bodens eine muldenförmige Einsenkung hervorruft, wie in Abb. 105a gezeichnet ist. Mit anderen Worten, die Setzung nimmt vom mittleren Teil der belasteten Fläche gegen den Rand ab. Die mittlere Setzung beträgt s. Die Erfahrung hat außerdem gezeigt, daß die mittlere Setzung rascher als die mittlere Bodenspannung zunimmt. Vernachlässigt man die ungleichförmige Setzung der belasteten Fläche und die Abwesenheit einer strengen Proportionalität zwischen

Last und mittlerer Setzung, so kann man schreiben

$$\frac{p}{s} = C_b \quad (\text{kg/cm}^3).\tag{1}$$

Die Größe der Bettungsziffer C_b hängt nicht nur von der Art des Bodens ab, sondern auch von der Größe und der Form der belasteten Fläche. Weiter nimmt sie mit zunehmender Bodenpressung ab. Deshalb ist der Wert C_b für einen gegebenen Boden keine Konstante, und die durch Gl. (1) ausgedrückte Beziehung stellt nur einen groben Ersatz für die

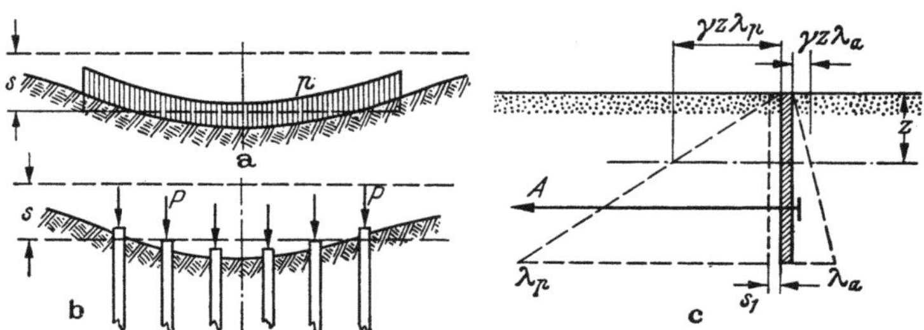

Abb. 105 a—c. a Natürliche Setzungsmulde einer gleichförmig belasteten Fläche; b Natürliche Setzung einer gleichförmig belasteten Gruppe von gleichmäßig entfernten Pfählen; c Vereinfachte Annahmen, auf denen die Theorie von in Sand gelagerten Ankerplatten beruht.

tatsächlichen Verhältnisse dar. Bei der Festlegung des Wertes C_b müssen daher alle Faktoren, die diesen Wert beeinflussen, in Betracht gezogen werden.

Wenn jeder Pfahl in einer Gruppe von untereinander gleich weit entfernten Pfählen dieselbe Last P pro Pfahl trägt, nimmt die Setzung der Pfähle ebenfalls vom Mittelpunkt der Pfahlgruppe gegen den Rand ab, wie in Abb. 105b gezeigt, wenn die Pfahlspitzen nicht auf einer sehr starren Schicht aufruhen. Deshalb nimmt der Quotient P/s vom Mittelpunkt der Gruppe gegen den Rand zu. Wenn wir jedoch die Aufteilung einer äußeren Last auf die Pfähle einer Gruppe berechnen, so nehmen wir meist an, daß der Quotient

$$\frac{P}{s} = C_p \quad (\text{kg/cm})\tag{2}$$

konstant ist. Der Wert C_p wird die *lotrechte Pfahlwiderstandsziffer* genannt.

Das Prinzip der Bettungsziffer wurde auch auf die Berechnung der waagrechten Druckspannungen von Pfählen oder Spundwänden angewendet. Um die grundlegenden Voraussetzungen dieses Verfahrens zu veranschaulichen, betrachten wir die Beziehung zwischen Spannung und Verformung für eine lotrechte Ankerwand (Abb. 105c), die völlig in Sand eingebettet ist. Die Wand wird durch einen waagrechten Ankerzug A beansprucht. Im Augenblick des Bruches wird die rechte Ankerfläche vom Erddruck und die linke Fläche vom Erdwiderstand beansprucht. Nimmt man eine hydrostatische Verteilung von Erddruck und Erdwiderstand an, so erhält man für die resultierende waagrechte Druckspannung in der Tiefe z unter der Oberfläche

$$e_1 = \gamma z (\lambda_p - \lambda_a),$$

worin λ_a und λ_p die Erddruck- und Erdwiderstandsbeiwerte und γ das Raumgewicht des Sandes bedeuten (siehe Abs. 84). Entweder wird angenommen, daß die waagrechte Verschiebung s_1, die nötig ist, um die resultierende Spannung von ihrem Anfangswert Null auf e_1 anwachsen zu lassen, von der Tiefe unabhängig ist, oder es wird im Widerspruch zur Erfahrung angenommen, daß die resultierende Druckspannung e direkt proportional mit der waagrechten Verschiebung s anwächst. Mit diesen Annahmen erhält man für die Druckspannung e die Gleichung

$$e = e_1 \frac{s}{s_1} = \frac{s}{s_1} \gamma z (\lambda_p - \lambda_a) = s \gamma z \frac{\lambda_p - \lambda_a}{s_1} = s \gamma z n \qquad (3a)$$

oder

$$\frac{e}{s} = \gamma z n, \quad \text{mit der Abkürzung} \quad n = \frac{\lambda_p - \lambda_a}{s_1} \, (\mathrm{cm}^{-1}). \qquad (3b)$$

In den meisten Veröffentlichungen ist jedoch nur die durch Gl. (3a) ausgedrückte Beziehung in der Form gegeben:

$$\frac{e}{s} = m z, \qquad (4)$$

worin

$$m = \gamma \frac{\lambda_p - \lambda_a}{s_1} \quad (\mathrm{kg/cm^4})$$

eine empirische Konstante bedeutet, die von der Tiefe unabhängig ist. Es ist hervorzuheben, daß die Dimension von m nicht mit jener der Bettungsziffer identisch ist. Die Gl. (3) und (4) sind nur für kohäsionslose Sande anwendbar. Für Tone gilt die übliche Annahme

$$\frac{e}{s} = C_{bh} \quad (\mathrm{kg/cm^3}). \qquad (5)$$

Der Quotient aus der waagrechten Druckspannung p und der zugehörigen waagrechten Verschiebung s ergibt die *waagrechte Bettungsziffer* C_{bh}. Sie kann entweder mit der Tiefe zunehmen [Gl. (4)] oder von der Tiefe unabhängig sein [Gl. (5)].

Die Ausführungen der folgenden Absätze beruhen auf den Gl. (1) bis (5). Beim Studium dieser Absätze soll der Leser sich stets der rohen Näherung bewußt sein, die diese Gleichungen zum Ausdruck bringen (siehe der letzte Abschnitt des Abs. 126).

125. Sohlspannungsverteilung bei starren Fundamenten.

Die Berechnung der Sohlspannungsverteilung unter Fundamenten beruht auf der Gl. (124.1).

$$\frac{p}{s} = C_b = \text{konst.} \tag{1}$$

Zur Veranschaulichung des Vorganges bestimmen wir die Verteilung der Sohlspannung über der Grundfläche eines vollkommen starren Rechteckfundamentes (Abb. 106), das von einem System von Säulenlasten P_1 bis P_n beansprucht wird. Aus Gleichgewichtsgründen muß die Summe der Säulenlasten gleich der Summe der Sohlspannungen sein:

$$\sum_1^n P = \int\limits_0^l\int\limits_0^b p_s\, dx\, dy . \tag{2}$$

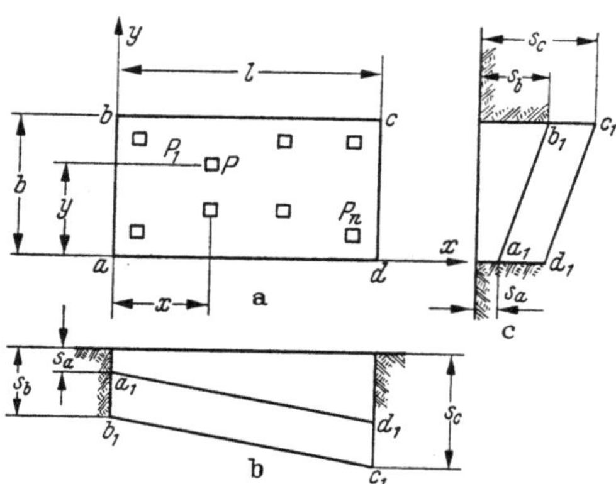

Abb. 106 a—c. a Starre, rechteckige Platte, die von den Säulenlasten P_1 bis P_n beansprucht wird; b u. c Verteilung der Sohlspannung der in a dargestellten Platte.

Außerdem muß der Angriffspunkt der Resultierenden aus den Sohlspannungen auf der Wirkungslinie der Lastresultierenden liegen. Diese Bedingung ist erfüllt, wenn

$$\sum_1^n P\,x = \int\limits_0^l\int\limits_0^b p_s\, x\, dx\, dy \quad \text{und} \quad \sum_1^n P\,y = \int\limits_0^l\int\limits_0^b p_s\, y\, dx\, dy . \tag{3}$$

Zur Auflösung dieser Gleichungen müssen wir die Sohlspannung p_s als Funktion der Koordinaten x und y ausdrücken. Da das Fundament vollkommen starr ist, bleibt seine Sohlfläche bei der Setzung eben. Abb. 106 b und 106 c zeigen die beiden Seitenansichten der Gründungssohle nach eingetretener Setzung. Wenn s_a, s_b und s_c die lotrechten Verschiebungen der drei Ecken a, b und c gegenüber der ursprünglichen Bodenoberfläche bedeuten, beträgt die Setzung eines Punktes mit den Koordinaten x und y

$$s = s_a + (s_c - s_b)\,\frac{x}{l} + (s_b - s_a)\,\frac{y}{b} .$$

Setzen wir in dieser Gleichung $s = p_s/C_b$ [Gl. (1)], so erhalten wir

$$p_s = p_{sa} + (p_{sc} - p_{sb})\,\frac{x}{l} + (p_{sb} - p_{sa})\,\frac{y}{b} , \tag{4}$$

worin p_{sa}, p_{sb} und p_{sc} die Sohlspannungen in den Eckpunkten a, b und c darstellen. Mittels dieser Gleichung können die Gl. (2) und (3) ausgewertet werden. Wir erhalten so

$$\sum_{1}^{n} P = \int_{0}^{b} dy \int_{0}^{l} p_s\, dx = b\, l\, \frac{p_{sa} + p_{sc}}{2} \tag{5}$$

$$\sum_{1}^{n} P\, x = \int_{0}^{b} dy \int_{0}^{l} p_s\, x\, dx = \frac{b l^2}{2} \left(\frac{1}{2} p_{sa} + \frac{2}{3} p_{sc} - \frac{1}{6} p_{sb} \right) \tag{6}$$

und

$$\sum_{1}^{n} P\, y = \int_{0}^{l} dx \int_{0}^{b} p_s\, y\, dy = \frac{b^2 l}{2} \left(\frac{1}{3} p_{sa} + \frac{1}{2} p_{sc} + \frac{1}{6} p_{sb} \right). \tag{7}$$

Diese drei Gleichungen bestimmen die drei unbekannten Größen p_{sa}, p_{sb} und p_{sc} in der Gl. (4). Wenn die Wirkungslinie der Lastresultierenden durch den Schwerpunkt der Fundamentgrundfläche geht, ist die Sohlspannung gleichförmig verteilt,

$$p_s = \frac{\Sigma P}{b\,l} = \text{konst.}$$

Bei gewissen Bodeneigenschaften ist diese Folgerung ziemlich genau. In anderen Fällen ist die wirkliche Verteilung der Sohlspannungen nicht einmal angenähert gleichförmig (siehe Abs. 139). Der Ursprung der Widersprüche zwischen den bestehenden Theorien und der Wirklichkeit liegt in der Tatsache, daß die Gl. (1) eine rohe Näherung darstellt.

126. Sohlspannungsverteilung unter elastischen Fundamenten.

Da ein elastischer Fundamentstreifen zwischen den Lastangriffspunkten nach oben durchgebogen wird, sind die Sohldrücke unterhalb der Lasten am größten und in den dazwischenliegenden Flächen am kleinsten. Infolge dieses Einflusses der Durchbiegung auf die Verteilung der Sohlspannungen können die Biegemomente in elastischen Fundamenten beträchtlich kleiner sein als jene, die nach der Annahme vollständig starrer Fundamente berechnet wurden. Die Berechnungsverfahren für die Biegemomente in elastischen Balken und Fundamenten auf elastischer Unterlage sind in den meisten Lehrbüchern über angewandte Mechanik beschrieben (siehe z. B. Timoshenko 1941). Die folgenden Abschnitte enthalten daher mehr eine Zusammenfassung der allgemeinen Grundlagen.

Abb. 107a stellt einen Längsschnitt durch einen elastischen Balken von der Länge l und einem konstanten rechteckigen Querschnitt dar,

der auf der waagrechten Oberfläche eines elastischen Untergrundes aufruht. Der Balken von der Breite b und der Dicke d trägt die Last p'
pro Breiteneinheit, die in der Balkenmitte wirkt, d. h. deren Wirkungslinie von beiden Balkenrändern gleich weit entfernt ist. Die Setzung
ist durch die Gl. (124.1) gegeben:

$$\frac{p}{s} = C_b = \text{konst.} \tag{1}$$

Unter dem Einfluß der Last biegt sich das Fundament durch und
nimmt die in der Abbildung gezeigte Form an.

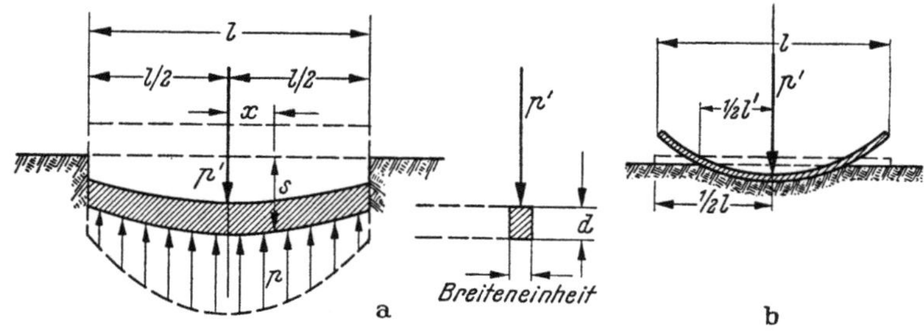

Abb. 107 a u. b. a Verteilung der Sohlspannungen unter einem elastischen Balken auf elastischer Unterlage, der durch eine Linienlast p' pro Breiteneinheit belastet wird; b die Enden
von sehr biegsamen belasteten Balken heben sich von der Oberfläche ab.

Es bezeichnen:
$E =$ Elastizitätsmodul des Balkens,
$J = \dfrac{b\,d^3}{12}$ das Trägheitsmoment des Balkenquerschnittes,
$Q =$ die lotrechte Querkraft im Abstand x vom Balkenmittelpunkt pro
Breiteneinheit,
$p_s =$ die Sohlspannung im Abstand x vom Balkenmittelpunkt,
$s =$ die Setzung der Balkengrundfläche im Abstand x vom Mittelpunkt und
$e =$ die Basis des natürlichen Logarithmus.

Die Änderung der Querkraft in der x-Richtung, gemessen vom
Balkenmittelpunkt aus, beträgt

$$-\frac{dQ}{dx} = p_s = s\,C_b. \tag{2}$$

Nach der Biegetheorie des Balkens ist die lotrechte Verschiebung s
des Balkens gegenüber seiner ursprünglichen Lage durch die Gleichung
gegeben:

$$-\frac{dQ}{dx} = s\,C_b = -E\,I\,\frac{d^4 s}{dx^4}. \tag{3}$$

Die allgemeine Lösung dieser Gleichung lautet:

$$s = C_1 \operatorname{\mathfrak{Cof}}\alpha \cos\alpha + C_2 \operatorname{\mathfrak{Sin}}\alpha \sin\alpha + C_3 \operatorname{\mathfrak{Cof}}\alpha \sin\alpha + C_4 \operatorname{\mathfrak{Sin}}\alpha \cos\alpha \tag{4a}$$

darin bedeutet

$$\alpha = x \sqrt[4]{\frac{C_b\, b}{4\, E\, I}} \tag{4b}$$

einen dimensionslosen Wert und C_1 bis C_4 die Integrationskonstanten. Das zugehörige Biegemoment beträgt pro Breiteneinheit

$$M = \frac{E\, I}{b} \frac{d^2 s}{d x^2}. \tag{5}$$

Die Integrationskonstanten C_1 bis C_4 [Gl. (4a) müssen derart bestimmt werden, daß die Kontinuitäts- und Randbedingungen erfüllt sind. Es sind dies die folgenden Bedingungen: In der halben Balkenlänge bei $x = 0$ ist die Tangente an die Biegelinie waagrecht und die Querkraft pro Breiteneinheit gleich $p'/2$. An den beiden Balkenenden sind sowohl die Biegemomente M wie die Querkräfte Q gleich Null. Diese Bedingungen können durch die Gleichungen ausgedrückt werden:

$$\frac{d s}{d x} = 0 \qquad \text{bei} \quad x = 0 \tag{6a}$$

$$Q = \frac{E\, I}{b} \frac{d^3 s}{d x^3} = \frac{p'}{2} \qquad \text{bei} \quad x = 0 \tag{6b}$$

$$M = \frac{E\, I}{b} \frac{d^2 s}{d x^2} = 0 \qquad \text{bei} \quad x = \frac{l}{2} \tag{6c}$$

und

$$Q = \frac{E\, I}{b} \frac{d^3 s}{d x^3} = 0 \qquad \text{bei} \quad x = \frac{l}{2}. \tag{6d}$$

Durch Verbindung der Gl. (4a) mit diesen Randbedingungen erhält man für die Sohlspannung im Abstand x vom Balkenmittelpunkt

$$p_s = s\, C_b = \frac{p'\alpha_1}{2\, l}\, \frac{1}{\mathfrak{Sin}\,\alpha_1 + \sin\alpha_1} \Big\{ \sin\alpha\, \mathfrak{Sin}(\alpha_1 - \alpha) -$$
$$- \mathfrak{Sin}\,\alpha\, \sin(\alpha_1 - \alpha) + 2\Big[\mathfrak{Cof}\,\alpha\, \cos\frac{\alpha_1}{2} \cos\left(\frac{\alpha_1}{2} - \alpha\right) + \tag{7}$$
$$+ \cos\alpha\, \mathfrak{Cof}\frac{\alpha_1}{2}\, \mathfrak{Cof}\left(\frac{\alpha_1}{2} - \alpha\right)\Big]\Big\}$$

und für das Biegemoment M an derselben Stelle, pro Breiteneinheit:

$$M = \frac{p'\, l}{4\,\alpha_1} \left(\mathfrak{Cof}\,\alpha\, \cos\alpha + \mathfrak{Sin}\,\alpha\, \sin\alpha - \mathfrak{Sin}\,\alpha\, \cos\alpha - \mathfrak{Cof}\,\alpha\, \sin\alpha - \right.$$
$$\left. - D\, \mathfrak{Cof}\,\alpha\, \cos\alpha + A\, \mathfrak{Sin}\,\alpha\, \sin\alpha \right) \tag{8}$$

mit den Abkürzungen

$$\alpha = x \sqrt[4]{\frac{C_b\, b}{4\, E\, I}} \qquad \alpha_1 = l \sqrt[4]{\frac{C_b\, b}{4\, E\, I}} = \alpha\, \frac{l}{x}$$

$$A = \frac{2 + \cos\alpha_1 - \sin\alpha_1 + e^{-\alpha_1}}{\mathfrak{Sin}\,\alpha_1 + \sin\alpha_1} \qquad \text{und} \qquad D = \frac{\cos\alpha_1 + \sin\alpha_1 - e^{-\alpha_1}}{\mathfrak{Sin}\,\alpha_1 + \sin\alpha_1}.$$

Sowohl die Sohlspannung p_s wie das Biegemoment M sind unterhalb der Last am größten, d. h. bei $x = 0$ und $\alpha = 0$. In diesem Punkt nehmen sie die Werte an:

$$p_{s\max} = s_{\max} C_b = \frac{p'\,\alpha_1}{2l}\,(1 + A) \tag{9}$$

und

$$M_{\max} = \frac{p'\,l}{4\alpha_1}\,(1 - D). \tag{10}$$

Für einen vollkommen starren Balken sind die entsprechenden Werte

$$p'_{s\max} = \frac{p'}{l} \quad \text{und} \quad M'_{\max} = \frac{p'\,l}{8}\,.$$

An den beiden Endpunkten des elastischen Balkens ist die Sohlspannung gleich

$$p_{s1} = s_1\,C_b = \frac{2}{l}\,p'\,\alpha_1\,\frac{\mathfrak{Cof}\,\frac{\alpha_1}{2}\,\cos\frac{\alpha_1}{2}}{\mathfrak{Sin}\,\alpha_1 + \sin\alpha_1}\,. \tag{11}$$

Wenn der Balken lang und schlank ist, wird der Wert p_{s1} [Gl. (11)] negativ. Da längs der Berührungsfläche zwischen Balken und Bodenoberfläche keine Zugspannung auftreten kann, heben sich die Balkenenden außerhalb einer bestimmten Entfernung $l'/2$, von der Last gemessen, von der Bodenoberfläche ab, wie in Abb. 107 b gezeichnet ist. Innerhalb dieser Strecke nimmt die Sohlspannung von einem Maximum unterhalb der Last auf den Wert Null im Abstand $l'/2$ vom Lastangriffspunkt ab.

Die Aufgabe der Ermittlung der Biegemomente in elastisch gelagerten Balken und Platten hat die Aufmerksamkeit mathematisch begabter Ingenieure durch Jahrzehnte hindurch gefesselt. Deshalb sind eine große Anzahl verschiedener Aufgaben dieser Art bereits gelöst. Ursprünglich wurde die Theorie zur Schaffung einer Berechnungsgrundlage der Biegemomente in Eisenbahnschienen, die von einer Schotterbettung getragen werden, entwickelt (ZIMMERMANN 1888). Sie wurde von der American Society of Civil Engineers ,,Untersuchungsbericht über die Spannungen in Eisenbahnschienen" (TALBOT 1918) zu diesem Zweck angewendet. Im Jahre 1911 wandte der Verfasser erstmalig die Theorie zur Bemessung eines aus schweren Stahlbetonbalken bestehenden Rostfundamentes an. In späteren Jahren wurde die Theorie auch auf den Entwurf von Stahlbetonschleusen angewendet (FREUND 1917, 1924) und zur Berechnung der Biegemomente in Straßendecken, die durch Einzellasten beansprucht sind (WESTERGAARD 1926). Die Abb. 108a bis 108d zeigen elastische Balken und einfache Rahmen, die lotrechte Lasten auf den Boden übertragen. Die in den Abb. 108e bis 108j dargestellten Belastungsfälle treten meist bei der Bemessung von Schleusen auf. Die Schleusenwandungen sind praktisch starr ($J = \infty$), während die Sohlplatte relativ biegsam ist (siehe Abb. 108g und 108h). Mit M ist in den Abb. 108h und 108j ein Kräftepaar bezeichnet. Die Gleichungen zur Berechnung der Biegemomente in Konstruktionen, die von den in Abb. 108 dargestellten Kräften oder durch verschiedene andere Lastsysteme beansprucht sind, wurden von HAYASHI (1921) in einem Buch zusammengestellt, in dem auch einige Lösungen enthalten sind, die auf der Annahme einer veränderlichen Bettungsziffer beruhen. FREUND (1927) hat ebenfalls eine Reihe von Aufgaben mit der Annahme, daß die Bettungsziffer [Gl. (124.1)] mit zunehmender Spannung p abnimmt, gelöst.

Bei der praktischen Anwendung der bestehenden Theorien und Lösungen liegt in der einwandfreien Schätzung der Größe der Bettungsziffer C_b [Gl. (124.1)] die Hauptschwierigkeit. Da C_b von vielen anderen Faktoren außer von der Art des Bodens abhängt, kann die Bettungsziffer nicht durch Laboratoriumsversuche oder Probebelastungen ermittelt werden. Die Ähnlichkeitsgesetze, die den Einfluß der Lastflächengröße auf die Größe von C_b bestimmen, sind verwickelt und

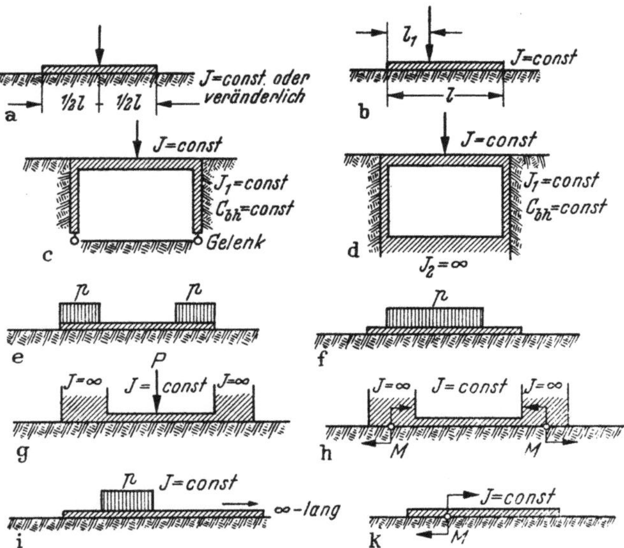

Abb. 108 a—k. Einige Fälle von elastisch gelagerten Tragkonstruktionen; die Gleichungen zur Ermittlung der Sohldruckverteilung, Seitenreaktion und Biegemomente dieser Konstruktionen sind veröffentlicht.

nur unvollständig bekannt. Deshalb ist das Extrapolieren aus Versuchsergebnissen im wesentlichen eine Beurteilung der Größenordnung. Die vorausgegangenen Ausführungen gelten auch für alle anderen im Abs. 124 genannten Koeffizienten. Ein Überblick über die Faktoren, die den Wert C_b unter natürlichen Verhältnissen beeinflussen, wurde an anderer Stelle veröffentlicht (TERZAGHI 1932). Glücklicherweise ist der Einfluß eines bedeutenden Fehlers in der Einschätzung der Bettungsziffer auf die Rechenergebnisse verhältnismäßig klein, weil die Gl. (8), die das Biegemoment bestimmt, nur die vierte Wurzel dieser Ziffer enthält.

127. Freie, starre Spundwände und Gründung von Freileitungsmasten.

Eine Spundwand wird als frei bezeichnet, wenn sie ihre Standsicherheit nur dem seitlichen Widerstand des dem eingerammten Abschnitt angrenzenden Bodens verdankt. Die Spundwand kann durch waagrechte Kräfte, die am oberen Rand der Spundwand angreifen, beansprucht sein oder durch den seitlichen Erddruck einer Hinterfüllung.

Abb. 109a stellt einen Schnitt durch eine freie Spundwand dar, die bemessen wurde, um eine waagrechte Last p' pro Längeneinheit der oberen Spundwandberandung aufzunehmen. Der an den eingerammten Teil der Spundwand angrenzende Boden besteht aus Sand, und die waagrechte Bodenreaktion e soll durch die Gl. (124.4) bestimmt werden können:

$$\frac{e}{s} = m\,z. \tag{1}$$

Abb. 109 a—c. a Lotrechter Schnitt durch eine starre Spundwand im Sand, die durch eine waagrechte Last p' pro Längeneinheit beansprucht wird; Verteilung der resultierenden waagrechten Spannungen im eingerammten Teil der Spundwand; b wenn der angrenzende Sand in einem elastischen Zustand und c wenn er in einem plastischen Gleichgewichtszustand ist.

In dieser Gleichung stellt e den Unterschied zwischen den beiden in der Tiefe z auf beide Seiten der Spundwand wirkenden Druckspannungen dar.

Der Angriff der Last p' im oberen Rand der Spundwand verursacht eine Verformung durch Drehung um einen Punkt O, der zwischen der Bodenoberfläche und dem unteren Rand der Spundwand liegt. Verschiebungen in der Richtung der Last p' sind positiv und jene in entgegengesetzter Richtung negativ. In der Tiefe z unter der Bodenoberfläche beträgt die Verschiebung

$$s = s_1 - (s_1 - s_2)\frac{z}{t},$$

wenn s_1 und s_2 die seitliche Verschiebung in der Oberfläche und in der Tiefe t darstellen. Setzen wir in dieser Gleichung $s = p/mz$ [Gl. (1)], so erhalten wir für die waagrechte Spannung e in der Tiefe z den Wert

$$e = m\left[s_1 z - (s_1 - s_2)\frac{z^2}{t}\right]. \qquad (2)$$

Die unbekannten Größen s_1 und s_2 sind durch die Gleichgewichtsbedingungen der Spundwand bestimmt. Diese Bedingungen erfordern, daß die Summe der waagrechten Spannungen pro Längeneinheit der Spundwand gleich p' sein muß und daß die Summe der Momente um irgendeinen Punkt (z. B. Punkt a in der Oberfläche nach Abb. 109a) gleich Null sein muß. Daraus folgt

$$p' = \int_0^t e\,dz = m\,t^2\left(\frac{1}{6}s_1 + \frac{1}{3}s_2\right) \qquad (3\,\text{a})$$

und

$$p't = \int_0^t e z\,dz = m\,t^3\left(\frac{1}{12}s_1 + \frac{1}{4}s_2\right). \qquad (3\,\text{b})$$

Lösen wir diese Gleichungen auf und setzen die so erhaltenen Werte von s_1 und s_2 in Gl. (2) ein, so erhalten wir

$$e = \frac{6\,p'\,z}{t^3}\left[3t + 4h - 2\frac{z}{t}(2t + 3h)\right]. \qquad (4)$$

In Abb. 109b ist die Bodenpressung durch den waagrechten Abstand zwischen der Parabel adc und der Lotrechten ab dargestellt. Wenn die Last p' zunimmt, wird die Neigung der Parabel im Punkt a flacher, und die Spannungen e nehmen zu. Der Größtwert, den e in einer Tiefe z annehmen kann, ist gleich

$$e_{z\,\text{max}} = \gamma z(\lambda_p - \lambda_a), \qquad (5)$$

worin λ_p und λ_a die Erdwiderstands- und Erddruckbeiwerte bedeuten (siehe Kap. XI). In der Tiefe t ist diese Spannung gleich

$$e_t = \gamma t(\lambda_p - \lambda_a). \qquad (6)$$

Wenn der an die Spundwand angrenzende Boden ausweicht, bewegt sich die Spundwand ebenso, weil das Gewicht der Spundwand klein ist und die relative Bewegung zwischen Sand und Spundwand praktisch gleich Null bleibt. Deshalb müssen die Werte λ_p und λ_a nach der Annahme berechnet werden, daß der Wandreibungswert gleich Null ist. Sie sind dann

$$\lambda_p = \text{tg}^2\left(45° + \frac{\varrho}{2}\right) \qquad (15.4)$$

und

$$\lambda_a = \text{tg}^2\left(45° - \frac{\varrho}{2}\right), \qquad (15.2)$$

worin ϱ den Winkel der inneren Reibung des Sandes bedeutet.

Da die Spannung e zwischen Boden und Spundwand höchstens den Wert $e_{z\max}$ [Gl. (5)] erreichen kann, beginnt der Sand zu fließen, sobald die Neigung der Spannungsparabel im Punkt a (Abb. 109b) gleich der Neigung der Geraden ae wird, deren Abszissen die Werte $e_{z\max}$ darstellen. Diese Bedingung ist erfüllt, wenn

$$\left[\frac{de}{dz}\right]_{z=0} = \frac{6p'}{t^3}(3t + 4h) = \gamma(\lambda_p - \lambda_a)$$

oder

$$p' = \frac{1}{6}\gamma t^3 \frac{\lambda_p - \lambda_a}{3t + 4h}. \tag{7}$$

Nachdem ein Fließzustand eingetreten ist, verliert Gl. (1) ihre Gültigkeit, und die Spannungslinie nimmt mehr und mehr die Form einer gebrochenen Linie an, wie es durch die strichlierte Kurve ad_2c_2 der Abb. 109b und 109c angedeutet ist. In diesem Stadium des Fließens können wir den unteren Teil der Kurve mit genügender Genauigkeit durch die Gerade d_3c_3 (Abb. 109c) ersetzen. Wenn die Last p' weiter zunimmt, bewegt sich der Punkt d_3 längs ae nach abwärts und der Punkt c_3 nach rechts. Der seitliche Druck, dem der Sand auf der rechten Seite des Punktes b widerstehen kann, ist wesentlich größer als e_t [Gl. (6)], weil in b der Druck auf den Sand nur über einen schmalen Streifen wirkt. Es wird deshalb meist angenommen, daß die Spundwand, sobald die Reaktionsspannung im Boden im Punkt b gleich e_t wird, nachgibt. Auf Grund dieser Annahme lauten die Gleichgewichtsbedingungen für den Bruchzustand

$$p'_{\max} = \tfrac{1}{2}e_t t - \tfrac{1}{2}2 e_t t_1 = e_t(\tfrac{1}{2}t - t_1) \tag{8a}$$

und

$$p'_{\max}(h + t) = \frac{1}{2}e_t t \frac{t}{3} - \frac{1}{2}2 e_t D_1 \frac{t_1}{3} = e_t\left(\frac{1}{6}t^2 - \frac{1}{3}t_1^2\right), \tag{8b}$$

worin h den Hebelarm von p' um den Punkt a bedeutet.

Eliminieren wir aus diesen Gleichungen t_1, so erhalten wir die größte Last $p'_{\max}$, der die Spundwand widerstehen kann. Diese Gleichungen können auch zur Bestimmung der kleinsten Tiefe t verwendet werden, bis zu der die Spundwand bei gegebenen Werten von $p'_{\max}$ und h gerammt werden muß. Ist ein Sicherheitsfaktor f_s erforderlich, so ersetzen wir den Wert e_t in den Gl. (8) durch e_t/f_s. Dieses Berechnungsverfahren wurde auch zur Bemessung von freien Spundwänden (Spundwände ohne Verankerung) angewendet, die durch den Erddruck einer an den oberen Teil der Spundwand angrenzenden Hinterfüllung beansprucht werden (KREY 1936).

Abb. 110 stellt einen Schnitt durch den Fundamentkörper eines Freileitungsmastes dar. Der Fundamentblock wird vom Eigengewicht G des Systems und dem Moment des einseitigen Kabelzuges, p' pro Breiteneinheit senkrecht zur Schnittfläche, beansprucht. Der Drehbewegung des Fundamentes wirken die beiden Komponenten Q_n und Q_t der Sohlreaktion und der seitliche Erdwiderstand E_1 bzw. E_2 entgegen. Die Kräfte E_1 und E_2 sind durch dieselben Faktoren wie die Kräfte E_1 und E_2 der Abb. 109a bestimmt. Deshalb kann das vorausgegangene Untersuchungsverfahren ohne wesentliche Abänderungen zur Ermittlung der Kräfte E_1 und E_2 der Abb. 110 angewendet werden. Da die Länge des Fundamentblockes senkrecht zur Verdrehungsebene begrenzt ist, wirkt der Drehbewegung und der seitlichen Zusammendrückung des an den Block angrenzenden Bodens auch die Reibung in den beiden Ebenen der zur Verdrehungsebene parallelen Fundamentseitenflächen entgegen.

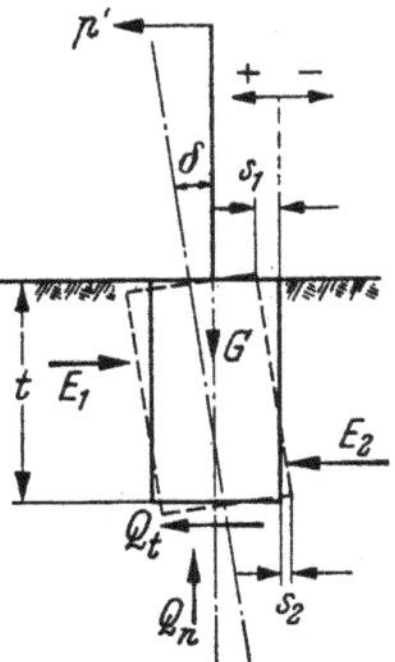

Abb. 110. Auf das Fundament eines Freileitungsmastes wirkende Kräfte.

Bei Vernachlässigung dieses die Standsicherheit erhöhenden Reibungswiderstandes begeht man einen auf der sicheren Seite liegenden Fehler. Wenn der Verdrehungswinkel der Mastachse einen bestimmten Betrag δ nicht überschreiten darf, muß der Wert der Konstanten m in der Gl. (1) durch Feldversuche bestimmt werden. Aus Abb. 110 erhalten wir für den Verdrehungswinkel den Wert:

$$\operatorname{tg}\delta = \frac{1}{t}\,(s_1 - s_2). \tag{9}$$

Die zur Erzeugung dieser Verdrehung nötige waagrechte Zugkraft p' kann durch Verbindung der Gl. (9) mit den Gl. (3) berechnet werden. Der in dieser Rechnung enthaltene Fehler liegt wieder auf der sicheren Seite. Eine bessere Näherung wird durch Einbeziehung der durch die Kräfte Q_t und Q_n der Abb. 110 hervorgerufenen widerstehenden Momente erzielt (SULZBERGER 1927).

128. Freie, elastische Spundwände und Pfähle bei seitlicher Belastung.

Wenn eine freie Spundwand elastisch ist, dann verbiegt sie sich unter dem Einfluß einer seitlichen Kraft nach der in Abb. 111 dargestellten Form. Wenn diese Verbiegung nicht vernachlässigbar ist, dann werden die im vorhergehenden Abschnitt abgeleiteten Gleichungen nicht mehr anwendbar. Die Größe und die Verteilung der waagrechten Bodenreaktionsspannungen längs der elastischen Spundwand kann nach dem in Abs. 126 beschriebenen Verfahren berechnet werden. Die Beziehung zwischen der seitlichen Verschiebung s der Spundwand gegenüber ihrer ursprünglichen Lage und der Reaktionsspannung e ist für eine Tiefe z durch die Gl. (126.3) gegeben:

$$- \frac{dQ}{dz} = e = - E I \frac{d^4 s}{dz^4} \, . \tag{1}$$

Mit der Annahme, daß die seitliche Bettungsziffer e/s hinreichend genau als eine Funktion der Tiefe z darstellbar ist,

$$\frac{e}{s} = f(z)$$

erhalten wir

$$s f(z) = - E I \frac{d^4 s}{dz^4} \, . \tag{2}$$

Diese Gleichung wurde für

$$f(z) = \frac{e}{s} = C_{bh} = \text{konstant} \tag{124.5}$$

und

$$f(z) = \frac{e}{s} = m z \tag{124.4}$$

von Rifaat (1935) gelöst. Die Werte, die er mit der Annahme $f(z) = m z$ berechnet hat, stimmten sehr gut mit seinen Meßergebnissen an einer freien Stahlspundwand überein, deren unterer Teil in reinem Sand gebettet war.

Wenn das Nachgeben einer Spundwand in der Hinterfüllung Verspannungserscheinungen verursacht, wie z. B. das Nachgeben einer elastischen verankerten Spundwand (siehe Abs. 78), kann ein Berechnungsverfahren, das mit einer waagrechten Bettungsziffer arbeitet, nicht angewendet werden, weil durch die Verspannung die Ergebnisse verändert werden.

Wenn eine Spundwand bis auf große Tiefe gerammt würde, dann nimmt die Biegelinie der Spundwandachse die in Abb. 111 b dargestellte sinusförmige Gestalt an. Die größte Durchbiegung bei den allmählich mit der Tiefe abklingenden Wellen nimmt mit der Tiefe ebenfalls ab, und zwar ähnlich der zeitlichen Abnahme gedämpfter Schwingungen. Die Biegelinie wurde von Miche (1930) (die Gleichungen wurden von Rifaat 1935 angegeben) mit der Annahme berechnet, daß h (Abb. 111 b) gleich Null und die waagrechte Bettungsziffer durch die Gl. (124.4) gegeben ist.

Dasselbe allgemeine Berechnungsverfahren kann auch zur Bestimmung der seitlichen Durchbiegung und der Biegespannungen in langen Einzelpfählen benützt werden, die in der Höhe der Bodenoberfläche oder darüber durch eine waagrechte Last beansprucht sind. Diese Aufgabe wurde von Titze (1932) gelöst, mit der Annahme, daß die Beziehung zwischen der waagrechten Spannung zwischen Boden und Pfahl e und der Tiefe z durch die Gleichung

$$e = s\,\alpha\,z^n \tag{3}$$

ausgedrückt werden kann, worin α und n empirische Beiwerte darstellen. Für Sand nahm TITZE $n = 1$ und für Tone $n > 1$ an. Als einen für ideale Tone gültigen Grenzfall nahm er $e/s = C_{bh} =$ konst. an. In jedem Fall sind jedoch die Endgleichungen so verwickelt, daß sie zur praktischen Anwendung kaum geeignet sind. Es ist deshalb zweckmäßiger, die Aufgabe durch die weitere Annahme, daß der untere Teil der Spundbohlen entsprechend Abb. 111c festgehalten ist, zu vereinfachen. Der lotrechte Abstand l zwischen der Bodenoberfläche und dem unteren Ende des verformten Teiles der Spundwand kann mit der Annahme berechnet werden, daß die gesamte Verformungsarbeit des Systems ein Minimum werden muß. Das Verfahren wurde zur Berechnung der Biegemomente in Holzpfählen, deren obere Enden in

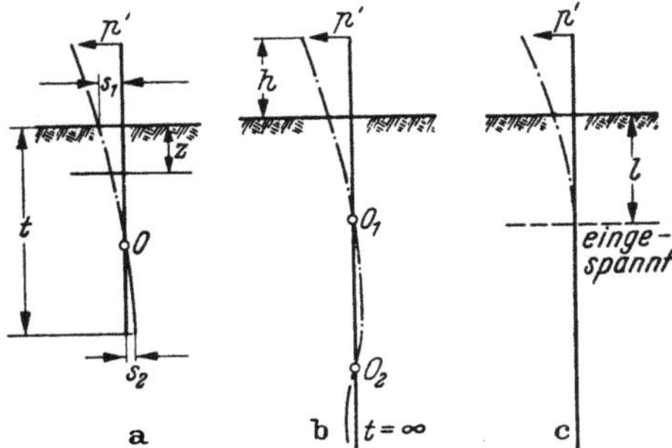

Abb. 111 a—c. a Tatsächliche Form der Biegelinie einer kurzen Spundbohle und b einer langen Spundbohle bei waagrechtem Lastangriff; c zur Berechnung der Biegemomente in Spundbohlen angenommene Biegelinie.

einer starren Betonplatte eingespannt sind, angewendet (CUMMINGS 1937). Die Pfähle sind von Sand umgeben, und der Quotient aus der waagrechten Druckspannung und der entsprechenden waagrechten Verformung nimmt geradlinig mit der Tiefe zu. Diese Annahme ist durch die Gleichung ausgedrückt:

$$\frac{e}{s} = m\,z \quad (\text{kg/cm}^3). \tag{124.4}$$

Die Endgleichungen sind bemerkenswert einfach. Die Tiefe l, unterhalb der der Pfahl als festgehalten betrachtet werden kann, beträgt

$$l = \sqrt[5]{\frac{216\,E\,J}{d\,m}}. \tag{4}$$

Darin ist E der Elastizitätsmodul des Pfahlbaustoffes, J das Trägheitsmoment und d der Durchmesser des Pfahles. Nach dieser Gleichung ist die Länge l von der Größe der waagrechten Last P, die am Pfahlkopf angreift, unabhängig. Dasselbe Berechnungsverfahren, nur mit der Annahme einer konstanten waagrechten Bettungsziffer, ist ebenfalls anwendbar. Dieses Verfahren kann auch auf die Berechnung von Pfählen, deren obere Enden frei liegen, angewendet werden.

129. Knicksicherheit stehender Pfähle bei axialer Belastung.

Wirkt eine Last auf einen langen, schlanken Pfahl, der durch einen weichen Boden bis in eine feste tragfähige Schicht gerammt wurde, dann kann letzten Endes der Pfahl nur durch Ausknicken versagen. Die gebräuchlichsten Verfahren zur Ermittlung der kritischen Last (FORSSEL 1926, GRANHOLM 1929, CUMMINGS 1938) beruhen auf der Annahme, daß die waagrechte Bettungsziffer eine Konstante ist,

$$\frac{e}{s} = C_{bh} \quad \text{(kg/cm}^3\text{).} \tag{124.5}$$

Die Untersuchung führt zur Schlußfolgerung, daß der Pfahl nach einer Sinuskurve, wie in Abb. 112 gezeichnet ist, knicken würde. Im folgenden wird ein kurzer Auszug aus der Arbeit von CUMMINGS über diesen Gegenstand wiedergegeben.

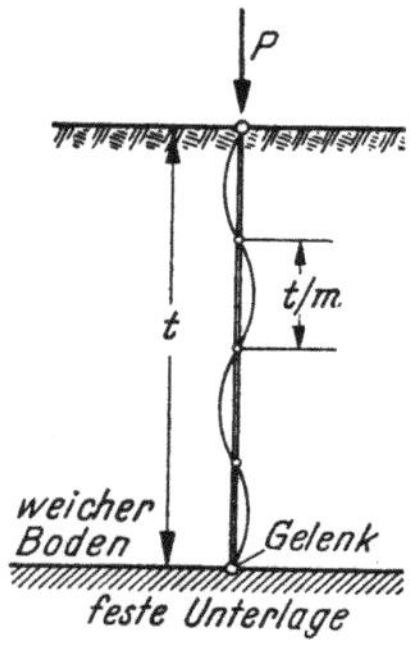

Es bezeichnen:

t die Tiefe jenes Teiles eines stehenden Pfahles, die von weichem Boden umgeben ist,
d der Pfahldurchmesser,
E das Elastizitätsmodul des Pfahlmaterials und
J das Trägheitsmoment jedes Pfahlquerschnittes.

Der Pfahl wird sowohl an der Oberfläche als auch an der Grundfläche der weichen Schicht als festgehalten angenommen. Die Anzahl m der Halbwellen der Sinuskurve, nach der der Pfahl auszuknicken bestrebt ist, wird durch die Gleichung gegeben:

$$m^2 (m + 1)^2 = \frac{d\,C_{bh}\,t^4}{\pi^4\,E\,J}. \tag{1}$$

Abb. 112. Verformung eines stehenden, von weichem Ton umgebenen Pfahles unter dem Einfluß einer lotrechten Last.

Wenn diese Gleichung keinen ganzen m-Wert ergibt, dann muß der nächsthöhere ganzzahlige Wert genommen werden. Der Wert von m nimmt mit der waagrechten Bettungsziffer C_{bh} zu. Die kritische Knicklast beträgt:

$$P_{\text{krit}} = \frac{\pi^2\,E\,J}{t^2} (2m^2 + 2m + 1). \tag{2}$$

Der vor der Klammer stehende Faktor stellt die kritische Knicklast eines freien Stabes mit drehbar gelagerten Enden dar. Das in der CUMMINGSchen Arbeit enthaltene Zahlenbeispiel zeigt, daß die kritische Last P_{krit} die Druckfestigkeit des Pfahles überschreitet, wenn der Boden nicht außerordentlich weich ist. Die Theorie wurde durch Laboratoriumsversuche bestätigt. Wegen des hohen Wertes der kritischen Last sind keine Fälle bekannt, wo Pfähle in der Natur durch Ausknicken unterhalb der Bodenoberfläche zerstört wurden.

130. Verteilung der lotrechten Last
auf die einen starren Baukörper tragenden Pfähle.

Abb. 113 zeigt einen rechteckigen, starren Fundamentrost, der von in parallelen Reihen angeordneten Pfählen getragen wird. Die Pfahlreihen parallel zur x-Achse haben gleiche Pfahlabstände und sind bezüglich dieser Achse symmetrisch angeordnet. In der anderen Richtung sind die Abstände der Reihen willkürlich. Die Gesamtbelastung der Gründung für jede zur x-Achse parallele Pfahlreihe ist gleich P. Wir verschieben den Angriffspunkt der Last vom Punkt O_1 längs der x-Achse zum Punkt O_1', der den Abstand l_1 vom linken Ende des Pfahlrostes hat, ohne die Größe der Last zu verändern. Die Verschiebung der Last vermindert die auf die Pfähle ausgeübten Druckkräfte auf der linken Seite und erhöht die Drücke auf jene Pfähle, die auf· der rechten Seite unter dem Rost angeordnet sind.

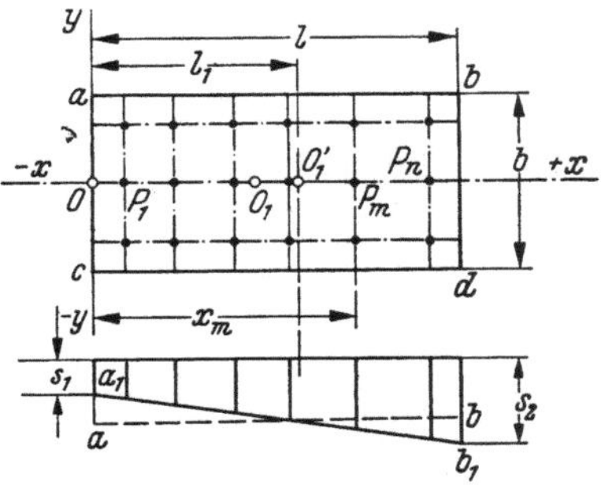

Abb. 113. Starre, belastete, auf Pfählen ruhende Betonplatte; darunter der Querschnitt in der x-Achse, der die Setzung und Verdrehung der Plattenunterseite bei Verschiebung des Lastangriffspunktes von O_1 zu O_1' zeigt.

Die Aufgabe besteht in der Ermittlung der Pfahllasten nach vollzogener Verschiebung der Belastung.

Die Verschiebung der Last verursacht eine Verdrehung der Grundfläche des Rostes von ihrer ursprünglichen Lage ab in die Lage $a_1 b_1$. Die Setzungen in a_1 und b_1 sind gleich s_1 bzw. s_2. Die Setzung eines Pfahles im Abstand x_m von der y-Achse beträgt

$$s = s_1 + \frac{s_2 - s_1}{l}\, x_m. \tag{1}$$

Aus Gleichgewichtsgründen muß die Summe der Pfahlkräfte P_1 bis P_n gleich der Gesamtlast P sein, und die Momente der Pfahlkräfte um die y-Achse müssen $P l_1$ sein.

$$P = \sum_1^n P_i \tag{2a}$$

und

$$P l_1 = \sum_1^n P_i x_i, \tag{2b}$$

worin n die Anzahl der Pfähle in einer Reihe parallel zur x-Achse ist. Zur Auflösung dieser Gleichung müssen wir einige Annahmen treffen über die Beziehung zwischen der Setzung eines Pfahles und der Pfahlkraft. Die übliche Annahme lautet:

$$\frac{P_i}{s} = C_p \quad \text{(kg/cm)} = \text{konstant.} \tag{3}$$

Darin bedeutet C_p die lotrechte Pfahlwiderstandsziffer [Gl. (124.2)]. Durch Verbindung der Gl. (3) mit den vorhergehenden können wir die einzelnen Pfahllasten berechnen. Die Genauigkeit der Ergebnisse hängt von dem in Gl. (3) enthaltenen Fehler ab. Da die Last auf einzelne Pfähle der Gruppe zugenommen hat und jene auf die anderen vermindert wurde, ist die Pfahlwiderstandsziffer C_p nicht einmal mehr angenähert dieselbe für alle Pfähle. Der in der Rechnung enthaltene Fehler kann deshalb bedeutend sein.

131. Pfahlgründungen von Kaimauern.

Die Pfahlgründungen von Kaimauern unterscheiden sich von Pfahlgründungen anderer Bauwerke darin, daß die Richtung der auf die Kaimauergründung wirkenden Lastresultierenden R geneigt ist. Um eine genügende Stabilität zu sichern, werden Kaimauern meist auf einer Reihe von lotrechten und zwei Reihen von schrägen Pfählen, die in entgegengesetzten Richtungen angeordnet sind, aufgelagert, wie in Abb. 114a gezeichnet ist. Das älteste und einfachste Berechnungsverfahren für die Pfahllasten ist als CULMANNsches Verfahren bekannt, das von LOHMEYER (BRENNECKE-LOHMEYER 1930) beschrieben wurde. Wir ersetzen jede Pfahlgruppe durch einen gedachten Pfahl, der in der Achse der Gruppe liegt. Diese gedachten Pfähle A, B und C sind in Abb. 114b gezeigt. Die Pfähle A und B werden von Axialdrücken P_a und P_b und der Pfahl C von einer axialen Zugkraft P_c beansprucht. Die Resultierende R' der Kräfte P_b und P_c muß sowohl durch den Schnittpunkt b zwischen den Geraden B und C wie auch durch den Schnittpunkt a zwischen der Geraden A und der Wirkungslinie der äußeren Last R gehen. Die drei Kräfte P_a, P_b und P_c können deshalb durch das in Abb. 114c dargestellte Kräftepolygon bestimmt werden. Stellt P_0 die jedem Pfahl zumutbare Last dar, dann ergibt sich die erforderliche Anzahl Pfähle in jeder Gruppe pro Längeneinheit der Kaimauer mit

$$n_a = \frac{P_a}{P_0}, \qquad n_b = \frac{P_b}{P_0} \quad \text{und} \quad n_c = \frac{P_c}{P_0}. \tag{1}$$

In jeder Gruppe liegt die Hälfte der erforderlichen Pfähle auf der einen Seite und die andere Hälfte auf der anderen Seite der den gedachten Pfahl darstellenden Linie.

In dem in Abb. 114d gezeichneten Querschnitt sind die Pfähle in fünf von 1 bis 5 bezeichneten Reihen angeordnet. Die Köpfe der

Pfahlreihen *4* und *5* liegen in derselben geraden Linie, die in der Abbildung durch den Punkt *IV* bezeichnet ist. Zur Berechnung der Drücke auf die Pfähle einer solchen Gründung wurde ein Verfahren entwickelt, das als Trapezverfahren bekannt ist (beschrieben in BRENNECKE-LOHMEYER 1930). Wir ersetzen die lotrechte Komponente V der Resultierenden R in eine verteilte Belastung, die durch ein *Trapez* $a b b_1 a_1$ dargestellt ist, dessen Fläche gleich der lotrechten Komponente V der Kraft R ist und dessen Schwerpunkt in der Wirkungslinie von V liegt. Diese verteilte Belastung erfüllt die Gleichgewichtsbedingungen in lotrechter Richtung. Dann ermitteln wir die lotrechten Drücke V_I bis V_{IV} auf jede der vier Pfahlreihen I bis IV nach der Annahme, daß die Grundfläche ab der Trapezlast aus einzelnen Abschnitten aII, II-III und $IIIb$ besteht, die auf den Pfahlköpfen, wie in Abb. 114d gezeichnet, aufruhen. Diese Abschnitte werden in II und III frei gelagert angenommen.

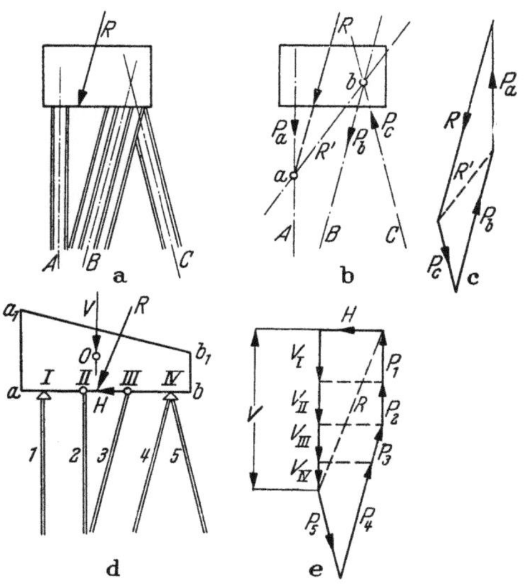

Abb. 114a—e. a bis c CULMANNsches Verfahren; d und e Trapezverfahren zur Ermittlung der Pfahllasten bei einer Kaimauer.

Die so erhaltenen Drücke stellen die lotrechten Kräfte dar, die in jeder der vier Reihen Pfahlköpfe pro Längeneinheit der Mauer wirken. Die waagrechte Komponente H der Kraft R wird ausschließlich durch die Schrägpfähle *3* bis *5* aufgenommen. Der Gesamtdruck auf die Schrägpfähle ist aus dem Kräftepolygon der Abb. 114e zu ersehen. Die Anzahl der Pfähle in jeder Reihe pro Längeneinheit der Mauer ist gleich der aus dem Kräftepolygon erhaltenen Kraft, geteilt durch die Last P_0, die dem Einzelpfahl zugemutet werden kann.

Das Ersetzen der lotrechten Komponente V durch die Trapezlast $a b b_1 a_1$ (Abb. 114d) ist etwas willkürlich, weil jede andere Annahme demselben Zweck dienen würde, solange die gewählte Druckfläche gleich V ist und ihr Schwerpunkt in der Wirkungslinie von V liegt. Um die willkürlichen Annahmen im speziellen Fall einer Kaimauergründung auf stehenden Pfählen auszuschalten, führte WESTERGAARD (1917) in die Untersuchung die Bedingung ein, daß die Verschiebung der Pfahlköpfe mit der Starrheit der von den Pfählen getragenen Konstruktion verträglich sein muß. In der ersten, sehr umfangreichen Form ist das Verfahren als das NÖKKENTVEDsche Verfahren bekannt. Es beruht auf der Annahme, daß sowohl die getragene Konstruktion wie auch die Aufstandspunkte der Pfähle vollständig starr sind, daß die Pfahlbaustoffe dem Hookschen Gesetz streng gehorchen und daß der Widerstand gegen eine seitliche Verformung des die Pfähle umgebenden Bodens vernachlässigt werden kann. Mit anderen Worten, es wird angenommen, daß die Kaimauer einen starren Körper darstellt, der von vollkommen elastischen Stützen, die auf einer starren Unterlage ruhen, getragen wird. Die Gegenwart des die Pfähle umgebenden Bodens und die Verformung des Bodens, der die Pfahlspitzen trägt, wird vernachlässigt. Wenn diese Annahmen wirklich gerechtfertigt sind, ist es möglich, die Drücke auf die Pfähle nach den Verfahren zu ermitteln, die in der Theorie der statisch unbestimmten Konstruktionen gebräuchlich sind. Die statisch unbestimmten Größen müssen die Bedingungen erfüllen, daß weder die relative Lage der Pfahlköpfe noch jene der Pfahlspitzen während der Verformung des Systems verändert wird. Wenn die Pfähle an einem oder beiden Enden eingespannt sind, muß die Lösung der Aufgabe auch die Bedingung erfüllen, daß die relative Lage der Tangenten zu den Pfahlachsen in den eingespannten Enden unverändert bleibt (Nökkentved 1928).

Wegen der großen Anzahl der statisch unbestimmten Größen ist die Berechnung der Pfahlkräfte sehr aufwendig. Es wurden deshalb manche Versuche unternommen, das Verfahren, soweit es die Natur der Aufgabenstellung erlaubt, zu vereinfachen. P. Hedde (1929) wendete das Verfahren der Einflußlinien auf die Lösung der Aufgabe an, und A. Lebutin (1933) arbeitete ein zeichnerisches Verfahren aus. Eine Zusammenfassung der gegenwärtigen Lösungsverfahren dieser Aufgabe wurde in englischer Sprache veröffentlicht (Vetter 1939). Es ist sehr schwierig, sich natürliche Verhältnisse vorzustellen, bei denen die grundlegenden Annahmen der Theorie auch nur angenähert erfüllt sind. Selbst wenn die Pfähle durch flüssigen Schlamm bis auf Fels gerammt sind, können die Rechenergebnisse sehr ungenau sein, weil die Theorie die Verschiebungen in der Aufstandsfläche der Pfahlspitzen am Fels vernachlässigt. Diese Verschiebungen verfälschen die Annahme, daß die axiale Verformung der Pfähle direkt proportional mit der Pfahllänge zunimmt. Der praktische Wert der Theorie ist deshalb zweifelhaft.

XVII. Theorie des elastisch-isotropen Halbraumes.

132. Elastische und plastische Spannungszustände.

Erreicht der Sicherheitsfaktor gegenüber dem Eintreten plastischer Fließzustände (siehe Abschn. B) in einer Bodenmasse etwa den Wert 3, dann entspricht der Spannungszustand im Boden etwa dem Spannungszustand unter der Annahme eines vollkommen elastischen Bodens. Unter dieser Bedingung kann der Spannungszustand in der Bodenmasse unter dem Einfluß veränderlicher Spannungen mit Hilfe der Elastizitätstheorie berechnet werden. Die Bedeutung des den Rechenergebnissen anhaftenden Fehlers hängt hauptsächlich vom Umfang der Abweichung der tatsächlichen Spannungs-Dehnungs-Beziehungen vom Hookschen Gesetz ab. Diese Abweichung nimmt rasch zu, wenn der plastische Grenzzustand erreicht ist. Wenn die Abweichung als unbedeutend angesehen werden kann, ist die in diesem Kapitel beschriebene Elastizitätstheorie anwendbar. Ist sie bedeutend, dann hat man die Plastizitätstheorie anzuwenden, die in den Kap. V bis XI behandelt wurde.

Die folgenden Beispiele sollen diese Zustände erläutern. Die Erfahrung hat gezeigt, daß der von Sand auf eine Baugrubenaussteifung ausgeübte Druck angenähert gleich dem Erddruck ist. Diese empirische Tatsache zeigt, daß der an die Baugrube angrenzende Sand vollkommen im plastischen Grenzzustand ist, ohne Rücksicht auf die Größe des Sicherheitsfaktors der Aussteifung gegen Bruch. Das Vorhandensein eines Spannungszustandes im Bereich des plastischen Grenzzustandes scheidet die Anwendung der Elastizitätstheorie zur Ermittlung der Spannungen vollständig aus, während die durch die Anwendung der Plastizitätstheorie auf solche Spannungszustände bedingten Fehler unbedeutend sind. Aus diesem Grund beruhen alle den Erddruck betreffenden Untersuchungen auf der Plastizitätstheorie. Die Spannungen in Erddämmen oder hinter den Böschungen offener Baugruben liegen gewöhnlich in einem Bereich außerhalb der Gültigkeit des Hookschen Gesetzes. Wir können deshalb mit Recht bei der Behandlung von Böschungsaufgaben nach der im Kapitel IX behandelten Plastizitätstheorie vorgehen. Andererseits wird die Elastizitätstheorie mit Erfolg zur Berechnung der Größe und Verteilung der lotrechten Spannungen in Tonschichten benützt, die unter einer Sandschicht in gewisser Tiefe unterhalb der Gründungssohle eines Fundamentrostes liegen, weil der in der Tiefe liegende Boden vom plastischen Grenzzustand weit entfernt ist.

133. Grundlegende Annahmen.

Nach den in diesem Buch verwendeten Bezeichnungen wird der Ausdruck *Spannung* ausschließlich für eine Kraft pro Flächeneinheit benützt. Druckspannungen sind positiv und Zugspannungen negativ. Der Ausdruck *Verformung* bezeichnet eine Längenänderung pro Längeneinheit in einer gegebenen Richtung. Eine positive Verformung bedeutet eine Verkürzung oder Zusammenziehung und eine negative Verformung eine Dehnung. Jede Theorie, die sich mit Spannungen befaßt, beruht auf der Annahme, daß das unter Spannung stehende Material entweder isotrop oder homogen ist oder daß die Abweichungen von diesen Idealverhältnissen durch einfache Gleichungen beschrieben werden können. Bei elastischem Verhalten bezeichnet der Ausdruck *Isotropie* gleiche elastische Eigenschaften in jeder Richtung durch irgendeinen Punkt innerhalb des Bodens, und der Ausdruck *Homogenität* bedeutet gleiche elastische Eigenschaften in derselben Richtung in jedem Punkt des Bodens. Ein homogener Stoff muß deshalb keineswegs isotrop sein. Als *äolotrop* wird ein nichtisotropes Material bezeichnet, gleichgültig, von welcher Art die Abweichung von der Isotropie ist. Wenn sich die elastischen Konstanten eines *äolotropen* Materials auf drei zueinander senkrecht stehende Symmetrieebenen beziehen, wird das Material *orthotrop* genannt. Bei der Behandlung orthotroper Materialien wird gewöhnlich angenommen, daß eine dieser Ebenen waagrecht liegt und die elastischen Eigenschaften bezüglich der beiden lotrechten Ebenen identisch sind (Querisotropie).

Die meisten der in den folgenden Abschnitten behandelten Theorien beruhen auf der Annahme, daß der Boden sowohl isotrop wie auch homogen ist. Abweichungen von diesen Annahmen werden stets besonders erwähnt. Die Theorien beruhen also, mit sehr wenig Ausnahmen, auf der Annahme, daß der Boden streng dem Hookschen Gesetz gehorcht, welches besagt, daß der Quotient aus der Spannung σ und der zugehörigen linearen Verformung ε eine Konstante ist:

$$\frac{\sigma}{\varepsilon} = E \quad (\text{kg/cm}^2), \tag{1}$$

die *Elastizitätsmodul* oder *Youngscher Modul* genannt wird. Die durch eine lineare Spannung hervorgerufene Verformung kann versuchsmäßig mittels eines einfachen, in Abb. 115a dargestellten Druckversuches untersucht werden. Die Last P wirkt mit einer Stahlplatte auf

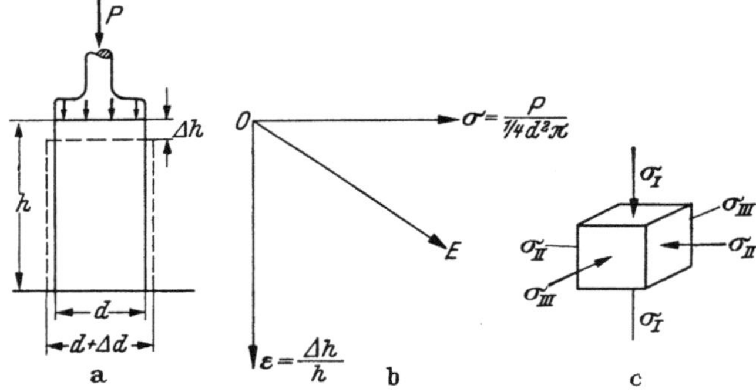

Abb. 115 a—c. a Druckversuch mit einem freien zylindrischen Probekörper aus vollkommen elastischem Material; b Versuchsergebnis; c Richtung der Hauptspannungen im dreidimensionalen Spannungszustand.

die obere Fläche des Probekörpers. Sowohl die obere Fläche wie auch die Grundfläche des Probekörpers sind geschmiert. Tragen wir in einem Diagramm (Abb. 115b) die lotrechte Verformung ε gegen die Spannung σ auf, so erhalten wir für einen vollkommen elastischen Stoff eine gerade Linie OE.

Die durch einen lotrechten Druck hervorgerufene positive lotrechte Verformung verursacht auch eine negative waagrechte Verformung, $\varepsilon_l = \Delta d/d$. Der Absolutwert des Quotienten aus den Verformungen ε_l und ε:

$$\mu = \frac{\varepsilon_l}{\varepsilon} = \frac{\varepsilon_l}{\sigma} E \tag{2}$$

wird Poisson-*Ziffer* und der reziproke Wert, $m = 1/\mu$, *Querdehnungszahl* genannt. Für vollkommen elastische Stoffe ist der Wert μ eine Konstante. Wenn die beiden Gl. (1) und (2) gültig sind, ist die durch einen zusammengesetzten Spannungszustand hervorgerufene Verformung gleich der Summe der Verformungen, die von jeder einzelnen Spannung hervorgerufen wird. Diese Beziehung ist als *Superpositionsgesetz* bekannt. Da jeder zusammengesetzte Spannungszustand in einem gegebenen Punkt in drei Hauptspannungen σ_I, σ_{II} und σ_{III} zerlegt werden kann, die einander rechtwinkelig schneiden (siehe Abs. 7), ist die Verformung in einer gegebenen Richtung gleich der Summe der Verformungen, die von jeder einzelnen Hauptspannung in dieser Richtung hervorgerufen wird.

Abb. 115c zeigt ein prismatisches Element vom Volumen V, dessen Seitenflächen durch die Hauptspannungen σ_I, σ_{II} und σ_{III} beansprucht werden. Wenn diese Spannungen gleich groß sind:

$$\sigma_I = \sigma_{II} = \sigma_{III} = \sigma_w,$$

ist die Verformung in Richtung jeder dieser Spannungen gleich

$$\frac{\sigma_w}{E} - 2\,\mu\,\frac{\sigma_w}{E} = \frac{\sigma_w}{E}\,(1 - 2\mu).$$

Deshalb verändert der allseitig wirkende Druck σ_w das Volumen des Elementes um

$$\frac{\Delta V}{V} = 3\,\frac{\sigma_w}{E}\,(1 - 2\mu)$$

pro Volumeneinheit. Für $\mu = 0{,}5$ ist die Volumenänderung $\Delta V/V$ gleich Null. Elastische Körper mit $\mu = 0{,}5$ sind deshalb unzusammendrückbar.

Für dicht gelagerte Böden und feste körnige Stoffe, wie z. B. Beton oder Sandstein, nimmt die POISSON-Ziffer bei niederen Spannungen von kleinen Werten in der Größenordnung von 0,2 bis auf mehr als 0,5 bei sehr hohen Spannungen zu. Mit anderen Worten, die Materialien dieser Gruppe schnüren sich unter kleinen Zugbelastungen zusammen, dehnen sich aber aus, sobald der Bruchzustand bevorsteht. Jedoch wird in allen Theorien, die die elastischen Eigenschaften der Böden behandeln, die POISSON-Ziffer als Konstante angenommen. Die Ergebnisse sind deshalb nur gültig, wenn die Spannungen gegenüber den Bruchspannungen niedrig sind.

Sind die drei Hauptspannungen σ_I, σ_{II} und σ_{III} unterschiedlich, dann ist die Volumenänderung $\Delta V/V$ pro Volumeneinheit gleich der Summe der Volumenänderungen, die von jeder dieser einzelnen Spannungen erzeugt wird. Eine einzelne Hauptspannung, z. B. σ_I, vermindert die Volumeneinheit um

$$\frac{\Delta V_1}{V} = \frac{\sigma_I}{E} - 2\,\mu\,\frac{\sigma_I}{E} = \frac{\sigma_I}{E}\,(1 - 2\mu). \tag{3}$$

Deshalb ist die Volumenänderung infolge gleichzeitiger Wirkung der drei unterschiedlichen Hauptspannungen gleich

$$\frac{\Delta V}{V} = \frac{1-2\mu}{E}\,(\sigma_\mathrm{I} + \sigma_\mathrm{II} + \sigma_\mathrm{III}).\tag{4}$$

Für einen bestimmten Wert von $\Delta V/V$ stellt die Gl. (4) die Gleichung einer Ebene dar, die die drei Achsen in gleichem Abstand vom Ursprung O schneidet, wie in Abb. 116a gezeigt ist. Für verschiedene Werte von $\Delta V/V$ stellt die Gl. (4) eine Schar paralleler Ebenen dar. Der Abstand zwischen dem Ursprung O und dem Schnittpunkt dieser Ebenen mit dem Ursprung nimmt geradlinig mit der Summe der drei Hauptspannungen zu. Jede Gruppe von Spannungen, die durch einen Punkt einer solchen Ebene dargestellt sind, erzeugt dieselbe Volumenänderung wie eine lineare Spannung von der Größe des Abstandes zwischen Ursprung O und dem Schnittpunkt der Ebene mit irgendeiner der drei Achsen.

Wenn $\sigma_\mathrm{II} = \sigma_\mathrm{III}$, ist der Spannungszustand zentralsymmetrisch um die σ_I-Achse. σ_I ist die Axial- und $\sigma_\mathrm{II} = \sigma_\mathrm{III}$ die Radialspannung. Die Volumenänderung pro Volumeneinheit, die durch ein solches Spannungssystem erzeugt wird, ist

$$\frac{\Delta V}{V} = \frac{1-2\mu}{E}\,(\sigma_\mathrm{I} + 2\sigma_\mathrm{III}).\tag{5}$$

Abb. 116a zeigt, daß eine radiale Spannung von der Größe $\tfrac{1}{2}\sigma_\mathrm{I}$ dieselbe Volumenänderung erzeugt wie eine Axialspannung von der Größe σ_I. Da alle Punkte, die die Volumenänderung bei axial-symmetrischen Spannungen darstellen, auf einer Ebene durch die σ_I-Achse liegen, die den Winkel zwischen den beiden anderen Achsen halbiert, können wir die Volumenänderung infolge einer solchen Spannungsänderung in einem ebenen Diagramm (Abb. 116b) darstellen. Dieses Diagramm wird durch Umklappen der Ebene Oa_1b_1 (Abb. 116a) in die Zeichenebene erhalten (Rendulic 1937). In dieser Ebene sind die Werte von σ_I auf der lotrechten Achse aufgetragen und die Werte von $\sigma_\mathrm{III}\sqrt{2}$ auf der waagrechten Achse. Wenn die Spannungen, die durch die Koordinaten eines Punktes auf irgendeiner Geraden parallel zu a_1b_1 (Abb. 116b) dargestellt sind, verändert und dann durch irgendeinen anderen Punkt auf derselben Geraden dargestellt werden können, ist die entsprechende Volumenänderung gleich Null. Aus geometrischen Gründen stellt jeder Punkt auf der Geraden $O\sigma_w$, die rechtwinklig zu a_1b_1 liegt, einen Spannungszustand $\sigma_\mathrm{I} = \sigma_\mathrm{II} = \sigma_\mathrm{III} = \sigma_w$ dar.

Ein anderes graphisches Verfahren zur Darstellung der Volumenänderung infolge eines zentral-symmetrischen Spannungszustandes ist in Abb. 116c gezeigt (Casagrande 1936). In diesem Diagramm sind die Abszissen gleich der Spannungsdifferenz $\sigma_\mathrm{I} - \sigma_\mathrm{III}$, und die Ordinaten sind gleich der zugehörigen Volumenänderung bei konstantem Wert von σ_{III}.

Bei Zunahme aller Hauptspannungen vom Anfangswert Null auf $\sigma_{I0} = \sigma_{II} = \sigma_{III}$ beträgt die Volumenabnahme der Einheit gleich

$$\frac{\Delta V_0}{V} = \frac{1 - 2\mu}{E}\, 3\sigma_{I0}. \tag{6}$$

Die weitere Zunahme von σ_I um einen konstanten Wert $\sigma_{II} = \sigma_{III}$ erhöht die Einheitsvolumenänderung von $\Delta V_0/V$ auf

$$\frac{\Delta V}{V} = \frac{\Delta V_0}{V} + (1 - 2\mu)\,\frac{\sigma_I - \sigma_{III}}{E}.$$

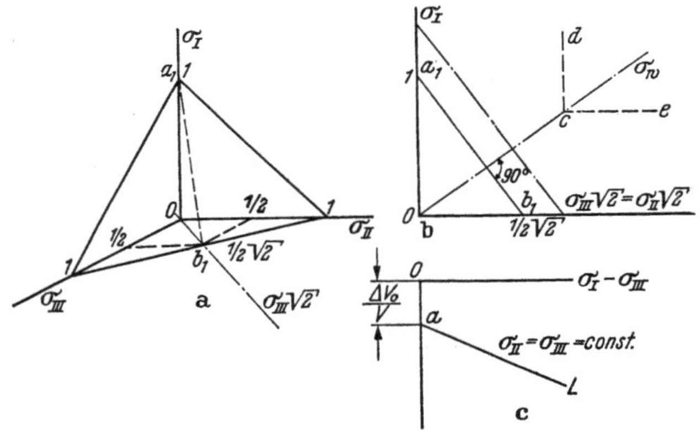

Abb. 116a—c. a Graphische Darstellung der Beziehung zwischen Hauptspannungen und Volumenänderung der Einheit für vollkommen elastische Stoffe; b und c vereinfachte Verfahren zur Darstellung derselben Beziehung, wenn zwei Hauptspannungen gleich groß sind.

Diese Beziehung ist in Abb. 116c durch die Gerade L dargestellt, die die lotrechte Achse im Abstand $\Delta V_0/V$ unterhalb des Ursprungs schneidet. In Abb. 116b ist die Zunahme der Axialspannung σ_I um den konstanten Wert σ_{III} der Radialspannung durch die lotrechte Linie cd dargestellt. Die waagrechte Linie ce stellt den Fall dar, wenn die Spannung $\sigma_{II} = \sigma_{III}$ um einen konstanten Wert σ_I zunimmt. Bei dreiachsigen Kompressionsversuchen (siehe Abs. 6) kann jede dieser Spannungsänderungen erzeugt werden.

Wenn die Ergebnisse von dreiachsigen Kompressionsversuchen mit natürlichen Böden in Diagrammform nach den Abb. 116b und 116c aufgetragen werden, können wir mit einem Blick feststellen, wie weit die Eigenschaften des Bodens von denen des idealen elastischen Materials abweichen.

134. Spannungszustand in einem seitlich eingeschlossenen elastischen Prisma unter dem Einfluß seines Eigengewichtes.

Stellen wir ein Prisma $abcd$ (Abb. 117) vom Raumgewicht γ auf eine vollkommen reibungslose Unterlage, so verursacht der Druck infolge des Eigengewichtes des Materials nicht nur eine lotrechte Zusammendrückung, sondern auch eine seitliche Ausdehnung.

Wenn das Prisma gewichtslos wäre, würde es die durch das Rechteck $abdc$ angedeutete Form beibehalten. In der Tiefe z unter der Prismenoberfläche beträgt die Normalspannung in einer waagrechten Schnittfläche

$$\sigma = \gamma z.$$

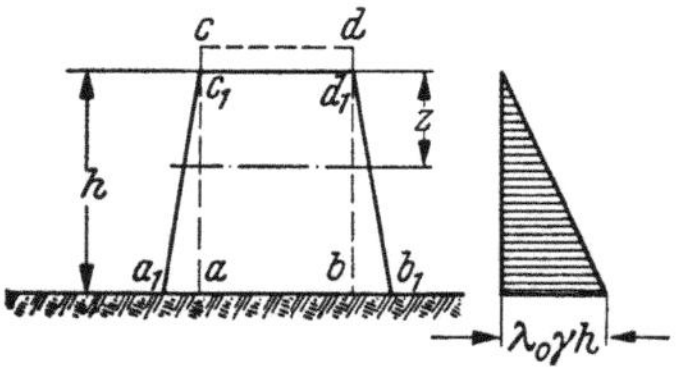

Abb. 117. Verformung eines Prismas aus elastischem Material infolge seines Eigengewichtes; das rechte Bild stellt die waagrechten Druckspannungen auf lotrechte glatte Umschließungswände dar.

Aus der Gl. (133.2) erhalten wir für die entsprechende seitliche Ausdehnung pro Breiteneinheit des Prismas

$$\varepsilon_l = \mu \frac{\sigma}{E} = \frac{\mu\gamma}{E} z. \tag{1}$$

Sie nimmt geradlinig mit der Tiefe z zu, wie in Abb. 117 durch die Geraden $c_1 a_1$ und $d_1 b_1$ dargestellt ist.

Wenn das Prisma seitlich zwischen lotrechten, vollkommen glatten Wänden oder innerhalb einer Schicht desselben Materials eingeschlossen ist, kann keine seitliche Ausdehnung eintreten. Deshalb wird in irgendeiner Tiefe z jede lotrechte Seite des Prismas von einer waagrechten Druckspannung σ_{III} beansprucht, deren Größe gerade ausreicht, um die seitliche Ausdehnung des Prismas in der Tiefe z auf Null zu vermindern. Diese Druckspannungen verursachen in jeder waagrechten Richtung eine Verformung

$$\varepsilon' = \frac{\sigma_{III}}{E} - \mu \frac{\sigma_{III}}{E} = \frac{\sigma_{III}}{E}(1 - \mu).$$

Setzen wir $\varepsilon' = \varepsilon_l$ [Gl. (1)], so erhalten wir

$$\sigma_{III} = \gamma z \frac{\mu}{1 - \mu} = \gamma z \lambda_0, \tag{2}$$

worin

$$\lambda_0 = \frac{\mu}{1 - \mu} \tag{3}$$

mit dem Ruhedruckbeiwert [Gl. (10.1)] in der Erddrucktheorie übereinstimmt. Für praktisch unzusammendrückbare Stoffe ist der Wert μ fast 0,5 und der entsprechende Wert von λ_0 gleich der Einheit.

135. Spannungen und Verschiebungen im Halbraum infolge einer Einzellast auf der waagrechten Oberfläche.

Wenn eine äußere Kraft auf einer sehr kleinen Fläche auf der Oberfläche eines Körpers oder an der Wand eines kleinen Hohlraumes im Innern eines Körpers wirkt, wird sie *Einzellast* genannt, und die von der Kraft beanspruchte kleine Fläche wird als *Angriffspunkt* der Last bezeichnet. Er stellt den Störungsmittelpunkt in dem von der Last verursachten Spannungszustand dar. Die lotrechte Komponente einer geneigten Einzellast, die auf der waagrechten Oberfläche des Halbraumes angreift, erzeugt einen zentralsymmetrischen Spannungszustand um die Lotrechte durch den Angriffspunkt. Der Spannungs-

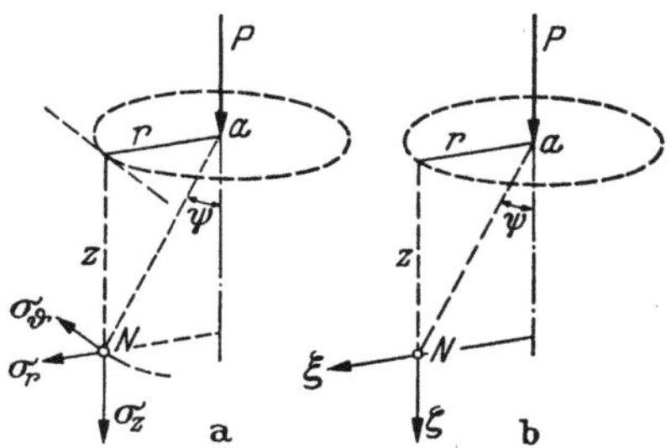

Abb. 118a u. b. a Spannungen im Punkt N und b Verschiebungen des Punktes N im Innern des Halbraums infolge der Einzellast P.

zustand infolge der waagrechten Komponente ist bezüglich einer lotrechten Ebene durch die Wirkungslinie der waagrechten Komponente symmetrisch.

Der einfachste und bei weitem der wichtigste Spannungszustand tritt bei einer auf der waagrechten Halbraumoberfläche angreifenden lotrechten Einzellast auf (Abb. 118a).

Es bezeichnen:

P die Last,

r den waagrechten radialen Abstand zwischen einem beliebigen Punkt N unter der Oberfläche und der lotrechten Achse durch den Angriffspunkt der Last P,

ψ den Winkel zwischen dem Radiusvektor aN und der lotrechten Achse durch den Angriffspunkt,

z die lotrechte Koordinate des Punktes N, von der Oberfläche nach abwärts gemessen,

$\sigma_z, \sigma_r, \sigma_\vartheta$ die lotrechte Spannung, die waagrechte radiale Spannung und die waagrechte Tangentialspannung (durchwegs Normalspannungen),

τ_{rz} die Scherspannung in der Richtung von r und z und

μ die Poisson-Ziffer des den Halbraum erfüllenden Stoffes.

Wegen der Zentralsymmetrie des Spannungszustandes um die lotrechte Achse durch a sind die Scherspannungen in lotrechten, radialen Ebenen gleich Null. Die Größe der anderen Spannungen wurde mittels einer die Randbedingungen streng erfüllenden Spannungsfunktion berechnet (BOUSSINESQ 1885). Diese Spannungen betragen

$$\sigma_z = \frac{3\,P}{2\,\pi\,z^2}\cos^5\psi, \tag{1a}$$

$$\sigma_r = \frac{P}{2\,\pi\,z^2}\left[3\cos^3\psi\sin^2\psi - (1-2\mu)\frac{\cos^2\psi}{1+\cos\psi}\right], \tag{1b}$$

$$\sigma_\vartheta = -(1-2\mu)\frac{P}{2\,\pi\,z^2}\left[\cos^3\psi - \frac{\cos^2\psi}{1+\cos\psi}\right], \tag{1c}$$

$$\tau_{rz} = \frac{3\,P}{2\,\pi\,z^2}\cos^4\psi\sin\psi. \tag{1d}$$

Diese Gleichungen sind als BOUSSINESQ*sche Gleichungen* bekannt. Die tangentiale Ringspannung σ_ϑ ist für alle Werte von $\mu < 0{,}5$ negativ. Es ist hervorzuheben, daß die lotrechte Spannung σ_z die einzige von der POISSON-Ziffer μ unabhängige Normalspannung ist. In diesem und allen folgenden Absätzen wird angenommen, daß das Raumgewicht des den Halbraum erfüllenden Materials gleich Null ist. Die Rechnungen ergeben deshalb nur die von den äußeren Lasten hervorgerufenen Spannungen. Um die Gesamtspannungen in einem elastischen Material vom Raumgewicht γ zu bekommen, muß man die von den Lasten verursachten Spannungen mit jenen, die vom Gewicht des die Lasten tragenden Materials herrühren, überlagert werden. Diese Spannungen betragen:

$$\sigma_z = z\gamma \tag{2a}$$

und

$$\sigma_r = \sigma_\vartheta = \lambda_0 z\gamma, \tag{2b}$$

$$\tau_{rz} = 0. \tag{2c}$$

worin λ_0 den Ruhedruckbeiwert des den Halbraum erfüllenden Stoffes darstellt.

Wenn man mittels der Gl. (1) die Hauptspannungen infolge der Einzellast P berechnet, so findet man, daß die Richtung der größten Hauptspannung in irgendeinem Punkt die waagrechte Oberfläche des Halbraumes in unmittelbarer Nähe des Lastangriffes a (Abb. 118a) schneidet und daß die beiden anderen Hauptspannungen σ_{II} und σ_{III} sehr klein sind. Wenn $\mu = 0{,}5$ wird, erhält man $\sigma_{II} = \sigma_{III} = 0$. Die Richtung der größten Hauptspannung σ_I geht durch den Punkt a, und die Größe dieser Spannung beträgt

$$\sigma_I = \frac{3}{2}\,\frac{P}{\pi\,z^2}\cos^3\psi. \tag{3}$$

Dies bedeutet, daß für $\mu = 0{,}5$ die Last P einen einachsigen Spannungszustand hervorruft.

Die Spannungsgleichungen für eine in der waagrechten Halbraumoberfläche angreifende Einzellast wurden von CERRUTI (1882; von LOVE

1934 erwähnt) abgeleitet. Sie sind nicht so einfach wie die Gl. (1). Noch verwickelter sind die Gleichungen für die Spannungen infolge einer lotrechten und waagrechten Last, die in einem unterhalb der waagrechten Oberfläche liegenden Punkt angreift (MINDLIN 1936). Um diese Gleichungen zur Lösung praktischer Aufgaben benutzen zu können, müssen sie auf Kosten der Genauigkeit vereinfacht werden.

Mit zunehmender Tiefe unter der Halbraumoberfläche nähert sich der durch die MINDLINschen Gleichungen dargestellte Spannungszustand dem Fall einer im Innern des Vollraumes angreifenden Einzellast. Die Gleichungen der dabei auftretenden Spannungen sind von LORD KELVIN abgeleitet (etwa 1850). Führt man den speziellen Wert $\mu = 0{,}5$ (POISSON-Ziffer für unzusammendrückbare elastische Stoffe) in diese Gleichungen ein, so findet man, daß die von der Einzellast P, die in einem gegebenen Punkt innerhalb des Vollraumes angreift, hervorgerufenen Spannungen gleich halb so groß sind wie die Spannungen im gleichen Punkt des Halbraumes, dessen ebene Oberfläche durch den Angriffspunkt von P unter einem rechten Winkel zur Richtung von P verläuft. Man erhält daher unter der Voraussetzung von $\mu = 0{,}5$ diese Spannungen durch Division der aus den Gl. (1) berechneten Spannungen durch zwei. Für dazwischenliegende Fälle hat JELINEK (1951) ein Näherungsverfahren angegeben.

Wenn die Spannungen im Halbraum bekannt sind, können die zugehörigen Verformungen mittels der Grundgleichungen der Elastizitätstheorie berechnet werden. Nach praktischen Gesichtspunkten sind die interessantesten Verschiebungen jene, die durch eine lotrechte Einzellast P, die auf der waagrechten Oberfläche des Halbraumes wirkt, hervorgerufen werden. Sie wurden von BOUSSINESQ berechnet (1885). Da der Spannungszustand infolge einer solchen Einzellast bezüglich der Wirkungslinie der Last symmetrisch ist, wird die Verschiebung eines Punktes N (Abb. 118b) durch zwei Verschiebungskomponenten ζ und ξ bestimmt.

ζ lotrechte Verschiebung des Punktes N; positiv, wenn nach unten gerichtet,

ξ waagrechte, radiale Verschiebung; positiv, wenn nach außen gerichtet.

Die Verschiebungen ζ und ξ sind durch die Gleichungen gegeben:

$$\zeta = \frac{P}{2\pi r}\,\frac{1+\mu}{E}\,[2(1-\mu) + \cos^2\psi]\sin\psi, \tag{4a}$$

$$\xi = \frac{P}{2\pi r}\,\frac{1+\mu}{E}\,[-(1-2\mu) + \cos\psi + \cos^2\psi]\sin\psi\,\operatorname{tg}\frac{\psi}{2}. \tag{4b}$$

An der Oberfläche wird $\psi = 90°$, $\cos\psi = 0$, $\sin\psi = 1$ und $\operatorname{tg}\psi/2 = 1$. Mit diesen Werten erhalten wir für die Verschiebung eines Punktes in der Oberfläche im Abstand r von der Last

$$\zeta_0 = \frac{P}{\pi r}\,\frac{1-\mu^2}{E}, \tag{5a}$$

$$\xi_0 = -\frac{P}{2\pi r}\,\frac{1-\mu-2\mu^2}{E}. \tag{5b}$$

136. Spannungen infolge einer schlaffen Flächenlast, die einen Teil der waagrechten Halbraumoberfläche bedeckt.

Die Bezeichnung *schlaff* bedeutet, daß kein biegesteifer Bauteil, wie z. B. ein Fundamentkörper, zwischen der Last und der Halbraumoberfläche zwischengelagert ist. Die pro Flächeneinheit des belasteten Teiles F der Halbraumoberfläche wirkende Last p kann in eine unendliche Anzahl voneinander unabhängiger Einzellasten pdF zerlegt werden. Da das Material als vollkommen elastisch angenommen wird, ist die von der gesamten Last hervorgerufene Spannung gleich der Summe der Einzelspannungen infolge der Einzellasten pdF. Deshalb kann der resultierende Spannungszustand durch Integration ermittelt werden.

Eine Last p' pro Längeneinheit einer unendlich ausgedehnten Geraden auf der Oberfläche des Halbraumes verursacht einen ebenen Verformungszustand. Die Spannungen in einem beliebigen Punkt N irgendeines ebenen Schnittes senkrecht zur Lastlinie a der Abb. 119a betragen:

$$\sigma_z = \frac{2}{\pi}\,\frac{p'}{z}\cos^4\psi, \tag{1a}$$

$$\sigma_x = \frac{2}{\pi}\,\frac{p'}{z}\cos^2\psi\,\sin^2\psi \tag{1b}$$

und

$$\tau_{xz} = \frac{2}{\pi}\,\frac{p'}{z}\cos^3\psi\,\sin\psi. \tag{1c}$$

Bemerkenswert ist, daß diese Gleichungen die POISSON-Ziffer nicht enthalten. Durch Integration über einen Streifen von der Breite $2b$ (Abb. 119b) erhält man die folgenden Werte für die Spannungen infolge einer unendlich langen Streifenlast von der Größe p pro Flächeneinheit:

$$\sigma_z = \frac{p}{\pi}\,[\sin\psi\cos\psi + \psi]_{\psi_1}^{\psi_2}, \tag{2a}$$

$$\sigma_x = \frac{p}{\pi}\,[-\sin\psi\cos\psi + \psi]_{\psi_1}^{\psi_2} \tag{2b}$$

und

$$\tau_{xz} = \frac{p}{\pi}\,[\sin^2\psi]_{\psi_1}^{\psi_2}. \tag{2c}$$

Mit den Gl. (7.1) und (7.2) erhält man für die entsprechenden Hauptspannungen die Werte:

$$\sigma_{\mathrm{I}} = \frac{p}{\pi}\,(\psi_0 + \sin\psi_0), \tag{3a}$$

und

$$\sigma_{\mathrm{III}} = \frac{p}{\pi}\,(\psi_0 - \sin\psi_0) \tag{3b}$$

mit der Abkürzung $\psi_0 = \psi_2 - \psi_1$ (siehe Abb. 119b). Nach diesen Gleichungen hängen die Hauptspannungen für einen bestimmten Wert von p nur vom Winkel ψ_0 ab. Die Hauptspannungen haben deshalb in jedem Punkt eines durch die Punkte a, b und N verlaufenden Kreises (Abb. 119c) die gleiche Größe. Mittels einer einfachen Rechnung kann auch gezeigt werden, daß die Wirkungslinien der beiden Hauptspannungen für jeden Punkt des Kreises abN (Abb. 119c) durch die Punkte c

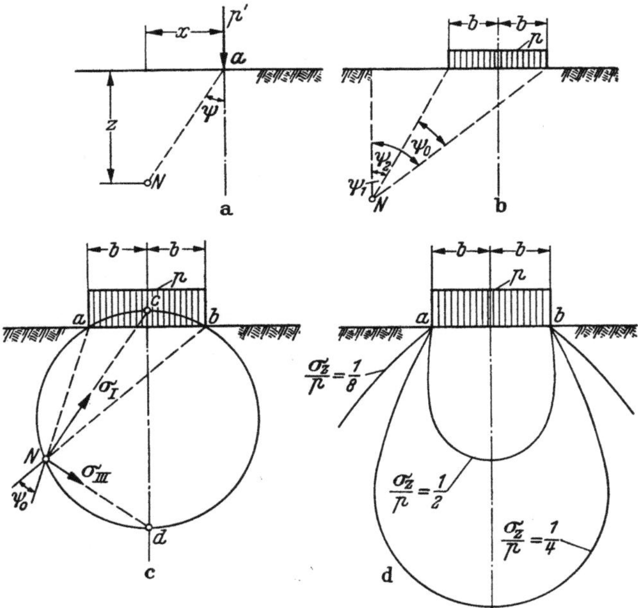

Abb. 119a—d. a Linienlast; b auf der Oberfläche des Halbraumes wirkende Streifenlast; c Richtungen der Hauptspannungen im Punkt N bei einer Streifenlast; d Kurven gleicher lotrechter Normalspannungen bei einer gegebenen unendlich langen Streifenlast (Druckzwiebeln).

bzw. d gehen. Diese beiden Punkte liegen im Schnitt zwischen dem Kreis und der Symmetrieebene des Laststreifens. Mittels der Gl. (2a) kann weiter gezeigt werden, daß alle Punkte mit derselben lotrechten Normalspannung σ_z auf Kurven liegen (Abb. 119d), die den Schnittlinien der einzelnen Schalen einer Zwiebel ähnlich sehen. Der unterhalb der belasteten Fläche liegende Raum wird deshalb meist *Druckzwiebel* genannt. Nach dieser Erklärung der Bedeutung des Ausdruckes ist zu ersehen, daß der Druckzwiebel unterhalb einer gegebenen Lastfläche keine bestimmte Abmessung gegeben werden kann, wenn man nicht festlegt, daß die lotrechte Normalspannung in der Begrenzung der Zwiebel einem bestimmten Teilbetrag, z. B. $\frac{1}{2}$ oder $\frac{1}{4}$, der Streifeneinheitsbelastung p entsprechen soll.

Die Ermittlung der Spannungen infolge einer gleichförmig verteilten Rechtecks- oder Kreislast ist ziemlich umständlich, und die Ergebnisse der Berechnung können durch ein Gleichungssystem dargestellt werden. Die Aufgabe wurde gelöst und die Ergebnisse in Tabellen angegeben, die durch einfache Interpolation die Spannungen in irgendeinem Punkt zu ermitteln gestatten (LOVE 1928). Die lotrechte Normalspannung in der Tiefe z unter dem Mittelpunkt einer Kreisfläche vom Radius a, die eine Einheitslast p trägt, ist gleich

$$\sigma_z = p\left\{1 - \left[\frac{1}{1 + (a/z)^2}\right]^{3/2}\right\}. \tag{4}$$

In manchen praktischen Fällen genügt es, die Größe und Verteilung der Normalspannungen in waagrechten Schnittflächen durch den belasteten Halbraum zu kennen. Um mit dem geringsten Arbeitsaufwand diese Größen zu bekommen, ist es zweckmäßig, die Gleichung für die lotrechte Normalspannung durch dimensionslose Verhältniswerte auszudrücken. In dieser Form kann eine Gleichung für die verschie-densten dimensionslosen Verhältniswerte ausgewertet werden. Dividieren wir z. B. beide Seiten der Gl. (135.1 a) durch P/z^2, so erhalten wir:

$$\sigma_z \frac{z^2}{P} = \frac{3}{2\pi}\cos^5\psi = \frac{3}{2\pi}\left[\frac{1}{1 + (r/z)^2}\right]^{5/2} = f(r/z) = J_\sigma. \tag{5}$$

J_σ ist eine dimensionslose Zahl. Sie wird *Einflußwert* genannt, weil sie den Einfluß der lotrechten Einzellast im Punkt a (Abb. 118 a) auf die lotrechte Normalspannung σ_z im Punkt N angibt. Der Einflußwert hängt nur vom Quotienten r/z ab. Die Zahlenwerte von J_σ [Gl. (5)] für verschiedene Werte von r/z sind in der Tafel I des Anhanges wiedergegeben. Aus der Gl. (5) erhalten wir:

$$\sigma_z = J_\sigma \frac{P}{z^2}. \tag{6}$$

Die lotrechte Normalspannung σ_z im Punkt N (Abb. 119 a) des Halbraumes der von einer Linienlast p' pro Längeneinheit beansprucht wird [Gl. (1 a)], ist gegeben durch

$$\sigma_z = \frac{p'}{z}\frac{2}{\pi}\cos^4\psi = \frac{p'}{z}\frac{2}{\pi}\left[\frac{1}{1 + (x/z)^2}\right]^2 = \frac{p'}{z}J_\sigma, \tag{7a}$$

worin

$$J_\sigma = \frac{2}{\pi}\cos^4\psi = \frac{2}{\pi}\left[\frac{1}{1 + (x/z)^2}\right]^2 \tag{7b}$$

den Einflußwert der Linienlast darstellt. Diese Gleichung ist so einfach, daß zur Bestimmung der Werte von J_σ keine Tabellen notwendig sind.

Abb. 120 a stellt eine rechteckige Fläche dar, die eine gleichförmig verteilte Last p pro Flächeneinheit trägt. Der Punkt N liegt in der Tiefe z unter einem beliebigen Punkt N' dieser Fläche. Um die lotrechte Normalspannung σ_z im Punkt N zu ermitteln, teilen wir die Gesamtfläche durch zwei zu den Seiten parallele Gerade durch den Punkt N' in vier rechteckige Abschnitte, die mit I bis IV bezeichnet

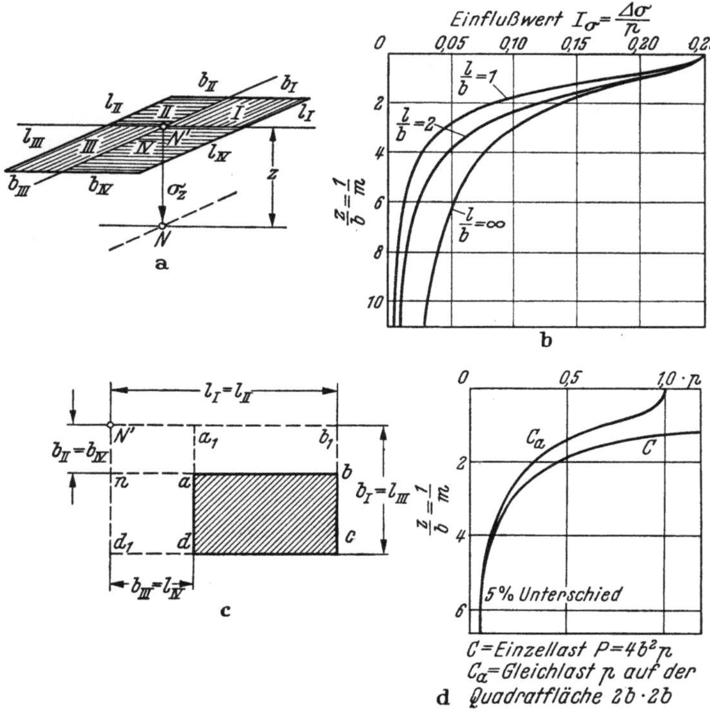

Abb. 120a—d. a Gleichförmig belastete Rechteckfläche auf der Oberfläche des Halbraumes; b Einflußwerte der lotrechten Normalspannungen im Punkt N infolge einer der vier Flächen I bis IV in (a); c Darstellung des Rechenverfahrens mit Einflußwerten, wenn N' außerhalb der Lastfläche liegt; d Darstellung des Unterschiedes in den lotrechten Normalspannungen längs der Lotrechten durch den Mittelpunkt einer Quadratfläche, wenn die gleichförmig über diesem Quadrat verteilte Last durch eine Einzellast im Mittelpunkt ersetzt wird.

sind. Jede dieser Flächen liefert einen Teilbetrag $\Delta\sigma_z$ der gesamten lotrechten Normalspannung σ_z im Punkt N infolge der Last. Geht man von der BOUSSINESQschen Gl. (135.1a) aus, so erhält man durch Integration (NEWMARK 1935)

$$J_\sigma = \frac{\Delta\sigma}{p} = \frac{1}{4\pi}\left[\frac{2mn\sqrt{m^2+n^2+1}}{m^2+n^2+m^2n^2+1}\,\frac{m^2+n^2+2}{m^2+n^2+1} + \right.$$
$$\left. + \operatorname{arc\,tg}\frac{2mn\sqrt{m^2+n^2+1}}{m^2+n^2-m^2n^2+1}\right], \tag{8}$$

worin die Abkürzungen

$$m = \frac{b}{z} \quad \text{und} \quad n = \frac{l}{z}$$

dimensionslose Zahlen sind. Der Wert von J_σ ist ebenfalls dimensionslos und stellt den Einfluß einer Rechtecklast auf die lotrechte Normalspannung in einem in der Tiefe z unter einem Eckpunkt liegenden Punkt dar. Trägt man in einem Diagramm (Abb. 120 b) die Werte $J_\sigma = \Delta\sigma/p$ auf der waagrechten Achse und die Werte $1/m = z/b$ auf der lotrechten Achse auf, so erhalten wir für verschiedene Werte von $l/b = n/m$ die in der Abbildung eingezeichneten Kurven (STEINBRENNER 1934).

Tabelle II ·und Tafel 1 im Anhang enthalten die Einflußwerte J_σ [Gl. (8)] für verschiedene Werte von m und n. Der Anhang enthält auch die Einflußwerte einer Einzellast (Tabelle I) und für eine kreisförmige Auflast (Tabelle III). Um die lotrechte Normalspannung σ_z im Punkt N der Abb. 120a zu berechnen, bestimmt man die Quotienten m und n für jede der mit I bis IV bezeichneten Flächen und ermittelt die entsprechenden Einflußwerte $J_{\sigma I}$ bis $J_{\sigma IV}$ aus der Tafel oder der Tabelle. Die gesamte Normalspannung im Punkt N beträgt dann

$$\sigma_z = p(J_{\sigma I} + J_{\sigma II} + J_{\sigma III} + J_{\sigma IV}). \tag{9}$$

Liegt der Punkt N' außerhalb der belasteten Fläche, so bilden wir ein Rechteck $N' b_1 c d$ (Abb. 120 c), dessen Seiten entsprechend der Abbildung verlaufen. Aus der Abbildung können wir auch sehen, daß

$$\text{Fläche } abcd = N' b_1 c d_1 - N' n b b_1 - N' a_1 d d_1 + N' a_1 a n. \tag{10}$$

Die lotrechte Normalspannung σ_z im Punkt N in der Tiefe z unter dem Punkt N' infolge einer Auflast p pro Einheit der Fläche $abcd$ ist gleich der algebraischen Summe der Normalspannungen infolge Belastung jeder der auf der rechten Seite der vorhergehenden Gleichung angeführten Flächen mit p pro Flächeneinheit. Wenn wir daher die Einflußwerte $J_{\sigma I}$ bis $J_{\sigma IV}$ der auf der rechten Seite der Gl. (10) angeführten Flächen z. B. mittels der Tabelle II des Anhanges bestimmt haben, bekommen wir für die lotrechte Normalspannung σ_z

$$\sigma_z = q(J_{\sigma I} - J_{\sigma II} - J_{\sigma III} - J_{\sigma IV}). \tag{11}$$

Das in den vorigen Punkten beschriebene Verfahren ist nur eines von den verschiedenartigen Verfahren, die zur Ermittlung der Normalspannungen in waagrechten Schnittflächen unterhalb begrenzter Lasten ausgearbeitet wurden (siehe BURMISTER 1938 und Zuschriften zu seiner Arbeit von NEWMARK, KRYNINE und anderen).

In Abb. 120 d stellen die Abszissen der Kurve C die lotrechte Normalspannung in verschiedenen Tiefen z unterhalb des Mittelpunktes einer Quadratfläche $2b$ auf $2b$ dar, die eine Auflast p pro Flächeneinheit oder eine Gesamtlast $4b^2 p$ trägt. Die Abszissen der Kurve C

stellen die entsprechenden Spannungen infolge der Einzellast $P = 4\,b^2 p$ dar, die im Mittelpunkt der Quadratfläche wirkt. Die Abbildung zeigt, daß der Unterschied zwischen den beiden Kurven für Werte von z/b größer als sechs außerordentlich klein wird. Deshalb kann bei der Berechnung der Normalspannungen in einer waagrechten Schnittfläche in der Tiefe z unter einer auf endlicher Fläche verteilten Last diese Last durch Einzellasten ersetzt werden, die nicht weiter als $z/3$ von-

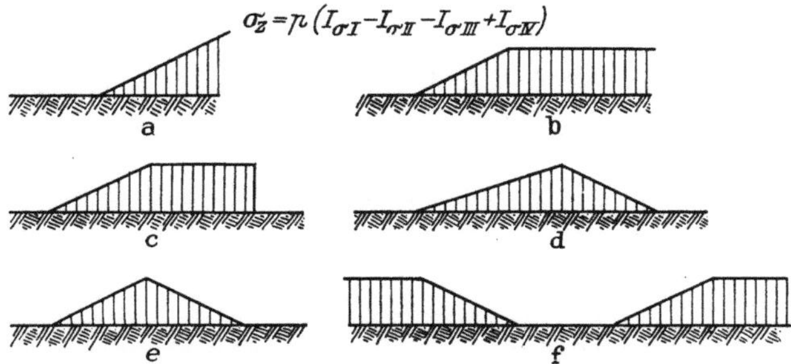

Abb. 121 a—f. Verschiedene schlaffe Belastungen der Halbraumoberfläche; die durch diese Belastungen hervorgerufenen Spannungen können nach bereits veröffentlichten Gleichungen berechnet werden.

einander entfernt liegen dürfen. Die in einem bestimmten Punkt der Schnittfläche durch die Einzellasten erzeugten Spannungen können mit den Tabellen der Einflußwerte für Einzellasten berechnet werden.

Die Abb. 121 a bis 121 f zeigen verschiedenartige Auflasten nach der Art von Dämmen mit geneigten Böschungen. Senkrecht zur Zeichenebene sind die Auflasten unbegrenzt. Die Gleichungen für die Normalspannungen in waagrechten Schnittflächen infolge des Gewichtes dieser Auflasten nebst weiteren Hinweisen auf die Originalarbeiten wurden von GRAY (1936) zusammengestellt. Tabellen und Tafeln wurden von JÜRGENSON (1934) ausgearbeitet. Die Ergebnisse neuerer Untersuchungen wurden von HOLL (1941) veröffentlicht.

Die Spannungen unter begrenzten Flächen bei geradlinig veränderlicher Auflast hat JELINEK (1949) angegeben.

137. Setzung der Halbraumoberfläche infolge einer schlaffen, lotrechten und über einer endlichen Fläche erstreckten Last.

Nehmen wir den Halbraum vollkommen elastisch an, dann ist für die Spannungen und Verformungen das Superpositionsgesetz gültig. Deshalb kann die Setzung infolge einer über einer endlichen Fläche erstreckten Last durch Integration bestimmt werden, wie es im Abs. 136 zur Ermittlung der durch eine solche Last hervorgerufenen Spannungen geschehen war. Zur Veranschaulichung dieses Vorganges berechnen wir die lotrechte Verschiebung des Punktes N', der nach Abb. 120a innerhalb der rechteckigen Fläche liegt. Die Fläche trägt eine gleichförmig verteilte Auflast p pro Flächeneinheit. Die lotrechte Verschiebung $d\zeta_0$ des Punktes N' infolge der Auflast $dP = p\,dx\,dy$, die in der beliebigen Entfernung r vom Punkt N' wirkt, ist durch die Gl. (135.5a) gegeben. Durch Integration über eine rechteckige Fläche von der Breite b und der Länge l erhält man für die Setzung $\varDelta s$ der Eckpunkte der belasteten Fläche die Gleichung

$$\varDelta s = p\,b\,\frac{1-\mu^2}{E}\,\frac{1}{\pi}\left[n\ln\frac{1+\sqrt{n^2+1}}{n} + \ln\left(n + \sqrt{n^2+1}\right)\right], \quad (1\,\mathrm{a})$$

worin

$$n = \frac{l}{b} \tag{1\,b}$$

eine dimensionslose Zahl bedeutet (SCHLEICHER 1926). Setzt man

$$J_s = \frac{1}{\pi}\left[n\ln\frac{1+\sqrt{n^2+1}}{n} + \ln\left(n + \sqrt{n^2+1}\right)\right], \tag{2\,a}$$

so erhält man

$$\varDelta s = p\,b\,\frac{1-\mu^2}{E}\,J_s. \tag{2\,b}$$

Die Größe J_s ist ebenfalls eine dimensionslose Zahl. Sie bestimmt den Einfluß einer gleichförmigen, eine rechteckige Fläche bedeckenden Auflast auf die Setzung eines Eckpunktes dieser Fläche und stellt ein Analogon zum Einflußwert J_σ dar [Gl. (136.8)]. Abb. 122a zeigt die Beziehung zwischen J_s und dem Quotienten n zwischen der Länge und der Breite der belasteten Fläche. Für $n = \infty$ erhalten wir $J_s = \infty$, d. h. die Setzung eines gleichförmig belasteten Streifens auf der Halbraumoberfläche ist für jeden endlichen Wert der Last und Streifenbreite gleich unendlich.

Um die Setzung des Punktes N' (Abb. 120a) zu bestimmen, berechnen wir die Werte n für jedes der vier Rechtecke I bis IV. Aus dem Diagramm (Abb. 122a) erhalten wir die zugehörigen Werte von J_s. Sie sind durch die Werte $J_{s\,I}$ bis $J_{s\,IV}$ gegeben. Die Gesamtsetzung des Punktes N' beträgt

$$s = p\,\frac{1-\mu^2}{E}\,(b_{I}\,J_{s\,I} + b_{II}\,J_{s\,II} + b_{III}\,J_{s\,III} + b_{IV}\,J_{s\,IV}). \tag{3}$$

Wenn der Punkt N' außerhalb der belasteten Fläche liegt, bilden wir das Rechteck $N'b_1cd_1$ (Abb. 122b), dessen Seiten parallel zu den Seiten des belasteten Rechteckes liegen. Aus der Abbildung erhalten wir

$$\text{Fläche } abcd = N'b_1cd_1 - N'a_1dd_1 - N'b_1bn + N'a_1an.$$

Die auf der rechten Seite dieser Gleichung angegebenen Flächen haben den Eckpunkt N' gemeinsam. Die Einflußwerte J_{sI} bis J_{sIV} für die Setzung dieser Flächen können aus Abb. 122a entnommen werden.

Die Setzung des Punktes N' (Abb. 122c) infolge der Last p pro Einheit der Fläche $abcd$ ist gleich der algebraischen Summe der Setzungen infolge der Belastung jeder einzelnen dieser Flächen mit p pro Flächeneinheit. Wir erhalten daher, wenn wir die Einflußwerte J_{sI} bis J_{sIV} für jede dieser Flächen bestimmt haben, für die Setzung s des Punktes N'

$$s = p\,\frac{1-\mu^2}{E}\,(J_{sI}\,b_I - J_{sII}\,b_{II} - J_{sIII}\,b_{III} + J_{sIV}\,b_{IV}). \tag{4}$$

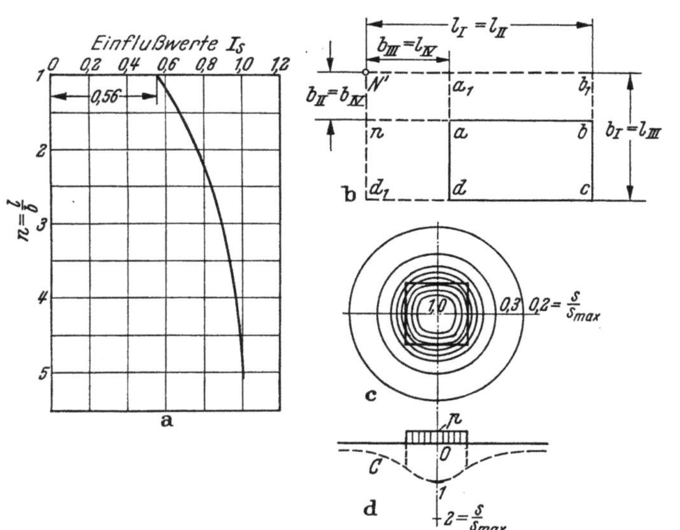

Abb. 122a—d. a Einflußwerte zur Ermittlung der Setzung des Eckpunktes einer belasteten rechteckigen Fläche $b \times l$ auf der Halbraumoberfläche; für $l/b = \infty$ wird $J_s = \infty$; b Darstellung des Verfahrens bei der Setzungsermittlung eines Punktes außerhalb der belasteten Fläche; c Kurven gleicher Setzung einer belasteten Quadratfläche; d Setzungsprofil.

Die Ergebnisse der Setzungsberechnung für verschiedene Punkte innerhalb und außerhalb einer belasteten Fläche können durch *Kurven gleicher Setzung* dargestellt werden, wie es in Abb. 122c z. B. für eine Quadratlast gezeigt ist. Die Querschnitte durch die belastete Fläche, Abb. 122d, werden *Setzungsprofile* genannt. Die durch eine gleichförmig auf einem Teil der Halbraumoberfläche verteilte Last erzeugte Setzung hat stets die Form einer muldenförmigen Vertiefung. Mit anderen Worten, der mittlere Teil der belasteten Fläche setzt sich mehr als die Randabschnitte.

138. Übergang vom elastischen zum plastischen Zustand unterhalb einer schlaffen Last.

Sobald die Spannungen infolge einer zunehmenden Last die Bruchspannungsbedingungen in einem Punkt erreichen, tritt im belasteten Material in diesem Punkt Fließen ein, und die weitere Zunahme der Last verursacht eine Ausbreitung des plastischen Bereiches, bis die Tragfähigkeit des Materials erreicht ist. In relativ festen Körpern, wie z. B. Beton, sehr steifem Ton oder verkittetem Sand, schaltet der Bruchzustand die Kohäsion in den Gleitflächen aus, und die Ausbreitung des plastischen Bereiches infolge der Lastzunahme ist mit einer schrittweisen Schwächung des belasteten Materials verbunden. Deshalb ist die zur Erreichung des Bruchspannungszustandes in einem Punkt des belasteten Materials erforderliche Last gleich der größten Last, die das Fundament tragen kann.

In vollkommen plastischen Materialien breitet sich der Übergang vom elastischen Zustand zu jenem des beginnenden Bruches auch von einzelnen Punkten aus, aber der Übergang ist mit keinem Festigkeitsverlust verbunden. Die kritische Last ist deshalb beträchtlich größer als die für den Beginn des Bruches in irgendeinem Punkt des belasteten Materials nötige Last. Während des Überganges vom Beginn bis zum endgültigen Bruch verursacht das Anwachsen der Last nur ein Erweitern des plastischen Gebietes.

Bevor in einem Material, das sowohl ideal elastisch wie ideal plastisch ist, der Fließzustand beginnt, nehmen die von einer Last verursachten Spannungen in geradlinigem Verhältnis mit der Last zu, und die Richtung der Hauptspannungen bleibt unverändert. Mit beginnendem Fließen verliert diese Regel ihre Gültigkeit, und die Richtung der Hauptspannungen ändert sich ebenfalls. Zur Veranschaulichung dieser Veränderung werden meistens die Spannungstrajektorien aufgezeichnet. (Siehe Handbücher über angewandte Mechanik, z. B. Timoshenko 1940.) Die Trajektorien können durch Bestimmung der Hauptspannungsrichtungen für eine größere Anzahl von Punkten und Einzeichnen von zwei Kurvenscharen, an denen in jedem Punkt die Hauptspannungsrichtungen Tangenten sind, erhalten werden. Da sich die Hauptspannungen gegenseitig rechtwinkelig schneiden, schneiden sich auch die beiden Trajektorienscharen unter rechten Winkeln wie die beiden Kurvenscharen in einem Stromliniennetz. Die Abb. 123a und 123b stellen die Trajektorien für den elastischen und für den plastischen Zustand in einem idealen Boden unterhalb einer schlaffen unendlich langen Streifenlast dar.

Für alle zwischen dem elastischen und plastischen Zustand liegenden Übergänge kann die Lage der äußeren Begrenzung der Zone des plastischen Fließens durch Verbindung der Gleichungen, die die Spannungen infolge Auflast und dem Bodeneigengewicht darstellen, mit jenen, die die Bruchspannungsbedingungen ausdrücken, ermittelt werden. In jedem Schnitt durch das belastete Material verläuft die Grenze durch die Punkte, wo die Summe der Spannungen infolge der Auflast und des Bodeneigengewichtes die Bruchspannungsbedingungen erfüllt. Das folgende Beispiel zeigt den Vorgang. Die Spannungen infolge einer

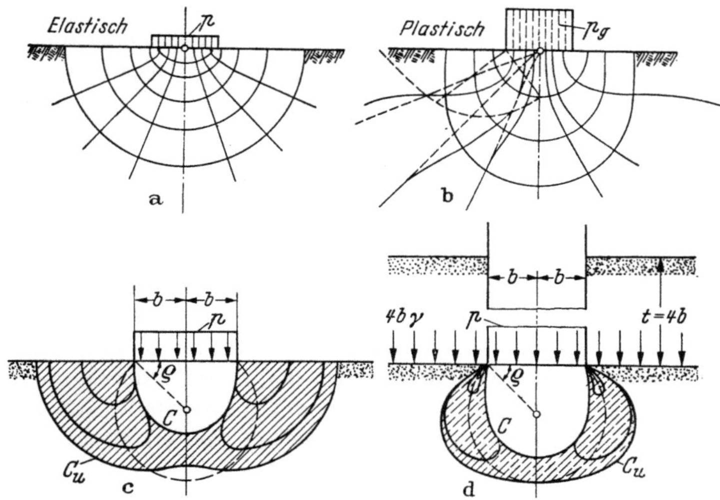

Abb. 123 a—d. a Trajektorien im Halbraum unterhalb einer schlaffen Streifenlast, wenn das belastete Material im elastischen Zustand ist; b Trajektorien im Augenblick des Bruches durch vollständiges Abscheren; c Fortschreiten des plastischen Zustandes im Sand bei Zunahme der auf der Oberfläche wirkenden Streifenlast; d wie vorher, wenn die Streifenlast unterhalb der Geländeoberfläche wirkt. (Nach O. K. FRÖHLICH 1934a).

gleichförmigen schlaffen unendlich langen Streifenlast sind durch die Gl. (136.2) gegeben. Die Gleichungen für die Spannungen infolge des Bodeneigengewichts γ pro Volumeneinheit betragen

$$\sigma_z = \gamma z, \quad \sigma_x = \lambda_0 \gamma z \quad \text{und} \quad \tau_{xz} = 0,$$

worin λ_0 den Ruhedruckbeiwert bedeutet [Gl. (10.1)]. Verbinden wir diese Gleichungen mit den Gl. (136.2) und (7.1) bzw. (7.2), so können wir die Hauptspannungen σ_I und σ_{III} berechnen. Die Bruchspannungsbedingungen sind durch die Gl. (7.6) ausgedrückt,

$$\frac{\sigma_I + \sigma_{III}}{2} \sin\varrho = \frac{\sigma_I - \sigma_{III}}{2} - c \cos\varrho,$$

worin ϱ den Winkel der Scherfestigkeit und c die Kohäsion darstellt.

FRÖHLICH (1934) führte in diese Berechnung die vereinfachenden Annahmen $c = 0$ und $\lambda_0 = 1$ (idealer Sand, hydrostatischer Spannungszustand infolge des Sandeigengewichtes) ein und erhielt als Grenzen der Zone plastischen Fließens in verschiedenen Stadien zwischen dem elastischen und plastischen Zustand die in den Abb. 123c und 123d dargestellten Kurven. In Abb. 123c trägt die Sandoberfläche zu beiden Seiten des Laststreifens keine Auflast. Die Breite der Zone plastischen Fließens ist an der Oberfläche am größten. In Abb. 123d trägt die an den Laststreifen anschließende Oberfläche eine gleichförmig verteilte Auflast γt pro Flächeneinheit infolge des Gewichtes einer Sandschicht von der Mächtigkeit t. In der Höhe des belasteten Streifens ist die Breite der Zone plastischen Fließens gleich Null und nimmt in einer bestimmten Tiefe unterhalb der Laststreifensohle ein Maximum an. In beiden Fällen (Abb. 123c und 123d) verursacht eine Lastzunahme ein Fortschreiten der tiefsten Punkte der plastischen Fließzone längs eines durch die Ränder des Laststreifens verlaufenden Kreises. Der Mittelpunkt dieses Kreises liegt in der Tiefe $b\,\mathrm{tg}\varrho$ unterhalb des Lastmittelpunktes und ist in der Abbildung eingezeichnet. Schließlich laufen die beiden Zonen plastischen Fließens in eine zusammen, die von der belasteten Fläche durch eine elastische Zone getrennt ist. In den Abbildungen ist der Schnitt durch die untere Grenzfläche dieser Zone durch die Kurve C_u dargestellt. Sobald dieser Endzustand des Überganges vom elastischen zum plastischen Zustand erreicht ist, verlieren die Gleichungen von BOUSSINESQ vollständig ihre Gültigkeit, und der weitere Vorgang wird durch die Plastizitätstheorie beschrieben.

Die Berechnungen von FRÖHLICH beruhen auf der Annahme, daß der Übergang vom elastischen zum plastischen Zustand plötzlich erfolgt. In Wirklichkeit geht der Vorgang elastischer Verformung in jedem Punkt eines Bodens allmählich in plastisches Fließen über. Die Theorie vernachlässigt also die Gleichgewichtsbedingungen innerhalb der Zone plastischer Verformung. Sie führt deshalb zu der falschen Schlußfolgerung, daß die Mächtigkeit des plastischen Fließbereiches unbegrenzt anwachsen kann. Nach dem Kapitel VIII kann die Zone plastischen Fließens einen gewissen kritischen Wert, der von der Breite der belasteten Fläche und vom Winkel der inneren Reibung abhängt, nicht überschreiten. Jedoch bis zu dem Zustand, wo die Zonen plastischen Fließens unter dem Lastmittelpunkt zusammenfließen, der durch die Kurven C_u in Abb. 126 dargestellt ist, scheint die Theorie ziemlich verläßlich zu sein. Wenn die Last einen langen Streifen bedeckt, dann ist nach der Theorie von FRÖHLICH die für das Zusammenfließen der plastischen Zonen erforderliche Last näherungsweise gleich der unteren Grenze der Tragfähigkeit, die durch die strichlierten Kurven in Abb. 38c (siehe Abs. 46) angegeben ist.

Wenn der Winkel der inneren Reibung ϱ eines plastischen Materials mit der Kohäsion c, gleich Null ist, dann wird der Faktor $\sin\varrho$ in der Gl. (7.6) ebenfalls Null, und die Bruchspannungsbedingung ist durch die Gleichung ausgedrückt:

$$\sigma_I - \sigma_{III} = 2c.$$

Sobald die Sohlspannung einer schlaffen unendlich langen Streifenlast gleich πc wird, ist diese Bedingung in jedem Punkt eines Halbkreises, dessen Mittelpunkt in der Halbierung von ab der Abb. 119c liegt, erfüllt. Wenn deshalb $\varrho = 0$, beginnt die Ausbreitung des plastischen Zustandes gleichzeitig in jedem Punkt einer zylindrischen Schnittfläche durch die Ränder der belasteten Fläche. Nach der Gl. (46.9f) beträgt die Tragfähigkeit des Materials

$$p_g = (\pi + 2)c = 5{,}14c.$$

Die Tragfähigkeit überschreitet daher die zur Bildung des Kernes der plastischen Gleichgewichtszone erforderliche Last πc um 39%.

139. Spannungsverteilung in der Gründungssohle.

Der Ausdruck *Sohlspannung* bezeichnet die Normalspannung in der Berührungsfläche zwischen dem Fundament und dem tragenden Boden. Im Abs. 137 wurde gezeigt, daß eine gleichförmig verteilte Auflast über einem endlichen Teil der waagrechten Oberfläche des elastisch isotropen Halbraumes stets eine muldenförmige Setzung der belasteten Fläche erzeugt, wie sie in den Abb. 122c und 122d gezeigt

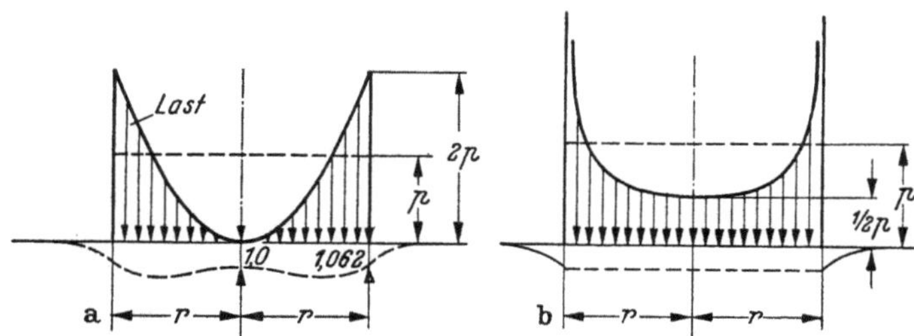

Abb. 124a u. b. a Erforderliche Verteilung einer schlaffen Last auf einer Kreisfläche, um eine möglichst gleichförmige Setzung zu erzeugen; b Sohlspannung bei einem starren Kreisfundament. (Nach BOUSSINESQ 1885).

ist. Um schließlich eine ziemlich gleichförmige Setzung hervorzurufen, muß die Flächenlast auf einer kreisförmigen Fläche an den Rändern viel größer als in Plattenmitte sein. In Abb. 124a nimmt die Auflast von Null in der Mitte quadratisch mit dem Abstand von der Mitte zu. Trotzdem setzt sich der Mittelpunkt praktisch gleich dem Rand, wie durch die strichlierte Kurve unter der Lastfläche gezeigt ist (BOUSSINESQ 1885). Wenn daher eine vollkommen gleichförmige Setzung durch die absolute Starrheit eines Fundamentes erzwungen wird, muß die Sohlspannung vom Mittelpunkt der Gründungssohle zum Rand zunehmen, wenn der tragende Boden vollkommen elastisch ist. Bei einem elastischen Gründungskörper hängt die Verteilung der Sohlspannung von den elastischen Eigenschaften des tragenden Stoffes, von der Biegesteifigkeit des Fundamentes und von der Verteilung der Lasten auf dem Fundament ab.

Die Berechnung der Sohlspannungen bei starren bzw. elastischen Fundamenten ist eine Aufgabe der höheren Elastizitätstheorie. Die folgenden Abschnitte enthalten eine Zusammenfassung der wichtigsten Ergebnisse. Die einfachste Aufgabe stellt die Ermittlung der Sohlspannungen eines starren Kreisfundamentes vom Radius r (Abb. 124 b) dar, das eine mittige Last trägt von der Größe

$$P = \pi\, r^2 p.$$

Der Wert p ist gleich der Gesamtlast P geteilt durch die Fläche $\pi\, r^2$ der Gründungssohle. Wenn die Berührungsfläche zwischen dem Fundament und dem tragenden elastischen Medium eben bleibt (starres Fundament) und die Scherspannungen in der Berührungsfläche gleich Null sind (vollkommen glatte Sohlfläche), dann wachsen die Sohlspannungen von $p/2$ in Plattenmitte bis auf unendlich am Rand an, wie in Abb. 124 b eingezeichnet ist (BOUSSINESQ). Die Art der Sohlspannungsverteilung kann auf folgende Weise veranschaulicht werden. Wenn wir die gesamte Belastung des Fundamentes gleichförmig über die Oberfläche einer Halbkugel, deren Grundkreis mit der Fundamentfläche identisch ist, verteilen, ist die Sohlspannung identisch mit der lotrechten Projektion der Halbkugelbelastung auf die Gründungssohle. Da die Halbkugeloberfläche gleich der doppelten Fundamentfläche ist, wird die auf die Flächeneinheit der Halbkugel bezogene Last gleich $\frac{1}{2}\, p$. Deshalb ist die Sohlspannung im Mittelpunkt des Fundamentes ebenfalls gleich $\frac{1}{2}\, p$. Die errechnete Setzung des Fundamentes ist etwa 7,3% kleiner als die berechnete mittlere Setzung infolge einer gleichförmig verteilten schlaffen Auflast von gleicher Größe p, die auf der vom Fundament bedeckten Fläche wirkt (SCHLEICHER 1926).

Abb. 125a zeigt die Sohlspannungsverteilung eines elastischen Kreisfundamentes vom Radius r und der Dicke d, das durch eine gleichförmig verteilte Last p pro Flächeneinheit belastet ist (BOROWICKA 1936). Je steifer das Fundament, desto weniger gleichförmig verläuft die Sohlspannungsverteilung. In den Endgleichungen kommt ein Faktor vor

$$\varkappa = \frac{1}{6}\, \frac{1 - \mu_b^2}{1 - \mu_p^2}\, \frac{E_p}{E_b} \left(\frac{d}{r}\right)^3_{\!1}, \tag{1}$$

worin μ_p und μ_b die POISSON-Ziffern für den Fundamentbaustoff und den Untergrund und E_p und E_b die entsprechenden Werte des YOUNGschen Moduls bedeuten. Dieser Faktor kann als Maß angesehen werden für die relative Steifigkeit des Fundamentes. Ein Wert $\varkappa = 0$ bedeutet ein schlaffes Fundament.

Für Werte von $\varkappa$ zwischen 0 und etwa 0,1 ist die Sohlspannung am kleinsten in einer bestimmten Entfernung zwischen dem Mittelpunkt und dem Rand des Fundamentes, wie z. B. für $\varkappa = 0{,}05$ aus der Abbildung zu sehen ist. Mit zunehmender Steifigkeit nähert sich die Sohlspannungsverteilung der in Abb. 124b gezeichneten Kurve für ein starres Fundament. HABEL (1937) berechnete die Sohlspannung eines kreisförmigen, elastischen Fundamentes, das eine Last in der Mitte der oberen Fundamentfläche trägt. Abb. 125b zeigt den Einfluß der Biegesteifigkeit einer gleichförmig belasteten elastischen Platte von konstanter Breite $2b$, der Dicke d und unendlicher Länge auf die Sohlspannungsverteilung (BOROWICKA 1938). Der Wert $\varkappa$ ist durch Gl. (1) gegeben. Dem Wert $\varkappa = 0$ entspricht eine vollkommen schlaffe und $\varkappa = \infty$ eine vollkommen starre Platte.

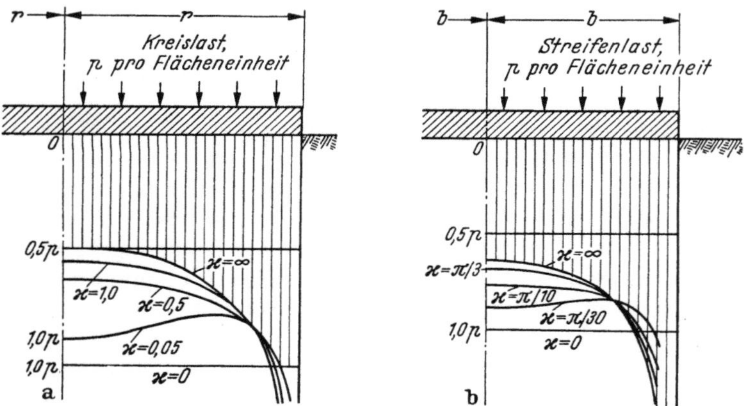

Abb. 125a u. b.   a Sohlspannung bei einer gleichförmig belasteten Kreisplatte mit verschiedenen Steifigkeiten; b wie vorher, nur für Streifenlast. (Nach BOROWICKA 1936 und 1938).

BIOT (1937) stellte eine strenge Lösung für die Aufgabe der Sohlspannungsverteilung eines unendlich langen elastischen Balkens auf, der auf der waagrechten Oberfläche des elastisch-isotropen Halbraumes ruht. Diese Lösung ermöglicht es, die Größe der Bettungsziffer zu ermitteln, die in die elementare Theorie elastisch gelagerter Balken (Abs. 126) eingeführt werden muß, um eine ausreichende Übereinstimmung mit den Ergebnissen der strengen Theorie zu bekommen. Die Untersuchung führt zur Schlußfolgerung, daß der Verhältniswert aus der mittleren Sohlspannung und der zugehörigen mittleren Setzung eine höhere Funktion nicht nur des Elastizitätsmoduls des Untergrundes und der Balkenbreite, sondern auch der Biegesteifigkeit des Balkens darstellt. Deshalb kann für einen gegebenen Untergrund keine feste Bettungsziffer angegeben werden.

Außerdem hat HABEL (1938) für die Sohlspannung elastischer Balken auf dem elastisch-isotropen Halbraum, die ein beliebiges Lastsystem tragen, Näherungsgleichungen abgeleitet.

In allen in diesem Abschnitt angeführten Untersuchungen wurde die Scherspannung in der Gründungssohle gleich Null angenommen. Tatsächlich ist diese Bedingung niemals erfüllt. Ein Versuch zur Ermittlung des Einflusses der Scherspannungen auf den Spannungszustand im belasteten Medium wurde von FRÖHLICH (1934a) auf Grund der von BOUSSINESQ (1885) abgeleiteten Gleichungen unternommen. FRÖHLICH folgerte, daß die Reibungskräfte radial nach innen gerichtet sind und eine Zunahme der Normalspannungen in waagrechten Schnitten unter der belasteten Fläche hervorrufen. Mit zunehmender Tiefe nimmt dieser Einfluß ab. In Tiefen über der doppelten Breite der belasteten Fläche ist er vernachlässigbar klein. Eine Untersuchung der Scherspannungsverteilung in der Gründungssohle wurde von VOGT durchgeführt (1925). Die Wirkung der Scherspannungen in der Gründungssohle auf die Sohlspannungsverteilung wurde bisher noch nicht untersucht.

140. Veränderung der Sohlspannungsverteilung bei Lastzunahme.

Die Zunahme der Fundamentbelastung verursacht im belasteten Material einen allmählichen Übergang vom elastischen in den plastischen Zustand. Dieser Übergang beeinflußt nicht nur die Größe und die Verteilung der Spannungen im belasteten Material, wie im Abs. 138 ausgeführt wurde, sondern verändert auch die Spannungsverteilung in der Gründungssohle. Die im vorigen Abschnitt besprochene Theorie der Sohlspannungen führt zur Schlußfolgerung, daß die Sohlspannung am Rand eines starren Fundamentes für jeden endlichen Lastwert gleich unendlich ist. Da es kein Material gibt, das einen solchen Spannungszustand aufnehmen kann, beginnt das plastische Fließen, sobald die Last aufgebracht ist. Wenn die Last zunimmt, breitet sich, wie in den Abb. 123c und 123d gezeigt ist, die Zone plastischen Fließens aus, und der Unterschied zwischen der tatsächlichen und der berechneten Sohlspannungsverteilung tritt mehr und mehr hervor. Sobald die beiden Gebiete des plastischen Fließens nach den Abb. 123c und 123d ineinanderfließen, nähert sich die Sohlspannungsverteilung der Form beim Erreichen der Tragfähigkeit des belasteten Materials. Diese Verteilung wurde im Abs. 48 besprochen.

Die Wirkung des Überganges des belasteten Materials vom elastischen in den plastischen Zustand auf die Sohlspannungsverteilung bei einem starren Fundament ist in den Abb. 126a, 126b und 126c dargestellt. Diese Abbildungen zeigen die Sohlspannung einer vollkommen starren Platte von der Breite $2b$ und unbegrenzter Länge, die auf einer homogenen Bodenschicht großer Tiefe aufruht. In jedem Bild wurde die Zunahme der auf das Fundament wirkenden Last von einem kleinen Anfangswert bis zur Tragfähigkeit des Fundamentes angenommen. Die Fundamentsohle wurde dabei als vollkommen glatt vorausgesetzt. Die Ordinaten der Kurven C_1 stellen die Sohlspannungen für Lasten dar, die zu klein sind, um einen plastischen Gleichgewichtszustand außerhalb der unmittelbaren Nachbarschaft des Fundamentrandes zu erzeugen. Die Ordinaten der Kurven C_u stellen die Sohlspannungen für den Augenblick, wo die Fundamentbelastung gleich der maximalen Tragfähigkeit des Fundamentes wird, dar. Die Kurven C_2 geben die Sohlspannungen für einen dazwischenliegenden Belastungszustand. In jeder Abbildung und für jeden Zustand ist die Gesamtlast pro Längeneinheit des Streifens gleich der Fläche zwischen der Fundamentsohle und der zugehörigen Kurve. In Abb. 126a ruht das Fundament auf einem idealen Material ohne innerer Reibung, das mit

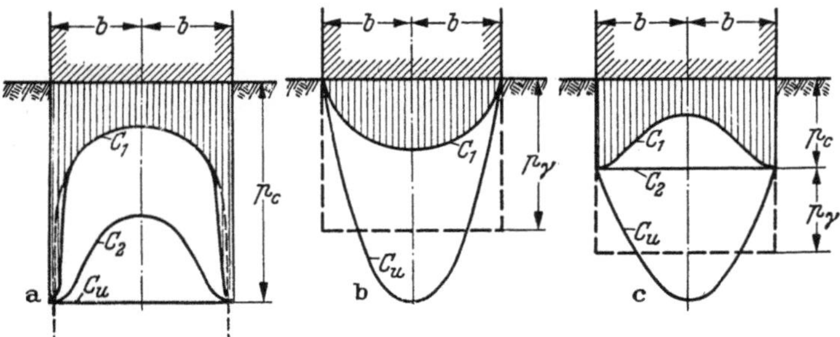

Abb. 126a—c. Einfluß der Kohäsion c und des Winkels der inneren Reibung ϱ einer den Halbraum erfüllenden Masse und der Größe der Flächenlast auf die Sohlspannungsverteilung eines starren Streifenfundamentes mit reibungsloser Sohlfläche. a $\varrho = 0$; b $c = 0$; c c und ϱ größer als Null.

zunehmender Last vom ideal elastischen in einen ideal plastischen Zustand übergeht. In Abb. 126b wurde das Fundament auf einem idealen Sand aufruhend angenommen und in Abb. 132c auf einer Sand-Ton-Mischung. Die durch die Kurven C_u dargestellten Sohlspannungen wurden im Abs. 148 besprochen und berechnet.

Die strichlierte Kurve in Abb. 126a zeigt die Sohlspannungsverteilung unter der Annahme der Gültigkeit des Hookschen Gesetzes innerhalb des belasteten Materials. Sie ist identisch mit der durch $\varkappa = \infty$ bezeichneten Kurve der Abb. 125b. An den Rändern des Streifens wird der theoretische Wert der Sohlspannung gleich unendlich. Folglich beginnt das plastische Fließen längs der Ränder, sobald die Last aufgebracht ist, wie bereits zu Beginn dieses Absatzes erklärt wurde. Infolge des plastischen Fließens nimmt die Sohlspannung längs der Ränder den höchsten, mit den Spannungsbedingungen für plastisches Fließen verträglichen Wert an und behält diesen Wert während des nachfolgenden Belastungsvorganges. Die Verteilung der Sohlspannung bei kleiner Last ist durch die voll gezeichnete Kurve C_1 dargestellt. Sobald die Last zunimmt, nimmt auch die Sohlspannung unterhalb des mittleren Plattenabschnittes zu (Kurve C_2), und schließlich wird die Spannungsverteilung gleichförmig, wie durch die waagrechte Linie C_u angedeutet ist, deren Ordinate $p_c = p_g$ die maximale Tragfähigkeit bei $\varrho = 0$ und $c \neq 0$ darstellt. Der Wert von p_g beträgt $5{,}14\,c$ [Gl. (46.9f)], worin c die Kohäsion des Materials bedeutet. Wenn die Fundamentsohle rauh ist, wird die maximale Tragfähigkeit an den Rändern etwas größer als in der Mitte (Abb. 39a) und der Mittelwert der entsprechenden Sohlspannung gleich $5{,}7\,c$ [Gl. (46.7c)].

Abb. 126b stellt die Sohlspannung unter einer Platte dar, die auf der Oberfläche einer Ablagerung eines kohäsionslosen Sandes aufliegt. An der Oberfläche, an den Rändern der Fundamentfläche erreicht selbst eine sehr kleine Spannung die Bruchspannungsbedingung. Die Sohlspannung kann deshalb an den Rändern nicht größer als Null werden (siehe Abs. 16). Wenn die Last zunimmt, steigt die Sohlspannung im Mittelabschnitt an, und im Augenblick des Bruches ist die Verteilung der Sohlspannung, wie durch die Kurve C_u dargestellt, angenähert parabolisch. In diesem Zustand ist die mittlere Sohlspannung p_γ gleich dem Tragfähigkeitsbeiwert ν_γ [Gl. (45.4b)] mal dem Raumgewicht des Sandes mal der halben Fundamentbreite.

Wenn die Tragfähigkeit des Bodens sowohl durch die innere Reibung wie auch durch die Kohäsion bestimmt wird, sind die hintereinanderfolgenden Stadien der Sohlspannungsverteilung durch die Kurven C_1, C_2 und C_u (Abb. 126c) gekennzeichnet, die mit Abb. 39c übereinstimmen. Eine ähnliche Verteilungsform der Sohlspannungen ist zu erwarten, wenn die Sohle eines starren Fundamentes in größerer Tiefe unter der Oberfläche einer dichten Sandschicht liegt.

Nach den Berechnungsverfahren, die auf der Annahme einer konstanten Bettungsziffer beruhen (Kapitel XVI), sollte die Sohlspannung bei einem starren Fundament immer vollkommen gleichförmig verteilt sein, wenn die Lastresultierende durch den Schwerpunkt der Grundfläche geht. Abb. 126 zeigt die Art und Größe des Fehlers, der mit dieser weitgehend vereinfachenden Annahme verbunden ist.

141. Spannungen infolge einer lotrechten, in der waagrechten Oberfläche eines orthotropen und nichthomogenen Stoffes angreifenden Last.

Die vorher behandelten Theorien beruhen auf der Annahme, daß der Halbraum mit einem in bezug auf die elastischen Eigenschaften sowohl isotropen wie auch homogenen Stoff erfüllt ist. In der Natur ist diese Bedingung nur selten erfüllt. Die häufigsten Abweichungen vom idealen Zustand elastischer Isotropie und Homogenität sind Schichtung oder Bänderung, die für praktisch alle Sedimente charakteristisch sind, oder eine rasche Abnahme der Zusammendrückbarkeit mit der Tiefe, die wieder für sandige Böden typisch ist.

In geschichteten Böden, die aus einer Hintereinanderreihung von hoch zusammendrückbaren und schwach zusammendrückbaren Schichten bestehen, ist die Verformung infolge eines wirksamen allseitigen Druckes $\sigma_I = \sigma_{II} = \sigma_{III}$ in der Richtung parallel zu den Schichtebenen viel kleiner als senkrecht zu diesen Ebenen. Diese Erscheinung ist eine Analogie zur Tatsache, daß der mittlere Durchlässigkeitsbeiwert jeder geschichteten Bodenmasse parallel zu den Schichtebenen größer ist als senkrecht zu diesen Ebenen (siehe Abs. 89). In der Elastizitätstheorie ist der idealisierte Ersatzstoff für eine dünngeschichtete Bodenmasse, ein Halbraum mit homogenen, jedoch orthotropen elastischen Medium erfüllt, dessen Elastizitätsmodul in jeder waagrechten Richtung den gleichen Wert E_h und in der lotrechten Richtung den kleineren Wert E_v besitzt. WOLF (1935) setzte den Verhältniswert E_h/E_v gleich einer empirischen Konstanten k, d. h.

$$\frac{E_h}{E_v} = k. \tag{1}$$

Mit dieser Annahme berechnete er die durch eine schlaffe unendlich lange Streifenlast von der Breite $2b$ hervorgerufenen Spannungen (siehe auch HOLL 1941). Den Spannungszustand unter einer Einzellast hat JELINEK (1948) angegeben. In Abb. 127a stellen die Abszissen die Einflußwerte $J_\sigma = \sigma_z/p$ für den Einfluß der Last p pro Flächeneinheit des Streifens auf die lotrechte Normalspannung σ_z in der Tiefe z

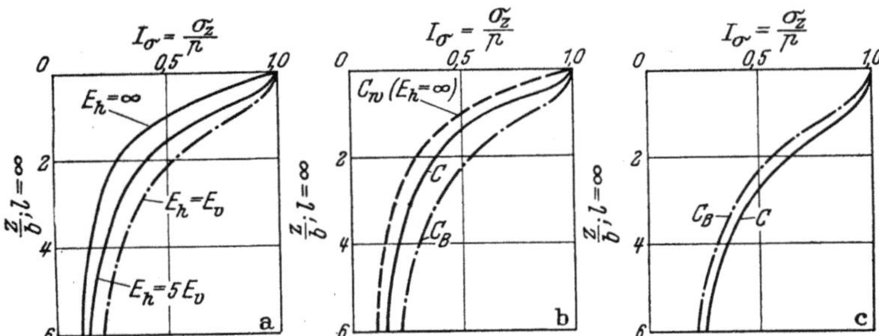

Abb. 127 a—c. Beziehung zwischen Tiefe und lotrechter Druckspannung in der Achse einer schlaffen Streifenlast a wenn der Elastizitätsmodul in waagrechter Richtung größer als in lotrechter Richtung ist; b wenn der Boden in waagrechter Richtung durch nicht dehnbare, schlaffe Schichten verstärkt ist und c wenn der Elastizitätsmodul mit der Tiefe zunimmt. Die strichpunktierten Kurven entsprechen dem isotropen und homogenen Halbraum.

unter der Achse des Streifens für verschiedene Werte E_h/E_v dar. Als Ordinaten sind die Quotienten z/b aus der Tiefe und der halben Streifenbreite angenommen. Das Diagramm zeigt, daß die Spannung für hohe Werte $k = E_h/E_v$ viel schneller abnimmt als für niedere Werte. Für $E_h = E_v$ stimmt die Kurve mit der aus den BOUSSINESQschen Gleichungen erhaltenen Kurve überein.

Ein weiteres Verfahren, um den Einfluß einer gebänderten Schichtfolge auf die Spannungsverteilung infolge einer Einzellast zu untersuchen, besteht in der Annahme, daß der Halbraum durch waagrechte, vollkommen schlaffe Membranen verstärkt ist, die eine Verformung in waagrechter Richtung völlig verhindern, ohne jedoch die lotrechte Verformung irgendwie zu beeinflussen. Diese Annahme wurde von WESTERGAARD (1938) getroffen. Für die lotrechten Normalspannungen in einem Punkt N, die von einer lotrechten, im Punkt a angreifenden Einzellast P erzeugt werden, erhielt er die Gleichung

$$\sigma_z = \frac{P}{z^2}\,\frac{C}{2\pi}\left[\frac{1}{C^2 + (r/z)^2}\right]^{3/2}. \tag{2}$$

In dieser Gleichung bedeutet r den waagrechten Abstand des Punktes N von der Achse der Last P, z den lotrechten Abstand zwischen Punkt N und der freien Oberfläche, C eine Konstante, die durch die Gleichung

$$C = \sqrt{\frac{1 - 2\mu}{2(1 - \mu)}} \tag{3}$$

gegeben ist, und μ die POISSON-Ziffer des zwischen den Membranen gelegenen Materials. Für $\mu = 0$ wird C gleich $C_0 = 1/\sqrt{2}$. Die Gleichung von BOUSSINESQ lautet für die Spannung σ_z:

$$\sigma_z = \frac{P}{z^2}\,\frac{3}{2\pi}\left[\frac{1}{1 + (r/z)^2}\right]^{5/2}. \tag{136.5}$$

Die Kurve C in Abb. 127b stellt den Einflußwert $J_\sigma = \sigma_z/p$ für die lotrechten Normalspannungen σ_z in der Achse einer gleichförmigen Streifenlast von der Breite $2b$ dar, der als Funktion des Tiefenverhältnisses z/b aufgetragen ist. Sie liegt zwischen der Kurve C_B, die die Einflußwerte nach BOUSSINESQ darstellt, und der Kurve C_w, die nach der Lösung von WOLF für $k = \infty$ bzw. $E_h = \infty$ ermittelt ist. FADUM (1941) hat die Einflußwerte der WESTERGAARDschen Lösung mit der Annahme $\mu = 0$ oder $C = C_0 = 1/\sqrt{2}$ [siehe Gl. (3)] berechnet. Seine Tafeln enthalten die Einflußwerte für Einzellast, Linienlast und gleichförmig verteilte Belastung kreis- und rechteckförmiger Flächen.

Eine zweite Abweichung der elastischen Eigenschaften der Böden von jenen des BOUSSINESQschen idealen elastischen Körpers besteht in der Abnahme der Zusammendrückbarkeit des Bodens mit zunehmender Tiefe unter der Oberfläche der Bodenschicht. Dies ist der Tatsache zuzuschreiben, daß das Superpositionsgesetz für Böden nicht gilt. Diese Abweichung ist in kohäsionslosem Sand typisch ausgeprägt. Sie kann im Laboratorium leicht versuchsmäßig gezeigt werden.

Wenn wir eine Last auf einen Probekörper aus einem vollkommen elastischen Stoff aufbringen, der von einem allseitig wirkenden Anfangsdruck beansprucht wird, so finden wir, daß die lotrechte, von der Last verursachte Verformung vom Anfangsdruck unabhängig ist. Wenn wir andererseits denselben Versuch mit einer Sandprobe wiederholen, so finden wir, daß die durch die Last erfolgte Verformung mit zunehmender Größe des allseitigen Druckes abnimmt. In einer Sandschicht steht der Sand unter dem Einfluß allseitigen Druckes infolge des Sandeigengewichtes. Die Größe dieses Druckes nimmt mit der Tiefe unter der Oberfläche zu. Deshalb nimmt die durch eine gegebene Spannungsänderung im Sand hervorgerufene Verformung mit zunehmender Tiefe unter der Oberfläche ab. Um diese Sandeigenschaft zu berücksichtigen, ohne dabei die aus der angenommenen Gültigkeit des Überlagerungsgesetzes sich ergebende Vereinfachung zu verlieren, gehen wir auf nachfolgende Art vor. Wir nehmen an, daß der Sand streng dem HOOKschen Gesetz gehorcht, und nehmen noch weiter an, daß der Elastizitätsmodul des Sandes mit der Tiefe nach einem bestimmten Gesetz zunimmt. Mit anderen Worten, wir nehmen an, daß der Sand in jeder waagrechten Richtung vollkommen elastisch und isotrop ist, jedoch sich in der lotrechten Richtung als elastisch inhomogen erweist.

Um die Spannungen in einem solchen Material zu ermitteln, haben GRIFFITH (1929) und FRÖHLICH (1934a) vorgeschlagen, eine halbempirische Abänderung der BOUSSINESQschen Theorie der unzusammendrückbaren elastischen Körper (POISSON-Ziffer $\mu = 0{,}5$) vorzunehmen. Für $\mu = 0{,}5$ stellen die von einer lotrechten Einzellast P in irgendeinem Punkt N hervorgerufenen Spannungen (Abb. 118a) in einem homogenen Halbraum die Komponenten einer linearen Hauptspannung σ_I dar, deren Größe durch die BOUSSINESQsche Gleichung gegeben ist (135.3):

$$\sigma_I = \frac{3\,P}{2\,\pi\,z^2}\cos^3\psi.$$

Durch Ersetzen des Exponenten des Faktors $\cos^3\psi$ in dieser Gleichung durch einen willkürlichen Exponenten ν verändert man ebenfalls die Spannungsverteilung im Boden. Gleichzeitig muß die Bedingung erfüllt sein, daß die Summe aller Spannungen in jedem waagrechten Schnitt durch den Boden gleich der Einzellast P sein muß. Diese Bedingung wird durch die Gleichung erfüllt:

$$\sigma_I = \frac{\nu\,P}{2\,\pi\,z^2}\cos^\nu\psi. \tag{4}$$

Der Wert ν wird *Konzentrationsfaktor* genannt, weil er die Größe der Spannung in waagrechten Schnitten unterhalb der gegebenen Einzellast bestimmt. Er muß derart gewählt werden, daß die Spannungsverteilung in der Ablagerung der vorhandenen Abweichung vom homogenen Zustand entspricht. Die Normalspannungen im Punkt N (Abb. 118a) in lotrechter, radialer und tangentialer Richtung (σ_z, σ_r und σ_ϑ) und die Scherspannungen sind durch folgende Gleichungen gegeben:

$$\sigma_z = \frac{\nu\,P}{2\,\pi\,z^2}\cos^{\nu+2}\psi, \tag{5a}$$

$$\sigma_r = \frac{\nu\,P}{2\,\pi\,z^2}\cos^{\nu}\psi\,\sin^2\psi, \tag{5b}$$

$$\sigma_\vartheta = 0, \tag{5c}$$

$$\tau_{rz} = \frac{P}{2\,\pi\,z^2}\cos^{\nu+1}\psi\,\sin\psi. \tag{5d}$$

Bei gewissen vereinfachenden Annahmen über die elastischen Eigenschaften des Sandes kam FRÖHLICH zu der Folgerung, daß der Konzentrationsfaktor für Sande näherungsweise gleich $\nu = 4$ beträgt. Die entsprechenden Werte $J_\sigma = \sigma_z/P$ für den Einfluß einer Streifenlast auf die lotrechten Spannungen in der Streifenachse sind durch die Kurve C in Abb. 127c dargestellt. Die Lage dieser Kurve bezüglich der BOUSSINESQschen Kurve C_B läßt erkennen, daß die elastischen Eigenschaften des Sandes zu einer Zunahme der Konzentration der Normalspannungen in der Achse des Laststreifens führen.

Die Ergebnisse dieser theoretischen Überlegungen stimmen mit den gemessenen Normalspannungen in der Grundfläche von Sandschichten überein, die von örtlichen Auflasten beansprucht werden. Jedoch ist die beobachtete Abweichung der gemessenen Spannungen von den aus der Gl. (135.1a) berechneten Spannungen hauptsächlich durch die starre Unterlage verursacht, die sowohl die Sandschicht wie die Druckdosen bei den Versuchen getragen hat. Diese Starrheit allein verursacht eine bedeutende Abweichung in der Spannungsverteilung von den nach der Gl. (135.1a) berechneten Werten (siehe Abs. 149). Diese Tatsache wurde von manchen Forschern übersehen. Daher beruhen viele von den in Vorschlag gebrachten Verfahren zur Ausschaltung der Widersprüche zwischen Theorie und Beobachtung auf einer unrichtigen Auslegung der Versuchsergebnisse (STROHSCHNEIDER 1912, KÖGLER und SCHEIDIG 1927), und ihre Anwendung sollte unterbleiben.

142. Einfluß der Lastflächenform auf die Setzung.

Greift die Last auf der Oberfläche des elastisch isotropen Halbraumes an, dann kann die Setzung jedes Punktes der Oberfläche mittels der Gl. (135.5a) berechnet werden oder, wenn die Lastfläche rechteckig oder quadratisch ist, mittels der Gl. (137.3) und den in Abb. 122a enthaltenen Werten. Die folgenden Beispiele zeigen die Ergebnisse derartiger Berechnungen.

Die Setzung des Mittelpunktes einer gleichförmig verteilten Last p auf einer Quadratfläche von der Seite $2b$ auf der Oberfläche des Halbraumes beträgt

$$s_0 = 2{,}24\, p\, b\, \frac{1 - \mu^2}{E},$$

wenn E den YOUNGschen Modul und μ die POISSON-Ziffer bedeutet. Die Setzung der Ecken beträgt

$$s_e = \tfrac{1}{2}\, s_0$$

und die mittlere Setzung

$$s_m = 0{,}848\, s_0 = 1{,}90\, \frac{p}{E}\, (1 - \mu^2)\, b = b \cdot \text{Konst.} \tag{1}$$

Die Setzung des Mittelpunktes einer Kreisfläche vom Radius r beträgt

$$s_0 = 2\, p\, r\, \frac{1 - \mu^2}{E}. \tag{2}$$

Der Rand setzt sich um den Betrag

$$s_r = \frac{2}{\pi}\, s_0 \tag{3}$$

und die mittlere Setzung beträgt

$$s_m = 0{,}85\, s_0 = 1{,}7\, \frac{p}{E}\, (1 - \mu^2)\, r = r \cdot \text{Konst.} \tag{4}$$

(SCHLEICHER 1926). Die Gl. (1) und (4) zeigen, daß die mittlere Setzung infolge einer gegebenen Last p pro Flächeneinheit eines Quadrates und eines Kreises auf der Oberfläche des Halbraumes in geradlinigem Verhältnis mit der Breite bzw. dem Durchmesser dieser Flächen zunimmt.

Diese und ähnliche Berechnungen führen zu folgendem Schluß: Für eine gegebene Last p und einen gegebenen Verhältniswert n zwischen der Länge und der Breite der belasteten Fläche nehmen sowohl die Setzungen des Flächenmittelpunktes wie die mittleren Setzungen in geradlinigem Verhältnis mit der Breite der belasteten Fläche zu. Die Setzung einer Kreisfläche nimmt geradlinig mit dem Radius zu. Die Gültigkeit dieser Schlußfolgerung ist jedoch auf die Bedingung beschränkt, daß der belastete Stoff elastisch isotrop und homogen ist und dem HOOKschen Gesetz gehorcht. Folgende Abweichungen von dieser Bedingung werden untersucht: (a) Die Zusammendrückbarkeit des Stoffes nimmt mit zunehmender Tiefe unter der Oberfläche ab; b) der belastete Stoff gehorcht nicht dem HOOKschen Gesetz und c) die Verformungen nehmen bei gleichbleibendem Spannungszustand mit der Zeit zu.

In der Praxis sind wir bestenfalls in der Lage, einen ungefähren Einblick in die elastischen Eigenschaften einer natürlichen Bodenablagerung zu bekommen. Aus diesem Grunde ist eine strenge Untersuchung des Einflusses der vorher erwähnten Abweichungen in den elastischen

Eigenschaften der Böden von der BOUSSINESQschen Annahme auf die Setzung nur von theoretischem Interesse. Die für praktische Aufgaben nötige Untersuchung kann mit weitgehend vereinfachten Annahmen durchgeführt werden.

Um ein allgemeines Bild über den Einfluß der Abnahme der Zusammendrückbarkeit des Bodens mit zunehmender Tiefe unter der Oberfläche zu bekommen, nehmen wir an, daß der Quotient M aus der Normalspannung in einem waagrechten Schnitt in der Tiefe z unter

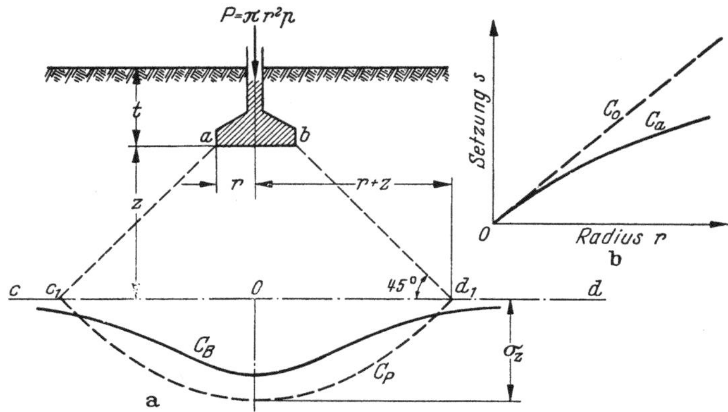

Abb. 128 a u. b. a Verteilung der lotrechten Druckspannungen in waagrechten Schnitten unter einem belasteten Kreisfundament, das auf einem Boden mit nach der Tiefe abnehmender Zusammendrückbarkeit ruht; b Beziehung zwischen Fundamentradius und berechneter Setzung (volle Kurve) unter der Annahme, daß die Mächtigkeit der Bodenschicht unbegrenzt ist.

der belasteten Fläche und der zugehörigen lotrechten Verformung in dieser Tiefe nur eine Funktion von z allein ist. Wir ersetzen die tatsächliche Verteilung der Normalspannungen im waagrechten Schnitt durch eine ähnliche Kurve, die durch eine einfache Gleichung dargestellt werden kann. Außerdem beschränken wir unsere Untersuchung auf die Setzung eines Kreisfundamentes vom Radius r und nehmen die Sohlspannungsverteilung parabolisch an.

Abb. 128a zeigt einen Schnitt durch das Fundament. Die Kurve C_B gibt die Verteilung der Normalspannungen in der waagrechten Schnittfläche cd nach BOUSSINESQ. Um die Rechnung zu vereinfachen, ersetzen wir diese Spannungsverteilung durch eine andere, in der die Druckspannungen der Schnittebene cd durch die Ordinaten eines Paraboloides gegeben sind. In Abb. 128a ist dieses Paraboloid durch die Parabel C_p dargestellt. Die Schnittpunkte c_1 und d_1 der Parabel mit der Geraden cd sind auf den unter 45° zur Waagrechten durch die Fundamentränder verlaufenden Geraden ac_1 und bd_1 angenommen. Wenn σ_z die lotrechte Druckspannung in cd unter dem Fundamentmittelpunkt ist, ergibt sich der Gesamtdruck durch das Paraboloid mit $\frac{1}{2}\pi(r+z)^2\sigma_z$. Da dieser Druck gleich der Fundamentbelastung $P = \pi r^2 p$ sein muß, können wir schreiben

$$\pi r^2 p = \frac{\pi}{2}(r+z)^2\sigma_z$$

oder

$$\sigma_z = 2p\,\frac{r^2}{(r+z)^2}\,.$$

Dieser Wert ist etwas größer als der mit der BOUSSINESQschen Gleichung berechnete Wert. Die lotrechte Verformung in der Tiefe z in der Achse der Last beträgt

$$\frac{\sigma_z}{M} = \frac{2p}{M}\,\frac{r^2}{(r+z)^2}\,,$$

worin M der Quotient aus lotrechter Druckspannung und der zugehörigen Zusammendrückung ist. Die einfachste Annahme, die man bezüglich der Abhängigkeit von M und der Tiefe z treffen kann, ist eine lineare Beziehung

$$M = M_0 + mz. \tag{5}$$

In dieser Gleichung sind M_0 (kg/cm^2) und m (kg/cm^3) empirische Konstanten, die allgemein den Grad der elastischen Homogenität ausdrücken. Für ein elastisch homogenes Material ist m gleich Null und $M = M_0$. Andererseits sind für ein Material, dessen Zusammendrückbarkeit mit zunehmender Tiefe abnimmt, sowohl M_0 als auch m größer als Null.

Mit der Gl. (5) erhalten wir für die Setzung des Fundamentes

$$s = \int\limits_0^\infty \frac{2p}{M_0+mz}\,\frac{r^2}{(r+z)^2}\,dz = 2pr\,\frac{M_0 - rm\left(1+\ln\frac{M_0}{rm}\right)}{(M_0-rm)^2}\,. \tag{6}$$

Wenn das belastete Material vollkommen elastisch ist, wird m gleich Null und

$$s = 2pr\,\frac{1}{M_0}\,.$$

Der strenge Wert für s für $m = 0$ (vollkommen homogenes Material) ist durch die Gleichung gegeben:

$$s = 2pr\,\frac{1-\mu^2}{E}\,. \tag{142.2}$$

Für $M_0 = E/(1-\mu^2)$ werden diese beiden Gleichungen identisch. Die Beziehung zwischen dem Radius r des Fundamentes und der Setzung s für $m = 0$ ist durch die Gerade OC_0 (Abb. 128b) dargestellt. Haben wir es mit einem natürlichen Boden zu tun, dann müssen wir m stets größer als Null annehmen, wodurch wir für die Beziehung zwischen

r und s eine Kurve etwa wie OC_a erhalten. Je größer der Wert m bei einem gegebenen Wert von M_0 ist, um so mehr nimmt die Neigung der Kurve mit zunehmenden Werten von r ab.

Die Gl. (6) bestimmt also die Beziehung zwischen dem Radius der belasteten Fläche und der Flächenlast p, die zur Erzeugung einer gegebenen Setzung s_1 erforderlich ist. Setzen wir in der Gl. (6) für $s = s_1$ und lösen nach p auf, so erhalten wir

$$p = s_1 \frac{1}{2r} \; \frac{(M_0 - r\,m)^2}{M_0 - r\,m \left(1 + \ln\dfrac{M_0}{r\,m}\right)} . \tag{7}$$

Wenn $m = 0$, ergibt Gl. (7)

$$p\,r = \tfrac{1}{2} s_1 M_0 = \text{konst.},$$

d. h. die Gleichung einer Hyperbel, die durch die voll gezeichnete Kurve in Abb. 129a dargestellt ist. Wenn $m > 0$, nähert sich die

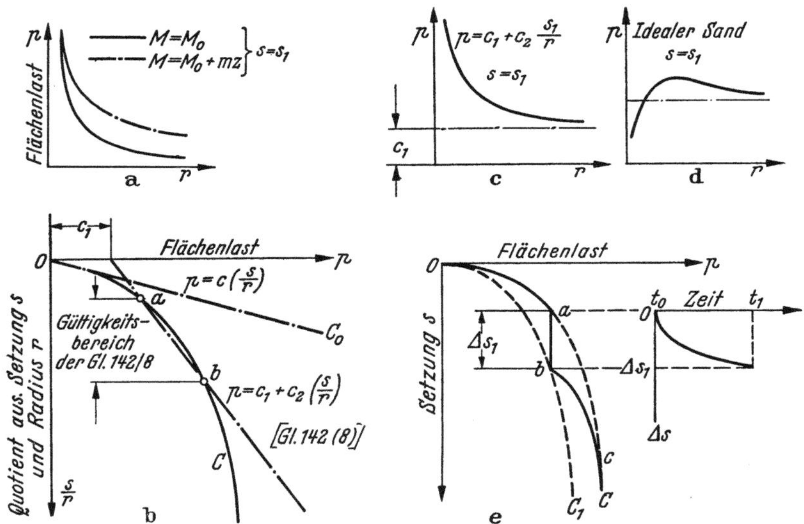

Abb. 129 a—e. Gleichförmige Belastung einer Kreisfläche um eine gegebene Setzung s_1 zu erreichen, wenn die Lastunterlage a eine ideale, vollkommen elastische Masse, c ein Ton und d ein Sand ist; b empirische Beziehung zwischen Setzung und Flächenlast, wenn die Last mit gleichförmiger Geschwindigkeit aufgebracht wird; e dasselbe wie b, nur mit einer Unterbrechung des Belastungsvorganges.

Kurve, die für einen gegebenen Wert von M_0 die Beziehung zwischen r und p darstellt, der waagrechten Asymptote langsamer als die Kurve für $m = 0$, wie aus der strichpunktierten Kurve zu erkennen ist.

In den vorigen Berechnungen wurde angenommen, daß der Quotient aus lotrechter Normalspannung und der zugehörigen lotrechten Verformung von der Größe der Normalspannung unabhängig ist. Deshalb nimmt die berechnete Setzung s [Gl. (6)] für einen gegebenen Wert von r geradlinig mit der Flächenlast von p zu, wie in Abb. 129b durch die Gerade OC_0 dargestellt ist. Wenn wir jedoch diese Beziehung mit Hilfe eines Belastungsversuches auf einem natürlichen Boden überprüfen, finden wir stets, daß der Quotient aus der Setzung und der Flächenlast mit zunehmender Last ebenfalls zunimmt, was in Abb. 129b durch die Setzungskurve OC gezeigt ist. Nur der oberste Teil dieser Kurve ist angenähert geradlinig. Diese Beobachtung zeigt, daß die Gl. (6) und (7) nur für sehr kleine Lasten gültig sind. Die Zunahme des Setzungsbetrages bei höheren Lasten ist durch die Tatsache bedingt, daß die Böden nicht dem Hookschen Gesetz gehorchen. Um den Einfluß dieser Tatsache auf die Beziehung zwischen dem Radius einer belasteten Kreisfläche und der Setzung bei einer gegebenen Flächenlast grob abzuschätzen, ersetzen wir den mittleren Abschnitt der Kurve OC der Abb. 129b durch eine Gerade mit der Gleichung

$$p = c_1 + c_2 \left(\frac{s}{r} \right), \tag{8}$$

die für den in der Abbildung eingezeichneten Bereich gültig ist.

Wenn wir weiter annehmen, daß die Last auf einer mächtigen Schicht von weichem Ton aufruht, deren elastische Eigenschaften ziemlich homogen sind, dann sind die Werte c_1 und c_2 vom Radius r unabhängig. Mit diesen Annahmen erhalten wir für die Last p, die zur Erzeugung einer gegebenen mittleren Setzung s_1 erforderlich ist, die Gleichung

$$p = c_1 + c_2 \left(\frac{s_1}{r} \right). \tag{9}$$

Diese Gleichung wird durch eine hyperbolische Kurve (Abb. 129c) dargestellt, die eine waagrechte Asymptote mit der Gleichung $p = c_1$ besitzt. Sie kann auch in der Form angeschrieben werden:

$$p = c_1 + \frac{c_2 s_1}{2} \frac{2r}{r^2 \pi} = c_1 + m_s \frac{u}{F}, \tag{10}$$

worin u die Länge des Umfanges der belasteten Fläche F und c_1 (kg/cm²) und m_s (kg/cm) empirische Konstante bedeuten, die aus Belastungsversuchen mit Kreislastflächen verschiedenen Durchmessers ermittelt werden können. Housel (1929) hat experimentell nachgewiesen, daß Gl. (10), innerhalb der durch die Versuche gegebenen Lastflächen, gültig ist. Die zur Erzeugung der Setzung s_1 erforderliche Gesamtlast beträgt

$$P = pF = c_1 F + m_s u. \tag{11}$$

Der Wert m_s (kg/cm) wird *Umfangsspannung* genannt. Die Bedingungen für die Gültigkeit der Gleichung wurden vorher erörtert.

Der Ausdruck *Umfangsspannung* könnte den falschen Eindruck erwecken, daß die Bezeichnung m_s eine Scherfestigkeit pro Längeneinheit des Umfanges darstellt. Es gibt kein Material, dem man eine Scherfestigkeit pro Längeneinheit zuordnen kann. Um die physikalische Bedeutung von m_s zu veranschaulichen, wenden wir die Gl. (11) auf ein vollkommen elastisches, isotropes und homogenes Material an und vergleichen das Ergebnis mit der strengen Gleichung für die zur Erzeugung einer gegebenen Setzung erforderlichen Last. Für ein solches Material wird c_1 in Abb. 129b und in Gl. (11) gleich Null, woraus

$$P = m_s\, u.$$

Für eine Quadratfläche $2b$ auf $2b$, die eine Flächenlast p trägt, ist die Gesamtlast $P = 4b^2 p$, und der Umfang beträgt $u = 8b$. Führen wird diese Werte in die obige Gleichung ein und lösen nach p auf, so erhalten wir

$$p = m_s\, \frac{8\,b}{4\,b^2} = 2\,m_s\, \frac{1}{b}\,. \tag{12}$$

Der Wert p stellt die zur Erzeugung der Setzung s_1 erforderliche Flächenlast dar. Die Beziehung zwischen der Flächenlast und der mittleren Setzung der belasteten Fläche ist durch die Gleichung (142.1) gegeben.

$$s = 1{,}9\,p\, \frac{1 - \mu^2}{E}\, b\,.$$

Um die Setzung s_1 zu erhalten, ist die Flächenlast p erforderlich:

$$p = s_1\, \frac{E}{1{,}9\,(1 - \mu^2)}\, \frac{1}{b}\,.$$

Verbinden wir diese Gleichung mit Gl. (12), so erhalten wir für vollkommen elastische Körper

$$m_s = \frac{s_1\, E}{3{,}8\,(1 - \mu^2)}\,. \tag{13}$$

Diese Gleichung zeigt, daß die Umfangsspannung m_s keinesfalls eine spezifische Scherfestigkeit darstellt, die ihren Sitz im Umfang der belasteten Fläche hat. Der Wert m_s hat keine physikalische Bedeutung außer der eines empirischen Beiwertes von der Dimension kg/cm. Die Gegenwart der Größe c_1 auf der rechten Seite der Gl. (10) ist durch die unvollkommene Elastizität des belasteten Materials bedingt, wie in Abb. 129b gezeigt ist. Sie verschwindet, wenn das belastete Material vollkommen elastisch ist, wobei $P = m_s u$. Es soll auch erwähnt werden, daß die Aufbringung einer Last auf einer begrenzten Fläche der waagrechten Oberfläche des elastisch-isotropen Halbraumes in jedem Punkt der Oberfläche eine Einsenkung verursacht. Eine Zunahme der Last erhöht die Setzung der die belastete Fläche umgebenden Oberfläche. Wenn wir andererseits die Last auf die Oberfläche eines nicht vollkommen elastischen Halbraums, wie z. B. Ton, wirken lassen, steigt das Material außerhalb der Ränder der belasteten Fläche hoch, sobald die Last den durch die Abszisse des Punktes b (Abb. 129b) gegebenen Wert erreicht. Dies ist die in Abs. 46 besprochene und in den Abb. 37a und 37b dargestellte Randwirkung.

Für einen vollkommen kohäsionslosen Sand nimmt die Setzung infolge einer Last auf einer Fläche von gegebener Größe auch rascher als die Last zu, wie in Abb. 129b durch die Kurve C gezeigt ist. Gleichzeitig sind die Werte c_1 und c_2 in der Gl. (9) nicht einmal angenähert von Radius r unabhängig. Dieser extreme Fall wurde theoretisch von AICHHORN (1931) untersucht. Die Untersuchungsergebnisse sind in Abb. 129d dargestellt. Für einen bestimmten Radius r_1 wird die zur Erzeugung einer gegebenen Setzung s_1 erforderliche Flächenlast ein Maximum. Diese Folgerung wurde wiederholt experimentell bestätigt.

Der Einfluß der Zeit auf die Setzung ist in Abb. 129e wiedergegeben. Diese Abbildung zeigt die Beziehung zwischen Flächenlast und der bei einem Belastungsversuch auf einer Bodenmasse erhaltenen Setzung. Wenn die Flächenlast mit konstanter Geschwindigkeit zugenommen hat, ist die Verbindungslinie der Versuchspunkte eine schwach gekrümmte Kurve $OacC$. Wenn andererseits die Last durch einige Stunden oder Tage konstant gehalten wurde, z. B. vom Zeitpunkt t_0 bis t_1, erscheint diese Unterbrechung im Diagramm als eine lotrechte Linie ab, gleichgültig, welche Bodenart belastet wurde. Die Beziehung zwischen der Zeit und der Setzung bei konstanter Last ist auf der rechten Seite der Linie ab dargestellt. Wenn der Belastungsvorgang nach der Zeit t_1 mit der ursprünglichen Geschwindigkeit fortgesetzt wird, nähert sich die Last-Setzung-Kurve allmählich der Kurve $OacC$, die dem Setzungsverlauf bei ununterbrochenem Belastungsvorgang entspricht. Die relative Bedeutung des durch die Lotrechte ab dargestellten Zeiteinflusses und seine physikalischen Ursachen sind für verschiedene Böden unterschiedlich. Bei einem Versuch mit Sand oder sandigem Boden ist der Zeiteffekt hauptsächlich die Folge einer Umlagerung in der Anordnung der Sandkörner bei einer Änderung des Spannungszustandes. Bei Tonen ist er hauptsächlich durch eine vorübergehende Störung des hydrostatischen Gleichgewichtszustandes des in den Poren des Tones enthaltenen Wassers bedingt, was im Kapitel XIII beschrieben wurde. In beiden Fällen ist das Endergebnis dasselbe, wie wenn die elastischen Konstanten des belasteten Materials eine Funktion der Lastaufbringungsgeschwindigkeit wären.

Schließlich wurde in allen im vorigen Abschnitt gebrachten Theorien angenommen, daß das zusammendrückbare Material, das die Last trägt, bis in unbegrenzte Tiefe reicht. In der Natur ruht jede zusammendrückbare Bodenschicht in endlicher Tiefe auf einer relativ unzusammendrückbaren Unterlage. Der Abstand zwischen der belasteten Fläche und dieser Unterlage ist ein sehr veränderlicher Faktor. Der Einfluß dieses Faktors auf die Setzung wird im Abs. 150 beschrieben werden; er ist durch Abb. 138 veranschaulicht.

Die vorherige Zusammenstellung unseres gegenwärtigen Wissens über die Beziehung zwischen der Setzung und der Größe der belasteten Fläche hat gezeigt, daß diese Beziehung sehr verwickelt ist. Wegen der großen Anzahl der darin enthaltenen veränderlicher Größen kann sie nicht durch eine einfache Regel allgemeiner Gültigkeit ausgedrückt werden. Aus demselben Grund ist die Anwendbarkeit eines Belastungsversuches im kleinen Maßstab sehr begrenzt. Der Schluß von den Ergebnissen eines solchen Versuches auf die Setzung der auf großen Flächen wirkenden Last kann sehr irreführend sein. In keinem Fall sollte eine solche Extrapolation ohne sorgfältige Überprüfung aller Faktoren durchgeführt werden, die den Unterschied zwischen der Setzung kleiner Flächen und jener großer Flächen beeinflussen können. Die ersten dieser Faktoren sind die mit der Tiefe veränderlichen elastischen Eigenschaften des Bodens. Früher wurde dieser Faktor meist vernachlässigt.

143. Spannungen im Halbraum durch Pfahllasten, die durch Mantelreibung übertragen werden.

Abb. 130a zeigt einen Querschnitt durch eine Spundwand, die durch die Last p' pro Längeneinheit auf ihren oberen Rand belastet ist, und Abb. 130b stellt einen lotrechten Schnitt durch einen belasteten Pfahl dar. Es wird angenommen, daß die Pfähle und Spundbohlen von einer homogenen Bodenmasse umgeben sind. Wenn der Spitzenwiderstand der Pfähle sehr klein ist, wird praktisch die ganze Last auf den Boden durch Scherspannungen, die in der Berührungsfläche zwischen Pfahl und Boden wirken, übertragen. Der Scherwiderstand kann entweder durch Adhäsion oder durch Reibung oder durch beides bedingt sein. Ungeachtet der tatsächlichen physikalischen Ursachen ist es üblich, den Scherwiderstand längs der Berührungsfläche als Mantelreibung zu bezeichnen. Die folgende Untersuchung bezieht sich auf Pfähle in Ton.

Um den Spannungszustand in dem an einen Pfahl angrenzenden Material infolge einer Belastung dieses Pfahles zu berechnen, muß man die Verteilung der Scherspannungen über den Pfahlmantel kennen. Der Spannungszustand in der Mantelfläche belasteter Pfähle im Ton kann als ziemlich ähnlich mit jenem angesehen werden, der in der Mantelfläche von in vollkommen elastischem Material angeordneten Pfählen herrscht.

Aus Modellversuchen mit in Gelatine angeordneten belasteten starren Wänden wissen wir, daß die Scherspannungen praktisch gleichförmig über die Seitenflächen der Wand von der Oberfläche bis kurz vor dem unteren Ende der Wand verteilt sind. Unmittelbar oberhalb des unteren Randes nimmt die Scherspannung zu, und im unteren Rand erreicht sie die Verbundfestigkeit zwischen Spundwand und dem angrenzenden Material. Für die praktische Anwendung jedoch kann diese örtliche Abweichung von der gleichförmigen Spannungsverteilung vernachlässigt werden. Wir sind deshalb zur Annahme berechtigt, daß die Scherspannung τ längs der Oberfläche des im Boden gebetteten Teiles der belasteten Spundwand gleich ist der Gesamtlast p' pro Längeneinheit der Spundwand, dividiert durch die gesamte Berührungsfläche zwischen der Spundwand und dem Boden, ebenfalls pro Längeneinheit

$$\tau = \frac{p'}{2t}.$$

Eine überschlägige Berechnung der Größe und Verteilung der Normalspannungen in einer waagrechten Schnittfläche durch den unteren Rand b der Spundwand in der Tiefe t kann in der nachfolgenden Weise

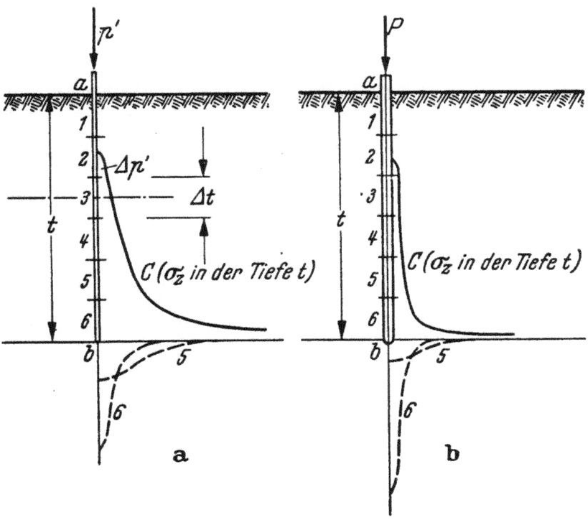

Abb. 130a u. b. Angenäherte Verteilung der lotrechten Spannungen in einem waagrechten Schnitt a durch den unteren Rand einer belasteten Spundwand und b durch die Spitze eines belasteten Pfahles.

durchgeführt werden. Wir unterteilen die Spundwand in waagrechte Streifen von der Höhe Δt. Jede Seite eines solchen Streifens überträgt auf den Boden eine Last $\Delta p'/2 = \tau\,\Delta t$ pro Längeneinheit des Streifens. Um die Normalspannungen in einem waagrechten ebenen Schnitt in der Tiefe t bestimmen zu können, berechnen wir zuerst, nach der Theorie von Boussinesq, die Normalspannungen, die von jeder Teillast $\Delta p'$ erzeugt werden würde, wenn die Oberfläche des Bettungsmaterials in der mittleren Höhe des entsprechenden Streifens liegen würde und die Teillast eine Linienlast darstellt, die in dieser imaginären Oberfläche wirken würde. Für den 3. Streifen ist die imaginäre Oberfläche in Abb. 130a durch eine strichpunktierte Linie eingezeichnet. Die Kraft $\Delta p'$ stellt eine lotrechte Last dar, die pro Längeneinheit

der Schnittlinie zwischen der imaginären Oberfläche und der Spundwand wirkt. Die durch diese Linienlast verursachten Normalspannungen im waagrechten Schnitt durch den unteren Spundwandrand
können mit Hilfe der Gl. (136.1a) leicht berechnet werden. Das Ergebnis ist unterhalb der waagrechten Linie durch b für die mit 5 und 6
bezeichneten Streifen eingezeichnet. Die Normalspannung in irgendeinem Punkt der waagrechten Ebene durch b ist gleich der Summe
der in diesem Punkt durch die einzelnen Teillasten $\varDelta p'$ erzeugten
Spannungen. Sie ist durch die Ordinaten der Kurve C in Abb. 130a
für eine Seite der waagrechten Schnittfläche wiedergegeben.

Ein ähnliches Verfahren kann zur Ermittlung der Normalspannungen in einer waagrechten Schnittfläche durch den Punkt b eines Einzelpfahles angewendet werden (Abb. 130b) Die Verteilung der Scherspannungen über der Mantelfläche eines solchen Pfahles wurde aus
Versuchen ebenfalls als praktisch konstant festgestellt. Um eine Näherungslösung dieser Aufgabe zu bekommen, teilen wir den Pfahl in einzelne Abschnitte. Dann ersetzen wir die Scherkraft, die an jedem
dieser Abschnitte wirkt, durch eine Einzellast und berechnen die Spannungen infolge dieser Last mit der Annahme, daß die waagrechte Oberfläche des Halbraumes durch den Mittelpunkt des Abschnittes geht.
Dies kann mit der im Anhang beigefügten Tafel I (Einflußtafel für
Einzellast) erfolgen. Die mit 5 und 6 bezeichneten Kurven stellen das
Ergebnis für die Abschnitte 5 und 6 dar. Die Ordinaten der Kurve C
sind gleich der Summe der Ordinaten der für die einzelnen Abschnitte
erhaltenen Kurven. Der Fehler liegt auf der sicheren Seite, weil die
Gegenwart des oberhalb des Mittelpunktes jedes Abschnittes liegenden Materials die von der Einzellast in dem unter dem Mittelpunkt
liegenden Material hervorgerufenen Spannungen vermindert. Um den
theoretischen Fehler zu vermindern, kann man im waagrechten
Schnitt durch b die Spannungen nach den Gleichungen von MINDLIN
(siehe Abs. 135) berechnen. Jedoch ist der Fehler infolge der Annahme
vollkommen elastischen Verhaltens des den Pfahl umgebenden Materials
wesentlich größer als der durch das vereinfachte Berechnungsverfahren
bedingte Fehler.

Es soll besonders hervorgehoben werden, daß beide Berechnungsverfahren
nur auf der Ermittlung der Spannungen in der Umgebung von Einzelpfählen
angewendet werden können, weil diese Verfahren auf der Annahme beruhen,
daß die Pfähle von homogenem Material umgeben sind. Das einen Einzelpfahl
innerhalb einer Pfahlgruppe umgebende Material besteht aus einem elastischen
Grundstoff, der mit relativ starren Pfählen verstärkt ist. Tatsächlich haben experimentelle Untersuchungen des Spannungszustandes in einer in Gelatine gelagerten
Pfahlgruppe gezeigt, daß die Verteilung der Scherspannungen über der Mantelfläche eines Pfahles im Inneren einer Gruppe keinerlei Ähnlichkeit mit der Verteilungsform bei einem Einzelpfahl besitzt (TERZAGHI 1935).

Versuchsergebnisse über die Verteilung der Scherspannungen längs der Seitenflächen belasteter Spundwände oder Pfähle im Sand liegen bisher noch nicht vor. Den Ergebnissen theoretischer Untersuchungen über diese Verteilung kann so lange kein Vertrauen entgegengebracht werden, bis sie nicht durch Versuche hinlänglich bestätigt sind.

144. Spannungsverteilung im unendlich ausgedehnten elastischen Keil.

Ein unendlich ausgedehnter Keil ist ein Körper, der von zwei sich schneidenden Ebenen, wie in Abb. 131a gezeigt ist, begrenzt ist. Der Keil wird von der Schwerkraft in Richtung OA beansprucht, die unter dem Winkel α zur Winkelhalbierenden OB der Keilgrenzflächen wirkt. Wenn eine Seite des Keiles, z. B. OC in Abb. 131a, sehr steil liegt und durch eine äußere Druckspannung $p_0 r_0$ beansprucht wird, deren Größe mit dem Abstand r_0 vom Scheitel O des Keiles geradlinig zunimmt, dann stellt der Keil einen vereinfachten Schnitt durch eine

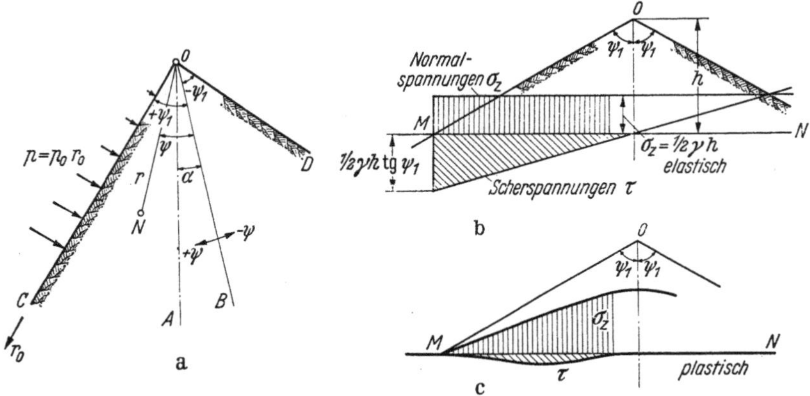

Abb. 131 a—c. a Lotrechter Schnitt durch einen unendlichen Keil, dessen linke Seitenfläche durch einen Flüssigkeitsdruck beansprucht wird; b Verteilung der Normal- und Scherspannungen in waagerechten Schnitten durch einen symmetrischen Keil infolge des Keil-Eigengewichtes, wenn das Material vollkommen elastisch ist; c wie vorher, wenn der Keil aus idealem Sand im plastischen Grenzzustand besteht.

Betonschwergewichtsmauer dar, dessen steile Seite den Wasserdruck eines Staubeckens aufzunehmen hat. Diese Aufgabe der Spannungsberechnung in einem Keil wurde daher schon frühzeitig beachtet. Die erste strenge Lösung dieser Aufgabe stammt von Lévy (1898). Sie beruht auf der Annahme eines unendlich ausgedehnten Keiles. Mit dieser Annahme ist die Lösung auf die unmittelbare Nachbarschaft der Mauersohle nicht anwendbar, aber sie kann zur Ermittlung relativ genauer Werte für den übrigen Baukörper benutzt werden, wenn das

Material vollkommen elastisch ist. LÉVY bewies, daß die Verteilung der Normalspannungen in einem ebenen Schnitt infolge des Eigengewichtes allein oder in Verbindung mit einem hydrostatischen Druck auf einer Seite des Keiles durch eine gerade Linie dargestellt werden kann, wenn der Keil streng dem HOOKschen Gesetz gehorcht.

FILLUNGER (1912) löste dieselbe Aufgabe nach einem anderen Verfahren und kam zur gleichen Schlußfolgerung. Die folgenden Gleichungen entsprechen der Lösung von FILLUNGER.

Es bedeuten:

$\sigma_r, \sigma_\vartheta$ = die Normalspannungen (Druck positiv) im Punkt N in der Richtung des Radiusvektors r und unter einem rechten Winkel dazu,

τ = die Scherspannung in den Ebenen mit den Normalspannungen σ_r und σ_ϑ,

ψ = den Winkel zwischen dem Vektor r und der Winkelhalbierenden des Scheitelwinkels $2\psi_1$ des Keiles; ψ ist für eine Abweichung von der Winkelhalbierenden OB in der Richtung des Uhrzeigers positiv und

γ = das Raumgewicht des Keiles.

Die Spannungen aus dem Eigengewicht des Keiles betragen:

$$\sigma_r = r\gamma[(A+\cos\alpha)\cos\psi + (B+\sin\alpha)\sin\psi - C\cos 3\psi - D\sin 3\psi] \quad (1\,a)$$

$$\sigma_\vartheta = r\gamma[(3A+\cos\alpha)\cos\psi + (3B+\sin\alpha)\sin\psi + C\cos 3\psi + D\sin 3\psi] \quad (1\,b)$$

und

$$\tau = r\gamma(A\sin\psi - B\cos\psi + C\sin 3\psi - D\cos 3\psi) \qquad (1\,c)$$

mit den Abkürzungen

$$A = -\frac{\cos\alpha\sin 3\psi_1}{2(\sin\psi_1 + \sin 3\psi_1)}, \qquad C = \frac{\cos\alpha}{8\cos^2\psi_1},$$

$$B = \frac{\sin\alpha\cos 3\psi_1}{2(\cos\psi_1 - \cos 3\psi_1)}, \qquad \text{und} \quad D = -\frac{\sin\alpha}{8\sin^2\psi_1}.$$

Die Spannungen infolge des äußeren Druckes betragen:

$$\sigma_r = rp_0(A\cos\psi + B\sin\psi - C\cos 3\psi - D\sin 3\psi), \qquad (2\,a)$$

$$\sigma_\vartheta = rp_0(3A\cos\psi + 3B\sin\psi + C\cos 3\psi + D\sin 3\psi) \qquad (2\,b)$$

und

$$\tau = rp_0(A\sin\psi - B\cos\psi + C\sin 3\psi - D\cos 3\psi) \qquad (2\,c)$$

mit den Abkürzungen

$$A = \frac{\sin 3\psi_1}{16\sin\psi_1\cos^3\psi_1}, \qquad B = -\frac{\cos 3\psi_1}{16\cos\psi_1\sin^3\psi_1},$$

$$C = -\frac{1}{16\cos^3\psi_1}, \qquad \text{und} \quad D = \frac{1}{16\sin^3\psi_1}.$$

Die Auswertung dieser Gleichungen zeigt, daß die Verteilung der Normal- wie der Scherspannungen in ebenen Schnitten parallel zur Krone des Keiles durch ein Geradliniengesetz beherrscht wird. Wenn

$p_0 = 0$ und $\alpha = 0$ (symmetrischer Keil), ist die Normalspannung in jedem Punkt einer waagrechten Schnittfläche in der Tiefe z unter der Krone des Keiles gleich $\gamma z/2$, und die Scherspannungen nehmen geradlinig mit dem Abstand von der Keilachse zu.

Abb. 131 b zeigt die Verteilung der Normalspannungen σ_z und der Scherspannungen τ über den waagrechten Schnitt MN durch die eine Keilhälfte, die symmetrisch bezüglich einer lotrechten Ebene durch den Scheitel verläuft, wenn der Keil nur durch sein Eigengewicht allein beansprucht wird. Abb. 131 c stellt die Verteilung der Spannungen über der waagrechten Grundfläche eines Sanddammes im plastischen Zustand dar, dessen Querschnitt identisch mit dem des Keiles OMN der Abb. 131 b ist. Dieser Spannungszustand wurde in Abs. 65 behandelt. Zweifellos entsprechen die Spannungen in einem Erddamm weit mehr den in Abb. 131 c gezeichneten, als jenen, die mittels der Gl. (1) und (2) berechnet wurden, gleichgültig wie groß der Sicherheitsfaktor der Böschungen gegen Gleiten ist. Es ist tatsächlich unbegreiflich, daß die Normalspannung in der Grundfläche eines Erddammes gleichförmig verteilt sein soll. Deshalb entspricht die durch die Gl. (1) und (2) dargestellte Lösung einem Grenzfall, der in der Natur mit Ausnahme der ebenen Schnitte durch eine Schwergewichtsmauer sonst nicht vorkommt.

Als Ergänzung zu den Gl. (1) und (2) enthält die Veröffentlichung von Fillunger die Gleichungen für die Spannungen im unendlichen Keil unter der Beanspruchung durch eine gleichförmig verteilte Last auf einer Seite des Keiles. Ein rechnerisches Verfahren zur Ermittlung der Spannungen in einem unendlichen Keil mit willkürlichen Randlasten wurde von Brahtz (1933) ausgearbeitet.

145. Spannungsverteilung in der Umgebung von Schächten und Stollen im eben begrenzten elastischen Halbraum.

Abb. 132 a zeigt einen Querschnitt durch einen zylindrischen Schacht im elastischen Halbraum mit dem Raumgewicht γ.

Es bezeichnen:

z = lotrechte Koordinate, von der waagrechten Oberfläche nach unten gemessen,

r = waagrechter, radialer Abstand von der z-Achse, die mit der Achse des Schachtes identisch ist,

r_0 = Radius des Schachtes,

$\sigma_z, \sigma_r, \sigma_\vartheta$ = lotrechte, waagrechte radiale und waagrechte Tangentialspannung (durchwegs Normalspannungen),

τ_{rz} = Scherspannung in Richtung von r und z.

Vor dem Aushub des Schachtes betragen die Spannungen in irgendeinem Punkt mit der Tiefe z

$$\sigma_z' = \gamma z, \quad \sigma_r' = \sigma_\vartheta' = \lambda_0\,\gamma\,z \quad \text{und} \quad \tau_{rz}' = 0 \tag{1}$$

worin λ_0 den Ruhedruckbeiwert bedeutet [Gl. (10.1)]. Da die Scherspannungen in zylindrischen Schnitten Null sind, kann man das innerhalb der Begrenzung des geplanten Schachtes liegende Material durch eine Flüssigkeit vom Raumgewicht $\lambda_0\gamma$ ersetzen, ohne den Spannungszustand im anschließenden Material zu verändern. Die in irgendeinem Punkt des den Schacht umgebenden Materials wirkenden Spannungen können in zwei Teile zerlegt werden. Ein Teil ist durch das Eigengewicht des Materials bedingt und der andere durch den von der schweren Flüssigkeit ausgeübten Druck. Die Summe dieser beiden Spannungskomponenten ist gleich den Anfangsspannungen nach Gl. (1), und die durch die Flüssigkeit allein verursachte Spannung kann leicht berechnet werden. Nachdem der Schacht ausgehoben ist, sind die Scherspannungen längs der Schachtwandungen gleich Null, und die radialen Normalspannungen sind ebenfalls Null. Die Wirkung des Schachtaushubes auf die Spannungen im umgebenden Material ist deshalb dieselbe wie die Wirkung des Herauspumpens einer schweren Flüssigkeit aus einem zylindrischen Bohrloch, dessen Abmessungen mit denen des Schachtes identisch sind (BIOT 1935c).

Durch Anwendung der LAMÉschen Gleichungen für den Spannungszustand in dickwandigen Röhren unter Innendruck (LAMÉ 1852; siehe TIMOSHENKO 1941) auf die Berechnung der Spannungen infolge einer schweren Flüssigkeit in der Tiefe z unter der Oberfläche und im Abstand r von der Schachtachse erhält man

$$\sigma_z'' = 0, \tag{2a}$$

$$\sigma_r'' = \lambda_0\,\gamma\,z\,\frac{r_0^2}{r^2}, \tag{2b}$$

$$\sigma_\vartheta'' = -\,\lambda_0\,\gamma\,z\,\frac{r_0^2}{r^2}, \tag{2c}$$

$$\tau'' = 0. \tag{2d}$$

Nach Aushub des Schachtes sind die Spannungen in irgendeinem Punkt des den Schacht umgebenden Bodens gleich der Differenz aus den Anfangsspannungen [Gl. (1)] und den durch Gl. (2) gegebenen Spannungen. Wir erhalten also:

$$\sigma_z = \sigma_z' - \sigma_z'' = \gamma\,z, \tag{3a}$$

$$\sigma_r = \sigma_r' - \sigma_r'' = \lambda_0\,\gamma\,z\left(1 - \frac{r_0^2}{r^2}\right), \tag{3b}$$

$$\sigma_\vartheta = \sigma_\vartheta' - \sigma_\vartheta'' = \lambda_0\,\gamma\,z\left(1 + \frac{r_0^2}{r^2}\right) \tag{3c}$$

und

$$\tau_{rz} = 0. \tag{3d}$$

WESTERGAARD (1940) hat dieselben Gleichungen mit Hilfe einer Spannungsfunktion abgeleitet. In den Schachtwandungen ($r = r_0$) ist die radiale Spannung gleich Null und die tangentiale Spannung gleich dem doppelten Wert der waagrechten Anfangsspannung. Die lotrechte Spannung σ_z [Gl. (3a)] ist gleich der Spannung σ_z, die in der Tiefe z in waagrechten Schnittflächen vor dem Aushub des Schachtes gewirkt hat. Die Verteilung der Spannungen in waagrechten Schnittflächen, wie sie durch die Gl. (3) ausgedrückt werden, sind in Abb. 132a dargestellt. Befindet sich der den Schacht umgebende Boden in einem

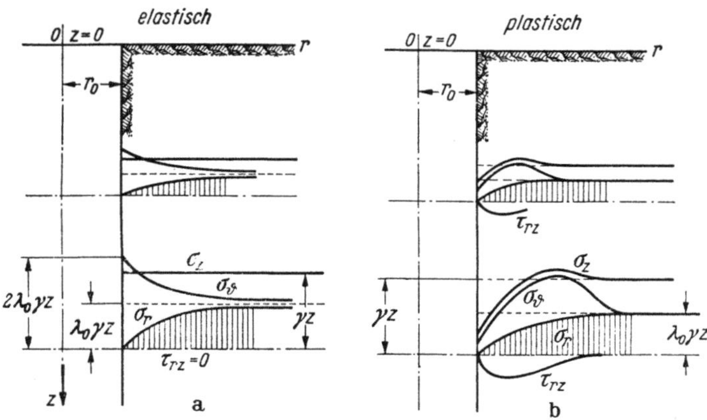

Abb. 132a u. b. Spannungszustand in waagrechten Schnittflächen durch das eine zylindrische Bohrung umgebende Material a, wenn das Material vollkommen elastisch ist und b, wenn es aus bindigem Sand besteht, der fest genug ist, um ohne seitliche Abstützung frei zu stehen.

plastischen Zustand, dann erfolgt die Spannungsverteilung in waagrechten Schnittebenen nach der in Abb. 132b gezeigten Form (siehe Abs. 73 und 74).

In allen Böden, einschließlich der steifsten Bodenarten, erfolgt die Spannungsverteilung nach Abb. 132b, weil in der Nachbarschaft der Schachtwandung die hohe Umfangsspannung σ_ϑ, die durch Gl. (3a) ausgedrückt wird, wesentlich größer ist als die Druckfestigkeit des Bodens. Dies hat zur Folge, daß diese Spannungen einen plastischen Fließzustand im Boden neben den Schachtwandungen erzeugen, der so lange fortschreitet, bis ein plastischer Grenzzustand erreicht ist: Es entspricht daher die in Abb. 132a dargestellte Spannungsverteilung einem Grenzfall, der in Wirklichkeit mit Ausnahme der Randbereiche von Schächten in festem und gesundem Fels, nicht besteht.

Die Schlußfolgerung, die zu Gl. (3) führte, kann auch dazu verwendet werden, um die Wirkung des Stollenaushubes auf den Spannungszustand im elastisch isotropen Halbraum zu veranschaulichen. Zur Vereinfachung der Untersuchung nehmen wir den Stollen zylindrisch an und setzen den Wert λ_0 in der Gl. (1) gleich der Einheit; mit anderen Worten, im Boden herrscht vor dem Stollenaushub ein hydrostatischer Spannungszustand.

Es bezeichnen:

t = den lotrechten Abstand zwischen der Stollenachse und der waagrechten Oberfläche,

r_0 = den Stollenradius,

γ = das Raumgewicht des Bodens und

$\sigma_r,\ \sigma_\vartheta$ = die radiale und tangentiale Spannung in der willkürlichen Entfernung r von der Stollenachse. Diese beiden Spannungen sind Normalspannungen.

Entsprechend der Annahme $\lambda_0 = 1$ ist die Anfangsspannung für jeden Punkt der Stollenwandung in der Tiefe z unter der Halbraumoberfläche durch die einfache Gleichung ausgedrückt:

$$\sigma_r' = \sigma_\vartheta' = \gamma z. \tag{4}$$

Beim Stollenvortrieb vermindern wir die radiale Spannung in jedem Punkt der Stollenwandung von ihrem Anfangswert γz auf Null. Deshalb ist der Spannungszustand in jedem Punkt des Bodens nach dem Aushub gleich der Differenz aus der Anfangsspannung und den Spannungen, die in diesem Punkt durch einen radialen Druck γz auf die Stollenwandung hervorgerufen wird. Ein solcher Druck kann durch Füllung des Stollens mit einer Flüssigkeit vom Raumgewicht γ auf die Weise hervorgerufen werden, daß die Flüssigkeit in einem Standrohr bis zur Höhe der freien Oberfläche des Halbraumes ansteigt. Um den durch den Flüssigkeitsdruck erzeugten Spannungszustand zu veranschaulichen, untersuchen wir diesen Zustand unabhängig vom Spannungszustand der durch das Eigengewicht des den Stollen umgebenden Materials gegeben ist. Dies kann durch die Annahme erreicht werden, daß der mit der Flüssigkeit gefüllte Stollen in einem gewichtslosen Material liegt.

Wenn die Tiefe t (Abb. 133a) gegenüber dem Durchmesser $2r_0$ des Stollens groß ist, kann der Flüssigkeitsdruck angenähert gleich γt pro Flächeneinheit für jeden Punkt der Stollenwandung gesetzt werden, und die Bodenoberfläche liegt außerhalb des Einflußbereiches des Flüssigkeitsdruckes auf die Spannung im angrenzenden Material. Die Spannungen können deshalb mittels der LAMÉschen Gleichungen für die Spannungen in dickwandigen Rohren, Gl. (2), berechnet werden. Führen wir die Werte $\lambda_0 = 1$ und $z = t$ in diesen Gleichungen ein, so erhalten wir

$$\sigma_r'' = \gamma\, t\, \frac{r_0^2}{r^2} \quad \text{und} \quad \sigma_\vartheta'' = -\,\gamma\, t\, \frac{r_0^2}{r^2}. \tag{5}$$

Es wurde in den Abschnitten dieses Buches bei der Behandlung der Schächte gezeigt, daß die Spannungen im Material nach dem Aushub gleich der Differenz aus Anfangsspannungen und den Spannungen infolge einer schweren Flüssigkeit sind. Da wir angenommen haben, daß $\lambda_0 = 1$ und der Stollenradius r_0 gegenüber der Tiefe t sehr klein ist, sind die Anfangsspannungen in den Stollenwandungen (Spannungen vor Aushub) angenähert gleich

$$\sigma'_r = \sigma'_\vartheta = t\gamma. \tag{4}$$

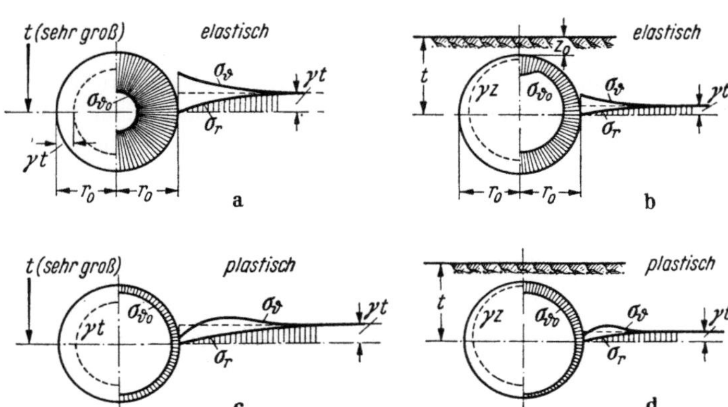

Abb. 133 a—d. Spannungszustand in einer waagrechten Ebene durch die Achse einer zylindrischen waagrechten Bohrung in vollkommen elastischem Material, a in großer Tiefe unter der Oberfläche und b in geringer Tiefe. Die linke Seite jedes Diagramms stellt den Spannungszustand vor Ausbildung des Hohlraumes dar. Wenn der Hohlraum in bindigem Sand liegt, der fest genug ist, um ohne Aussteifung zu stehen, dann ist der Spannungszustand durch c und d dargestellt.

Die durch die schwere Flüssigkeit hervorgerufenen Spannungen sind durch die Gl. (5) gegeben. Die Spannungen nach dem Aushub des Stollens betragen daher

$$\sigma_r = \sigma'_r - \sigma''_r = t\gamma \left(1 - \frac{r_0^2}{r^2}\right), \tag{6a}$$

$$\sigma_\vartheta = \sigma'_\vartheta - \sigma''_\vartheta = t\gamma \left(1 + \frac{r_0^2}{r^2}\right). \tag{6b}$$

Die Verteilung dieser Spannungen ist in Abb. 133a eingezeichnet. Auf der linken Seite der Symmetrieebene des Stollens wurde der Flüssigkeitsdruck γt von den Stollenwandungen in radialer Richtung gegen den Stollenmittelpunkt aufgetragen. Da λ_0 gleich der Einheit angenommen wurde, ist der Flüssigkeitsdruck γt gleich der Umfangs- und der radialen Spannung in den Wandungen vor dem Stollenaushub. Auf der rechten Seite sind die Umfangsspannungen $\sigma_{\vartheta 0}$ für $r = r_0$ auf gleiche Weise dargestellt. Die Ordinaten der oberhalb der Waagrechten durch den Stollenmittelpunkt liegenden Kurven stellen die radiale und Umfangsspannung, σ_r und σ_ϑ, dar, die in einer waagrechten, durch die Stollenachse gelegten Ebene wirken.

Liegt der Stollen nahe an der Geländeoberfläche, wie in Abb. 133b gezeigt, so behält das hydrostatische Gleichnis seine Gültigkeit, aber die Gl. (2) können nicht mehr angewendet werden, weil die Verteilung des von der Flüssigkeit auf die Stollenwandung ausgeübten hydrostatischen Druckes nicht mehr gleichförmig ist. Die Druckspannung nimmt vom First zur Sohle rasch zu. Weiter kann das den Hohlraum umgebende Material nicht mehr als dickwandiges Rohr angesehen werden, weil oberhalb des Firstes die Wandung sehr dünn ist. Wegen der Schwäche des Firstes erzeugen die waagrechten Komponenten des Flüssigkeitsdruckes, die die Stollenseiten nach außen drücken wollen, im First verhältnismäßig große Zugspannungen. Wenn die Stärke des Firstes im Vergleich zum Stollendurchmesser groß ist, wird die Umfangszugspannung im First angenähert gleich dem Flüssigkeitsdruck γz_0. Eine Verminderung der Firststärke auf ihren tatsächlichen Wert z_0 hat nur wenig Einfluß auf die gesamte Zugkraft in einem lotrechten Schnitt durch den First. Sie vermindert noch die von der Zugkraft beanspruchte Fläche. Wenn der First sehr schwach ist, muß deshalb die Zugspannung wesentlich größer sein als γz_0. Bei zunehmendem Abstand eines Punktes der Stollenwandung vom höchsten Punkt im First nimmt auch der lotrechte Abstand dieses Punktes von der Oberfläche zu. Deshalb nähert sich mit zunehmendem Abstand vom Firstpunkt die Größe der tangentialen Zugspannung (Umfangsspannung) dem Flüssigkeitsdruck, und an der Sohle kann diese sogar kleiner als der Flüssigkeitsdruck sein, weil die Ausdehnung des Firstes die Zugkraft in der Sohle abmindert. Diese Bedingungen bestimmen die Verteilung der Zugspannungen infolge des Flüssigkeitsdruckes in den Stollenwandungen. Die Spannungen nach dem Stollenaushub sind gleich der Differenz aus den Umfangsspannungen vor dem Aushub und jenen infolge des Flüssigkeitsdruckes. Diese Spannungen sind durch die radiale Breite der schraffierten Fläche auf der rechten Seite der Abb. 133b dargestellt. Die Umfangs- und radialen Spannungen in einer waagrechten Schnittfläche durch die Achse sind gleich den Ordinaten der voll gezeichneten Kurven σ_ϑ und σ_r.

Wenn die Spannungen in der Nähe des Stollens die Bruchfestigkeit des Bodens erreichen, kann die vorausgegangene Untersuchung nicht angewendet werden. Die einem plastischen Zustand entsprechenden Spannungen sind für einen tiefliegenden Stollen in Abb. 133c und für einen Stollen mit geringer Überdeckung in Abb. 133d dargestellt. Der radiale Abstand zwischen der strichlierten Linie und der Stollenwandung auf der linken Seite jedes Querschnittes stellt den Spannungszustand vor der Herstellung des Stollens dar.

Die Aufgabe der Spannungsermittlung in der Umgebung eines zylindrischen Stollens im elastischen Zustand wurde von MINDLIN (1939) gelöst. Er traf folgende

Annahmen über den Wert des Ruhedruckbeiwertes λ_0 aus der Gl. (1):

$$\text{(a)} \quad \lambda_0 = 1,$$

$$\text{(b)} \quad \lambda_0 = \frac{\mu}{1 - \mu} \qquad \text{(siehe Gl. 134.3)}$$

und

$$\text{(c)} \quad \lambda_0 = 0.$$

Mit μ wird die POISSON-Ziffer bezeichnet. Die Endgleichungen sind jedoch so kompliziert, daß sie für praktische Aufgaben nicht verwendet werden können, wenn sie nicht in Tabellen oder Tafeln ausgewertet werden, die ähnlich sind wie bei der Anwendung der BOUSSINESQschen Gleichung. Hier soll nochmals betont werden, daß die Ergebnisse nur auf Stollen im festen Gebirge angewendet werden können, unter der Annahme, daß der Fels durch die Sprengarbeit keine Beschädigung erlitten hat. Das Hauptgebiet für die praktische Anwendung der Theorie ist die Berechnung der Spannungen im Beton von Leitungs- und Inspektionsstollen bei großen Betonstaumauern. In der Umgebung von Stollen durch Böden müssen wir mit den durch die Abb. 133c und 133d dargestellten Spannungszuständen rechnen.

SCHMID (1926) hat den Versuch unternommen, den Spannungszustand in der Umgebung von Stollen durch ein Material, das dem HOOKschen Gesetz nicht gehorcht, zu berechnen. Die Schlußgleichungen sind ebenfalls sehr kompliziert. Tafeln und Tabellen vereinfachen jedoch in einem gewissen Maß ihre Anwendung.

XVIII. Theorie elastischer Schichten und elastischer Keile auf starrer Unterlage.

146. Aufgabenstellung.

Das vorhergehende Kapitel befaßte sich mit den Spannungen und Verformungen im elastisch isotropen Halbraum bei Belastung der Oberfläche. Es behandelte auch den Spannungszustand im unendlichen Keil. In Wirklichkeit lagert jede Bodenschicht und jeder keilförmige Bodenkörper in endlicher Tiefe auf einer relativ starren Unterlage. In den folgenden Abschnitten wird der Einfluß der starren Unterlage einer elastischen Schicht auf den Spannungszustand und auf die Setzung der Oberfläche untersucht. Die Untersuchungen umfassen auch den Einfluß einer Schichtung auf den durch Auflasten hervorgerufenen Spannungszustand.

147. Einfluß einer starren unteren Begrenzung auf die durch Oberflächenbelastung hervorgerufenen Spannungen.

Die Kurve C_1 in Abb. 134 zeigt die Verteilung der Normalspannungen in einem waagrechten Schnitt in der Tiefe t im elastisch-isotropen Halbraum, dessen Oberfläche zwischen a und b durch eine gleichförmig auf die Breite $2b$ verteilte Streifenlast beansprucht ist. Die Scherspannungen in einem lotrechten Schnitt durch a sind durch die waagrechte Entfernung zwischen $a\,a_1$ und der strichpunktierten Kurve C_1' dargestellt. Die Querkraft Q_1 in $a\,a_1$ ist durch die Fläche $a\,a_1\,c_1\,d$ gegeben. Die Fläche $a_1\,a_2\,d_2\,O$ stellt den halben Normaldruck P_1 in der Grundfläche $a_1\,b_1$ des prismatischen Blockes $a\,a_1\,b_1\,b$ pro Längeneinheit des Blockes dar. Aus Gleichgewichtsgründen muß die Summe aus dem Normaldruck P_1 in der Grundfläche des Blockes und die Querkräfte $2\,Q_1$ in $a\,a_1$ und $b\,b_1$ gleich der Gesamtlast P auf $a\,b$ sein:

$$P = 2\,b\,p = P_1 + 2\,Q_1. \tag{1}$$

Ruht die Schicht in der Tiefe t auf der Oberfläche einer vollkommen starren Schicht auf, dann sind die Scherspannungen im untersten Teil der lotrechten Schnitte $a\,a_1$ und $b\,b_1$ sehr klein im Vergleich mit jenen, die in derselben Tiefe im elastisch-isotropen Halbraum auftreten, weil die starre Auflagerung eine freie Winkelveränderung des unmittelbar oberhalb der Unterlage liegenden Materials verhindert. Wenn weder Adhäsion noch Reibung zwischen der elastischen Schicht und ihrer Unterlage vorhanden ist, sind die Scherspannungen in a_1 und b_1 gleich Null. Die voll gezeichnete Kurve C_2' stellt die Verteilung der Scherspannungen längs $a\,a_1$ unter der Annahme dar, daß die elastische Schicht auf ihrer Unterlage haftet. Aus den vorhin genannten Gründen liegt nun der untere Teil der Kurve C_2' viel näher an $a\,a_1$ als der untere

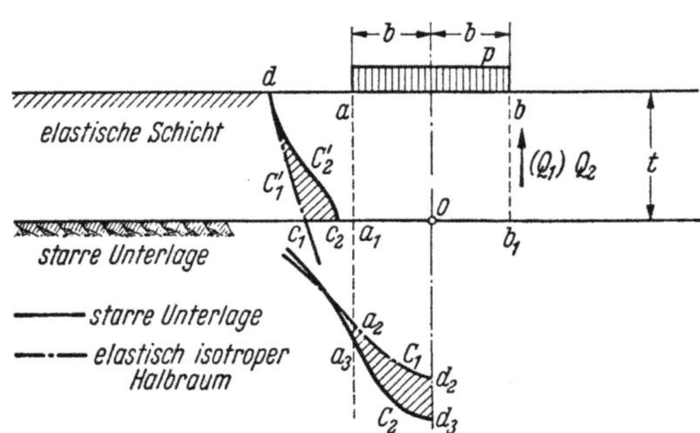

Abb. 134. Größe und Verteilung der Normalspannungen in der starren Unterlage einer elastischen Schicht unter einer schlaffen Streifenlast sowie der Scherspannungen in lotrechten Ebenen durch die Ränder des Streifens.

Teil der Kurve C_1' und die Querkraft Q_2, wie sie durch die Fläche $a\,a_1\,a_2\,d$ dargestellt ist, ist kleiner als die durch die Fläche $a\,a_1\,c_1\,d$ dargestellte Querkraft Q_1. Die Summe von $2\,Q_2$ und der lotrechten Druckresultierenden P_2 in der Grundfläche $a_1\,b_1$ des Blockes muß gleich P sein. Deshalb muß P_2 größer sein als P_1 in der Gl. (1). Gleichzeitig muß der gesamte Normaldruck in jeder waagrechten Schnittfläche gleich P sein. Eine Spannungsverteilung, die diese Bedingung zusammen mit der Bedingung $P_2 < P_1$ erfüllt, ist in Abb. 134 durch die voll gezeichnete Kurve C_2 dargestellt. Ihre größte Ordinate ist größer als die der Kurve C_1, und ihre Neigungen sind steiler. Die schraffierte Fläche $a_2\,a_3\,d_3\,d_2$ ist gleich der schraffierten Fläche $d\,c_1\,d_2$.

148. Spannungsverteilung zwischen starrer Unterlage und der elastischen Schicht bei Einzel- und Linienlastbeanspruchung.

Um die Größe und Verteilung der Spannung auf der starren Unterlage einer elastischen Schicht zu berechnen, die von einer auf begrenzter Fläche wirkenden Last beansprucht ist, muß ein Gleichungssystem, ähnlich den BOUSSINESQschen Gl. (135.1a) und (136.1a) bekannt sein. Dieses Gleichungssystem kann mit zwei unterschiedlichen Annahmen abgeleitet werden. Entweder wird eine glatte Unterlage angenommen, so daß zwischen der elastischen Schicht und ihrer Unterlage weder Reibung noch Adhäsion wirkt (reibungsfreie Lagerung) oder es wird vollkommene Haftung zwischen Schicht und Unterlage angenommen (haftende Schicht). Die Spannungen bei Beanspruchung der Schicht durch eine Linienlast wurde für elastische Schichten auf reibungsfreier Unterlage durch MELAN (1919) und bei haftender Schicht durch MARGUERRE (1931) angegeben. Die Gleichungen für die durch eine Einzellast beanspruchte Schicht auf einer reibungsfreien Unterlage wurden von MELAN (1919) und für eine auf der Unterlage haftende Schicht durch BIOT (1935a) und PASSER (1935) abgeleitet. Die Lösung von BIOT für eine Einzellast auf einer elastischen Schicht bei Haftung auf der Unterlage soll als Beispiel der so erhaltenen Ergebnisse dienen.

Es bezeichnen:

P = die Einzellast,

t　= die Dicke der elastischen Schicht,

r　= den waagrechten radialen Abstand eines beliebigen Punktes N auf der starren, die daran haftende Schicht tragenden Unterlage von der Angriffslinie der Last P,

μ = die POISSON-Ziffer der elastischen Schicht und

p_t = die Normalspannung auf der starren Unterlage im Punkt N in der Tiefe t.

Dann ist für $\mu = 0{,}5$ die Normalspannung p_t durch die Gleichung ausgedrückt:

$$p_t = \frac{P}{t^2}\,\frac{3}{2\pi}\left\{\frac{2}{\left[1+\left(\frac{r}{t}\right)^2\right]^{5/2}} - \frac{0{,}25}{\left[1+\left(\frac{r}{2t}\right)^2\right]^{5/2}} - 0{,}039\,\frac{1-3\left(\frac{r}{4t}\right)^2+\frac{3}{8}\left(\frac{r}{4t}\right)^4}{\left[1+\left(\frac{r}{4t}\right)^2\right]^{9/2}} - 0{,}154\,\frac{1-5\left(\frac{r}{3t}\right)^2+\frac{15}{8}\left(\frac{r}{3t}\right)^4}{\left[1+\left(\frac{r}{3t}\right)^2\right]^{11/2}}\right\}. \tag{1}$$

Liegt der Punkt N im elastisch-isotropen Halbraum, dann kann die lotrechte Normalspannung σ_z im Punkt N, die der Kontaktspannung p_t entspricht, durch Einführen der Werte

$$z = t \quad \text{und} \quad \cos\psi = \frac{t}{\sqrt{t^2+r^2}}\,,$$

in die BOUSSINESQsche Gl. (135.1a) berechnet werden. Wir erhalten damit

$$\sigma_z = \frac{P}{t^2}\,\frac{3}{2\pi}\left[\frac{1}{1+(r/t)^2}\right]^{5/2}.$$

Dieses Beispiel zeigt, daß die Gleichungen der Druckspannung in der starren Unterlage keineswegs so einfach sind wie die Gleichungen von BOUSSINESQ. Die Ergebnisse der Untersuchungen über die Spannungsverteilung in einer starren Unterlage bei Einzellastbeanspruchung sind in Abb. 135a dargestellt. In dieser Abbildung stellt die

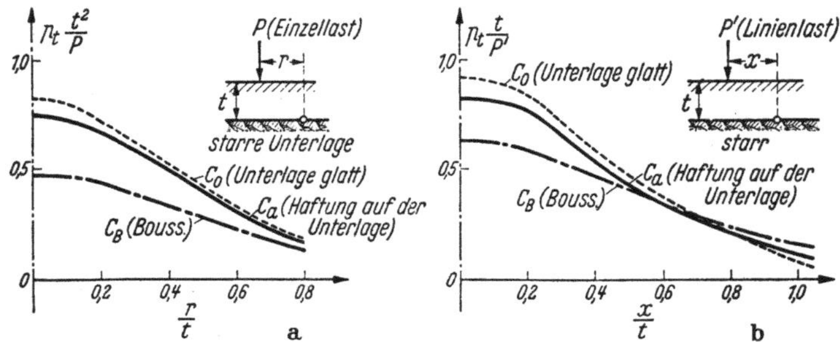

Abb. 135a u. b. Verteilung der Normalspannungen in der starren Unterlage einer elastischen Schicht, die a durch eine Einzellast und b durch eine Linienlast beansprucht ist. (Die Quellen der Zahlenwerte sind im Text angeführt.)

Kurve C_B die Verteilung der Normalspannungen in einer waagrechten Schnittebene in der Tiefe t im Halbraum dar, der von einer lotrechten Einzellast P beansprucht wird. Sie wurde mittels der BOUSSINESQschen Gl. (135.1a) berechnet. Die Kurve C_0 zeigt die entsprechende Verteilung unter der Annahme, daß die Trennebene zwischen elastischer Schicht und starrer Unterlage vollkommen reibungslos ist. Bei vollständigem Haften der elastischen Schicht auf der starren Unterlage ist die Spannungsverteilung durch die Kurve C_a wiedergegeben. Die größte Ordinate der Kurve C_0 überschreitet um etwa 71% die Größtordinate der Kurve C_B. Vollkommene Haftung zwischen der Schicht und ihrer Unterlage (Kurve C_a) vermindert diesen Wert auf etwa 56%.

Abb. 135b zeigt die Normalspannungen in einer waagrechten Ebene in der Tiefe t infolge einer lotrechten Linienlast P' pro Längeneinheit einer senkrecht zur Zeichenebene verlaufenden Geraden. C_B stellt die BOUSSINESQsche Lösung für den elastisch-isotropen Halbraum dar [Gl. (136.1a)], C_0 die Lösung bei vollkommen reibungsfreier starrer Unterlage und C_a die Lösung für eine elastische Schicht, die an ihrer Unterlage haftet. Die größte Normalspannung auf der reibungslosen starren Unterlage überschreitet den BOUSSINESQschen Wert um etwa 44%. Vollkommene Haftung zwischen Schicht und Unterlage vermindert diesen Wert auf etwa 28% (Kurve C_a).

Biot (1935a) hat die Gleichungen, die durch die Kurven der Abb.135a und 135b dargestellt sind, ausgewertet und für die Größtordinaten dieser Kurven in den Punkten unmittelbar unter der Last folgende Werte angegeben:

	Einzellast	Linienlast
Elastisch-isotroper Halbraum (Kurven C_B)	$3/2\pi = 0{,}477$	$2/\pi = 0{,}637$
Starre Unterlage mit haftender Schicht		
(Kurven C_a)	$1{,}557 \cdot 3/2\pi$	$1{,}281 \cdot 2/\pi$
Starre Unterlage mit reibungsloser Oberfläche		
(Kurven C_0)	$1{,}711 \cdot 3/2\pi$	$1{,}441 \cdot 2/\pi$

Biot (1935a) hat auch die Verteilung der Spannungen berechnet, die durch eine Einzel- und Linienlast in einer waagrechten, vollkommen schlaffen Membrane, die in einer bestimmten Tiefe unter der waagrechten Oberfläche im elastisch-isotropen Halbraum gebettet ist, verursacht wird. In der Berührungsfläche zwischen dem Halbraum und der Membrane wird die seitliche Verschiebung und Verformung mit Null angenommen. In diesem Fall ist die Normalspannung in der Membrane lotrecht unter der Last um etwa 5% geringer als die entsprechende Spannung in derselben Tiefe in einem waagrechten Schnitt durch den elastisch isotropen Halbraum.

149. Die durch eine schlaffe Last auf endlicher Fläche beanspruchte elastische Schicht.

Wenn die Last auf einer begrenzten Fläche auf der Oberfläche einer elastischen Schicht gleichförmig verteilt ist, wird die strenge Berechnung der Größe und Verteilung der lotrechten Normalspannung in der Unterlage der Schicht ziemlich umständlich. Cummings (1941) berechnete die Spannungen mittels der Gl. (148.1), die durch die Kurve C_a in Abb. 135a dargestellt ist, unter nachfolgenden Annahmen: Die Last p pro Flächeneinheit wirkt auf einer Kreisfläche vom Radius a; die Poisson-Ziffer der elastischen Schicht beträgt 0,5; die Unterlage der elastischen Schicht ist starr, und die elastische Schicht von der Dicke t haftet vollständig auf der starren Unterlage. Mit diesen Annahmen erhielt er für die lotrechte Normalspannung p_t auf der starren Unterlage unter dem Mittelpunkt der belasteten Fläche die Gleichung

$$p_t = p\left\{ 1 - \frac{2}{\left[1 + \left(\frac{a}{t}\right)^2\right]^{3/2}} + \frac{1}{\left[1 + \left(\frac{a}{2t}\right)^2\right]^{3/2}} + \right.$$

$$\left. + \frac{0{,}234\left(\frac{a}{4t}\right)^4 - 0{,}935\left(\frac{a}{4t}\right)^2}{\left[1 + \left(\frac{a}{4t}\right)^2\right]^{7/2}} + \frac{1{,}555\left(\frac{a}{3t}\right)^4 - 2{,}08\left(\frac{a}{3t}\right)^2}{\left[1 + \left(\frac{a}{3t}\right)^2\right]^{9/2}} \right\}. \tag{1}$$

Die Gleichung für die lotrechte Normalspannung in anderen Punkten der starren Unterlage ist noch wesentlich umständlicher. Um einfachere, jedoch weniger genaue Gleichungen für die Spannung zu bekommen, gehen wir von nachfolgenden Tatsachen aus. Die Form der in den Abb. 135a und 135b voll gezeichneten Kurven ist ähnlich der Verteilung der Normalspannungen in waagrechten Ebenen im elastisch-isotropen Halbraum bei derselben Beanspruchung. Um die lotrechten Druckspannungen in der Tiefe t unter der Oberfläche des von einer Einzel- oder Linienlast beanspruchten Halbraumes zu berechnen, müssen wir in den BOUSSINESQschen Gl. (135.1a) und (136.1a) den Wert z durch t ersetzen. Auf diese Weise wurden die Kurven C_B in den Abb. 135a und 135b erhalten. Wenn wir für den Wert t einen passend gewählten fiktiven Wert t', der kleiner als t ist, setzen, werden die BOUSSINESQschen Kurven mit den die wirkliche Druckverteilung auf der starren Unterlage in der Tiefe t darstellenden Kurven fast identisch. Der gleiche Vorgang kann auch zur Bestimmung der Druckspannung auf einer starren Unterlage unter einer elastischen Schicht benützt werden, wenn die Last über einem Teil der Oberfläche der elastischen Schicht verteilt ist (TERZAGHI 1932). Wenn die Last, die die Druckspannung p_t [Gl. (1)] erzeugt, auf der Oberfläche des elastisch-isotropen Halbraumes wirkt, ist die lotrechte Normalspannung σ_z in der Tiefe t unter dem Mittelpunkt der belasteten Fläche gleich

$$\sigma_z = p\left\{1 - \left[\frac{1}{1 + \left(\frac{a}{t}\right)^2}\right]^{3/2}\right\}. \tag{136.4}$$

Die Normalspannung σ_z ist kleiner als p_t [Gl. (1)]. Ersetzen wir jedoch den Wert t in dieser Gleichung durch

$$t' = 0,75t, \tag{2}$$

dann wird der Wert σ_z praktisch mit dem Wert p_t [Gl. (1)] identisch. Wir können deshalb schreiben

$$p_t = p\left\{1 - \left[\frac{1}{1 + \left(\frac{a}{0,75t}\right)^2}\right]^{3/2}\right\}. \tag{3}$$

In Abb. 136a stellen die Abszissen der voll gezeichneten Kurve die genauen Werte von p_t, berechnet mit der Gl. (1), dar und jene der strichlierten Kurve die mit der vereinfachten Gl. (3) berechneten Werte. Die beiden Kurven sind fast identisch. Die Verteilung der lotrechten Druckspannungen in der starren Unterlage einer elastischen Schicht von der Dicke t ist also jener sehr ähnlich, die in einer waagrechten Ebene in der Tiefe $0,75\,t$ unter der Oberfläche des elastisch-isotropen Halbraumes, der von der gleichen Last beansprucht ist, auftritt. Diese Feststellung ist für jede Form der von der Last bedeckten Fläche gültig. Deshalb ist die Druckspannung in der starren Unterlage einer elastischen Schicht von der Dicke t angenähert identisch mit der Druck-spannung in einem waagrechten Schnitt in der Tiefe $t' = 0{,}75t$ durch den elastisch-isotropen Halbraum, dessen Oberfläche die gleiche Last trägt.

Die Normalspannung im Punkt N (Abb. 120a) im elastisch-iso-tropen Halbraum unter einer rechteckigen Flächenlast ist durch die

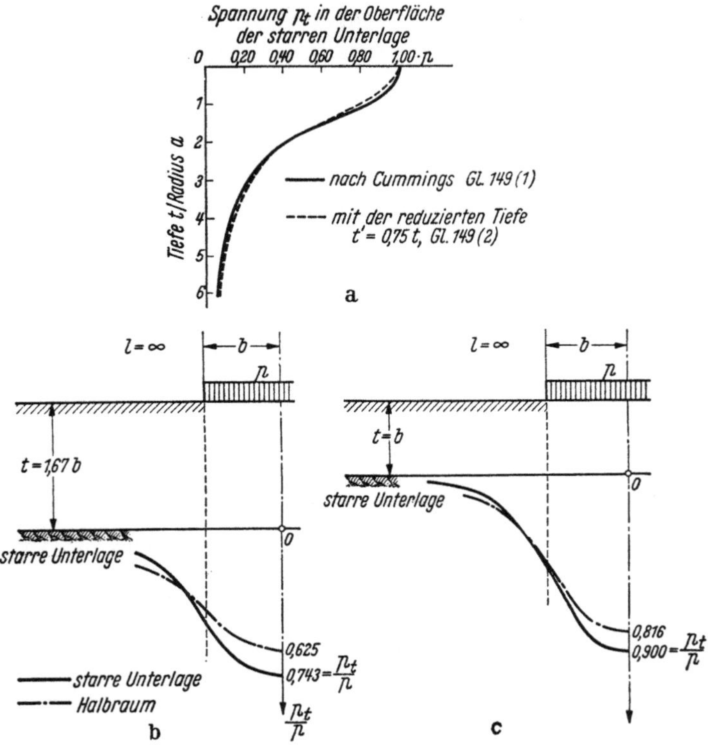

Abb. 136 a—c. a Einfluß des Tiefenverhältnisses t/a auf die lotrechte Druckspannung p_t in der starren Unterlage einer elastischen Schicht unter dem Mittelpunkt einer kreisförmigen Last-fläche; b und c Spannungsverteilung in der starren Unterlage einer elastischen Schicht, die von einer schlaffen Streifenlast beansprucht ist, für zwei verschiedene Tiefenverhältnisse. Die Ver-teilung der Druckspannung in einem waagrechten Schnitt durch den elastisch-isotropen Halb-raum in der Höhe der starren Unterlage ist durch strichpunktierte Kurven eingezeichnet.

Gl. (136.9) ausgedrückt. Die Einflußwerte J_σ dieser Gleichung sind durch die Gl. (136.8) gegeben. Sie sind nur eine Funktion von $m = b/z$ und von $n = l/z$. Um einen Näherungswert für die Druckspannung p_t in einem beliebigen Punkt N auf der starren Unterlage der elastischen Schicht von der Dicke t zu bekommen, müssen wir die Werte m und n in der Gl. (136.8) durch

$$m' = \frac{b}{0{,}75\,t} \quad \text{und} \quad n' = \frac{l}{0{,}75\,t} \tag{4}$$

ersetzen. Die zugehörigen Einflußwerte können aus der Tafel II im Anhang entnommen werden.

Die Abb. 136b und 136c zeigen die Verteilung der Normalspannungen in der Tiefe t auf der starren Unterlage einer elastischen Schicht infolge einer unendlich langen Streifenlast. In Abb. 136b ist die Tiefe t gleich 0,835 und in Abb. 136c gleich 0,5 mal der Streifenbreite $2b$. In jeder Abbildung stellen die Ordinaten der strichpunktierten Kurve die Quotienten σ_z/p aus der Normalspannung σ_z und der Gleichlast p für einen waagrechten Schnitt in der Tiefe t durch den elastisch-isotropen Halbraum dar und die Ordinaten der voll gezeichneten Linien den Quotienten p_t/p aus der Druckspannung in der starren Unterlage in dieser Tiefe und der Gleichlast p. Ein Vergleich der in den Abb. 136b und 136c eingeschriebenen Zahlenwerte zeigt, daß der Einfluß der starren Unterlage auf den maximalen Wert der Druckspannung p_t für verschiedene Tiefenverhältnisse t/b nicht gleich ist. Durch Verbindung der Gl. (2) mit (136.2a) kann gezeigt werden, daß der Einfluß am größten ist, wenn die Dicke t etwa gleich der fünffachen Laststreifenbreite ist. Für sehr kleine und sehr große Werte von t/b ist der Einfluß vernachlässigbar klein.

Die in diesem Abschnitt gebrachten Gleichungen gelten nur für die Spannungen in der Grundfläche der elastischen Schicht und in ihrer unmittelbaren Nähe, weil nach dem DE ST. VENANTschen Prinzip der Einfluß der Starrheit der Unterlage auf den Spannungszustand in der elastischen Schicht mit zunehmender Entfernung von der Unterlage ziemlich rasch abnimmt. In der oberen Schichthälfte ist der Spannungszustand praktisch identisch mit dem Spannungszustand im elastisch-isotropen Halbraum, der von derselben Last beansprucht wird. Deshalb können die in diesem Abschnitt enthaltenen Gleichungen nicht zur Berechnung der Setzung einer Lastfläche an der Oberfläche einer solchen Schicht verwendet werden.

150. Näherungsverfahren zur Setzungsberechnung von oberflächlich belasteten elastischen Schichten.

Die Aufgabe der strengen Setzungsberechnung der Oberfläche einer elastischen Schicht mit starrer Unterlage, die von einem auf endlicher Fläche wirkenden Lastsystem beansprucht wird, ist bisher noch nicht gelöst worden. STEINBRENNER (1934) hat jedoch eine Näherungslösung angegeben, die für alle praktischen Belange genau genug ist. Er berechnete die Setzung Δs der Ecken einer gleichförmig belasteten, auf der Oberfläche des Halbraumes ruhenden Rechteckfläche. Dann berechnete er die lotrechte Verschiebung $\Delta s'$ der in der Tiefe t unter diesen Ecken liegenden Punkte und nahm an, daß die Setzung Δs_t der Ecken der belasteten Fläche in der Oberfläche einer elastischen Schicht von der Dicke t gleich dem Unterschied $\Delta s - \Delta s'$ ist;

$$\Delta s_t = \Delta s - \Delta s' . \tag{1}$$

Es werden folgende Bezeichnungen festgelegt:

l = Länge der Rechteckfläche,
b = Breite der Fläche,
$n = l/b$ = Seitenverhältnis,
t = Dicke der elastischen Schicht,
$n_t = t/b$ = Tiefenverhältnis,
p = Gleichlast pro Flächeneinheit,
E = Elastizitätsmodul der Schicht und
μ = Poisson-Ziffer $= 1/m$.

Die lotrechte Verschiebung Δs der Eckpunkte der Rechtecksfläche ist durch die Gl. (137.1) gegeben. Die lotrechte Verschiebung ζ eines Punktes im Innern des Halbraumes infolge einer Einzellast, die auf der Oberfläche angreift, ist durch die Gl. (135.4a) ausgedrückt, und die lotrechte Verschiebung $\Delta s'$ eines Punktes in der Tiefe t unter einem Eckpunkt der Rechtecksfläche kann durch einfache Integration ermittelt werden. Nach Durchführung der Rechnung erhält man:

$$\Delta s_t = \Delta s - \Delta s' = p \frac{b}{E} [(1 - \mu^2) F_1 + (1 - \mu - 2\mu^2) F_2] = p \frac{b}{E} J_s . \tag{2a}$$

Mit den Abkürzungen

$$F_1 = \frac{n}{\pi} \left[n \ln \frac{(1 + \sqrt{n^2 + 1}) \sqrt{n^2 + n_t^2}}{n(1 + \sqrt{n^2 + n_t^2 + 1})} + \right.$$

$$\left. + \ln \frac{(n + \sqrt{n^2 + 1}) \sqrt{1 + n_t^2}}{n + \sqrt{n^2 + n_t^2 + 1}} \right] . \tag{2b}$$

$$F_2 = \frac{n_t^2}{2\pi} \operatorname{arctg} \frac{1}{d \sqrt{n^2 + n_t^2 + 1}} \tag{2c}$$

Die Größe

$$J_s = (1 - \mu^2) F_1 + (1 - \mu - 2\mu^2) F_2 \tag{3}$$

ist dimensionslos. Sie bestimmt angenähert den Einfluß einer rechteckigen Auflast, die auf der Oberfläche einer elastischen Schicht von der Dicke t aufruht, auf die Setzung der Eckpunkte der Fläche. Abb. 137a stellt die Abhängigkeit der Werte F_1 und F_2 in der Gl. (3) vom Tiefenverhältnis $n_t = t/b$ für verschiedene Seitenverhältnisse $n = l/b$ dar. Wenn die Poisson-Ziffer $\mu = 0$ wird, ist der Einflußwert [Gl. (3)] gleich

$$J_s = F_1 + F_2 \quad \text{für} \quad \mu = 0 . \tag{4}$$

Für $\mu = 0{,}5$ wird der zweite Ausdruck auf der rechten Seite der Gl. (3) gleich Null, und der Einflußwert wird

$$J_s = 0{,}75 F_1 \quad \text{für} \quad \mu = 0{,}5 . \tag{5}$$

Für dazwischenliegende Werte von μ kann der Wert J_s mittels der Gl. (3) und den aus Abb. 137a zu entnehmenden Zahlenwerten berechnet werden.

Um die Setzung eines Punktes N innerhalb der rechteckigen, in Abb. 137b gezeichneten Fläche zu berechnen, ermitteln wir für jede

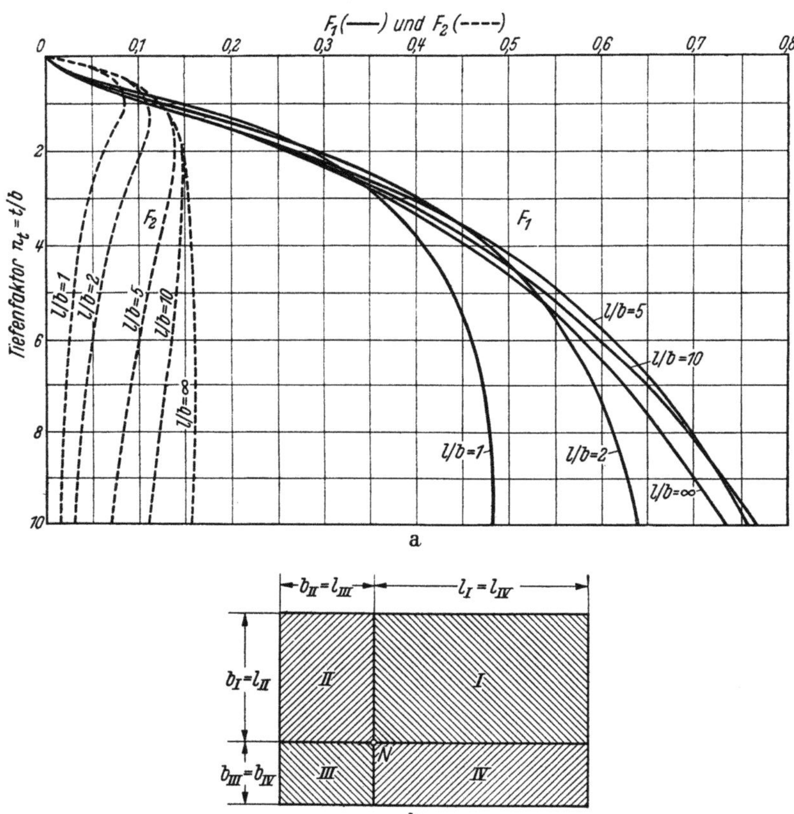

Abb. 137 a u. b. Setzung infolge Oberflächenbelastung elastischer Schichten. a Tafel zur Ermittlung der Setzung des Eckpunktes einer belasteten Rechtecksfläche auf der Oberfläche einer elastischen Schicht mit starrer Unterlage; b Darstellung des Verfahrens zur Ermittlung der Setzung eines Punktes innerhalb der belasteten Fläche. (Nach STEINBRENNER 1934).

der vier Flächen I bis IV die Werte n und n_t und bestimmen die entsprechenden Einflußwerte $J_{s\,I}$ bis $J_{s\,IV}$ mittels Gl. (3) und der aus Abb. 137a zu entnehmenden Größen. Die Setzung des Punktes N beträgt dann

$$s = \frac{p}{E}\left(J_{s\,I}\,b_I + J_{s\,II}\,b_{II} + J_{s\,III}\,b_{III} + J_{s\,IV}\,b_{IV}\right). \tag{6}$$

Wenn der Punkt N außerhalb der belasteten Fläche liegt, dann kann die Setzung durch algebraische Summierung, sinngemäß wie in Abs. 127 beschrieben und in Abb. 122 gezeigt ist, berechnet werden.

Die Abb. 138a bis 138c zeigen den Einfluß des Tiefenverhältnisses $n_t = t/a$ und der POISSON-Ziffer auf die Setzung einer schlaffen Kreislast vom Durchmesser $2a$. Wenn das Tiefenverhältnis kleiner als etwa $^2/_3$ ist und die POISSON-Ziffer nahe bei $^1/_2$ liegt, dann ist die Setzung im Abstand etwa $2a/3$ vom Flächenmittelpunkt am größten, wie in Abb. 138c dargestellt ist. Dieses Ergebnis wurde durch Beobachtungen in der Natur bestätigt (TERZAGHI 1935). Abb. 138c zeigt auch, daß die freie Oberfläche einer dünnen elastischen Schicht in der Nähe der belasteten Fläche, wenn die POISSON-Ziffer nahe bei 0,5 liegt, nach oben geht.

In Abb. 138d stellen die Abszissen den Quotienten aus der gegebenen Dicke t_1 einer elastischen Schicht und der Hälfte der veränderlichen Breite $2b$ einer Quadratfläche dar, die auf der Oberfläche der Schicht liegt und eine gegebene Gleichlast p_1 pro Flächeneinheit trägt. Mit der Gl. (6) erhalten wir für die Setzung des Mittelpunktes der belasteten Fläche

$$s = 4 \frac{p}{E} b J_s,$$

worin J_s den Einflußwert [Gl. (2) und (3)] für Quadratflächen bedeutet.

Für solche Flächen ist der Wert n in der Gl. (2) gleich der Einheit. Deshalb hängt bei einem gegebenen Wert μ der POISSON-Ziffer der Wert J_s nur vom Tiefenverhältnis $n_t = t/b$ ab. Um den Einfluß der Breite $2b$ der belasteten Fläche auf die Setzung s in einer gegebenen Tiefe t_1 der elastischen Schicht zu untersuchen, schreiben wir

$$s = 4 \frac{p}{E} \frac{b}{t_1} t_1 J_s = p \frac{t_1}{E} \left(4 \frac{b}{t_1} J_s \right) = p \frac{t_1}{E} s_i \qquad (7)$$

mit

$$s_i = s \frac{E}{p\, t_1} . \qquad (8)$$

Für einen bestimmten Wert von μ hängt der Einflußwert s_i nur vom Quotienten b/t_1 ab. Nehmen wir $\mu = 0,5$ an (raumbeständiger Stoff), so erhalten wir für s_i für verschiedene Werte von b/t_1 die durch die Ordinaten der in Abb. 138d dargestellten Kurve gegebenen Werte.

Abb. 138d zeigt, daß die Setzung am größten wird, wenn die Breite $2b$ der belasteten Fläche etwa gleich 1,3 mal der Dicke t_1 der Schicht ist. Abb. 138e veranschaulicht den Einfluß der Breite $2b$ der belasteten Fläche auf die Größe der Gleichlast, die auf die Quadratfläche aufgebracht werden muß, um eine gegebene Setzung s_1 des Flächenmittelpunktes hervorzurufen. Wenn wir dem Wert s in der

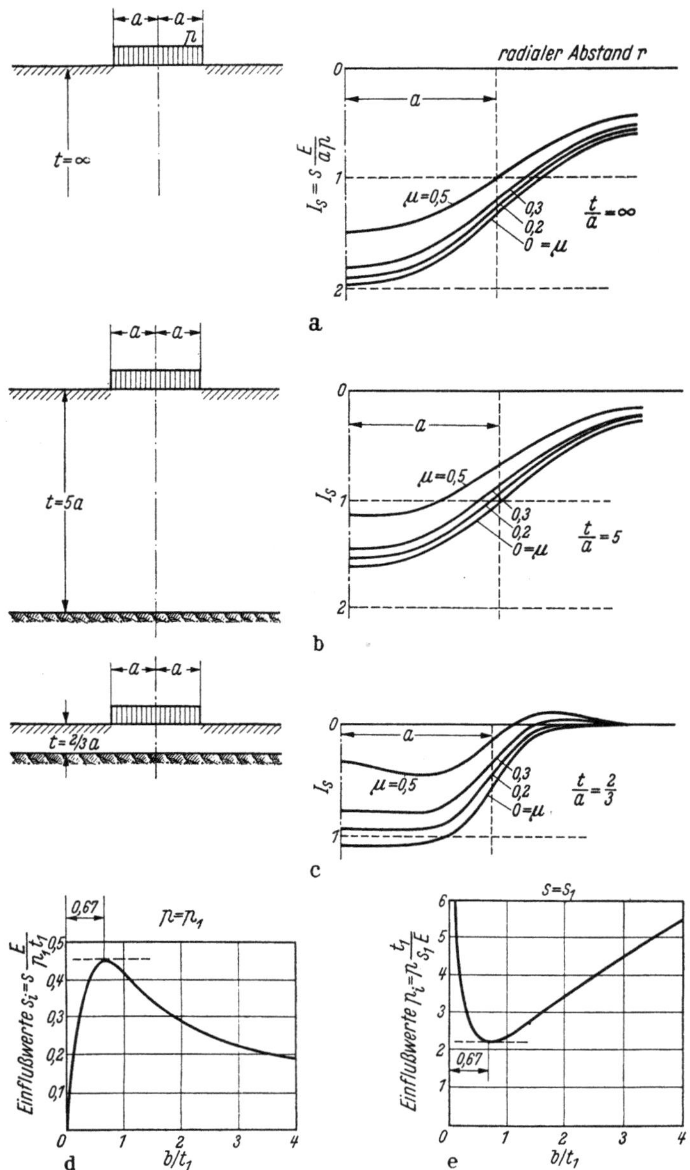

Abb. 138 a—e. a bis c Setzung einer schlaffen Kreislast auf der Oberfläche einer elastischen Schicht für verschiedene Tiefenverhältnisse; d Einfluß der Größe einer auf der Oberfläche einer elastischen Schicht ruhenden quadratischen Lastfläche auf die Setzung des Mittelpunktes der Fläche für eine bestimmte Flächenlast und e Einfluß desselben Faktors auf die zur Erzeugung einer gegebenen Setzung des Mittelpunktes erforderlichen Flächenlast.

Gl. (8) einen konstanten Wert s_1 vorschreiben, dann erhalten wir

$$p = s_1 \frac{E}{t_1} \left(\frac{1}{s_i} \right) = s_1 \frac{E}{t_1} p_i$$

mit der Abkürzung

$$p_i = \frac{1}{s_i} = p \frac{t_1}{s_1 E} \, .$$

Die Werte von p_i sind durch die Ordinaten der in Abb. 138e dargestellten Kurve gegeben. Der Wert von $p_{i\,\mathrm{min}}$ ist gleich $1/s_{i\,\mathrm{min}}$ $= 1/0{,}45 = 2{,}2$.

151. Verteilung der lotrechten Druckspannung in einer zwischen Sandschichten eingelagerten Tonschicht.

Die meisten Setzungen haben ihre Ursache in der allmählichen Konsolidierung von zwischen Sandablagerungen eingeschlossenen Tonschichten. Wegen der geringen Durchlässigkeit des Tones erfolgt seine Zusammendrückung, wie im Kapitel XIII näher erklärt wurde, nur sehr langsam. Innerhalb zweier Sandschichten ist eine Tonschicht, wenn sie nicht sehr mächtig ist, gegen seitliches Ausweichen geschützt. Deshalb sind die im Abs. 98 näher erörterten grundlegenden Annahmen gültig, und die Konsolidierungsgeschwindigkeit kann nach dem im Abs. 102 beschriebenen Verfahren berechnet werden.

Um den Einfluß des allmählichen Konsolidierungsvorganges einer Tonschicht auf die Spannungsverteilung zu veranschaulichen, untersuchen wir den Spannungszustand unter einem belasteten Streifen von der Breite $2b$, entsprechend Abb. 139. Die Last wirkt auf der Oberfläche einer Sandschicht, die in der Tiefe t auf einer waagrechten Tonschicht von der Dicke $2d$ aufruht. Wir nehmen an, daß die Boussinesqsche Theorie für den Sand, wenn er keine Tonschicht enthalten würde, gültig ist.

Die Normalspannungen in einer waagrechten Ebene in der Tiefe t unter einem Laststreifen, der auf der Oberfläche eines homogenen Halbraumes wirkt, sind durch die Gl. (136.2a) ausgedrückt, und die Scherspannungen in lotrechten Ebenen durch die Ränder der Laststreifen können mittels der Gl. (136.2c) berechnet werden. In Abb. 139 sind die Normalspannungen in der waagrechten Ebene in der Tiefe t durch die lotrechten Abstände zwischen dieser Schnittebene und der strichpunktierten Kurve C_1 und die Scherspannungen in der lotrechten Ebene aa_1 durch den waagrechten Abstand zwischen diesem Schnitt und der strichpunktierten Kurve C_1' dargestellt.

Infolge der geringen Konsolidierungsgeschwindigkeit des Tones wirkt eine Tonschicht am Beginn des Konsolidierungsvorganges wie eine biegsame, aber praktisch raumbeständige Schicht, und die Verteilung der Spannungen in diesem Zustand ist fast dieselbe, als ob die elastischen Eigenschaften des Tones mit jenen vom Sand identisch wären. In diesem Anfangszustand sind die Durchbiegungen der oberen und unteren Abschlußflächen der Tonschicht s_a und s_b immer gleich groß; diese Durchbiegungen sind in Abb. 139 auf der rechten Seite der Lastachse eingezeichnet.

Mit fortschreitendem Konsolidierungsvorgang setzt sich die Oberfläche des Tones mehr als seine Grundfläche, und im Endzustand der Konsolidierung kann der Unterschied in den Setzungen der

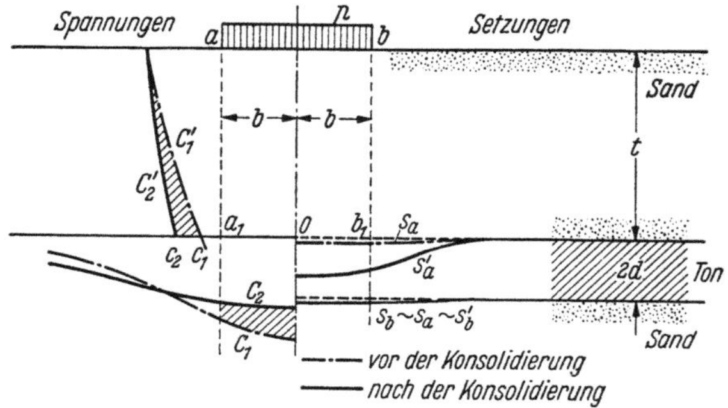

Abb. 139. Wirkung der allmählichen Konsolidierung einer Tonschicht, die zwischen zwei Sandschichten liegt, auf die Spannungen und Setzungen im belasteten Boden bei Beanspruchung durch eine schlaffe Streifenlast.

beiden Begrenzungsflächen bedeutend sein. Der Einfluß der größeren Setzung der oberen Grenzfläche auf die Scherspannungen in lotrechten Schnitten durch den Rand der Auflast ist entgegengesetzt wie bei einer starren Unterlage. Sie vergrößert die Scherspannungen in der Umgebung von a_1 und b_1, so daß die Verteilung der Scherspannungen nach der Kurve C_2' in Abb. 139 erfolgt. Eine Zunahme der Scherkräfte in den beiden lotrechten Flächen des Blockes $a b b_1 a_1$ verursacht eine Abnahme der Normalspannungen in der Grundfläche. Wenn wir daher die Normalspannung im Ton mit der Tabelle II im Anhang berechnen, die auf den Boussinesqschen Gleichungen beruht, liegt der begangene Fehler auf der sicheren Seite. Andererseits ist der Fehler infolge Vernachlässigung des Einflusses des Mangels der elastischen Homogenität der Sandschicht auf die Spannungsverteilung (siehe Abs. 141 und Abb. 127d) auf der unsicheren Seite und kompensiert teilweise den vorher genannten Fehler.

Die Setzung infolge Zusammendrückung der Sandschicht wird gewöhnlich vernachlässigt. Mit dieser Vereinfachung ist die Setzung s der Oberfläche in irgendeinem Punkt gleich der Dickenabnahme der Tonschicht in der Lotrechten unter diesem Punkt. Nach vollendeter

Konsolidierung ist diese Abnahme gleich

$$s = s_a' - s_b' = 2\sigma d m_v,$$

worin σ die Normalspannung in der waagrechten Ebene in der halben Höhe der Tonschicht ist, die aus der Tafel in Abb. 120 b entnommen wird, $2d$ die Dicke der Tonschicht und m_v die Verdichtungsziffer [Gl. (98.5)]; die Werte s_a' und s_b' bedeuten die Setzungen der beiden Tonschichtoberflächen.

152. Der elastische Keil auf starrer Unterlage.

Im Abs. 144 sind die Gleichungen für die Spannungen in elastischen Keilen mit unbegrenzten Seitenflächen angeführt. Diese Spannungen haben eine muldenförmige Verformung jeder durch den Keil gelegten waagrechten Schnittebene zur Folge. Wenn daher ein Keil in endlicher Tiefe unter seinem Scheitel auf einer starren, waagrechten Unterlage aufruht, dann muß die Verteilung der Spannungen in der Unterlage anders erfolgen als in einem waagrechten Schnitt durch den unendlich ausgedehnten Keil. Mit der in Abb. 134 dargestellten Spannungsverlagerung können wir berücksichtigen, daß die starre Unterlage die Normalspannungen im mittleren Bereich auf Kosten der Randspannungen vergrößert. Diese Folgerung steht im Einklang mit den Ergebnissen der von WOLF (1914) durchgeführten mathematischen Untersuchungen über den auf seiner Unterlage haftenden elastischen Keil. Um die Bedingung zu erfüllen, daß die Verformung der Keilunterlage gleich Null sein muß, ersetzte WOLF die Spannungsfunktion F in Gl. (17.5) durch eine Reihenentwicklung und wählte die Koeffizienten der Glieder derart, daß die Randbedingung in der Sohle angenähert erfüllt war. Abb. 140 a zeigt einen Schnitt durch den von WOLF untersuchten Keil. Die lotrechte Seite des Keiles wird durch den hydrostatischen Druck einer Flüssigkeit beansprucht, deren spezifisches Gewicht gleich ist der Hälfte des Raumgewichtes des Keilmaterials, und die schräge Keilfläche ist zur Waagrechten unter 45° geneigt. Mit diesen einfachen Annahmen soll die Normalspannungsverteilung in der Grundfläche, die mit den Gl. (144.1) und (144.2) berechnet werden kann, wie in Abb. 140 b durch die waagrechte strichpunktierte Linie gezeigt ist, vollkommen gleichförmig sein. Die Starrheit der Unterlage verändert die Verteilung, wie in der Abbildung durch die voll gezeichnete Kurve angegeben ist. Abb. 140 c zeigt den Einfluß der starren Unterlage auf die Verteilung der Scherspannungen in der Sohlfläche. Die Abbildungen lassen erkennen, daß die Wirkung der starren Unterlage auf die Spannungsverteilung in der Sohle gegenüber dem Unterschied der Spannungsverteilung im elastischen und plastischen Zustand, wie er in den Abb. 131b und 131c dargestellt ist, vernachlässigbar klein ist. Für höher liegende Horizonte ist sie unbedeutend, weil mit zunehmender Höhe über der Grundfläche die Spannungsverteilung sich rasch der Form für den unendlichen Keil nähert. Weitere Beiträge zur Theorie elastischer Keile wurden von BRAHTZ (1933) veröffentlicht. Die von ihm angegebenen Gleichungen können für Betonmauern auf Felsuntergrund angewendet werden, aber der von BRAHTZ vorausgesetzte theoretische Spannungszustand hat keine Ähnlichkeit mit jenem in einem Erd- oder Steinschüttungsdamm.

Abb. 140d zeigt einen Schnitt durch einen einseitig unendlich ausgedehnten Keil mit einer waagrechten und einer lotrechten Oberfläche. Wenn wir den unteren Teil des Keiles unter der Tiefe t durch

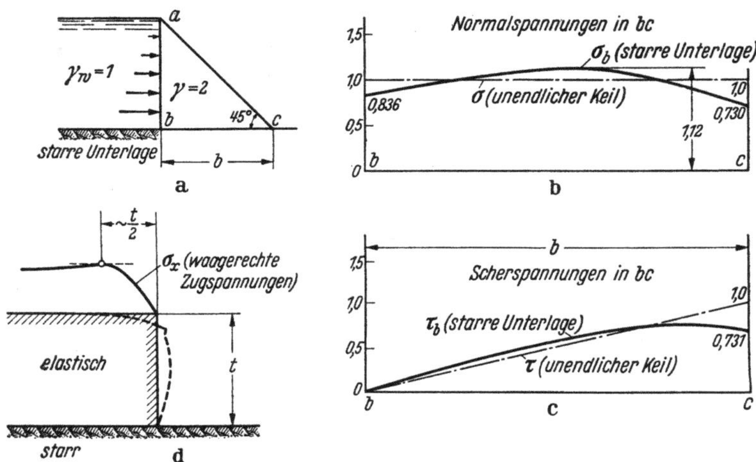

Abb. 140a—d. a Schnitt durch einen elastischen Keil auf starrer Unterlage, der durch Wasserdruck beansprucht wird; b Verteilung der Normalspannungen und c der Scherspannungen längs der Sohle des Keiles (a bis c nach WOLF 1914); d Zugspannungen längs der oberen waagrechten Oberfläche einer elastischen Schicht mit lotrechter seitlicher Begrenzung.

einen starren Stoff ersetzen, dann wird der Spannungszustand im Keil identisch mit jenem in einer elastischen Schicht mit einer lotrechten Sichtfläche und der Dicke t, die auf einer starren Unterlage aufruht und daran haftet. Die strichlierte Linie zeigt die Verformung der Schicht infolge ihres Eigengewichtes. Entlang der oberen waagrechten Randfläche treten in der Schicht Zugspannungen auf.

Aus den Ergebnissen von Verformungsmessungen an kleinen Gelatinemodellen folgerte der Verfasser, daß die Verteilung der Zugspannungen längs der waagrechten Oberfläche angenähert nach der Form der Spannungsfläche erfolgt, die durch die voll gezeichnete

Kurve σ_x (Abb. 140d) oberhalb der ursprünglichen Oberfläche dargestellt ist. Im Abstand von etwa $t/2$ vom oberen Rand der lotrechten Sichtfläche haben die Zugspannungen ein Maximum. Der Bruch der Geländestufe beginnt mit der Ausbildung eines Zugringes im Abstand von etwa $t/2$ vom Rand der Geländestufe. Sobald der Bruch eingeleitet ist, schreitet er durch Abscheren längs einer vom tiefsten Punkt des Risses bis zum Fuß der Geländestufe verlaufenden gekrümmten Gleitfläche fort.

153. Versuchsmäßige Spannungsermittlung auf Grund von Ähnlichkeitsgesetzen und mathematischen Analogien.

Die Ermittlung der in elastischen Körpern infolge von Massenkräften, wie z. B. Schwerkraft oder Porenwasserdruck, auftretenden Spannungen wird durch starre Grenzen erschwert, und die mathematischen Lösungen sind auf zahlreiche praktische Aufgaben, wie z. B. die in Abb. 140d dargestellte, bisher noch nicht anwendbar. In solchen Fällen kann mittels Modellversuchen im verkleinerten Maßstab ein gewisser Einblick gewonnen werden. Die Auslegung der Versuchsergebnisse beruht jeweils auf den Ähnlichkeitsgesetzen. Diese Gesetze sind durch die allgemeinen Gleichungen gegeben, die die zur Untersuchung stehenden Größen ausdrücken. Zum Beispiel können die Gleichungen der Stromliniennetze oder die Gleichungen der Spannungsverteilung infolge einer Auflast auf der Oberfläche eines elastischen Stoffes stets so dargestellt werden, daß die Werte auf der einen Seite der Gleichung dimensionslose Größen sind. Damit wird die Größe auf der anderen Seite der Gleichung vom Modellmaßstab unabhängig.

Wenn die unbekannten Spannungen nur durch die Schwerkraft oder den Porenwasserdruck bedingt sind, ist das Ähnlichkeitsgesetz sehr einfach, weil diese Spannungen geradlinig mit den Längenmaßen des Erdkörpers zunehmen. Die versuchstechnischen Schwierigkeiten sind jedoch beträchtlich, weil die durch diese Kräfte erzeugten Spannungen im Modell außerordentlich klein sind. Bei der Untersuchung der Spannungszustände infolge Schwerkraft schaltete BUCKY (1931) diese Schwierigkeiten durch Einbau der Modelle in eine Zentrifuge aus. Auf diese Weise war es möglich, die Größe der Massenkräfte und die dadurch bedingten Spannungen auf jeden gewünschten Wert zu erhöhen. Mit diesem Verfahren versuchte er die Standsicherheit von Stollen unterschiedlicher Breite für verschiedene Tiefen unter der Geländeoberfläche zu bestimmen (BUCKY 1934).

Ein anderes Verfahren zur Überwindung der experimentellen Schwierigkeiten besteht in der Anwendung mathematischer Analogien. Manche der in der Hydraulik und der angewandten Mechanik verwendeten Differentialgleichungen sind identisch mit den Differentialgleichungen der grundlegenden Beziehungen in anderen Gebieten, z. B. in der Wärmeströmung oder bei der Diffusion. Das Vorhandensein einer solchen Identität ermöglicht die Anwendung einer *mathematischen Analogie*. Eine solche Analogie wurde im Abs. 100 beschrieben, und es gibt deren mehrere (TIMOSHENKO 1934). Wenn die Randbedingungen für eine bestimmte Aufgabe in einem Gebiet der Physik so gewählt werden, daß sie jenen im anderen Gebiet entsprechen, wie im Abs. 100 erklärt wurde, dann sind die Lösungen der Differentialgleichungen für beide Aufgaben zahlenmäßig identisch.

Eine der bekanntesten mathematischen Analogien ist das Seifenhautgleichnis für den Spannungszustand bei Torsion (PRANDTL 1903) (siehe SOUTHWELL 1930). Nach diesem Gleichnis ist die Durchbiegung einer gleichförmig gespannten Seifenhaut identisch mit der Spannungsfunktion in der Differentialgleichung für Torsion, wenn die folgenden Bedingungen erfüllt sind. Die von der Seifenhaut überzogene Fläche muß ähnlich sein dem Querschnitt des unter Torsion stehenden Stabes, und die Seifenhaut muß durch eine gleichförmige Druckspannung beansprucht sein, die z. B. durch einen einseitigen Luftdruck erzeugt wird. Wenn die Spannungsfunktion bekannt ist, können die Spannungen z. B. durch graphische Integration bestimmt werden. Es ist verhältnismäßig einfach, die Durchbiegung der Seifenhaut zu messen, aber äußerst schwierig die Spannungen im Stab. Von BRAHTZ (1936) wurde ein Membranegleichnis zur Bestimmung des Porenwasserdruckes in der undurchlässigen Sohlfläche eines durchlässigen Staudammes verwendet.

Das Vorhandensein von mathematischen Analogien erlaubt daher eine einfache versuchsmäßige Lösung für manche schwierige theoretische Aufgabe zu finden. Der praktische Wert der Ergebnisse hängt von der Größe des Unterschiedes ab, der zwischen den Bodeneigenschaften des Baukörpers und dem idealen Material, auf das die Analogie bezogen ist, besteht. In der Bodenmechanik ist dieser Unterschied meist so bedeutend, daß das Gebiet für die praktische Anwendung der mit einem Gleichnis arbeitenden Verfahren ziemlich begrenzt ist.

154. Spannungsoptische Verfahren.

Das spannungsoptische Verfahren beruht auf dem Gesetz von BREWSTER, welches aussagt, daß in jedem optisch isotropen Material durch Spannungen Doppelbrechung verursacht wird. Wenn durch eine unter Spannung stehende Schicht aus durchsichtigem Material ein polarisierter Lichtstrahl geschickt wird, dann wird dieser in zwei Strahlen zerlegt, von denen einer in der Ebene senkrecht zur Hauptspannung σ_I und der andere senkrecht zur anderen Hauptspannung σ_{II} polarisiert ist. Der Phasenunterschied zwischen den beiden Strahlen nimmt geradlinig mit dem Unterschied $\sigma_I - \sigma_{II}$ der beiden Hauptspannungen zu. Durch Messung der Lage der Polarisationsebenen der beiden Strahlen und ihres Phasenunterschiedes erhält man alle zum Aufzeichnen der Spannungstrajektorien und zur Berechnung des Unterschiedes der Hauptspannungen für jeden Punkt des spannungsoptischen Modells nötigen Angaben. Die erforderlichen Werte zur Ermittlung der Hauptspannungssumme können durch Messen der Dickenänderung des Modells infolge der Spannungsaufbringung erhalten werden oder mit einem auf einer von DEN HARTOG entdeckten mathematischen Analogie beruhenden Seifenhautversuch bzw. durch andere unabhängige Verfahren (SOUTHWELL 1936). Vor kurzem veröffentlichten BRAHTZ und SOERENS (1939) ein Verfahren zur direkten Ermittlung der einzelnen Hauptspannungen.

Das Modell wird aus Glas, Zelluloid, Bakelit, Phenolit oder einem anderen durchsichtigen Stoff hergestellt. Es wird rechtwinkelig zum Weg des polarisierten Lichtes aufgestellt und entsprechend der zu untersuchenden Aufgabe einem Kräftesystem unterworfen. Bei den meisten Versuchsanordnungen bleibt die Ebene der Polarisation der in das Modell eintretenden Lichtstrahlen stationär, während das Modell um eine Achse parallel zum Lichtstrahlenbündel gedreht und in zwei Richtungen rechtwinkelig zueinander und zum Strahlenbündel verschoben werden kann (COKER und FILON 1931). Die Spannungstrajektorien können dann zeichnerisch bestimmt werden.

Die im vorigen Abschnitt geschilderte Versuchsdurchführung kann nur zur Untersuchung von ebenen Spannungszuständen benützt werden. In neuerer Zeit wurde das Verfahren soweit entwickelt, daß auch dreiaxiale Spannungszustände untersucht werden können (HILTSCHER 1938).

Das spannungsoptische Verfahren wird weitgehend vom U.S. Bureau of Reclamation zur Ermittlung der Spannungen in Betonbaukörpern benützt. Die Grenzen des Verfahrens bei bodenmechanischen Aufgaben sind identisch mit den Grenzen der Elastizitätstheorie im allgemeinen (siehe Abs. 132).

XIX. Schwingungsaufgaben.

155. Einleitung.

Wenn eine elastische oder elastisch gelagerte Konstruktion, wie z. B. ein Wasserturm oder ein Hochhaus, durch einen Stoß oder einen plötzlichen Angriff und Rückgang einer Kraft kurzfristig aus ihrer Normallage gebracht wird, sind die elastischen Kräfte im tragenden Boden und in den Baugliedern nicht mehr mit den äußeren Kräften im Gleichgewicht, so daß sich ein Schwingungsvorgang einstellt. Die Störung des statischen Gleichgewichtes kann durch Erdbeben, Explosionen, Maschinen, Verkehr, Pfahlrammung und viele andere Anlässe hervorgerufen werden. Das Ausmaß der Gleichgewichtsstörung infolge eines einzelnen Stoßes kann entweder durch die Größe der Kraft, die die Störung verursacht, oder durch den Abstand, um den die Kraft den Schwerpunkt der Konstruktion aus seiner Ruhelage bewegt, ausgedrückt werden. Die Kraft wird die *Störungskraft* und die Verschiebung infolge dieser Kraft die *Anfangsverschiebung* genannt.

Ist die elastische Lagerung eines starren Systems derartig gestaltet, daß das System nur parallel zu einer gegebenen Geraden oder in einer Ebene um eine feste Achse schwingen kann, dann wird das System als mit einem Freiheitsgrad ausgestattet bezeichnet. Im gegenteiligen Fall hat es zwei oder mehr Freiheitsgrade. Der *Freiheitsgrad* ist gleich der Anzahl der Größen oder Koordinaten, die zur Festlegung der Verschiebung des Körpers notwendig sind. Im allgemeinen Fall kann die Bewegung eines starren Systems in drei translatorische und drei Drehungskomponenten zerlegt werden. Jede dieser Komponenten kann durch einen einzigen Wert ausgedrückt werden. Deshalb kann ein starres System nicht mehr als sechs Freiheitsgrade haben. Wenn die relative Lage der einzelnen Teile eines solchen Systems sich nicht verändert, wird das System als *Einzelmassensystem* bezeichnet. Besteht andererseits das System aus zahlreichen relativ starren Körpern, die miteinander durch relativ schlaffe Bauglieder verbunden sind, hat man es mit einem *Verbundmassensystem* zu tun. Die durch einen einzigen Stoßimpuls verursachten Schwingungen werden *freie Schwingungen* genannt. Die Zeit zwischen zwei nacheinander folgendem Erreichen der extremen Lage irgendeines Teilchens in einer gegebenen Richtung wird die *Dauer der Eigenschwingung* für diese Richtung genannt. Ein elastisch gelagertes starres System mit einem einzigen Freiheitsgrad hat nur eine Eigenschwingungsdauer. Wenn ein System mehrere Freiheitsgrade hat, kann die Eigenfrequenz der Komponenten ihren freien Schwingungen unterschiedlich sein.

Im Gegensatz zu den freien Schwingungen infolge eines einzigen Impulses werden die durch einen periodischen Impuls mit einer willkürlichen Periode hervorgerufenen Schwingungen *erzwungene Schwingungen* genannt. Ein periodischer Impuls kann durch Arbeitsmaschinen, Straßenverkehr, Pfahlrammung und viele andere Ursachen erzeugt werden. Wenn der Anlaß des periodischen Impulses außerhalb des Bauwerkes liegt, erreicht der Impuls die Aufstandsfläche des Bauwerkes über den Boden. Innerhalb des Bodens bewegt sich der Impuls wie eine Schallwelle fort. Mit fortschreitender Zeit nimmt der Abstand zwischen dem Sitz des Impulses und der Grenze der unter dem Einfluß des Impulses schwingenden Zone zu. Diese äußere Grenze ist die *Wellenfront*. Die Geschwindigkeit, mit der die Wellenfront fortschreitet, stellt die *Wellenausbreitungsgeschwindigkeit* dar. Da sie in hohem Maße oder vollständig von den elastischen Eigenschaften des

Bodens abhängt, ist es möglich, die Schwingungsverfahren zur Ermittlung gewisser elastischer Eigenschaften des Untergrundes ohne Prüfung von Bodenproben zu benutzen.

Der Hauptteil dieses Kapitels behandelt den Einfluß der mechanischen Eigenschaften des Bodens auf die Schwingungen der darauf errichteten Bauwerke und den Einfluß der Schwingungen auf die Bauwerkssetzungen. Zur Darstellung dieses Einflusses genügt es, die *geradlinigen* Schwingungen eines Einzelmassensystems mit einem Freiheitsgrad zu betrachten. Die Theorie des Schwingungseinflusses auf das Bauwerk selbst liegt außerhalb des Rahmens dieses Buches.

Zum Verständnis der Grundlagen des Gegenstandes ist es nötig, die Theorie der ungedämpften freien und erzwungenen gleichgerichteten Schwingungen zu kennen. Um die Veröffentlichungen über die Wirkung von Schwingungen auf Bauwerke und ihre Gründungen zu verstehen, muß der Leser auch die Dämpfungswirkung kennen. Die Verfahren zur Bemessung von Maschinenfundamenten umfassen zusätzlich die Theorie der Schwingungen um eine feste Umdrehungsachse. Die Theorie der ungedämpften Schwingungen ist in den folgenden Abschnitten in normalem Druck, die Theorie der gedämpften Schwingungen in Kleindruck wiedergegeben. Die Theorie der Schwingungen um eine feste Achse kann der Leser aus allgemeinen Lehrbüchern über Schwingungen (TIMOSHENKO 1937) entnehmen.

Dieses Kapitel befaßt sich auch mit der Ermittlung der Bodeneigenschaften in der Natur mittels Schwingungsgeräten, mit dem Prinzip der seismischen Bodenuntersuchung und mit der mechanischen Wirkung von Erdbeben.

Der Inhalt des ganzen Kapitels ist auf eine elementare Darstellung der Grundlagen des Gegenstandes beschränkt. Jedoch wird dem widersprechenden Charakter der Annahmen, auf denen die Theorie der Schwingungen im Boden beruht, besondere Aufmerksamkeit gewidmet. Viele Veröffentlichungen auf diesem Gebiet, besonders jene, die sich mit Maschinengründungen befassen und mit Bodenuntersuchungen mittels Schwingungsgeräten, sind wegen der in den Berechnungen enthaltenen beängstigenden Näherungen nicht der Erwähnung wert. Deshalb kann ein mit der Materie nicht vertrauter Leser die Zuverlässigkeit der Ergebnisse weit überschätzen.

156. Freie harmonische Schwingung.

Abb. 141 a zeigt einen prismatischen Körper vom Gewicht G, der von einem System gleicher, gleichförmig angeordneter und vollkommen elastischer Federn getragen wird. Diese Anordnung entspricht dem Gedankenmodell, auf dem die Bettungszifferannahme (Abb. 124) beruht. Wenn auf den Körper eine lotrechte Last P mittig angreift, senkt sich der Körper um die Strecke x. Die Last p pro Flächeneinheit der Grundfläche F des Blockes beträgt $p = P/F$. Da die Federn vollkommen elastisch sind, ist der Quotient

$$\frac{p}{x} = C_b \ (\mathrm{kg\ cm^{-3}}) \tag{1}$$

eine Konstante. Diese Gleichung ist identisch mit der Gl. (124.1). Der Wert C_b stellt die Bettungsziffer für einen auf einer federnden Unterlage gestützten Körper oder Fundament dar. Der Quotient

$$\frac{P}{x} = C_f \ (\mathrm{kg\ cm^{-1}}) = F\,C_b \tag{2}$$

wird *Federkonstante* der Auflagerung genannt. Die Federkonstante stellt die gesamte Last dar, die zu einer Senkung des Körpers in der Richtung der von der Last ausgeübten Kraft von der Größe 1 notwendig ist.

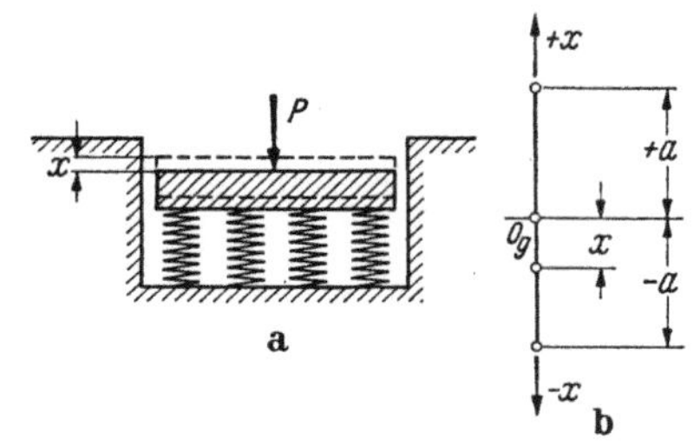
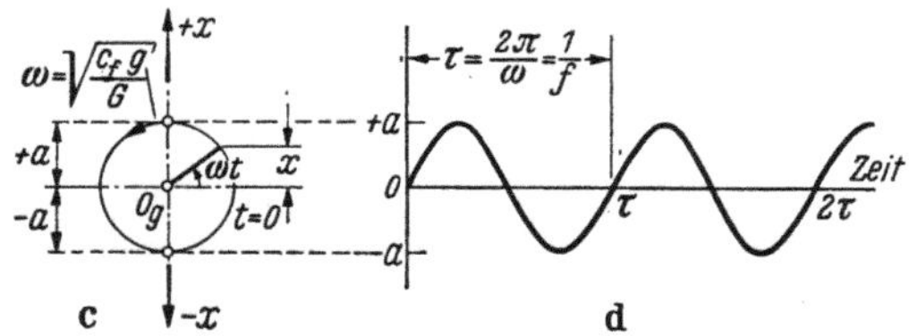

Die Aufbringung und nachfolgende plötzliche Entfernung einer lotrechten Last P_1 auf dem in Abb. 141 a dargestelltem Körper veranlaßt den Körper zu schwingen, wobei sich sein Schwerpunkt in einer Lotrechten durch seine ursprüngliche Lage nach oben und unten bewegt.

Abb. 141 a—d. a Auf Federn gelagerte Platte zur Veranschaulichung freier Schwingungen; b—d drei verschiedene graphische Darstellungen der Plattenschwingung.

Die folgende Berechnung der Schwingungsbewegung des Körpers beruht auf den Annahmen, daß der Körper starr, die Masse der Federn gegenüber der Masse des Körpers vernachlässigbar klein ist und die Bewegung des Körpers durch keinerlei Reibungskräfte beeinflußt wird.

Zur Zeit t nach der Entfernung der Last P_1 befindet sich der Schwerpunkt des Körpers im Abstand x (Abb. 141 b) von seiner ursprünglichen Lage O_g. Die Geschwindigkeit jedes Körperelements ist gleich dx/dt und die Beschleunigung gleich d^2x/dt^2. Das zweite NEWTONsche Bewegungsgesetz besagt, daß das Produkt aus der Masse und der Beschleunigung eines in Bewegung begriffenen Körpers gleich der Kraft ist, die in der Richtung der Beschleunigung auf den Körper wirkt. Dieses Gesetz wird durch die Gleichung ausgedrückt:

$$\frac{G}{g}\,\frac{d^2x}{dt^2} + P = 0, \tag{3}$$

worin g die Fallbeschleunigung und P jene Kraft darstellt, die nötig ist, damit der Schwerpunkt des Körpers um den lotrechten Abstand x von seiner ursprünglichen Lage O_g entfernt bleibt. In dieser Form angeschrieben, besagt die Gleichung, was als D'ALEMBERTsches Gesetz der geradlinigen Bewegung bekannt ist. Mit der Gl. (2) erhalten wir

$$P = C_f x,$$

womit

$$\frac{G}{g}\frac{d^2 x}{dt^2} + C_f x = 0. \tag{4}$$

Die Lösung dieser Differentialgleichung lautet:

$$x = C_1 \sin\left(t\sqrt{\frac{C_f g}{G}}\right) + C_2 \cos\left(t\sqrt{\frac{C_f g}{G}}\right),$$

worin C_1 und C_2 die Integrationskonstanten darstellen. Zählt man die Zeit vom Augenblick an, wo der Schwerpunkt des Körpers erstmals durch seine Gleichgewichtslage geht und die Verschiebung x nach oben positiv, dann muß die Lösung die Bedingung $x = 0$ und $t = 0$ erfüllen, woraus $C_2 = 0$ resultiert und

$$x = C_1 \sin\left(t\sqrt{\frac{C_f g}{G}}\right).$$

Bis zum Augenblick, wo die Störungskraft P_1 auf den Körper zu wirken aufhört, beträgt die Verschiebung des Schwerpunktes

$$x = -\frac{P_1}{C_f} = -a. \tag{5}$$

Diese Bedingung ist nur erfüllt, wenn $C_1 = a$. Daraus folgt

$$x = a \sin\left(t\sqrt{\frac{C_f g}{G}}\right). \tag{6}$$

Die Größe $\sqrt{C_f g/G}$ hat die Dimension $\sec^{-1}$ und entspricht einer Winkelgeschwindigkeit

$$\omega = \sqrt{\frac{C_f g}{G}}, \tag{7}$$

die gleich ist dem Quotienten aus der Geschwindigkeit eines längs eines Kreises bewegten Punktes und dem Kreisradius. Die Winkelgeschwindigkeit ω nach der Gl. (7) ist eine Konstante und wird *Kreisfrequenz* der vom Impuls erzeugten Eigenschwingung genannt. Setzen wir ω in die Gl. (6) ein, so erhalten wir

$$x = a \sin \omega t. \tag{8}$$

Diese Gleichung kann durch einen Vektor der Länge a dargestellt werden, der sich mit konstanter Winkelgeschwindigkeit ω um die Gleichgewichtslage des Körperschwerpunktes, wie in Abb. 141c gezeigt ist, bewegt.

Zu irgendeiner Zeit t ist der Abstand x [Gl. (8)] gleich dem lotrechten Abstand zwischen dem bewegten Ende des drehenden Vektors und dem waagrechten Durchmesser des kreisförmigen Weges seines Endpunktes. Schwingungen, die die Gl. (8) erfüllen, werden *harmonische Schwingungen* genannt.

Ein anderes Verfahren zur graphischen Darstellung der Gl. (8) ist in Abb. 141d gezeigt. Darin ist der Abstand x als Funktion der Zeit aufgetragen. Die so erhaltene Kurve ist eine einfache Sinuslinie.

Die Zeit τ, die der Vektor der Abb. 141c benötigt, um sich über einen vollständigen Kreis zu bewegen, ist gleich der Zeitspanne, die einer vollständigen Welle in Abb. 141d entspricht. Sie ist durch die Gleichung ausgedrückt:

$$\tau \omega = 2 \pi$$

oder
$$\tau = \frac{2\pi}{\omega} \, . \qquad (9)$$

Der Wert τ wird die *Schwingungsdauer* genannt. Die Anzahl der Schwingungen pro Zeiteinheit

$$f = \frac{1}{\tau} = \frac{\omega}{2\pi} = \frac{1}{2\pi} \sqrt{\frac{C_f g}{G}} \qquad (10)$$

ist die *Frequenz* der Schwingung.

Die vorhergehenden Gleichungen wurden mit der Annahme erhalten, daß die Schwingungsbewegung des Körpers durch keinerlei Reibungskräfte beeinflußt wird. In Wirklichkeit ist diese Bedingung niemals streng erfüllt. Folglich nimmt die Amplitude der Schwingung allmählich ab und verschwindet schließlich ganz. Dieser Vorgang ist als *Dämpfung* bekannt. Wenn ein starres System auf dem Boden aufruht, erfolgt die Dämpfung hauptsächlich durch den Zähigkeitswiderstand des Bodens bei raschen Verformungen. Unsere Einsicht in das Wesen dieses Widerstandes ist noch unvollständig. Gegenwärtig wird im allgemeinen angenommen, daß die Dämpfungskraft proportional der Verformungsgeschwindigkeit des Bodens ist. Dieser konstante Proportionalitätsfaktor C_{fd} steht mit den anderen elastischen Bodenkonstanten in keiner Beziehung. Wenn ein Fundament auf dem Boden aufruht, dann ist die Verformungsgeschwindigkeit des Bodens zur Zeit t gleich der Geschwindigkeit dx/dt, mit der sich die Gründungssohle zur Zeit t nach unten bewegt. Deshalb wird die Dämpfungskraft mit

$$P_d = C_{fd} \ (\text{kg sek/cm}) \ \frac{dx}{dt} \qquad (11)$$

angenommen.

Die in Abb. 141a dargestellte Federunterlage gibt ein Gedankenmodell für die Lagerung eines Fundamentes auf dem Boden. Zur Einführung einer Dämpfungskraft in das System, die unabhängig von den elastischen Eigenschaften der Federunterlage ist, kann man den Körper, wie in Abb. 142a gezeigt ist, mit einem kleinen Kolben verbinden, der von einer zähen Flüssigkeit, die sich in einem feststehenden Gefäß befindet, umgeben ist. Solche Gefäße werden *Stoßdämpfer* genannt.

Die Dämpfungskraft P_d, die von der zähen Flüssigkeit ausgeübt wird, ist näherungsweise durch die Gl. (11) bestimmt. Nach dem D'ALEMBERTschen Prinzip muß die Gleichung bestehen:

$$\frac{G}{g}\frac{d^2x}{dt^2} + C_{fd}\frac{dx}{dt} + C_f x = 0. \tag{12}$$

Die Konstante C_{fd} hat die Dimension kg cm^{-1} und die Dimension der Federkonstanten C_f ist ebenfalls kg cm^{-1}. Um in den Dimensionen der Koeffizienten Übereinstimmung herzustellen, wird meist der Wert C_f als Funktion der Kreisfrequenz ω, Gl. (7), ausgedrückt und die Konstante C_{fd} durch den Ausdruck

$$C_{fd} = 2\lambda\frac{G}{g} \tag{13}$$

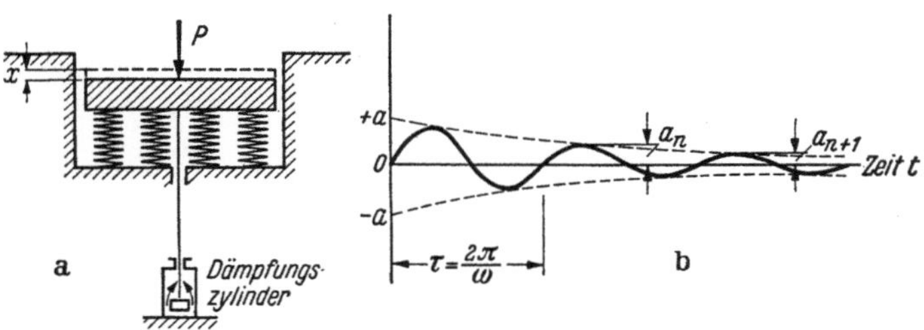

Abb. 142a u. b. a Auf Federn gelagerte Platte in Verbindung mit einem Stoßdämpfer zur Veranschaulichung gedämpfter freier Schwingungen; b graphische Darstellung der Plattenbewegung.

ersetzt, worin der Koeffizient λ die Dimension einer Kreisfrequenz, d. i sec^{-1}, besitzt. Dieser Koeffizient λ wird *Dämpfungsfaktor* genannt. Aus der Gl. (7) erhalten wir

$$C_f = \omega^2\frac{G}{g}.$$

Ersetzen wir die Werte C_{fd} und C_f in der Gl. (12) durch die vorhin angeschriebenen, so erhalten wir

$$\frac{d^2x}{dt^2} + 2\lambda\frac{dx}{dt} + \omega^2 x = 0. \tag{14}$$

Die Integration dieser Gleichung ergibt, daß die Wirkung der Dämpfungskraft auf die Schwingung vom Wert $\sqrt{\lambda^2 - \omega^2}$ abhängt (siehe z. B. TIMOSHENKO 1937). Wenn dieser Wert reell ist (bei hohen Werten der Dämpfungskraft), verursacht die Anfangsverschiebung überhaupt keine Schwingung. Anstatt zu schwingen, kehrt der Körper langsam mit abnehmender Geschwindigkeit in seine Gleichgewichtslage zurück und erreicht diese Lage erst nach unendlich langer Zeit. Dieser Fall wird *vollständige Dämpfung* genannt. Wenn andererseits $\sqrt{\lambda^2 - \omega^2}$ imaginär ist (bei kleinen Werten der Dämpfungskraft), verursacht das plötzliche Aufhören der Störungskraft ein Schwingen des Körpers, aber die Schwingungsdauer τ_d ist etwas kleiner als die Eigenschwingungsdauer τ des Körpers. Dies ist der Normalfall. Da der Unterschied zwischen der Schwingungsdauer τ_d und der Eigenschwingungsdauer τ des Körpers sehr klein ist, wird er vernachlässigt, und wir setzen $\tau_d = \tau$.

Abb. 142b stellt die Beziehung zwischen der Zeit und der Verschiebung im Normalfall dar. Wenn a_n und a_{n+1} die Amplituden für zwei hintereinanderfolgende Schwingungen darstellen, dann ist der Quotient a_n/a_{n+1} eine Konstante

$$\frac{a_n}{a_{n+1}} = e^{\tau\lambda}$$

oder

$$\ln a_n - \ln a_{n+1} = \tau\lambda. \tag{15}$$

Dieser Wert wird das *logarithmische Dekrement* genannt. Es drückt die Größe der Dämpfungswirkung aus. Die Werte a_n, a_{n+1} und τ werden durch direkte Messungen der Amplituden der freien Schwingungen des Körpers erhalten. Daher kann der Wert λ aus der einfachen Gleichung

$$\lambda \,(\text{sek}^{-1}) = \frac{1}{\tau} \ln \frac{a_n}{a_{n+1}}, \tag{16}$$

berechnet werden.

157. Erzwungene harmonische Schwingung.

Die Schwingungen eines Systems werden erzwungen genannt, wenn der die Schwingungen verursachende Impuls periodisch wiederkehrt. Pulsierende Windstöße und die Schwingungen der Grundfläche eines Bauwerkes infolge Pfahlrammungen sind Beispiele solcher periodischen Impulse. Um die wesentlichsten Kennzeichen erzwungener Schwingungen zu erklären, nehmen wir an, daß der elastisch gelagerte Körper vom Gewicht G, wie er in Abb. 143a dargestellt ist, in lotrechter Richtung durch einen periodischen Impuls beansprucht wird, dessen Größe durch die Gleichung

$$P = P_1 \sin \omega_1 t \tag{1}$$

gegeben ist. Wenn x die lotrechte Verschiebung der Körpers zur Teit t bedeutet, dann ist nach dem D'ALEMBERTschen Prinzip

$$\frac{G}{g} \frac{d^2x}{dt^2} + C_f x = P_1 \sin \omega_1 t,$$

worin C_f die Federkonstante der elastischen Lagerung bezeichnet. Mittels der Gl. (156.2) erhält man für die lotrechte Verschiebung a_1 infolge von P_1 den Wert

$$a_1 = \frac{P_1}{C_f}, \tag{2}$$

woraus

$$P_1 = a_1 C_f$$

und

$$\frac{G}{g} \frac{d^2x}{dt^2} + x C_f = a_1 C_f \sin \omega_1 t. \tag{3}$$

Drücken wir den Wert C_f mittels der Gl. (156.7) als Funktion der Eigenkreisfrequenz ω_0 des Körpers aus, so erhalten wir

$$\frac{d^2x}{dt^2} + \omega_0^2 x = a_1 \omega_0^2 \sin \omega_1 t. \tag{4}$$

Das Integral dieser Gleichung lautet:

$$x = \frac{a_1}{1 - \omega_1^2/\omega_0^2} \left(\sin \omega_1 t - \frac{\omega_1}{\omega_0} \sin \omega_0 t \right). \tag{5}$$

Aus dieser Gl. (5) ist zu ersehen, daß die Schwingung des Körpers in zwei Teile zerlegt werden kann. Der erste,

$$x' = \frac{a_1}{1 - \omega_1^2/\omega_0^2} \sin \omega_1 t \tag{6a}$$

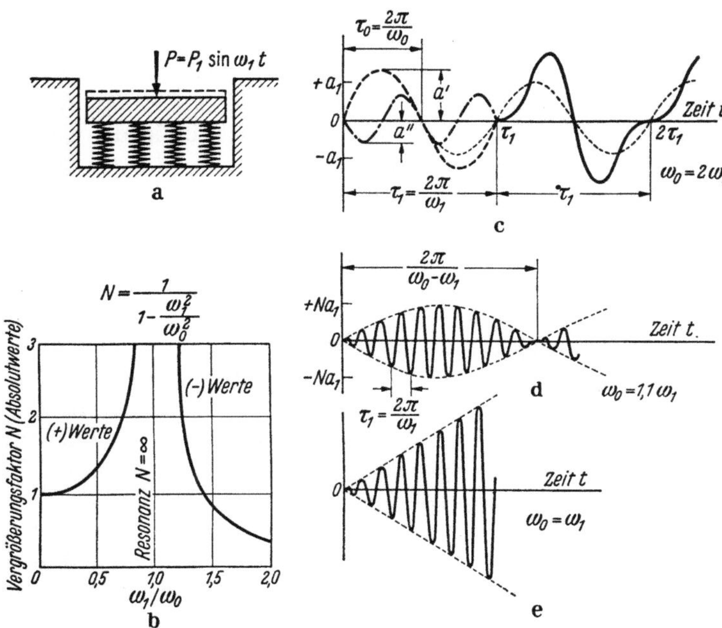

Abb. 143 a—e. a Auf Spiralfedern gelagerte Platte mit der Eigen-Kreisfrequenz ω_0, die durch einen periodischen Impuls beansprucht wird und eine ungedämpfte erzwungene Schwingung ausübt; b Beziehung zwischen dem Quotienten der Kreisfrequenzen ω_1/ω_0 und dem Verstärkungsfaktor; c bis d graphische Darstellung erzwungener Schwingungen für drei verschiedene Werte des Kreisfrequenzquotienten.

stellt eine erzwungene Schwingung mit der Kreisfrequenz ω_1 und der Amplitude

$$a' = \frac{a_1}{1 - \omega_1^2/\omega_0^2} = N a_1, \tag{6b}$$

dar, worin

$$N = \frac{1}{1 - \omega_1^2/\omega_0^2} \tag{6c}$$

den *Verstärkungsfaktor* bedeutet. Tragen wir den Wert N in Abhängigkeit vom Quotienten ω_1/ω_0 auf, so erhalten wir die in Abb. 143 b gezeigte Kurve. Für $\omega_1/\omega_0 = 1$ geht ihre Ordinate gegen unendlich. Es ist dies die *Resonanzbedingung* für die ungedämpfte erzwungene

Schwingung. Der zweite Teil

$$x'' = \frac{a_1}{1 - \omega_1^2/\omega_0^2} \frac{\omega_1}{\omega_0} \sin \omega_0 t = a_1 N \frac{\omega_1}{\omega_0} \sin \omega_0 t \qquad (7\,\text{a})$$

ist eine freie Schwingung mit der Kreisfrequenz ω_0 und der Amplitude

$$a'' = a_1 N \frac{\omega_1}{\omega_0} . \qquad (7\,\text{b})$$

Um die Art der resultierenden Schwingung zu veranschaulichen, wurden die in Abb. 143c gezeigten Kurven aufgetragen. Sie stellen die Schwingungen eines auf Spiralfedern gelagerten Körpers dar, dessen Eigenkreisfrequenz ω_0 gleich der doppelten Kreisfrequenz des Impulses ist. Die Schwingungsdauer des Impulses beträgt $\tau_1 = 2\pi/\omega_1$. Im Diagramm bedeutet die dünn punktierte Linie die Schwingung infolge der pulsierenden Störungskraft P, wenn diese allein wirken würde. Infolge der dynamischen Wirkung dieser Kraft ist die tatsächliche Schwingung des Körpers von der vorher genannten unterschiedlich. Die über die Strecke τ_1 vom Ursprung an dick strichliert gezeichneten Kurven stellen die beiden Komponenten der tatsächlichen Schwingung dar und die voll gezeichnete Kurve, die außerhalb τ_1 liegt, die zusammengesetzte tatsächliche Schwingung.

Die Untersuchung des Einflusses des Quotienten ω_1/ω_0 auf die Amplitude der resultierenden Schwingung mit Hilfe der Gl. (5) führt zu folgenden Erkenntnissen. Wenn die Frequenz ω_1 des Impulses sich der Eigenfrequenz ω_0 des Systems nähert, dann nimmt die Schwingung den Charakter einer Schwingung mit der Kreisfrequenz ω_1 an, die eine veränderliche Amplitude hat, wie in Abb 143d gezeigt ist. Diese Erscheinung wird *Schwebung* genannt. Für $\omega_1 = \omega_0$ wird die Schwingungsdauer der Schwebung gleich unendlich. Folglich nimmt die Amplitude, wie in Abb. 143e gezeichnet ist, geradlinig mit der Zeit zu, und erreicht ebenfalls einen unendlich großen Wert. Diese Abbildung veranschaulicht die *Resonanzerscheinung.* Resonanz tritt dann auf, wenn jeder neue Impuls den Körper genau in dem Augenblick erreicht, wenn der Körper sich in einer extremen Lage befindet. Auf diese Weise addieren sich die Wirkungen der hintereinanderfolgenden Impulse.

Die Gl. (5) deckt auch folgende Beziehung auf. Wenn der Quotient ω_1/ω_0 sehr klein ist, d. h. wenn die Eigenfrequenz des Systems gegenüber der Frequenz des Impulses sehr hoch ist, wird der Verstärkungsfaktor gleich Eins, und die Schwingung des Systems wird identisch mit jener des Impulses. Andererseits ist für sehr hohe Werte von ω_1/ω_0 der Verstärkungsfaktor nahezu gleich Null, und der Impuls erzeugt eine Schwingung mit der Kreisfrequenz ω_0 und einer sehr kleinen Amplitude, $a_1 \omega_0/\omega_1$.

Wenn der Quotient ω_1/ω_0 überdies kleiner als Eins ist, wird der Verstärkungsfaktor N [Gl. (6c)] positiv, und wenn ω_1/ω_0 größer als Eins ist, wird er negativ. Dieser plötzliche Vorzeichenwechsel bei $\omega_1/\omega_0 = 1$ hat folgende physikalische Bedeutung. Wenn ω_1/ω_0 kleiner als Eins ist, sind die Impulse und die durch die Gl. (6) dargestellte erzwungene Schwingung synchron. Wenn ω_1/ω_0 größer als Eins ist, geht der Impuls der erzwungenen Schwingung um eine halbe Wellenlänge voraus. Diese zeitliche Verschiebung der erzwungenen Schwingung wird *Phasenunterschied* genannt.

Da jede der beiden Komponenten der resultierenden Schwingung eine einfache harmonische Schwingung darstellt, kann jede durch die lotrechte Komponente der Bewegung des freien Endes eines rotierenden Vektors dargestellt werden (Abb. 141c). Wenn die beiden Komponenten einer Schwingung nicht synchron sind, müssen die beiden rotierenden Vektoren, die den Komponenten entsprechen, mit einander einen Winkel bilden, der als *Phasenwinkel* bezeichnet wird. Ein Phasenunterschied von einer halben Periode erfordert einen Phasenwinkel π. Da der Phasenunterschied zwischen den beiden Komponenten einer ungedämpften, erzwungenen Schwingung entweder gleich Null ist ($\omega_1/\omega_0 > 1$) oder gleich einer halben Periode ($\omega_1/\omega_0 < 1$), verursacht eine Zunahme des Wertes ω_1/ω_0 über die Einheit hinaus, ein plötzliches Anwachsen des Phasenwinkels von Null auf π. Bei gedämpften erzwungenen Schwingungen nimmt der Phasenwinkel allmählich von Null auf π zu (siehe später).

Der größte lotrechte Druck, der von dem periodischen Impuls auf die Spiralfedern ausgeübt wird, ist gleich

$$P_a' = a_{\max}\, C_f,$$

worin $a_{\max}$ die größte Amplitude der erzwungenen Schwingung darstellt. Abb. 143c zeigt, daß $a_{\max}$ nicht größer als $a' + a''$ sein kann, womit

$$P_a' \gtrless P_a = (a' + a'')\, C_f.$$

Der Wert P_a stellt einen oberen Grenzwert für P_a' dar. In den folgenden Rechnungen wird $P_a' = P_a$ angenommen. Die Werte von a' und a'' sind durch die Gl. (6b) und (7b) gegeben. Setzt man diese Werte in die vorherige Gleichung ein, so erhält man

$$P_a = \pm N a_1 \left(1 + \frac{\omega_1}{\omega_0}\right) C_f.$$

Da $a_1 = P_1/C_f$ [Gl. (2)], kann man schreiben

$$P_a = \pm P_1 N \left(1 + \frac{\omega_1}{\omega_0}\right) = \pm P_1 \frac{1}{1 - \omega_1/\omega_0},$$

worin N wieder den Verstärkungsfaktor [Gl. (6c)] und ω_1/ω_0 den Quotient aus der Kreisfrequenz des Impulses und der Eigenschwingung des Körpers bedeutet. Die Kraft P_a stellt den Größtwert des vom Impuls auf die Spiralfederunterlage ausgeübten Druckes dar. Daher schwankt der gesamte lotrechte Druck auf die Federn zwischen den Grenzwerten

$$G + P_a \quad \text{und} \quad G - P_a.$$

Die Gl. (8) zeigt, daß diese Grenzwerte nicht nur von der Größe der Störungskraft P_1, sondern auch vom Quotienten ω_1/ω_0 abhängen.

Wenn der schwingende Körper mit einem Stoßdämpfer, wie in Abb. 142a gezeigt ist, in Verbindung steht, dann ist er nicht nur durch die Störungskraft P [Gl. (1)], durch die Widerstandskraft $\dfrac{G}{g}\,\dfrac{d^2 x}{dt^2}$ und durch die Reaktion $x\,C_f$ der Federunterlage beansprucht, sondern auch durch die Dämpfungskraft

$$P_d = C_{fd}\,\frac{dx}{dt}. \tag{156.11}$$

Da

$$C_{fd} = 2\,\lambda\,\frac{G}{g} \tag{156.13}$$

kann man schreiben

$$P_d = 2\,\lambda\,\frac{G}{g}\,\frac{dx}{dt},$$

worin λ (sec^{-1}) den Dämpfungsfaktor bedeutet. Die Kraft P_d muß zu den auf der linken Seite der Gl. (3) wiedergegebenen Kräften hinzugefügt werden. Man erhält damit

$$\frac{G}{g}\,\frac{d^2 x}{dt^2} + 2\,\lambda\,\frac{G}{g}\,\frac{dx}{dt} + x\,C_f = a_1\,C_f \sin\omega_1 t.$$

Drücken wir den Wert C_f mittels der Gl. (156.7) als Funktion der Eigenkreisfrequenz ω_0 des Körpers aus, so erhalten wir

$$\frac{d^2 x}{dt^2} + 2\,\lambda\,\frac{dx}{dt} + \omega_0^2\,x = a_1\,\omega_0^2 \sin\omega_1 t. \tag{9}$$

Ähnlich der durch Gl. (4) dargestellten Schwingung, besteht die vorige Differentialgleichung aus zwei Teilen, aus einer freien und einer erzwungenen Schwingung. Bei starker Dämpfung wird jedoch die freie Schwingung durch die Dämpfungskraft rasch zum Verschwinden gebracht. Deshalb wird die freie Schwingung meist vernachlässigt und die Gesamtkomponente gleich der erzwungen gesetzt:

$$x = a_1\,\frac{1}{\sqrt{\left[1 - \left(\dfrac{\omega_1}{\omega_0}\right)^2\right]^2 + \left(\dfrac{2\lambda}{\omega_0}\right)^2 \left(\dfrac{\omega_1}{\omega_0}\right)^2}}\,\sin\left[\omega_1 t - \operatorname{arc\,tg}\,\frac{2\,\omega_1\,\lambda}{\omega_0^2 - \omega_1^2}\right]. \tag{10}$$

Führen wir die Abkürzungen

$$N_1 = \frac{1}{\sqrt{\left[1 - \left(\dfrac{\omega_1}{\omega_0}\right)^2\right]^2 + \left(\dfrac{2\lambda}{\omega_1}\right)^2 \left(\dfrac{\omega_1}{\omega_0}\right)^2}} \tag{11a}$$

und

$$\alpha = \operatorname{arc\,tg}\,\frac{2\,\omega_1}{\omega_0^2 - \omega_1^2} \tag{11b}$$

ein, so erhalten wir

$$x = a_1 N_1 \sin(\omega_1 t - \alpha) \qquad (11\,c)$$

als Gleichung einer harmonischen Schwingung, deren Frequenz gleich der Frequenz des Impulses ist. Der Wert N_1 stellt den Verstärkungsfaktor dar. Die erzwungene Schwingung folgt hinter dem Impuls, und die Größe dieser Verschiebung ist durch den Phasenwinkel α [Gl. (11 b)] bestimmt. Die Amplitude der erzwungenen Schwingung beträgt

$$a = a_1 N_1 = \frac{a_1}{\sqrt{\left[1 - \left(\dfrac{\omega_1}{\omega_0}\right)^2\right]^2 + \left(\dfrac{2\lambda}{\omega_0}\right)^2 \left(\dfrac{\omega_1}{\omega_0}\right)^2}} \, . \qquad (12)$$

Daher ist der vom Impuls auf die Spiralfedern ausgeübte größte Druck gleich

$$P_a = C_f\, a = C_f\, a_1 N_1 = P_1 N_1, \qquad (13)$$

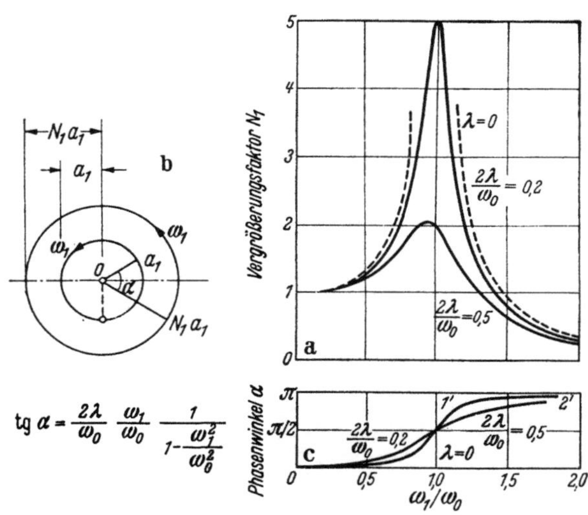

Abb. 144 a—c. Gedämpfte, erzwungene Schwingung einer auf Spiralfedern gelagerten Platte mit der Eigenkreisfrequenz ω_0. a Verstärkungsfaktor und c Phasenwinkel für drei verschiedene Werte des Dämpfungsfaktors λ, beide als Funktion des Kreisfrequenzquotienten ω_1/ω_0 aufgetragen; b Darstellung der Plattenschwingung durch einen mit $N_1 a_1$ bezeichneten rotierenden Vektor.

worin N_1 den Verstärkungsfaktor der gedämpften, erzwungenen Schwingung darstellt [Gl. (11a)].

Die Amplitude a [Gl. (12)] wird ein Maximum für

$$\omega_1 = \omega_{1\,\mathrm{res}} = \omega_0 \sqrt{1 - \frac{1}{2}\left(\frac{2\lambda}{\omega_0}\right)^2} \, .$$

Dies ist die Resonanzbedingung. Setzen wir diesen Wert in die Gl. (12) ein, so erhalten wir für die Amplitude bei Resonanz

$$a_{\mathrm{max}} = a_1 \frac{1}{\dfrac{2\lambda}{\omega_0} \sqrt{1 - \dfrac{1}{4}\left(\dfrac{2\lambda}{\omega_0}\right)^2}} \, .$$

Tragen wir den Wert N_1 [Gl. (11a)] als Ordinate zu den Abszissen ω_1/ω_0 auf, so erhalten wir eine ähnliche Kurve wie in Abb. 144a für die Werte von $2\,\lambda/\omega_0 = 0,2$ und 0,5 gezeichnet ist. Die Abbildung zeigt, daß der Wert ω_1/ω_0 bei Resonanz nahe bei Eins liegt. Deshalb wird die Resonanzbedingung meist durch die Annahme vereinfacht, daß die Kreisfrequenz für Resonanz, $\omega_{1\,res}$ gleich ω_0 gesetzt wird:

$$\omega_{1\,res} = \omega_0. \tag{14}$$

Die Amplitude a_{max} ist mit genügender Genauigkeit durch die Gleichung gegeben:

$$a_{max} = a_1 \frac{\omega_0}{2\,\lambda}. \tag{15}$$

Zur Zeit t ist die periodische Störungskraft P [Gl. (1)] gleich

$$P = P_1 \sin \omega_1 t = a_1 \, C_f \sin \omega_1 t.$$

Wenn die Spiralfederunterlage durch keine andere Kraft beansprucht wird, beträgt die lotrechte Verschiebung y zur Zeit t

$$y = \frac{P}{C_f} = a_1 \sin \omega_1 t.$$

Die tatsächliche Verschiebung des Körpers ist durch die Gl. (11c) gegeben:

$$x = a_1 \, N_1 \sin(\omega_1 t - \alpha).$$

Diese Verschiebungen sind identisch mit der lotrechten Verschiebungskomponente der Endpunkte von zwei Vektoren mit den Längen a_1 und $a_1 N_1$, die mit einer Kreisfrequenz ω_1, entsprechend Abb. 144b, um den Punkt 0 rotieren. Der Winkel zwischen den beiden Vektoren ist gleich dem Phasenwinkel α. Zu irgendeiner Zeit t sind die Abstände y und x gleich dem lotrechten Abstand zwischen der waagrechten Achse durch den Drehmittelpunkt und den bewegten Enden der Vektoren a_1 und $a_1 N_1$. Tragen wir den Phasenwinkel α [Gl. (11b)] gegen die Werte ω_1/ω_0 auf, so erhalten wir eine ähnliche Kurve, wie in Abb. 144c für die Werte $2\,\lambda/\omega_0 = 0,2$ bzw. 0,5 gezeichnet ist. Für $\lambda = 0$ (ungedämpfte Schwingung) erhalten wir statt einer Kurve die mit $\lambda = 0$ bezeichnete lotrechte Linie. Diese Linie stellt die plötzliche Zunahme des Phasenwinkels bei $\omega_0/\omega_1 = 1$ von Null auf π dar, die bei der ungedämpften, erzwungenen Schwingung auftritt.

158. Dynamische Bettungsziffer.

Im Abs. 156 wurde die Federkonstante C_f und die Bettungsziffer C_b der Spiralfederunterlage nach Abb. 141a durch die einfache Gleichung

$$C_f = F\,C_b$$

oder

$$C_b = \frac{C_f}{F} \tag{1}$$

in Verbindung gebracht, wobei F die Grundfläche des Baukörpers bedeutet. Nach der Bettungsziffertheorie (Kapitel XVI) stellt die in Abb. 141a gezeichnete Spiralfederunterlage das mechanische Modell des natürlichen Bodens dar. In Wirklichkeit ist diese Analogie sehr unvollständig, weil der Wert C_b für eine einheitliche Federunterlage von der Größe der belasteten Fläche unabhängig ist, während der Wert C_b für den Boden von der Größe der belasteten Fläche und von vielen anderen Faktoren, die mit den elastischen Bodeneigenschaften in keiner Verbindung stehen, abhängig ist (siehe Abs. 124).

Bei der Entwicklung der Bettungsziffertheorie dachte man allerdings noch, daß C_b [Gl. (1)] nicht nur für eine gegebene Federunterlage, sondern auch für einen gegebenen Boden eine konstante Größe darstellt und die Setzung einer Gründung, sobald C_b bekannt ist, berechnet werden kann. Die durch Gl. (1) ausgedrückte einfache theoretische Beziehung führte deshalb auf den Gedanken, die Größe der Bettungsziffer C_b eines gegebenen Bodens mittels eines Schwingungsversuches zu ermitteln. Dies kann z. B. durch Auflegen einer dicken Stahlplatte auf die Bodenoberfläche gemacht werden, wenn die Platte einer pulsierenden Kraft mit veränderlicher Frequenz unterworfen und die Amplitude der vom Impuls erzwungenen Schwingungen gemessen wird. Die Platte mit dem Pulsator zusammen bildet einen *Schwinger*. Nach dem Abs. 157 ist die Amplitude des Schwingers am größten, wenn die Frequenz f des Impulses gleich der Eigenfrequenz f_0 des Schwingers ist. Aus der Gl. (156.10) erhalten wir

$$f_0 = \frac{\omega_0}{2\pi} = \frac{1}{2\pi} \sqrt{\frac{C_f\, g}{G}}, \tag{2}$$

woraus

$$C_f = 4\pi^2 f_0^2 \frac{G}{g}$$

und

$$C_b = \frac{C_f}{F} = \frac{4\pi^2}{F} f_0^2 \frac{G}{g},$$

worin F die Grundfläche des Schwingers und G das Gewicht des schwingenden Systems bedeutet.

Das Gewicht G in der Gl. (2) ist gleich der Summe aus dem bekannten Gewicht G_1 des Schwingers und dem unbekannten Gewicht G_b des Bodenkörpers, der an den Schwingungen des Systems teilnimmt. Wir können daher schreiben

$$C_b = \frac{4\pi^2}{F} f_0^2 \frac{G_1 + G_b}{g}. \tag{3}$$

Die versuchsmäßige Ermittlung des unbekannten Gewichtes G_b wird später erörtert werden.

Die Gl. (3) beruht auf der stillschwiegenden Annahme, daß das Gewicht G_b des schwingenden Bodens einen Teil des Gewichtes des starren Schwingers bildet und die Ursache der elastischen Kräfte gewichtslos ist. In Wirklichkeit arbeitet das System wie eine starre Masse mit dem Gewicht G_1 (Gewicht des Schwingers), die von Spiralfedern vom Gewicht G_f getragen wird. Um eine genauere Vorstellung von der gegenseitigen Wirkung des Schwingers und dem unterstützenden Boden zu bekommen, müssen die Massenkräfte, die auf dem Boden unterhalb der Aufstandsfläche des Schwingers wirken, beachtet werden. Diese Untersuchung wurde von E. Reissner (1936) mit der vereinfachten Annahme vervollständigt, daß der Schwinger auf der waagrechten Oberfläche des elastisch isotropen Halbraumes ruht. Es wurde aber bisher noch kein Versuch unternommen, die Ergebnisse dieser Arbeit auf die praktische Auswertung von Schwingungsuntersuchungen anzuwenden.

Trotz der Widersprüche in den theoretischen Annahmen, auf denen die Auslegung der Versuchsergebnisse beruht, brachte die sogenannte dynamische Bodenuntersuchung eine Reihe praktisch bedeutender Erkenntnisse. Die folgende Zusammenstellung enthält die bisherigen Versuchsergebnisse.

Die Eigenfrequenz eines Schwingers von gegebenem Gewicht und gegebener Grundfläche steht in direktem Verhältnis zu den elastischen Eigenschaften des Untergrundes. Je fester und weniger zusammendrückbar der Boden ist, um so größer ist die Federkonstante. Deshalb wurden und werden Schwinger mit Erfolg zur Ermittlung des relativen Verdichtungsgrades von künstlichen Schüttungen aus sandigen Böden angewendet. Aus ähnlichen Gründen besteht eine bestimmte Beziehung zwischen der Eigenfrequenz des Schwingers und der nach den allgemeinen Bauerfahrungen zulässigen Belastung sandiger Böden. Die folgenden auszugsweise wiedergegebenen Zahlenangaben (Lorenz 1936) veranschaulichen diese Beziehung:

Bodenart	Frequenz f in sec^{-1}	Zulässige Bodenpressung in kg/cm²
Lockere Auffüllung	19,1	1,0
Dichte, künstliche Schlackenschüttung	21,3	1,5
Ziemlich dicht gelagerter, mittelkörniger Sand . . .	24,1	3,0
Sehr dicht gelagerter gemischtkörniger Sand . . .	26,7	4,5
Dicht gelagerter mittelkörniger Kies	28,1	4,5
Mergel	30	—
Harter Sandstein	34	—

Die in der Tafel wiedergegebenen Eigenfrequenzen wurden mit einem 3000 kg schweren Schwinger erhalten, dessen Grundfläche 1 m² betrug. Die Ergebnisse seismischer Beobachtungen lassen darauf schließen, daß jede Bodenmasse eine mit genau festgelegten Grenzen definierte Eigenfrequenz besitzt. Diese Frequenz ist jedoch nicht mit der durch einen Schwingungsversuch auf der Oberfläche derselben Masse erhaltenen Eigenfrequenz (Ramspeck 1938) identisch.

Ergänzend zu der oben genannten Tabelle muß noch betont werden, daß sowohl die Frequenzen wie die zulässigen Bodenpressungen nur für eine allgemeine

Kennzeichnung des Bodens und nicht für eine bestimmte Setzung anwendbar sind, weil die Setzung einer Fläche, die eine gegebene Einheitslast trägt, von einer Reihe anderer Faktoren als von den mechanischen Eigenschaften des Untergrundes allein abhängt (siehe Abs. 142).

Es wurde außerdem festgestellt, daß die mit Hilfe der Gl. (3) erhaltenen Werte C_b durchwegs größer sind als jene, die mittels statischer Belastungsversuche auf derselben Fläche erhalten werden. Aus diesem Grunde wird der Quotient aus Sohlspannung und der mittels eines Schwingungsversuches ermittelten Setzung mit einem anderen Zeichen benannt, und zwar

$$C_d = \frac{C_f}{F} \, . \tag{4}$$

Der Wert C_d wird *dynamische Bettungsziffer* genannt. Sie stellt das dynamische Äquivalent zur Bettungsziffer C_b dar. [Gl. (124.1)] Bei der Anwendung auf die Berechnung der Setzung infolge einer Änderung Δp der lotrechten Druckspannung ist die Gl. (124.1) nur für positive Werte von Δp gültig, weil die Setzung s in dieser Gleichung sowohl die rückgängigen wie auch die bleibenden Setzungen umfaßt. Die Gl. (4) ist dagegen sowohl für zunehmende wie auch für abnehmende Druckspannungen gültig.

Die Untersuchungen über den Einfluß verschiedener Veränderlicher, wie z. B. über die Größe der belasteten Fläche auf den Wert der dynamischen Bettungsziffer C_d, haben noch keine eindeutigen Ergebnisse geliefert. Nach LORENZ (1934) ist der Einfluß der Lastflächengröße auf den Wert C_d für Sand unbedeutend. Andererseits zeigt Abb. 10 in ,,Seismos‘‘ (Werbeprospekt 1934), in dem die Ergebnisse von Feldversuchen auf dicht gelagertem, lehmigem Mittelkies dargestellt sind, daß bei Zunahme der Lastfläche von 0,25 auf 1,0 m² bei einer Sohlspannung von 0,6 kg/cm² der Wert C_d von 15 auf 28 kg/cm³ anstieg und bei einer Sohlspannung von 1,5 kg/cm² von 27 auf 34 kg/cm³. Diese Abbildungen zeigen also, daß mit zunehmenden Werten der Sohlspannung auch C_d zunimmt, während die statische Bettungsziffer C_b mit zunehmender Sohlspannung gewöhnlich abnimmt. Nach Abb. 5 der Veröffentlichung von LORENZ (1934) nimmt der Wert C_d bei Sand auch mit zunehmender Sohlspannung ab.

Nimmt die Frequenz der einem Boden durch einen Schwinger erteilten Impulse zu, dann beginnt die Setzung der Aufstandsfläche rasch anzuwachsen, wenn die Frequenz f_1 größer wird als etwa die Hälfte oder zwei Drittel der Eigenfrequenz f_0 des Systems Boden und Schwinger. Sobald die Frequenz den Wert f_0 erreicht, werden die Setzungen der Schwingeraufstandsfläche um ein Vielfaches größer als die entsprechenden Setzungen bei einer gleichwertigen statischen Last unter Berücksichtigung der Trägheitskräfte. Der Frequenzbereich, innerhalb dessen die Impulse übermäßig starke Setzungen verursachen, wird als *kritischer Bereich* bezeichnet. Der kritische Bereich scheint etwa die Frequenzen zwischen $0{,}5 f_0$ und $1{,}5 f_0$ zu umfassen und ist von der Größe des Schwingers ziemlich unabhängig. Liegt daher die

Frequenz eines auf Sand aufruhenden Fundamentes innerhalb des kritischen Bereiches der Schwingungen eines auf demselben Sand arbeitenden Schwingers, dann sind bei diesem Fundament übermäßig große Setzungen zu erwarten. Die Kenntnis der Beziehung zwischen Frequenz und Setzung wurde ein wesentlicher Faktor bei der Bemessung der Fundamente rasch laufender Maschinen bei sandigen Böden. Sie war auch der Entwicklung schwerer Rüttelgeräte zur künstlichen Verdichtung sandiger Schüttungen förderlich.

Die meisten der bisher genannten Untersuchungen wurden seit 1930 durch die Degebo (Deutsche Gesellschaft für Bodenmechanik) durchgeführt. Dieselbe Gesellschaft hat auch die Theorie der dynamischen Bodenuntersuchung ausgearbeitet [Degebo (1933)]. Die Versuchsberichte sind nicht leicht zugänglich, und nur wenig wurde in englischer Sprache veröffentlicht. Der folgende Überblick über die Theorie und praktische Versuchsdurchführung beruht ausschließlich auf den Veröffentlichungen der Degebo.

Der von der Degebo entwickelte Schwinger erzeugt gemäß Abb. 145a mittels zweier gleich großer Gewichte ΔG, die um zwei zueinander parallel liegende Achsen entgegengesetzt rotieren und auf diese Weise den gemeinsamen Schwerpunkt der beiden Gewichte in einer Lotrechten zwischen den extremen Lagen a und b auf und ab bewegen, periodische Impulse. Die Anzahl der Umdrehungen, f_1 pro Zeiteinheit, kann in weiten Grenzen verändert werden. Nach den Gl. (156.10) ist die von den periodischen Impulsen der Gewichte erzeugte Kreisfrequenz gleich

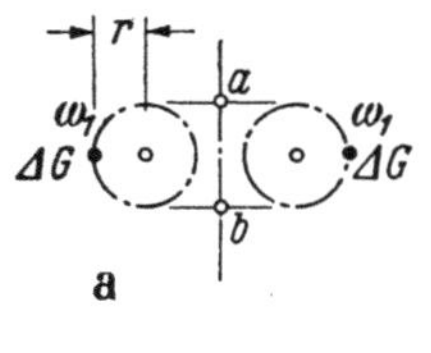

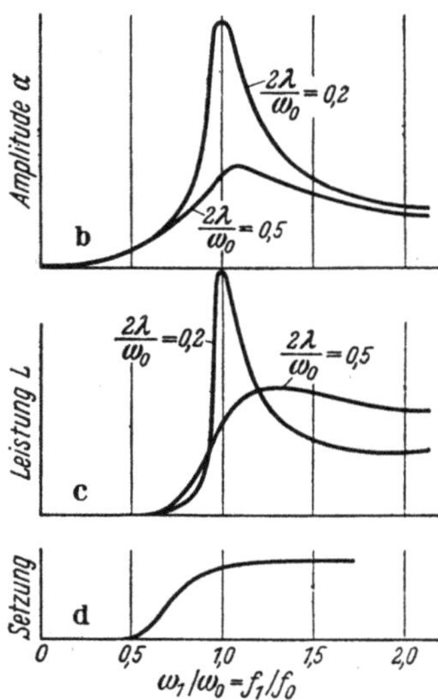

$$\omega_1 = 2\pi f_1, \qquad (5)$$

und die Schwingungsdauer beträgt

Abb. 145a—d. a Zeichnerische Darstellung des Prinzips des Degebo-Schwingers; b bis d zeigt den Einfluß des Frequenzverhältnisses auf die Amplitude, Leistung und Setzung.

$$\tau = \frac{1}{f_1} = \frac{2\pi}{\omega_1}. \qquad (6)$$

Jedes der rotierenden Gewichte ist durch die Fliehkraft beansprucht:

$$\frac{1}{2}\,P_1 = \frac{\Delta G}{g}\,\omega_1^2\,r,$$

worin g die Fallbeschleunigung und r die Ausmittigkeit, d. h. den Abstand des Schwerpunktes von ΔG von der Rotationsachse bedeutet. Bei einer gegebenen Umdrehungszahl kann die Kraft P_1 durch Veränderung der Ausmittigkeit r der rotierenden Gewichte ebenfalls verändert werden. Da die beiden Gewichte in entgegengesetzter Richtung synchron laufen, heben sich die waagrechten Komponenten der Fliehkräfte gegenseitig auf, und die lotrechten ergeben eine periodische

Störungskraft von der Größe

$$P = P_1 \sin \omega_1 t = \frac{2 \Delta G}{g} r \omega_1^2 \sin \omega_1 t = C \omega_1^2 \sin \omega_1 t, \qquad (7\,\mathrm{a})$$

worin

$$C = \frac{2 \Delta G}{g} r \qquad (7\,\mathrm{b})$$

eine Konstante bedeutet, die nur von der Art des Schwingers und von der Ausmittigkeit r abhängt. Die rotierenden Gewichte sind auf einer schweren Grundplatte von der Flächengröße F gelagert. Das Gesamtgewicht der Grundplatte und des von dieser Platte getragenen Maschinenaggregates beträgt G_1. Die pulsierende Kraft P [Gl. (7a)] erzeugt eine erzwungene, gedämpfte lotrecht gerichtete Schwingung nicht nur im Schwinger, sondern auch im unmittelbar unter dem Schwinger gelegenen Boden. Entsprechend der früheren Festlegung ist die Federkonstante C_f in der Differentialgleichung des Schwingungsvorganges, (157.9), gleich der zur Erzeugung einer reversiblen Verschiebung des Schwerpunktes des Schwingungssystems von der Größe Eins in der Richtung der Schwingung nötigen Kraft. Die zur Erzeugung einer reversiblen Setzung der Bodenoberfläche von der Größe Eins notwendige Sohlspannung ist gleich der dynamischen Bettungsziffer C_d. Daher beträgt die Federkonstante eines Schwingers mit der Grundplatte von der Fläche F gleich

$$C_f = C_d F,$$

wenn wir die Annahme als gültig ansehen, daß die lotrechte Verschiebung des Schwerpunktes des Schwingungssystems identisch ist mit der Verschiebung der Schwingergrundfläche. Das Gewicht G der schwingenden Masse ist gleich der Summe aus dem Gewicht G_1 des Schwingers und dem Gewicht G_b des Bodenkörpers, der an der Bewegung des Schwingers teilnimmt. Setzen wir in die Gl. (156.7)

$$C_f = C_d F, \qquad G = G_1 + G_b$$

und lösen nach ω_0 auf, so erhalten wir für die Eigenkreisfrequenz des Systems den Wert

$$\omega_0 = \sqrt{\frac{C_d F}{G_1 + G_b}}. \qquad (8)$$

Infolge der Dämpfungseigenschaften des Untergrundes erzeugt der Impuls $P_1 \sin \omega_1 t = C \omega_1^2 \sin \omega_1 t$ [Gl. (7a)] erzwungene Schwingungen mit starker Dämpfung. Der reversible Teil der von der Last $P_1 = C \omega_1^2$ erzeugten Setzung beträgt

$$a_1 = \frac{C \omega_1^2}{C_f}. \qquad (9)$$

Dieser Wert stellt die Verschiebung dar, die der Größtwert der Störungskraft P_1 statisch hervorrufen würde. Setzen wir den durch Gl. (9) gegebenen Wert für a_1 in die Gl. (157.2) ein, so erhalten wir für die Amplitude a der resultierenden erzwungenen Schwingung bei der gegebenen Kreisfrequenz ω_1 des Impulses

$$a = \frac{C \omega_1^2}{C_f} N_1, \qquad (10)$$

worin N_1 den Verstärkungsfaktor [Gl. (157.11a)] bedeutet. Der Beobachter stellt bei der Versuchsdurchführung die Frequenz fest:

$$f_1 = \frac{\omega_1}{2 \pi}.$$

Drücken wir ω_1 in Gl. (10) durch die Frequenz f_1 aus, so erhalten wir

$$a = \frac{4\pi^2 C N_1}{C_f} f_1^2.$$

Tragen wir in einem Koordinatensystem die Werte a gegen die Werte des Quotienten $f_1/f_0 = \omega_1/\omega_0$ auf, so erhalten wir eine Kurve, wie sie in Abb. 145b für zwei verschiedene Werte des Quotienten $2\lambda/\omega_0$ dargestellt ist (siehe Abs. 157). Die Resonanzbedingung ist angenähert für $f_1/f_0 = \omega_1/w_0 = 1$ erfüllt [siehe Gl. (157.14)].

Vom Beobachter wird noch eine weitere Aufzeichnung gemacht, und zwar die pro Zeiteinheit erforderliche Arbeit, d. h. die Leistung, um den Schwinger zu betätigen. Diese Arbeit besteht aus zwei Teilen. Der eine Teil wird zur Überwindung der Lagerreibung und anderer mechanischer Widerstände aufgewendet. Es wurde festgestellt, daß dieser Teil angenähert mit dem Quadrat der Frequenz zunimmt. Der zweite Teil wird vom Zähigkeitswiderstand des Bodens gegenüber einer periodischen Verformung aufgebraucht. Die Dämpfungskraft ist durch die Gl. (156.11) gegeben:

$$P_d = C_{fd}\frac{dx}{dt}.$$

Zu einer Zeit t beträgt der Abstand zwischen dem Schwerpunkt des schwingenden Systems und seiner Gleichgewichtslage gleich

$$x = a_1 N_1 \sin(\omega_1 t - \alpha), \tag{157.11 c}$$

seine Geschwindigkeit ist gleich

$$\frac{dx}{dt} = a_1 N_1 \omega_1 \cos(\omega_1 t - \alpha)$$

und die Dämpfungskraft

$$P_d = C_{fd}\frac{dx}{dt} = C_{fd} a_1 N_1 \omega_1 \cos(\omega_1 t - \alpha).$$

Die zur Überwindung der Dämpfungskraft geleistete Arbeit während einer vollständigen Schwingung mit der Schwingungsdauer $\tau = 1/f_1$ beträgt

$$L_\tau = \int_0^\tau P_d \frac{dx}{dt}\, dt = C_{fd} a_1^2 N_1^2 \omega_1 \pi$$

und die Arbeit pro Zeiteinheit, d. h. die Leistung:

$$L = f_1 L_\tau = \pi C_{fd} a_1^2 N_1^2 \omega_1 f_1$$

setzen wir in dieser Gleichung

$$\omega_1 = 2\pi f_1 \tag{5}$$

und

$$a_1 = \frac{C \omega_1^2}{C_f} = \frac{4\pi^2 f_1^2 C}{C_f}, \tag{Gl. 9}$$

so erhalten wir

$$L = 32\pi^6 C^2 N_1^2 \frac{C_{fd}}{C_f^2} f_1^6. \tag{11}$$

Der Wert C ist durch die Gl. (7b) und der Wert N_1 durch die Gl. (157.11a) bestimmt. Nach der Gl. (156.13) ist der Wert C_{fd} gleich $2\lambda G/g$, wobei mit λ der Dämpfungsfaktor und mit G das Gewicht des schwingenden Systems bezeichnet wird.

Tragen wir die Größe der Leistung L in Abhängigkeit des Quotienten f_1/f_0 auf, so erhalten wir eine Kurve, wie in Abb. 145c für zwei verschiedene Werte von $2\lambda/\omega_0$ gezeichnet ist. Mit zunehmenden Werten von $2\lambda/\omega_0$ bewegt sich der Scheitel der Amplitudenkurve in Abb. 143b nach rechts, und der Scheitel der Leistungskurve wird tiefer und flacher.

Eine dritte charakteristische Kurve, die aus den Schwingungsbeobachtungen erhalten werden kann, ist die Phasenwinkelkurve. Die Phasenwinkelkurven sehen ähnlich aus wie die in Abb. 144c für Werte $\lambda > 0$ gezeichneten Kurven. Da die Gleichung des Phasenwinkels [Gl. (157.11b)] den Dämpfungsfaktor λ enthält, ist die Form der Phasenwinkelkurve in einem gewissen Maße kennzeichnend für die Dämpfungseigenschaften des Bodens, auf dem der Schwinger arbeitet.

Bei der Ausführung eines Schwingungsversuches trägt der Versuchsdurchführende die Amplituden, die Größe der Leistung und den Phasenwinkel gegen die Frequenz f_1 des Schwingers in einem Koordinatensystem auf. Außerdem mißt er die Gesamtsetzung der Grundfläche des Schwingers bei verschiedenen Frequenzen.

Wenn die Eigenfrequenz f_0 des Schwingers näherungsweise gleich der Frequenz f_1 bei Resonanz wird, die gleich der Abszisse des Scheitels der Frequenzamplitudenkurve ist, kann man C_d durch die Substitution $f_0 = f_{1\,\text{res}}$ in Gl. (3) berechnen, wenn das Gewicht G des schwingenden Systems bekannt ist. Dieses Gewicht ist gleich der Summe aus dem Gewicht G_1 des Schwingers und dem Gewicht G_b des Bodenkörpers, der an den Schwingungen des Systems teilnimmt. Um das Gewicht G_b zu bestimmen, erhöht der Beobachter das Gewicht des Schwingers durch eine Auflast und wiederholt den Versuch, wobei die Eigenkreisfrequenz des Systems von ω_0 auf ω_0' abnimmt. Nimmt man aus Gründen der Einfachheit an, daß die Zunahme des Gewichtes des Schwingers keine Wirkung auf das Gewicht G_b hat, so erhält man eine zweite Gleichung, die die Ermittlung von G_b ermöglicht.

Mit den Ergebnissen einer solchen Untersuchung bei der Zunahme des Gewichtes eines Schwingers von 1,8 auf 3,3 t wurde das Gewicht G_b mit 12,5 t ermittelt (LORENZ 1934). Die Aufstandsfläche des Schwingers betrug 0,28 m². Eine andere Versuchsreihe, die am Ende derselben Veröffentlichung erwähnt ist, zeigte, daß G_b kaum mehr als 1 t war. Das Gewicht des Schwingers wurde von 2,0 t auf 2,7 t erhöht. Die Aufstandsfläche des Schwingers war hier etwa 1,0 m². Die Bodeneigenschaften sind nicht näher angegeben. Diese Ergebnisse scheinen zu zeigen, daß das Gewicht G_b in weiten Grenzen schwanken kann. Da das Verfahren zur Ermittlung des Gewichtes G_b ziemlich unzuverlässig ist, können die Untersuchungsergebnisse zur Bestimmung der Extremwerte, innerhalb dessen G_b liegen kann, verwendet werden. Mittels dieser Werte berechnet man eine obere und eine untere Grenze für den Wert C_d der dynamischen Bettungsziffer. Diese Werte stellen den statistischen Mittelwert für die obere und untere Grenze des Wertes C_d dar, für den innerhalb des Bereiches der elastischen Rückbildungskräfte gelegenen Boden. Beachtet man, daß das Gewicht G_b des an den Schwingungen teilnehmenden Bodens, bei einem Schwinger mit über 1 m² Grundfläche, unter 15 t bleibt, so ist die Tiefe dieses Bereiches kaum größer als etwa 2 m und kann auch beträchtlich kleiner sein. Die elastischen Eigenschaften der in größeren Tiefen gelegenen Schichten haben keinen Einfluß auf die Versuchsergebnisse, wenn die Schicht nicht außergewöhnlich plastisch oder fast flüssig ist. Um über die elastischen Eigenschaften geschichteter Ablagerungen größerer Tiefe Einblick zu bekommen, muß das Schwingungsverfahren mit seismischen Beobachtungen, wie sie im Abs. 163 beschrieben werden, verbunden werden. In keinem Fall können die Ergebnisse von Schwingungsuntersuchungen als Berechnungsgrundlage für eine durch Konsolidierung bedingte Setzung verwendet werden, da keine Beziehung zwischen den Bodeneigenschaften, die durch den Schwingungsversuch bestimmt wurden, und dem Verdichtungsbeiwert a_{vc} [Gl. (93.1)] besteht. Bestenfalls können die Beobachtungen die Gegenwart zusammendrückbarer Tonschichten unterhalb der Prüfstelle feststellen, bevor noch Bohrungen angesetzt wurden.

Die Größe des Dämpfungsfaktors λ kann durch Verbindung der Gl. (11) mit der Gl. (156.3) ermittelt werden. Ein λ-Wert über 3 bis 4 sec^{-1} in Verbindung mit einer ausgeprägten Setzung der Schwingergrundfläche ist als Kennzeichen einer hohen Zusammendrückbarkeit und Empfindlichkeit gegenüber Schwingungen anzusehen (Lorenz 1934).

Die Degebo-Schwinger sind derart gebaut, daß der periodische Impuls entweder in lotrechter oder in waagrechter Richtung aufgebracht werden kann. Die bei einer waagrechten Impulsaufbringung erhaltenen Daten wurden zur Ermittlung einer dynamischen Scherwiderstandsziffer $C_{d\tau}$ benützt. Dieser Wert stellt die pro Flächeneinheit des Schwingerfundamentes wirkende Kraft dar, die zur Erzeugung einer reversiblen, waagrechten Verschiebung dieser Fläche um den Abstand Eins nötig ist (Lorenz 1934). Die Scherwiderstandsziffer und die dynamische Bettungsziffer C_d wird bei der Berechnung von Maschinenfundamenten benützt (siehe Abs. 160).

159. Eigenfrequenz eines Wasserturmes.

Wegen der Möglichkeit von Resonanzerscheinungen hängt die Wirkung von periodischen Impulsen, wie solche z. B. durch starken Straßenverkehr oder durch Erdbeben auf Bauwerke und ihre Gründungen hervorgerufen werden, weitgehend vom Quotienten aus der Frequenz des Impulses und der Eigenfrequenz des Bauwerkes ab. Um den Einfluß der elastischen Bodeneigenschaften auf die Eigenfrequenz der darauf errichteten Bauwerke zu veranschaulichen, untersuchen wir die Schwingungen des in Abb. 146 dargestellten Wasserturmes unter dem Einfluß eines einzigen Impulses. Der Turm ruht auf vier Einzelfundamenten, und der Impuls wirkt auf den Behälter in waagrechter Richtung in einer der Symmetrieebenen des Turmes.

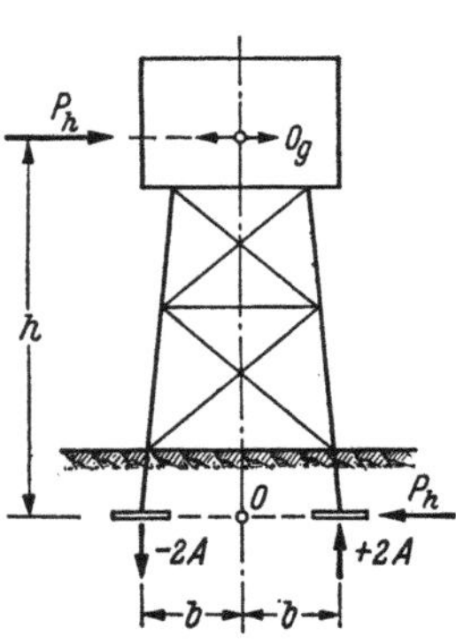

Abb. 146.
Lotrechter Schnitt durch einen starren Wasserturm mit vollkommen elastisch gelagerter Gründung.

Die Masse des Turmes ist hauptsächlich im Wasserbehälter konzentriert. Die Möglichkeit einer relativen Verschiebung zwischen dem Schwerpunkt der gespeicherten Wassermenge und dem Schwerpunkt des Behälters kompliziert die Aufgabe beträchtlich (Ruge 1938). Für praktische Untersuchungen kann man jedoch nach Williams (1937) den Turm als Einzelmassensystem ansehen, wenn man das Wassergewicht nur mit drei Viertel seines tatsächlichen Wertes ansetzt. Wir vernachlässigen daher die Bewegungsmöglichkeit des im Behälter enthaltenen Wassers; wir vernachlässigen auch das Gewicht des den Behälter tragenden Gerüstes und nehmen an, daß das wirksame Gewicht G des Behälters (Behältergewicht plus drei Viertel Wassergewicht) im Schwerpunkt O_g des Behälters konzentriert ist.

Die Eigenfrequenz des Turmes in bezug auf die vom Impuls hervorgerufenen Schwingungen hängt von den elastischen Eigenschaften des unter den Fundamenten anstehenden Bodens und jenen des den Behälter tragenden Gerüstes ab. Als Extremfall ist anzunehmen, daß die durch die elastische Verformung des Bodens bedingte Verschiebung gegenüber jener infolge der elastischen Verformung des Gerüstes vernachlässigt werden kann. In diesem Fall wirkt der Turm wie ein Massenpunkt, der am oberen Ende einer biegsamen lotrechten Stange befestigt und deren unteres Ende eingespannt ist. Die Schwingungen eines so gekennzeichneten Turmes wurden von WILLIAMS (1937) untersucht. Als zweiter Extremfall kann der Turm als starres, auf elastischem Boden aufruhendes Bauwerk angesehen werden. Da uns ausschließlich die gegenseitige Wirkung von Baugrund und Bauwerk interessiert, wird nur der zweite Fall betrachtet.

Wenn man annimmt, daß der Mittelpunkt O der Fundamentfläche des Turmes seine Lage beibehält, dann stellt der Turm ein Einzelmassensystem mit einem Freiheitsgrad dar. Das System kann nur parallel zur Zeichenebene um eine waagrechte, durch O gehende Achse nach einer Pendelbewegung schwingen (Abb. 146). Es wird weiter angenommen, daß die dynamische Bettungsziffer C_d mittels eines Schwingungsversuches bestimmt wurde. Der Impuls erzeugt um die durch O gehende Achse ein Drehmoment M. Dieses Moment vergrößert den Gesamtdruck auf die beiden rechts von O liegenden Fundamente um $2A$ und vermindert denselben auf den beiden anderen Fundamenten um den gleichen Betrag. Aus Gleichgewichtsgründen ergibt sich

$$M = 4Ab$$

oder

$$A = \frac{M}{4b}.$$

Wenn die Grundfläche eines Fundamentes mit F bezeichnet wird, dann verursacht der Druck A eine lotrechte Verschiebung des Fundamentes um

$$\pm s = \pm \frac{A}{F} \frac{1}{C_d} = \pm \frac{M}{4Fb} \frac{1}{C_d}.$$

Diese Verschiebung ist mit einer Winkelverdrehung um die durch O verlaufende Drehachse verbunden, von der Größe

$$\delta = \frac{s}{b} = \frac{M}{4Fb^2} \frac{1}{C_d}.$$

Da der Turm starr ist und die Achsen gegeneinander fest liegen, schwingt auch die lotrechte Achse OO_g des Turmes um denselben Winkel, und der Schwerpunkt des Turmes O_g bewegt sich um die Strecke

$$x = \delta\,h = \frac{M\,h}{4\,F\,b^2}\,\frac{1}{C_d}\,.$$

Wegen des kleinen Betrages von δ ist die Verschiebung x praktisch waagrecht und geradlinig. Man kann näherungsweise annehmen, daß sich jeder Punkt des Behälters um dieselbe waagrechte Strecke δh bewegt. Diese Annahme führt die Aufgabe auf eine geradlinige Schwingung zurück. Um die entsprechende Federkonstante C_f zu bestimmen, führen wir P_h ein, mit der Beziehung

$$M = P_h\,h$$

oder

$$P_h = \frac{M}{h}\,,$$

wobei P_h eine waagrechte, durch den Schwerpunkt O_g des Behälters gehende Kraft darstellt. Das durch P_h um die durch O gehende Drehachse erzeugte Moment ist gleich dem Impulsmoment M. Da wir angenommen haben, daß sich jeder Punkt des Behälters gleichzeitig um dieselbe waagrechte Strecke x bewegt, ist die Federkonstante C_f gleich der zur Bewegung des Behälters um die waagrechte Strecke 1 erforderlichen Kraft [siehe Abs. 156 und Gl. (156.2)], woraus

$$C_f = \frac{P_h}{x} = 4\,F\,\frac{b^2}{h^2}\,C_d\,.$$

Führen wir diesen Wert in Gl. (156.7) ein, so erhalten wir für die Eigenkreisfrequenz

$$\omega_0 = \frac{2\,b}{h}\,\sqrt{\frac{F}{G}\,g\,C_d}\,.$$

Die Eigenfrequenz beträgt [Gl. (156.10)]

$$f_0 = \frac{\omega_0}{2\,\pi} = \frac{b}{\pi\,h}\,\sqrt{\frac{F}{G}\,g\,C_f}\,.$$

Die statische Druckspannung in der Gründungssohle beträgt

$$p = \frac{G}{4\,F}\,,$$

womit

$$f_0 = \frac{\sqrt{g}}{2\,\pi}\,\frac{b}{h}\,\sqrt{\frac{C_f}{p}}\,. \tag{1}$$

Aus dieser Gleichung kann man folgende Schlüsse über die Eigenfrequenz eines Einzelmassensystems mit einem Freiheitsgrad, das durch den Turm dargestellt wird, ziehen. Je weicher der tragende

Boden ist, desto niederer ist die Frequenz f_0. Um die Frequenz eines Turmes mit gegebener Höhe zu vergrößern, muß man die Breite der Fundamentsohle erhöhen oder die Sohlspannung im Fundament vermindern.

Wenn die Frequenz eines periodischen Impulses, der auf einen auf einer Sandmasse aufruhenden Turm wirkt, innerhalb des kritischen Bereiches des Sandes liegt, kann der Impuls, unabhängig wie groß die Eigenfrequenz des Turmes ist, die bleibenden Setzungen des Turmes erhöhen. Ist diese Frequenz außerdem nahe an der Eigenfrequenz des Turmes, dann tritt Resonanz ein, die hohe zusätzliche Spannungen in den Baugliedern des Traggerüstes verursacht.

Die übliche praktische Beurteilung der Wirkung periodischer Impulse, wie z. B. Erdbebenstöße, auf Bauwerke, wird ohne Berücksichtigung des Einflusses der Eigenfrequenz des Bauwerkes auf die Amplitude der Schwingungen vorgenommen. Dieses Vorgehen ist nur dann berechtigt, wenn die Frequenz des Impulses bedeutend größer oder kleiner ist als die Eigenfrequenz des Bauwerkes (siehe Abs. 164). Andernfalls können die Ergebnisse sehr irreführend sein.

160. Eigenfrequenz von Maschinenfundamenten.

Jede Maschine ist Ursprung periodischer Impulse. Die Frequenz f_1 des Impulses ist gleich der Anzahl der vollständigen Zyklen oder Umdrehungen der Maschine. Wenn die Frequenz des Impulses gleich der Eigenfrequenz der Gründung ist, tritt Resonanz ein. Die Folge ist ein übermäßig starkes Schwingen der Maschinengründung. Die Schwingungen werden auf den Boden übertragen und sind die Ursache von Schäden an benachbarten Bauwerken. Um die Gefahr der Resonanz und ihre schädlichen Wirkungen auszuschalten, muß die Gründung einer Maschine derart bemessen werden, daß ihre Eigenfrequenz wesentlich kleiner oder bedeutend größer als die Frequenz des Impulses ist. Bei der Wahl des Sicherheitsfaktors gegen Resonanz muß der Genauigkeitsgrad, mit dem die Eigenfrequenz der Gründung berechnet werden kann, beachtet werden. Dieser Wert ist für verschiedenartige Gründungen sehr unterschiedlich.

Besteht eine Maschinengründung aus einem massiven Block oder aus einer aufgelösten Konstruktion mit massiven Wänden, dann kann die Eigenfrequenz unter der Annahme berechnet werden, daß die Gründung ein Einzelmassensystem auf elastischer Unterlage darstellt. Um eine gleichförmige Verteilung der statischen Sohlspannungen zu bekommen, wird die Fundamentgrundfläche derart ausgebildet, daß der Schwerpunkt der ruhenden Massen in der Lotrechten über dem Schwerpunkt der Grundfläche liegt. Die meisten Maschinen sind ge-

wöhnlich so eingerichtet, daß ihre Symmetrieebene mit der Symmetrieebene der Grundfläche zusammenfällt. Wenn der Impuls auf ein solches
System in einer Lotrechten durch den Schwerpunkt der Grundfläche
wirkt, dann erfolgen die Schwingungen nur in lotrechter Richtung,
ähnlich wie bei dem in Abb. 141a gezeichneten Block, und das System
hat nur eine Eigenfrequenz f_0. Die Größe von f_0 ist durch die Gleichung
gegeben:

$$f_0 = \frac{1}{2\pi} \sqrt{\frac{C_f\, g}{G}}, \tag{156.10}$$

worin G das Gewicht des schwingenden Systems und C_f die Federkonstante bedeutet. Wenn das Fundament auf dem Boden aufruht, ist das
Gewicht G gleich der Summe aus dem Gewicht G_1 der auf dem Boden
ruhenden Lasten (Gewicht der Maschine und des Fundamentes) und
dem Gewicht G_b des Bodenkörpers, der an den Schwingungen des Fundamentes teilnimmt, wodurch dann

$$f_0 = \frac{1}{2\pi} \sqrt{\frac{C_f\, g}{G_1 + G_b}}. \tag{1}$$

Um die Resonanzbedingung zu vermeiden, muß die Gründung so
bemessen werden, daß f_0 kleiner oder größer als die Frequenz des
Impulses ist. Je größer der Unterschied zwischen diesen beiden Frequenzen ist, desto kleiner ist der Verstärkungsfaktor N [Gl. (157.6c)],
der die Amplitude der dem Fundament aufgezwungenen Schwingung
bestimmt. Wenn f_1 größer als f_0 ist, oder anders ausgedrückt, wenn

$$\frac{f_1}{f_0} = \frac{\omega_1}{\omega_0} > 1,$$

nähert sich der Verstärkungsfaktor N, wie aus Abb. 143b zu ersehen
ist, mit zunehmenden Werten von $f_1/f_0 = \omega_1/\omega_0$ dem Wert Null. Wenn
andererseits f_1 kleiner als f_0 ist, erreicht der Verstärkungsfaktor mit
abnehmenden Werten des Quotienten $f_1/f_0 = \omega_1/\omega_0$ die Größe Eins.
Wenn es möglich ist, wird deshalb die Gründung so bemessen, daß ihre
Eigenfrequenz f_0 kleiner als f_1 ist.

Der einzige Nachteil der Bedingung $f_0 < f_1$ besteht darin, daß das Anlaufen
und Abstellen der Maschine vorübergehend Resonanz verursacht. Jedoch tritt
die Resonanz bei einer niederen Frequenz des Impulses auf und hat eine sehr kurze
Dauer. Die Erfahrung hat gezeigt, daß diese vorübergehende Resonanz unschäd-
lich ist.

Wenn $f_0 < f_1$, vermindert das Bodengewicht G_b die Größe von f_0
und die Resonanzgefahr. Deshalb vernachlässigt man gewöhnlich,
wenn $f_0 < f_1$, das Gewicht G_b und schreibt

$$f_0 = \frac{1}{2\pi} \sqrt{\frac{C_f\, g}{G_1}}.$$

In dieser Gleichung stellt G_1 das Gewicht der Gründung und der ruhenden Maschinenteile dar. Setzt man $C_f = FC_d$ [Gl. (158.4)], so erhält man

$$f_0 = \frac{\sqrt{g}}{2\pi} \sqrt{\frac{F}{G_1} C_d} \,, \tag{2}$$

worin F die Gründungsfläche und C_d die dynamische Bettungsziffer bedeutet. Der Gesamtdruck in der Gründungssohle ist gleich der Summe aus dem statischen Gewicht G_1 und der Trägheitskraft $\pm P_a$. Wenn die Dämpfungskraft vernachlässigt werden kann, ist die Größe von P_a durch die Gl. (157.8) gegeben. Andernfalls ist sie durch Gl. (157.13) bestimmt. Der Gesamtdruck in der Gründungssohle schwankt periodisch zwischen $G_1 + P_a$ und $G_1 - P_a$. Da der Einfluß einer pulsierenden Last auf die Setzung größer ist als der einer konstanten Last, ist es üblich, die Gründung unter der Annahme zu bemessen, als wenn der Gesamtdruck auf den Boden gleich

$$P = G_1 + 3 P_a$$

wäre. Die größte Sohlspannung ist dann

$$p = \frac{P}{F} = \frac{G_1 + 3 P_a}{F}$$

(RAUSCH 1936). Diese Spannung soll die zulässige Bodenbelastung $p_{\text{zul.}}$ nicht überschreiten, woraus

$$F = \frac{G_1 + 3 P_a}{p_{\text{zul.}}} \,.$$

Führen wir diesen Wert in Gl. (2) ein, so erhalten wir

$$f_0 = \frac{\sqrt{g}}{2\pi} \sqrt{\frac{G_1 + 3 P_a}{G_1} \frac{C_d}{p_{\text{zul.}}}} \,. \tag{3}$$

Im cm-g-sec-System ist g gleich 981 cm sec^{-2} und f_0 wird

$$f_0(\text{sec}^{-1}) = 5 \sqrt{\frac{G_1 + 3 P_a}{G_1}} \sqrt{\frac{C_d}{p_{\text{zul.}}}} \,.$$

Für Sand schwankt der Quotient $\dfrac{C_d}{p_{\text{zul.}}}$ (cm^{-1}) zwischen rund 2 für lockere Sande und rund 3 für dicht gelagerte Sande. Der entsprechende Bereich für f_0 ist damit

$$f_0(\text{sec}^{-1}) = (7 \text{ bis } 9) \sqrt{\frac{G_1 + 3 P_a}{G_1}}$$

oder

$$f_0(\text{min}^{-1}) = (420 \text{ bis } 540) \sqrt{\frac{G_1 + 3 P_a}{G_1}} \,.$$

Diese Gleichungen zeigen, daß die Bedingung $f_1/f_0 > 1$ nur erfüllt werden kann, wenn die Frequenz des Impulses sehr hoch ist. Wenn sie mittel oder niedrig ist, kann man versuchen, die Gründung so zu bemessen, daß ihre Eigenfrequenz f_0 wesentlich höher als f_1 ist. Wenn dieser Versuch keinen Erfolg hat, muß zwischen der Maschine und der Gründungssohle entweder eine elastische Schicht, z. B. eine Korkplatte, oder eine Federlagerung eingesetzt werden. Wenn die elastische Lagerung der Gründung mehr durch die Elastizität des tragenden Bodens bedingt ist, wird die Eigenfrequenz f_0 durch die Gl. (1) ausgedrückt, die das Gewicht G_b des an der Schwingung des Systems teilnehmenden Bodenkörpers enthält. Durch Vernachlässigung von G_b in der Bemessung des Systems, dessen Eigenfrequenz f_0 höher sein sollte als f_1, überschätzt man den Sicherheitsgrad gegen Resonanz. Wenn deshalb $f_0 > f_1$ ist, muß das Gewicht G_b in Betracht gezogen werden. Die in der Abschätzung von G_b enthaltene Ungewißheit sollte durch einen höheren Sicherheitsfaktor ausgeglichen werden.

Die vorige Untersuchung diente mehr einer elementaren Einleitung in die Grundlagen der Bemessung von Maschinengründungen. Sie beruht auf der Annahme, daß die Maschinen wie ein Einzelmassensystem mit einem Freiheitsgrad wirken. In der Praxis sind die Bedingungen des Impulses und der Auflagerung stets so, daß die Maschinen wie ein System mit mindestens sechs Freiheitsgraden wirken, die mehr als sechs verschiedene Werte für die Eigenfrequenz ergeben (siehe Abs. 155). Jede dieser Frequenzen muß die Bedingung erfüllen, daß sie geringer oder höher ist als die Frequenz des Impulses. Die Gleichungen zur Berechnung der Frequenzen sind auch hier gültig (siehe z. B. RAUSCH 1936). Alle diese Gleichungen enthalten die Federkonstante der elastischen Lagerung. Zur Feststellung, ob ohne künstliche Hilfsmittel, wie z. B. Federlagerung usw., Resonanz vermieden werden kann, muß man die dynamische Bettungsziffer für lotrechte und waagrechte Belastung kennen.

Nach Abs. 158 hängt die Größe der Bettungsziffer außer von der Bodenart noch von verschiedenen anderen Faktoren ab. Um die Bettungsziffer zu bestimmen, muß man einen Schwinger verwenden, der eine Veränderung der Versuchsbedingungen erlaubt, wie z. B. unterschiedliche Sohlspannungen und Größen des Impulses. Die der tatsächlichen Gründungsfläche entsprechenden Werte können durch Extrapolation gefunden werden (Seismos-Prospekt 1934). Wegen der mit diesem Vorgehen verbundenen Unsicherheit sollten die Ergebnisse nur größenordnungsmäßig als Grenzen angegeben werden.

Wenn die Frequenz des Impulses einer auf einer Sandschicht gegründeten Maschine innerhalb des kritischen Bereiches für Sand liegt, können selbst ganz schwache Schwingungen eine bedeutende Setzung sowohl der Maschinengründung wie der angrenzenden Bauwerke verursachen. Bei gleichbleibenden übrigen Bedingungen nimmt die Setzung mit abnehmender Dichte des Sandes rasch zu. Um in locker oder mittel gelagertem Sand übermäßige Setzungen zu vermeiden, soll man nicht nur einen großen Sicherheitsbereich gegenüber Resonanz haben, sondern auch die Dichte des Sandes durch Pfähle erhöhen.

Eine der wichtigsten Maschinen ist heute die Dampfturbine. In der Frühzeit des Dampfturbinenbaues wurde der Wirkung der unvermeidlichen Ausmittigkeiten der rotierenden Teile nur wenig Aufmerksamkeit geschenkt, bis die Bauherren über Gründungsschäden klagten. Zu dieser Zeit wurde der Einfluß der Eigenfrequenz der Gründung auf die mechanische Wirkung der Störungskraft noch nicht gewürdigt. Deshalb suchten die Herstellerfirmen die Lage dadurch zu verbessern, daß sie stetig größer werdende Anforderungen an die Festigkeit und Größe der Fundamente stellten, die zu sehr plumpen und unwirtschaftlichen Baukörpern führten. Rationelle Bemessungsverfahren wurden erst entwickelt, als der Eigenfrequenz der Gründung die Aufmerksamkeit gewidmet wurde, die sie verdiente.

Der folgende Auszug aus den Deutschen Bestimmungen für die Gründung von Dampfturbinen zeigt die Bedeutung, die der Eigenfrequenz der Gründung zuerkannt wird. Wenn die Eigenfrequenzen der Gründung nicht berechnet werden oder wenn der Unterschied zwischen der Umdrehungszahl n der Turbine und einer der Frequenzen kleiner als $\pm 30\%$ von n ist, muß angenommen werden, daß die Turbinenauflager durch eine Zentrifugalkraft P_1, die gleich dem zwanzigfachen Gewicht der rotierenden Teile ist, beansprucht werden. Für Unterschiede zwischen 30 und 50% kann die Zentrifugalkraft gleich dem zehnfachen Gewicht der rotierenden Teile angenommen werden und für Unterschiede über 50% gleich dem fünffachen Gewicht (EHLERS 1934).

Dampfturbinen sind entweder auf starren oder elastischen Baukörpern, wie z. B. nach Abb. 147 auf schweren Platten, die von relativ elastischen Stützen getragen werden, gelagert. Die Gründungen nach der starren Art können nach dem Verfahren, dessen Grundzüge im ersten Teil dieses Abschnitts erklärt wurden, bemessen werden.

Die Bemessung der elastischen Form einer Gründung (Abb. 147) beruht gewöhnlich auf der Annahme, daß die Auflagerung auf

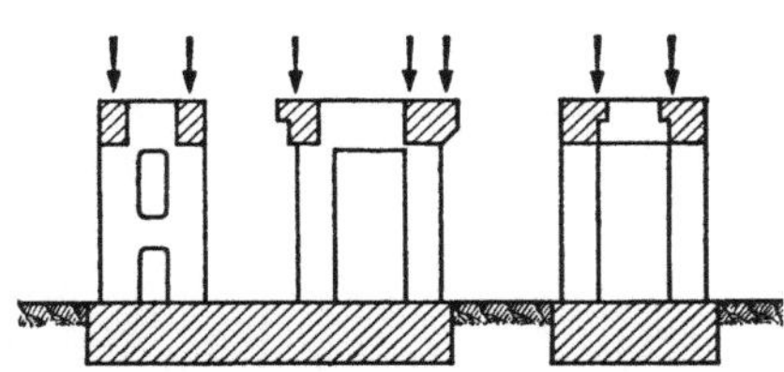

Abb. 147. Vereinfachter lotrechter Schnitt durch ein Tischfundament eines Turbogenerators.

dem Boden starr ist und daß der Sitz der durch die Störungskräfte verursachten periodischen Verformungen ausschließlich in den Stützen liegt, die das Gewicht der Maschine auf die Grundplatte übertragen. Gründungen dieser Art stellen das Äquivalent zu den auf Spiralfedern gelagerten Gründungen dar, und die elastischen Eigenschaften des Bodens haben keinen Einfluß auf die Bemessung.

161. Wellen und Wellenfortpflanzung.

Die in den vorigen Abschnitten besprochenen Schwingungen treten in geschlossenen Systemen auf. Wenn ein elastisch gelagertes System starr ist, gehen alle Punkte des Systems gleichzeitig durch die Gleichgewichtslage — vorausgesetzt, daß es nur einen Freiheitsgrad hat. Zusätzlich zur Eigenschwingung stellt jedoch das System den Ursprung einer Schwingungsstörung dar, die ähnlich einer Schallwelle vom Ursprung im Boden nach allen Richtungen radial fortschreitet. Sie gibt dem Boden die Fähigkeit, erzwungene Schwingungen in Bauwerken zu erzeugen, die in beträchtlicher Entfernung vom Störungsmittelpunkt auf dem Boden aufruhen. Die die Störung veranlassende Ursache ist der Impuls. Die Dauer des Impulses kann sehr kurz sein, wie dies bei einem durch eine Explosion verursachten Impuls oder bei einem Erdbeben der Fall ist. In diesem Fall nimmt die Stärke der vom Impuls erzeugten Wellen infolge der Dämpfung stark ab. Andererseits verursacht ein periodischer Impuls, wie er durch Arbeitsmaschinen, Pfahlrammungen oder Straßenverkehr erzeugt wird, einen bleibenden Schwingungszustand.

Die allgemeine Kennzeichnung der Wellen wurde in Abs. 155 besprochen. Eine Linie, die alle hintereinanderfolgenden Wellenfronten rechtwinkelig schneidet, wird als *Wellenausbreitungslinie* bezeichnet. Ein Punkt a auf einer solchen Linie (Abb. 148a) beginnt in dem Augenblick zu schwingen, wenn die Wellenfront durch diesen Punkt geht. Zu der Zeit, wo der Punkt a seinen ersten Zyklus mit der Schwingungsdauer τ vollendet hat, ist die Wellenfront vom Punkt a um die Entfernung

$$l = \tau v \qquad (1)$$

fortgeschritten. Die Länge l wird die *Wellenlänge* und v die Geschwindigkeit der Wellenfortpflanzung genannt.

Die durch einen Impuls erzeugte Schwingungsart und die Geschwindigkeit v der Wellenfortpflanzung hängt wesentlich von den elastischen Eigenschaften des Mediums ab, durch welches die Wellen fortschreiten, und von der Lage der Diskontinuitätsfläche gegenüber dem Impulsausgangspunkt. Die diese Beziehungen behandelnden Theorien beruhen auf den Grundgleichungen der Elastizitätstheorie und beanspruchen eine eingehende Kennt-

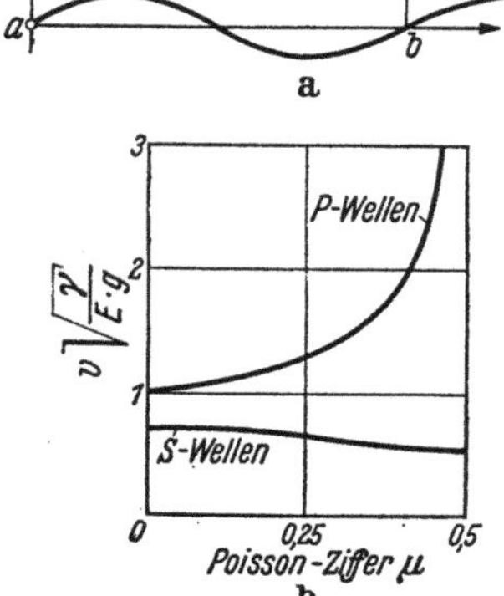

Abb. 148 a u. b. a Zeichnerische Darstellung der Wellenfortpflanzung; b Beziehung zwischen der POISSON-Ziffer μ des schwingenden Mediums und der Fortpflanzungsgeschwindigkeit von Druckwellen P und Scherwellen S.

nis der höheren Mathematik. Die folgenden Ausführungen enthalten eine kurze Zusammenfassung jener Ergebnisse, die in unmittelbarer Beziehung zu Gründungsaufgaben stehen.

Ein Impuls, dessen Ursprung im Innern eines unendlich ausgedehnten elastischen Körpers liegt, kann nur zwei Arten von Wellen erzeugen, die als *Druck-*, *Stoß-* oder *P-Wellen* und *Transversal-*, *Scher-* oder *S-Wellen* bekannt sind. Eine Druckwelle ist eine Welle, bei der die Teilchen in der Richtung der Wellenfortpflanzung schwingen, wie z. B. die Teilchen auf dem Weg einer Schallwelle. Die Geschwindigkeit dieser Wellen beträgt

$$v = \sqrt{\frac{E\,g\,(1-\mu)}{\gamma\,(1-\mu-2\,\mu^2)}} \,, \tag{2}$$

worin

$E =$ der Elastizitätsmodul, $\qquad \gamma =$ das Raumgewicht des Mediums,
$\mu =$ die POISSON-Ziffer, $\qquad g =$ die Fallbeschleunigung.

Bei einer Quer- oder S-Welle schwingen die Teilchen in einer rechtwinklig zur Richtung der Wellenfortpflanzung liegenden Ebene, und die Wellen bewegen sich mit der Geschwindigkeit

$$v_s = \sqrt{\frac{E\,g}{2\gamma\,(1+\mu)}} = \sqrt{\frac{G\,g}{\gamma}} \,, \tag{3}$$

worin G den Schubmodul bedeutet. Abb. 148 b zeigt den Einfluß der POISSON-Ziffer auf die Geschwindigkeiten v und v_s. Die Geschwindigkeit der S-Wellen ist stets kleiner als jene der P-Wellen, und für $\mu = 0{,}5$ wird der Wert von v gleich unendlich, während die Geschwindigkeit der S-Wellen v_s endlich bleibt und die Größe besitzt:

$$v_s = \sqrt{\frac{E\,g}{3\gamma}} \,.$$

Im Halbraum oder in geschichteten Medien kann ein Impuls auch verschiedene andere Wellenarten erzeugen. Da sich diese Wellen entlang und parallel zur Oberfläche des Halbraumes oder der Grenzflächen geschichteter Ablagerungen bewegen, werden sie *Oberflächenwellen* genannt. Die durch diese Wellen verursachten Verformungen nehmen mit dem Abstand von der Oberfläche ab. Die bekanntesten Arten von Oberflächenwellen sind die RAYLEIGH- und die LOVE-*Wellen*. Bei einer RAYLEIGH-Welle schwingen die Teilchen in ebenen elliptischen Bahnen, parallel zur Richtung der Wellenfortpflanzung und rechtwinklig zur Oberfläche. Die LOVE-Wellen sind eine besondere Art von Querwellen. Längs der Halbraumoberfläche bewegen sich alle Oberflächenwellen mit einer Geschwindigkeit, die etwas kleiner ist als die der Querwellen [Gl. (3)]. In verhältnismäßig dünnen elastischen Schichten ist die Geschwindigkeit gewisser Arten von Oberflächenwellen, einschließlich der LOVE-Wellen, sowohl eine Funktion der Wellenlänge wie der Schichtdicke.

Die Theorie der Oberflächenwellen beruht auf der Annahme eines vollkommen elastischen schwingenden Mediums. Sie ist in jedem Lehrbuch über theoretische Seismik, z. B. bei MACELWANE (1936), zu finden. Eine rechnerische Untersuchung der Beziehung zwischen der Amplitude der RAYLEIGH-Wellen in elastischen Schichten von endlicher Mächtigkeit und dem Abstand von der Schichtoberfläche wurde von MARGUERRE (1933) veröffentlicht. Wegen der vereinfachenden Annahmen, auf denen die Theorie der Oberflächenwellen beruht, und dem komplexen Charakter dieser Wellen, ist die Auslegung von Beobachtungsergebnissen in der Natur bei Oberflächenwellen stets etwas unsicher.

An der Grenze zwischen zwei Medien mit verschiedenen elastischen Eigenschaften kann eine Welle in das Medium, aus dem sie gekommen ist, zurückgeworfen oder gebrochen werden, d. h. sie kann ihre Richtung beim Eintritt in das zweite Medium ändern. Wenn ein Teilchen zwei Impulse empfängt, z. B. einen durch eine direkte Welle und einen zweiten durch eine zurückgeworfene Welle, ist die resultierende Bewegung gleich der geometrischen Summe der Bewegungen, die von jedem einzelnen Impuls unabhängig voneinander erzeugt worden wären. Wenn die beiden Impulse gleich und entgegengesetzt gerichtet sind, verbleibt das Teilchen in einem Ruhezustand. Man nennt diese Erscheinung *Interferenz*.

Die genannten Erscheinungen werden durch Gesetze beherrscht, die ähnlich den Spiegelungs-, Brechungs- und Interferenzgesetzen der Optik sind. Eine mathematische Untersuchung über die Anwendung dieser Gesetze auf seismische Bodenuntersuchungen wurde von RAMSPECK (Degebo 1936) veröffentlicht.

162. Längsstoß auf Pfähle.

Einer der einfachsten Fälle von Wellenfortpflanzung tritt in einem Pfahl auf, der durch einen Rammbären einen Schlag bekommen hat. Der vom Rammbär auf den Pfahlkopf ausgeübte Stoß erzeugt im Pfahl eine Druckwelle, die im Pfahl gegen die Spitze fortschreitet und von dort in den Pfahl zurückgeworfen wird. Da die alten Theorien über den dynamischen Pfahlwiderstand, wie sie im Abs. 52 behandelt wurden, den Fehler begingen, diese Erscheinung nicht zu beachten, lieferten sie unrichtige Angaben über den Einfluß des Pfahlgewichtes auf die Wirkung des Rammvorganges.

Die Theorie des Längsstoßes in Pfählen führt auf die Differentialgleichung der Längsschwingungen in Stäben, die auf den folgenden

Annahmen beruht: Der Pfahl ist vollkommen elastisch, jeder Querschnitt durch den Pfahl bleibt während des Schwingungsvorganges eben, und die Teilchen des Pfahles schwingen nur in der Längsrichtung, d. h. parallel zur Pfahlachse. Die seitliche Verformung des Pfahles wird vernachlässigt, d. h. mit anderen Worten, die POISSON-Ziffer μ wird gleich Null gesetzt.

Es bezeichnen:

ζ = die Längsverschiebung irgendeines Pfahlquerschnittes während der Schwingung in der Tiefe z unter dem Pfahlkopf zur Zeit t,

ε = die Druckverformung oder Zusammendrückung des Pfahles pro Längeneinheit in der Tiefe z zur Zeit t,

F = die Querschnittfläche des Pfahles,

l = die Länge des Pfahles,

P = den Gesamtdruck der im Querschnitt des Pfahles in der Tiefe z zur Zeit t wirkt,

σ = P/F = die Druckspannung in diesem Querschnitt,

E = den Elastizitätsmodul und

γ = das Raumgewicht des Pfahlmaterials.

Die Druckverformung ε beträgt

$$\varepsilon = \frac{\partial \zeta}{\partial z}.$$

Da

$$\varepsilon = \frac{\sigma}{E} = \frac{P}{F\,E}$$

können wir schreiben

$$P = F\,E\,\frac{\partial \zeta}{\partial z}.$$

Der Gesamtdruck in einem Querschnitt in der Tiefe $z + dz$ beträgt

$$P + dP = F\,E\left(\frac{\partial \zeta}{\partial z} + \frac{\partial^2 \zeta}{\partial z^2}\,dz\right).$$

Nach dem D'ALEMBERTschen Prinzip muß die Resultierende aus den auf die Pfahlscheibe wirkenden statischen Kräften gleich der Trägheitskraft sein (Masse der Scheibe mal ihrer Beschleunigung). Die Masse der Scheibe beträgt

$$\frac{\gamma\,F}{g}\,dz$$

und die Trägheitskraft

$$\frac{\gamma\,F}{g}\,dz\,\frac{\partial^2 \zeta}{\partial t^2}.$$

Die Resultierende aus den statischen Kräften beträgt:

$$P + dP - P = F\,E\,\frac{\partial^2 \zeta}{\partial z^2}\,dz.$$

Nach dem D'ALEMBERTschen Prinzip muß

$$E\,F\,\frac{\partial^2\zeta}{\partial z^2} = \frac{\gamma\,F}{g}\,\frac{\partial^2\zeta}{\partial t^2}$$

sein oder

$$\frac{\partial^2\zeta}{\partial t^2} = \frac{E\,g}{\gamma}\,\frac{\partial^2\zeta}{\partial z^2}\,. \qquad (1)$$

Gl. (1) ist die Differentialgleichung der Längsschwingung in einem Pfahl, gleichgültig ob die Auflagerung der Pfahlspitze starr oder elastisch ist. Da die Theorie die seitliche Verformung des Pfahles vernachlässigt, wird die Geschwindigkeit v der Wellenfortpflanzung durch den Pfahl durch Einführen von $\mu = 0$ in Gl. (162.2) erhalten. Dies ergibt

$$v = \sqrt{\frac{E\,g}{\gamma}}\,. \qquad (2)$$

Wir können deshalb die Gl. (1) ersetzen durch

$$\frac{\partial^2\zeta}{\partial t^2} = v^2\,\frac{\partial^2\zeta}{\partial z^2}\,, \qquad (3)$$

worin v die Fortpflanzungsgeschwindigkeit der Stoßwellen im Pfahl bedeutet.

Wenn das obere Ende eines starr gelagerten Pfahles vom Gewicht G_p und der Länge l durch einen Rammbär vom Gewicht G_r, der mit der Geschwindigkeit v_r auftrifft, einen Schlag bekommt, ergibt die Lösung der Gl. (3) für die größte in der Pfahlaufstandsfläche hinter der Spitze infolge des Stoßes wirkende Druckspannung σ_{max} den Wert

$$\sigma_{\text{max}} = 2\,E\,\frac{v_r}{v}\,(1 + e^{-2\,G_p/G_r}) \qquad (4)$$

unter der Voraussetzung, daß G_p/G_r kleiner als 5 ist (BOUSSINESQ 1885). In dieser Gleichung bedeutet e die Basis des natürlichen Logarithmus.

Entgegen den Annahmen, auf denen diese Gleichung beruht, erfolgt die Auflagerung der Pfahlspitze nicht starr, und der Kopf des Pfahles ist gegen unmittelbaren Stoß durch eine Rammhaube geschützt. Zur Anpassung der Theorie an praktische Rammaufgaben löste der British Building Research Board die Gl. (3) mit geänderten Randbedingungen, und zwar für den Fall der vollkommen elastisch gelagerten Pfahlspitze und der vollkommen elastischen Rammhaube zum Schutz des Pfahlkopfes (GLANVILLE u. a. 1938). Die sehr verwickelten Endgleichungen können durch einfache Näherungsgleichungen, die fast dieselben Ergebnisse liefern, ersetzt werden. Eine dieser Gleichungen lautet

$$\sigma_{\text{max}} = E\,\frac{v_r}{v}\,\sqrt{\frac{G_r}{G_p(1 + E/T_c\,l)}}\,, \qquad (5)$$

worin T_c eine Konstante mit der Dimension kg/cm^{-3} bedeutet, deren Größe von den elastischen Eigenschaften der Rammhaube abhängt

(CUMMINGS 1940). Zur Entscheidung, ob die Gl. (5) für einen gegebenen Fall anwendbar ist oder nicht, wird der Quotient

$$n = \frac{G_p}{3\,G_r\,(1 + E/T_c\,l)} \tag{6}$$

berechnet. Wenn dieser Quotient n kleiner ist als 0,15, dann ergibt die Gl. (5) ziemlich genaue Ergebnisse. Im anderen Fall müssen die ungekürzten Gleichungen benützt werden.

Wenn auf die Köpfe von zwei Pfählen mit gleichen Abmessungen, aber mit verschiedenen Elastizitätsmoduli E und E' und verschiedenen Raumgewichten γ und γ' dieselben Rammbären mit derselben Geschwindigkeit fallen, hängt der Quotient aus den maximalen Druckspannungen im Querschnitt ober der Pfahlspitze infolge des Rammstoßes von der Starrheit der Pfahlspitzenlagerung und der Art der Rammhaube ab. Für starre Auflagerung der Pfahlspitze und ungeschützten Pfahlkopf erhalten wir aus den Gl. (2) und (4)

$$\frac{\sigma_{max}}{\sigma'_{max}} = \sqrt{\frac{E\,\gamma}{E'\,\gamma'}}\;\frac{1 + e^{-2G_p/G_r}}{1 + e^{-2G'_p/G_r}}\,, \tag{7}$$

worin G_p und G'_p die Gewichte der Pfähle darstellen. Für elastische Spitzenlagerung und gleichen Stoß auf Rammhauben mit denselben Steifigkeiten erhalten wir aus den Gl. (2) und (5)

$$\frac{\sigma_{max}}{\sigma'_{max}} = \sqrt{\frac{E\,\gamma\,G'_p\,(1 + E'/T_c\,l)}{E'\,\gamma'\,G_p\,(1 + E/T_c\,l)}}\,. \tag{8}$$

In einer Diskussion über die praktische Anwendung der Gl. (4) und (5) brachte CUMMINGS (1940) das folgende Zahlenbeispiel. Ein Stahlbeton- und ein Holzpfahl mit gleichen Abmessungen werden mit einem Rammbären vom Gewicht $G_r = 2268$ kg durch eine weiche schluffige Feinsandschicht bis auf eine tragfähige feste Kies- und Sandschicht gerammt. Die Geschwindigkeit des Rammbären im Augenblick des Rammstoßes ist gleich $v_r = 4,25$ m/sec. Die Pfahlköpfe sind mit denselben Schlaghauben mit einer Steifekonstanten $T_c = 2760$ kg/cm³ geschützt; die näheren Angaben der Pfähle sind folgende:

	Betonpfahl	Holzpfahl
Länge l	7,62 m	7,62 m
Querschnittsfläche F	30,5 × 30,5 cm	30,5 × 30,5 cm
Gewicht G_p	1700 kg	454 kg
Raumgewicht γ . . .	2,40 t/m³	0,64 t/m³
Elastizitätsmodul E .	210 000 kg/cm²	84 300 kg/cm²
$v = \sqrt{\dfrac{E\,g}{\gamma}}$	2926 m/sec	3600 m/sec

Eine Nachrechnung mit Hilfe der Gl. (4) zeigt, daß die größte Kraft $F\sigma_{max}$ infolge des Stoßes auf die starr aufgelagerten Pfähle bei ungeschützten Pfahlköpfen für den Betonpfahl 700000 kg und für den Holzpfahl 321000 kg beträgt. Berechnen wir die Größe von $F\sigma_{max}$ nach der Gl. (5), die die Dämpfung infolge der Rammhaube und die elastische Lagerung der Pfahlspitze berücksichtigt, erhalten wir für den Betonpfahl 223000 kg und für den Holzpfahl 177000 kg.

Die tatsächlich auftretenden Drücke werden bestimmt noch kleiner sein, weil die
der Gl. (5) zugrunde liegende Theorie die Mantelreibung und die Gegenwart
einer Dämpfungskraft im Pfahl vernachlässigt. Nichtsdestoweniger berechtigen
die Rechenergebnisse zu der Schlußfolgerung, daß der größte durch einen gegebenen Rammstoß erzeugte Druck in der Pfahlspitze beim Betonpfahl größer
als der beim Holzpfahl ist. Die angenäherte Gültigkeit der Theorie, auf der diese
Schlußfolgerungen beruhen, wurde durch Großversuche bewiesen (GLANVILLE u. a.
1938). Als Folge des Unterschiedes in den größten Drücken hinter den Pfahlspitzen
der beiden genannten Pfähle sollte der Betonpfahl tiefer in die feste Schicht
eindringen als der Holzpfahl, und seine statische Tragfähigkeit nach vollendeter
Rammung, bis kein nennenswertes Ziehen mehr festzustellen ist, sollte ebenfalls höher als die des Holzpfahles sein. Nach allen jenen Pfahlformeln, die nur
das Gewicht des Pfahles in Betracht ziehen (siehe Abs. 52), sollte jedoch die Tragfähigkeit von Holzpfählen höher sein als jene von Betonpfählen, wenn beide
Pfähle so lange gerammt werden, bis kein nennenswertes Ziehen mehr festzustellen ist. Es ist dies ein Beispiel für eine der zahlreichen falschen Schlußfolgerungen, zu denen die Pfahlformeln führen können. Die Gründe für die Unzuläng-
lichkeit dieser Formeln wurden bereits in Abs. 52 besprochen.

163. Bodenuntersuchungen durch Sprengungen und mittels Schwingern.

Die Gl. (161.2) und (161.3) zeigen, daß die Geschwindigkeit der
Wellenfortpflanzung vom Elastizitätsmodul und von der POISSONschen
Konstanten abhängt. Schichten mit sehr unterschiedlichen elastischen
Konstanten sind meist durch ziemlich scharf ausgeprägte Grenzen getrennt, die Anlaß zu gut erkennbaren Brechungs- und Spiegelungs-
erscheinungen geben. Es ist deshalb theoretisch möglich, über die
elastischen Eigenschaften und über die Dicken der unter der Bodenoberfläche liegenden Schichten, durch Aufzeichnung der von einem
Impuls auf der Bodenoberfläche verursachten Schwingungen in verschiedenen Abständen vom Störungsursprung, Aufschluß zu bekommen. Solche Verfahren wurden bereits seit vielen Jahren benützt, und
bei günstigen geologischen Bedingungen sind die Ergebnisse sehr befriedigend. Der Impuls wird entweder durch eine Sprengung oder durch
einen Schwinger erzeugt. Bei beiden Verfahren werden die Schwingungen gleichzeitig in verschiedenen Abständen vom Störungsursprung
mittels tragbaren Seismographen aufgezeichnet. Diese Verfahren werden deshalb *seismische Bodenuntersuchung* genannt.

Bei dem Sprengverfahren wird der Impuls durch Explosion einer
Zündkapsel oder einer kleinen Dynamitpatrone erzeugt. Ein Impuls
dieser Art erzeugt hauptsächlich Druckwellen. In einem gesättigten
Boden ist die Geschwindigkeit von Druckwellen viel größer als im
gleichen Boden im feuchten Zustand. Deshalb stellt die obere Grenze
der kapillargesättigten Zone eine ausgeprägte Diskontinuitätsfläche
gegenüber der Fortpflanzungsgeschwindigkeit der Explosionswellen
dar. Die Seismographen liegen auf Geraden durch den Ursprung der
Sprengung. Sie zeichnen sowohl den Augenblick der Explosion wie die

nachfolgenden Schwingungen auf. Bei der Untersuchung großer Tiefen, z. B. bei der Salzlagerstättenerkundung, beruht die Auslegung der Seismographenaufzeichnungen entweder auf der zwischen der Explosion und dem Eintreffen des ersten Energieimpulses verstrichenen Zeit oder auf der gemessenen Zeitspanne, bis die Wellen mit geringerer Geschwindigkeit ankommen. Innerhalb einer gewissen Entfernung, deren Größe von der Mächtigkeit der unverkitteten Schicht abhängt, wird der vom Seismographen aufgezeichnete erste Impuls durch eine Welle erzeugt, die längs einer nahezu geraden Linie vom Ort der Explosion bis zum Empfänger fortschreitet. Außerhalb dieser Strecke wird der erste Energieimpuls durch die gebrochenen Wellen erzeugt, die längs des Weges des geringsten Widerstandes in der Tiefe fortschreiten. Die letzteren sind durch direkte oder gespiegelte Wellen, die innerhalb des Mediums mit hohem Widerstand fortschreiten, bedingt. Die beiden Verfahren sind deshalb als *Brechungs-* (Refraktions-) bzw. als *Spiegelungs-* (Reflexions-) *Verfahren* bekannt (siehe z. B. LEET 1938 oder HEILAND 1940).

Zu Bodenuntersuchungen für bautechnische Zwecke wird nur das Brechungsverfahren benützt, und seine Anwendung ist auf die Ermittlung der Gesamtmächtigkeit von auf Fels ruhenden, unverkitteten Ablagerungen und von lockeren, unverkitteten, von dichten Schichten überlagerten Ablagerungen begrenzt. Die Geschwindigkeit der Druckwellen im Fels ist mindestens zehnmal so groß als im unverkitteten Boden. Die Grenzfläche zwischen diesen beiden Stoffen gibt deshalb Anlaß zu sehr ausgeprägten Brechungserscheinungen (SHEPARD 1935). Die Grundlage des Verfahrens ist in Abb. 149 gezeigt.

Es bedeuten:
v_1 = die Wellenfortpflanzungsgeschwindigkeit im unverkitteten Boden,
v_2 = die entsprechende Geschwindigkeit in der Felsunterlage,
t_1 = die Zeit, zu der der erste Energieimpuls den Empfänger I in der kurzen Entfernung l_1 vom Sprengmittelpunkt erreicht,
t_2 = die entsprechende Zeit für den Empfänger II und
t = die Mächtigkeit der unverkitteten Schicht über der Felsoberfläche.

Da v_2 bedeutend größer als v_1 ist, sind die ersten Wellen, die den Meßpunkt *II* in der großen Entfernung l_2 vom Sprengmittelpunkt erreichen, gebrochene Wellen, die hauptsächlich unmittelbar unter der Felsoberfläche, entsprechend der Abb. 149, fortschreiten. Demgegenüber erhält die ziemlich nahe an der Sprengstelle liegende Meßstelle *I* den ersten Impuls durch eine direkte Welle. Aus Gründen der Vereinfachung wird gewöhnlich angenommen, daß die Wellen von der Geländeoberfläche zum Felsuntergrund und wieder zurück rechtwinkelig zur Felsoberfläche fortschreiten und daß beide Oberflächen zueinander parallel liegen. Mit dieser Annahme erhalten wir für die

Meßstelle I die Gleichung

$$t_1 = \frac{l_1}{v_1} \quad \text{oder} \quad v_1 = \frac{l_1}{t_1}$$

und für die Meßstelle II

$$t_2 = \frac{2t}{v_1} + \frac{l_2}{v_2} \quad \text{oder} \quad t = \left(t_2 - \frac{l_2}{v_2}\right)\frac{v_1}{2}.$$

Wir haben damit zwei Gleichungen mit drei unbekannten Größen t, v_1 und v_2. Um eine dritte Gleichung zu bekommen, ordnen wir im Ab-

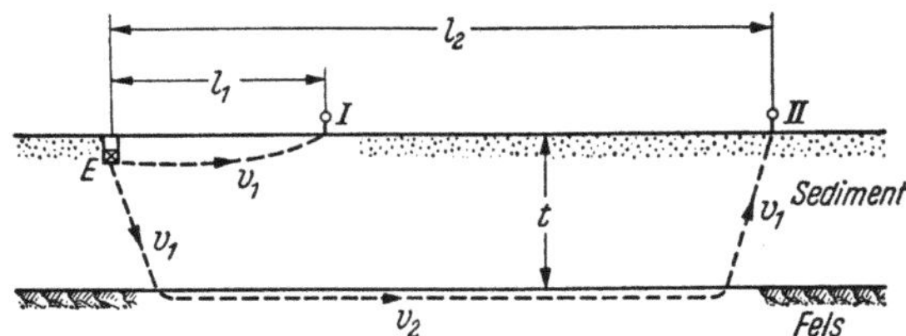

Abb. 149. Darstellung der Grundlagen des Berechnungsverfahrens für die seismische Bodenuntersuchung.

stand l_3 vom Sprengherd einen dritten Empfänger an (in der Abbildung nicht gezeichnet) und messen die Zeit t_3, bei der der Empfänger den ersten starken Impuls aufzeichnet.

Wenn die Felsoberfläche nicht parallel zur Geländeoberfläche liegt oder wenn wir die Sohle eines Erosionstales bestimmen wollen, muß die Sprengung in verschiedenen Punkten E_1, E_2 usw. der Oberfläche wiederholt und seismographische Beobachtungen entlang verschiedenen, durch den Sprengherd verlaufenden Geraden vorgenommen werden. Einer der Hauptfehler, der bei diesem Vorgehen möglich ist, beruht auf der Annahme der Gleichsetzung der Wellenfortpflanzungsgeschwindigkeit unmittelbar unter der Oberfläche zwischen den Punkten E und I mit der lotrecht nach abwärts gerichteten Geschwindigkeit quer zum Grundwasserspiegel und den Schichtflächen. Trotzdem wurde festgestellt, daß bei günstigen geologischen Verhältnissen das Verfahren zufriedenstellende Ergebnisse liefert (SHEPARD 1935).

Nach der in Abb. 148b dargestellten Beziehung kann der Einfluß der Veränderung von μ auf die Geschwindigkeit v der P-Wellen die entsprechenden Einflüsse durch Veränderung anderer, bedeutenderer Bodenkonstanten, wie z. B. des Elastizitätsmoduls, auslöschen. In der Regel ist die Größe von μ nicht bekannt. Daher erlaubt das Sprengverfahren nicht die Ermittlung des Elastizitätsmoduls der Schicht, durch die die Explosionswellen laufen. Da überdies die Explosion nur einen einzigen Impuls erzeugt, besteht keine Möglichkeit, die Mächtigkeit einzelner Bodenschichten aus der Beobachtung von Interferenzerscheinungen in der Geländeoberfläche zu ermitteln.

Um die Aufzeichnungen der Seismographen besser auswerten zu können, verwendete die Degebo in Berlin in Zusammenarbeit mit dem Geophysikalischen Institut der Universität Göttingen die im Abs. 158 beschriebenen Schwinger als Quelle wellenförmiger Impulse. Die vom Schwinger erzeugten Wellen sind hauptsächlich Querwellen in der Gruppe der Oberflächenwellen. Eine Unterteilung dieses Wellenkomplexes in bekannte Arten, wie z. B. in RAYLEIGH- oder LOVE-Wellen, wurde nur in allgemeiner Form entwickelt. Das Grundwasser hat auf die Geschwindigkeit der Querwellen keinen Einfluß. Andererseits ist die Geschwindigkeit einiger Arten von Oberflächenwellen, längs den Grenzflächen von relativ dünnen Schichten, eine Funktion der Frequenz des Impulses und der Schichtdicke. Wenn jedoch die Frequenz einen bestimmten Wert erreicht, ist die Geschwindigkeit dieser Wellen von der Frequenz unabhängig und wird gleich der Geschwindigkeit der anderen Oberflächenwellen, die nur wenig kleiner ist als die Geschwindigkeit v_s [Gl. (161.3)] der Querwellen. Daher ist die gemessene Wellenfortpflanzungsgeschwindigkeit ein Maß für die elastischen Eigenschaften des Mediums, durch das die Wellen laufen, wenn die Frequenz des Impulses so gewählt wird, daß die Geschwindigkeit aller Wellen von der Frequenz unabhängig ist.

Da der Schwinger einen periodischen Impuls erzeugt, ist die Bestimmung der Wellengeschwindigkeit nicht so einfach wie bei dem mit einer Sprengung arbeitenden Berechnungsverfahren, das vorhin erörtert wurde. Trotzdem ist diese Aufgabe der Geschwindigkeitsmessung erfolgreich gelöst ·worden.

Zur Ermittlung der Grenze zwischen zwei verschiedenen unverkitteten Schichten wird die Amplitude in verschiedenen Punkten auf einer durch den Schwingungsmittelpunkt verlaufenden Geraden gemessen. Eine stetige Abnahme der Amplitude mit zunehmender Entfernung vom Schwinger, wie in Abb. 150a dargestellt ist, deutet auf eine homogene Schicht von großer Mächtigkeit. Wenn der Boden jedoch geschichtet ist, dann heben sich die Oberflächenwellen mit den gespiegelten Wellen in gewissen Entfernungen auf und erzeugen eine mit den NEWTONschen Ringen in der Optik vergleichbare Interferenzerscheinung. Infolge dieser Interferenz werden die Amplituden eine periodische Funktion des Abstandes vom Schwinger. Wenn die Mächtigkeit der Schicht überall dieselbe ist, wird das Amplitudendiagramm bezüglich einer durch den Schwingermittelpunkt gelegten Lotrechten, wie in Abb. 150b dargestellt ist, symmetrisch, und die Scheitelpunkte der Kurve liegen gleich weit voneinander entfernt. Nimmt jedoch die Mächtigkeit der Schicht in einer Richtung zu, dann nimmt auch der Abstand der Scheitelpunkte, wie aus Abb. 152c zu ersehen ist, in der gleichen Richtung zu. In beiden Fällen kann die Mächtigkeit der Schicht aus der Entfernung der Scheitelpunkte berechnet werden. Die Verarbeitung der Schwingungsaufzeichnungen beruht auf einer klar aufgebauten Theorie (Degebo 1936). Diese Theorie ermöglicht es auch, aus den Aufzeichnungen die Geschwindigkeit der Wellenfortpflanzung in tieferen Schichten zu berechnen. Die Grundlage dieses Verfahrens ist jener des in Abb. 149 dargestellten Berechnungsverfahrens ziemlich ähnlich.

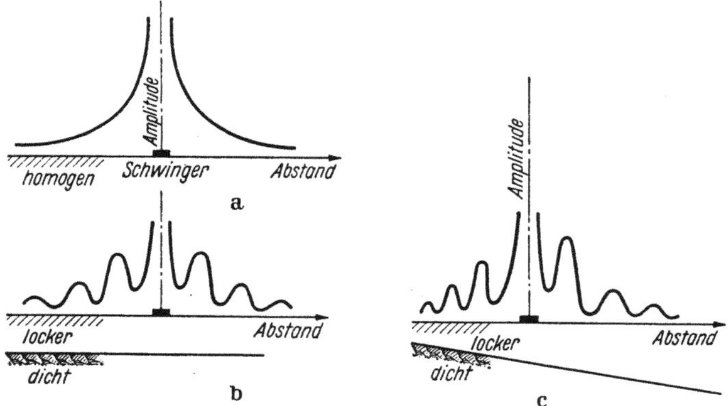

Abb. 150 a—c. Darstellung des Einflusses einer Schichtung auf die Amplituden der von einem rotierenden Schwinger ausstrahlenden Wellen.

Die Untersuchungsergebnisse werden als *Zeit-Laufweg-Kurven* wiedergegeben, in denen die, von der Welle zurückgelegte Entfernung in Abhängigkeit von der Zeit aufgetragen wird.

Zur Untersuchung des Bodens über große Flächen wird der Schwinger nacheinanderfolgend in den Schnittpunkten von zwei netzartigen Linienscharen aufgestellt und auch die Beobachtungen längs der Netzlinien durchgeführt. Die oberen Schichten werden mit hochfrequenten und die tieferen Schichten mit niederfrequenten Impulsen untersucht.

Da der Schwinger nur Querwellen erzeugt, erlauben die gemessenen Geschwindigkeiten nicht die Berechnung des Elastizitätsmoduls [siehe Gl. (161.3)]. Durch eine Verbindung des Schwingerverfahrens mit der Geschwindigkeitsmessung der durch eine Sprengung erzeugten Druckwellen erhält man jedoch zwei unabhängige Beobachtungsreihen, die sowohl die Berechnung von E wie von μ mittels der Gl. (161.2) und (161.3) erlauben.

164. Erdbebenwellen.

Die bei Erdbeben auftretenden Schwingungen sind im wesentlichen den einer seismischen Betrachtung (Abs. 163) unterzogenen, durch einen künstlichen Impuls erzeugten Schwingungen gleichwertig.

Ein Erdbeben kann durch ein plötzliches Abscheren längs Störungs-flächen in mäßiger Tiefe unter der Geländeoberfläche verursacht sein (tektonisches Beben), durch Explosionen oder andere mit der Vulkan-tätigkeit verbundene Ereignisse (vulkanisches Beben) oder durch Vor-gänge unbekannter Natur in großer Tiefe unterhalb der Erstarrungs-zone der Gesteine (plutonisches Beben). Der Bereich, in dem der Ur-sprung des Bebens liegt, wird der *Herd* und der Punkt oder die Linie auf der Erdoberfläche über dem Herd wird das *Epizentrum* genannt. In der Umgebung des Epizentrums registrieren die Seismographen nacheinanderfolgend das Eintreffen von P-, S- und verschiedenen Oberflächenwellen. Die Oberflächenwellen umfassen stets RAYLEIGH-, LOVE- und einige andere Wellenarten. In größerem Abstand vom Epizentrum sind die Aufzeichnungen wegen der verschiedenen Spie-gelungs- und Brechungserscheinungen noch undurchsichtiger. In jedem Fall verursacht ein Erdbeben einen periodischen Impuls, der jeden vom Boden getragenen Gegenstand in einen Zustand erzwungener Schwin-gungen versetzt. Da die Größe der erzwungenen Schwingungen haupt-sächlich vom Quotienten aus der Eigenfrequenz des Gegenstandes und der Frequenz des Impulses abhängt, ist dieser ein Faktor von wesentlicher Bedeutung. Leider sind die Aufzeichnungen von Erd-bebenschwingungen meist so verwickelt, daß sie häufig außerhalb des an und für sich weiten Auswertungsbereiches liegen. Die Schwin-gungen sind in jeder Hinsicht den durch Felssprengungen verursachten Schwingungen ähnlich. Abb. 151 zeigt die während und nach einer solchen Sprengung erhaltenen Aufzeichnungen (LEET 1939).

Die Ladung bestand aus 8618 kg 40%igem Rotkreuz-Extra-Gelatine-Dynamit. Sie wurde in einem kurzen Tunnel hinter der rund 58 m hohen Stirnfläche eines Steinbruches in einer versenkten Felsschwelle des Connecticut-Tales in Minen-taschen untergebracht. Der Seismograph stand auf der Oberfläche der alluvialen Auffüllung des Tales im Abstand von 548,5 m vom Sprengherd entfernt, 38 m unter dem Horizont der Zufahrt zum Steinbruch. Die Aufzeichnung zeigt die transversalen, die lotrechten und die longitudinalen Komponenten der Ver-schiebungen und umfassen eine Zeitspanne von 5,9 Sekunden. Die aufgezeich-neten Wellen haben die Form von Oberflächenwellen. Die strichlierte Linie zeigt eine Welle mit einer Schwingungsdauer von etwa 0,3 Sekunden, die von Wellen mit kürzerer Schwingungsdauer überlagert ist. Gegen das Ende des Beobach-tungszeitraumes wurden die lotrechten und longitudinalen Verschiebungen un-merklich klein, während die transversalen Verschiebungen bestehen blieben.

Für bautechnische Aufgaben sind die waagrechten Komponenten am wichtigsten, sie sind in Abb. 151 als transversale und longitudinale Komponenten bezeichnet und sind die Ursache von Kippvorgängen und Biegebeanspruchungen in Baukörpern. Aus diesem Grunde wird die lotrechte Komponente gewöhnlich vernachlässigt. Die Stärke des Erdbebens wird meist durch den Quotienten n_g aus der größten durch das Erdbeben in waagrechter Richtung verursachten Beschleunigung und der Fallbeschleunigung g ausgedrückt. Zur Bestimmung der Größe von n_g ersetzt man die Aufzeichnung der waagrechten Schwingungen im Seismogramm durch eine passende vereinfachte freie harmonische Schwingung, wie in Abb. 141d gezeichnet ist, deren Ampli-

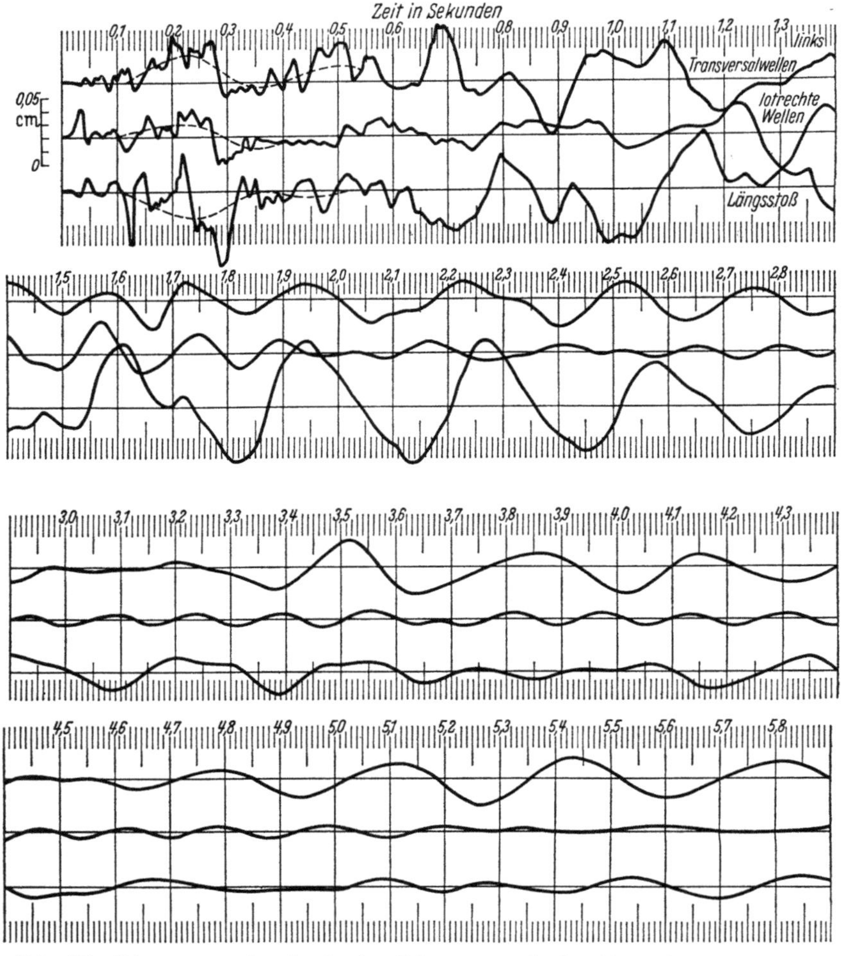

Abb. 151. Seismogramm der durch eine Felssprengung in der Oberfläche einer alluvialen Auffüllung erzeugten Schwingungen. (Nach LEET 1939).

tude a und deren Kreisfrequenz ω_1 beträgt. Durch Differentiation der Gl. (156.8) erhält man für die größte Beschleunigung der Massenteilchen $d^2x/dt^2 = n_g\,g$ den Wert

$$n_g\,g = \left(\frac{d^2x}{dt^2}\right)_{\max} = a\,\omega_1^2$$

oder

$$n_g = \frac{a}{g}\,\omega_1^2 = \frac{4\,\pi^2\,a}{g\,\tau^2}\,.\tag{1}$$

Ist die Eigenfrequenz eines Bauwerkes f_0 im Vergleich zur Frequenz des durch das Erdbeben erzeugten Impulses sehr hoch, dann liegt der Quotient $f_1/f_0 = \omega_1/\omega_0$ nahe an Null. Folglich ist die Amplitude des schwingenden Bauwerkes praktisch gleich jener der Erdbebenwellen, was aus den Abb. 143b und 144a zu ersehen ist. Diese Bedingung ist bei den meisten niederen Bauwerken oder gewöhnlichen Stützmauern erfüllt. Solche Bauwerke können mit der Annahme bemessen werden, daß sie dauernd durch eine Massenkraft gleich der Resultierenden aus der lotrechten Schwerkraft $m \cdot g$ und einer waagrechten Kraft $m \cdot n_g g$ beansprucht werden. Die mechanische Wirkung dieser Massenkraft auf hohe Bauwerke ist etwa ähnlich der Wirkung des Winddruckes, und die Spannungen in den Baugliedern können dementsprechend berechnet werden (FLEMING 1930). Die Ergebnisse solcher Berechnungen können jedoch sehr irreführend sein, wenn nicht die Eigenfrequenz sowohl des gesamten Bauwerkes wie auch der einzelnen Bauglieder, wie Wände und Säulen, außerhalb des Frequenzbereiches der Erdbebenwellen liegt. Um die Größe des während eines Erdbebens von der Stärke n_g auf eine Stützwand (Abb. 152a) wirkenden Erddruckes zu berechnen, kippen wir die Wand und die Hinterfüllung um den Winkel $\mathrm{arctg}\,n_g$, wie in Abb. 152b gezeigt ist, und erhöhen sowohl das Raumgewicht des Bodens wie das der Wand durch Multiplikation mit $\sqrt{1 + n_g^2}$. Der Gleichgewichtszustand bei der Untersuchung ist dann derselbe wie im Kap. VI beschrieben wurde.

Abb. 152c zeigt einen Schnitt durch eine Betonschwergewichtsmauer. Bei einem Erdbeben wird sowohl die Mauer wie auch die Sohle des Staubeckens in rascher Folge um die Strecke a nach rechts und links bewegt. Das Wasser hat aber das Bestreben, im Beharrungszustand zu bleiben, weil die Scherspannungen längs der Beckensohle vernachlässigbar klein sind. Die mechanische Wirkung des Systems Staumauer — Wasser ist deshalb dieselbe, als wenn die Staumauer rasch um die Strecke a gegen eine ruhende Wassermasse bewegt werden würde. Nach WESTERGAARD (1933a) ist der auf die Flächeneinheit der lotrechten Staumauerfläche in der Tiefe z unter dem Wasserspiegel bezogene Widerstand des Wassers gegen rasche Verschiebung etwa direkt proportional der Quadratwurzel aus der Tiefe unter dem Wasserspiegel. Diese zusätzliche Druckspannung kann durch die Näherungsgleichung ausgedrückt werden:

$$p = C\,n_g\sqrt{hz},\tag{2}$$

worin C eine Funktion des Quotienten aus der Höhe h des Wassers im Becken und der Schwingungsdauer τ der Erdbebenstöße darstellt.

Für eine gegebene Schwingungsdauer τ hängt die Größe n_g von der Amplitude a ab [siehe Gl. (1)]. In Abb. 144c ist die Gl. (2) durch die mit p bezeichnete Parabel dargestellt. Für eine Schwingungsdauer $\tau = 4/3$ Sekunden und für verschiedene Werte von h erhielt WESTERGAARD

$$h = 0 \text{ bis } 95\,\text{m} \qquad 95 \text{ bis } 165\,\text{m} \qquad 165 \text{ bis } 207\,\text{m}$$
$$C = \quad 0,933 \qquad\qquad 0,969 \qquad\qquad 1,006\ \text{t/m}^3$$

Die durch die waagrechte Druckspannung p [Gl. (2)] verursachten Spannungen in der Staumauer müssen zu den Spannungen, die durch

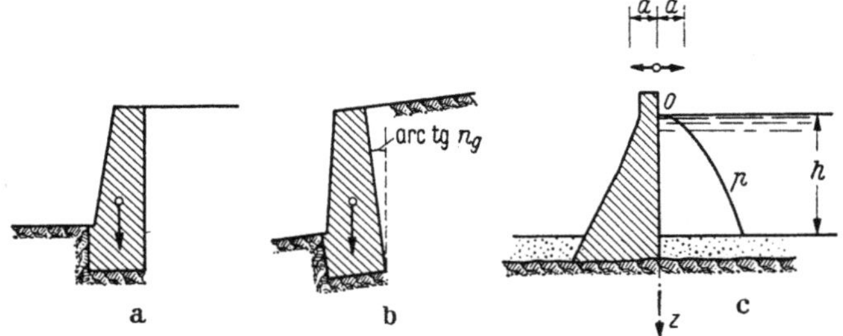

Abb. 152a—c. a Schnitt durch eine Stützwand; b Gedachte Winkelverdrehung der Wand und der Hinterfüllung, die näherungsweise dieselbe Wirkung auf die Standsicherheit der Wand hat wie ein Erdbeben von der Stärke $n_g g$; c dynamischer Wasserdruck p auf die Rückseite einer Beton-Schwergewichtsmauer während eines Erdbebens.

die auf die Masse der Mauer wirkende Erdbebenbeschleunigung bedingt sind, hinzugefügt werden. WESTERGAARD hat auch für diese Aufgabe eine strenge Lösung angegeben.

Wenn die Eigenfrequenz eines Bauwerkes wesentlich außerhalb des Bereiches der Frequenz der Erdbebenschwingung liegt, sind die dem in Abb. 152b dargestellten Berechnungsverfahren anhaftenden Fehler auf der sicheren Seite, weil das Verfahren auf der Annahme beruht, daß das Bauwerk dauernd unter dem Einfluß der waagrechten Massenkraft $m\,n_g g$ steht. In Wirklichkeit wirkt diese Massenkraft nur während einer kurzen Zeitspanne. Jede schädliche Wirkung der Kraft $m\,n_g g$ ist mit einer gegen die Widerstandskräfte gerichteten Verschiebung verbunden. Eine solche Verschiebung erfordert eine Arbeitsleistung, zu der eine gewisse Zeit nötig ist. Von den natürlichen Verhältnissen abweichend, nehmen wir an, daß die Kraft dauernd wirkt. Die Untersuchungsergebnisse geben uns deshalb über das größte Ausmaß der Zerstörung Aufschluß, die von einem Erdbeben einer gegebenen Stärke n_g erreicht werden kann, wenn die Eigenfrequenz des Bauwerkes von der Frequenz der Erdbebenwellen sehr unterschiedlich ist. Wenn andererseits die Eigenfrequenz des Bauwerkes oder einzelner Bauteile an die Erdbebenschwingung herankommt, können die Resonanzerscheinungen die Wirkung des periodischen Impulses in einem solchen Maß vergrößern, daß das Vorzeichen des Fehlers bei dem in Abb. 152b dargestellten Verfahren umzukehren ist. Dieser Fall kann bei Hochhäusern und sehr hohen Schornsteinen vorweg angenommen werden und erfordert, daß das durch Abb. 152b veranschaulichte Verfahren durch ein anderes ersetzt wird, das die Eigenfrequenz des Bauwerkes in Betracht zieht. Ein einfaches, für Fachwerke geeignetes Verfahren dieser Art wurde von WESTERGAARD (1933c) veröffentlicht und ein anderes für hohe Schornsteine von BRISKE (1927). Die theoretischen Arbeiten auf diesem Gebiet wurden wiederholt durch Laboratoriumsversuche ergänzt, bei denen Spannungsmessungen in kleinen, auf Rütteltischen errichteten Modellen vorgenommen wurden (siehe z. B. WILLIAMS 1937, RUGE 1938).

Bei allen Untersuchungen über die Resonanzerscheinungen bei Erdbeben sieht sich der Bearbeiter vor die schwierige Frage gestellt, einen geeigneten Wert für die Frequenz der Erdbebenschwingungen auszuwählen. Der Erdbebenstoß erzeugt gleichzeitig Schwingungen mit sehr unterschiedlichen Frequenzen, ähnlich wie bei den durch eine Sprengung verursachten Schwingungen (siehe Abb. 151). Deshalb kann der Schaden an zwei verschiedenen Bauwerken, die dem gleichen Erdbebenstoß ausgesetzt waren, durch zwei völlig verschiedene Komponenten der gleichen Schwingung verursacht sein. Der eine Faktor des zerstörenden Impulses auf die beiden Bauwerke ist im allgemeinen die Größe der kinetischen Energie, die vom Erdbeben auf die Fundamente pro Zeiteinheit und pro Raumeinheit des Untergrundes übertragen wird. Wenn daher Resonanzerscheinungen beachtet werden müssen, ist es besser, die Stärke des Erdbebens nicht als Funktion der größten Beschleunigung, sondern durch die Größe des Energieflusses auszudrücken (MENDENHALL 1888). Ein anderes Verfahren wurde in neuerer Zeit von WESTERGAARD (1933b) vorgeschlagen. Ersetzen wir die tatsächlichen Erdbebenschwingungen durch eine einfache harmonische Schwingung mit der Amplitude a und der Kreisfrequenz ω, so erhalten wir für den Abstand x, um den ein Teilchen zur Zeit t von seiner Gleichgewichtslage entfernt ist, aus der Gl. (156.8)

$$x = a \sin \omega t,$$

für seine Geschwindigkeit

$$v = \frac{dx}{dt} = a\,\omega \cos \omega t$$

und für seine Beschleunigung

$$\frac{d^2 x}{dt^2} = -\,a\,\omega^2 \sin \omega t.$$

Die entsprechenden Größtwerte betragen

$$v_{\max} = a\,\omega \quad \text{und} \quad \left(\frac{d^2 x}{dt^2}\right)_{\max} = n_g\,g = a\,\omega^2.$$

Verbinden wir diese beiden Gleichungen, so erhalten wir

$$v_{\max} = \frac{n_g\, g}{\omega} = \frac{n_g\, g}{2\,\pi}\,\tau,$$

worin τ die Schwingungsdauer bedeutet. Die auf den Untergrund eines Bauwerkes pro Zeit- und Volumeneinheit übertragene kinetische Energie E_k beträgt, wenn die Geschwindigkeit einen Größtwert aufweist,

$$E_k\,(\mathrm{kg\ cm^{-2}}) = \frac{1}{2}\,\frac{\gamma}{g}\,v_{\max}^2 = n_g^2\,\tau^2\,\frac{\gamma\,g}{8\,\pi^2}. \tag{3}$$

Die Größe E_k hat die Dimension einer Spannung und stellt den in Vorschlag gebrachten Ersatzwert für das Stärkemaß n_g dar.

Eine andere Schwierigkeit bei der Ermittlung der Schwingungsdauer von Erdbeben ist durch den bekannten Einfluß der Art der obersten Schichten auf die Größe von n_g bedingt, die als Maß für die Stärke eines Erdbebens eingeführt wurde. Im gewachsenen Fels ist n_g wesentlich kleiner als an der Oberfläche von lockeren, alluvialen Auffüllungen. Die in einer Felsmulde lagernde alluviale Auffüllung bildet eine elastische Einheit mit genau festgelegten Grenzen und einer ganz bestimmten Eigenfrequenz. Die hohen Werte von n_g für lockere Oberflächenablagerungen stellen deshalb das Ergebnis von Resonanzerscheinungen dar, die im Boden auftreten, bevor noch die Erdbebenwellen die Fundamente der Bauwerke erreichen. Man kann diesen Vorgang auf folgende Weise veranschaulichen: Wenn sich der Fels bis an die Baugrundoberfläche erstreckt, wird der größte Teil der kinetischen Energie, der gegen die Oberfläche strahlt, zurückgeworfen und strahlt wieder in den Fels zurück. Wenn der Fels aber mit einem Sediment überdeckt ist, wird die Energie von diesem Sediment absorbiert. Dieser Vorgang ist mit der Ansammlung kinetischer Energie in einem durch einen periodischen Impuls beanspruchten Pendel zu vergleichen, wenn die Frequenz dieses Impulses gleich der Eigenfrequenz des Pendels ist. Diese Erscheinung verstärkt die Wirkung des Erdbebens auf Bauwerke, deren Fundamente auf lockeren Sedimentböden aufruhen. Bei der Ableitung der Gl. (3) wurde diese Möglichkeit nicht berücksichtigt.

Nach dem gegenwärtigen Stand unserer Erkenntnisse kann der Einfluß der geologischen Verhältnisse auf die Art und die Größe des durch ein gegebenes Erdbeben erzeugten Impulses nur durch Beobachtungen in der Natur untersucht werden. Selbst die exakten theoretischen Verfahren zur Ermittlung der durch ein Erdbeben hervorgerufenen Spannungen in einem Bauwerk (z. B. BIOT 1942) können nur angewendet werden, wenn der auf das Bauwerk wirkende Impuls vorher bekannt ist.

Einflußwerte der lotrechten Normalspannung im elastisch-isotopen Halbraum bei Oberflächenlasten.

1. Einzellast.

Die lotrechte Normalspannung σ_z in einem Punkt mit der Tiefe z unter der Halbraumoberfläche und dem waagrechten Abstand r vom Angriffspunkt der Last P (Abb. 118a) ist durch die Gleichung gegeben:

$$\sigma_z = \frac{P}{z^2} J_\sigma$$

mit der Abkürzung

$$J_\sigma = \frac{3}{2\pi} \left[\frac{1}{1 + (r/z)^2} \right]^{5/2}. \tag{136.5}$$

Die folgende Tabelle enthält die Einflußwerte J_σ für verschiedene Größen des Quotienten r/z.

Tabelle I[1].

r/z	J_σ	r/z	J_σ	r/z	J_σ	r/z	J_σ
0,00	0,4775	0,50	0,2733	1,00	0,0844	1,50	0,0251
1	0,4773	1	0,2679	1	0,0823	1	0,0245
2	0,4770	2	0,2625	2	0,0803	2	0,0240
3	0,4764	3	0,2571	3	0,0783	3	0,0234
4	0,4756	4	0,2518	4	0,0764	4	0,0229
5	0,4745	5	0,2466	5	0,0744	5	0,0224
6	0,4732	6	0,2414	6	0,0727	6	0,0219
7	0,4717	7	0,2363	7	0,0709	7	0,0214
8	0,4699	8	0,2313	8	0,0691	8	0,0209
9	0,4679	9	0,2263	9	0,0674	9	0,0204
0,10	0.4657	0,60	0,2214	1,10	0,0658	1,60	0,0200
1	0,4633	1	0,2165	1	0,0641	1	0,0195
2	0,4607	2	0,2117	2	0,0626	2	0,0191
3	0,4579	3	0,2070	3	0,0610	3	0,0187
4	0,4548	4	0,2024	4	0,0595	4	0,0183
5	0,4516	5	0,1978	5	0,0581	5	0,0179
6	0,4482	6	0,1934	6	0,0567	6	0,0175
7	0,4446	7	0,1889	7	0,0553	7	0,0171
8	0,4409	8	0,1846	8	0,0539	8	0,0167
9	0,4370	9	0,1804	9	0,0526	9	0,0163

[1] GILBOY, G (1933): Influence Tables for Solution of BOUSSINESQ Equation. In „Earth and Foundations", Progress Report of Special Committee, Proc. Am. Soc. C. E., B. 59, S. 781, erschienen.

Tabelle I. (Fortsetzung.)

r/z	J_σ	r/z	J_σ	r/z	J_σ	r/z	J_σ
0,20	0,4329	0,70	0,1762	1,20	0,0513	1,70	0,0160
1	0,4286	1	0,1721	1	0,0501	1	0,0157
2	0,4242	2	0,1681	2	0,0489	2	0,0153
3	0,4197	3	0,1641	3	0,0477	3	0,0150
4	0,4151	4	0,1603	4	0,0466	4	0,0147
5	0,4103	5	0,1565	5	0,0454	5	0,0144
6	0,4054	6	0,1527	6	0,0443	6	0,0141
7	0,4004	7	0,1491	7	0,0433	7	0,0138
8	0,3954	8	0,1455	8	0,0422	8	0,0135
9	0,3902	9	0,1420	9	0,0412	9	0,0132
0,30	0,3849	0,80	0,1386	1,30	0,0402	1,80	0,0129
1	0,3796	1	0,1353	1	0,0393	1	0,0126
2	0,3742	2	0,1320	2	0,0384	2	0,0124
3	0,3687	3	0,1288	3	0,0374	3	0,0121
4	0,3632	4	0,1257	4	0,0365	4	0,0119
5	0,3577	5	0,1226	5	0,0357	5	0,0116
6	0,3521	6	0,1196	6	0,0348	6	0,0114
7	0,3465	7	0,1166	7	0,0340	7	0,0112
8	0,3408	8	0,1138	8	0,0332	8	0,0109
9	0,3351	9	0,1110	9	0,0324	9	0,0107
0,40	0,3294	0,90	0,1083	1,40	0,0317	1,90	0,0105
1	0,3238	1	0,1057	1	0,0309	1	0,0103
2	0,3181	2	0,1031	2	0,0302	2	0,0101
3	0,3124	3	0,1005	3	0,0295	3	0,0099
4	0,3068	4	0,0981	4	0,0288	4	0,0097
5	0,3011	5	0,0956	5	0,0282	5	0,0095
6	0,2955	6	0,0933	6	0,0275	6	0,0093
7	0,2899	7	0,0910	7	0,0269	7	0,0091
8	0,2843	8	0,0887	8	0,0263	8	0,0089
9	0,2788	9	0,0865	9	0,0257	9	0,0087
2,00	0,0085	2,40	0,0040	2,80	0,0021	3,20	0,0011
1	0,0084	1	0,0040	1	0,0020	1	0,0011
2	0,0082	2	0,0039	2	0,0020	2	0,0011
3	0,0081	3	0,0038	3	0,0020	3	0,0011
4	0,0079	4	0,0038	4	0,0019	4	0,0011
5	0,0078	5	0,0037	5	0,0019	5	0,0011
6	0,0076	6	0,0036	6	0,0019	6	0,0010
7	0,0075	7	0,0036	7	0,0019	7	0,0010
8	0,0073	8	0,0035	8	0,0018	8	0,0010
9	0,0072	9	0,0034	9	0,0018	9	0,0010
2,10	0,0070	2,50	0,0034	2,90	0,0018	3,30	0,0010
1	0,0069	1	0,0033	1	0,0017	1	0,0009
2	0,0068	2	0,0033	2	0,0017	2	0,0009
3	0,0066	3	0,0032	3	0,0017	3	0,0009
4	0,0065	4	0,0032	4	0,0017	4	0,0009
5	0,0064	5	0,0031	5	0,0016	5	0,0009
6	0,0063	6	0,0031	6	0,0016	6	0,0009
7	0,0062	7	0,0030	7	0,0016	7	0,0009
8	0,0060	8	0,0030	8	0,0016	8	0,0009
9	0,0059	9	0,0029	9	0,0015	9	0,0009

Tabelle I. (Fortsetzung.)

r/z	J_σ	r/z	J_σ	r/z	J_σ	r/z	J_σ
2,20	0,0058	2,60	0,0029	3,00	0,0015	3,40	0,0009
1	0,0057	1	0,0028	1	0,0015	1	0,0008
2	0,0056	2	0,0028	2	0,0015	2	0,0008
3	0,0055	3	0,0027	3	0,0014	3	0,0008
4	0,0054	4	0,0027	4	0,0014	4	0,0008
5	0,0053	5	0,0026	5	0,0014	5	0,0008
6	0,0052	6	0,0026	6	0,0014	6	0,0008
7	0,0051	7	0,0025	7	0,0014	7	0,0008
8	0,0050	8	0,0025	8	0,0013	8	0,0008
9	0,0049	9	0,0025	9	0,0013	9	0,0008
2,30	0,0048	2,70	0,0024	3,10	0,0013	3,50—3,61	0,0007
1	0,0047	1	0,0024	1	0,0013	3,62—3,74	0,0006
2	0,0047	2	0,0023	2	0,0013	3,75—3,90	0,0005
3	0,0046	3	0,0023	3	0,0012	3,91—4,12	0,0004
4	0,0045	4	0,0023	4	0,0012	4,13—4,43	0,0003
5	0,0044	5	0,0022	5	0,0012	4,44—4,90	0,0002
6	0,0043	6	0,0022	6	0,0012	4,91—6,15	0,0001
7	0,0043	7	0,0022	7	0,0012		
8	0,0042	8	0,0021	8	0,0012		
9	0,0041	9	0,0021	9	0,0011		

2. Über eine Rechteckfläche gleichförmig verteilte Belastung.

Wenn mit b die Breite und mit l die Länge einer Rechteckfläche bezeichnet wird, die pro Flächeneinheit die Belastung p trägt, ist die lotrechte Normalspannung im Punkt N (Abb. 120a) in der Tiefe z unter einer der Ecken der Fläche gleich

$$\Delta \sigma_z = p J_\sigma.$$

Der Einflußwert J_σ ist durch die Gleichung ausgedrückt:

$$J_\sigma = \frac{1}{4\pi} \left[\frac{2mn\sqrt{m^2 + n^2 + 1}}{m^2 + n^2 + m^2 n^2 + 1} \cdot \frac{m^2 + n^2 + 2}{m^2 + n^2 + 1} + \right.$$
$$\left. + \operatorname{arctg} \frac{2mn\sqrt{m^2 + n^2 + 1}}{m^2 + n^2 + 1 - m^2 n^2} \right] \tag{136.8}$$

mit den Abkürzungen $m = \dfrac{b}{z}$ und $n = \dfrac{l}{z}$.

Die Werte von J_σ für gegebene Werte von m und n können aus dem Diagramm der Abb. 153, die von R. E. FADUM ausgearbeitet wurde, entnommen werden. Sie sind auch in der folgenden Tabelle II enthalten.

Tabelle II[1].

m	0,1	0,2	0,3	0,4	0,5	0,6	0,7	0,8	0,9	1,0	1,2	1,4
						n						
0,1	0,00470	0,00917	0,01323	0,01678	0,01978	0,02223	0,02420	0,02576	0,02698	0,02794	0,02926	0,03007
0,2	0,00917	0,01790	0,02585	0,03280	0,03866	0,04348	0,04735	0,05042	0,05283	0,05471	0,05733	0,05894
0,3	0,01323	0,02585	0,03735	0,04742	0,05593	0,06294	0,06858	0,07308	0,07661	0,07938	0,08323	0,08561
0,4	0,01678	0,03280	0,04742	0,06024	0,07111	0,08009	0,08734	0,09314	0,09770	0,10129	0,10631	0,10941
0,5	0,01978	0,03866	0,05593	0,07111	0,08403	0,09473	0,10340	0,11035	0,11584	0,12018	0,12626	0,13003
0,6	0,02223	0,04348	0,06294	0,08009	0,09473	0,10688	0,11679	0,12474	0,13105	0,13605	0,14309	0,14749
0,7	0,02420	0,04735	0,06858	0,08734	0,10340	0,11679	0,12772	0,13653	0,14356	0,14914	0,15703	0,16199
0,8	0,02576	0,05042	0,07308	0,09314	0,11035	0,12474	0,13653	0,14607	0,15371	0,15978	0,16843	0,17389
0,9	0,02698	0,05283	0,07661	0,09770	0,11584	0,13105	0,14356	0,15371	0,16185	0,16835	0,17766	0,18357
1,0	0,02794	0,95471	0,07938	0,10129	0,12018	0,13605	0,14914	0,15978	0,16835	0,17522	0,18508	0,19139
1,2	0,02926	0,05733	0,08323	0,10631	0,12626	0,14309	0,15703	0,16843	0,17766	0,18508	0,19584	0,20278
1,4	0,03007	0,05894	0,08561	0,10941	0,13003	0,14749	0,16199	0,17389	0,18357	0,19139	0,20278	0,21020
1,6	0,03058	0,05994	0,08709	0,11135	0,13241	0,15028	0,16515	0,17739	0,18737	0,19546	0,20731	0,21510
1,8	0,03090	0,06058	0,08804	0,11260	0,13395	0,15207	0,16720	0,17967	0,18986	0,19814	0,21032	0,21836
2,0	0,03111	0,06100	0,08867	0,11342	0,13496	0,15326	0,16856	0,18119	0,19152	0,19994	0,21235	0,22058
2,5	0,03138	0,06155	0,08948	0,11450	0,13628	0,15483	0,17036	0,18321	0,19375	0,20236	0,21512	0,22364
3,0	0,03150	0,06178	0,08982	0,11495	0,13684	0,15550	0,17113	0,18407	0,19470	0,20341	0,21633	0,22499
4,0	0,03158	0,06194	0,09007	0,11527	0,13724	0,15598	0,17168	0,18469	0,19540	0,20417	0,21722	0,22600
5,0	0,03160	0,06199	0,09014	0,11537	0,13737	0,15612	0,17185	0,18488	0,19561	0,20440	0,21749	0,22632
6,0	0,03161	0,06201	0,09017	0,11541	0,13741	0,15617	0,17191	0,18496	0,19569	0,20449	0,21760	0,22644
8,0	0,03162	0,06202	0,09018	0,11543	0,13744	0,15621	0,17195	0,18500	0,19574	0,20455	0,21767	0,22652
10,0	0,03162	0,06202	0,09019	0,11544	0,13745	0,15622	0,17196	0,18502	0,19576	0,20457	0,21769	0,22654
∞	0,03162	0,06202	0,09019	0,11544	0,13745	0,15623	0,17197	0,18502	0,19577	0,20458	0,21770	0,22656

[1] NEWMARK, N. M. (1935): Simplified Computation of Vertical Pressures in Elastic Foundations: Circ. 24, Eng. Exper. Sta., University of Illinois.

Tabelle II. (Fortsetzung.)

m	1,6	1,8	2,0	2,5	3,0	4,0	5,0	6,0	8,0	10,0	∞
					n						
0,1	0,03058	0,03090	0,03111	0,03138	0,03150	0,03158	0,03160	0,03161	0,03162	0,03162	0,03162
0,2	0,05994	0,06058	0,06100	0,06155	0,06178	0,06194	0,06199	0,06201	0,06202	0,06202	0,06202
0,3	0,08709	0,08804	0,08867	0,08948	0,08982	0,09007	0,09014	0,09017	0,09018	0,09019	0,09019
0,4	0,11135	0,11260	0,11342	0,11450	0,11495	0,11527	0,11537	0,11541	0,11543	0,11544	0,11544
0,5	0,13241	0,13395	0,13469	0,13628	0,13684	0,13724	0,13737	0,13741	0,13744	0,13745	0,13745
0,6	0,15028	0,15207	0,15326	0,15483	0,15550	0,15598	0,15612	0,15617	0,15621	0,15622	0,15623
0,7	0,16515	0,16720	0,16856	0,17036	0,17113	0,17168	0,17185	0,17191	0,17195	0,17196	0,17197
0,8	0,17739	0,17967	0,18119	0,18321	0,18407	0,18469	0,18488	0,18496	0,18500	0,18502	0,18502
0,9	0,18737	0,18986	0,19152	0,19375	0,19470	0,19540	0,19561	0,19569	0,19574	0,19576	0,19577
1,0	0,19546	0,19814	0,19994	0,20236	0,20341	0,20417	0,20440	0,20449	0,20455	0,20457	0,20458
1,2	0,20731	0,21032	0,21235	0,21512	0,21633	0,21722	0,21749	0,21760	0,21767	0,21769	0,21770
1,4	0,21510	0,21836	0,22058	0,22364	0,22499	0,22600	0,22632	0,22644	0,22652	0,22654	0,22656
1,6	0,22025	0,22372	0,22610	0,22940	0,23088	0,23200	0,23236	0,23249	0,23258	0,23261	0,23263
1,8	0,22372	0,22736	0,22986	0,23334	0,23495	0,23617	0,23656	0,23671	0,23681	0,23684	0,23686
2,0	0,22610	0,22986	0,23247	0,23614	0,23782	0,23912	0,23954	0,23970	0,23981	0,23985	0,23987
2,5	0,22940	0,23334	0,23614	0,24010	0,24196	0,24344	0,24392	0,24412	0,24425	0,24429	0,24432
3,0	0,23088	0,23495	0,23782	0,24196	0,24394	0,24554	0,24608	0,24630	0,24646	0,24650	0,24654
4,0	0,23200	0,23617	0,23912	0,24344	0,24554	0,24729	0,24791	0,24817	0,24836	0,24842	0,24846
5,0	0,23236	0,23656	0,23954	0,24392	0,24608	0,24791	0,24857	0,24885	0,24907	0,24914	0,24919
6,0	0,23249	0,23671	0,23970	0,24412	0,24630	0,24817	0,24885	0,24916	0,24939	0,24946	0,24952
8,0	0,23258	0,23681	0,23981	0,24425	0,24646	0,24836	0,24907	0,24939	0,24964	0,24973	0,24980
10,0	0,23261	0,23684	0,23985	0,24429	0,24650	0,24842	0,24914	0,24946	0,24973	0,24981	0,24989
∞	0,23263	0,23686	0,23987	0,24432	0,24654	0,24846	0,24919	0,24952	0,24980	0,24989	0,25000

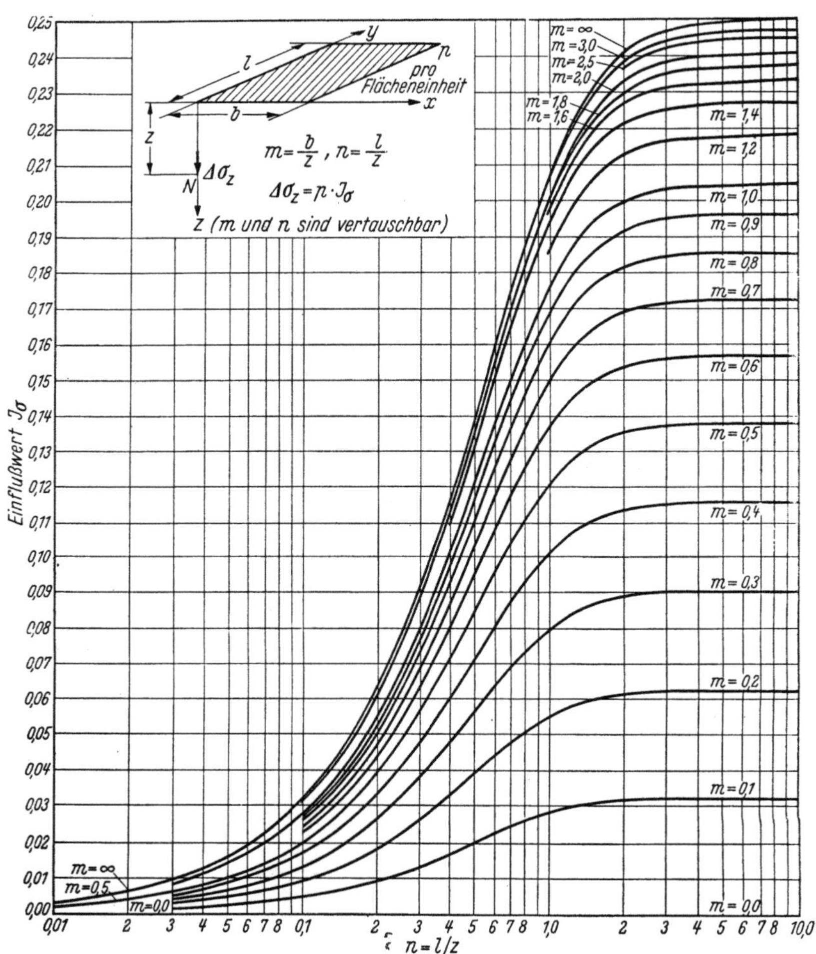

Abb. 153. Kurvenschar zur Ermittlung des Einflußwertes der lotrechten Normalspannung $\Delta\sigma_z$ im Punkt N unter der Ecke einer gleichförmig belasteten Rechteckfläche.

3. Lotrechte Normalspannung
unter dem Mittelpunkt einer gleichförmig belasteten Kreisfläche.

Die lotrechte Normalspannung in der Tiefe z unter dem Mittelpunkt einer Kreisfläche vom Radius r und der gleichförmigen Belastung p pro Flächeneinheit beträgt

$$\sigma_z = pJ_\sigma$$

mit der Abkürzung
$$J_\sigma = 1 - \left[\frac{1}{1 + (r/z)^2}\right]^{3/2}.$$
(136.4)

Die folgende Tabelle enthält die Zahlenwerte von J_σ für verschiedene Werte von r/z.

Tabelle III[1].

r/z	J_σ	r/z	J_σ	r/z	J_σ	r/z	J_σ
0,00	0,00000	0,40	0,19959	0,80	0,52386	1,20	0,73763
1	0,00015	1	0,20790	1	0,53079	1	0,74147
2	0,00060	2	0,21627	2	0,53763	2	0,74525
3	0,00135	3	0,22469	3	0,54439	3	0,74896
4	0,00240	4	0,23315	4	0,55106	4	0,75262
5	0,00374	5	0,24165	5	0,55766	5	0,75622
6	0,00538	6	0,25017	6	0,56416	6	0,75976
7	0,00731	7	0,25872	7	0,57058	7	0,76324
8	0,00952	8	0,26729	8	0,57692	8	0,76666
9	0,01203	9	0,27587	9	0,58317	9	0,77003
0,10	0,01481	0,50	0,28446	0,90	0,58934	1,30	0,77334
1	0,01788	1	0,29304	1	0,59542	1	0,77660
2	0,02122	2	0,30162	2	0,60142	2	0,77981
3	0,02483	3	0,31019	3	0,60734	3	0,78296
4	0,02870	4	0,31875	4	0,61317	4	0,78606
5	0,03283	5	0,32728	5	0,61892	5	0,78911
6	0,03721	6	0,33579	6	0,62459	6	0,79211
7	0,04184	7	0,34427	7	0,63018	7	0,79507
8	0,04670	8	0,35272	8	0,63568	8	0,79797
9	0,05181	9	0,36112	9	0,64110	9	0,80083
0,20	0,05713	0,60	0,36949	1,00	0,64645	1,40	0,80364
1	0,06268	1	0,37781	1	0,65171	1	0,80640
2	0,06844	2	0,38609	2	0,65690	2	0,80912
3	0,07441	3	0,39431	3	0,66200	3	0,81179
4	0,08057	4	0,40247	4	0,66703	4	0,81442
5	0,08692	5	0,41058	5	0,67198	5	0,81701
6	0,09346	6	0,41863	6	0,67686	6	0,81955
7	0,10017	7	0,42662	7	0,68166	7	0,82206
8	0,10704	8	0,43454	8	0,68639	8	0,82452
9	0,11408	9	0,44240	9	0,69104	9	0,82694
0,30	0,12126	0,70	0,45018	1,10	0,69562	1,50	0,82932
1	0,12859	1	0,45789	1	0,70013	1	0,83167
2	0,13605	2	0,46553	2	0,70457	2	0,83397
3	0,14363	3	0,47310	3	0,70894	3	0,83624
4	0,15133	4	0,48059	4	0,71324	4	0,83847
5	0,15915	5	0,48800	5	0,71747	5	0,84067
6	0,16706	6	0,49533	6	0,72163	6	0,84283
7	0,17507	7	0,50259	7	0,72573	7	0,84495
8	0,18317	8	0,50976	8	0,72976	8	0,84704
9	0,19134	9	0,51685	9	0,73373	9	0,84910

[1] Berechnet von R. E. FADUM und tabelliert von I. LEVINGS.

Tabelle III. (Fortsetzung.)

r/z	J_σ	r/z	J_σ	r/z	J_σ	r/z	J_σ
1,60	0,85112	1,90	0,89897	3.00	0,96838	12,00	0,99943
1	0,85313	1	0,90021	10	0,97106		
2	0,85507	2	0,90143	20	0,97346	14,00	0,99964
3	0,85700	3	0,90263	30	0,97561		
4	0,85890	4	0,90382	40	0,97753	16,00	0,99976
5	0,86077	5	0,90498	50	0,97927		
6	0,86260	6	0,90613	60	0,98083	18,00	0,99983
7	0,86441	7	0,90726	70	0,98224		
8	0,86619	8	0,90838	80	0,98352	20,00	0,99988
9	0,86794	9	0,90948	90	0,98468		
						25,00	0,99994
1,70	0,86966	2,00	0,91056	4,00	0,98573		
1	0,87136	02	0,91267	20	0,98757	30,00	0,99996
2	0,87302	04	0,91472	40	0,98911		
3	0,87467	06	0,91672	60	0,99041	40,00	0,99999
4	0,87628	08	0,91865	80	0,99152		
5	0,87787	10	0,92053			50,00	0,99999
6	0,87944	15	0,92499	5,00	0,99246		
7	0,88098	20	0,92914	20	0,99327	100,00	1,00000
8	0,88250	25	0,93301	40	0,99396		
9	0,88399	30	0,93661	60	0,99457	∞	1,00000
		35	0,93997	80	0,99510		
1,80	0,88546	40	0,94310				
1	0,88691	45	0,94603	6,00	0,99556		
2	0,88833	50	0,94877	50	0,99648		
3	0,88974	55	0,95134				
4	0,89112	60	0,95374	7,00	0,99717		
5	0,89248	65	0,95599	50	0,99769		
6	0,89382	70	0,95810				
7	0,89514	75	0,96009	8,00	0,99809		
8	0,89643	80	0,96195				
9	0,89771	85	0,96371	9,00	0,99865		
		90	0,96536				
		95	0,96691	10,00	0,99901		

Literaturverzeichnis.

AICHHORN, W. (1931): Über die Zusammendrückung des Bodens infolge örtlicher Belastung. Diss. Bergak. Freiberg; s. Geologie und Bauwesen, H. 4 (1932), S. 2—46.

AIRY, G. B. (1862): On the Strains in the Interior of Beams. Brit. Assoc. Advancement Sci. Rept. Meeting 1862, S. 82—86.

BAVER, L. D. (1940): Soil Physics. New York: John Wiley & Sons.

BIERBAUMER, A. (1913): Die Dimensionierung des Tunnelmauerwerkes. Leipzig: W. Engelmann.

BIOT, M. A. (1935a): Effect of Certain Discontinuities on the Pressure Distribution in a Loaded Soil. Physics, H. 6, S. 367—375.

— (1935b): Le Problème de la Consolidation des Matières Argilleuses sous une Charge. Ann. Soc. Sci. Bruxelles, Sér. B, H. 55, S. 110—113.

— (1935c): Distributed Gravity and Temperature Loading in Two-Dimensional Elasticity Replaced by Boundary Pressures and Dislocations. J. Appl. Mech., H. 57 of Trans. Amer. Soc. mech. Engrs., S. A41—A42.

— (1937): Bending of an Infinite Beam on an Elastic Foundation. J. Appl. Mech., H. 59 of Trans. Amer. Soc. mech. Engrs., S. A1—A7.

— (1941a): General Theory of Three-Dimensional Consolidation. J. Appl. Phys., H. 12, S. 155—164.

— (1941b): Consolidation under a Rectangular Load Distribution. J. Appl. Phys., H. 12, S. 426—430.

— (1942): Analytical and Experimental Methods in Engineering Seismology. Proc. Amer. Soc. civ. Engrs., Januar 1942, S. 49—69.

BIOT, M. A., u. F. M. CLINGAN (1941): Consolidation Settlement of a Soil with an Impervious Top Surface. J. Appl. Phys., H. 12, S. 578—581.

— (1942): Bending Settlement of a Slab Resting on a Consolidating Foundation. J. Appl. Phys., H. 13, S. 35—40.

BLUM, H. (1930): Einspannungsverhältnisse bei Bohlwerken. Diss. T.-H. Braunschweig, 1930.

BOROWICKA, H. (1936): Influence of Rigidity of a Circular foundation Slab on the Distribution of Pressure over the Contact Surface. Proc. I. Intern. Conf. Soil Mechanics, Cambridge, Mass., Bd. 2, S. 144—149.

— (1938): Druckverteilung unter einem gleichmäßig belasteten elastischen Plattenstreifen, welcher auf der Oberfläche des elastisch isotropen Halbraumes liegt. 2. Internationaler Kongreß für Brückenbau u. Hochbau, Schlußbericht VIII. 3, Berlin.

BOUSSINESQ, J. (1885): Application des Potentiels à l'Étude de l'Équilibre et du Mouvement des Solides Élastiques. Paris: Gauthier-Villard.

BRAHTZ, J. H. A. (1933): Stress Distribution in Wedges with Arbitrary Boundary Forces. Physics, H. 4, S. 56—65.

— (1936): Rational Design of Earth Dams (Punkt II der zur Standsicherheitsuntersuchung von Erddämmen vorgeschlagenen Verfahren, von D. R. MAY u. J. H. A. BRAHTZ). Proc. Second Cong. Large Dams. Washington, D. C., Bd. 4, S. 543—577.

— (1939): Notes on analytic Soil Mechanics. U. S. Bur. of Reclamation. Denver, Colo.

BRAHTZ, J. H. A., u. J. SOERENS (1939): Direct Optical Measurement of Individual Principal Stresses. J. Appl. Phys., H. 10, S. 242—247.

BRENNECKE, L., u. E. LOHMEYER (1930): Der Grundbau, Bd. 2, 4. Aufl., S. 549. Berlin: W. Ernst und Sohn.

BRISKE, R. (1927): Die Erdbebensicherheit von Bauwerken. Bautechn., H. 5, 425—430, 453—457, S. 547—555.

BUCKY, P. B. (1931): Use of Models for the Study of Mining Problems. Amer. Inst. Min. Met. Engr. Tech. Publ. 425, Class A, Min. Methods, Nr. 44.

— (1934): Application of Principles of Similitude to Design of Mine Workings. Trans. Amer. Inst. Min. Met. Engrs., H. 109, S. 25—42.

BURMISTER, D. M. (1938): Graphical Distribution of Vertical Pressure Beneath Foundations. Trans. Amer. Soc. civ. Engrs., H. 103, S. 303—313.

CAIN, W. (1916): Earth Pressure, Retaining Walls and Bins. New York: John Wiley & Sons.

CAQUOT, A. (1934): Équilibre des Massifs à Frottement Interne. Paris: Gauthier-Villard.

CARRILLO, N. (1942a): Differential Equation of a Sliding Surface in an Ideal Saturated Plastic Soil. J. Math. Phys., H. 21, S. 6—9.

— (1942b): Simple Two and Three Dimensional Cases in the Theory of Consolidation of Soils. J. Math. Phys., H. 21, S. 1—5.

— (1942c): Investigations on Stability of Slopes and Foundations. Diss. Graduate School of Engineering, Harvard-Universität.

CASAGRANDE, A. (1936): Characteristics of Cohesionless Soils Affecting the Stability of Slopes and Earth Fills. J. Boston Soc. civ. Engrs., H. 23, S. 13—32.

— (1937): Seepage Through Dams. J. New England Water Works Assoc., H. 51, S. 131—172.

CLOVER, R. E., u. F. E. CORNWELL (1941): Stability of Granular Materials. Proc. Amer. Soc. civ. Engrs., Bd. 67, S. 1639—1656.

COKER, E. G., u. L. N. G. FILON (1931): Photo-Elasticity. Cambridge (England): University Press.

COULOMB, C. A. (1776): Essai sur une Application des Règles des Maximis et Minimis à quelques Problèmes de Statique Relatifs à l'Architecture. Mém. acad. roy. prés. divers savants, Bd. 7. Paris.

CROSS, H. (1932): Analysis of Continous Frames by Distributing Fixed-End Moments. Trans. Amer. Soc. civ. Engrs., Bd. 96, S. 1—10.

CULMANN, C. (1866): Graphische Statik. Zürich.

CUMMINGS, A. E. (1937): Discussion. Trans. Amer. Soc. civ. Engrs., Bd. 102, S. 255—264.

— (1938): The Stability of Foundation Piles against Buckling under Axial Load. Proc. Highway Res. Board, 18. — Ann. Meeting, Part II, Dec. 1938, S. 112—119.

— (1940): Dynamic Pile Driving Formulas. J. Boston Soc. civ. Engrs., H. 27, S. 6—27.

— (1941): Foundation Stresses in an Elastic Solid with a Rigid Underlying Boundary. Civ. Eng., H. 11, S. 666—667.

DARCY, H. (1856): Les Fontaines Publiques de la Ville de Dijon. Dijon.

DE SAINT VENANT, M. (1871): Formules des Augmentations. J. Math., H. 16, S. 275—307.

Degebo (Deutsche Forschungsgesellschaft für Bodenmechanik) (1933): Veröffentl., H. 1. Berlin.

— (1936): Veröffentl., H. 4. Berlin.

Dörr, H. (1922): Die Tragfähigkeit der Pfähle. Berlin. W. Ernst und Sohn.

Ehlers, G. (1934): Dampfturbinenfundamente und damit zusammenhängende Fragen des Eisenbetonbaues. Bauingenieur, H. 15, S. 295—298, 312—314.

Engesser, F. (1880): Geometrische Erddrucktheorie. Z. Bauw., H. 30, S. 189.

— (1882): Über den Erddruck· gegen innere Stützwände. Deutsche Bauztg., H. 16, S. 91—93.

Fadum, R. E. (1941): Influence Values for Vertical Stresses in a Semi-Infinite Solid Due to Surface Loads. Umdruck an der Graduate School of Engineering, (Harvard-Universität).

Fellenius, W. (1927): Erdstatische Berechnungen. Berlin: W. Ernst und Sohn. (Ergänzte Auflage 1939.)

Fillunger, P. (1912): Drei wichtige ebene Spannungszustände des keilförmigen Körpers. Z. Math. Phys., H. 60, S. 275—285.

Fleming, R. (1930): Wind Stresses in Buildings. New York: John Wiley & Sons.

Forchheimer, Ph. (1917): Zur Grundwasserbewegung nach isothermischen Kurvenscharen. Sitzungsber. ksl. Akad. Wiss. Wien, Abt. IIa, H. 126, S. 409—440.

Forssell, C. (1926): Knäcksäkerhet hos Pålar och Pålgrupper, Uppsats N. 10, Festskrift, Kungl. Väg-och Vattenbyggnadskare (Stockholm), 1851—1926.

Freund, A. (1917): Theorie der gleichmäßig elastisch gestützten Körper. Beton u. Eisen, H. 16, S. 144—147, 165—167.

— (1924): Beitrag zur Berechnung der biegsamen Gründungssohlen. Z. Bauw., H. 74 (Ingenieurbauteil), S. 109—115.

— (1927): Erweiterte Theorie für die Berechnung von Schleusenböden und ähnlichen Gründungskörpern. Z. Bauw., H. 77 (Ingenieurbauteil), S. 77—88, 108—120.

Fröhlich, O. K. (1934a): Druckverteilung im Baugrunde. Wien: Springer.

— (1934b): Elementare Druckverteilung und Verschiebungen im Elastisch-Isotropen Vollraum. Bauingenieur, H. 15, S. 298—301; Richtigstellung auf S. 414.

Frontard, M. (1922): Cycloides de Glissement des Terres. C. R. hebdom. Acad. Sci. Paris, Bd. 174, S. 526—528.

Gardner, W. (1936): The Role of the Cappilary Potential in the Dynamics of Soil Moisture. J. Agri. Res., H. 53, S. 57—60.

Gilboy, G. (1934): Mechanics of Hydraulic Fill Dams, J. Boston Soc. civ. Engrs., H. 21, S. 185—205.

Glanville, W. H., G. Grime, E. N. Fox 2d u. W. W. Davies (1938): An Investigation of the Stresses in Reinforced Concrete Piles During Driving. Dept. Sci. Ind. Res., Building Res. Station (Great Britain), Tech. Paper 20.

Golder, H. (1942): The Ultimate Bearing Pressure of Rectangular Footings. I. Inst. civ. Engrs., H. 18, Paper 5274, S. 161—174.

Granholm, H. (1929): On the Elastic Stability of Piles Surrounded by a Supporting Medium. Ingeniörs Vetenskaps Akad. Hand. 89. Stockholm: Svenska Bokhandelscentralen.

Gray, H. (1936): Stress Distribution in Elastic Solids. Proc. Intern. Conf. Soil Mech., H. 2, Cambridge, Mass., S. 157—168.

Griffith, J. H. (1929): The Pressures under Substructures. Eng. Contr., H. 1, S. 113—119.

Habel, A. (1937): Die auf dem elastisch-isotropen Halbraum aufruhende zentralsymmetrisch belastete elastische Kreisplatte. Bauingenieur, H. 18, S. 188—193.

— (1938): Näherungsberechnung des auf dem elastisch-isotropen Halbraum aufliegenden elastischen Balkens. Bauingenieur, H. 19, S. 76—80.

HAYASHI, K. (1921): Theorie des Trägers auf elastischer Unterlage. Berlin: Springer.

HEDDE, P. (1929): Einflußlinien zur statischen Untersuchung der Grundbauwerke. Bauingenieur, H. 10, S. 1—6.

HEILAND, C. A. (1940): Geophysical Exploration. New York: Prentice Hall.

HEINRICH, G. (1938): Wissenschaftliche Grundlagen der Theorie der Setzung von Tonschichten. Wasserkraft u. Wasserwirtsch., H. 33, S. 5—11.

HILEY, A. (1930): Pile Driving Calculations. Structural Eng., London, H. 8, S. 246 bis 259, 278—288.

HILTSCHER, R. (1938): Polarisations-Untersuchung des räumlichen Spannungszustandes im Konvergenten Licht. Forsch.-Gebiete Ingenieurw., H. 9, S. 91—103.

HOLL, D. L. (1941): Plane-Strain Distribution of Stress in Elastic Media. Iowa Eng. Exp. Sta., Iowa State College, Bull. 148.

HOUSEL, W. S. (1929): A Practical Method for the Selection of Foundations Based on Fundamental Research in Soil Mechanics. Univ. Michigan, Ann. Arbor, Dept. Eng. Res., Eng. Res. Bull. 13.

JAKY, J. (1936): Stability of Earth Slopes. Proc. I. Intern. Conf. Soil Mech., Cambridge, Mass., Bd. 2, S. 125—129.

— (1938): Die klassische Erddrucktheorie mit besonderer Rücksicht auf die Stützwandbewegung. Abhandl. Intern. Verein. Brückenbau u. Hochbau, Bd. 5, S. 187—220. Berlin.

JANSSEN, H. A. (1895): Versuche über Getreidedruck in Silozellen. Z. VDI., H. 39, S. 1045.

JELINEK, R. (1943): Grenzzustände des Gleichgewichts und Gleitlinienfelder in einer kohärenten, mit innerer Reibung ausgestatteten schweren Masse, die den Raum unterhalb einer unbegrenzten Böschung ausfüllt. Diss. T. H. Wien.

— (1947): Die Spannungsverteilung im COULOMBschen Halbraum. Bauwiss. H. 4, S. 84—88. Wien.

— (1948): Die Kraftausbreitung im Halbraum für querisotrope Böden. Abhandlungen über Bodenmechanik und Grundbau. Bielefeld: Erich Schmidt.

— (1949): Setzungsberechnung ausmittig belasteter Fundamente. Bauplanung u. Bautechnik, H. 4, S. 115—121. Berlin.

JÜRGENSON, L. (1934): The Application of Theories of Elasticity and Plasticity to Foundation Problems. J. Boston Soc. civ. Engrs., H. 21, S. 206—241.

KÁRMÁN, TH. V. (1926): Über elastische Grenzzustände. Abhandl. Zweiter Kong. für Angewandte Mechanik. Zürich.

KOENEN, M. (1896): Berechnung des Seiten- und Bodendrucks in Silozellen. Zbl. Bauverw., H. 16, S. 446—447.

KÖGLER, F., u. A. SCHEIDIG (1927): Druckverteilung im Baugrunde. Bautechnik, H. 5. (1927), 6 (1928), 7 (1929).

KÖTTER, F. (1888): Über das Problem der Erddruckbestimmung. Verh. dtsch. phys. Ges., Berlin, H. 7, S. 1—8.

— (1892): Die Entwicklung der Lehre vom Erddruck. Jb. dtsch. Math.-Ver., H. 2 (1891—1892), S. 75—150.

— (1899): Der Bodendruck von Sand in vertikalen zylindrischen Gefäßen. J. Math. H. 120, S. 189—241.

KOZENY, J. (1933): Theorie und Berechnung der Brunnen. Wasserkr. u. Wasserwirtsch., H. 28.

KREY, H.: (1936): Erddruck, Erdwiderstand und Tragfähigkeit des Baugrundes, 5. Aufl. Berlin: W. Ernst und Sohn (1. Aufl. 1912).

LABUTIN, A. (1933): Die graphische Berechnung von Pfahlrosten für Quaimauern. Riga, Abh. d. lettländ. Univ., Ing.-Abtlg., Reihe 1, 7.

LEET, L. DON (1938): Practical Seismology and Seismic Prospecting. New York: D. Appleton-Century Co.

— (1939): Ground Vibrations near Dynamite Blasts. Bull. Seismol. Soc. Amer., H. 29, S. 487—496.

LÉVY, M. (1898): Sur la Légitimité de la Règle Dite du Trapèze dans l'étude de la Résistance des Barrages en Maconnerie. C. R. hebdom. Acad. Sci., Paris. H. 126, S. 1235—1240.

LOHMEYER, E. (1930): Die Berechnung verankerter Bohlwerke. Bautechn., H. 8, S. 60—65.

LORENZ, H. (1934): Neue Ergebnisse der dynamischen Baugrundforschung. Z. VDI, H. 78, S. 379—385.

LOVE, A. E. H. (1928): The Stress Produced in a Semi-Infinite Solid by Pressure on Part of the Boundary. Phil. Trans. roy. Soc., Lond., Series A, H. 228, S. 377 bis 420.

— (1934): A. Treatise on the Mathematical Theory of Elasticity, 4. Aufl. Cambridge (England): Univ. Press.

MACELWANE, J. B. (1936): Introduction to Theoretical Seismology, 1. Teil, Geodynamics. New York: John Wiley & Sons.

MALCOLM, CH. M. (1909): A Textbook on Graphic Statics. New York: Myron C. Clark Publishing Co.

MARGUERRE, K. (1931): Druckverteilung durch eine elastische Schichte auf starrer, rauher Unterlage. Ing.-Arch., H. 2, S. 108—117.

— (1933): Spannungsverteilung und Wellenausbreitung in der dicken Platte. Ing.-Arch., H. 4.

MELAN, E. (1919): Die Druckverteilung durch eine elastische Schicht. Beton u. Eisen, H. 18, S. 83—85.

MENDENHALL, T. E. (1888): On the Intensity of Earthquakes with Approximate Calculations of the Energy Involved. Proc. Amer. Assoc. Adv. Sci., H. 37, S. 190—195.

MICHE, R. (1930): Investigation of Piles Subject to Horizontal Forces, Application to Quay Walls. J. School of Engin., Giza, Nr. 4.

MINDLIN, R. D. (1936): Forces at a Point in the Interior of a Semi-Infinite Solid. Physics, H. 7, S. 95—202.

— (1939): Stress Distribution Around a Tunnel. Trans. Amer. Soc. civ. Engrs., H. 104, S. 1714—1718.

MOHR, O. (1871): Beiträge zur Theorie des Erddruckes. Z. Arch.- u. Ing.-Ver. Hannover, H. 17 (1871), S. 344, und H. 18 (1872), S. 67, 245.

— (1928): Abhandlungen aus dem Gebiete der technischen Mechanik, 3. Aufl., Neubearbeitung von K. BAYER und H. SPANGENBERG. Berlin: W. Ernst u. Sohn.

MUSKAT, M. (1937): The Flow of Homogenous Fluids through Porous Media. New York: McGraw-Hill Book Company, Inc.

NÁDAI, A. (1931): Plasticity. New York: McGraw-Hill.

NEWMARK, N. M. (1935): Simplified Computation of Vertical Pressures in Elastic Foundations. Univ. Illinois Eng. Exper. Sta. Bericht Nr. 24.

NEWTON, J. (1726): Philosophiae Naturalis Principia Mathematica, 3. Aufl. Scholium to Corollary VI.

NÖKKENTVED, C. (1928): Berechnung von Pfahlrosten. Berlin: W. Ernst u. Sohn.

OHDE, J. (1938): Zur Theorie des Erddruckes unter besonderer Berücksichtigung der Erddruck-Verteilung. Bautechn., H. 16, S. 150—159, 176—180, 241—245, 331—335, 480—487, 570—571, 753—761.

Passer, W. (1935): Druckverteilung durch eine elastische Schichte. Sitzber. Akad. Wiss. Wien, Abt. II a, H. 144, S. 267—275.

Poncelet, V. (1840): Mém. sur la Stabilité des Revêtements et de leur Fondations. Mém. de Officier du génie, H. 13.

Prandtl, L. (1920): Über die Härte plastischer Körper. Nachr. Ges. Wiss. Göttingen, Math. phys. Klasse.

Ramspeck, A. (1938): Die Anwendung dynamischer Baugrunduntersuchungen. Bautechn., H. 16, S. 85—86.

Rankine, W. J. M. (1857): On the Stability of Loose Earth. Phil. Trans. roy. Soc. Lond., Bd. 147.

Rausch, E. (1936): Maschinenfundamente und andere dynamische Bauaufgaben, Bd. 1, Berlin, VDI (Bd. 2 und 3 1942 erschienen).

Rebhann, G. (1871): Theorie des Erddruckes und der Futtermauern. Wien.

Redtenbacher, F. (1859): Prinzipien der Mechanik und des Maschinenbaues.

Reissner, E (1936): Stationäre, axialsymmetrische, durch eine schüttelnde Masse erregte Schwingungen eines homogenen elastischen Halbraumes. Ing.-Arch., H. 7, S. 381—396.

Reissner, H. (1909): Theorie des Erddrucks. Encyklopädie math. Wiss., Bd. 4 (2, II, Heft 3). Leipzig: B. G. Teubner.

— (1924): Zum Erddruckproblem. Abhandl. 1. Intern. Kongr. für angewandte Mechanik, Delft (Holland).

Rendulic, L. (1935a): Der hydrodynamische Spannungsausgleich in zentral entwässerten Tonzylindern. Wasserwirtsch. u. Techn., H. 2, S. 250—253, 269—273.

— (1935b): Ein Beitrag zur Bestimmung der Gleitsicherheit. Bauingenieur, H. 16, S. 230—233.

— (1936): Porenziffer und Porenwasserdruck in Tonen. Bauingenieur, H. 17, S. 559—564.

— (1937): Ein Grundgesetz der Tonmechanik und sein experimenteller Beweis. Bauingenieur, H. 18, S. 459—467, siehe auch Proc. I. intern. Conf. Soil Mechanics, Cambridge, Mass. 1936, Bd. 3, S. 48—51.

— (1938): Der Erddruck im Straßenbau und Brückenbau. Forschungsarb. Straßenw., Bd. 10. Berlin: Volk u. Reich-Verlag.

Résal, Jean (1910): La Poussée des Terres. II. Teil. Theorie des Terres Cohérantes. Paris: Béranger.

Rifaat, T. (1935): Die Spundwand als Erddruckproblem. Mitt. Inst. Baustatik, Zürich.

Rimstad, I. A. (1937): Unveröffentlichter Bericht.

Ruge, A. C. (1938): Earthquake Resistance of Elevated Water-Tanks. Trans. Amer. Soc. civ. Engrs., H. 103, S. 889—938.

Samsioe, A. F. (1931): Einfluß von Rohrbrunnen auf die Bewegung des Grundwassers. Z. angew. Math. Mech., H. 11, S. 24—135.

Schleicher, F. (1926): Zur Theorie des Baugrundes. Bauingenieur, H. 7, S. 931 bis 935, 949—952.

Schmid, H. (1926): Statische Probleme des Tunnel- und Druckstollenbaues. Berlin: Springer.

Schoenweller, G. (1929): Calcul des Murs de Quai. Abhandl. Weltkraftkonferenz Tokio, Artikel 416, Bd. 11, S. 309—318.

Seismos (1934), Hannover: Dynamische Baugrund-Untersuchungen für den Industriebau (Prospekt).

Shepard, E. R. (1935): Subsurface Exploration by Earth Resistivity and Seismic Methods. Public Roads, H. 16, S. 57—67, 74.

SKEMPTON, A. W. (1942): An Investigation of the Bearing Capacity of a Soft Clay Soil. J. Inst. civil Engrs., H. 18, Paper Nr. 1305, S. 307—321.

SOUTHWELL, R. V. (1936): An Introduction to the Theory of Elasticity. London: Oxford Univ.-Press.

— (1940): Relaxation Methods in Engineering Science. Oxford (England): Clarendon Press.

STEINBRENNER, W. (1934): Tafeln zur Setzungsberechnung, die Straße. H. 1, S. 121—124; siehe auch Proc. I. Intern. Conf. Soil Mech. Cambridge, Mass. 1936, Bd. 2, S. 142—143.

— (1937): Der zeitliche Verlauf einer Grundwasserabsenkung. Wasserwirtsch. u. Techn., H. 4, S. 27—33.

STERN, O. (1908): Das Problem der Pfahlbelastung. Berlin: W. Ernst u. Sohn.

STROHSCHNEIDER, O. (1912): Elastische Druckverteilung und Drucküberschreitung in Schüttungen. Sitzgsber. ksl. Akad. Wiss. Wien, Abt. II a, H. 121, S. 299—336.

SULZBERGER, G. (1927): Die Fundamente der Freileitungstragwerke und ihre Berechnung. Bull. Schweiz. Elektrotechn. Verein.

SYFFERT, O. (1929): Erddrucktafeln. Berlin: Springer.

TALBOT, A. N. (1918): Progress Report of the Special Committee to Report on Stresses in Railroad Track. Trans. Amer. Soc. civ. Engrs., H. 82, S. 1191 bis 1383.

TAYLOR, D. W. (1937): Stability of Earth Slopes. Boston Soc. civ. Engrs., H. 24, S. 197—246.

TERZAGHI, K. (1919): Die Erddruckerscheinungen. Österr. Wschr. öffentl. Baudienst, Jg. 1919. H. 17—19.

— (1922): Der Grundbruch an Stauwerken und seine Verhütung. Forchheimer-Nummer der Wasserkraft, S. 445.

— (1923): Die Berechnung der Durchlässigkeitsziffer des Tones aus dem Verlauf der hydrodynamischen Spannungserscheinungen. Sitzgsber. Akad. Wiss. Wien, Abt. II a, H. 132.

— (1925): Erdbaumechanik. Wien: F. Deuticke.

— (1932): Bodenpressung und Bettungsziffer. Österr. Bauztg., H. 25, Juni.

— (1934): Large Retaining-Wall Tests. I. Pressure of Dry Sand. Eng. News-Record, H. 112, S. 136—140.

— (1935): The Actual Factor of Safety in Foundations. Structural Eng. (London), H. 13, S. 126—160.

— (1936a): Critical Height and Factor of Safety of Slopes against Sliding. Proc. Intern. Conf. Soil Mech., Cambridge, Mass., Bd. 1, S. 156—161.

— (1936b): A Fundamental Fallacy in Earth Pressure Computations. J. Boston civ. Engrs., H. 23, S. 71—88.

— (1936c): Distribution of the Lateral Pressure of Sand on the Timbering of Cuts. Proc. Intern. Conf. Soil Mech., Cambridge, Mass., H. 1, S. 211—215.

— (1936d): Effect of the Type of Drainage of Retatining Walls on the Earth Pressure. Proc. Intern. Conf. Soil Mech., Cambridge, Mass., Bd. 1. S. 215—218.

— (1936e): Stress Distribution in Dry and in Saturated Sand above a Yielding Trap-Door. Proc. Intern. Conf. Soil Mech., Cambridge, Mass., Bd. 1, S. 307 bis 311.

— (1941): General Wedge Theory of Earth Pressure. Trans. Amer. Soc. civ. Engrs., H. 106, S. 68—97.

— (1942a): Linerplate tunnels on the Chicago (III.) Subway. Proc. Amer. Soc. civ. Engrs., June 1942, S. 862—899.

— (1942b): Soil Moisture and capillary phenomena in soils. Ch. IX A in Vol. IX of Physics of the Earth. New York: McGraw-Hill.

TERZAGHI, K., u. O. K. FRÖHLICH (1936): Theorie der Setzung von Tonschichten. Wien: F. Deuticke.

THEIS, C. V. (1940): The Source of Water Derived from Wells. Civ. Engng. London, H. 1, S. 277—280.

TIMOSHENKO, S. P. (1934): Theory of Elasticity. New York: McGraw-Hill.

— (1937): Vibration Problems in Engineering. 2d ed. New York: D. VAN NO-STRAND.

— (1940): Strength of Materials, Part 1, 2d ed. New York: D. VAN NOSTRAND.

— (1941): Strength of Materials, Part 2, 2d ed. New York: D. VAN NOSTRAND.

TITZE, E. (1932): Widerstand des Pfahles gegen waagrechte Kräfte Dissertation (T. H. Wien 1932). Siehe auch: Mitteilungen aus dem Gebiete des Wasserbaues und der Baugrundforschung, H. 14. Berlin: W. Ernst u. Sohn 1943.

VETTER, C. P. (1939): Design. of Pile Foundations. Trans. Amer. Soc. civ. Engrs., H. 104, S. 758—778.

VOGT, F. (1925): Über die Berechnung der Fundamentdeformation. Avhandl. kg. Norske Videnskaps. Akad. Oslo, I. Math.-Naturw. Klasse, Nr. 2, Oslo.

VÖLLMY, A. (1937): Eingebettete Rohre. Mitt. Inst. Baustatik, Eidgen. T. H. Zürich, Mitt. Nr. 9.

WEBER, H. (1928): Die Reichweite von Grundwasserabsenkungen mittels Rohrbrunnen. Berlin: Springer.

WESTERGAARD, H. M. (1917): The Resistance of a Group of Piles. J. Western Soc. Engrs., H. 22, S. 704—713.

— (1926): Stresses in Concrete Pavements Computed by Theoretical Analysis. Public Roads, H. 7, S. 25—35.

— (1933a): Water Pressures on Dams During Earthquakes. Trans. Amer. Soc. civ. Engrs., H. 98, S. 418—433.

— (1933b): Measuring Earthquake Intensity in Pounds per Square Foot. Eng. News Rec., H. 110, S. 504.

— (1933c): Earthquake-Shock Transmission in Tall Buildings. Eng. News Rec., H. 111, S. 654—656.

(1933d): Stresses at a Crack, Size of the Crack, and the Bending of Reinforced Concrete. J. Amer. Concrete Inst., Proc., H. 30, S. 93—102.

— (1938): A Problem of Elasticity Suggested by a Problem in Soil Mechanics: Soft Material Reinforced by Numerous Strong Horizontal Sheets. Contrib. Mechanics of Solids, Timoshenko Festschrift. New York: The Macmillan Co.

— (1939): Bearing Pressures and Cracks. J. Applied Mechanics, H. 61 of Trans. Amer. Soc. mech. Engrs., S. A49—A53.

— (1940): Plastic State of Stress around a Deep Well. J. Boston Soc. civ. Engrs., H. 27, S. 1—5.

WIEGHARDT, K. (1922): Über den Balken auf nachgiebiger Unterlage. Z. angew. Math. Mech., H. 2, S. 165.

WILLIAMS, H. A. (1937): Dynamic Distortions in Structures Subjected to Sudden Earth Shock. Trans. Amer. Sos. civ. Engrs., H. 102, S. 838—850.

WILSON, B. D., u. S. J. RICHARDS (1938): Capillary Conductivity of Peat Soils at Different Capillary Tensions. J. Amer. Soc. Agronomy, H. 30, S. 583—588.

WOLF, K. (1914): Zur Integration der Gleichung $\Delta\Delta F$ durch Polynome im Falle des Staumauerproblems. Sitzgsber. ksl. Akad. Wiss. Wien, Abt. IIa, H. 123, S. 281—311.

— (1935): Ausbreitung der Kraft in der Halbebene und im Halbraum bei anisotropem Material. Z. angew. Math. Mech., H. 15, S. 249—254.

ZIMMERMANN, H. (1888): Die Berechnung des Eisenbahn-Oberbaues. Berlin: W. Ernst u. Sohn.

Namenverzeichnis.

Aichhorn, W. 407.
Airy, G. B. 61.

Baver, L. D. 306, 314.
Bierbaumer, A. 73, 202.
Biot, M. A. 299, 393, 414, 421, 482.
— u. F. M. Clingan 300.
Blum, H. 222, 229.
Borowicka, H. 392, 393.
Boussinesq, J. 378, 390, 391, 470.
Brahtz, J. A. 148, 413, 434, 436.
— u. J. Soerens 437.
Brennecke, L. u. E. Lohmeyer 368, 369.
Briske, R. 481.
Bucky, P. B. 435.
Burmister, D. M. 384.

Cain, W. 72.
Caquot, A. 73.
Carrillo, N. 65, 148, 295.
Casagrande, A. 243, 244, 245, 374.
Cerruti, V. 378.
Clingan, F. M., s. Biot, M. A., u. Clingan.
Clover, R. E., u. F. E. Cornwell 148.
Coker, E. G. u. L. N. G. Filon 437.
Cornwell, F. E. s. Clover R. E. u. Cornwell.
Coulomb, C. A. 4, 8, 82, 108.
Cross, H. 67.
Culmann, C. 83, 109.
Cummings, A. E. 141, 144, 365, 366, 423, 471.

Darcy, H. 240.
Davies, W. W. s. Clanvill W. H. usw.

Degebo 454, 468, 475.
Den Hartog, J. P. 437.
Dörr, H. 140.

Ehlers, G. 465.
Engesser, F. 72, 83, 85, 109.
Eytelwein 144.

Fadum, R. E. 398, 485, 489.
Fellenius, W. 154, 157, 160, 173, 177.
Fillunger, P. 412.
Filon, L. N. G. s. Coker, E. G. u. Filon.
Fleming, R. 479.
Forchheimer, P. 243.
Forssell, C. 366.
Fox, E. N., s. Clanville W. H. usw.
Freund, A. 358.
Fröhlich, O. K. 389, 394, 339,
—, s. Terzaghi, K., u. Fröhlich.
Frontard, M. 43, 155.

Gardner, W. 314.
Gilboy, G. 296, 483.
Glanville, W. H. G. Grimme, E. N. Fox u. Davies, W. W. 470, 472.
Golder, H. G. 137.
Granholm, H. 366.
Gray, H. 385.
Griffith, J. H. 399.
Grime, G., s. Glanville, W. H. usw.

Habel, A. 393.
Hayashi, K. 358.
Hedde, P. 370.
Heiland, C. A. 473.

Heinrich, G. 276.
Hiley, A. 144.
Hiltscher, R. 437.
Holl, D. L. 385, 397.
Housel, W. S. 405.

Jáky, J. 52, 65, 79, 82, 155.
Janssen, H. A. 74.
Jelinek, R. 43, 379, 385, 397.
Jürgenson, L. 385.

Kármán, T. 52, 82.
Kögler, F., u. A. Scheidig 400.
Koenen, M. 74.
Kötter, F. 65, 74, 78.
Kozeny, J. 321.
Krey, H. 98, 102, 111, 224, 236, 362.
Krynine, D. P. 384.

Labutin, A. 370.
Lamé, G. 414, 416.
Leet, L. Don 473, 477.
Levings, J. 489.
Lévy, M. 411.
Lohmeyer, E. 222.
— s. Brennecke, L., u. Lohmeyer, E. 222.
Lord Kelvin 379.
Lorenz, H. 452, 453, 457, 458.
Love, A. E. H. 378, 382.

Macelwane, J. B. 468.
Malcom, C. M. 228.
Marguerre, K. 421, 468.
Melan, E. 421.
Mendenhall, T. E. 481.
Miche, R. 364.

Sachverzeichnis.

MIX
Papier aus verantwortungsvollen Quellen
Paper from responsible sources
FSC® C105338

If you have any concerns about our products,
you can contact us on
ProductSafety@springernature.com

In case Publisher is established outside the EU,
the EU authorized representative is:
Springer Nature Customer Service Center GmbH
Europaplatz 3, 69115 Heidelberg, Germany

Printed by Libri Plureos GmbH
in Hamburg, Germany